Petra Jany, Hanna Lipp-Thoben, Dieter Lück

Friseurfachkunde

Petra Jany, Hanna Lipp-Thoben, Dieter Lück

Friseurfachkunde

4., überarbeitete Auflage

Mit 888, überwiegend mehrfarbigen Bildern,
64 Tabellen, 169 Beispielen und
Versuchen sowie 910 Aufgaben

B. G. Teubner Stuttgart · Leipzig · Wiesbaden

Die Deutsche Bibliothek – CIP-Einheitsaufnahme
Ein Titeldatensatz für diese Publikation ist bei
Der Deutschen Bibliothek erhältlich

Petra Jany, Oberstudienrätin
Hanna Lipp-Thoben, Oberstudienrätin
Dieter Lück, Studiendirektor

4., überarb. Auflage Oktober 2001

Der Verlag Teubner ist ein Unternehmen der Fachverlagsgruppe BertelsmannSpringer.

teubner@bertelsmann.de
www.teubner.de

Umschlaggestaltung: Ulrike Weigel, www.CorporateDesignGroup.de
Druck und buchbinderische Verarbeitung: Passavia Druckservice GmbH, Passau
Gedruckt auf säurefreiem und chlorfrei gebleichtem Papier.
Printed in Germany

ISBN 3-519-35700-3

Liebe Schülerinnen und Schüler!

Sie haben gerade ein Buch in die Hand genommen. Solch ein Buch ist zunächst ein zusammengehefteter Stapel Papier. Man kann es verbrennen, um sich die Hände daran zu wärmen (ein recht kurzes Vergnügen!). Man kann es in die Schrankwand stellen, damit Besucher denken: Die sind schlau, die haben Bücher! Oder man kann es unters Kopfkissen legen und hoffen, daß alles darin gesammelte Wissen über Nacht in den Kopf springt. Wir haben damit leider schlechte Erfahrungen gemacht – Bücher unterm Kopfkissen sind hart, und lernen tut man auch nichts im Schlaf!

Da Sie keinen Roman oder Krimi in der Hand halten, sondern ein Fachbuch, machen wir Ihnen einen anderen Vorschlag: Betrachten Sie dieses Buch als Ihren Privatlehrer! Er beantwortet Ihre Fragen auch außerhalb der Schule, gibt Auskunft über fachliche Probleme, hilft beim Wiederholen des Unterrichtsstoffs und sogar bei den Hausaufgaben oder beim Berichtsheftschreiben. Ebenso steht er Ihnen vor Klassenarbeiten und Prüfungen hilfreich zur Seite.

Doch bevor wir Ihnen ein paar Tips für den „Umgang mit dem Privatlehrer Papier" geben, sollten Sie ihn erst einmal beschnüffeln, locker durchblättern, damit Sie ihn kennenlernen.

Gleich zu Beginn finden Sie, wie in Büchern üblich, das *Inhaltsverzeichnis.* Es gibt Ihnen einen ersten Überblick über die Themen, die Ihnen dieser Privatlehrer beibringen kann. Zum Suchen ganz bestimmter Einzelheiten ist es weniger geeignet. Dazu gibt's am Schluß ein alphabetisch geordnetes Sachwortverzeichnis mit Seitenzahlen. Zwischen Inhalts- und Sachwortverzeichnis liegen – fein säuberlich in Stapel bzw. Abschnitte geordnet – die Fachkenntnisse, die Sie in Ihrem Beruf brauchen. Damit Ihnen das Ausquetschen des Privatlehrers möglichst leicht fällt, haben wir besonders wichtige Inhalte in *Merkkästen* zusammengefaßt. Vorsicht – diese Kästen stehen immer im Verdacht, von Prüfern abgefragt zu werden! Es lohnt sich also, sie sich besonders einzuprägen. Weil Lernen nicht zur Qual werden soll, haben wir versucht, die Texte leicht verständlich abzufassen. In der neubearbeiteten dritten Auflage ist die Frisurengestaltung um neue, aktuelle Techniken erweitert worden. Auch die Beratung ist neu verfaßt. Durch farbige Abbildungen wurden viele Bereiche anschaulicher gestaltet, besonders die Stilkunde und Frisurengeschichte.

Einige Lernstoffe wurden übersichtlich in Tabellen gepackt. Manchmal bleibt's trotzdem schwierig, doch dann helfen vielleicht die Bilder und Comics über den Berg.

Wir hoffen, daß Ihnen dieser Privatlehrer nicht nur nützlich ist, sondern auch Freude bereitet.

Ihre D. Lück und H. Lipp-Thoben Januar 1995

Vorwort zur 4. Auflage

Neue Ausbildungsordnung, neue Rahmenlehrpläne und eine neue Autorin – Ist denn alles neu in diesem Buch? Nein, natürlich nicht! Sie werden auch in der 4. Auflage bewährte und bekannte Inhalte vorfinden, die an einigen Stellen überarbeitet und ergänzt wurden. Ganz neu allerdings der Lernfeldkompass im Inhaltsverzeichnis. Dadurch konnten die handlungsorientiert strukturierten Lernfelder aufgenommen werden, ohne die bekannte übersichtliche Gliederung der Lerninhalte aufzugeben.

Viel Erfolg bei der Arbeit mit diesem Fachkundebuch wünscht Ihnen

Petra Jany Oktober 2001

Inhaltsverzeichnis

			1 Haar und Kopfhautpflege	2 Haarschneiden	3 Farbverändernde Haarbehandlung	4 Formverändern der Haarbeh.	6 Kosmetik

1 Orientierung im Friseurberuf

2 Hygiene

3 Anatomie und Physiologie unter besonderer Berücksichtigung von Haut und Haar

1 Haar und Kopfhautpflege | 2 Haarschneiden | 3 Farbverändernde Haarbehandlung | 4 Formverändern der Haarbeh. | 6 Kosmetik

4 Haarreinigung und Haarpflege

5 Techniken der Frisurenumformung

6 Chemie für den Friseur

6 Chemie für den Friseur (Forts.)

7 Dauerhafte Haarumformung

8 Farbbehandlung des Haares

			1 Haar und Kopfhautpflege	2 Haarschneiden	3 Farbverändernde Haarbehandlung	4 Formverändern der Haarbeh.	6 Kosmetik

9 Kosmetik

10 Haararbeiten

11 Organische Chemie, Waren- und Verkaufskunde

1 Haar und Kopfhautpflege | 2 Haarschneiden | 3 Farbverändernde Haarbehandlung | 4 Formverändern der Haarbeh. | 6 Kosmetik

11 Organische Chemie, Waren- und Verkaufskunde (Forts.)

12 Stilkunde und Frisurengeschichte

1. Orientierung im Beruf

„Wasch mir mal schnell Frau Krüger!"

„Kannst du bei Frau Meister noch mal fünf Minuten Trockenzeit nachstellen?"

„Ich habe keine Spülung mehr, du musst dringend die Flaschen auffüllen!"

„Nimm Frau Schmidt mal die Jacke ab!"

„Bring doch Frau Kluge mal schnell eine Tasse Kaffee und spül danach bei Frau Walter die Farbe ab! Kannst du mal Frau Schneiders Karteikarte raussuchen?"

„Hast du endlich die Handtücher aufgehängt?"

„Was, du hast nichts zu tun? Dann leg doch hier mal den Übungskopf in verschiedenen Papillotiertechniken ein!"

„Mach mir doch mal meinen Boy für Frau Wielands Dauerwelle zurecht, ich brauche hauptsächlich gelbe und blaue Wickler."

„Bring Frau Tröger mal was zu lesen und sag, ich käme gleich. Du kannst sie ja schon mal fragen, was heute bei ihr gemacht werden soll."

„Frau Meister sitzt unter der Haube, du könntest bei ihr mal eine Maniküre durchführen, damit du es bei der Prüfung kannst!"

Das ist nur ein kleiner Ausschnitt aus dem Alltag einer Auszubildenden im Friseurberuf.

Mit welchen Erwartungen gehen Sie an den Friseurberuf heran?

Welche Anforderungen werden an Sie gestellt, welche Kenntnisse und Fertigkeiten werden von Ihnen verlangt?

In diesem Kapitel finden Sie eine Übersicht der Dinge, die für Berufsanfänger wichtig sind und die sich häufig als Stolpersteine in der Praxis erweisen. Dabei handelt es sich oftmals um Anforderungen, die im Ausbildungsrahmenplan oder den Rahmenrichtlinien zu finden sind, deren Bedeutung und Auswirkung aber erst in der täglichen Praxis zum Vorschein kommen.

1.1. Aufgaben des Friseurs/der Friseurin

Friseure bieten umfassende Dienstleistungen am Kunden an. Diese kann man aufteilen in die Bereiche: Beratung, Beurteilung, Behandlung, und Verkauf.

Handwerkliche Fertigkeiten. Da der Friseur zur Gruppe der Handwerksberufe gehört, werden von ihm handwerkliche Fertigkeiten erwartet. Er muss also mit einer Schere so umgehen können, dass ein perfekter Haarschnitt herauskommt oder mit Kamm und Bürste Techniken anwenden, die eine fertige Frisur ergeben.

Gestalterische Fähigkeiten. Ein weiterer Schwerpunkt liegt auf den gestalterischen Fähigkeiten einer Friseurin. Die Frisur, das Make-up, die Haarfarbe wird vom Friseur individuell für jeden Kunden geplant und ausgeführt.

Beratung. Umfassende Beratung erwartet heute jeder Kunde, wenn er zum Friseur geht. Friseure und Friseurinnen müssen Kundenwünsche ermitteln und Behandlungspläne aufstellen können. Als Fachleute sollen sie in der Lage sein, Haar- oder Hautprobleme ihrer Kunden zu erkennen und ihnen dazu passende Lösungsvorschläge zu unterbreiten.

Verkauf. Der Verkauf von Präparaten zur Haar- und Hautpflege fristete bei den Friseuren lange Zeit ein Schattendasein. Dies hat sich mittlerweile geändert, Friseure sollen sowohl Profis im Planen und Gestalten von Frisuren als auch in der Beratung und im Verkauf sein.

1.2 Kompetenzen und Kenntnisse

Was brauchen denn nun Friseure und Friseurinnen, um die beschriebenen Aufgaben erfüllen zu können?

Fachkenntnisse. Zunächst einmal müssen Sie fachliches Wissen und Können besitzen.

EDV-Kenntnisse. Zunehmend werden aber auch EDV-Kenntnisse von Ihnen erwartet. Es gibt sicherlich immer mehr Salons, die mit Computerkassen arbeiten oder die Frisurenberatung computergestützt anbieten. Eine große Zahl von Friseuren verwaltet ihre Geschäfte per EDV oder pflegt eine Homepage im Internet. Das kann z. B. bedeuten, dass Sie zum Lesen der Kundenkarteikarten den Computer bedienen müssen oder auch die Inventur darüber abgewickelt wird.

Kenntnisse der menschlichen Kommunikation. An das Beratungsgespräch werden heutzutage hohe Erwartungen geknüpft. Um die Beratung kompetent durchführen zu können, brauchen Sie weitreichende Kenntnisse der verbalen, aber auch der nonverbalen Kommunikation.

Ist das denn nun schon alles, was Sie können müssen? Nein, es gibt spezielle Fähigkeiten, die in keinem Schulzeugnis benotet und in keinem Ausbildungsrahmenplan erwähnt werden, die aber wie selbstverständlich von Ihnen erwartet werden. Es handelt sich um Fähigkeiten, die im Umgang mit Menschen sehr wichtig sind.

Einfühlungsvermögen/Eingehen auf die Kunden. Der Friseur ist ein Vertrauter der Kundinnen und Kunden, die nicht nur mit Schönheitssorgen zu ihm kommen, sondern vielleicht auch manchmal nur ein Kommunikationsbedürfnis haben. Mit Einfühlungsvermögen und Behutsamkeit soll er auf ihre Sorgen eingehen und Lösungen aufzeigen. Es ist also ein hohes Maß an

Flexibilität und **Menschenkenntnis** erforderlich, um auf jeden Kunden individuell einzugehen. Ein noch so perfekter Haarschneidetechniker wird als Friseur erfolglos bleiben, wenn er sich nicht auf seine Kunden einstellen kann.

Aufgeschlossenheit. Kenntnisse der aktuellen Trends in der Frisurenmode sind im Friseurberuf selbstverständlich. Kunden erwarten, dass ihre Friseurin modisch auf dem neuesten Stand ist. Oftmals tragen die Mitarbeiterinnen eines Salons die neuesten Haarschnitte, die aktuellen Haarfarben oder das Make-up in den Farben der Saison. Allerdings kann nicht jeder Kunde das tragen, was der Zentralverband des Deutschen Friseurhandwerks oder andere haarkosmetische Firmen auf ihren Modeschauen präsentieren. Die Mitarbeiterin muss Kenntnisse modischer Tendenzen mit ihrem Gefühl für Formen und Farben kombinieren, um die Mode auf den Typ der Kunden abzustimmen. Dies allein reicht aber noch nicht aus, denn die individuelle Abstimmung auf die Kundin erfordert eine weitere Kompetenz:

Kreativität. Wörtlich übersetzt bedeutet dieser Begriff *Schöpfungskraft.* Wenn Sie Stellenanzeigen, Ausbildungsprofile oder Rahmenlehrpläne anschauen, werden Sie feststellen, dass kreatives Arbeiten eine der am meisten geforderten Fähigkeit bei Friseuren ist. Allgemein versteht man unter Kreativität, originelle oder ungewöhnliche Einfälle zu entwickeln und sie produktiv umzusetzen. Kreativität beschränkt sich aber nicht nur auf die künstlerische Arbeit des Friseurs, sondern wird im Alltag überall dort gebraucht, wo es darum geht, neue Wege, neue Ideen oder Lösungen zu finden. Vielleicht haben Sie ja eine zündende Idee, wie Haarfarben übersichtlicher geordnet oder die lästige Putzerei effektiver gestaltet werden kann?

Taktvoller Umgang mit Kunden. Früher hat man beim Umgang mit Kunden häufig von taktvollem Verhalten gesprochen. Takt ist Feingefühl, das allein aber bei der Kundenbetreuung nicht ausreicht. Zu taktvollem Verhalten gehören noch mehr Qualitäten wie Freundlichkeit, Höflichkeit, gutes Benehmen, Zurückhaltung, Verlässlichkeit, Pünktlichkeit, Einfühlungsvermögen, Kontaktfähigkeit und Aufgeschlossenheit.

Ein taktvoller Mensch vermeidet alles, was andere verletzen kann.

Beispiel Zwei Beratungsgespräche

„Frau Müller, bei Ihrer großen, dicken Knollennase können Sie die Haare unmöglich so tragen, wie Sie sich gekämmt haben. Ich werde Ihnen eine Friseur machen, die von der Nase ablenkt und die Augen betont."

„Frau Müller, Sie haben auffallend hübsche Augen. Leider kommen die bei Ihrer jetzigen Frisur nur wenig zur Geltung. Sie sollten eine Frisur tragen, die die Augenpartie besonders betont."

Im zweiten Gespräch hat sich der Friseur taktvoll verhalten. Er hat die Kundin beraten, ohne ihren „Makel" zu erwähnen.

Verschwiegenheit gehört zum taktvollen Verhalten. Wenn Sie Ihre Mitmenschen beobachten, werden Sie feststellen, dass Sie Unbekannten oft mehr persönliche Dinge erzählen als einer Kollegin oder Freundin. Unbekannte haben nämlich kein Interesse am Weitererzählen – am Tratschen. Man kann sich auf ihre Verschwiegenheit verlassen. Ebenso muss sich jede Kundin auf Ihre Verschwiegenheit verlassen können.

Was passiert, wenn Sie mit Frau Meier über die persönlichen Angelegenheiten der Frau Müller sprechen. Wahrscheinlich verlieren Sie beide Kundinnen. Frau Müller könnte von dem Gespräch erfahren und kein Vertrauen mehr zu Ihnen haben; Frau Meier befürchtet, dass Sie auch über sie tratschen, und wird deshalb nicht mehr in den Salon kommen.

Fachgespräch- aber keine Fachsprache
Vielleicht ist es Ihnen schon einmal passiert, dass zu Hause der Fernseher defekt war. Während der Reparatur berieselte der Kundendiensttechniker Sie mit einer Fülle technischer Daten. Statt zu erfahren, was am Gerät nicht in Ordnung war, standen Sie verständnislos daneben. Ihr Bedürfnis nach Information wurde nicht befriedigt; es gab keine gemeinsame Sprache. Bei solchen Gelegenheiten ist man unsicher und unzufrieden, fühlt sich vielleicht sogar betrogen. Das kann auch Ihren Kunden passieren.

Ebenso wie Techniker, Ärzte und andere Berufe haben Friseure ihre Fachsprache. Dazu gehören Ausdrücke aus der Mode, den Naturwissenschaften und Namen von Präparaten. Fachsprachen sind nötig, damit sich Fachleute schnell und eindeutig verständigen können. Für das Gespräch mit dem Kunden sind sie nicht geeignet. Die Friseurin muss sich vielmehr auch darin auf seine Kunden einstellen.

Teamarbeit. Neben dem Umgang mit Kunden spielt auch der Umgang mit Kollegen eine wichtige Rolle im Berufsleben. Ihre Kollegen und Kolleginnen werden Sie zunächst erst mal kritisch beäugen, wenn Sie Ihre Ausbildung beginnen oder eine neue Stelle annehmen. Vielleicht werden Sie sofort freundlich aufgenommen, Sie haben mit Ihren Kollegen die gleiche Wellenlänge und die Arbeit läuft ohne große Diskussionen. Oft funktioniert Teamarbeit aber nicht auf dieser informellen Ebene, sondern ist das Ergebnis eines langen Prozesses, der häufige Absprachen oder Teamsitzungen erfordert. Es dauert sicherlich eine ganze Weile, bis Sie Ihren Platz im Kollegenkreis gefunden haben und verläuft vielleicht auch nicht ohne Schwierigkeiten. Wo Menschen zusammenarbeiten gibt es häufig Konflikte. Haben Ihre Kollegen nach Ihrer Meinung unsachliche Kritik an Ihrer Arbeit geäußert? Beschweren sich Ihre Kollegen umgekehrt über Ihre mangelnde

Kritikfähigkeit? Es ist sicherlich nicht sehr angenehm, sich Fehler vorhalten zu lassen, konstruktive Kritik aber bringt Sie weiter, denn aus Fehlern lernen wir und manchmal wirkt eine kleine Anregung Wunder.

Konfliktlösungsstrategien. Sollten Sie sich aber ungerechtfertigten Beschuldigungen ausgesetzt sehen, so ist es gut, wenn Sie wissen, was zu tun ist. Jeder Mensch hat eine Reihe von Konfliktlösungsstrategien parat, die er im Laufe seines Lebens entwickelt hat. Leider gibt es keine Patentrezepte, die in jeder Situation funktionieren. Das Problem benennen und darüber reden ist oftmals schon eine große Hilfe.

1.3 Ausbildung

Die dreijährige Ausbildung erfolgt an den Lernorten Betrieb und Berufsschule. Die betriebliche Ausbildung wird durch überbetriebliche Kurse in Ausbildungszentren der Handwerkskammern ergänzt. In den drei Ausbildungsjahren muss man die im Ausbildungsberufsbild aufgeführten Mindestkenntnisse und -fertigkeiten erwerben. Der Ausbildungsrahmenplan teilt sie in berufliche Grund- und Fachbildung ein und ordnet sie den einzelnen Ausbildungsjahren zu.

Tabelle 1. **Ausbildungsberufsbild**

1. Berufsbildung	8. Beurteilen, Reinigen und Pflegen des Haares und der Kopfhaut
2. Aufbau und Organisation des Ausbildungsbetriebs	9. Haarschneiden
3. Arbeits- und Tarifrecht, Arbeitsschutz	10. Gestalten von Frisuren
4. Arbeitssicherheit, Umweltschutz, rationelle Energieverwendung	11. Ausführen von Dauerwellen
5. Gesundheitsschutz	12. Ausführen farbverändernder Haarbehandlungen
6. Bedienen von Maschinen, Geräten und Werkzeugen	13. Pflegende und dekorative Kosmetik der Haut
7. Kundenberatung und -betreuung	14. Maniküre

Etwa nach 18 Monaten, aber spätestens vor Ablauf des zweiten Ausbildungsjahres legt man eine Zwischenprüfung ab, nach dem dritten die Abschlussprüfung (Gesellenprüfung). Die Prüfungen bestehen aus einer Fertigkeitsprüfung (praktische Prüfung) und einer Kenntnisprüfung. In der Fertigkeitsprüfung müssen alle wichtigen Arbeitstechniken durchgeführt werden. In der Theorie werden Kenntnisse in Technologie, Gestaltung, Kundenberatung und betriebliche Arbeitsgestaltung sowie Wirtschafts- und Sozialkunde geprüft.

1.4. Auszubildende im Betrieb

Obwohl Betriebspraktika den Übergang von der Schule in den Beruf erleichtern, ist der Berufseintritt mit vielen Umstellungen belastet. Sie verlassen die vertraute Umgebung der Klasse, müssen sich in eine neue Gemeinschaft – das Arbeitsteam des Salons – eingliedern, sich in fremder Umgebung möglichst schnell zurechtfinden und neue Aufgaben bewältigen. Die Ausbilderin kann sich nicht ständig um Sie kümmern. An der Kundenbedienung können Sie sich anfangs nur wenig beteiligen und den ganzen Tag am Übungskopf mag auch niemand arbeiten. So stehen Sie schüchtern an einer Ecke, sehen zu und sind eigentlich recht unzufrieden mit diesem Zustand. Was können Sie dagegen tun? Sie sollten sich den Arbeitsablauf im Salon einmal genau auf mögliche Eigenleistung hin anschauen.

Von der Dienstleistung zur Mitarbeit. Die Arbeit im Salon ist so kompliziert wie eine Maschine. Um die Arbeitsweise einer Maschine zu erklären, muss man die Einzelteile kennen. Um erfolgreich mitarbeiten zu können, muss man sich Stück für Stück Teilleistungen aneignen. Zu Beginn der Ausbildung beherrscht man erst wenige Teile, kann sich sozusagen als Öl in der Maschine – schon nützlich oder sogar unentbehrlich machen. Denken Sie daran, dass die Kunden nicht nur wegen der perfekten Frisur in den Salon kommen – sie wollen auch verwöhnt und umsorgt werden.

Verfolgen Sie in Gedanken den Weg einer Kundin von der Eingangstür bis zum Abschluss der Behandlung. Notieren Sie Dienstleistungen, mit denen Sie dieser Kundin den Aufenthalt im Salon möglichst angenehm machen können.

Durch hilfsbereites und umsichtiges Verhalten kommt man mit den Kunden in Kontakt, gewinnt ihr Vertrauen und das Vertrauen des Ausbilders/der Ausbilderin

Natürlich sind die Auszubildenden nicht allein zur Kundenbetreuung da. Viele der von ihnen geforderten Hilfsleistungen kommen auch der Ausbildung zugute. Tätigkeiten wie etwa das Nachfüllen von Waren aus dem Lager, die Pflege der Arbeitsgeräte, das Zusammenstellen von Präparaten für eine Behandlung sowie das Auszeichnen von Verkaufswaren sind nicht ausschließlich Arbeitsentlastungen für die Friseurinnen, sondern helfen der Auszubildenden, mit den Tätigkeiten und Warenangebot des Salons vertraut zu werden.

Diese Aufgaben beschäftigen Sie neben der Arbeit am Übungskopf zu Beginn der Ausbildung. Mit zunehmenden Fachkenntnissen und Fertigkeiten sollten Sie perfekte Teilbehandlungen (z. B. eine Dauerwelle oder das Auftragen eines Haarfärbemittels) durchführen können. Je selbstständiger und gewissenhafter Sie Arbeitsaufträge ausführen, umso mehr wird der Bereich der Dienst- und Hilfsleistungen zugunsten der Kundenbedienung zurücktreten.

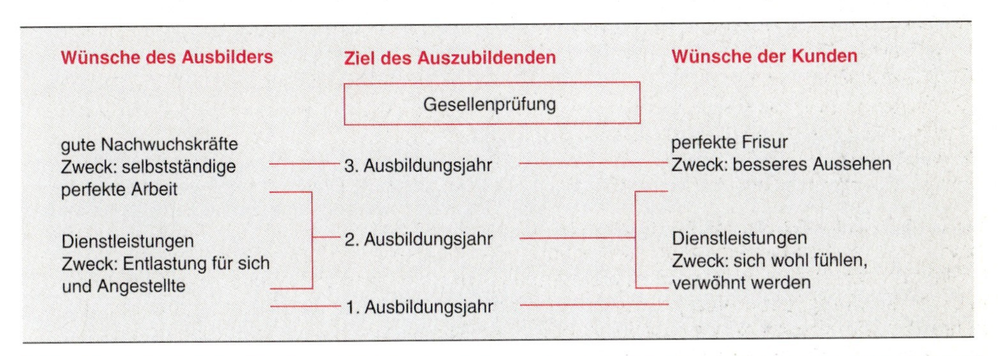

Ausbilder und Kunden stellen an Auszubildende ganz bestimmte Erwartungen. Ausbilder wünschen sich ausgezeichnete Nachwuchskräfte und Dienstleistungen. Kunden haben Anrecht auf eine perfekte Frisur, möchten aber außerdem umsorgt und verwöhnt werden, erwarten eine Zusatzleistung, die heute allgemein mit dem Begriff Wellness umschrieben wird.

1.5 Arbeits- und Aufstiegsmöglichkeiten

Während der Ausbildung wird es Ihnen ebenso ergehen, wie dem abgekämpften 1000-m-Läufer, der sein Tempo beim Anblick des Ziels trotz Müdigkeit noch einmal steigert. Auch Sie werden auf Teilstrecken der Berufsausbildung berufsmüde sein. Doch solche Durststrecken lassen sich mit Hilfe eines klar gesteckten Ziels rasch überwinden.

Friseur ist nicht gleich Friseur! Nach der Gesellenprüfung kann man sich z. B. in einem großen Salon auf bestimmte Arbeitstechniken spezialisieren oder in kaufmännische Aufgaben einarbeiten. Auch die Wahl de Arbeitsortes ist wichtig. Besonders begehrt sind die wenigen Arbeitsplätze auf den großen Passagierschiffen, im Ausland, in reizvollen Städten und Kurorten. Um einen gut bezahlten und abwechslungsreichen Arbeitsplatz zu bekommen, sollten Sie sich rechtzeitig qualifizieren. Sie können sich den Meister, den Meisterassistent oder den Technischen Betriebswirt im Friseurhandwerk als späteres Ziel setzen. Akademien, Fachschulen und Innungen bieten Kurse an, um Sie auf die Prüfungen vorzubereiten. Eine Übersicht Ihrer zukünftigen Arbeits- und Aufstiegsmöglichkeiten zeigt folgendes Schaubild:

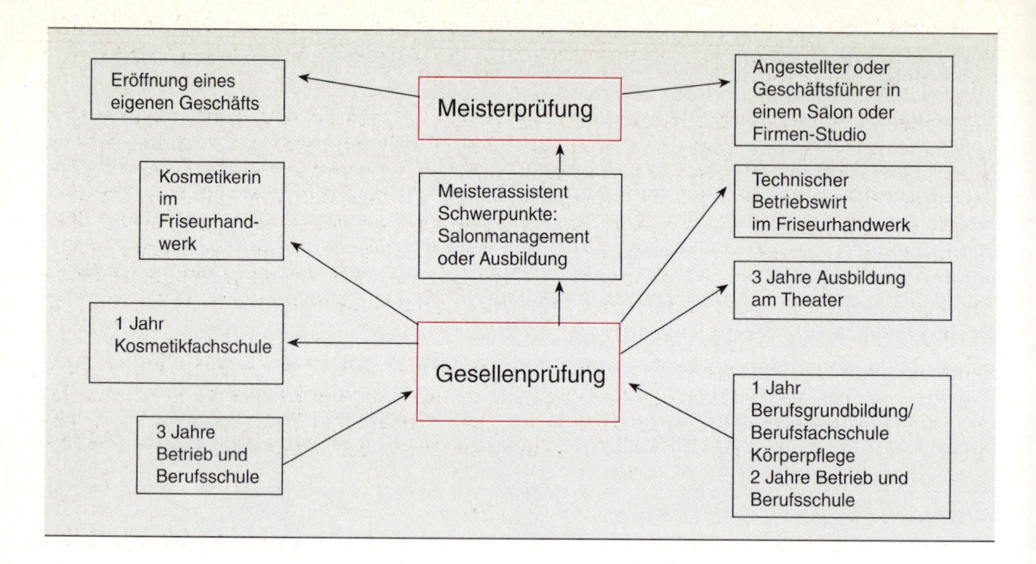

1.6. Unfallverhütung/Arbeitsschutz

Jede Tätigkeit ist mit Gefahren verbunden. Beim Skilaufen, Jogging, Drachenfliegen und anderen Sportarten sind uns die Gefahren hinreichend bekannt. Sogar der wohlverdiente Schlaf kann damit enden, dass Sie aus dem Bett fallen und sich die Hand verstauchen.

Gleich zu Beginn Ihrer Ausbildung sollten Sie sich über die Gefahren Ihres Berufs informieren, um das Sprichwort „Gefahr erkannt – Gefahr gebannt" in die Tat umzusetzen. Die für Sie zuständige Berufsgenossenschaft für Gesundheitsdienst und Wohlfahrtspflege BGW (Pappelallee 35-37, 22089 Hamburg; www.bgw-online.de) hat außer den allgemeingültigen Vorschriften spezielle für das Friseurhandwerk erlassen. Alle Vorschriften müssen im Betrieb ausliegen. Ihre Chefin muss auf die Einhaltung achten und Sie entsprechend unterweisen. Verstoßen Sie gegen diese Vorschriften, erlischt möglicherweise Ihr Versicherungsschutz!

Doch bevor wir große Probleme heraufbeschwören, sollten Sie lieber die wichtigsten Vorschriften kennen lernen. Unfälle zu vermeiden, ist immer der bessere Weg. Sie ersparen sich Schmerzen und der Berufsgenossenschaft Kosten.

Scheren und Messer müssen nach Gebrauch geschlossen und sicher in einer Ablageschale aufbewahrt werden, bis sie ins Desinfektionsbad kommen In der Kitteltasche sind sie ebenso falsch untergebracht wie auf dem Waschbeckenrand! Achten Sie auch auf die sichere Aufbewahrung Ihres Stielkamms, denn die lange Nadel kann gefährliche Stichverletzungen verursachen.

Wasserpfützen mit Shampoo oder anderen verschütteten Präparaten sorgen oft für echte „Ausrutscher". Im günstigsten Falle enden sie mit blauen Flecken, im ungünstigsten im Krankenhaus. Die Sauberkeit des Fußbodens ist also nicht nur eine optische Notwendigkeit, sondern dient auch der Sicherheit. Feuchtigkeit muss sofort aufgewischt, Haare müssen weggekehrt werden. Außerdem sollten Sie sich für geschlossene Schuhe mit rutschfesten Sohlen entscheiden. Damit stehen Sie den Arbeitstag sicher durch.

Tische, Stühle, Hocker und **Getränkekisten** sind kein Leiterersatz! Mit einer Sicherheitstrittleiter erreichen Sie die oberen Regale und Schränke besser, denn schließlich wollen Sie ja nicht allzu plötzlich „herunterkommen".

Heiße Lockenstäbe und **Föndüsen** eignen sich nicht nur zum Frisieren, sondern auch zum Verbrennen der Finger! Nur ein sorgfältiger Umgang schützt vor Brandblasen. Sollte Ihr Salon noch nicht über Thermostate an den Waschbecken verfügen, sind Sie und die Kundin durch ein heißes Wasser gefährdet. Lassen Sie immer zuerst kaltes Wasser laufen, um dann langsam heißes zuzumischen.

Chemikalien und **Präparate** werden, um überflüssige Verpackung einzusparen, heute oft in Großbehältern geliefert. Diese gute und sinnvolle Entwicklung verlangt von Ihnen je doch größte Sorgfalt beim Abfüllen und Verdünnen. Schutzhandschuhe, die der Betrieb stellen muss, sind beim Umgang mit Chemikalien selbstverständlich. Handelt es sich um leicht staubende Stoffe (z. B. Blondierpulver, nicht granulierte Pflanzenfarbstoffe), schützen Sie Ihre Atemwege mit einer Staubmaske. Grundsätzlich dürfen Sie die Präparate nur in dafür vorgesehene und entsprechend gekennzeichnete Gefäße füllen. Gesundheitsgefährdende Stoffe haben nichts in Getränkeflaschen oder in den für Nahrungsmittel vorgesehenen Behältern zu suchen!

Strom wird nur zur tödlichen Gefahr, wenn Sie fahrlässig mit elektrischen Geräten umgehen. Bei nicht schutzisolierten defekten Geräten kann das Gehäuse unter Spannung stehen. Berühren Sie ein solches Gerät, fließt der Strom in Ihren Körper. Der Stromschlag kann zu Verbrennungen, Verkrampfungen, ja zu Herzflimmern und Herzstillstand führen. Schützen Sie sich, indem Sie diese Regeln beachten.

- Defekte elektrische Geräte nicht selbst reparieren.
- Geräte, Stecker und Leitungen nicht mit nassen Händen berühren, denn Feuchtigkeit und Nässe sind hervorragende Stromleiter!
- Geräte nie am Kabel aus der Steckdose ziehen, sondern stets am Stecker anfassen.
- Knicke und enges Aufrollen von Stromkabeln vermeiden.
- Defekte Kabel und Leitungen sofort melden, damit ein Fachmann sie erneuern kann.
- Bei Verdacht auf einen Gerätedefekt (z. B. bei Überhitzung oder Geruch nach verschmortem Kunststoff) sofort Stecker herausziehen!
- Zum Säubern erst die elektrischen Geräte abschalten, Stecker ziehen und nur feucht abwischen. Vermeiden Sie das Eindringen von Tropfwasser in das Gerät.

1.7 Gesundheitsschutz

Sie könnten als gesunder Mensch jeden Tag mehrere Stunden gehen, wandern oder laufen. Sind Sie aber etwa gezwungen, mehrere Stunden für eine Eintrittskarte ihres Lieblingssängers anzustehen, so wird man folgendes beobachten können: *Sie stehen sich die Beine in den Bauch, treten von einem Bein aufs andere oder Ihr Kreuz bricht durch.* Bei längerandauernder Stehbelastung ist unser Körper überfordert. Die zum Stehen notwendigen Stabilisierungsmaßnahmen des Halteapparates (Skelett, Gelenke, Sehnen, Muskeln) und des Kreislaufs (Blut- und Lymphgefäße, Herz) funktionieren nur bei ausreichender Bewegung einwandfrei. Bei der bei Friseuren üblichen einseitigen Stehbelastung versagen sie je nach Veranlagung beim Einen früher, beim Anderen später. So kommt es häufig zu nicht wiedergutzumachenden Schäden wie z. B.

- Fehlhaltungen durch seitliche Verkrümmung der Wirbelsäule
- Bandscheibenvorwölbung, Bandscheibenvorfall
- Platt- oder Knickfüße, diese führen zu weiteren Beschwerden in den Knien, in den Hüften oder im Rückenbereich
- Schiefzehen
- Krampfadern, Spätfolge: offene Beine
- Wassereinlagerungen (Ödeme)

Wie können Sie aktiv diesen Beschwerden entgegenwirken? Die gesetzliche Unfallversicherung (GUV), vertreten durch die BGW, die Bundesanstalt für Arbeitsschutz und Arbeitsmedizin www.baua.de sind nur einige Organisationen, die zahlreiche Informationen zu den Themen ergonomisches Arbeiten und Gesundheitsschutz herausgeben. Informieren Sie sich

z. B. unter der Internetadresse www.next-line.de, die die Berufsgenossenschaft für Wohlfahrtspflege speziell für Berufsschüler eingerichtet hat und beherzigen Sie folgende Tipps:

- Achten Sie auf einen Wechsel zwischen Stehen, Gehen und Sitzen!
- Arbeiten Sie nicht in gebückter oder verdrehter Haltung!
- Benutzen Sie vorhandene Stehhilfen, z. B. beim Haarschneiden!
- Stellen Sie höhenverstellbare Kundenstühle auf die richtige Arbeitsposition ein!
- Heben oder tragen Sie Lasten nicht einseitig, benutzen Sie Hebe- oder Traghilfen!
- Sorgen Sie für ausreichende Bewegung und Sport in Ihrer Freizeit. Besonders zu empfehlen sind: Wandern, Schwimmen, Gymnastik, Radfahren oder Walken!
- Besuchen Sie Wirbelsäulengymnastikkurse oder stärken Sie Ihre Muskulatur mit speziellen Übungen in Fitnessstudios!

1.8 Umweltschutz

Leere Spraydosen, Tuben mit Farbresten, Alufolie, Strähnenhauben, Plastikumhänge, Haarkurflaschen... unaufhaltsam wächst der Müllberg. Auf Schönheit und Pflege verzichten, um die Umwelt zu schonen? Es gibt sie, die Friseure, die umweltverträgliche Dienstleistungen anbieten und Kunden, die das zu schätzen wissen. Überlegen Sie doch mal in Ihrem Team, wo der meiste Abfall anfällt, oder wie Sie Energie einsparen können. Vielleicht bringen Sie folgende Vorschläge noch auf andere Sparideen.

- Sparperlatoren verringern den Wasserdurchfluss des Wasserhahns auf 5-8 l Liter pro Minute. Vorteil: Wasserersparnis. Noch mehr Wasser lässt sich sparen, wenn Sie während der Haarwäsche den Wasserhahn nicht dauernd laufen lassen!
- Energiesparhandtücher (30-100 cm) sind nur halb so breit wie gewöhnlich.
  Vorteil: weniger Wäsche, geringerer Wasser- und Energieverbrauch.
- Mehrwegsysteme und Großgebinde für Shampoo, Spülungen und Spray sparen Verpackungsmüll. Außerdem kann man sie für den Service nutzen, indem man für Kunden Nachfüllstationen einrichtet.
- Sparsames Dosieren und Verdünnen von Shampoo und Spülungen bringt trotzdem ein gutes Ergebnis.
- Tubenquetschen vermeiden, dass Tuben mit 5-10 % Restinhalt auf den Müll gelangen.
- Ersetzen Sie Einmalumhänge durch waschbare Mehrfachumhänge.
- Energiesparlampen haben eine längere Lebensdauer als normale Glühbirnen und
- verbrauchen außerdem weniger Strom.

2 Hygiene

2.1 Sauberkeit und Hygiene

Sie betreten als Kunde den Behandlungsraum eines Salons. Eine Friseurin führt Sie an das Waschbecken, in dem Haare und Schaumreste kleben. Man kämmt Sie mit einer Bürste, die ungereinigt von einer Kabine zur anderen weitergereicht wird. An den Lockenwicklern hängen Haare Ihrer Vorgängerinnen, und der Umhang ist offensichtlich seit Wochen nicht mehr gewaschen worden. Was tun Sie?

Sauberkeit ist oberstes Gebot im Salon. Dazu gehören die persönliche Sauberkeit der Angestellten sowie sauberes Arbeitsmaterial und saubere Arbeitsplätze. Sauberkeit ist nicht nur Voraussetzung für das Wohlbefinden der Kunden, sondern auch für die nötige Hygiene.

Hygiene ist mehr als Sauberkeit; sie bedeutet vorbeugender *Gesundheitsschutz.* Sie bewahrt die Kunden vor ansteckenden Krankheiten und dient zugleich der Gesundheit der Angestellten.

Wie wichtig Hygiene ist, zeigen die umfangreichen Maßnahmen der *öffentlichen* Hygiene. Sie umfaßt die Aufgaben der Gesundheitsämter (z. B. Schutzimpfungen, Reihenuntersuchungen) ebenso wie die Müll- und Abwasserbeseitigung und den immer wichtigeren Umweltschutz.

Die *persönliche* Hygiene erstreckt sich auf die regelmäßige Pflege von Körper und Kleidung. Sie ist bei dem engen Kontakt zu Kunden für Friseurinnen und Friseure besonders wichtig.

Hygiene

Öffentliche Hygiene	Persönliche Hygiene	Gewerbliche Hygiene
z. B. Schutzimpfungen	z. B. Hautpflege	z. B. saubere Handtücher
Müllbeseitigung	Haarpflege	Desinfektion der Schneidegeräte
Abwasserreinigung	Zahn- und Mundpflege	Arbeitsraumbelüftung
Umweltschutz	Maniküre	Entfernen abgeschnittener Haare
Luftreinhaltung	saubere Kleidung	

Die im Salon erforderlichen Hygienemaßnahmen zählen zur gewerblichen Hygiene. Sie betrifft den Arbeitsplatz, die Arbeitsgeräte und -materialien. Ebenso wichtig ist die Sauberkeit der Handtücher und Umhänge. Da es sich in Ihrem Beruf, der sich mit Körperpflege beschäftigt, eigentlich um Selbstverständlichkeit handelt, zählt der Gesetzgeber solche Maßnahmen nicht einzeln auf. Er faßt sie unter dem Begriff „Allgemein anerkannte Regeln der Hygiene“ zusammen (s. § 2, Absatz 1 der Verordnung zur Verhütung übertragbarer Krankheiten, s. Tab. **2**.1, S. 18).

Infektionshygiene-Verordnung. Für besonders gefährliche Bereiche sind die in den einzelnen Bundesländern erlassenen Verordnungen viel genauer. Um eine Übertragung schwerer Infektionskrankheiten wie Hepatitis (Leberentzündung durch Viren) oder der tödlichen Immunschwäche AIDS auszuschließen, müssen alle Schneidegeräte (z. B. Scheren, Messer, Manikürzangen, Geräte zur Aknebehandlung) nach *jedem* Gebrauch desinfiziert werden. Mit den scharfen Schneidegeräten kann die Haut leicht verletzt werden, so daß Krankheitserreger eindringen können (s. § 2 Absatz 1).

Gewerbeaufsicht. Genau sind die Rechte der Gewerbeaufsicht geregelt. Ihr Chef darf den möglicherweise etwas unliebsamen Besucher nicht vor die Tür setzen. Er muß ihn in seiner Arbeit sogar unterstützen und verlangte Auskünfte erteilen. Tut er's nicht, begeht er eine Ordnungswidrigkeit. Doch lesen Sie selbst!

Gerötete Haut, juckende, brennende oder schuppende Stellen, Bläschenbildung, offene, nässende oder blutende Partien – von diesem Hautproblem stark betroffen waren jahrelang besonders die Friseur-Azubis des 1. Ausbildungsjahres. Die Anzeigen auf Verdacht von beruflichen Haut- und Atemwegserkrankungen waren bei den Friseuren über einen langen Zeitraum extrem hoch. Aus diesem Grund wurden in 1992 die Technischen Regeln für Gefahrstoffe im Friseurhandwerk rechtskräftig. Die TRGS enthalten Anforderungen, die aus arbeitsmedizinischer und sicherheitstechnischer Sicht erfüllt werden müssen. Hauptursachen für die Hauterkrankungen im Friseurhandwerk sind über 100 Stoffe in Präparaten, Arbeitsmitteln und Werkzeugen (z. B. Kalt-wellmittel, Tenside, Para-Farbstoffe, Nickel) und der hohe Anteil an Feuchtarbeiten. Deshalb steht bei der TRGS ein konsequenter und systematischer Hautschutz an erster Stelle. Die wesentlichen Festlegungen sind:

1. das Tragen von Schutzhandschuhen bei verschiedenen beruflichen Tätigkeiten
2. die Verwendung von Hautschutz- und Hautpflegepräparaten
3. ein ausgewogenes Verhältnis von Nass- und Trockenarbeiten

Der **Hautschutzplan** ist eine Übersicht, in der man für jede hautgefährdende Tätigkeit die erforderlichen Schutz-, Reinigungs- und Hautpflegemaßnahmen ablesen kann.

Jeder Arbeitgeber im Friseurhandwerk ist verpflichtet, den exemplarischen Hautschutzplan aus der Anlage 1 der TRGS oder einen auf seinen Betrieb zugeschnittenen Hautschutzplan an gut sichtbarere Stelle im Salon auszuhängen. Mindestens einmal jährlich muss jeder Arbeitgeber/Saloninhaber außerdem alle Beschäftigten über mögliche Unfall- und Gesundheitsgefahren und den Umweltschutz beim Umgang mit friseurtypischen Gefahrstoffen informieren. (TRGS Nr. 10) Die schriftliche Form dieser Unterweisung ist die

Betriebsanweisung, die als Anlage 2 in der TRGS zu finden ist und ebenfalls ausgehängt werden muss. Außer den Anordnungen und Verhaltensregeln zum Schutz vor Unfällen und Gesundheitsgefahren, dem Umweltschutz beim Umgang mit Gefahrstoffen enthält die Betriebsanweisung auch Regeln für die Erste Hilfe und Anweisungen im Gefahrfall. (TRGS Nr. 9,10)

Schutzhandschuhe muss Ihr Chef zur Verfügung stellen und Sie sind verpflichtet, diese bei folgenden Arbeiten zu tragen: Haarwaschen, Kopfmassage, Färben, Tönen, Blondieren, Dauerwellen, Zubereiten, Mischen und Umfüllen von Arbeitsstoffen und bei Reinigungsarbeiten im Salon. Das bedeutet, dass sie täglich viele Stunden mit einer zweiten Haut arbeiten müssen, an die hohe Anforderungen gestellt werden. Leider gibt es bisher keinen Handschuh, der für alle Tätigkeiten geeignet ist. Folgende Tabelle zeigt eine Übersicht der gebräuchlichsten Handschuhe:

Bezeichnung	Material	Geeignet für	Vorteile	Nachteile
GUMMIHAND-SCHUHE (Waschhandschuhe)	Latex, Chloropren, Neopren, Acrylnitrilbutadien und Fluorkautschuk	– Haarwaschen, Kopfmassage mit Mitteln – Auftragen und Auswaschen von Pflegemitteln	– mehrfach verwendbar – elastisch	– verlieren bei längerer/unsachgemäßer Lagerung Schutzeigenschaften – können Allergien auslösen
PLASTIKHAND-SCHUHE (Haushaltshandschuhe)	PVC, Vinyl	– Reinigungsarbeiten	– mehrfach verwendbar – dicker als Waschhandschuhe – gefüttert	– biologisch nicht abbaubar, setzen bei Verbrennung umweltschädl. Chlorwasserstoff frei – weniger elastisch – wärmeempfindlich
EINMALHAND-SCHUHE	Polyethylen, Lupolen	– Aufemulgieren von Farben, Tönungen, Blondierungen – Probewickel u. Fixieren bei der Dauerwelle	– umweltverträglich, – verbrennt o. Rückstände – preiswert	– nicht elastisch – schlechte Passform – Schweißnähte oftmals undicht

Allerdings hat das Handschuhtragen nicht nur Vorteile, sondern bringt auch Probleme mit sich. Undichte Handschuhe erhöhen das Risiko, Handekzeme zu entwickeln. Da Handschuhe die Haut luftdicht abdecken, staut sich Feuchtigkeit und Wärme .Der vermehrt gebildete Schweiß, der nicht verdampfen kann, quillt die Hornschicht auf und somit können hautreizende oder sensibilisierende Stoffe problemlos in die Haut eindringen, wenn sie auf irgendeine Art durch die Handschuhe gelangen. Besonders heikel ist auch die Tatsache, dass Friseure auf das Material, das sie eigentlich schützen soll mit gesundheitlichen Problemen reagieren. Allergien treten hauptsächlich bei der Verwendung von Latexhandschuhen auf und werden entweder von den Latexproteinen selbst oder von Zusatzstoffen verursacht. Die Reaktionen reichen von Quaddelbildung, Asthmaanfällen, Schockreaktionen bis zum allergischen Kontaktekzem. Zu Ihrem eigenen Schutz sollten Sie einige Regeln beim Handschuhtragen unbedingt beachten:

1. Einmalhandschuhe wirklich nur 1x tragen.
2. Schutzhandschuhe nur auf sauberer, trockener Haut tragen.
3. vor dem Handschuhtragen spezielle Hautschutzpräparate auftragen, die die Schweißbildung vermindern.
4. Schutzhandschuhe nicht ununterbrochen tragen, Verhältnis Feuchtarbeit mit Handschuhen zu Trockenarbeit 1:1 einhalten.
5. Nach dem Handschuhtragen Puderrückstände abspülen, Hände abtrocknen und Hautschutzcreme auftragen.

Sie können sich umfassend über dieses Thema mit folgender Broschüre informieren: Hautkrankheiten und Hautschutz, GUV 50.0.11 Theorie und Praxis der Prävention.

2.2 Mikroorganismen – eine ständig lauernde Gefahr

Versuch 1 Drücken Sie einen gewaschenen Kamm in einen Nährboden und stellen Sie den Nährboden in einen Brutschrank (37 °C).

Versuch 2 Machen Sie mit einem Nährboden einen Abdruck von Ihrer Stirn oder einer Fingerkuppe und stellen sie den Nährboden in den Brutschrank.

Versuch 3 Lassen Sie einen Nährboden 15 Minuten geöffnet an der Luft stehen und stellen Sie ihn anschließend in den Brutschrank. Betrachten Sie die Nährböden nach etwa 2 Tagen (**2**.2).

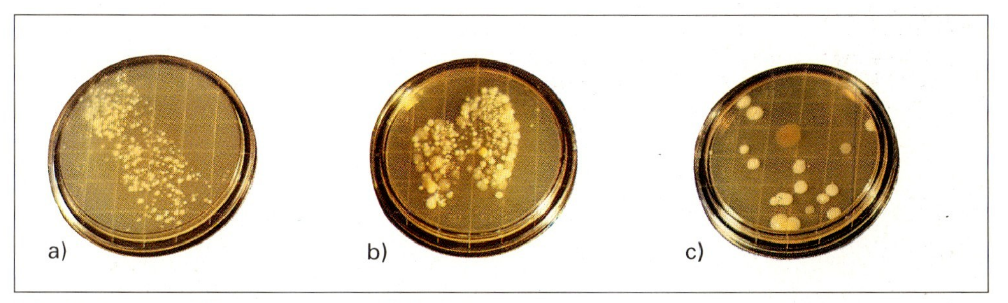

2.2 Wachstum von Mikroorganismen auf Nährböden
a) Abdruck eines Kamms, b) Abdruck einer gewaschenen Fingerkuppe, c) Mikroorganismen aus der Luft

Auf allen Gegenständen in unserer Umgebung sowie auf der Haut und den Schleimhäuten befinden sich winzige Lebewesen, die mit dem bloßen Auge nicht sichtbar sind. Einige dieser Kleinstlebewesen (*Mikroorganismen*) sind für uns lebensnotwendig (z. B. die der Darmflora). Andere sind gefährliche Krankheitserreger. Wenn sie in den Körper gelangen, vermehren sie sich und können Krankheiten auslösen. Der Körper erkrankt entweder durch die von den Mikroorganismen ausgeschiedenen Gifte oder durch die Zerfallstoffe, die beim Absterben der Erreger übrig bleiben.

Infektion und Inkubation. Das Eindringen von Krankheitserregern in den Körper nennt man Ansteckung oder Infektion. Sie wird begünstigt durch Unsauberkeit oder schwache Abwehrkräfte des Körpers. Nach der Infektion dauert es eine bestimmte Zeit, bis die Krankheit ausbricht. Diese Frist heißt Inkubationszeit.

Um sich und die Kunden vor Infektionen zu schützen, muß man die Erreger und ihre Übertragungswege kennen.

2.2.1 Arten

Zu unterscheiden sind 5 Arten von Krankheitserregern (**2.3**).

Tabelle **2.3** **Krankheitserreger und Arten der Krankheiten**

Art			Krankheiten
Pilze (pflanzlich) 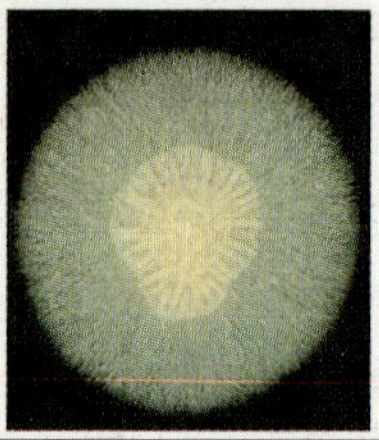	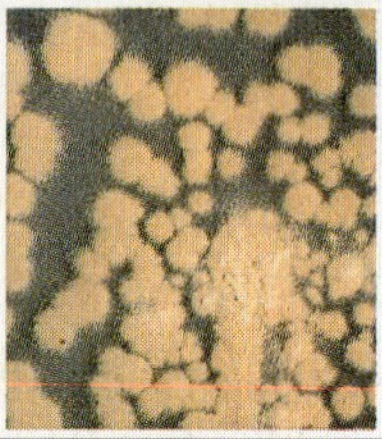	Sporenpilze 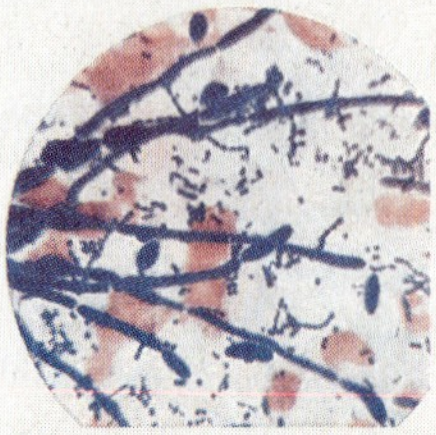	Mykosen, z. B. Bartflechte, Fußpilz
Protozoen (tierisch) 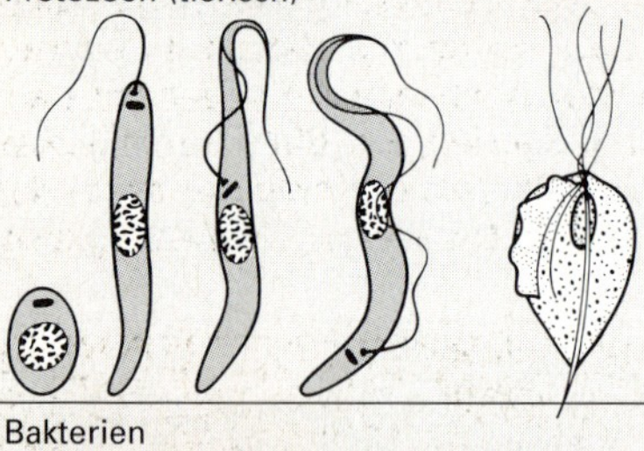		Krätzmilbe 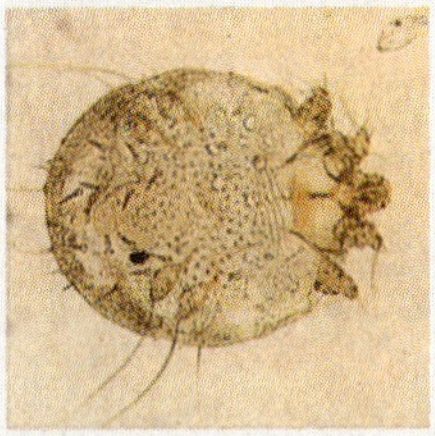	Krätze, Malaria, Schlafkrankheit
Bakterien Kugeln 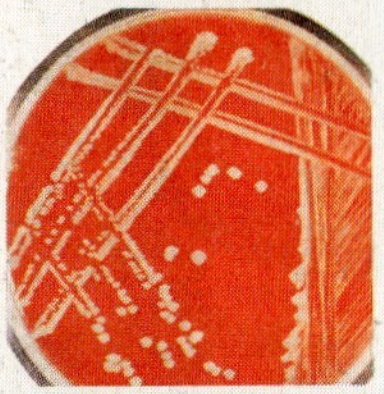	Stäbchen 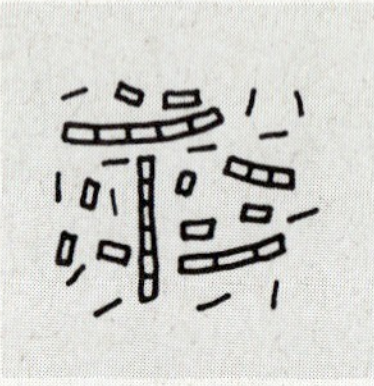	Schrauben 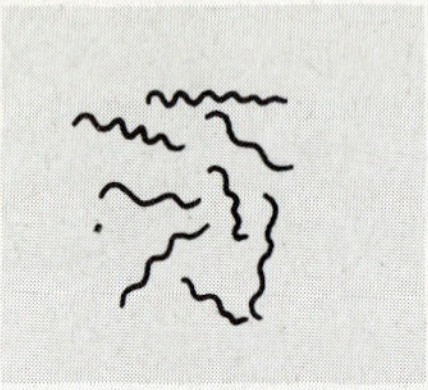	Entzündungen, Akne, Furunkel, Tuberkulose, Syphilis
Viren Herpes 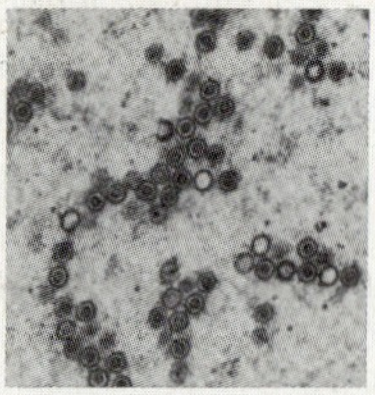	Poliovirus 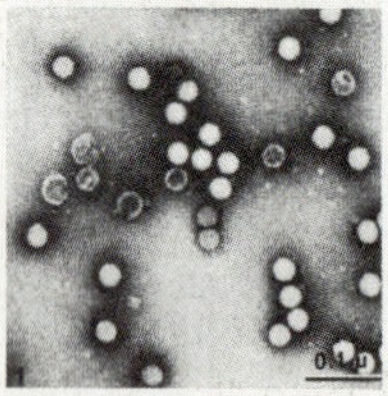	Grippevirus 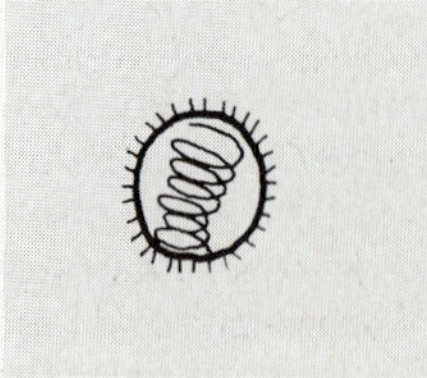	Masern, Grippe, Kinderlähmung, Herpes simplex, AIDS, Hepatitis, Gelbsucht

Pilze sind ein- oder mehrzellige Mikroorganismen. Sie befallen häufig Haut- und Schleimhäute sowie Haare und Nägel. Hautpilzerkrankungen (Fuß- und Nagelpilz) gehören zu den häufigsten Hauterkrankungen unserer Zeit. Besonders leicht gelangen die Pilze in wenig verhornte Hautstellen (z. B. zwischen den Zehen oder in winzige Hautrisse). Sie ähneln Pflanzen und bilden bis zu 1 cm lange Pilzfäden. Damit dringen sie in und zwischen die Gewebezellen und verschlingen sich dort zu Pilzgeflechten. Sie ernähren sich durch Aufsaugen der in den Gewebezellen gelösten Nährstoffe (**2**.4).

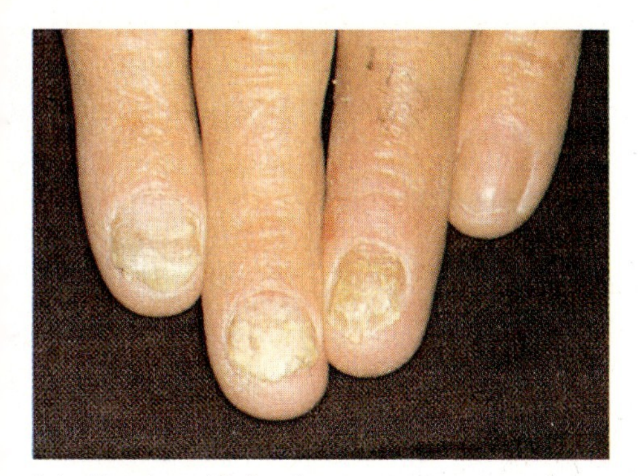

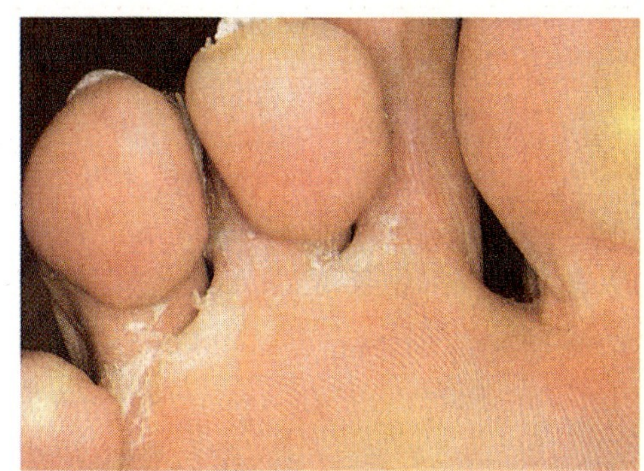

2.4 Nagel- und Fußmykosen

Protozoen bestehen aus einer Zelle, deren Teile so spezialisiert sind, daß der Organismus einem Tierchen ähnelt. Die kleinsten Protozoen sind etwa so groß wie ein rotes Blutkörperchen: $^{1}/_{100}$ mm. Sie vermehren sich durch Befruchtung oder Zellteilung. Bei ungünstigen Temperaturen oder Nahrungsmangel sterben sie nicht ab, sondern bilden *Zysten,* indem sie sich mit einer schützenden Haut umgeben und den Stoffwechsel vermindern. Im Darm ernähren sich Protozoen durch feste Nährstoffe oder Bakterien, im Blut durch gelöste Stoffe. Als Erreger von Tropenkrankheiten (Malaria, Schlafkrankheit) sind sie besonders gefährlich. Ihre fühlerartigen Fortsätze benutzen sie zur Fortbewegung in Flüssigkeiten und zum Zufächeln von Nahrung.

Bakterien sind die häufigsten Krankheitserreger. Die einzelligen Lebewesen sind etwa $^{1}/_{1000}$ mm groß und vermehren sich durch Zellteilung. Wenn ausreichend Nährstoffe vorhanden sind, teilen sie sich bei 15 bis 40 °C alle 15 bis 20 Minuten. So können in 10 Stunden aus einer Bakterie über eine Milliarde entstehen (**2**.5). Einige Bakterien, z. B. die *Bazillen,* bilden unter schlechten Lebensbedingungen Sporen. Diese überstehen Temperaturen zwischen –200 °C und +100 °C und sind auch mit Alkohol nicht abzutöten.

In der Umgangssprache werden häufig alle Krankheitserreger als *Bazillen* bezeichnet. Das ist natürlich falsch, denn Bazillen sind nur eine bestimmte Bakterienfamilie.

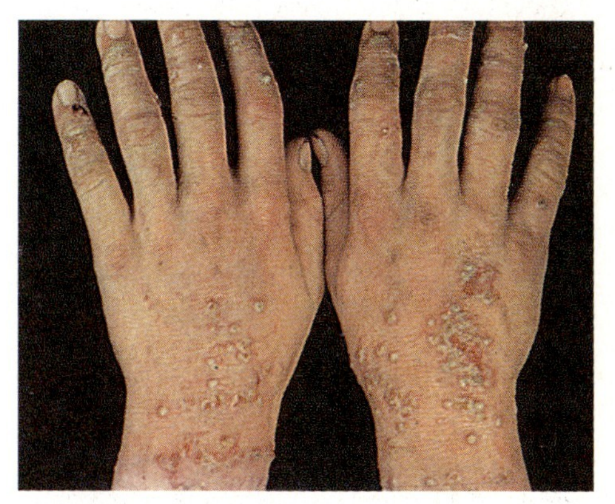

2.5 Erkrankung der Haarfollikel durch Bakterien

Nach der äußeren Form unterscheidet man *Kugel*bakterien (z. B. die Akne-Erreger), *Stäbchen*bakterien (z. B. Tuberkulose-Erreger) und *Schrauben*bakterien (z. B. Syphilis-Erreger). Jede Krankheit wird durch einen bestimmten Bakterientyp hervorgerufen.

Rickettsien sind etwa $^1/_{5000}$ mm lang und leben in Gewebezellen von Menschen und Tieren. Sie vermehren sich durch Zellteilung. Nach mehreren Teilungen zersprengen sie die Zelle und schädigen dadurch das Gewebe. Dauerformen wie Sporen oder Zysten können sie nicht ausbilden.

Viren sind mit $^3/_{10000}$ mm die kleinsten Krankheitserreger. Da sie keinen Stoffwechsel haben, kann man sie nicht mehr als Lebewesen bezeichnen. Sie schädigen den Menschen, indem sie in Zellen eindringen und deren Erbgut verändern (**2**.6).

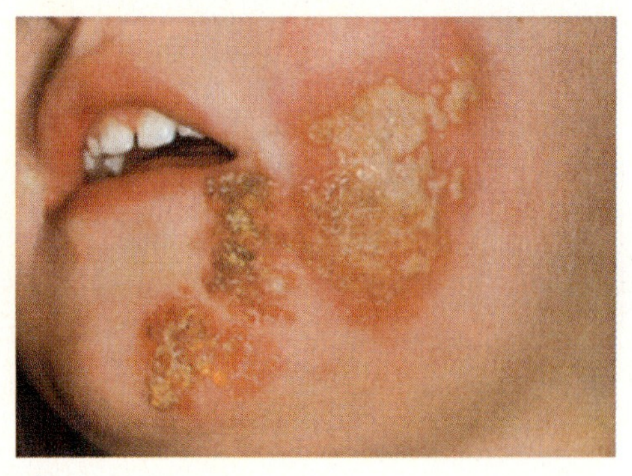

a)

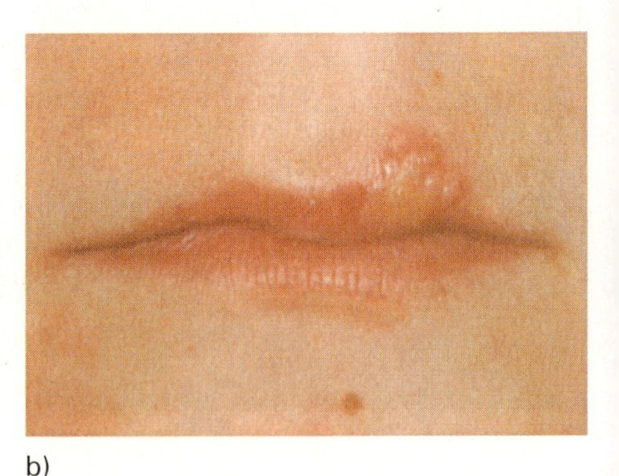

b)

2.6 Viruserkrankung (Herpes)
a) Erstinfektion beim Kleinkind, b) Herpesinfektion der Lippen

> Die 5 Arten der Krankheitserreger
> Pilze – Protozoen – Bakterien – Rickettsien – Viren
> Infektion = Eindringen von Krankheitserregern in den Körper
> Inkubationszeit = Zeit zwischen Infektion und dem Ausbruch der Krankheit

2.2.2 Übertragungswege

Wie kommen die Erreger in den Körper? Durch die gesunde Haut können sie nicht eindringen, aber durch offene Wunden oder Schleimhäute (**2**.7).

Kontaktinfektionen entstehen durch Berühren erkrankter Menschen, Tiere oder keimbehafteter Gegenstände. Die Infektionsgefahr durch Kämme, Bürsten, Scheren, Messer, Umhänge und Handtücher ist im Friseursalon groß, besonders wenn es beim Rasieren oder Haareschneiden eine Wunde gegeben hat. Deshalb enthalten die Hygieneverordnungen in bezug auf Kontaktinfektionen genaue Vorschriften.

Tabelle **2**.7 **Übertragungswege von Krankheitserregern**

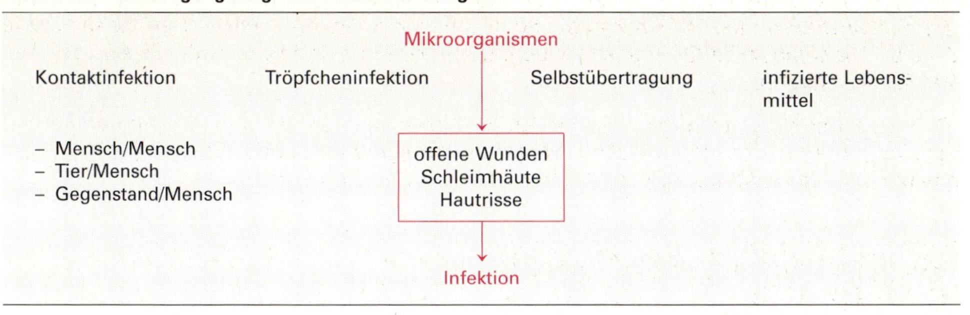

Manche Menschen sind zwar selbst gesund, beherbergen aber Krankheitserreger; möglicherweise sogar, ohne es zu wissen. Man nennt sie *Zwischenträger.* Beim Ausscheiden der Keime könen sie andere Menschen infizieren. Oft sind Tiere Zwischenträger, z. B. Hamster, Meerschweinchen, Hunde und Katzen. Kleine Kinder können sich dann beim Schmusen mit ihrem Liebling infizieren.

Auch AIDS – eine Viruserkrankung, die die körpereigenen Abwehrkräfte zerstört – wird durch Kontaktinfektion übertragen, z.B. durch Blut oder Sperma, die das Virus enthalten. Alle handelsüblichen Desinfektionsmittel töten dieses gefährliche Virus ab.

Bei der Tröpfcheninfektion werden die Erreger durch winzige Schleimtropfen übertragen. Diese werden von den Schleimhäuten kranker Personen aus Lunge, Mund oder Nase abgesondert und gelangen durch Husten oder Niesen in die Atemluft. Erkältungen und andere grippeartige Erkrankungen verbreiten sich auf diese Art ebenso wie Lungentuberkulose (**2**.8).

2.8 Tröpfcheninfektion

Durch Selbstübertragung bringt der Erkrankte selbst die Erreger von einer befallenen Hautstelle auf gesunde Stellen. Typisch sind dafür die Ausbreitung einer Akne durch Ausdrücken der Pickel oder die Übertragung von Fußpilz auf die Hände durch Kratzen.

Verseuchte Lebensmittel (ungewaschenes Obst, schimmeliges Brot, verdorbenes Fleisch oder Fisch) können Krankheitserreger übertragen. Sie sind dann Ursache von Magen- und Darmerkrankungen oder schweren Vergiftungen.

Krankheitserreger werden hauptsächlich durch Kontaktinfektion, Tröpfcheninfektion, Selbstübertragung oder infizierte Lebensmittel übertragen.

2.3 Insekten als Krankheitsüberträger

Kindergarten und Schule wegen Läusebefall geschlossen

Gesundheitsaufseher auf Läusejagd

Berlin Kaum zu glauben, aber es ist wahr. Die Läuseplage ist wieder unterwegs und scheint kaum zu stoppen. Die Gesundheitsaufseher bitten Eltern, Kindergärtnerinnen und die Schulleitungen bei der Jagd nach den gefürchteten Krabbeltieren um Mithilfe. Sichtbar sind meist nicht die Läuse, sondern die Nissen (Eier der Laus), die sich als weiße Punkte im Kopfhaar der Kinder gut erkennen lassen. Kontrollieren Sie die Köpfe Ihrer Kinder! Sind Sie im Zweifel, rufen Sie das Gesundheitsamt der Stadt an; dort bekommen Sie rasch Rat und Hilfe.

2.9 Zeitungsausschnitt

Kindergarten und Schule wegen Läusebefall geschlossen! (**2.**9)

Eine solche Zeitungsmeldung ist gar nicht selten, denn der Befall durch Kopfläuse hat in den letzten Jahren zugenommen.

Kopfläuse sind kleine flügellose Insekten, die sich mit den Beinen am Kopfhaar festklammern. Sie saugen Blut aus der Kopfhaut und können dabei Rickettsien übertragen, bilden also eine doppelte Gefahr für die Gesundheit. Der Läusebefall zeigt sich durch Rötungen, Bläschen, Schuppen und Krusten auf der Kopfhaut. Sichtbar ist er vor allem durch typische weißlich-helle Punkte am Haar. Dies sind die Läuseeier, *Nissen*. Sie kleben fest am Haar und sind auch durch gründliche Haarwäschen nicht zu entfernen (**2.**10).

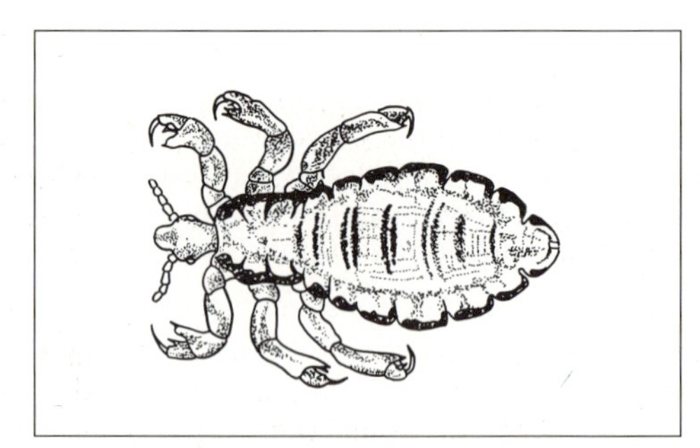

a)

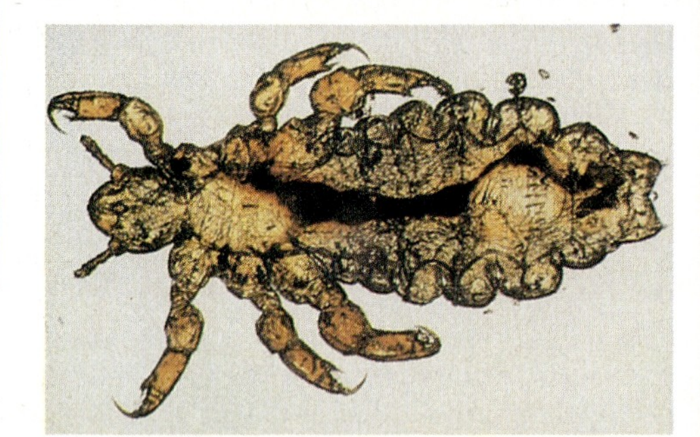

b)

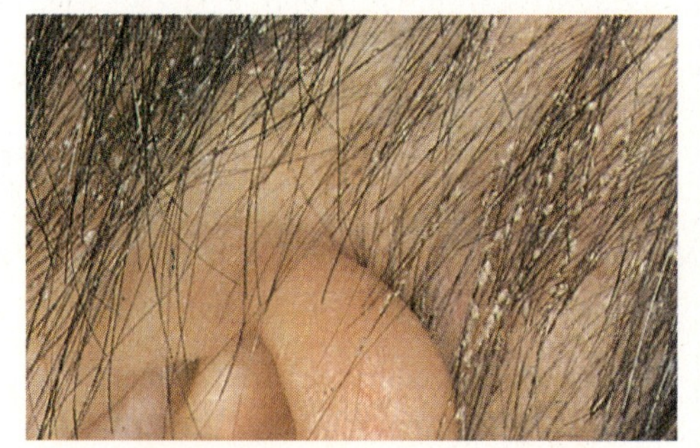

c)

2.10 a) Kopflaus (Zeichnung), b) (Foto), c) Nissen im Haar

Läusebefall bekämpft man am erfolgreichsten mit Jacutin oder Cuprex, erhältlich in Apotheken. Die Mittel werden nach der täglichen Haarwäsche ins Haar und auf die Kopfhaut aufgetragen und nach 12 bis 24 Stunden wieder ausgewaschen; die Behandlung muß mehrmals wiederholt werden.

Kopfläuse sind kein Zeichen mangelnder Hygiene, denn sie können auch gewaschene und gepflegte Haare befallen. Übertragen werden sie häufig durch Kopfstützen in öffentlichen Verkehrsmitteln, durch Kissen oder Mützen, die von mehreren Personen benutzt werden.

2.4 Körpereigener Schutz vor Infektionen

Bei gleicher Infektionsgefahr erkranken nicht alle Personen, die mit den Erregern in Berührung gekommen sind. Während einer Grippewelle erkrankt evtl. nur einer innerhalb der Familie oder infizieren sich nur einige Schüler aus einer Schulklasse. Die natürliche Widerstandskraft der Menschen ist verschieden. Der Körper wehrt sich zwar auf doppelte Weise (durch äußeren und inneren Schutz) gegen die Erreger, bleibt aber nicht immer erfolgreich.

Als äußeren Schutz umgibt die Haut den Körper. Sie ist undurchlässig für Mikroorganismen. Ein *Säureschutzmantel* aus Hauttalg (Fett) und Schweiß umgibt sie wie ein dünner Film. Er verhindert das Wachstum von Krankheitserregern.

Ein Beispiel aus dem Haushalt verdeutlicht die keimhemmende Wirkung von Säuren. In Essig eingelegtes Fleisch (Sauerbraten) oder Früchte verderben nicht. Zusätzlich ist der Säureschutzmantel Nährboden für die körpereigenen Mikroorganismen. Diese erstaunliche Tatsache kann mit dem Wachstum von Blumen verglichen werden. Ein Kaktus braucht zum Gedeihen eine andere Blumenerde als ein Alpenveilchen.

Einen weiteren Schutz bilden die *hauteigenen Bakterien* selbst. Sie können fremde Bakterien vernichten oder das Wachstum und damit die Ausbreitung behindern. Schleimhäute sind besonders infektionsgefährdet, weil sie keinen Säureschutzmantel haben. Stattdessen sind sie mit Flimmerhaaren ausgestattet. Wie ein kleiner Besen wedeln sie ständig die Mikroorganismen von den Schleimhäuten. Zusätzlich verfügen sie über eine eigene Bakterienflora.

Ist die Haut durch eine Wunde verletzt oder rissig, ist der äußere Schutz zerstört – die Krankheitserreger können in den Körper eindringen.

Zum inneren Schutz stehen die *weißen Blutkörperchen* bereit. Sie umschließen die eingedrungenen Erreger und vernichten sie. Den zweiten Kampf führen die *Antikörper* (Gegenkörper). Sie lösen die Zellen der Erreger auf oder schädigen sie so stark, daß sie keine Gifte mehr bilden können. Diese wichtigen Antikörper bildet der Körper selbst. Durch Impfungen mit abgeschwächten Krankheitserregern oder kleinsten Mengen ihrer Gifte kann man die Antikörperbildung vorbeugend anregen (z. B. Pockenimpfung). Sie machen den Körper immun (unangreifbar) und wirken z. T. viele Jahre.

Der körpereigene Schutz vor Infektionen

Äußerer körpereigener Schutz
- mechanisch (Haut, Flimmerhaare der Schleimhäute)
- chemisch (Säureschutzmantel)
- bakteriell (körpereigene Bakterien)

Innerer körpereigener Schutz
weiße Blutkörperchen und Antikörper

2.5 Desinfektion und Sterilisation

Im Friseursalon kann man sich nicht auf die Widerstandskraft der Kunden gegenüber Krankheitserregern verlassen, sondern muß die Keime unschädlich machen. Dies wird von der „Hygieneverordnung" der Bundesländer vorgeschrieben.

Durch *Desinfektion* verringert man die Anzahl der Mikroorganismen, so daß sie keine Infektion mehr verursachen können. Das vollständige Keimfreimachen, also auch das Abtöten von Sporen und Zysten, erreicht man durch *Sterilisation*. In beiden Methoden schädigt man durch physikalische Verfahren (z.B. Hitze, Bestrahlung) oder chemische Mittel die Zellen der Mikroorganismen, so daß sie absterben (**2**.11).

Tabelle **2**.11 **Desinfektion und Sterilisation**

physikalisch	Austrocknen Verbrennen Bestrahlen	durch trockene Hitze im Sterilisator (Heißluft, 150 bis 180 °C) durch offenes Feuer durch ultraviolette Strahlen im UV-Sterilisator, Gammastrahlen (z.B. bei Lebensmitteln und Kunststoffen)
chemisch	Oxidation Eiweiß-Denaturierung (= Zerstörung durch Gerinnen)	mit Jod, Chlor oder Wasserstoffperoxid (3- bis 6%ig) mit Alkohol (z.B. Ethanol 70- bis 80%ig oder 2-Propanol 60%ig) oder mit Phenolen, Aldehyden durch Kochen in Wasser (mindestens 10 Minuten)

Für die physikalischen Methoden bietet der Handel Spezialkassetten und -boxen an. Die chemischen Mittel kauft man als Lösungen, Sprays oder Tabletten. Die meisten Lösungen sind Konzentrate und müssen daher verdünnt werden.

Materialverträglichkeit. Die Hygieneverordnung schreibt vor, daß Sie zur Desinfektion nur Präparate benutzen dürfen, die in der Liste des Bundesgesundheitsamts oder der Deutschen Gesellschaft für Hygiene und Mikrobiologie (DGHM) verzeichnet sind. Diese Mittel sind nicht nur sorgfältig auf ihre Wirksamkeit hin getestet, sondern auch vom Hersteller auf Materialverträglichkeit geprüft. So kann ein Präparat ein ausgezeichnetes Mittel für Fußböden und Waschbecken sein, sich aber nicht für Schneidegeräte aus Metall eignen, weil es hierauf Flecken hinterläßt.

Die Hautverträglichkeit der Präparate spielt bei der Desinfektion von Fußböden, Textilien und Geräten nur eine geringe Rolle. Sie ist aber sehr wichtig bei der Desinfektion von Haut und Händen. Die Anwendungsvorschriften der Hersteller sind deshalb zu beachten und zu befolgen. Auch eine zu geringe Dosierung oder Konzentration ist schädlich, weil sie die Desinfektion unvollständig macht.

Desinfektion

- Verringerung der Anzahl der Mikroorganismen, so daß sie keine Infektionen mehr hervorrufen können.

Sterilisation

- Vernichtung oder Entfernung aller Mikroorganismen und ihrer Dauerformen – vollständig keimfrei.

Anleitung zur Herstellung und zum Gebrauch einer Desinfektionsmittellösung für Schneidegeräte

- Schützen Sie Ihre Hände mit Handschuhen!
- Waschen Sie Wanne und Korb gründlich aus.
- Lesen Sie in der Gebrauchsanweisung des Desinfektionsmittels oder in der Dosiertabelle nach, wieviel ml Konzentrat Sie auf 2 l Wasser brauchen. Messen Sie das Konzentrat genau ab oder benutzen Sie eine eingestellte Dosierpumpe.
- Füllen Sie zuerst die Wanne mit 2 l Leitungswasser und geben Sie dann das Konzentrat zu. So vermeiden Sie eine stärkere Schaumbildung, die eine Kontrolle der Wassermenge erschwert.
- Um Konzentrat und Wasser zu vermischen, fassen Sie den Gerätekorb an den seitlichen Griffen und tauchen ihn vorsichtig zwei- oder dreimal in das Bad.
- Legen Sie nun vorsichtig die Messer und *geöffneten* Scheren so in den Korb, daß alle Schneideflächen zu einer Seite zeigen.
- Verschließen Sie die Wanne mit dem Deckel und stellen Sie die erforderliche Einwirkzeit ein.
- Nach Ablauf der Einwirkzeit heben Sie den Deckel ab, drehen ihn um und stellen den Gerätekorb zum Abtropfen hinein. Spülen Sie die Schneidegeräte noch im Korb gründlich unter fließendem Wasser ab, bevor Sie sie trockenreiben.
- Verschließen Sie die Desinfektionslösung wieder mit dem Deckel.
- Angesetzte Lösungen sollten längstens eine Woche benutzt werden.
- Bei sichtbarer Trübung oder Verunreinigung muß die Lösung auf jeden Fall erneuert werden.

Aufgaben zu Abschnitt 2

1. Was bedeutet Hygiene?
2. Welche Maßnahmen gehören zur öffentlichen Hygiene?
3. Nennen Sie Maßnahmen zur persönlichen Hygiene.
4. Was schreibt die Hygiene-Verordnung in bezug auf die Desinfektion von Schneidegeräten vor?
5. Übungsgespräch: Sie entdecken bei einer Kundin Kopfläuse und sollen es ihr taktvoll beibringen.
6. Was versteht man unter Infektion?
7. Erläutern Sie den Begriff Inkubationszeit.
8. Nennen Sie die 5 Arten der Krankheitserreger.
9. Was sind Sporen? Welche Mikroorganismen bilden Sporen?
10. Nennen Sie Erkrankungen, die durch Pilze hervorgerufen werden.
11. Welche Krankheiten werden durch Bakterien ausgelöst?
12. Geben Sie 3 Beispiele für Kontaktinfektionen.
13. Warum muß man sich sorgfältig die Hände waschen, wenn man Tiere gestreichelt hat?
14. Beschreiben Sie die körpereigenen Schutzmaßnahmen gegen Infektionen. Unterscheiden Sie dabei den äußeren und den inneren Schutz.
15. Wodurch unterscheiden sich Desinfektion und Sterilisation?
16. Nennen Sie chemische und physikalische Verfahren zur Desinfektion.
17. Warum müssen bei Desinfektionsmitteln die Verdünnungsvorschriften der Hersteller genau eingehalten werden?
18. Warum müssen Sie bei der Desinfektion von Schneidegeräten Handschuhe tragen?
19. Wann sollte eine angesetzte Desinfektionslösung erneuert werden?

3 Anatomie und Physiologie unter besonderer Berücksichtigung von Haar und Haut

3.1 Anatomie und Physiologie

Beim Lesen der Überschrift werden Sie fragen, was ein Friseur mit diesen medizinischen Gebieten zu tun hat. Die Anatomie beschäftigt sich mit dem Aufbau des Körpers und die Physiologie mit den Lebensvorgängen von Zellen und Organen. Sie möchten schließlich kein Arzt werden, sondern doch nur Haare, Haut und Nägel „behandeln“. Brauchen Sie dazu Kenntnisse über die Verdauung, den Blutkreislauf, die Zellen und Gewebe?

Früher war der Friseur Bader – nach heutigem Verständnis eine Mischung aus Arzt, Zahnarzt und Friseur (**3**.1). Noch heute hat unser Beruf mit der Gesunderhaltung zu tun, denn nur gesundes Haar und eine gesunde Haut sind schön. Gesundheit jedoch bezieht sich immer auf den ganzen Körper. Deshalb beschäftigen wir uns auch mit Anatomie und Physiologie.

3.1
Bader – ein vielseitiger Beruf

3.1.1 Zelle

Aufbau und Aufgaben. Die Zelle ist der kleinste lebende Baustein des Körpers. Sie besteht aus dem Zellplasma, der Zellwand, dem Zellkern und dem Zentralkörperchen (**3**.2a). Der Zellkern enthält die Träger der Erbanlagen, die Chromosomen. Das *Zellplasma* enthält 75% Wasser. Die restlichen 25% sind Eiweiß, Fett, Kohlehydrate und Salze. Wegen des hohen Wasseranteils ist das Plasma gelartig beschaffen, also weder fest noch flüssig.

Zellen können wir mit winzigen Fabriken vergleichen. Die *Zellwand* (auch Zellmembran genannt) ist die Einkaufs- und Verkaufsabteilung. Sie sucht Rohstoffe für die Arbeit in der Zelle aus und gibt Fertigprodukte (Eiweiß, Enzyme, Hormone, Antikörper) ab. Der *Zellkern* ist das Management, das Steuerzentrum der Fabrik. Er ist verantwortlich für die Stoffwechselvorgänge im Zellplasma. Dabei werden aus den Nährstoffen neue Stoffe zum Aufbau der zelleigenen Substanz erzeugt. Durch Verbrennung von Stoffen entsteht Wärme = Energie. Die dabei anfallenden Stoffwechselschlacken (Harnstoff, Harnsäure, Milchsäure, Kohlendioxid) werden von der Zelle ausgeschieden (**3**.2 b).

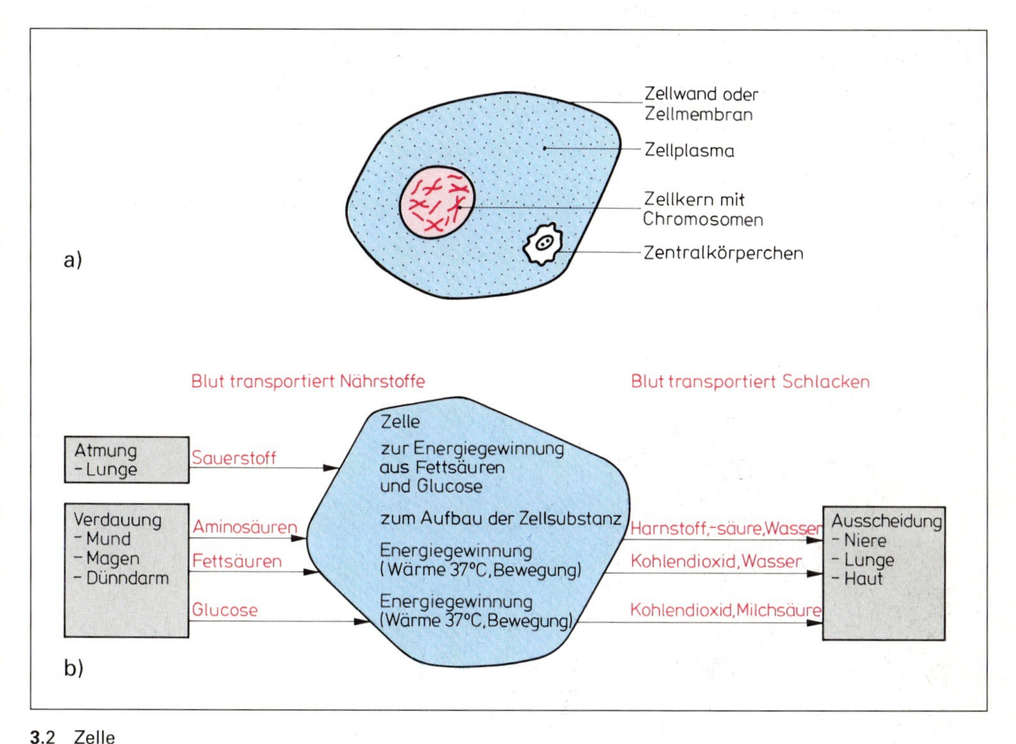

3.2 Zelle
a) Aufbau, b) Stoffwechsel

Stoffwechsel
- Aufnahme von Nährstoffen
- Erzeugen von zelleigener Substanz und Energie
- Abgabe von Schlackenstoffen

Zellteilung. Die Zelle vermehrt sich durch Zellteilung. Dabei müssen alle Zellbestandteile auf die neuen Tochterzellen übertragen werden, vor allem die Chromosomen. Alle halbe bis zwei Stunden teilen sich die Zellen, so daß aus einer zwei werden. Diese Teilung vollzieht sich in fünf Stufen/Stadien (**3**.3).

Tabelle **3.3** **Die fünf Stadien der Zellteilung**

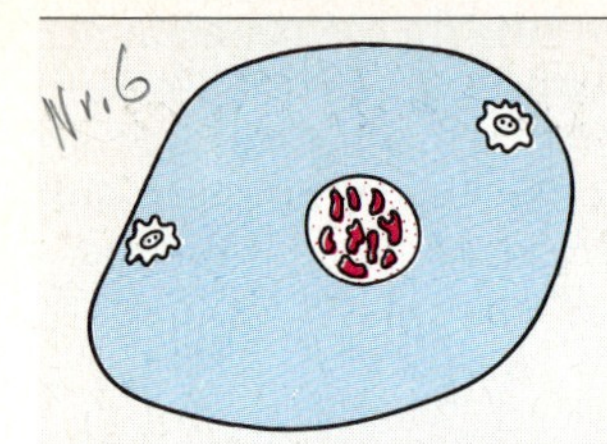	1. Phase: Knäuelstadium Der Kern nimmt Wasser auf und schwillt an. Das Zentralkörperchen teilt sich, während sich das Netzwerk im Kern (Chromatin) zu den fadenförmigen Chromosomen ordnet. Die aus den Zentralkörperchen entstandenen Teile bilden eine faserartige Spindel.
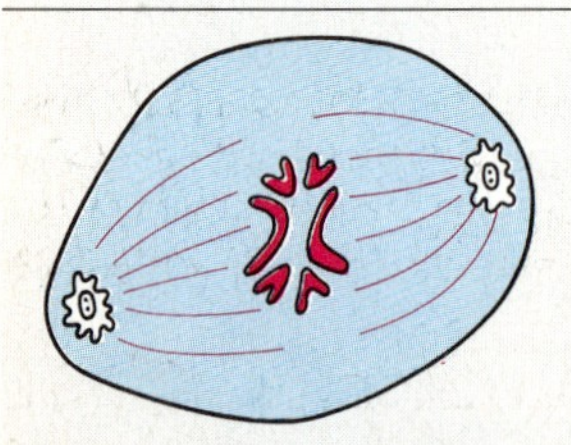	2. Phase: Mutterstern Die beiden neuen Zentralkörperchen wandern zu den Polen (Polkörperchen). Aus der faserartigen Spindel sind Zugfasern geworden, die die inzwischen gespaltenen Chromosomen in der Zellenmitte anordnen (Äquatorialplatte).
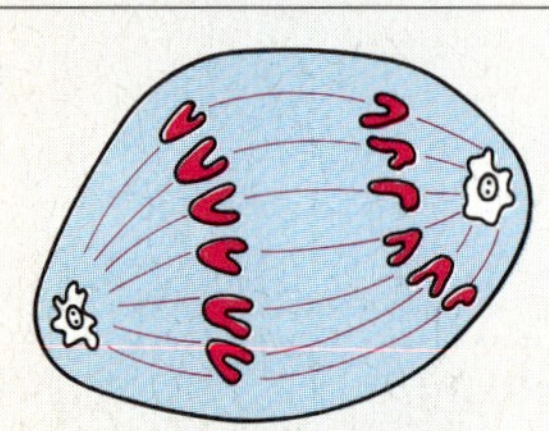	3. Phase: Tochterstern Die gespaltenen Chromosomen wandern je zur Hälfte zu den Polen und bilden die Tochtersterne.
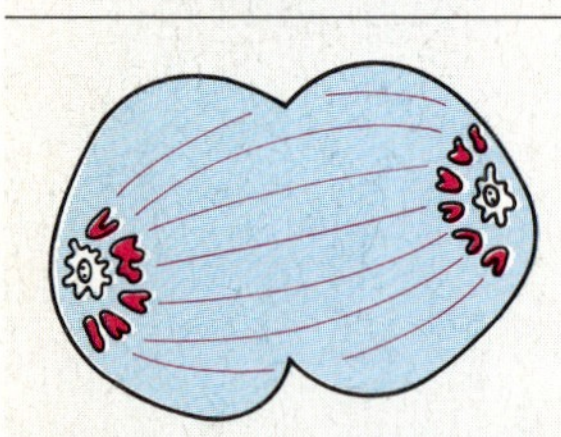	4. Phase: Abschluß Die Wanderung der Chromosomen kommt zum Abschluß, die Spindelfasern verschwinden, und die Zelle beginnt sich einzuschnüren.
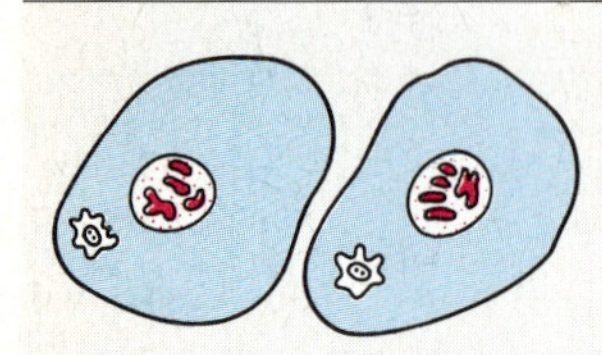	5. Phase: Wiederaufbau Die Zelle bildet eine vollständige neue Zellwand. Aus den Chromosomen entsteht ein neues Netzwerk, während die Zelle zur vollen Größe heranwächst.

Aufbau der Zelle
- Zellkern
- Zellplasma
- Zellwand
- Zentralkörperchen

Die Zelle ist die kleinste lebende Einheit des Körpers und vermehrt sich durch Zellteilung.

3.1.2 Von der Zelle zum Organismus

Die Zellen sind auf bestimmte Aufgaben spezialisiert. Deshalb gibt es verschiedene Zellarten:

- **Deck- oder Epithelzellen** bilden eine schützende Decke
- **Muskelzellen** können sich zusammenziehen und Bewegung erzeugen
- **Nervenzellen** leiten Reize weiter
- **Knochenzellen** bilden ein festes stützendes Gerüst
- **Bindegewebszellen** bilden Verbindungen, z.B. zwischen Organen

Gleiche Zellen schließen sich zu Geweben zusammen. Entsprechend unterscheidet man das Deck- oder Epithelgewebe, das Muskelgewebe, das Nervengewebe sowie das Binde- und Stützgewebe. Durch den Zusammenschluß verschiedener Gewebe entstehen Organe (z.B. Magen, Herz, Leber). Die verschiedenen Organe bilden zusammen den Organismus (**3**.4).

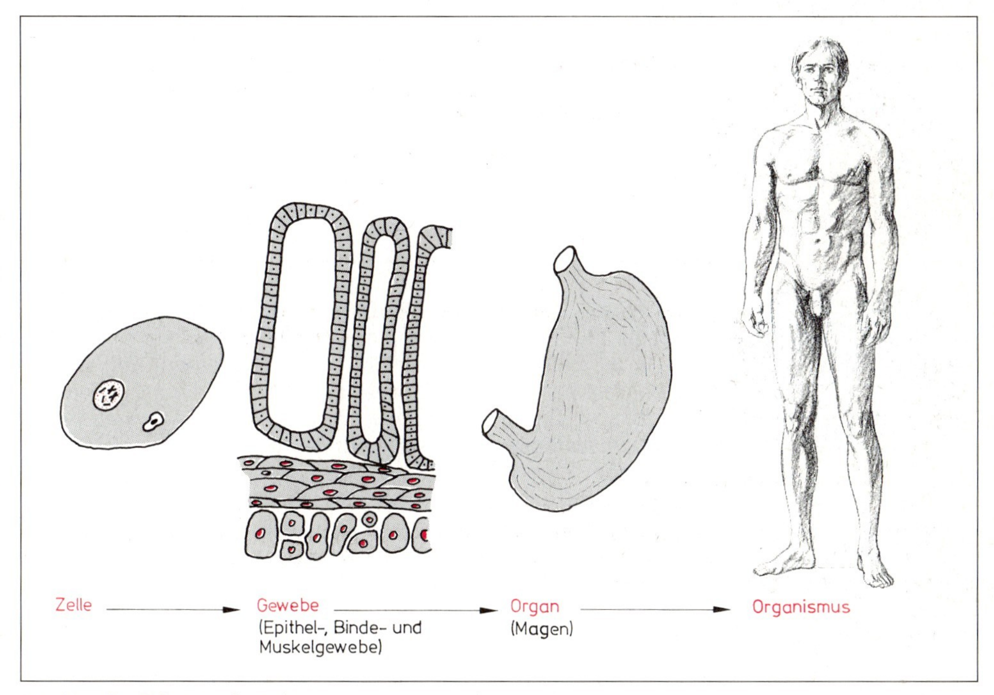

3.4 Von der Zelle zum Organismus

Epithelgewebe

Das Deck- oder Epithelgewebe kleidet äußere und innere Körperflächen aus. Es bildet die oberste Hautschicht (Epidermis) und schützt das Körperinnere (Schleimhäute). Auch die Talg-, Schweiß- und anderen Drüsen sind mit Epithelgewebe ausgekleidet. In den Drüsen bilden die Epithelzellen Sekrete (Talg, Schweiß, Hormone u.a.) und geben diese nach außen oder an das Körperinnere ab (**3**.5). Auch die Innenseite des Darms besteht aus Epithelgewebe (Darmzotten). Diese Epithelzellen nehmen die aus der Nahrung gewonnenen Stoffe auf und geben sie zum Weitertransport an das Blut ab.

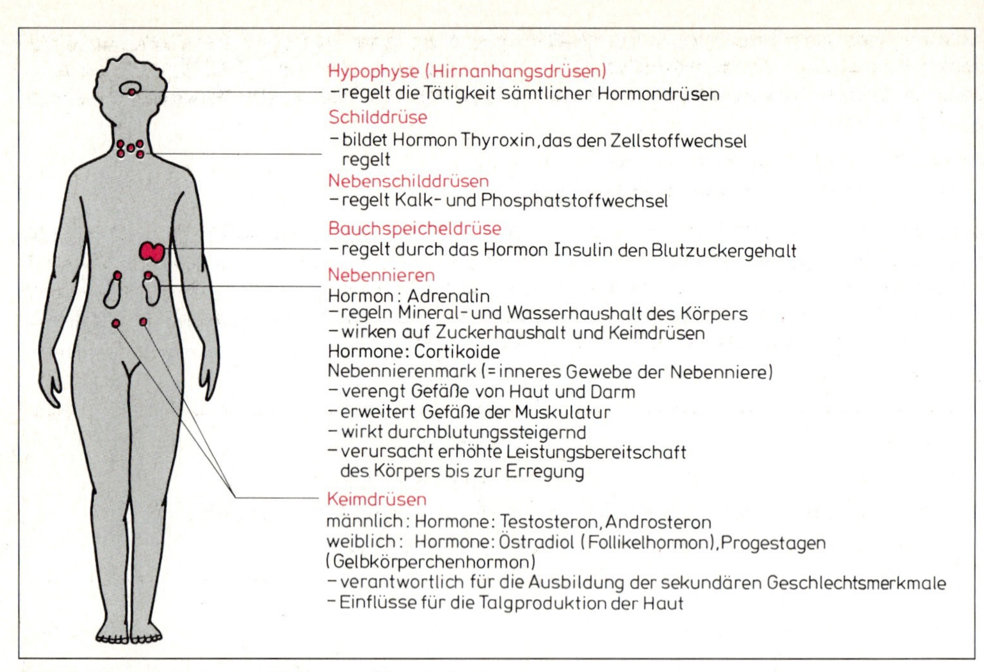

3.5 Die Hormondrüsen des Körpers und ihre Aufgaben

Binde- und Stützgewebe

Binde- und Stützgewebe sind die häufigste Gewebeart im Körper. Sie bilden außer den Knochen, Sehnen und Knorpeln die unter der Epidermis liegende Lederhaut und verbinden die verschiedenen Gewebearten zu Organen. Binde- und Stützgewebe haben entweder Stütz- oder Stoffwechselfunktion. Das Bindegewebe besteht aus *Bindegewebszellen* und verschiedenen *Fasern,* die gitterartig angeordnet sind, um dem Gewebe neben der Festigkeit auch Elastizität zu geben. Zum Binde- und Stützgewebe zählt auch das *Fettgewebe.* Die Zellen dieses gelblichen Gewebes sind mit Fett-Tröpfchen ausgefüllt.

Knochen sind die bekanntesten Stützgewebe. Das menschliche Skelett besteht aus mehr als 200 Knochen, die teils beweglich (Gelenke, **3.**6), teils fest miteinander verbunden sind (Knochenfugen, **3.**7). Die Knochen umschließen als Schutz Gehirn, Rückenmark und Sinnesorgane und geben als Stütze dem Körper die Form. Sie enthalten 99% des im Körper

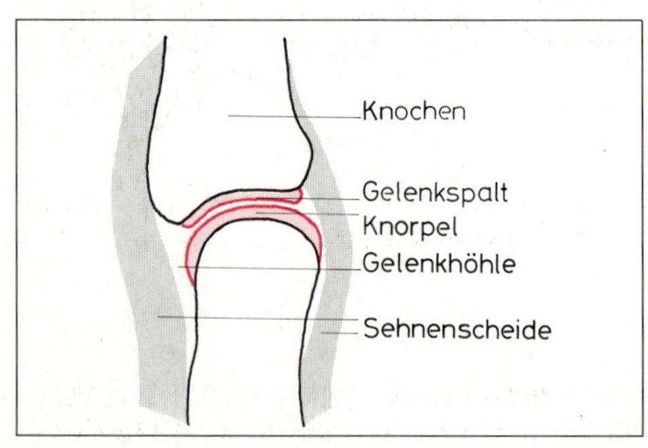

3.6 Gelenkschema

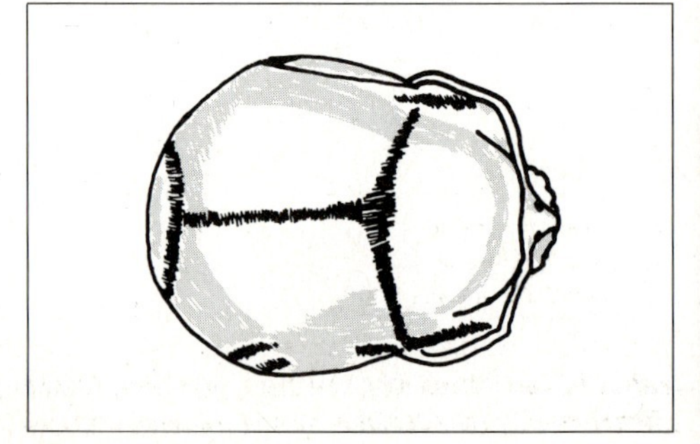

3.7 Knochenfugen des Schädeldachs

vorhandenen Calciums in Form von Kalksalzen (Phosphate und Carbonate). Während der Wachstumsphase gibt man Kindern häufig Kalktabletten, denn die Kalksalze bilden etwa zwei Drittel der Knochensubstanz. Sie sind die anorganischen (= nicht lebenden) Bestandteile der Knochen.

Versuch 1 Verbrennen Sie einen Knochen.

Versuch 2 Legen Sie einen Knochen in Salzsäure.

Verbrennt man einen Knochen, so bleibt der Kalk als spröde weiße Asche zurück. Will man dagegen das restliche Drittel der Knochensubstanz betrachten, muß ein Knochen 2 bis 3 Tage in Salzsäure gelegt werden. Die Säure löst die anorganischen Bestandteile und läßt den Knochenleim zurück. Der Knochenleim ist gummiartig und biegsam; er entspricht den organischen Bestandteilen des Knochengewebes.

Nach der Form unterscheidet man drei Knochenarten:

Knochenarten

Röhrenknochen, z.B. die langen Knochen der Arme und Beine

platte Knochen, z.B. Schädeldach, Schulterblätter, Brustbein und Becken (**3**.8)

kurze Knochen, z.B. Wirbel, Hand- und Fußwurzelknochen (**3**.9)

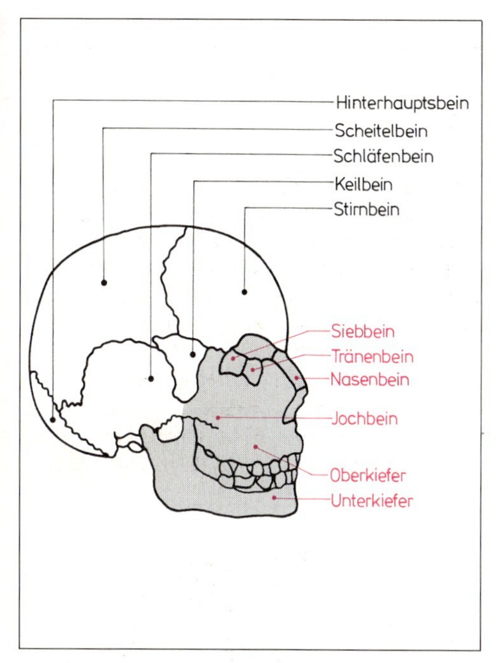

3.8 Schädelknochen
weiß = Gehirnschädel
grau = Gesichtsschädel

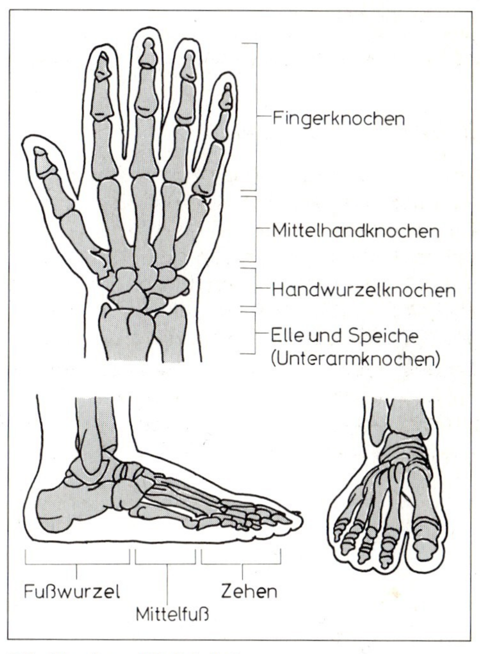

3.9 Hand- und Fußskelett

Aufbau der Knochen. Außer im Gelenkbereich sind die Knochen von einer festen Haut überzogen. Sie besteht aus Bindegewebe. Diese *Knochenhaut* enthält viele Blutgefäße, die sich im Knocheninnern zu feinen Ästen verzweigen. Die Gefäße versorgen die Kno-

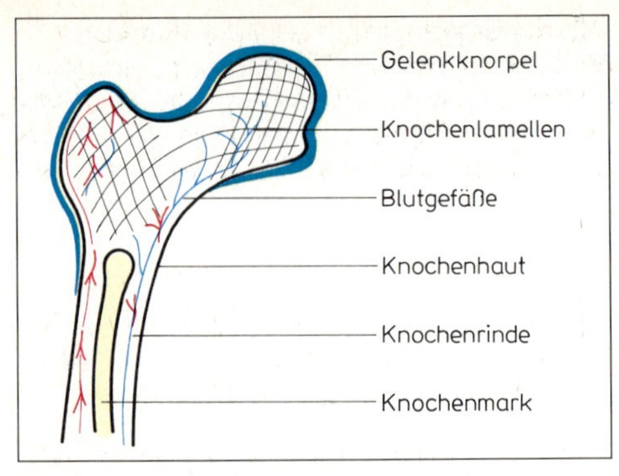

3.10 Aufbau des Knochens

chen mit Nährstoffen und nehmen Schlakken auf (**3.10**). Bei einem längs durchgesägten Röhrenknochen erkennt man das Bauprinzip. Unter der Knochenhaut liegt eine feste Schicht, die *Knochenrinde.* Nach innen lockert sie sich und geht in ein Netz feiner Bälkchen über. Die Bälkchen heißen *Knochenlamellen.* Sie verteilen den Druck und Zug gleichmäßig auf den Knochen; so wird Knochensubstanz gespart, ohne daß die Festigkeit des Knochens verlorengeht. Die Hohlräume zwischen den Lamellen sind mit *Knochenmark* ausgefüllt.

Nervengewebe

Das Nervengewebe bildet das Nervensystem. Es ermöglicht die Reizaufnahme, -leitung und -verarbeitung, dient der Orientierung und Anpassung an die Umwelt. Die Nervenzellen haben lange Fortsätze (Neuriten, Dendriten) und sind so kompliziert gebaut, daß sich die ausgewachsene Zelle nicht mehr teilen kann (**3.11**).

Zerstörte Zellen können sich also nicht erneuern oder neu bilden. Es kommt viel mehr zur völligen Empfindungslosigkeit und Lähmung der entsprechenden Körperpartie.

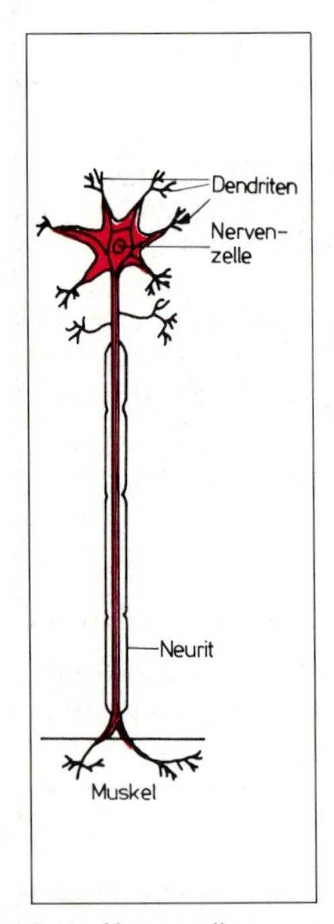

3.11 Nervenzelle mit Fortsätzen

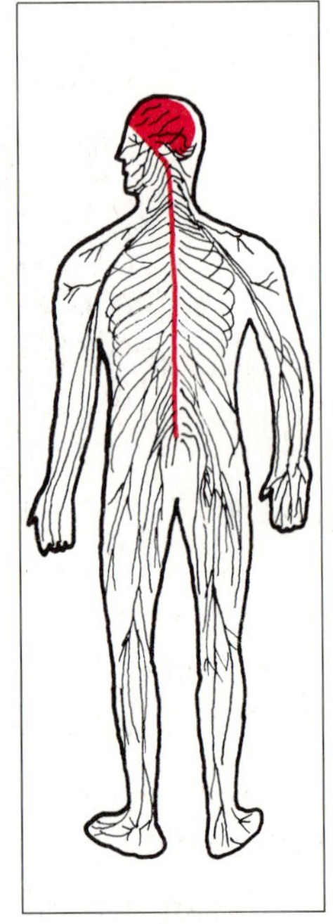

3.12 Nervensystem rot = zentrales, schwarz = peripheres Nervensystem

Zentrales und peripheres Nervensystem. Nerven durchziehen den ganzen Körper. Gehirn und Rückenmark bilden das zentrale Nervensystem. Sie sind lebenswichtige Schaltzentralen, die durch Schädelknochen und Wirbel geschützt sind. Das periphere (= außen gelegene) Nervensystem umfaßt alle Nerven, die die Gliedmaßen und Organe mit dem zentralen verbinden (**3.12**).

Wenn Sie mit den Fingerspitzen einen scharfkantigen Gegenstand berühren, werden die feinen Nervenenden der Fingerkuppen gereizt. Hauchdünne Nervenfasern (Empfindungs- oder *sensible Nerven*) leiten diesen Reiz über dickere Nerven durch Finger, Hand und Arm. Von hier aus gelangt der Reiz ins Rückenmark und schließlich ins Gehirn. Nun wird Ihnen dieser Reiz bewußt – das Gehirn gibt „Alarm", denn ein scharfkantiger Gegenstand bedeutet Gefahr. Es schickt über die *motorischen Nerven* den Befehl an die entsprechenden Muskeln, den Finger zurückzuziehen.

Die Muskeln setzen den Befehl in Bewegung um (Muskelkontraktion = Muskelzusammenziehung). Faszinierend ist dabei, daß der ganze Vorgang nur einen Bruchteil einer Sekunde dauert. Bei großer Gefahr ist selbst diese kurze Zeitspanne noch zu lang. Fassen sie z.B. mit den Fingern auf eine heiße Herdplatte, wird der Reiz schon im Rückenmark zum „Rückzugsbefehl" verarbeitet. Man spricht dann von einer Reflexbewegung.

Motorisches und autonomes Nervensystem. Den Bewegungsapparat (also Hände, Arme, Beine usw.) können wir durch die motorischen Nerven bewußt steuern. Das Nervensystem der inneren Organe unterliegt dagegen nicht unserem Willen. Der Magen krampft sich ohne unser Zutun zusammen, das Herz schlägt „automatisch“. Dieses vom Willen unabhängige Nervensystem heißt autonomes (= eigenständiges) oder vegetatives Nervensystem.

Muskelgewebe

Muskelzellen können sich schneller und stärker zusammenziehen als andere. Durch Verkürzung (Kontraktion) bewegen sie die Körperteile und Organe. Man unterscheidet die glatte Muskulatur, die quergestreifte Skelettmuskulatur und die Herzmuskulatur.

Die glatte Muskulatur bildet die Muskelschicht der Hohlorgane und Gefäße. Sie arbeitet langsam, in gleichmäßigem Rhythmus und unwillkürlich, ist also nicht durch den Willen zu beeinflussen. Ihre Zellen sind spindelförmig und haben einen länglichen Kern.

Die quergestreifte Skelettmuskulatur arbeitet schnell, ohne Rhythmus und willkürlich, d.h. durch Einfluß des Willens. Sie macht etwa 40% des gesamten Körpergewichtes aus. Lockeres Bindegewebe faßt mehrere Muskelfasern zu Bündeln zusammen. Diese entsprechen Fleischfasern, die man bei einem quer zum Muskel aufgeschnittenen Braten gut erkennen kann. Die einzelnen Muskeln sind mit Bindegewebe umhüllt, das in Sehnen übergeht. Die Sehnen verbinden die Muskeln mit den Knochen.

Bei der kosmetischen Gesichtsmassage werden Gesichtsmuskeln bewegt (**3**.13). Daduch öffnen sich die Kapillargefäße, und die Muskulatur wird besser mit Blut versorgt.

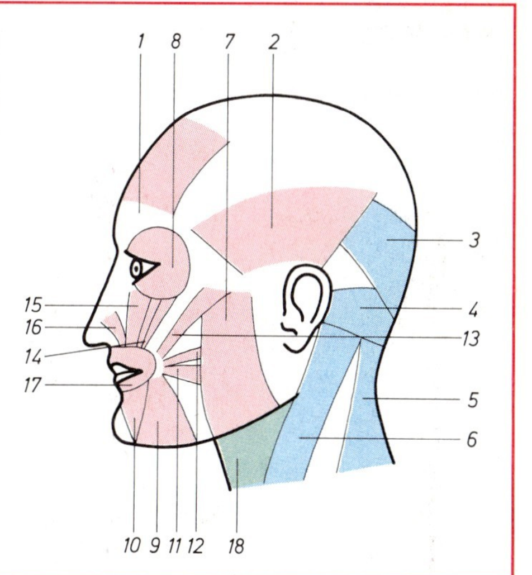

3.13 Kopfmuskeln

1 Stirnmuskel
2 Schläfenmuskel
3 Hinterhauptmuskel
4 Ohrenmuskel
5 Kapuzenmuskel
6 Kopfnicker
7 Kaumuskel
8 Augenringmuskel
9 Dreiecksmuskel
10 Unterlippenmuskel
11 Lachmuskel
12 Trompetermuskel
13 Großer Jochbeinmuskel
14 Kleiner Jochbeinmuskel
15 Oberlippenheber
16 Nasenmuskel
17 Mundringmuskel
18 Halsmuskel

Die Herzmuskulatur arbeitet rasch, rhythmisch und unwillkürlich. Sie wird durch das vegetative Nervensystem gesteuert. So schlägt unser Herz z.B. bei Angst oder Schreck schneller als sonst.

Muskelgewebe	Arbeitsweise
glatte Muskulatur	⟶ langsam, rhythmisch, unwillkürlich
quergestreifte Skelettmuskulatur	⟶ schnell, ohne Rhythmus, willkürlich
Herzmuskulatur	⟶ rasch, rhythmisch, unwillkürlich

3.1.3 Blut und Kreislauf

Blut

Blut ist das „Transport- und Verkehrsmittel" des Körpers. Über ein vielfach verästeltes, feinst verzweigtes Netz gelangt es zu allen Körperteilen und Organen.

8% des menschlichen Körpergewichts sind Blut. Das sind bei 60 kg Gewicht etwa 5 Liter. Ein Blutverlust bis 10% ist ungefährlich und wird schnell vom Körper ersetzt. Bei unserem Beispiel wären das 0,5 Liter Blut. Falls Sie schon einmal einen halben Liter Rotwein verschüttet haben, können Sie sich die Größe einer solchen (noch ungefährlichen) Blutlache vorstellen. Blutverluste über 10% sind gefährlich. Über 50% sind sie tödlich, denn das Blut hat lebenswichtige Aufgaben zu erfüllen.

Aufgaben des Blutes
- Transport des Sauerstoffs und der Nährstoffe zu den Geweben
- Abtransport von Kohlendioxid und Harnstoff aus den Geweben
- Transport von Hormonen, Vitaminen, Antikörpern und Enzymen
- Regulation der Körpertemperatur
- Abwehr von Infektionen

Zusammensetzung. Blut besteht zu 55% aus farblosem, flüssigem Blutplasma und zu 45% aus Blutzellen. Das *Blutplasma* enthält neben dem Blutserum den Blutgerinnungsstoff Fibrinogen. Bei Verletzungen verwandelt sich Fibrinogen in Fibrin, einen faserartigen Stoff, der die Wunde verschließt und weitere Blutverluste verhindert. (Bei Blutern ist diese Gerinnung gestört; sie können an kleinsten Verletzungen verbluten.)

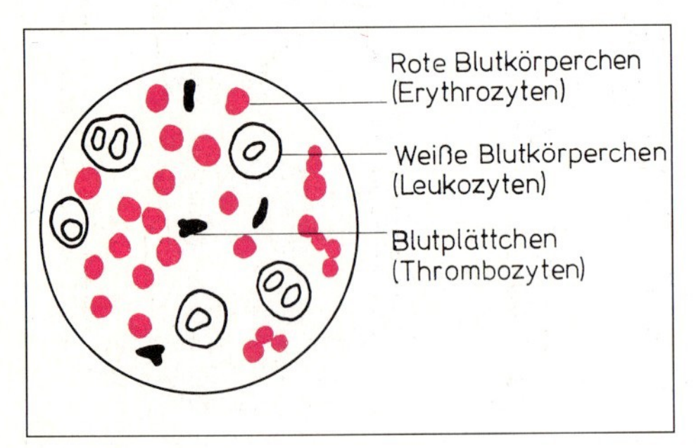

3.14 Blutzellen

Blutzellen sind die roten Blutkörperchen (*Erythrozyten*), die weißen Blutkörperchen (*Leukozyten*) und die Blutplättchen (*Thrombozyten,* **3.**14). In 1 mm³ Blut sind 5 Millionen Erythrozyten, 6000 bis 8000 Leukozyten und 150000 bis 300000 Blutplättchen.

Die roten Blutkörperchen enthalten das *Hämoglobin.* Dieser eisenhaltige Farbstoff kann Sauerstoff binden und an andere Zellen abgeben.

Die Leukozyten sind die „Blutpolizei". Durch Eigenbewegung können sie die Blutbahnen verlassen und zu jedem Infektionsherd im Körper vordringen. Dort nehmen sie Krankheitserreger auf und vernichten sie. Blutplättchen sind farblose dünne Scheiben, die Wunden verkleben und zusammen mit dem Fibrinogen das Blut gerinnen lassen.

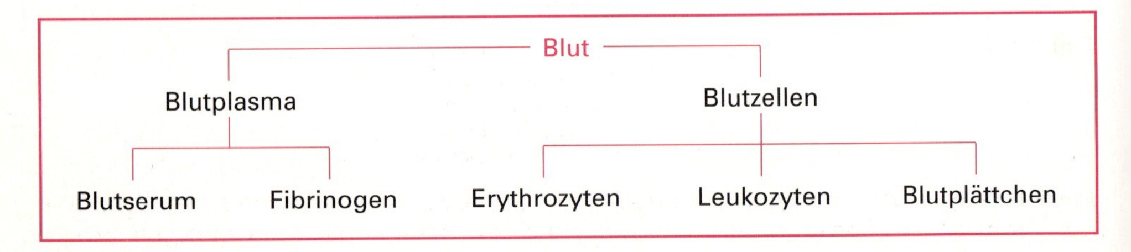

Herz und Kreislauf

Herz. Das Blut kann seine vielfältigen Aufgaben nur erfüllen, wenn es alle Zellen, Gewebe und Organe im Körper erreicht. Dazu dient das Gefäßsystem mit *Herz, Arterien, Kapillaren* und *Venen.* Das Herz, ein von Muskeln umhülltes Hohlorgan, ist der Motor des Kreislaufs (**3.**15). Es ist in zwei Hälften mit je einem Vorhof und einer Kammer geteilt. Diese Hälften ziehen sich durch Kontraktion der Muskulatur gleichzeitig zusammen und bilden damit eine Pumpe. Herzklappen zwischen den Vorhöfen und den Kammern sichern die Strömungsrichtung des Blutes, denn sie öffnen sich nur in eine Richtung. Das Herz schlägt 60- bis 80mal in der Minute und pumpt dabei 3 bis 4 Liter Blut durch den Körper. Bei starker körperlicher Belastung steigt diese Blutmenge auf 15 bis 30 Liter je Minute.

Beim Kreislauf unterscheidet man den Körper- und den Lungenkreislauf (**3.**16).

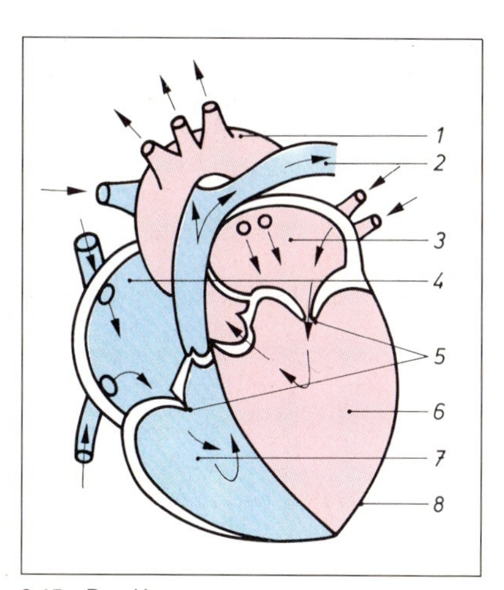

3.15 Das Herz

1 Aorta
2 Lungenarterie
3 linke Vorkammer oder Vorhof
4 rechte Vorkammer oder Vorhof
5 Herzklappen
6 linke Herzkammer
7 rechte Herzkammer
8 Herzmuskel

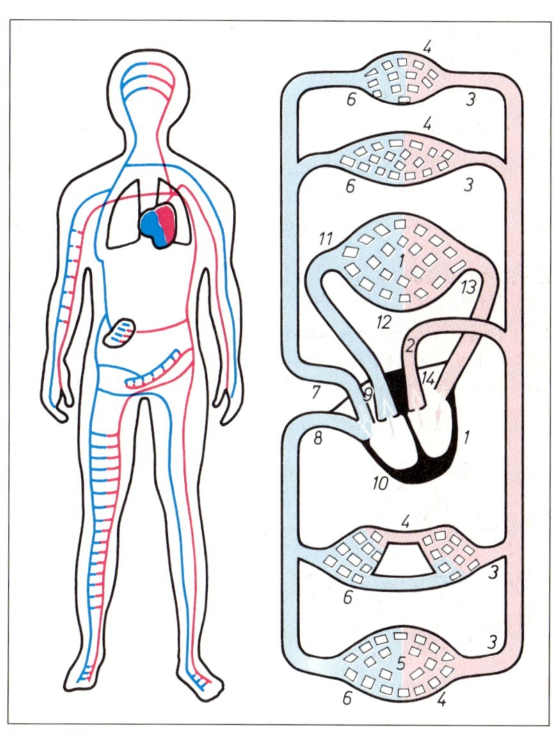

3.16 Körper- und Lungenkreislauf

Körperkreislauf

1 linke Herzkammer
2 Hauptschlagader (Aorta)
3 Körperarterien
4 arterielle Teile der Kapillaren
5 Sauerstoffaustausch zwischen Blut und Zellen
6 venöse Teile der Kapillaren
7 obere Hohlvene
8 untere Hohlvene
9 rechter Vorhof
10 rechte Herzkammer

Lungenkreislauf

10 rechte Herzkammer
11 Lungenarterie
12 Stoffaustausch (CO_2-Abgabe, O_2-Aufnahme)
13 Lungenvene
14 linker Vorhof
1 linke Herzkammer

Körperkreislauf. Aus der linken Herzkammer fließt das sauerstoffreiche Blut durch die Hauptschlagader (Aorta) in die dickwandigen Körperarterien. Diese verzweigen sich zu immer dünneren Gefäßen. Die feinsten Gefäße sind die Kapillaren, durch deren membranartige Wände das Blut Sauerstoff und Nährstoffe an die Zellen abgibt, dafür Kohlendioxid und Schlacken aufnimmt (Stoffwechsel). Die Kapillaren sammeln sich wieder zu größeren Gefäßen und verbinden sich schließlich zu dünnwandigen Venen. Damit das Blut nicht von dort in die Kapillaren zurückfließt, haben die Venen Klappen, die sich beim Rückstrom schließen („Einbahnverkehr"). Durch die Venen gelangt das Blut in die rechte Herzkammer – der Körperkreislauf ist geschlossen, es beginnt der Lungenkreislauf.

Venenerkrankungen wie z. B. Krampfadern und Venenentzündungen werden durch ständiges Stehen gefördert; Sport, Wandern und das Tragen von Stützstumpfhosen „trainieren" die Venen und beugen so diesen Erkrankungen vor.

Lungenkreislauf. Aus der rechten Herzkammer fließt das kohlendioxidreiche Blut durch die Lungenarterien in die Lunge. Hier gibt es Kohlendioxid zum Ausatmen ab und nimmt gleichzeitig Sauerstoff aus der eingeatmeten Luft auf. Die Lungenvene führt das Blut in den linken Vorhof des Herzens zurück. Er ist durch eine Klappe mit der linken Herzkammer verbunden. Beim Zusammenziehen des Herzmuskels wird das Blut in diese Herzkammer gepumpt, und der Körperkreislauf beginnt von neuem. Die Herzmuskulatur wird durch die Herzkranzgefäße versorgt, die unmittelbar von der Aorta abzweigen.

Pfortader. Die Nährstoffe werden vom Blut in den Kapillaren der Darmwände aufgenommen. Von dort gelangen sie durch die Pfortader in die Leber, wo sie gespeichert werden. Die Reinigung des Blutes von Stoffwechselschlacken und deren Ausscheidung erfolgt durch die Nieren und ableitenden Harnwege.

Lymphe

Zusammensetzung und Aufgaben. Bei Insektenstichen, Brandblasen und anderen nichtblutenden Hautverletzungen sammelt sich eine durchsichtige Flüssigkeit im Gewebe – die Lymphe. Sie ist blutähnlich, besteht aus Plasma und weißen Blutkörperchen, den Lymphozythen. Aufgabe der Lymphe ist es, Krankheitserreger abzuwehren sowie den größten Teil der Fette im Darm aufzunehmen und im Körper zu verteilen. Außerdem stellt sie die Verbindung zu Gewebszellen her, die nicht direkt von den Kapillaren erreicht werden (**3**.17).

Lymphsystem. Kapillaren enden in den Zellenzwischenräumen. Dort nehmen sie die Lymphe auf und vereinigen sich

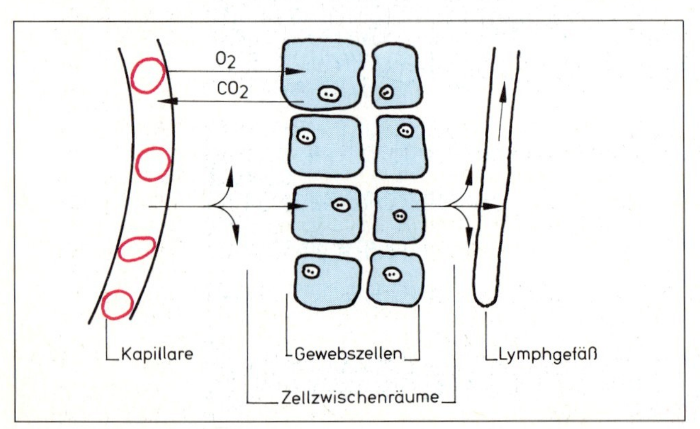

3.17 Lymphe als Verbindung zwischen Kapillaren und Zellen des Gewebes

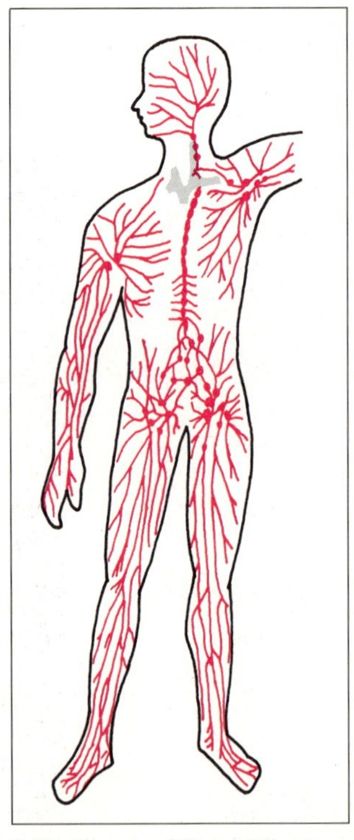

3.18 Lymphgefäße und Knoten

zu dünnwandigen Lymphgefäßen. Auch hier sorgen Klappen für den „Einbahnverkehr“. So gelangt die Lymphe zu den Lymphknoten (**3**.18). Hier wird die Lymphflüssigkeit gefiltert und dabei von Schadstoffen und Krankheitserregern befreit. Große Lymphgefäße leiten sie dann in die Blutbahn. Für die Abwehr von Infektionen sind die Lymphknoten besonders wichtig, denn sie bilden neben den weißen Blutkörperchen auch Antikörper. Bei Entzündungen schwellen sie an, werden heiß und sind als stark schmerzende Knoten spürbar.

Lymphe ist eine blutähnliche Flüssigkeit. Sie dient
- dem Stoffaustausch zwischen Kapillaren und Gewebezellen,
- der Abwehr von Infektionen,
- der Fettverteilung.

3.1.4 Ernährung und Verdauung

Wenn das Auto keinen Treibstoff bekommt, kann der Motor keine Energie erzeugen, und der Wagen bleibt stehen. Keine Maschine arbeitet ohne Energie – auch nicht unser Körper, den wir mit einer sehr komplizierten Maschine vergleichen können. Um seine vielfältigen Aufgaben zu verrichten (z. B. Wachsen, Temperatur halten, Muskelleistungen), braucht der Körper sogar verschiedene „Brennstoffe“. Er bezieht sie alle aus der Nahrung.

Unsere Nahrungsmittel enthalten als Nährstoffe hauptsächlich Fette, Kohlenhydrate und Eiweiß, außerdem Vitamine und Salze sowie Ballaststoffe. Diese werden zwar nicht verdaut, sind aber wichtig für den Nahrungsmitteltransport im Organismus (**3**.19). Der Nährstoffbedarf hängt ab von der Körpergröße, dem Alter und der Art der Tätigkeit.

Tabelle **3**.19 **Nährstoffzusammensetzung wichtiger Nahrungsmittel**

100 g Nahrungsmittel	Eiweiß	Fett	Kohlenhydrate	Wasser und Ballaststoffe	kJ	kcal
Schweinefleisch	18g	21g			1155	276
Rindfleisch	15g	18g			995	238
Schinken (roh)	19g	29g			1440	344
Salami	17g	47g			2190	523
Leberwurst	12g	40g	1g		1840	440
Corned beef	22g	6g			640	153
Fischfilet	18g	4g			475	114
Matjeshering	16g	23g			1190	285
Hühnerei	11g	10g	1g		615	147
Vollmilch (3,5%)	3,5g	3,5g	5g		275	66
Buttermilch	4g	1g	4g		150	36
Magermilchjoghurt	5g	5g			165	40
Hartkäse (45% i. Tr.)	25g	28g	3g		1555	372
Magerkäse (10% i. Tr.)	37g	2g	4g		805	192
Butter	1g	83g			3240	775
Halbfettmargarine	6g	40g			1665	398
Reis	7g	1g	79g		1540	368
Mischbrot	7g	1g	52g		1055	252
Kartoffeln	2g		15g		285	68
Pommes frites	4g	12g	34g		1130	370
Schokolade	9g	33g	55g		2355	563
Erbsen	3g		6g		155	37
Gurken			1g		30	7
Erdnüsse	26g	49g	18g		2720	650
Äpfel		0,3g	12g		210	50

Werden mehr Nährstoffe aufgenommen als verbraucht, speichert der Körper sie als Fettpolster. Wer diese Fettpolster z.B. bei Übergewicht abbauen will, muß den Körper „an die Reserven" zwingen, indem er nur die Hälfte der nötigen Nahrung ißt (**3**.20). Wichtig ist jedoch, daß der Körper *immer* genügend Eiweiß und Vitamine erhält, denn diese Stoffe kann er nicht auf Vorrat speichern.

3.20 Übergewicht ist kein gutes Polster! Beim Abspecken Vitamine und Eiweiß nicht vergessen!

Kohlenhydrate sollten zu 60% in der Nahrung vertreten sein. Sie sind die „Kraftmacher". Aufgenommen werden sie durch Vollkornprodukte, Obst, Gemüse, Kartoffeln, Nudeln, Reis und Hülsenfrüchte. Die darin enthaltenen Kohlenhydrate bezeichnet man als *komplex*, weil sie auch reich an Ballastsstoffen sind. Der Körper muß zur Verwertung dieser Nahrungsmittel reichlich Energie aufwenden. Anders verhält es sich mit den *isolierten* Kohlenhydraten. Sie sind in Zucker, Traubenzucker und Honig enthalten, also in Süßigkeiten, Kuchen und gesüßten Getränken. Zwar liefern sie rasch Energie, regen jedoch die Tätigkeit der Bauchspeicheldrüse zu verstärkter Insulinausschüttung an, so daß der Blutzuckerspiegel schnell wieder absinkt. Folgen davon sind Konzentrationsschwäche, Müdigkeit und Gereiztheit. Auch ein erneuter Hunger auf Süßes stellt sich ein. Erfüllt man den Wunsch des Körpers mit erneuter Zufuhr isolierter Kohlenhydrate (z.B. Schokoladenriegel zum Frühstück!), zeigt sich die Ernährungssünde schnell auf der Waage.

Fette haben besonders viele Kalorien (1 Kilokalorie entspricht 4184 Kilojoule), machen also dick! Nur 25% Fett soll die tägliche Nahrung enthalten. Fette sind Energielieferanten und werden zur Aufnahme der fettlöslichen Vitamine A, D, E und K gebraucht. Häufig ist der Fettanteil der Nahrung zu hoch, weil die „versteckten Fette" nicht berücksichtigt werden (Salami oder Kartoffelchips enthalten z.B. 40% Fett, Schokolade etwa 30%). Wurst, Fleisch, Eier, Kuchen, Schokolade und die berühmten Pommes sind ungünstige Fettlieferanten. Für die Ernährung wichtig sind dagegen pflanzliche Fette. Da sie ungesättigte Fettsäuren enthalten, sind sie für den Organismus unentbehrlich. Sie befinden sich in Distel-, Lein-, Walnuß-, Sonnenblumen- und Olivenöl. Ungesättigte Fettsäuren senken den Cholesterinspiegel und beugen Herz- und Kreislauferkrankungen vor.

Eiweiß regt die Verbrennung von Fetten und Kohlenhydraten an. Der Körper braucht es zum Zellenaufbau. Alle Eiweißarten – egal ob tierischer oder pflanzlicher Herkunft – bestehen aus 20 verschiedenen Aminosäuren, aus denen der Körper sein eigenes Eiweiß zusammenbaut. Eine Ausnahme bilden die *essentiellen* (= lebensnotwendigen) *Aminosäuren*. Sie müssen direkt mit der Nahrung zugeführt werden. Besonders zahlreich sind sie in magerem Rindfleisch, Eiern, Milch, Erbsen und Sojabohnen enthalten. Eine abwechslungsreiche Ernährung sichert die Versorgung des Körpers mit diesen wichtigen Stoffen.

Hauptquellen für tierisches Eiweiß sind Fleisch, Fisch, Milch, Milchprodukte und Eier. Pflanzliches Eiweiß ist in allen Getreidearten, Kartoffeln, Hülsenfrüchten, Nüssen und Gemüsen. Der Eiweißgehalt der Nahrung soll 15% nicht übersteigen, wobei das meiste Eiweiß pflanzlich sein und aus Milchprodukten stammen sollte. Fleisch und Wurst enthalten viele Fette und Harnsäuren, die Erkrankungen (Gicht, Nieren- und Blasensteine) verursachen können.

Vitamine und Mineralstoffe sind an allen Stoffwechselvorgängen beteiligt. Sie sorgen dafür, daß die Nahrung in Energie umgewandelt wird und alle vom Organismus benötigten Stoffe hergestellt werden können. Im Gegensatz zu Fett und Eiweiß kann der Körper diese Stoffe nicht speichern, sondern muß sie täglich mit der Nahrung aufnehmen. Weil kein Lebensmittel *alle* notwendigen Vitamine und Mineralstoffe enthält, ist der Bedarf nur mit abwechslungsreicher Ernährung vollständig zu decken. Fans von Weißbrot, Süßigkeiten und Fritten, die einen großen Bogen um Gemüse, Obst und Vollkornprodukte machen, bezahlen ihre schlechte Ernährung mit Müdigkeit, Konzentrationsschwäche, Hautschäden und Infektionsanfälligkeit. Auch bei der Nahrungszubereitung ist auf Vitamine zu achten. Zu lange Lagerzeiten, Hitze oder Kochwasser verursachen große Vitaminverluste. Deshalb sollten wir etwa ein Drittel der täglichen Nahrung roh verzehren (**3**.21).

Tabelle **3**.21 **Vitamine und Mineralstoffe**

	Vorkommen	Aufgaben	Mangelerscheinungen
Vitamine			
Vitamin A	Carotin: Karotten, Spinat, Grünkohl, Tomaten, Butter, Milch, Eigelb, Fische, Fenchel	Wachstum, Funktion von Haut und Schleimhäuten, Beteiligung beim Sehvorgang	Wachstumsstörungen, Hautschäden, herabgesetzte Sehschärfe
Vitamin D	Fische, Eigelb, Milch, Butter, Champignons	Knochen- und Zahnbildung	Rachitis bei Kindern, Entkalkung der Knochen
Vitamin E	in fast allen Lebensmitteln, Pflanzenölen, Eiern, Milch, Gemüse und Salaten	wichtig für den Fettstoffwechsel, Aufbau von Hormonen	Hormonstörungen
Vitamin K	Fleisch, Fisch, Gemüse, Vollkornprodukte	verantwortlich für die Blutgerinnung	Verlängerung der Blutgerinnungszeit, Neigung zu Blutungen
Vitamin B1	Bierhefe, Schweinefleisch, Vollkornprodukte, Kartoffeln, Hülsenfrüchte	notwendiges Zellstoffvitamin zur Umwandlung von Kohlenhydraten in Energie	Herzstörungen, Müdigkeit, Appetitlosigkeit, verminderte Widerstandsfähigkeit gegen Infektionen
Vitamin B2	Bierhefe, Gemüse, Milch, Fleisch, Kartoffeln, Vollkornprodukte	wichtig für die Energiegewinnung, die Haut und den Sehprozeß	Wachstumsstörungen, Sehstörungen, Risse der Mundwinkel, Hautveränderungen, Schuppenbildung
Vitamin B6	Fisch, Kartoffeln, Milch, Spinat, Bohnen	Blutbildung	Appetitlosigkeit, Hautveränderungen, Muskelschwund, Blutarmut
Vitamin B12	Innereien, Milch, Eier	Blutbildung, Wachstum	Anämie, nervöse Störungen

Fortsetzung s. nächste Seite

Nr. 25

Tabelle 3.21, Fortsetzung

	Vorkommen	Aufgaben	Mangelerscheinungen
Folsäure	Sojabohnen, Bierhefe, grünes Gemüse	Blutbildung	Blutarmut, Verdauungsstörungen
Vitamin C	in allen Obst- und Gemüsearten	Abwehr vor Infektionskrankheiten, Bildung von Knochen, Zähnen und Blut, Beeinflussung der Zellatmung, Förderung der Eisenverwertung	Müdigkeit, schlechte Wundheilung, Anfälligkeit für Infektionskrankheiten
Mineralstoffe			
Kalium	Obst, Gemüse, Kartoffeln, Bananen	Förderung des Wasserentzugs aus dem Gewebe, Muskelkontraktion	Muskelschwäche, Herzfunktionsstörungen
Magnesium	Vollkornerzeugnisse, Kartoffeln, Gemüse, Milch, Fleisch, Fisch	Erregbarkeit der Muskeln	Stoffwechselstörungen, Übererregbarkeit der Muskulatur, Kopfschmerzen
Calcium	Milch, Gemüse, Milch- und Vollkornerzeugnisse	Baustoff für Knochen und Zähne, wichtig für die Blutgerinnung, Aktivierung von Nerven, Muskeln und Enzymen	Entkalkung von Zähnen und Knochen, Übererregbarkeit von Nerven und Muskeln
Phosphor	Milch, Fleisch, Wurst, Fisch, Eier, Gemüse, Kartoffeln	Baustoff der Knochen	zuviel Phosphor stört den Calciumstoffwechsel
Eisen	Fleisch, Hülsenfrüchte, Gemüse, Hirse	Baustein des roten Blutfarbstoffs	Blutarmut, Müdigkeit, Muskelschwäche
Jod	Fisch, Milch, Jodsalz	Aufbau von Schilddrüsenhormonen	Vergrößerung der Schilddrüse, Kropfbildung
Fluor	Fisch, Getreideerzeugnisse, Innereien	Härtet den Zahnschmelz	Karies
Zink	Innereien, Vollkornprodukte, Hülsenfrüchte, Milch, Gemüse	Bestandteil von über 200 Enzymen	Wachstumsverzögerungen, Gewichtsverlust, Hautveränderungen, Schwächung des Abwehrsystems

Enzyme sind Stoffe, die einen schnellen biochemischen Abbau der in den Nahrungsmitteln enthaltenen Nährstoffe ermöglichen. Man nennt sie auch Fermente oder Biokatalysatoren.

Beim Zerkleinern werden die Bissen zugleich durch den Speichel gleitfähig gemacht. Und das Enzym Ptyalin beginnt schon mit dem Abbau der im Brötchen enthaltenen Kohlenhydrate zu Malzzucker.

Durch die Schluckbewegung gelangt die zerkleinerte Mahlzeit in die Speiseröhre, wo sie durch Muskelbewegungen magenwärts befördert wird. Im *Magen* werden die Bissen vom stark sauren Magensaft empfangen. Hier beginnt durch die Enzyme Kathepsin und Pepsin die Verdauung des im Ei enthaltenen Eiweißes. Der Speisebrei schiebt sich durch den Magenausgang in den *Dünndarm,* wo die noch unveränderte Butter von der grünlich-bitteren Gallenflüssigkeit bearbeitet wird. Sie emulgiert die Fette (= Mischen von Fett und Wasser), so daß der Saft der Bauchspeicheldrüse eine größere Angriffsfläche bei der Fettverdauung hat. Das Sekret der Bauchspeicheldrüse enthält außerdem Enzyme zum weiteren Abbau der Eiweißbestandteile. Im Dünndarm entstehen somit aus Stärke Zucker, aus Fetten Fettsäuren und Glycerin, aus Eiweiß Aminosäuren.

Damit ist das Frühstück in Stoffe zerlegt, die der Körper verwerten kann. Zucker, Fettsäuren, Glycerin und Aminosäuren werden durch die Darmwand an das *Blutgefäß-* und *Lymphsystem* abgegeben. Fette und Kohlenhydrate dienen den Zellen als Energiespender, die Aminosäuren werden z.B. in der Leber zu körpereigenem Eiweiß umgewandelt.

Übrig bleiben im Darm die unverdaulichen Stoffe: Schleim, Verdauungssäfte und die Kaffeeflüssigkeit. Von nun an geht's bergab in den *Dickdarm,* wo dem Brei das meiste Wasser entzogen wird. 24 Stunden nach dem Frühstück werden die Reste ausgeschieden.

Aufgaben zu Abschnitt 3.1

1. Womit beschäftigt sich die Anatomie?
2. Was untersucht die Physiologie?
3. Nennen Sie drei Bestandteile der Zellen und ihre Aufgaben.
4. Was versteht man unter Stoffwechsel?
5. Erklären Sie den Vorgang der Zellteilung in den fünf Phasen.
6. Welche Zellarten gibt es?
7. An welchen Stellen im Körper befinden sich Epithelzellen?
8. Welche Gewebeart bilden Knochen, Sehnen und Knorpel?
9. Welche drei Knochenarten gibt es? Nennen Sie Beispiele dazu.
10. Welche Teile gehören zum zentralen, welche zum peripheren Nervensystem?
11. Nennen und erläutern Sie drei Arten der Muskulatur.
12. Welche Aufgaben erfüllt das Blut?
13. Woraus besteht das Blutplasma?
14. Beschreiben Sie die Aufgaben der drei Blutzellen.
15. Aus welchen Teilen besteht das Gefäßsystem?
16. Beschreiben Sie den Körper- und Lungenkreislauf.
17. Was ist Lymphe? Welche Aufgaben hat sie?
18. Welche Nährstoffe enthält Nahrung?
19. Welche Aufgaben haben Ballaststoffe im Organismus?
20. Wieviel Prozent Kohlenhydrate, Fette und Eiweiß soll die Nahrung enthalten?
21. Nennen Sie isolierte Kohlenhydrate.
22. Warum sind isolierte Kohlenhydrate schädlich?
23. Warum sind Pflanzenöle gesünder als tierische Fette?
24. Wovon hängt der Nährstoffbedarf eines Menschen ab?
25. Was sind Enzyme?
26. Wozu braucht der Körper Kohlenhydrate und Fette?
27. Wie baut der Körper Eiweiß ab?

3.2 Haut

„Immer gerade zum Wochenende, wenn ich in die Disco will, bekomme ich Pickel!" Diesen Ärger haben viele Teenager. Ist es nur Ärger? Steckt nicht mehr hinter diesem Verdruß?

Bedeutung der Haut. Die Haut ist unser Kontaktorgan zur Umwelt. Einerseits vermittelt sie uns Reize der Außenwelt, andererseits ist sie wichtig für unser seelisches Wohlbefinden. Ausdrücke der Umgangssprache zeigen das deutlich (z.B. sich in seiner Haut wohl fühlen, ein dickes Fell haben, aus der Haut fahren). Das pickelige Mädchen fürchtet sich, nicht schön und beliebt zu sein. Und weil jeder ihr Hautproblem sieht, leidet ihr Selbstwertgefühl, ihre Selbstsicherheit darunter noch mehr.

Die Haut ist nicht nur eine schützende Hülle des Körpers, sondern auch Kontaktorgan zur Umwelt.

Betrachten Sie mit einer Lupe den Handrücken und die Handinnenflächen. Welche Unterschiede bemerken Sie?

Hautoberfläche. Je nach Alter und Pflege zeigt die Haut mehr oder minder tiefe Falten. Man nennt sie *Hautfelderung* (**3**.22). In den Schnittpunkten der Furchen liegen die Haarfollikel, aus denen die Haare wachsen. An den Gelenken sind die Falten tiefer und sorgen zusammen mit der Elastizität des Hautgewebes für eine Dehnungsreserve. *Spaltlinien* ergeben sich aus der Richtung der Bindegewebsfasern. Besonders im Gesicht vertiefen sie sich durch ständige Bewegung der mimischen Muskulatur zu Falten, die dem reiferen

a)

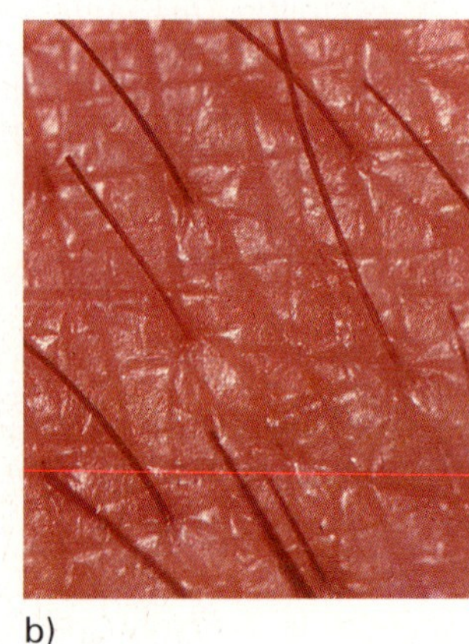

b)

3.22 Hautfelderung
a) unbehaarte, b) behaarte Haut

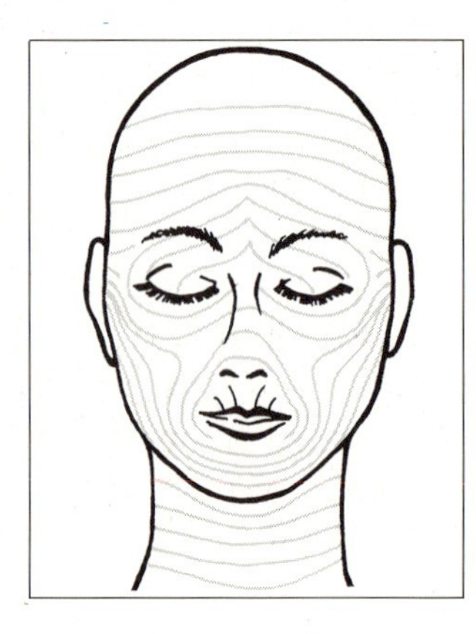

3.23 Spaltlinien

Gesicht charakteristische Züge verleihen (**3**.23). Die Hautoberfläche an Fingerkuppen, Handtellern und Fußsohlen sieht anders aus. Sie ist von Bögen und Schleifen durchzogen (**3**.24a). Diese für jeden Menschen charakteristischen Linien heißen *Hautleisten*. Sie sind durch Schweißdrüsenausgänge (Poren) unterbrochen (**3**.24b). Die Hautleisten verbessern

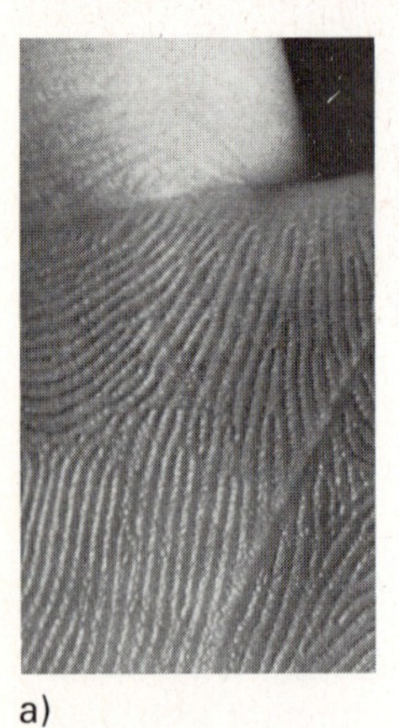

a)

b)

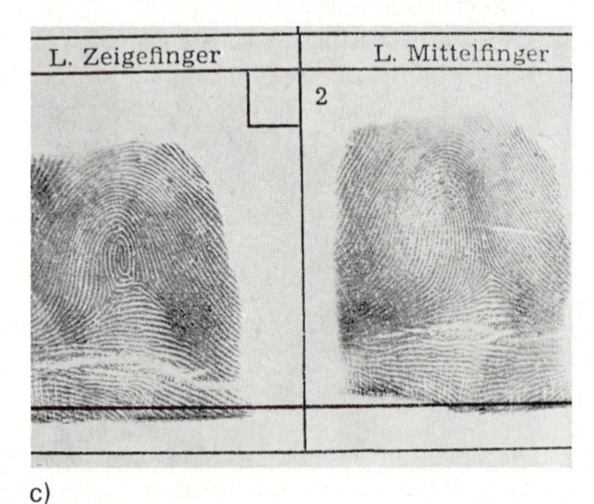

c)

3.24 Hautoberfläche
a) Handinnenfläche, b) Hautleisten mit Poren, c) Prints (Fingerabdrücke)

die Tast- und Greiffähigkeit der Hände. Weil sich das individuelle Muster selbst nach Schnitt- und anderen Verletzungen wieder ausbildet, ist es ein sicheres Erkennungsmerkmal des einzelnen Menschen (Kriminalsprache: Prints, **3**.24c).

Die Hautdicke ist an den einzelnen Körperteilen sehr unterschiedlich. Während die Haut z.B. in den Gelenkbeugen und an den Lidern sehr dünn ist, sind durch Druck belastete Hautstellen dicker und fester (z.B. Handteller, Fußsohlen). Insgesamt hat die Haut des Erwachsenen eine Ausdehnung von 1,5 bis 2 m^2 und wiegt etwa $^1/_6$ des Körpers.

3.2.1 Aufbau der Haut

Im Hautschnitt lassen sich drei Gewebeschichten erkennen (**3**.25). Die oberste heißt *Oberhaut* (Epidermis). Sie erneuert sich ständig und bestimmt das Erscheinungsbild der Haut. Darunter liegt die *Lederhaut* (Cutis oder Corium). Sie besteht aus Bindegewebe und gibt der Haut Festigkeit und Elastizität. In ihr liegen die meisten Nerven und Blutgefäße. Die dickste Schicht ist das *Unterhautfettgewebe* (Subcutis). Hier liegen Fettzellen zwischen den Bindegewebsfasern. Da die Subcutis an einzelnen Körperteilen besonders ausgeprägt ist, bestimmt sie die äußere Form des Körpers.

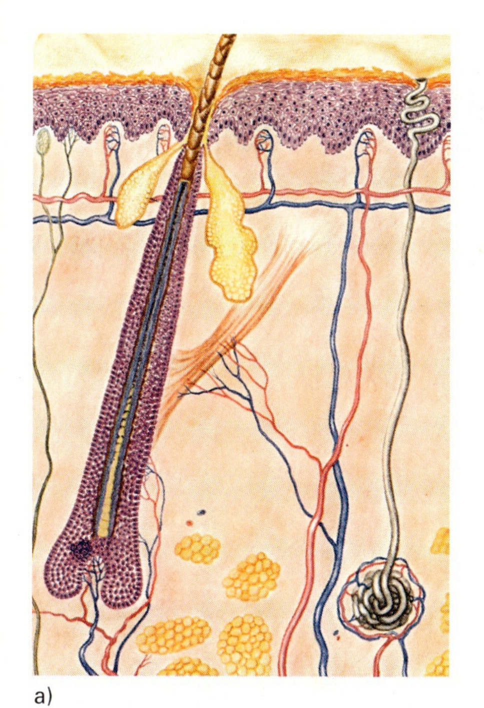

a)

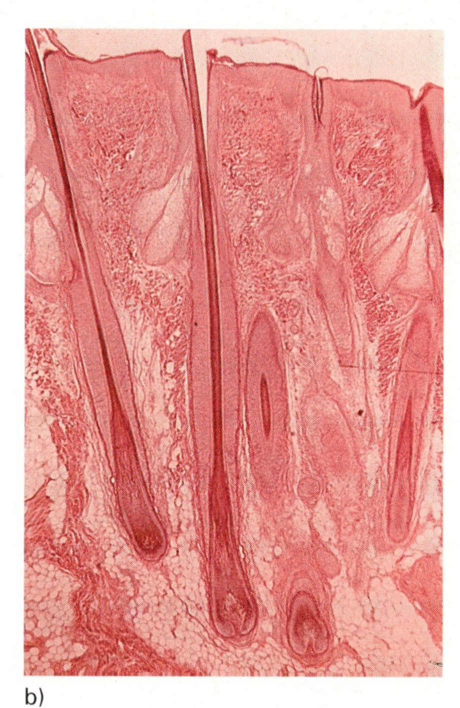

b)

3.25 Schnitt durch die Hautschichten
a) schematische Darstellung, b) Mikroaufnahme

> Gewebeschichten der Haut
>
> Oberhaut = Epidermis – Epithelgewebe
> Lederhaut = Cutis oder Corium – Bindegewebe
> Unterhautfettgewebe = Subcutis – Binde- und Fettgewebe

Epidermis

Obwohl die Epidermis aus einer Zellenart besteht (den Epithel- oder Deckzellen), ist sie nicht einheitlich, sondern hat fünf Schichten: Basalzellen-, Stachelzellen-, Körnerzellen-, Leucht- und Hornschicht (**3**.26).

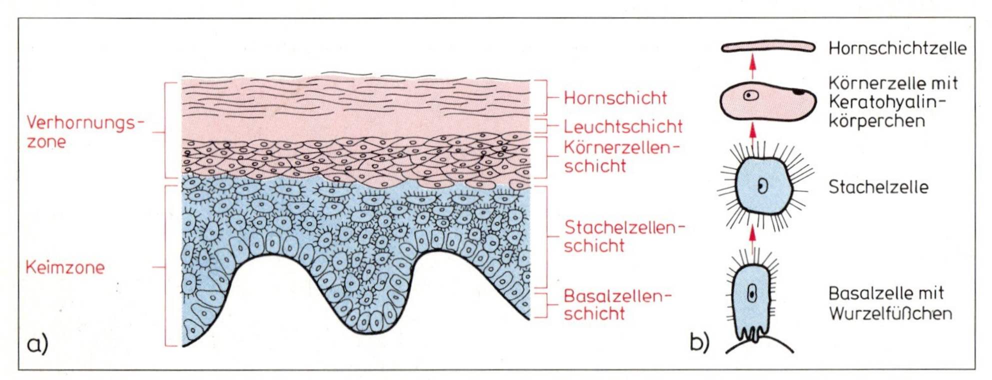

3.26 a) Schnitt durch die Epidermis, b) Entwicklung einer Epithelzelle

Keimzone. Zuunterst liegt die *Basalzellenschicht.* Sie besteht aus einer Reihe zylindrisch gebauter Zellen; zwischen ihnen befinden sich Melanozyten, die die Vorstufe des braunen Hautpigments Melanin bilden. In der Basalzellenschicht findet die Zellteilung statt. Die neu gebildeten Zellen werden durch nachwachsende nach oben gedrückt. Auf ihrem Weg zur Hautoberfläche verhornen sie und werden flacher, bis sie dort zu Hautschüppchen geworden sind. Die Verhornung dauert etwa 30 Tage. Eine in der Basalzellenschicht gebildete Zelle erreicht also nach 30 Tagen die Hautoberfläche und wird dort abgestoßen.

Über den Basalzellen liegt die *Stachelzellenschicht.* Der Name kennzeichnet den Bau der Zellen. Sie sind kugelartig und haben lange Fortsätze, die bis zu den Nachbarzellen reichen. Zwischen den Zellen befindet sich Gewebsflüssigkeit, die allein 80% dieser wasserreichsten Schicht ausmacht. Blasen, die sich z.B. durch enge Schuhe bilden, sind Wasseransammlungen in der Stachelzellenschicht.

Basalzellen- und Stachelzellenschicht bilden zusammen die Keimzone der Epidermis. Die folgenden drei Schichten gehören zur Verhornungszone.

Verhornungszone. Es folgt die *Körnerzellenschicht* mit 3 bis 4 Zellen übereinander. Die Zellen sind schon flacher geworden. Der Verhornungsprozeß hat eingesetzt. Er beginnt an den Außenwänden der Zellen. Hier bilden sich winzige Körnchen, das Keratohyalin. Auf dem Weg zur Hautoberfläche gehen die flachen Zellen dieser Schicht immer mehr ineinander über und schließen sich zur *Leuchtschicht* zusammen. In dieser schmalen, zusammenhängenden Schicht kann man keine einzelnen Zellen mehr unterscheiden. Neuere Untersuchungen haben ergeben, daß die Leuchtschicht wahrscheinlich nur an Handtellern und Fußsohlen ausgeprägt ist. An anderen Körperstellen ist sie entweder ganz schwach oder gar nicht ausgebildet.

Die oberste Epidermisschicht ist die *Hornschicht.* Sie besteht im unteren Teil aus dicht gepackten verhornten Zellen, die sich nach oben hin voneinander lösen. So bildet sich eine lockere Oberschicht. Der Verhornungsprozeß ist abgeschlossen. Aus den runden, flüssigkeitsreichen Zellen sind flache Schüppchen geworden, deren Hauptbestandteil Keratin ist. Die obersten Lagen schilfern sich ab, etwa 4 g täglich. Die Abschilferung wird sichtbar, wenn man mit einem rauhen dunklen Tuch mehrmals über die Haut streicht. An der Körperhaut geht sie meist unbemerkt vor sich, während sie auf der Kopfhaut manchmal als „Schuppenbildung" zu sehen ist. Mit den abgestorbenen Zellen stößt die Haut auch Verschmutzungen, Bakterien und Reste des Hauttalgs ab. Bei dauernder mechanischer Belastung (Druck) verdickt sich die Hornschicht zu Schwielen oder Hornhaut.

Die Hornschicht enthält auch eine fettreiche Masse, das Epidermisfett. Es hält wasserlösliche Stoffe zurück, verhindert also, daß die Haut sie abgibt. Weil diese Stoffe gleichzeitig Feuchtigkeit aus der Luft anziehen und festhalten, erhöhen sie den Wassergehalt und damit die Elastizität der Hornschicht.

Epidermis

Hornschicht, Leuchtschicht, Körnerzellenschicht } Verhornungszone

Stachelzellenschicht, Basalzellenschicht } Keimzone

Cutis

Papillen. Cutis und Epidermis greifen durch zapfenartige Erhebungen (Papillen) ineinander und verzahnen sich fest. Zugleich vergrößern die Papillen die Basalzellenschicht, so daß hier mehr Zellen nebeneinander Platz haben als auf einer glatten Fläche (**3**.27). Infolgedessen stehen zur Teilung mehr Zellen zur Verfügung, als an der Hautoberfläche gebraucht werden.

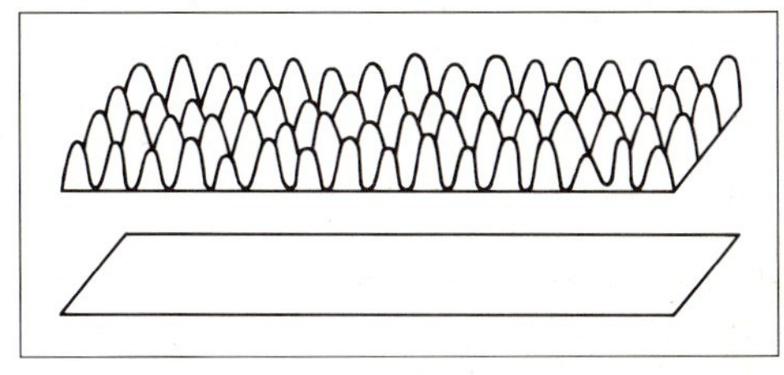

3.27 Papillen vergrößern die Oberfläche

Bestandteile. Die Lederhaut ist ein Bindegewebe aus *Kollagenbündeln, elastischen Fasern* und *Bindegewebszellen* (**3**.28). Die Gewebeteile bilden zusammen ein netzartiges Geflecht, das die Cutis besonders reißfest macht. (Leder stellt man aus der Cutis von Tierhäuten

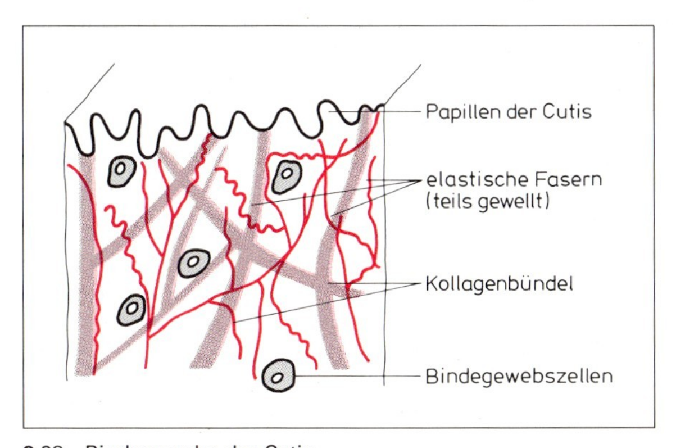

3.28 Bindegewebe der Cutis

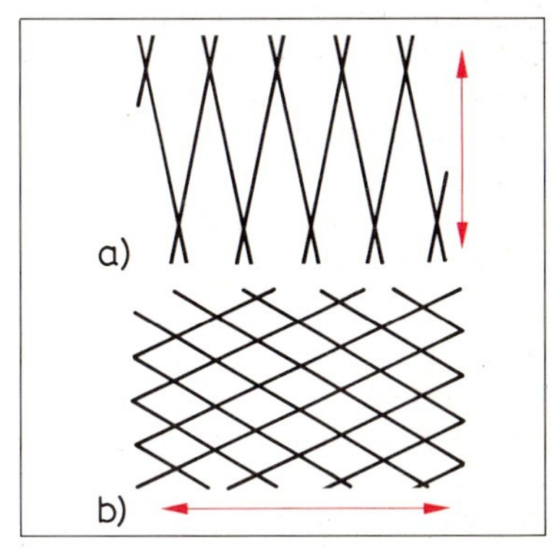

3.29 Die Netzwerkstruktur sorgt für die hohe Elastizität der Haut
a) Netzwerk bei Zugbelastung,
b) Netzwerk bei Druckbelastung

her, nachdem Subcutis und Epidermis abgeschabt sind.) Für die Zugfestigkeit sind die Kollagenbündel verantwortlich, für die Elastizität wahrscheinlich die elastischen Fasern (**3**.29). Die Bindegewebszellen bilden nach Verletzungen neue Fasern.

Feuchtigkeit. Das Bindegewebe speichert die mit der Nahrung aufgenommenen Salze. Da Salze Wasser anziehen und binden, sind sie für den Feuchtigkeitsgehalt der Haut mitverantwortlich. Der Feuchtigkeitsgehalt bestimmt zusammen mit der Elastizität das straffe und pralle Aussehen der Haut. Im Alter läßt die Speicherfähigkeit des Bindegewebes nach. Die Haut ist dann nicht mehr so elastisch; sie erschlafft und wird faltig.

Cutisschichten. Obwohl die Cutis nicht aus klar abgegrenzten Schichten aufgebaut ist, teilt man sie in drei Bereiche. Die Verzahnung zur Epidermis heißt *Papillarschicht.* Darunter liegt die *feste kompakte Schicht.* Die unterste *Gefäßdrüsenschicht* ist locker, enthält die Schweißdrüsen und größere Blutgefäße. Sie bildet den Übergang zur Subcutis. Feinere Blutgefäße, Nerven und Muskeln durchziehen die gesamte Lederhaut.

Subcutis

Hier sind Fettzellen in lockeres Bindegewebe eingebaut. Das Plasma der Fettzellen hat sich vollständig in Fett umgewandelt, der Zellkern liegt am Zellrand. Die Fettzellen lagern sich zu Trauben zusammen und werden von den Bindegewebsfasern gehalten (**3**.30). Man unterscheidet Bau- und Depotfett. Das Baufett bildet besonders an Handtellern und Fußsohlen feste Druckpolster, die auch bei starker Abmagerung erhalten bleiben. Das Depotfett verteilt sich nahezu über den ganzen Körper, ist aber an einzelnen Stellen dicker und bestimmt dadurch die Körperform. Es dient als Nahrungsreserve und wird bei Nahrungsmangel abgebaut. Die Subcutis schützt den Körper gegen Stoß und Schlag und bildet eine „Isolierschicht" gegen Kälte.

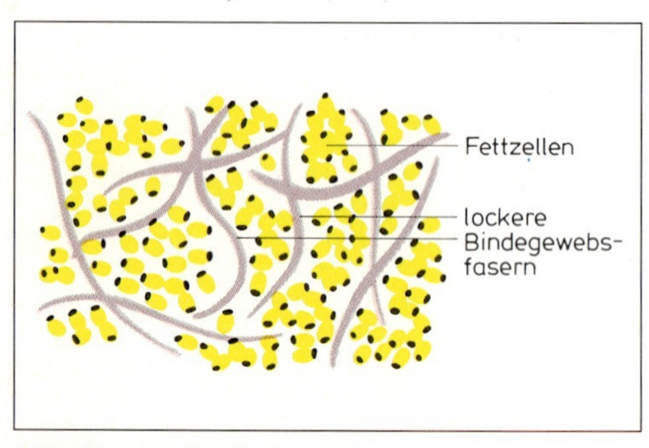

3.30 Fettgewebe der Subcutis

Cutis	Subcutis
– besteht aus Bindegewebe (Bindegewebszellen, elastische Fasern und kollagene Fasern) – enthält Gefäße, Nerven, Muskeln und Drüsen	– Fettzellen liegen in lockerem Bindegewebe – Baufett/Depotfett

Gefäßsystem der Haut. Die Erneuerung der Haut durch Zellteilung und die Funktion der Drüsen sind nur durch ständige Zufuhr von Nährstoffen möglich. Der Körper bezieht diese Stoffe aus der Nahrung, verarbeitet sie beim Verdauungsvorgang und transportiert sie durch das Blut an die Körperstellen, an denen sie von den Zellen gebraucht werden. Deshalb ist die Haut von einem komplizierten Gefäßsystem durchzogen.

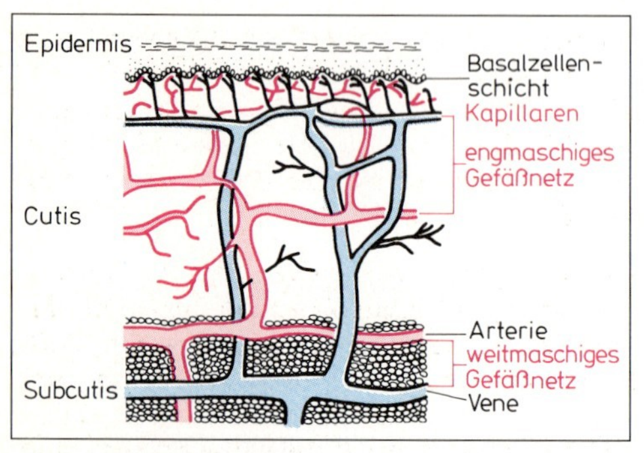

3.31 Gefäßnetz der Haut

Zwischen Cutis und Subcutis liegt ein weitmaschiges Gefäßnetz (**3**.31). Durch senkrecht verlaufende Gefäße ist dieses weitmaschige Netz mit einem feineren verbunden. Das feinmaschige liegt im oberen Teil der Cutis. Von hier aus reichen die hauchdünnen Kapillaren in die Papillen und versorgen die Basalzellschicht der Epidermis mit Nährstoffen, indem sie die Stoffe an die Gewebsflüssigkeit abgeben. Die Ernährung der Epidermis erfolgt also durch die Kapillaren in den Papillen der Cutis. Die Epidermis selbst ist nicht von Blutgefäßen durchzogen! Bei Abschürfungen der Haut sieht man punktförmige winzige Blutungen; die Verletzung reicht dann bis zu den Papillen (**3**.32). Haarfollikel und Drüsen haben meist eigene Gefäße, die von dem engmaschigen Netz an der Grenze zur Epidermis abzweigen.

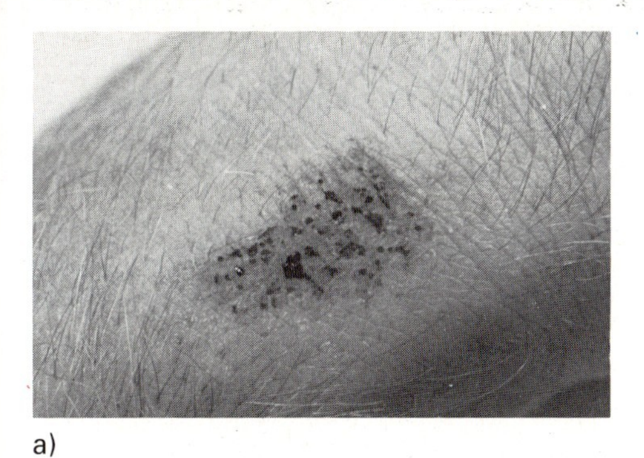

a)

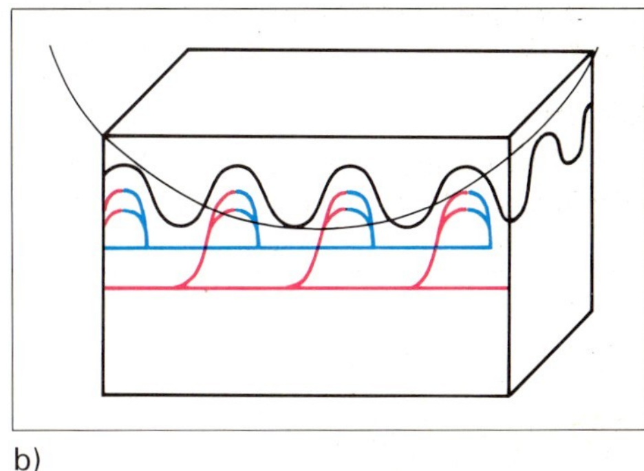

b)

3.32 Schürfwunden führen zu punktförmigen Hautblutungen
a) Foto, b) schematische Darstellung

3.2.2 Schweißdüsen

Versuch 3 Drücken Sie mit zwei Fingern die Fingerkuppe zusammen. Betrachten Sie dann die Fingerbeere durch die Lupe.

Ergebnis An der Fingerbeere zeigen sich oben auf den Hautleisten winzige Schweißtröpfchen.

Versuch 4 Halten Sie eine Hand in ein gekühltes, trockenes Becherglas. Verschließen Sie das Glas möglichst luftdicht, indem Sie das Handgelenk und den Glasrand mit einer Folie umwickeln.

Ergebnis Nach kurzer Zeit beschlägt das Becherglas. Die Haut scheidet Wasser ab, das sich im kalten Glas als kleine Tropfen niederschlägt.

Versuch 5 Tragen Sie mit dem Pinsel eine dünne Schicht Jodtinktur auf Ihre Handinnenfläche. Darüber stäuben Sie Stärkepulver und betrachten dann die Fläche.

Ergebnis Die Wasserabgabe der Haut wird sichtbar: an den Ausgängen der Schweißdrüsen färbt sich die Stärke schwarzblau, die Schweißporen sind gut zu erkennen.

Während an den Handtellern und Fußsohlen in einem cm^2 mehrere Hundert Schweißdrüsen liegen, findet man in der Rückenhaut nur etwa hundert in einem cm^2. Insgesamt hat der Mensch rund 2 Millionen Schweißdrüsen. Es sind knäuelförmige Drüsen in der Cutis oder an der Grenze zur Subcutis. Sie haben einen 0,3 bis 0,4 mm dicken schlauchförmigen Ausführungsgang. Nach der Funktion unterscheidet man zwei Arten: die ekkrinen (ausscheidenden) und die apokrinen (abscheidenden) Schweißdrüsen (**3**.34).

Die ekkrinen Schweißdrüsen verteilen sich über die gesamte Haut (**3**.33a). Ihr Ausführungsgang ist oben korkenzieherartig gewunden und endet trichterförmig in der Hautoberfläche – als Hautpore. Besonders viele ekkrine Schweißdrüsen gibt es an Handtellern, Fußsohlen, Stirn und Lippen, außerdem in der Brustrinne und in Rückenmitte entlang der Wirbelsäule. Deshalb spricht man von der vorderen und hinteren Schweißrinne (**3**.35). Das Sekret (Absonderung) der ekkrinen Schweißdrüsen wird in Epithelzellen gebildet, die den schlauchförmigen Drüsenkörper auskleiden. Der ekkrine Schweiß besteht zu 99% aus Wasser. 1% sind Stoffwechselschlacken, z.B. Harnstoff, Fettsäuren und Salze. Durch die gelösten Schlackenstoffe wirkt der Schweiß sauer. Weil sich im sauren Bereich Mikroorganismen schlecht vermehren, wehrt der ekkrine Schweiß Krankheitskeime ab (⟶ *Säureschutzmantel*).

Die apokrinen Schweißdrüsen (Duftdrüsen) findet man fast ausschließlich in den Achselhöhlen, in der Nähe der Brustwarzen und in der Genitalregion. Sie sind größer als die ekkrinen Drüsen und münden nicht in die Epidermis, sondern in Haarfollikel (**3**.33). Ob-

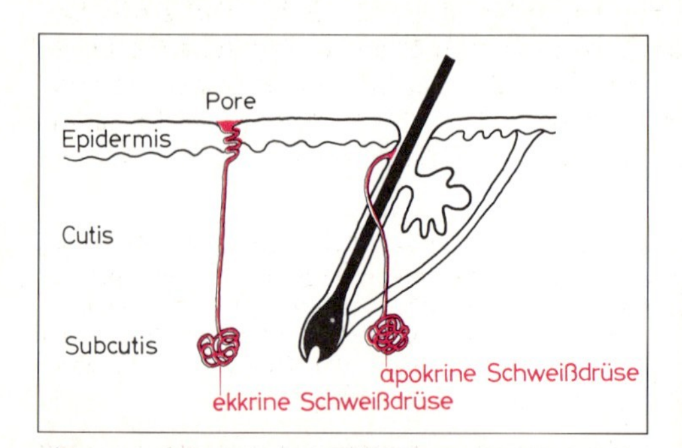

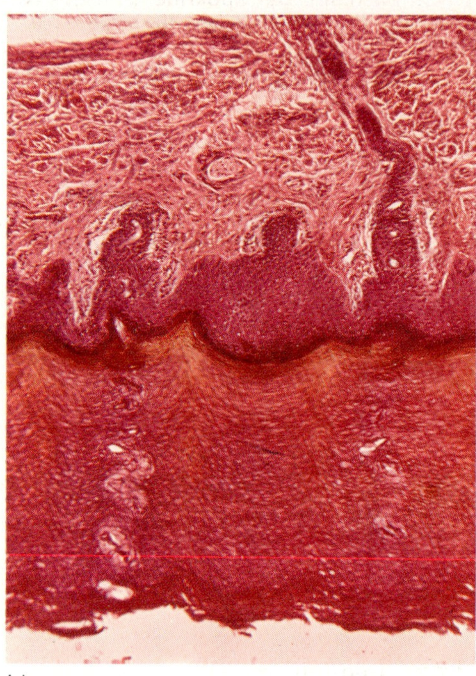

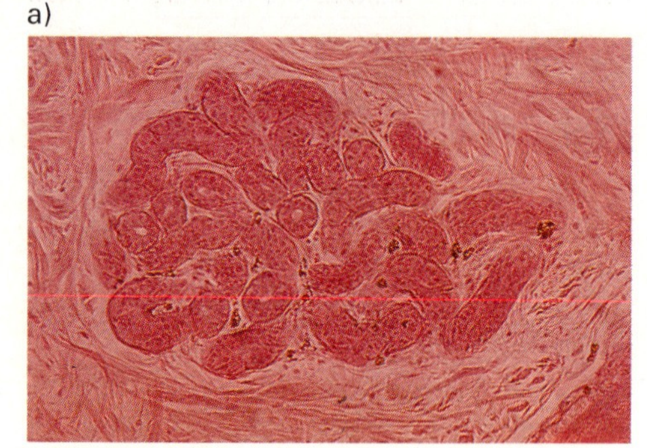

3.33 a) Ekkrine und apokrine Schweißdrüse, b) Schweißdrüsenausgang, c) Schnitt durch die Schweißdrüse

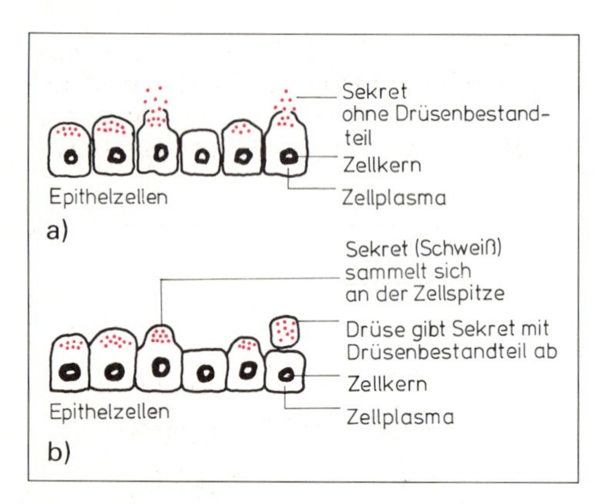

3.34 Schweißabsonderung

a) Ekkrine Schweißabsonderung 99% Wasser, 1% Stoffwechselschlacken, z.B. Salze, Harnstoff, Milchsäure, Fettsäuren, Cholesterin

b) Apokrine Schweißabsonderung Wasser, $N_4^{\oplus}$-Ionen, Eiweißsubstanzen und andere Zellbestandteile

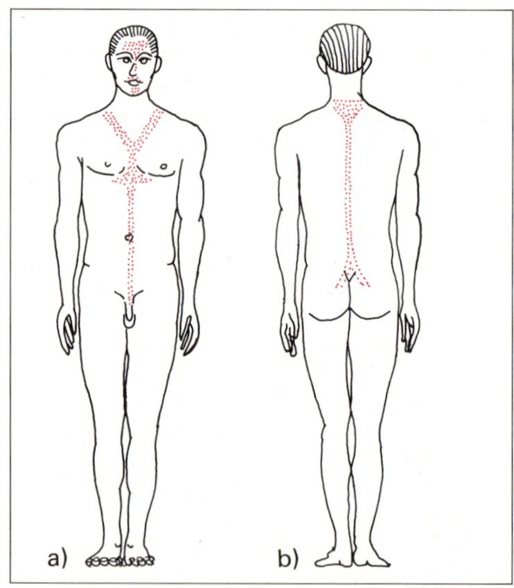

3.35 a) Vordere und b) hintere Schweißrinne

wohl sie von Geburt an vorhanden sind, beginnen sie ihre Funktion erst in der Pubertät. Offensichtlich besteht zwischen apokrinen Schweißdrüsen und Keimdrüsen ein enger Zusammenhang, denn die Schweißdrüsen stellen ihre Arbeit ein, sobald die Keimdrüsentätigkeit nachläßt. Der apokrine Schweiß wirkt neutral oder alkalisch. Seine Duftstoffe bestimmen den Eigengeruch, der von Mensch zu Mensch verschieden ist. Typische Geruchsunterschiede bestehen zwischen den Geschlechtern und den Rassen. Bewußt nehmen wir diese Unterschiede nicht wahr, auch wenn wir sagen, daß wir jemanden „nicht riechen können", den wir nicht leiden mögen. Hunde haben feinere Nasen und können auch Menschen am Geruch unterscheiden.

Wie schwitzt der Mensch? Zwischen den verknäuelten Schläuchen der Schweißdrüsen liegen Muskelzellen, die vom autonomen Nervensystem gesteuert werden. Durch Muskelkontraktion wird der Schweiß aus der Drüse herausgepreßt. Bei Angstzuständen oder anderen psychischen (seelischen) Belastungen ziehen sich alle Muskeln gleichzeitig zusammen – es kommt zu einem Schweißausbruch, der an Handtellern und Fußsohlen besonders stark ist. Doch auch unbemerkt scheidet der Mensch täglich 0,5 bis 1 Liter Schweiß aus. Bei Hitze oder körperlicher Anstrengung kann sich die Schweißmenge auf 4 bis 6 Liter am Tag steigern.

Schweißdrüsen sind knäuelformige Drüsen

ekkrine Schweißdrüsen	apokrine Schweißdrüsen
– befinden sich am ganzen Körper	– befinden sich in Achselhöhlen, bei den Brustwarzen und in der Genitalregion
– münden in die Epidermis	– münden in die Haarfollikel
– Schweiß ist schwach sauer	– Schweiß ist neutral oder alkalisch
– arbeiten von Geburt an	– arbeiten erst nach der Pubertät

3.2.3 Talgdrüsen

Talg hält die Haut geschmeidig und verhindert das Austrocknen. Trockene Haut wird rauh und rissig und ist damit infektionsgefährdet.

Die *beutelförmigen* Talgdrüsen münden fast alle in Haarfollikel (**3**.36). Handteller und Fußsohlen haben keine Talgdrüsen, sondern werden durch Berühren anderer Hautstellen gefettet. An einem Haar liegen meist 4 bis 5 Talgdrüsen, deren Größe und Anzahl jedoch nicht der Haardicke entsprechen. Die besonders großen Talgdrüsen der Nasenflügel münden z. B. in Follikel feinster Lanugohaare (**3**.37).

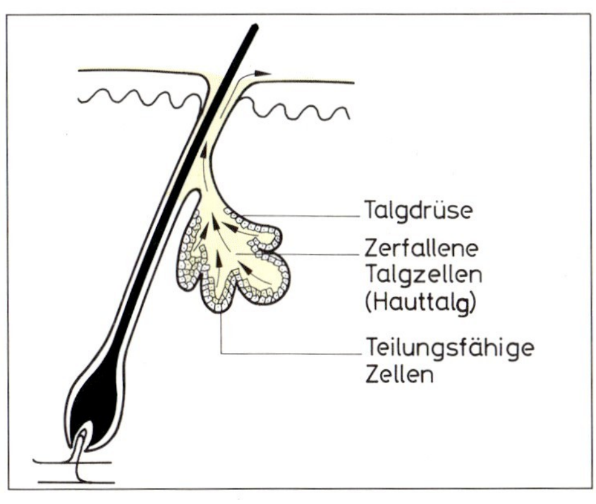

3.36 Schnitt durch die Talgdrüse

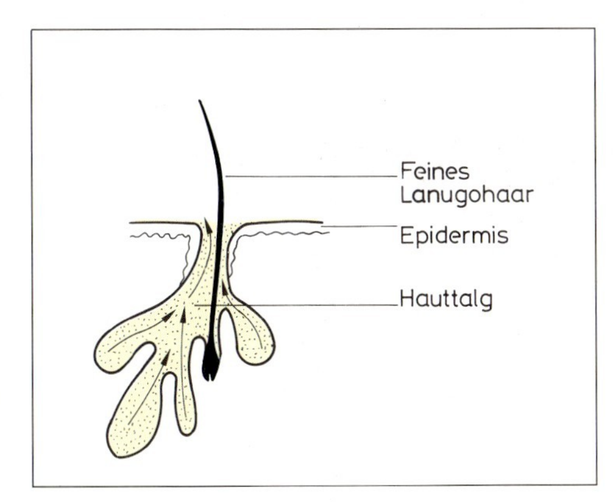

3.37 Talgdrüse am Lanugohaar

Funktion und Produktion. Die Zellen der Talgdrüsen wandeln sich vollständig in Talg um. Die Zellen am Drüsenrand teilen sich. Bei den neu gebildeten Zellen wird das Plasma zu Talg, der Kern verkümmert. Die Zellen zerfallen, der Talg gelangt durch die Haarfollikel auf Haar und Haut. Je nach Lebensalter werden unterschiedliche Talgmengen produziert. Während im 1. Lebensjahr viele Talgdrüsen arbeiten und die Haut des Kleinkindes geschmeidig halten, stellen sie im 2. Lebensjahr die Tätigkeit nahezu ein. So ist Kinderhaut nur schwach gefettet und muß vor allem bei Kälte geschützt werden. Zu Beginn der Pubertät nimmt die Talgproduktion stark zu, um mit steigendem Lebensalter langsam wieder abzusinken. Die täglich abgegebene Talgmenge schwankt zwischen 1 und 2 g. Sie ist individuell verschieden und wird durch Hormone gesteuert. Das männliche Keimdrüsenhormon Testosteron regt die Talgdrüsentätigkeit an, während sie durch weibliche Keimdrüsenhormone (Östrogene) gehemmt wird.

Spreitung. Die Ausbreitung des Talgs auf der Hautoberfläche heißt Spreitung und ist von der Außentemperatur abhängig. Bei hohen Temperaturen kann sie bis zu 3 cm in der Sekunde betragen. Weil sich die Spreitung in der kühlen Jahreszeit verlangsamt, darf man die Haut im Winter nicht so stark entfetten.

Talgdrüsen sind beutelförmige Drüsen	Zusammensetzung des Hauttalgs	
– wandeln das Zellplasma in Fett um	Fette	Fettsäuren
– münden in Haarfollikel	Wachse	Kohlenwasserstoffe
– produzieren hormonabhängig	Squalen	Cholesterin u. a. Stoffe

3.2.4 Hautfarbe

Melanin. Sonnenstrahlen (UV-Strahlen) bräunen die Haut. Die sichtbare Bräunung entsteht durch einen dunklen Farbstoff, das Hautpigment Melanin. Melanozyten, spezielle Zellen in der Basalzellschicht der Epidermis und im oberen Teil der Cutis, bilden eine Vorstufe dieses Pigments. Sie ist noch farblos, wird durch Enzyme, Sauerstoffe und UV-Strahlen der Sonne in Melanin umgewandelt. Sicher haben Sie schon bemerkt, daß vom Sonnenbad bis zur Bräunung der Haut etwa ein Tag vergeht. Dies ist die Zeit, in der die chemische Reaktion von der farblosen Vorstufe zum braunen Melanin abläuft. Hat man das Sonnenbaden übertrieben, können die Stunden danach recht qualvoll sein, denn bei der Reaktion wird Wärme frei und gibt es manchmal sogar eine Entzündung – den Sonnenbrand (**3**.38).

3.38 Ein „gepflegter Sonnenbrand"!

Melanozyten. In jedem mm² der Basalzellschicht liegen rund 2000 Melanozyten. Die Anzahl ist bei allen Menschen etwa gleich. Unterschiede in der Hautfarbe (z.B. bei Weißen und Negern oder auch individuelle Unterschiede bei Angehörigen einer Rasse) ergeben sich nicht aus der Anzahl der Melanozyten, sondern aus ihrer Aktivität. Die Aktivität der Melanozyten, d.h., ob sie viel oder wenig Pigmentvorstufen bilden, ist erblich, läßt sich also nicht ändern.

Die Pigmentierung hat den größten Einfluß auf die Hautfarbe. Zusammen mit der Dicke der Haut bildet sie einen Schutzmechanismus vor dem Einwirken weiterer UV-Strahlen. Dieser Schutz ist nötig, denn die Sonne schädigt die Haut und kann in Extremfällen zu Hautkrebs führen. Gebräunte Haut ist für UV-Strahlen undurchlässiger als ungebräunte und schützt tiefere Hautschichten.

Die Durchblutung und die Eigenfarbe der Epidermis beeinflussen ebenfalls die Hautfarbe. Die Epidermiszellen sind gelblich durchscheinend. Ist die Oberhaut dick und stark verhornt, sieht die Haut gelblich blaß aus. Bei dünner Epidermis schimmert das Blut in den Kapillaren durch, so daß ein rosiger Farbton der Haut entsteht.

Der Einfluß der Durchblutung wird deutlich, wenn man einen Objektträger flach auf die Haut drückt. Dabei wird das Blut aus den Kapillaren in tiefer liegende Gefäße gedrückt, so daß als Hautfarbe nur die Pigmentierung und die Eigenfarbe der Epidermis sichtbar bleiben (**3**.39). Diese „Durchscheinprobe" nennt man *Diaskopie.* Mit ihr läßt sich auch feststellen, ob dunkle Flekken in der Haut durch Blutgefäße oder durch Anhäufung von Pigmenten entstanden sind.

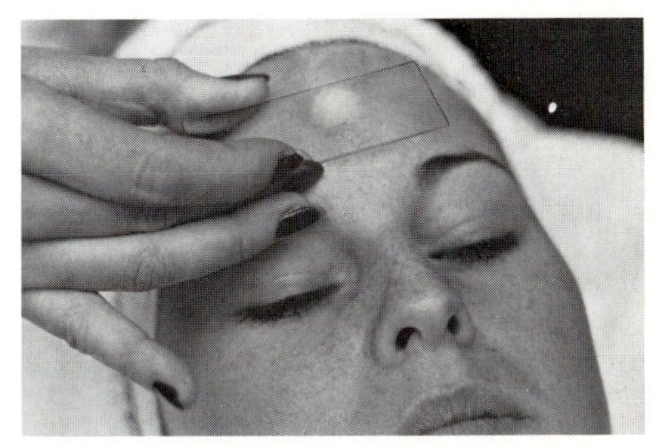

3.39 Diaskopie (Durchscheinprobe)

Probieren Sie diesen Test einmal bei Sommersprosssen oder bei einem Leberfleck. Sie werden sehen: Pigmentfehler lassen sich nicht wegdrücken.

Die Hautfarbe wird beeinflußt

- vom braunen Pigment Melanin
  (viel Melanin = dunkle, braune Haut; wenig Melanin = helle Haut)
- von der Durchblutung
  (gute Durchblutung = rosige Haut; schlechte Durchblutung = blasse Haut)
- von Eigenfarbe und Dicke der Epidermis
  (dicke Epidermis = gelbliche Haut; dünne Epidermis = rosige Haut)

3.2.5 Hautnerven

Durch die Haut spüren wir Wärme und Kälte ebenso wie den stechenden Schmerz einer Schnittverletzung. Als Kontaktorgan zur Umwelt vermittelt uns die Haut die verschiedensten Reize. Damit die Reize in unser Bewußtsein gelangen, gibt es eine „Telefonleitung" zwischen der Haut und dem Gehirn – die Nerven. Als feines Netz dünner Fasern durchziehen sie die Haut an der Grenze der Cutis zur Epidermis, umschlingen die Haarfollikel (Haarkranznerven, **3**.40) und vereinigen sich zu dickeren Nervenfasern in tieferen Gewebe-

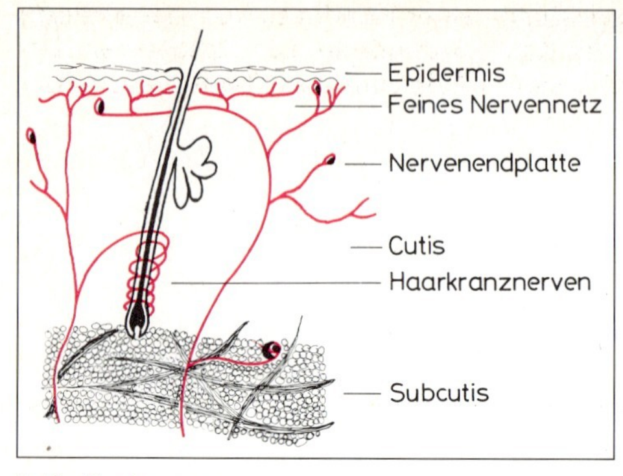

3.40 Hautnerven

schichten. Die dickeren Fasern münden in die Nervenstränge, die sich im Rückenmark vereinigen und zusammen mit dem Gehirn das zentrale Nervensystem bilden. Der Reiz wird also durch die Hautnerven aufgenommen und über die Nervenbahnen zum Gehirn geleitet.

Endplatten. In der oberen Cutis bilden viele Nervenfasern Endplatten. Früher meinte man, daß diese Nervenendigungen auf bestimmte Reize spezialisiert seien, daß es also besondere Nervenendigungen für Wärme-, Kälte-, Schmerz- oder Druckempfindungen gebe. Dies ist bisher jedoch nicht bestätigt. Sicher ist nur, daß die Reizempfindlichkeit in unmittelbarer Nähe einer Nervenendigung stärker ist als in den dazwischen liegenden Hautbezirken. Auch die Verteilung der Nerven über den Körper ist nicht gleichmäßig. So sind z.B. Fingerkuppen besonders nervenreich, die Haut des Rückens dagegen ist nervenarm.

3.41 Niemand ist unempfindlich gegen Reize!

Versuch 6 Prüfen Sie mit Hilfe eines Stechzirkels die Menge der Nervenendigungen am Arm einer Versuchsperson. Öffnen Sie dazu den Zirkel etwa 2 bis 3 cm und berühren Sie mit beiden Spitzen gleichzeitig leicht die Haut. Verringern Sie den Abstand der Zirkelspitzen so lange, bis die Berührungspunkte von der Versuchsperson nur noch als ein Punkt wahrgenommen werden. Die Testperson sollte während des Versuchs die Augen geschlossen halten und sich ganz auf die Berührungspunkte konzentrieren.

Versuch 7 Bewegen Sie mit einer Bleistiftspitze die feinen Körperhaare des Arms, ohne die Haut zu berühren.

Ergebnis Obwohl die Bleistiftspitze die Haut nicht berührt, wird der Berührungsreiz von den Nerven (hier Haarkranznerven) wahrgenommen. Diese um den Haarfollikel liegenden Nerven haben keine Endigungen; sie sind ein eng verschlungenes Netz.

Versuch 8 Füllen Sie eine Schale mit kalten (20 °C), eine zweite mit lauwarmem (30 °C) und eine dritte Schale mit heißem Wasser (40 °C). Legen Sie zuerst eine Hand in das kalte und die andere Hand ins heiße Wasser. Nach einer Minute tauchen Sie beide Hände zugleich ins lauwarme Wasser. Achten Sie dabei auf die unterschiedliche Wärmeempfindung der Haut.

Reize werden von verschiedenen Personen unterschiedlich stark wahrgenommen.

So ist z. B. das gleichwarme Wasser bei der Kopfwäsche einer Kundin zu kalt, der anderen zu heiß. Es gibt also keine absolute Wärme- oder Kälteempfindung. Die Hautnerven reagieren nicht wie ein Thermometer, sondern „messen" immer nur Temperaturunterschiede.

3.2.6 Aufgaben der Haut

Haut als Schutzorgan

Als Grenzfläche des Körpers zur Umwelt ist die Haut verschiedenen äußeren Einflüssen ausgesetzt:

- **physikalischen Einflüssen** z. B. Druck, Schlag, UV-Strahlen
- **chemischen Einflüssen** z. B. Alkalien (Dauerwellflüssigkeit), Seife und Waschmittel,
- **biolgoischen Einflüssen** u. B. Krankheitserreger

Schutz gegen Stöße. Vergleicht man die Schmerzempfindung bei einem gleichstarken Schlag gegen das Schienbein und den Oberschenkel, so ist der Schienbeinschlag entschieden schmerzhafter. Der Oberschenkel ist durch eine dickere Subcutis geschützt. Zwar fangen auch die elastischen Cutisfasern einen Teil des Stoßes ab, jedoch nicht so wirkungsvoll wie die Subcutis.

Dauernde Druckbelastung kann zur Verdickung der Hornschicht führen. Die entstandene Hornhaut oder Schwiele schützt tiefere Hautschichten. Solche Verdickungen sieht man häufig bei Friseuren an den Fingern der rechten Hand – genau an den Stellen, an denen die Griffe der Haarschneideschere aufliegen.

UV-Strahlen. Zum Schutz des Körpers gegen UV-Strahlen bildet die Haut vermehrt Pigmente und verdickt die Hornschicht. Diese Lichtschwiele bleibt auch nach dem Abklingen der Bräunung sichtbar, denn sonnenstrapazierte Haut ist grob und lederartig verdickt.

Gegen leichtere chemische Einflüsse bieten der Fettgehalt der Hautoberfläche und die geringe Löslichkeit des Keratins Schutz. Chemikalien, mit denen unsere Haut häufig in Berührung kommt, sind *Alkalien* (z. B. Seifen, Dauerwellflüssigkeit). Alkalischäden vermindert der *Säureschutzmantel* (Emulsion aus Schweiß und Hauttalg), denn die mit dem Schweiß und Talg ausgeschiedenen Säuren neutralisieren die Alkalien. Die Neutralisierfähigkeit des Säureschutzmantels darf jedoch nicht überschätzt werden – sie reicht weder bei konzentrierten Chemikalien aus noch bei häufiger Berührung mit Alkalien. Daraus ergibt sich für uns die Notwendigkeit gezielter Hautschutzmaßnahmen (Handschuhe, Handschutzsalben, Hautpflegemittel).

Versuch 9 Untersuchen Sie die Wirkung von Laugen auf die Haut, indem Sie verdünnte Natronlauge auf eine Fingerkuppe tropfen lassen und verreiben. (Behandeln Sie die Haut nach dem Versuch mit Säurespülung!)

Versuch 10 Färben Sie eine stark verdünnte Ammoniumhydroxidlösung (Salmiakgeist) mit Phenolphthalein an. Geben Sie einen Tropfen davon auf die Haut und messen Sie die Zeit, die bis zur Entfärbung des Indikators vergeht. Nach der Neutralisation wiederholen Sie den Versuch.

Versuch 11 Messen Sie den pH-Wert der Haut mit Hilfe einer Indikatorlösung oder einer Glaselektrode.

Keimabwehr. Der Säureschutzmantel schützt die Haut nicht nur vor Alkalien, sondern verhindert auch die Ausbreitung von Krankheitserregern, weil deren Wachstum in saurer Umgebung erschwert ist.

Barriere gegen Fett und Wasser. Für die Kosmetik bedeutsam sind die natürlichen Barrieren der Haut gegen Wasser und Fette. Wasser dringt nur bis zu den unteren Lagen der Hornschicht, Fette gelangen nur bis zur Körnerzellschicht.

Schutzwirkung der Haut

- vor Druck und Schlag durch Subcutis, Faserstruktur der Cutis und Verdickung der Hornschicht
- vor UV-Strahlen durch Pigmentbildung und Lichtschwielen
- vor schwachen Alkalien durch Säureschutzmantel
- vor Krankheitserregern durch Säureschutzmantel

Haut als Regler der Körpertemperatur

Die Lebensvorgänge im menschlichen Organismus erfordern eine gleichbleibende Körpertemperatur von etwa 37 °C. Um diese Temperatur auch unter extremen Bedingungen zu halten, hat die Haut einen „Temperaturregler".

Bei hohen Außentemperaturen schützt die Haut vor Überhitzung, indem sie mehr Schweiß absondert. Durch die Verdunstung des Wassers wird der Haut Wärme entzogen – sie kühlt ab (Verdunstungskälte). Die Kapillargefäße weiten sich. Dadurch kann mehr Blut in die Haut fließen und überschüssige Körperwärme abgeben. Bei Entzündungen oder bei Sonnenbrand sieht man die verstärkte Durchblutung als Hautrötung und spürt die Wärmeabgabe, wenn man eine Hand über die entzündete Stelle hält.

Bei Kälte werden die Kapillaren verengt, und das Blut bleibt in tieferen Hautschichten. Dadurch kann es von der Außentemperatur nicht so stark abgekühlt werden. Zusätzlich richten die Haarbalgmuskeln (s. Bild **3**.48) die Lanugohaare auf (Gänsehaut) und pressen den Talg aus den Talgdrüsen. Der Hauttalg verringert die Verdunstung von Gewebswasser, die Schweißabgabe wird vermindert.

Temperaturregelung der Haut

bei Hitze	bei Kälte
– Erweitern der Kapillaren	– Verengen der Kapillargefäße
– verstärkte Durchblutung	– verminderte Durchblutung
– vermehrte Schweißabsonderung	– keine Schweißabgabe
– Verdunstungskälte	– Zusammenziehen der Haarbalgmuskeln
	– verstärkte Hautfettung

Haut als Stoffwechselorgan

Fettspeicher. Die vom Körper nicht sofort verbrauchten Kohlehydrate der Nahrung werden von Subcutiszellen in Fett umgewandelt und gespeichert. 10 bis 15 kg Fett kann die Subcutis speichern und bei Nahrungsmangel wieder zur Energiegewinnung heranziehen.

Ausscheidung und Atmung. Zusammen mit dem Schweiß scheidet die Haut Stoffwechselschlacken aus (z.B. Kochsalz, organische Säuren und Harnstoff). Damit entlastet sie die Nieren. In geringem Maß ist die Haut auch an der Atmung beteiligt. Etwa 4 bis 5% des Kohlendioxids werden durch die Haut ausgeschieden. Da die Sauerstoffaufnahme durch die Haut aber noch minimaler ist, sollte man nicht von einer „Hautatmung" sprechen. Daß Menschen bei völligem Hautabschluß (z.B. Verbrennung) sterben, liegt nicht an einer verhinderten Hautatmung. Vielmehr ist dann die Wasserabgabe und damit die Temperaturregelung des Körpers unterbunden. Es handelt sich also nicht um einen „Erstickungstod".

Resorption. Trotz der Abschirmfunktion nimmt die Haut auch Stoffe auf, besonders durch die Haarfollikel und Poren. Durch diese Resorption gelangen Vitamine und Hormone in den Organismus – aber auch Schadstoffe wie quecksilberhaltige Verbindungen. Läßt sich der Umgang mit solchen Giftstoffen nicht vermeiden, bieten Handschuhe einen guten Schutz.

Haut als Sinnesorgan

Während die anderen Sinnesorgane (Augen, Ohren, Nase, Mund) jeweils nur auf eine Wahrnehmung spezialisiert sind, kann die Haut mehrere Sinnesqualitäten wahrnehmen und durch die Nerven zum Gehirn weiterleiten. Neben Wärme- und Kälte-, Druck- und Schmerzempfinden hat die Haut einen ausgeprägten Tastsinn. Blinde Mitmenschen vervollkommnen diesen Tastsinn so, daß sie durch Berühren von geprägten Punkten „lesen" können (Blindenschrift, **3**.42).

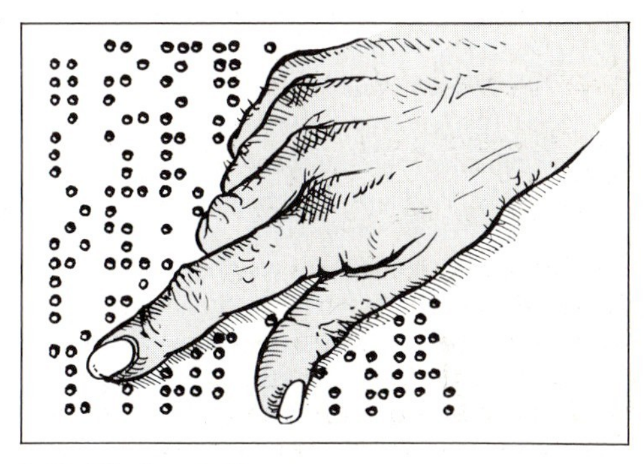

3.42 Blindenschrift

Sogar Lichtreize werden von der Haut aufgenommen. Versuchspersonen mit verbundenen Augen in einem geschlossenen Raum können unterscheiden, ob Licht eingeschaltet ist oder nicht. Aus dieser „Lichtempfindlichkeit" der Haut läßt sich auch begründen, daß manche Menschen nicht nur durch Geräusche, sondern auch durch Licht im Schlaf gestört werden.

Funktion der Haut

Abwehr von Schädigungen (Schutzfunktion)
- Druck, Schlag ⟶ Subcutis, Cutis, Verdickung der Hornschicht
- UV-Strahlen ⟶ Pigmentbildung, Lichtschwiele
- Alkalien ⟶ Säureschutzmantel
- Krankheitserreger ⟶ Säureschutzmantel

Anpassung an die Umwelt
- Regelung der Körpertemperatur

Vermittlung von Umweltreizen
- Schmerz-, Temperatur-, Tastsinn
- begrenzte Vermittlung von Lichtreizen

Stoffwechselorgan
- Speicherfunktion (Nahrungsreserve) von Fett, Kohlehydraten und Salzen
- Ausscheidung von Wasser, Salzen, organischen Säuren, Harnstoff, Kohlendioxid
- Aufnahme von Fetten, Vitaminen, Hormonen, Giften

Aufgaben zu Abschnitt 3.2

1. Beschreiben Sie die Hautfelderung.
2. Was sind Hautleisten? Welche Aufgaben haben sie?
3. Nennen Sie die drei Gewebeschichten der Haut.
4. Wie heißen die fünf Schichten der Epidermis?
5. Beschreiben Sie die Form der Zellen in den verschiedenen Epidermisschichten.
6. In welcher Epidermisschicht teilen sich die Zellen?
7. Wie lange dauert die Verhornung der Epidermiszellen?
8. Welche Hautschichten bilden die Keimzone, welche die Verhornungszone?
9. Welche Hautschicht enthält am meisten Wasser?
10. Wodurch entstehen Hornhaut und Schwielen?
11. Was sind Papillen? Welche Gewebeschichten werden durch sie verbunden?
12. Woraus besteht das Bindegewebe der Cutis?
13. Warum ist gealterte Haut schlaff und faltig?
14. In welche Bereiche teilt man die Lederhaut ein?
15. Woraus besteht die Subcutis?
16. Wodurch unterscheiden sich Bau- und Depotfett?
17. Wie heißen die beiden Schweißdrüsenarten? Wodurch unterscheiden sie sich?
18. Welche Bestandteile enthält der ekkrine Schweiß?
19. Wieviel Schweiß gibt unser Körper normalerweise täglich ab? Wieviel bei körperlicher Anstrengung?
20. Beschreiben Sie Form und Lage der Talgdrüsen.
21. Wie ändert sich die Talgproduktion von der Geburt bis zur Pubertät?
22. Was versteht man unter Stoffwechsel?
23. Beschreiben Sie das Gefäßnetz der Haut.
24. Wie wird die Basalzellenschicht der Epidermis mit Nährstoffen versorgt?
25. Wie heißt das braune Hautpigment? In welcher Hautschicht bildet es sich?
26. Welche drei Faktoren beeinflussen die natürliche Hautfarbe?
27. Was versteht man unter Diaskopie?
28. Welche Aufgaben erfüllen die Hautnerven?
29. Welchen Schutz bietet die Haut gegen Druck und Schlag?
30. Wie schützt sich die Haut vor UV-Strahlen?
31. Welche Aufgabe hat der Säureschutzmantel der Haut?
32. Beschreiben Sie die Regelung der Körpertemperatur durch die Haut.
33. Gibt es eine „Hautatmung"? Welche Bedeutung hat sie?
34. Warum ist die Haut auch ein Sinnesorgan?
35. Welche Stoffe speichert die Haut? In welcher Schicht?

3.3 Haar

3.3.1 Arten und Aufgaben

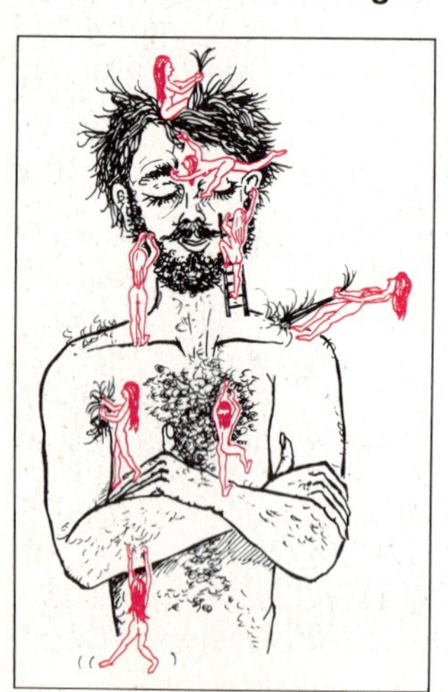

3.43 Haare wachsen nicht nur auf dem Kopf

Haararten. Unsere Haare unterscheiden sich in der Länge, Stärke und Farbe (**3.**43). Wimpern und Augenbrauen werden nicht so lang wie Kopf- oder Barthaar. Auch die Haare am Körper, an Armen und Beinen sind kürzer. Während die Augenbrauen und Wimpern verhältnismäßig dunkel und hart sind, ist die Körperbehaarung feiner, heller und weicher. Überall am Körper gibt es Haare – ausgenommen an Handflächen, Fußsohlen und Lippen. Man unterscheidet:

- **Langhaare,** die 60 bis 80 cm lang werden können. Zu ihnen gehören außer den Kopfhaaren die Barthaare sowie die Achsel- und Schambehaarung, obwohl diese nicht so lang wird;
- **Borsten- oder Grannenhaare** (nach den harten Grannen des Getreides benannt) sind dicker und härter als Langhaare, werden aber nur etwas über einen Zentimeter lang. Zu ihnen zählen die Augenbrauen und Wimpern sowie die Haare in der Nase und im Ohr;
- **Woll- oder Flaumhaare** sind feine, hellere Haare am gesamten Körper, die nur etwa 1,5 cm lang werden.

Die Aufgaben des Haares werden deutlich, wenn wir uns einen Menschen ohne Haare vorstellen: Das Haar schmückt und schützt. Ursprünglich war Schutz seine Hauptaufgabe, wie wir noch an den Tieren sehen. Beim Menschen hat die Kleidung dies weitgehend übernommen. Kopfhaar schützt hauptsächlich vor Sonne, Kälte und Stoß.

Augenbrauen verhindern, daß Schweißtropfen ins Auge rinnen, und die Wimpern schützen die empfindlichen Augen vor Staub und kleinen Insekten. Das gleiche tun die Nasen- und Ohrenhaare.

Haben Sie schon einmal beobachtet, wie selbstbewußt und „aufreizend" ein stark behaarter Mann am Rand eines Schwimmbads entlangstolziert? Verhielte sich eine stark behaarte Frau auch so? Der Bart ist schmückendes Geschlechtsmerkmal des Mannes, die Brustbehaarung wird als Zeichen der Männlichkeit bewertet. Damenbart und übermäßige Körperbehaarung bei Frauen stören dagegen und wirken unweiblich.

In den Achselhöhlen liegen besonders viele Schweißdrüsen. Die Achselhaare erleichtern die Verdunstung des Schweißes. Andererseits können sich an den Achselhaaren besonders gut Bakterien festsetzen und vermehren. Durch bakterielle Zersetzung des Schweißes entsteht jedoch Körpergeruch. Deshalb entfernen viele Menschen die Achselhaare.

Aufgaben des Haares ⟶ Schmuck und Schutz

Haararten
- Langhaar ⟶ Kopf-, Bart-, Achsel-, Schamhaare
- Borstenhaar ⟶ Augenbrauen, Wimpern, Nasen- und Ohrenhaare
- Wollhaar ⟶ Flaum- und Körperhaare

3.3.2 Aufbau und Wachstum

Lanugohaar, Primärbehaarung. Babys kommen (im Gegensatz zu manchen Tieren) mit Haaren zur Welt. Beim menschlichen Embryo bildet sich das Haar schon vom dritten Schwangerschaftsmonat an (**3**.44). Zellen der Epidermis senken sich in die Cutis und stülpen sich über eine Gefäßschlinge. So bildet sich der Haarkeim, aus dem das erste Haarkleid des Ungeborenen wächst (**3**.45). Dieses Haar heißt Lanugohaar. Es bedeckt den ganzen Körper und fällt im neunten Monat der Schwangerschaft aus. Bei Frühgeburten ist es manchmal noch zu erkennen. Das Kopfhaar, mit dem ein neuer Erdenbürger auf die Welt kommt, fällt bis zum sechsten Monat aus und wird durch nachwachsendes Haar ersetzt.

Sekundärbehaarung nennt man die bleibende Behaarung. Bei Kindern ist bis zur Pubertät das Kopfhaar meist weicher als bei Erwachsenen. Es wird daher als *Vellushaar* bezeichnet (= Wollhaar, nicht zu verwechseln mit dem feinen Flaumhaar am Körper).

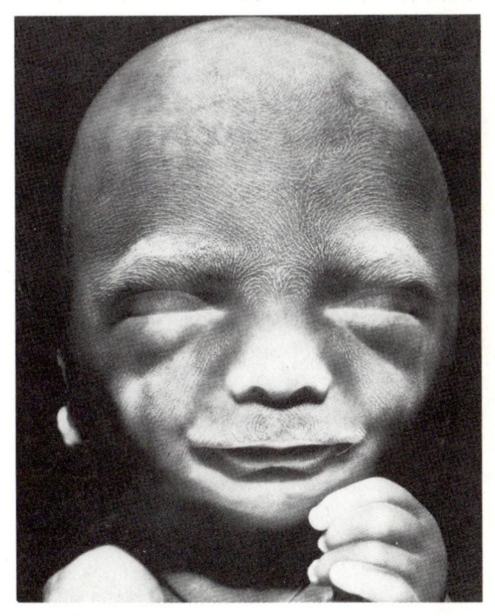

3.44 Lanugobehaarung auf Stirn, Wangen und Oberlippe beim Embryo ($4^1/_2$ Monate, 25 cm)

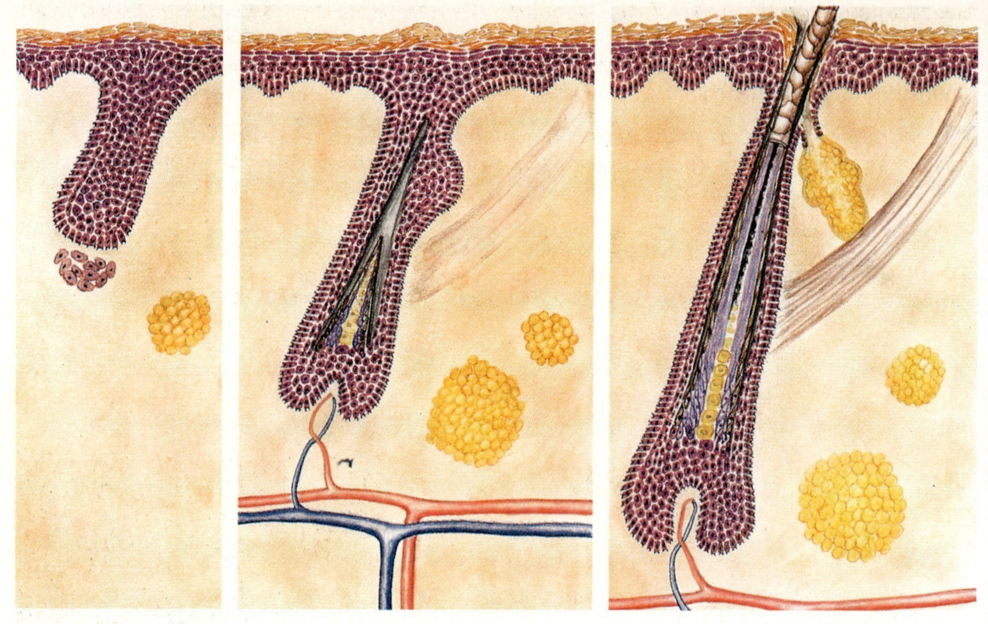

3.45 So entsteht das erste Haarkleid des ungeborenen Menschen

Terminalhaar nennt man die Behaarung des Menschen, die sich nach der Pubertät bildet (Achsel- und Schamhaare, Bart). Das Kopfhaar ist meist dunkler und stärker als bei Kindern.

Zupfen Sie sich eine Augenbraue und ein Kopfhaar aus. Betrachten Sie jeweils Wurzel und Spitze durch eine Lupe. Prüfen Sie die Härte der Haarwurzel und -spitze, indem Sie mit der Fingerkuppe dagegen stoßen. Versuchen Sie, die Haarwurzel zwischen den Daumennägeln zu zerreiben.

Haarabschnitte. Das Haar besteht aus der Wurzel, dem Schaft und der Spitze (**3**.46). Am ausgezupften Haar ist die Wurzel mit bloßem Auge als weißes Knötchen zu erkennen.

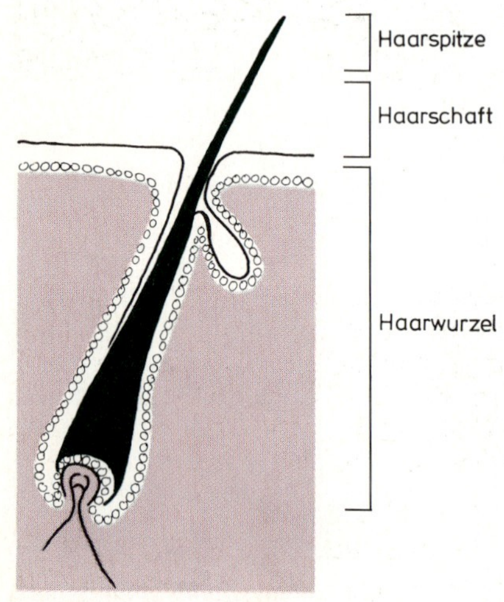

3.46 Haarabschnitte

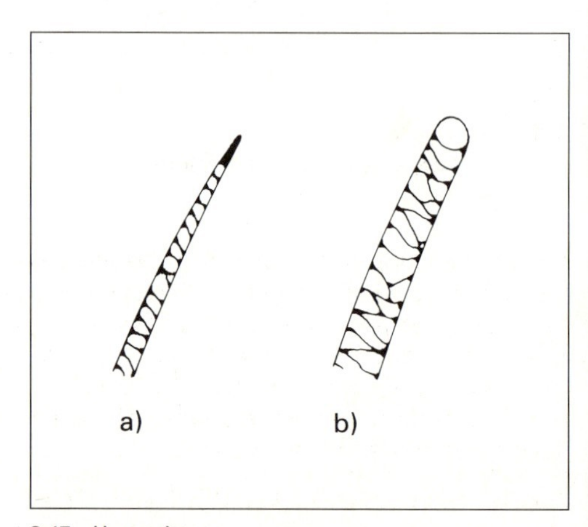

3.47 Haarspitze
a) gewachsen, b) geschnitten

Meist haften noch Reste der Wurzelscheiden (Hautreste) daran, die sich leicht abstreifen lassen. Die Haarwurzel ist heller und weicher als die Haarspitze. Sie läßt sich platt drücken. Die Augenbrauenspitze läuft sehr spitz zu. Sie ist gewachsen und nicht wie beim Kopfhaar geschnitten (**3**.47).

Das Haar in der Haut. Am Querschnitt durch die Kopfhaut erkennt man, daß das Haar aus einer Hauteinstülpung, dem Follikel, herauswächst (**3**.48). Vier Schichten sind beim Haarfollikel zu unterscheiden: die innere und äußere *Wurzelscheide* (Fortsetzungen der Epidermis), die *Glashaut* und der *bindegewebige Haarbalg*. Der Follikel sitzt immer schräg in der Haut und bestimmt so Wachstumsrichtung und damit den Fall des Haares. Talgdrüsen im oberen Drittel des Follikels fetten das Haar und halten die Haut geschmeidig. Unterhalb der Drüse ist der Follikel durch den Haarbalgmuskel (Haaraufrichtermuskel) mit der Cutis verbunden. Bei Kältereiz zieht sich der Muskel zusammen und richtet dadurch das Haar aus der Schräglage auf – wir bekommen „Gänsehaut". Dabei drückt der Haarbalgmuskel gegen die Talgdrüse und entleert sie. Als Kälteschutz gelangt folglich mehr Talg auf die Hautoberfläche.

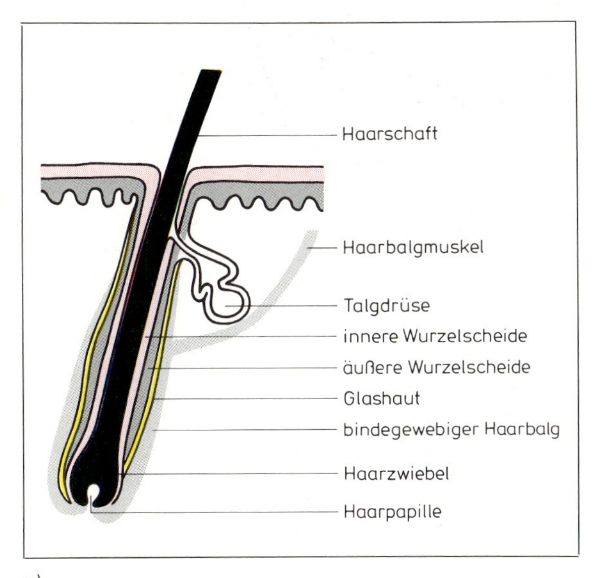

a)

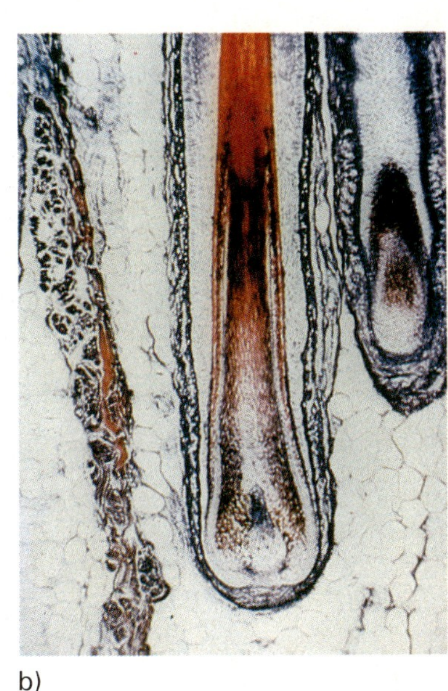

b)

3.48 Haarfollikel
a) Schemazeichnung, b) Mikrofoto

Im unteren Drittel verdickt sich die Haarwurzel zur Haarzwiebel, die auf der Haarpapille sitzt, einer zapfenförmigen Erhöhung der Cutis (s. Abschn. 3.2.1). Die Papille ist von Kapillaren durchzogen und bildet den Haarkeim. Oberhalb der Papille befinden sich Zellen, die sich teilen können; sie werden Haarmatrix (= Mutterzellen, Keratinocyten) genannt. Sie bestehen aus Protein, einem Eiweißstoff, der im Follikel verhornt. Beim Auszupfen reißt die Wurzel über der Haarzwiebel ab, die Papille mit der Matrix bleibt in der Haut – ein neues Haar kann nachwachsen.

Da die Haarwurzel im Haarfollikel verhornt, nimmt sie dabei auch dessen Form an. An Hautschnitten wurde festgestellt, daß die Haarfollikel von Negern stark gebogen, bei den glatten Haaren der Weißen dagegen gerade sind (**3**.49). Ungeklärt ist bislang, warum bei gleichen Menschen zu verschiedenen Zeiten welliges und glattes Haar wechseln. Z.B. haben viele Kleinkinder Locken, die im schulpflichtigen Alter glatten Haaren weichen. Bei einigen werden sie später wieder wellig. Der Haarfollikel dürfte seine Form dabei nicht verändert haben.

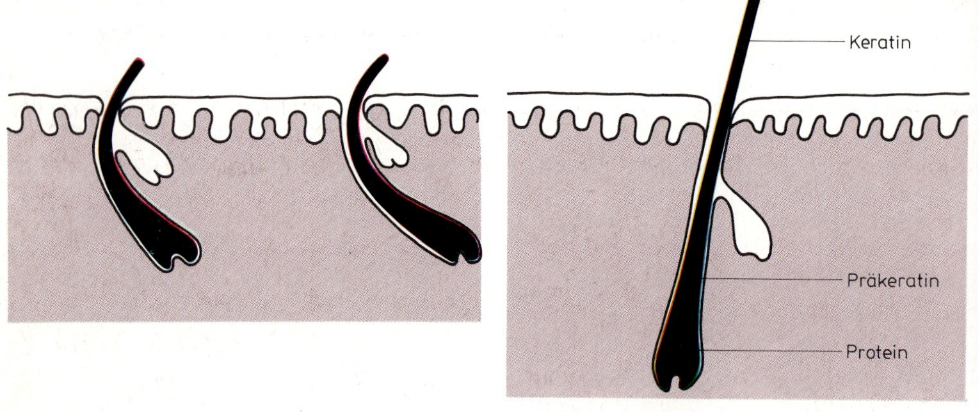

3.49 Haarwurzeln von Negerhaaren (ein gebogener Haarfollikel ergibt krauses Haar)

3.50 Umwandlung von Protein in Keratin (Verhornung)

Der Haarschaft oberhalb der Kopfhaut besteht aus Keratin, das sich durch Verhornung aus dem Protein der Haarwurzel gebildet hat. Etwa im letzten Drittel des Haarfollikels wandelt sich das Protein in Keratin um. Das noch unverhornte Keratin nennt man *Präkeratin.* Es ist sehr empfindlich gegen äußere Einflüsse und kann daher leicht durch eindringende Dauerwellflüssigkeit geschädigt werden (**3.**50).

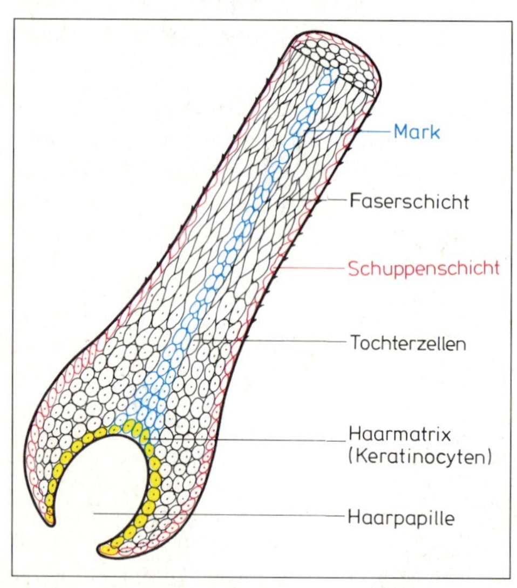

3.51 Haarzwiebel mit Matrix und Tochterzellen

Wachstum des Haares. Kopfhaare wachsen im Monat 1 bis 1,5 cm, Barthaare etwas mehr, Augenbrauen etwas weniger. Die Matrixzellen, auch Keratinocyten genannt, teilen sich und bilden Tochterzellen (**3.**51). Die anfangs rundlichen Zellen wandern im Haarfollikel nach oben. Dabei verändert sich sowohl ihre Form als auch der Zellinhalt. Sie strecken sich und nehmen eine Spindelform an (Spindelzelle oder Faserzelle, vgl. **3.**58a). Das Protein der Zellen verhornt zu Keratin. Die Wachstumsgeschwindigkeit des Haares hängt davon ab, wie schnell sich die Matrixzellen teilen, und ist in den Zellen programmiert. Sie ist weder durch Schneiden, Massage noch durch Kosmetik-Präparate zu beeinflussen. Die verbreitete Meinung, daß Haare schneller wachsen, wenn sie öfter geschnitten werden, beruht auf einer Täuschung.

Die Dicke des einzelnen Haares ist für jeden Menschen erblich festgelegt und läßt sich (auch durch Schneiden) nicht beeinflussen. Sie hängt von der Größe der Haarpapille ab.

Feines Kinderhaar wird nach und nach dicker – aber nicht durchs Schneiden. Geschnittenes Haar täuscht durch die härteren Spitzen nur ein dickeres Haar vor.

Mit einem Haarmeßgerät kann man die Dicke des Haares prüfen. Das normale Haar des Mitteleuropäers ist 0,06 mm stark, feines Haar 0,04 mm, starkes 0,08 mm. Das Haar des Südeuropäers ist dicker (Spanier, Italiener, Griechen 0,06 bis 0,10 mm). Noch stärker ist asiatisches Haar (Chinesen, Japaner, Koreaner 0,08 bis 0,12 mm).

Wichtig ist die Dicke des Haares für seine Sprungkraft und damit für die Haltbarkeit der Frisur.

Der Haarquerschnitt kann rund oder oval sein (**3**.52a, b). Meist ist er oval, manchmal sogar stark abgeflacht, so daß man von *Bandhaar* spricht (**3**.52c). Zur Prüfung dient das Haarmeßgerät. Weil sich ein einzelnes Haar stets flach zwischen die beiden Platten legt,

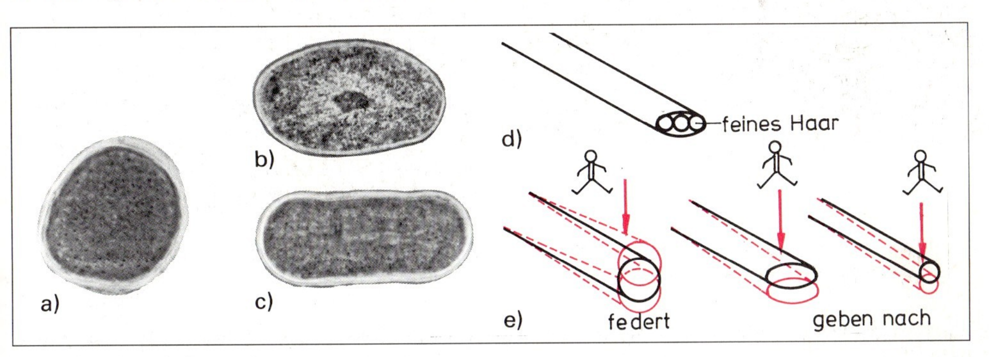

3.52 Haarquerschnitte
a) rund, b) oval, c) Bandhaar, d) Bandhaar hat eine geringere Breite als Rundhaar, e) Sprungkraft von rundem Haar und Bandhaar

bilden wir eine Schlaufe, deren stärkste Stelle das Gerät mißt (**3**.53. Bei ovalem oder bandförmigem Haar ist das Meßergebnis bei einer Schlaufe größer als wenn es flach dazwischenliegt.

Die Beurteilung des Haarquerschnitts ist vor der Dauerwelle wichtig. Bandhaar hat nämlich eine geringe Sprungkraft. Seine flache Seite entspricht dem Querschnitt eines dünnen Haares (**3**.52d). Bei der Dauerwelle legt es sich wie ein Band mit der flachen Seite um den Wickler und läßt sich schlecht umformen.

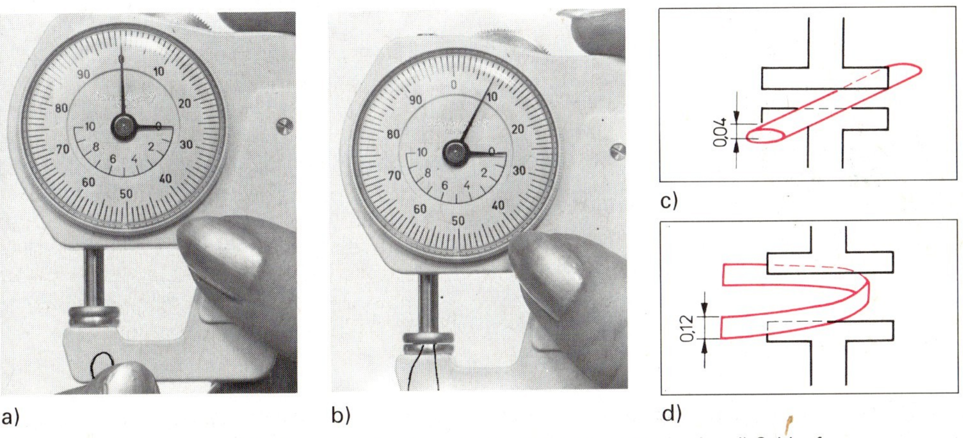

3.53 a) und b) Prüfen von Bandhaar mit dem Haarstärkenmeßgerät, c) Flachseite, d) Schlaufe

Rund 100000 Haare hat unser Schopf. Bei feinem Haar (helle Haarfarben) können es bis zu 20% mehr sein, bei dickem Haar (häufig dunklere Haarfarben) bis zu 20% weniger.

Haarschichten. Ziehen Sie ein Haar von der Wurzel zur Spitze zwischen Daumen und Zeigefinger hindurch, anschließend von der Spitze zur Wurzel. Nehmen Sie eine Haarsträhne zwischen Daumen und Zeigefinger und bewegen Sie sie wie beim Geldzählen.

Beim Durchziehen des Haares von der Spitze zur Wurzel spüren wir einen Widerstand, umgekehrt nicht. Beim Bewegen der Haarsträhne zwischen Daumen und Zeigefinger schiebt sie sich mit den Wurzeln nach oben. Die Haaroberfläche scheint also nicht glatt zu sein.

Schuppenschicht, Cuticula. Betrachtet man ein Haar unter dem Mikroskop, bestätigt sich die Vermutung: Die Haaroberfläche besteht aus flachen Schuppenzellen, von denen etwa 7 das Haar spangenartig umgreifen (**3**.54a, b). Sie überlagern sich teilweise und zeigen mit den freien Rändern zur Haarspitze. An einer Bruchstelle wird deutlich, daß 6 bis 8 Lagen solcher Schuppenzellen das Haar umspannen (**3**.54c). Sie sind fest miteinander verbunden, so daß sie bei gesundem, unbeschädigtem Haar eine geschlossene Oberfläche bilden, die das Licht reflektiert und das Haar glänzend erscheinen läßt. Durch chemische Behandlung wird die dazwischen liegende Masse (Zellmembrankomplex) angegriffen, so daß die Schuppen abspreizen. Die Oberfläche wird rauh, das Haar glanzlos (**3**.54d, e).

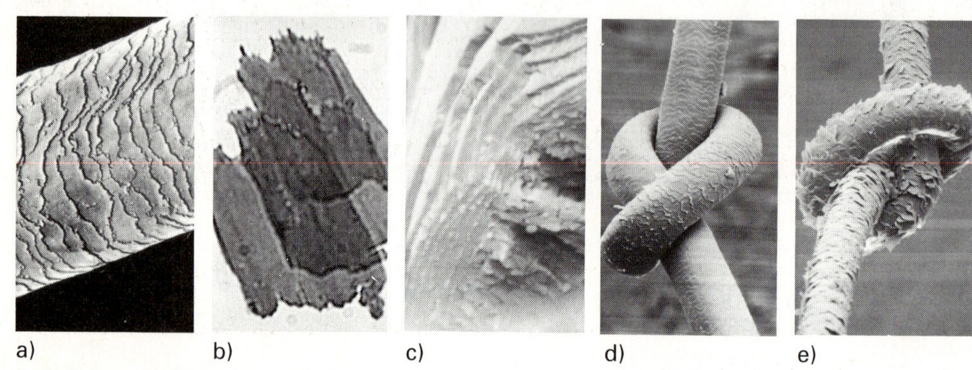

3.54 Schuppenschicht des Haares, a) unter dem Raster-Elektronenmikroskop, b) isolierte Schuppenzellen, c) Dicke der Schuppenschicht, d) Schuppenschicht eines unbehandelten, gesunden Haares, e) Schuppenschicht eines chemisch behandelten Haares

Faserschicht, Cortex. Unter der Schuppenschicht befindet sich die Faserschicht, die etwa 80% des Haares ausmacht. Sie besteht aus spindelförmigen Faserzellen (**3**.55a). Während der Verhornung im Haarfollikel strecken sich die Zellen, die in der Haarzwiebel noch rund sind. Im Zellinnern (Plasma) entstehen dabei lange Keratinfasern, wie man auf elektronenmikroskopischen Aufnahmen erkennt (je 0,6 mm Länge und nur 0,0006 mm Durchmesser). Sie liegen wie die Faserzellen in Längsrichtung des Haares, sind aber untereinander verschlungen. Wie beim gedrehten Garn ergibt sich dadurch die große Festigkeit des Haares. An einer Bruchstelle (**3**.55b, c) erkennt man, daß die Keratinfasern zu größeren Einheiten (Mikro- und Makrofibrillen) zusammengeschlossen sind. Zwischen den Mikrofibrillen befindet sich eine schwefelreiche ungeformte (amorphe) Masse, die die faserigen Bauteile umhüllt und verbindet. In ihr spielen sich die chemischen Vorgänge der Dauerwelle ab. Etwa 60% der Faserschicht sind Keratinfasern, der Rest ist amorphe Masse. Diese amorphe Masse besteht nicht nur aus den schwefelreichen Anteilen, sondern auch aus Resten der Zellmembran und nichtkeratinisierten Anteilen (Lipide).

Mark, Medulla. Bei mittelstarken Haaren findet man in der Mitte eine schwammige Masse, das Mark. Es besteht aus Markzellen mit Hohlräumen (**3**.55d). Starkes Haar sowie die Borsten der Wimpern und Augenbrauen haben statt dessen Lufteinlagerungen (Markkanal). Sehr feines Haar und Wollhaare haben keine Markschicht.

3.55 Faserschicht

a) Faserzellen, b) Keratinfasern in aufgerissenem Haar, c) Mikro- und Makrofibrillen in abgebrochenem Haar, d) Mark

Aufbau der Haare (**3**.56)

Schuppenschicht = Cuticula

↓

Schuppenzellen, 6 bis 8 Lagen übereinander, freie Ränder zur Haarspitze

Zellmembrankomplex

Faserschicht = Cortex

↓

spindelförmige Faserzellen – Makrofibrillen, Mikrofibrillen, Keratinfasern

amorphe schwefelhaltige Masse

Mark = Medulla

↓

Markzellen

bei dicken Haar (Borstenhaar)
Markkanal = Lufteinlagerungen

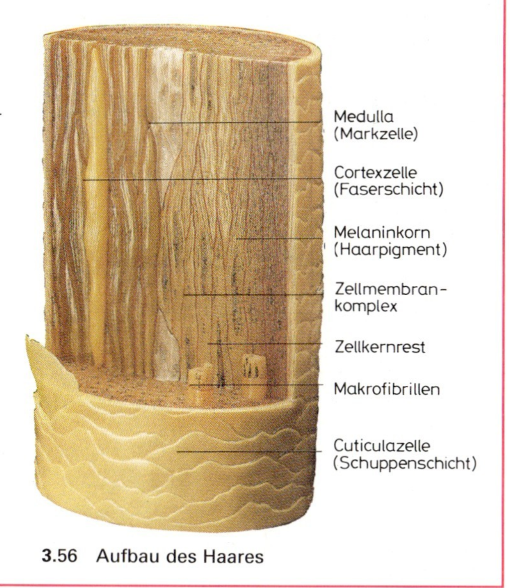

3.56 Aufbau des Haares

3.3.3 Haarwechsel

Bei jedem Kämmen und Waschen gehen Haare aus. Doch keine Angst – bei gesunder Kopfhaut wächst neues Haar nach. 5 bis 6 Jahre alt wird ein Haar durchschnittlich, bevor es ausfällt. Doch schon im Abstand von etwa 4 Monaten wächst ein neues nach. Dieser Haarwechsel vollzieht sich in drei Phasen: Aus der Wachstumsphase tritt das Haar in die Übergangs- und schließlich in die Ruhephase (**3**.57). Danach beginnt eine neue Wachstumsphase.

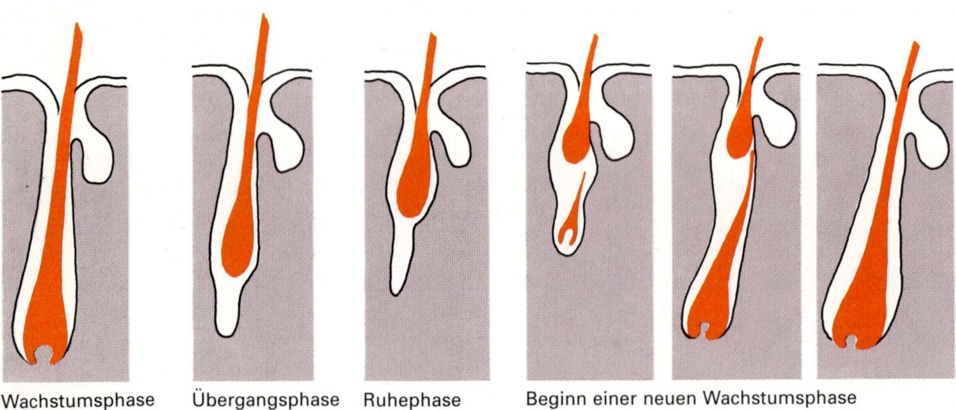

3.57 Haarwechsel

Die Übergangsphase (Katagenphase, 2 bis 3 Wochen) beginnt mit einer Verdickung der Glashaut. Daraufhin stellt die Matrix die Zellteilung ein und löst sich von der Papille. Die äußere Wurzelscheide fällt in sich zusammen und bildet den Haarkeim, aus dem später ein neues Haar wächst. Die Haarwurzel verhornt allmählich und steigt im Follikel nach oben. Der Follikel verkürzt sich um etwa zwei Drittel. Ein in der Katagenphase gezogenes Haar hat eine volle Wurzel, aber noch Wurzelscheiden. Es heißt *Beethaar* (**3**.58 a).

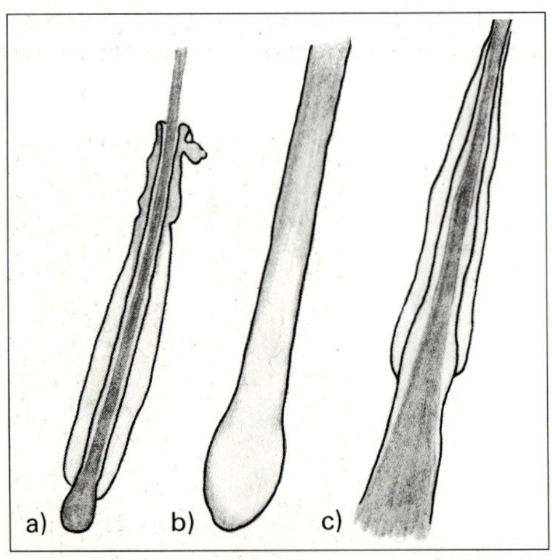

3.58 Haarwurzeln in den verschiedenen Phasen

a) Beethaar – Katagenphase
b) Kolbenhaar – Telogenphase
c) Papillarhaar – Anagenphase

In der Ruhephase (Telogenphase, 3 bis 4 Monate) ist die Haarwurzel kolbenartig voll und hell. Sie ist fest mit der inneren Wurzelscheide verbunden und schwer auszuziehen. Erst am Ende der Ruhephase wird das alte Haar durch das nachdrängende neue Haar herausgeschoben. Ausgekämmte Haare haben die typisch volle, kolbenartige Haarwurzel und keine Wurzelscheiden mehr. Man nennt sie *Kolbenhaare* (**3**.58 b).

Die Wachstumsphase (Anagenphase, 5 bis 6 Jahre) beginnt mit einer regen Zellteilung des Haarkeims. Zunächst wachsen die Zellen nach unten in das alte bindegewebige Bett und bilden einen neuen Follikel. Sobald der Haarkeim die Papille erreicht hat, wächst das neue Haar auf die Hautoberfläche zu und durchstößt sie. Ein in dieser Phase ausgezogenes Haar erkennt man an der Wurzel. Sie ist oberhalb der Papille abgerissen und von beiden Wurzelscheiden umgeben (**3**.58c). Das Haar in der Anagenphase heißt *Papillarhaar*.

Normalerweise befinden sich etwa 80% der Haare in der Wachstumsphase und 20% in der Ruhephase. Weniger als 3% sind in der Übergangsphase. Körperhaare haben eine kürzere Anagen- und eine längere Telogenphase als Kopfhaare. Augenbrauen und Wimpern sind nur rund 8 Wochen in der Wachstumsphase. Die Anagenphase des Kopfhaares dauert im Durchschnitt bei Frauen 5 bis 6 Jahre, bei Männern dagegen nur 2 bis 4 Jahre. Das wird durch die männlichen Keimdrüsenhormone, die Androgene, gesteuert.

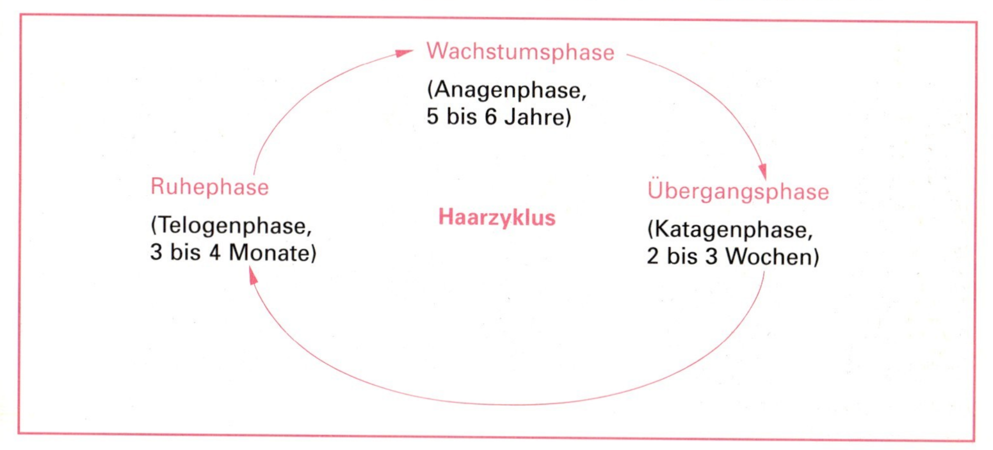

3.3.4 Naturfarbe des Haares

Pigmente. Die natürliche Haarfarbe wird durch Farbkörnchen (Pigmente) gebildet. In der Haarwurzel befinden sich Melanocyten (Pigmentbildungszellen, **3**.59), die mit ihren ärmchenartigen Fortsätzen Farbstoffvorstufen in die zukünftigen Faserzellen einlagern. Mit der Umwandlung der Zellen während der Verhornung entwickeln sich aus diesen Pigmentvorstufen die Pigmente. Deshalb erscheint die unverhornte Haarwurzel meist heller als der schon verhornte Haarschaft.

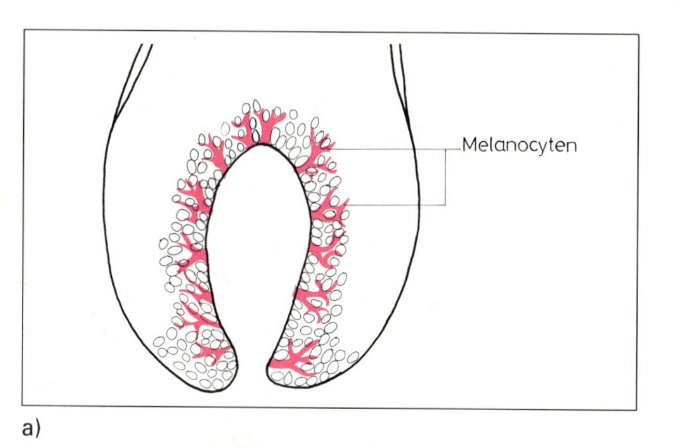

a)

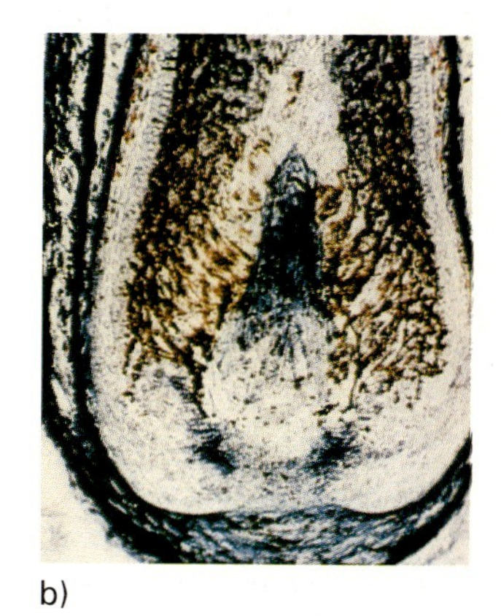

b)

3.59 Haarzwiebel mit Melanocyten
a) Schemazeichnung, b) Mikroskop

Unter dem Lichtmikroskop (bis 1000fache Vergrößerung) erkennt man beim naturroten Haar ein anderes Pigment als beim dunkelbraunen (**3**.60 a, c). Bei dunklem Haar sind grobe schwarzbraune Farbkörnchen in der Faserschicht zu sehen, die im äußeren Teil besonders zahlreich sind, in der Mitte weniger (**3**.60 a). Bei naturrotem Haar entdecken wir davon nur ganz wenige, dagegen eine gleichmäßige gelbrote Anfärbung (**3**.60 c).

Daraus hat man zwei Arten von Pigmenten unterschieden: ein *schwarzbraunes, grobkörniges* und ein *gelbrotes, feinkörniges*. Elektronenmikroskopische Untersuchungen (bis 200 000fache Vergrößerung) haben diese Erkenntnis nicht bestätigt. Bei schwarzen Haaren hat man gleichmäßig gefärbte Pigmente entdeckt, die viel Farbstoff enthalten (*Eumelanin*, **3**.61 a). Bei blonden Haaren erkennt man nur geschichtete Pigmente, die weniger Farbstoffe enthalten (*Phäomelanin*, **3**.61 b). Das feinkörnige, gelbrote Pigment erkennt man nicht.

Früher hat man Pigmente und Farbstoff gleichgesetzt, heute unterscheidet man beim Pigmentkorn den Farbstoff und Eiweiß, woran der Farbstoff gebunden ist.

Da die Vergrößerung bei Elektronenmikroskopen so viel stärker ist, können deren Bilder nicht ohne weiteres mit denen vom Lichtmikroskop verglichen werden (200mal stärker als das Lichtmikroskop). Elektronenmikroskopische Bilder lassen außerdem keine Farbe erkennen. Manche Forscher halten deshalb die geschichteten Pigmente für das gelbrote Pigment. Andere glauben, daß das Rotpigment anders aufgebaut, aber noch nicht genug erforscht sei.

Die meisten Haare enthalten beide Pigmentarten, allerdings in unterschiedlichem Mischungsverhältnis. Daraus ergibt sich die Vielfalt der Haarfarben.

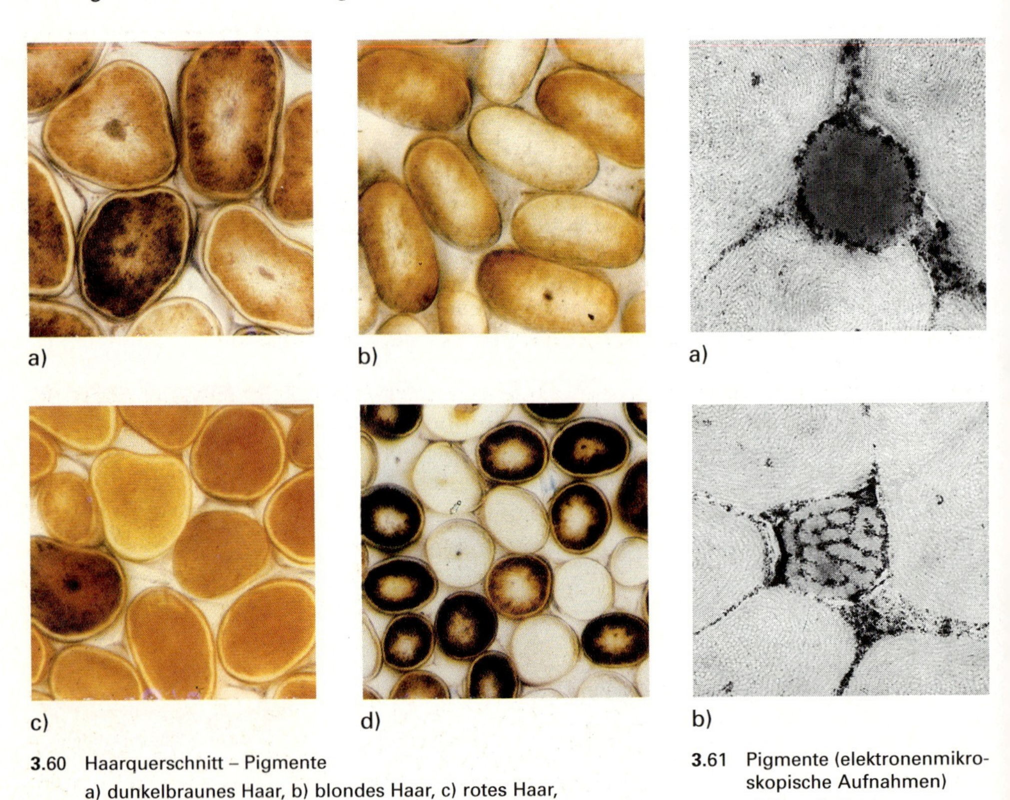

3.60 Haarquerschnitt – Pigmente
a) dunkelbraunes Haar, b) blondes Haar, c) rotes Haar, d) graues Haar

3.61 Pigmente (elektronenmikroskopische Aufnahmen)
a) Eumelanin
b) Phäomelanin

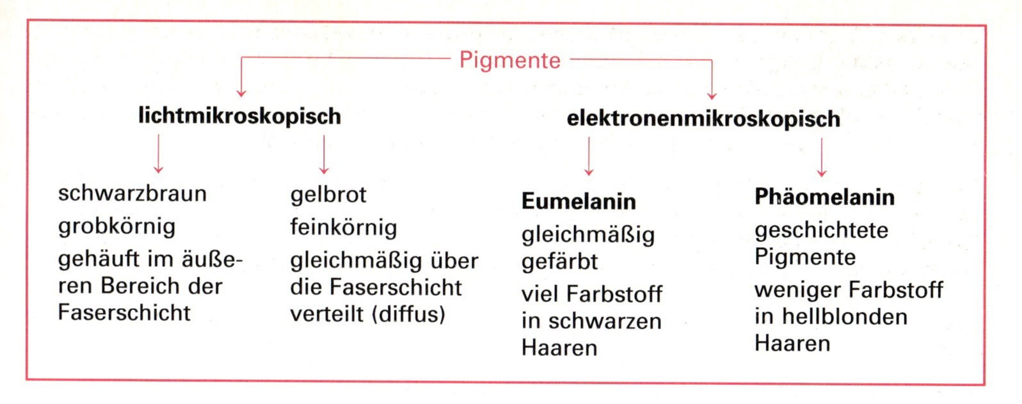

Farbtiefe. Dunkles Haar hat viele Pigmente, die viel Farbstoff enthalten (Eumelanin), helle Haare haben dagegen weniger Pigmente, die auch weniger Farbstoff enthalten, weil sie geschichtet sind (Phäomelanin). Weshalb Haare, die gleich dunkel sind, unterschiedliche Farbtöne haben (Nuancierung = Farbrichtung, z. B. matt oder leuchtend), hat man früher mit der unterschiedlichen Mischung der schwarzbraunen und gelbroten Pigmente erklärt. Die Elektronenmikroskopie läßt offen, ob vielleicht verschiedene Farbstoffe in den Pigmenten sind.

Farbtiefe (Helligkeit)

viele Pigmente mit viel Farbstoff ⟶ dunkle Haarfarbe

wenige Pigmente mit wenig Farbstoff ⟶ helle Haarfarbe

Farbrichtung

Nuancierung, z. B. asch, matt, gold, rot

Beim Blondieren verändert sich die Haarfarbe, wird nicht nur heller, sondern auch leuchtender und lebhafter. Beim Abbau der Pigmente wird der Farbstoff in Bruchstücke geknackt, die rot sind. Bei längerer Einwirkung werden auch sie aufgehellt.

Ergrauen. Lichtmikroskopische Aufnahmen von Haarwurzeln vollpigmentierter Haare zeigen viele Melanocyten (**3**.62 a), während sie bei Weißhaarigen fehlen (**3**.62 b). Die Melano-

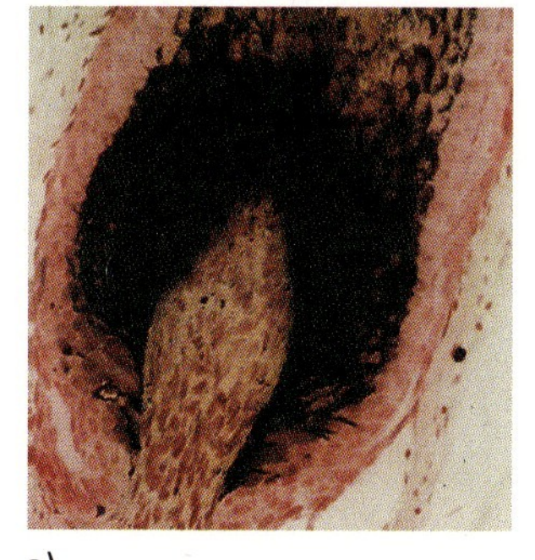

a)

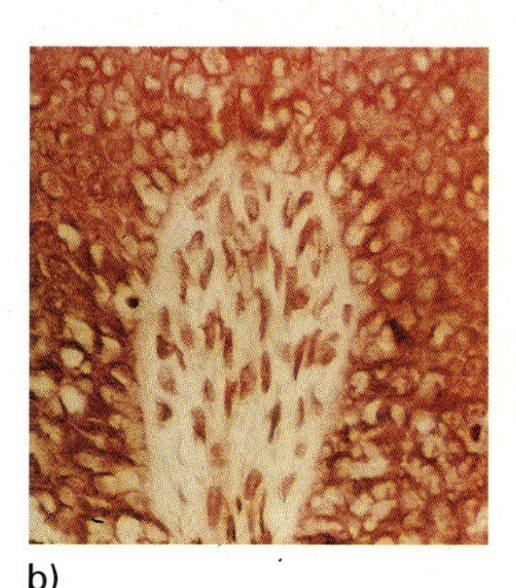

b)

3.62
Haarwurzel
a) mit vielen Melanocyten
b) ohne Melanocyten

cyten haben sich nicht wie normal beim Haarwechsel in die Papille zurückgezogen, sondern sich mit dem Haar zusammen von der Papille gelöst. Dem neuen Haar fehlen die Melanocyten – es kann keine Pigmente bilden und bleibt weiß. Da nicht alle Haare zugleich ihre Melanocyten verlieren, wachsen zunächst nur einige weiße Haare im pigmentierten Schopf. Nach und nach werden es mehr, und es entsteht der Eindruck von grauem Haar. Tatsächlich erscheint uns nur die Mischung aus weißem und pigmentiertem Haar als grau.

Graues Haar ist kein Zeichen des Alters, wie immer wieder gesagt wird. Manche Menschen haben bis ins hohe Alter hinein vollpigmentiertes Haar, andere schon mit 20 Jahren weiße Haare. Ebenso wie die Dicke des einzelnen Haares ist auch der Zeitpunkt des Ergrauens erblich bedingt.

Plötzliches Ergrauen. Ab und zu hören wir, daß jemand vor Schreck oder Sorge „über Nacht" weiß geworden sei. Solche rührenden Geschichten sind ungenau. Denn ein pigmentiertes Haar behält seine Farbe bis zum Ausfallen, und über Nacht können nicht auf dem ganzen Schopf neue, weiße Haare in die Höhe schießen – allenfalls wäre ein weißer Ansatz sichtbar. Dagegen können extreme seelische Belastungen zu verstärktem Haarausfall führen. Dabei fallen möglicherweise überwiegend vollpigmentierte Haare aus und die zurückbleibenden weißen Haare täuschen plötzliches Ergrauen vor.

Ergrauen ⟶ allmählicher Verlust der Melanocyten
Plötzliches Ergrauen ⟶ verstärkter Ausfall pigmentierter Haare

3.3.5 Eigenschaften des Haares

Reißfestigkeit. Im Zirkus kann man Artisten sehen, die sich an ihren eigenen Haaren aufhängen. Ist die Reißfestigkeit des Haares tatsächlich so groß?

Versuch 12 Wir prüfen die Belastbarkeit verschiedener Haarqualitäten. Dazu befestigen wir das einzelne Haar jeweils oben mit einer Klammer am Stativ und unten an einem kleinen Becher. In den Becher geben wir vorsichtig Bleikügelchen, bis das Haar reißt (Schüssel unterstellen, damit die Kugeln nicht auf die Erde fallen). Der Becher mit den Kügelchen wird gewogen, das Gewicht gibt die Reißfestigkeit an.

1. Je nach Stärke trägt ein unbehandeltes Haar 40 bis 80 g, sehr starkes Haar sogar 100 g und mehr, ehe es reißt.
2. Im nassen Zustand reißt ein Haar früher als im trockenen – meist schon bei halber Belastung.
3. Chemisch behandeltes Haar reißt leichter als unbehandeltes. In der Regel ist die Reißfestigkeit von blondiertem und hellergefärbtem Haar am geringsten.
4. Beim Belasten wird das Haar länger, wird gedehnt, bevor es reißt.

Die Reißfestigkeit des einzelnen Haares ist viel größer als die Zugkraft, die durch Friseurbehandlungen wie Kämmen oder Bürsten darauf ausgeübt wird. In der Regel braucht man also nicht zu befürchten, daß dadurch eine Haarschädigung eintritt. Reißen am Haar wird aber von der Kundin schmerzhaft empfunden und soll deshalb vermieden werden.

Dehnbarkeit. Daß sich das Haar bei Belastung dehnt, haben uns die Versuche gezeigt. Mit einem Haarprüfgerät läßt sich die Dehnung messen (**3**.63).

Versuch 13 Prüfen Sie mit dem Haarprüfgerät die Dehnung von unbehandeltem Haar einmal trocken und einmal feucht, dann von dauergewelltem, gefärbtem und blondiertem Haar. Wenn Sie genau 10 cm des zu prüfenden Haares einspannen, ergibt die Längenzunahme die Dehnung in Prozent. Dehnen Sie die Haare bis zum Reißen. Achten Sie darauf, daß das eingespannte Haar nicht zwischen den Spannbacken durchrutscht, sonst gibt es falsche Meßergebnisse. Tragen Sie die Ergebnisse wieder in eine Tabelle ein.

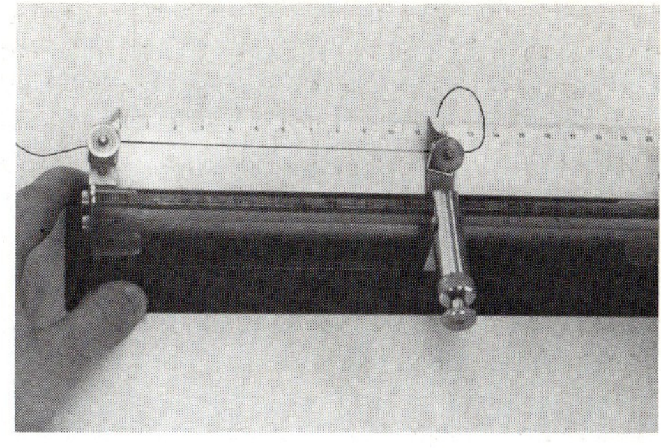

3.63 Dehnen eines eingespannten Haares mit dem Haarprüfgerät

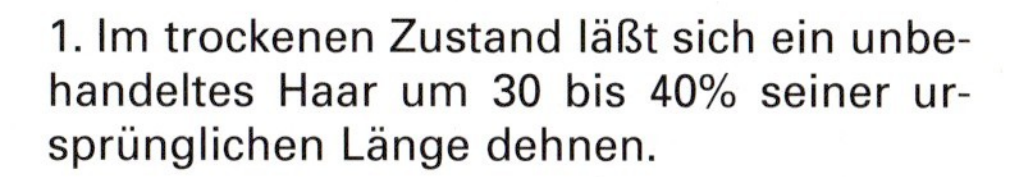

1. Im trockenen Zustand läßt sich ein unbehandeltes Haar um 30 bis 40% seiner ursprünglichen Länge dehnen.
2. Im feuchten Zustand ist die Dehnung größer, oft doppelt so groß wie im trockenen.
3. Chemisch behandeltes Haar dehnt sich weniger, reißt schneller.

Wahrscheinlich verschieben sich beim Dehnen die Mikrofibrillen des Haares gegeneinander. Durch die amorphe Masse sind sie in gewissen Grenzen beweglich.

Elastizität. Bei genauer Messung stellen wir fest, daß sich ein gedehntes Haar bis zu einem bestimmten Grad zurückbildet, also wieder kürzer wird, sobald die Belastung ausgesetzt. Bei geringer Dehnung bis etwa 10% erreicht das Haar wieder seine Ausgangslänge, bei größerer Dehnung nicht mehr – es ist überdehnt wie ein „ausgeleiertes" Gummiband. Je stärker das Haar überdehnt wird, desto mehr ist seine Struktur geschädigt und desto weniger bildet es sich zurück.

Beim Kämmen und Bürsten wird das Haar normalerweise nur schwach gedehnt und zieht sich daher wieder völlig zusammen. Geschädigtes (z. B. stark blondiertes) Haar verfilzt beim Waschen leicht und läßt sich daher schwer auskämmen. Um es nicht bleibend zu schädigen, muß man beim Auskämmen besonders vorsichtig sein.

> Reißfestigkeit, Dehnbarkeit und Elastizität sind abhängig von Haarstärke, Haarqualität und Haarstruktur.

3.64 Prüfen der Hygroskopizät = die blondierte Strähne nimmt mehr Wasser auf

Hygroskopizität

Versuch 14 Wir hängen zwei gleichschwere unbehandelte Haarsträhnen an einer Balkenwaage auf (**3**.64). Eine davon bedampfen wir (mittels Tauchsieder) mit Wasserdampf.

Ergebnis Nach kurzer Zeit senkt sich die bedampfte Strähne – sie ist schwerer geworden, weil sie Wasserdampf aufgenommen hat.

> Haar nimmt aus der Luft Wasserdampf auf; es ist wasseranziehend (hygroskopisch)

Versuch 15 Hängen Sie eine unbehandelte und eine gleichschwere blondierte Haarsträhne an der Balkenwaage auf. Bedampfen Sie beide Strähnen gleichmäßig.

Ergebnis Die blondierte Strähne senkt sich, hat also mehr Wasserdampf aufgenommen als die unbehandelte Strähne.

Durch die Feuchtigkeitsaufnahme aus der Luft wird das Haar schwerer, und die Frisur fällt zusammen. Regen und Nebel, Küchendunst und starke Transpiration sind die Feinde der Frisur. Naturgewellte und dauergewellte Haare werden durch Feuchtigkeitsaufnahme kraus, das Wasser erweicht die Kittmasse, und die Krause schlägt durch. Die Klagen der Kundinnen werden Sie täglich hören. Behandeltes Haar nimmt, wie wir gesehen haben, mehr Wasser aus der Luft auf als unbehandeltes.

Saugfähigkeit

Versuch 16 Gleichschwere Strähnen (3 bis 5 g) unbehandelten, gefärbten, dauergewellten und blondierten Haares werden jeweils 5 Minuten in einen Meßzylinder mit 50 ml Wasser getaucht und zum Abtropfen über einen Glasstab gehängt (**3**.65). Dann lesen wir den Wasserdampf ab.

Berechnen Sie, wieviel Prozent ihres eigenen Gewichts die Strähnen aufgenommen haben (1 ml Wasser = 1 g).

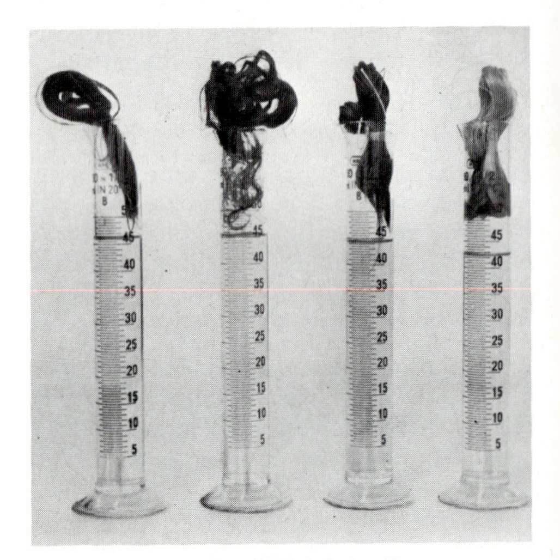

3.65 Versuch zur Saugfähigkeit des Haares

Die unbehandelte Strähne hat am wenigsten Wasser aufgenommen, die dauergewellte und die gefärbte etwas mehr, am meisten die blondierte. Die Saugfähigkeit nimmt also mit der chemischen Behandlung zu. Ursache dafür ist die Porosität des Haares. Die chemische Behandlung greift das Keratin an, besonders die amorphe Masse (Kitt). Dadurch bilden sich Öffnungen in der Schuppenschicht und Zwischenräume zwischen den Keratinkabeln, in die Feuchtigkeit eindringt.

Die Saugfähigkeit ist besonders wichtig bei anderen Behandlungen, etwa Dauerwellen oder Färben. Durch die zahlreichen Öffnungen dringen beim Färben mehr Farbstoffe ein als bei unbehandeltem Haar. Das Farbergebnis wird deshalb dunkler – folglich muß man bei stark porösem Haar eine hellere Farbe wählen. Bei der Dauerwelle dringt die Flüssigkeit schneller ein, so daß das Haar in kürzerer Zeit umgeformt ist. Die Einwirkzeit muß darum verkürzt oder die Wellflüssigkeit verdünnt werden. Durch spezielle Kurmittel werden die Öffnungen in der Schuppenschicht gefüllt, so daß das Haar weniger aufsaugt. Besonders vor der Dauerwelle kann die Struktur spröder Haare ausgeglichen werden.

Die Saugfähigkeit = Flüssigkeitsaufnahme steigt mit dem Grad der Porosität.

Formbarkeit. Durch Wasseraufnahme wird das Haar formbar. Das Wasser erweicht das Keratin, so daß man das Haar formen kann. Diese Eigenschaft nutzt man beim Wasserwellen. Das geformte Haar wird getrocknet, wobei das Keratin wieder erhärtet und sich damit die Haarform festigt.

Versuch 17 Wir wickeln eine trockene Haarsträhne um einen erhitzten Ondulierstab oder um ein Onduliereisen und halten einen kalten Taschenspiegel darüber. Was beobachten Sie?

Auch trockenes Haar enthält immer etwas Wasser, das es aus der Luft anzieht (Hygroskopizität). Dieses Wasser wird durch Ondulieren entzogen. Bei allzu häufigem Gebrauch von Ondulierstäben kann das Haar infolge ständigen Austrocknens geschädigt werden (gespaltene Spitzen).

Kapillarwirkung

Versuch 18 Umwickeln Sie 9 Glasstäbe oben und unten mit einem Gummi, so daß sie fest zusammenhalten, und stellen Sie sie in ein Becherglas mit Wasser, das durch Tinte angefärbt wurde.

Ergebnis Das Wasser zieht in den Zwischenräumen zwischen den Glasstäben hoch. Enge Röhren, wie sie zwischen den Stäben entstehen, heißen *Kapillaren*, das Hochsteigen von Flüssigkeit darin nennt man Kapillarwirkung (**3**.66).

Ein Stück Würfelzucker, das man in Kaffee taucht, saugt diesen durch die Kapillarwirkung hoch. Auch ein Schwamm saugt Wasser gut auf, weil die Löcher darin wie Kapillaren wirken.

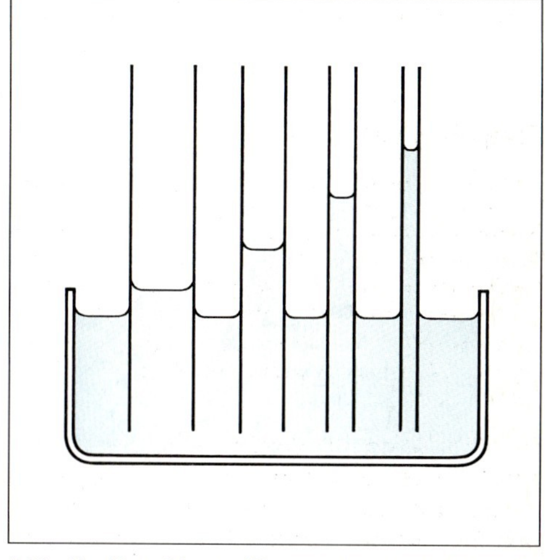

3.66 Kapillarwirkung. Wasser steigt in den Kapillaren hoch – je enger die Röhren, um so höher

Auch zwischen den Haaren eines Passées befinden sich Kapillarräume. Die Kapillarwirkung nutzt man beim Anfeuchten der gewickelten Haare bei der Dauerwelle: Die Wellflüssigkeit benetzt nämlich nicht nur die oberen Lagen, sondern dringt durch die Kapillarwirkung bis zu den Haarspitzen vor.

Kapillarwirkung = Haarröhrchenwirkung

Quellung

Versuch 19 Mit dem Haarmeßgerät wird die Stärke von Haaren gleicher Qualität gemessen. Dann legen wir die Haare 15 Minuten in Kaltwellflüssigkeit und messen anschließend wieder die Stärke.

Durch Dauerwellflüssigkeit und andere alkalische Mittel (Haarfärbemittel, Blondiermittel) quillt das Haar (s. Abschn. 7.2.3). Die Alkalien dringen in das Haar ein und lockern die Struktur des Keratins. Dabei werden die Keratinkabel auseinander gerückt, das Haar kann umgeformt werden. Bei der Dauerwelle kann man die Quellung schon mit bloßem Auge erkennen. Bevor das aufgewickelte Haar gespült und fixiert wird, ist es sichtbar dicker geworden. Durch die Fixierung wird die Quellung wieder rückgängig gemacht. Die tiefgreifende Quellung des Keratins hinterläßt manchmal bleibende Strukturveränderungen am Haar, es wird spröde. Weitaus geringer als durch Alkalien wird das Haar schon durch Wasser gequollen (10 bis 15%). Diese Quellung reicht aus, um das Haar beim Föhnen umzuformen – aber nur so lange, wie es durch die Hygroskopizität wieder Wasser aus der Luft aufnimmt.

Quellung durch Wasser bis 15%, durch Wellmittel bis 100%

3.3.6 Haaranomalien

In seltenen Fällen treten Abweichungen vom normalen Haarwachstum auf. Sie sehen eigenartig aus und sind angeboren. Man nennt sie Haaranomalien (nicht normal).

Gedrehte Haare (Pili torti) sind um ihre Längsachse gedreht (**3**.67). Meist sind sie in der betroffenen Familie mehrfach zu finden (erblich), aber immer nur bei Kindern (hauptsächlich blonden). Um das 12. Lebensjahr werden sie durch normale Haare ersetzt. Die Ursache dieser Anomalie ist unbekannt. Ihre Normalisierung hängt wohl mit der in der Pubertät einsetzenden Talgdrüsentätigkeit zusammen. Durch Behandlung lassen sich gedrehte Haare nicht normalisieren. Da sie sehr störrisch sind, verbessert man das Aussehen durch fetthaltige Packungen oder Frisiercremes.

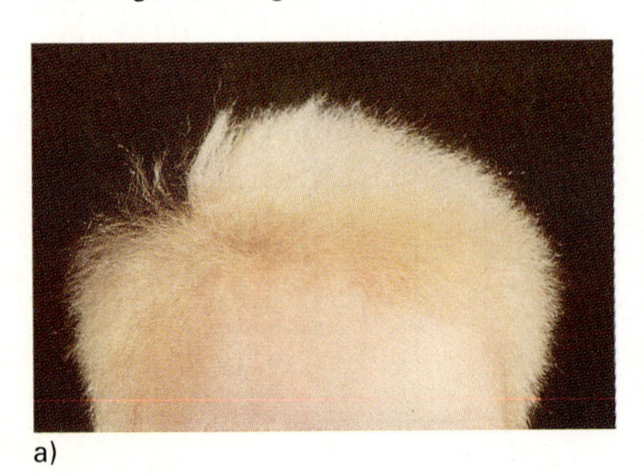
a)

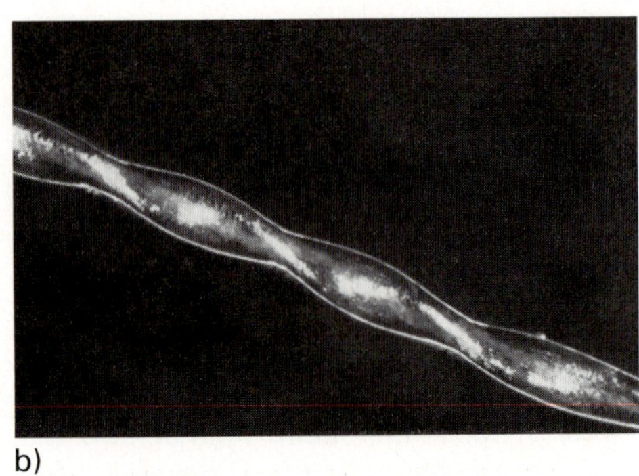
b)

3.67 a) Gedrehte Haare (Pili torti), b) gedrehtes Haar unter dem Mikroskop

Spindelhaare (Monilethrix) haben dickere Stellen, die regelmäßig mit Einschnürungen abwechseln (**3**.68). Sie sind sehr brüchig und brechen an den Einschnürungen ab. Meist führen sie zu bleibender Kahlheit mit Hornkegeln an den Haarfollikeln. Spindelhaare sind erblich. Eine wirksame Behandlung ist bisher nicht bekannt.

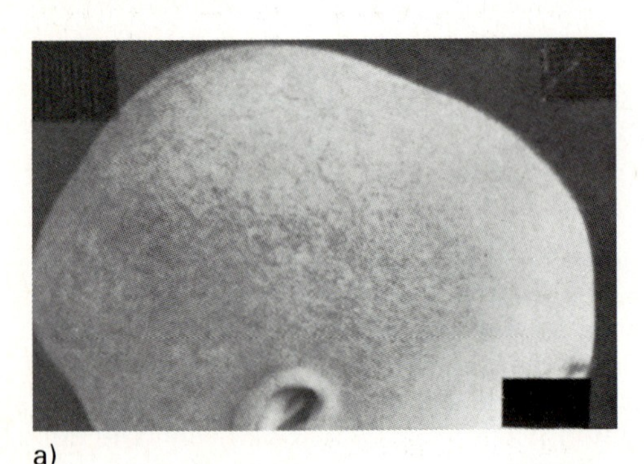
a)

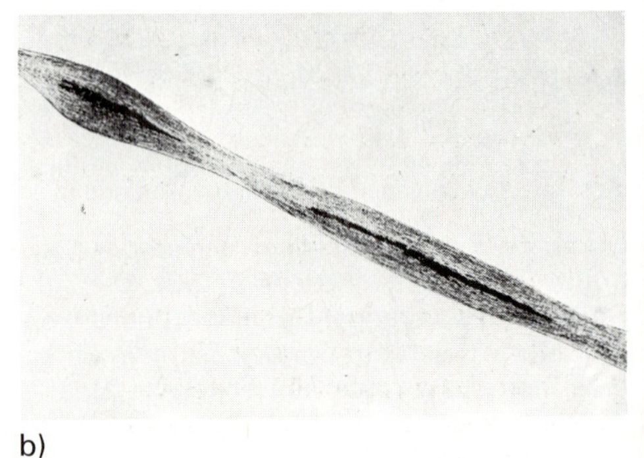
b)

3.68 a) Spindelhaare (Monilethrix), b) Spindelhaar unter dem Mikroskop

Ringelhaare (Pili anulati) sehen eigenartig gefleckt aus (**3**.69). Pigmentierte Abschnitte wechseln regelmäßig mit farblosen. Die unterschiedliche Farbe beruht auf Lufteinlagerungen. Auch Ringelhaare sind erblich bedingt und lassen sich zwar nicht dauerhaft beseitigen, aber durch Färben im Aussehen verbessern.

Da Ringelhaare weder abbrechen noch vermehrt ausfallen, sind sie eine harmlose Anomalie. Sie können wie normales Haar gepflegt und behandelt werden.

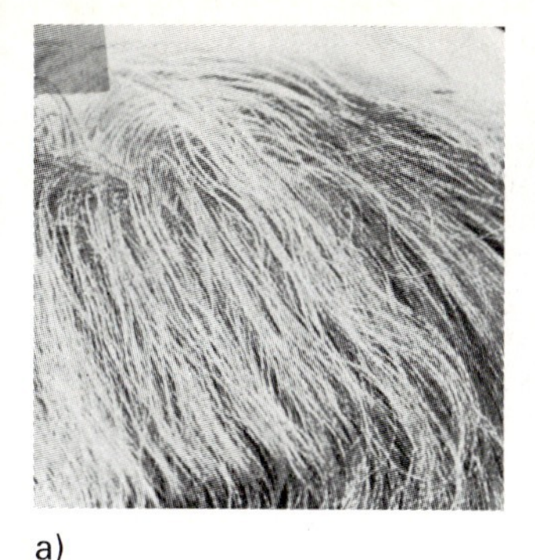

a)

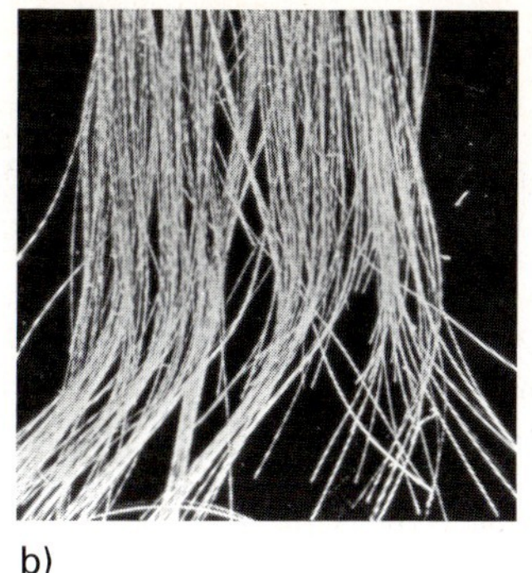

b)

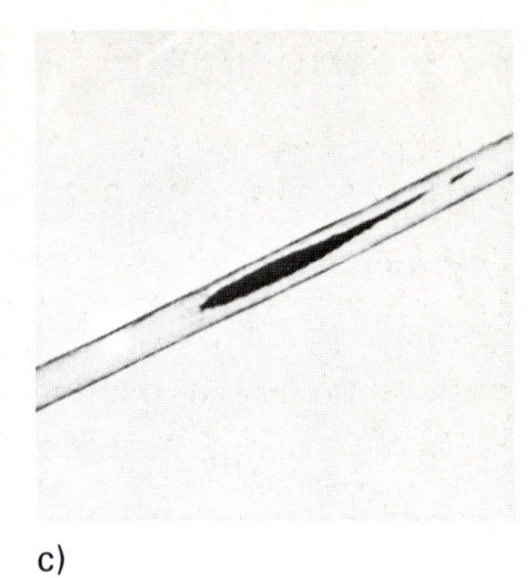

c)

3.69 a) Ringelhaare (Pili anulati)
b) Ringelhaarsträhne in Nahaufnahme
c) Ringelhaar unter dem Mikroskop

Aufgaben zu Abschnitt 3.3

1. Welche Haararten gibt es? Wodurch unterscheiden sie sich?
2. Welche Aufgaben haben Kopfhaar, Augenbrauen, Wimpern und Nasenhaare?
3. Was sind Lanugo-, was Terminalhaare?
4. Erklären Sie, wie ein Haar entsteht.
5. In welchem Alter fällt das erste Haarkleid aus?
6. Welche Unterschiede gibt es in der Behaarung bei Mann und Frau? Welche Ursachen haben sie?
7. Woraus besteht ein Haar?
8. Woran kann man die Wurzel bei einem ausgezupften Haar erkennen?
9. Was ist ein Haarfollikel?
10. Wie heißen die Schichten des Haarfollikels?
11. Wodurch werden Wuchsrichtung und Wirbel des Haares bestimmt?
12. Welche Aufgaben erfüllt der Haarbalgmuskel?
13. Was bedeuten die Begriffe Haarpapille, -zwiebel und -matrix?
14. Beschreiben Sie Wachstum und Ernährung des Haares.
15. Was sind Protein, Keratin und Präkeratin?
16. Woraus besteht die Faserschicht?
17. Wie ist die Schuppenschicht aufgebaut?
18. Bei welchen Haaren kommt die Markschicht vor, bei welchen nicht?
19. Beschreiben Sie den Haarwechsel.
20. Wie lange dauert die Wachstumsphase der Kopfhaare bei Frauen und Männern?
21. Zeichnen Sie die Wurzel eines ausgezupften Haares in der Wachstums-, Übergangs- und Ruhephase.
22. Wie lange dauert die Wachstumsphase der Augenbrauen und Wimpern?
23. Wie lange dauern Übergangs- und Ruhephase des Kopfhaares?
24. Was sind Kolben-, Beet- und Papillarhaare?
25. Welche Pigmente erkennt man unter dem Lichtmikroskop?
26. Unter dem Elektronenmikroskop unterscheidet man 2 Pigmentarten. Wie heißen sie? Notieren Sie die Unterschiede.
27. Was sind Melanocyten? Wo befinden sie sich?
28. Wie entstehen die Haarpigmente?
29. Sammeln Sie abgeschnittene Kundenhaare und ordnen Sie sich nach der Farbtiefe und Nuancierung. Benutzen Sie zur Farbbestimmung eine Farbkarte.
30. Beschreiben Sie den Vorgang des Ergrauens.
31. Warum kann man nicht „über Nacht“ ergrauen?
32. Welche Querschnittsformen gibt es beim Haar?
33. Welche Stärke hat das Haar?
34. Was ist Bandhaar? Welche Eigenschaften hat es?
35. Wie verhält sich die Reißfestigkeit von behandeltem und unbehandeltem Haar?
36. Beschreiben Sie die vorübergehende und bleibende Dehnung des Haares.
37. Was bedeutet Hygroskopizität des Haares, und wie wirkt sie sich aus?
38. Wovon hängt die Saugfähigkeit des Haares ab, und welche Bedeutung hat sie?
39. Wie kommt die Quellung des Haares zustande?
40. Was versteht man unter der Kapillarwirkung des Haares?
41. Beschreiben Sie die Haaranomalien.

4 Haarreinigung und Haarpflege

4.1 Haarreinigung

Die regelmäßige und gründliche Reinigung des Haares und der Kopfhaut ist Voraussetzung für gepflegtes Haar und gut sitzende Frisuren.

Verunreinigungen des Haares entstehen nicht nur durch die Umwelt, sondern auch durch Absonderungen der Haut (Hauttalg, Salze aus dem Schweiß, Hautteilchen). Zu den Umweltverschmutzungen durch Staub, Ruß, Abgase und Küchendünste kommen Reste von Haarpflegemitteln (Fette, Haarspray, -festiger und -kosmetika).

Zur Haar- und Kopfhautreinigung nimmt man Wasser und Shampoo, denn mit Wasser allein lassen sich fettige Verunreinigungen nicht entfernen.

4.1.1 Waschaktive Substanzen (WAS)[1])

Versuch 1 Füllen Sie ein kleines Glas bis zum Rand mit Wasser und lassen Sie vorsichtig nacheinander Münzen hineingleiten (**4.**1). Beobachten Sie dabei die Oberfläche des Wassers.

Versuch 2 Füllen Sie ein Fläschchen mit kleiner Öffnung randvoll mit Wasser und halten Sie es dann mit der Öffnung nach unten über eine Schale (**4.**2). Warum läuft das Wasser nicht aus?

4.1 Der „Wasserberg"

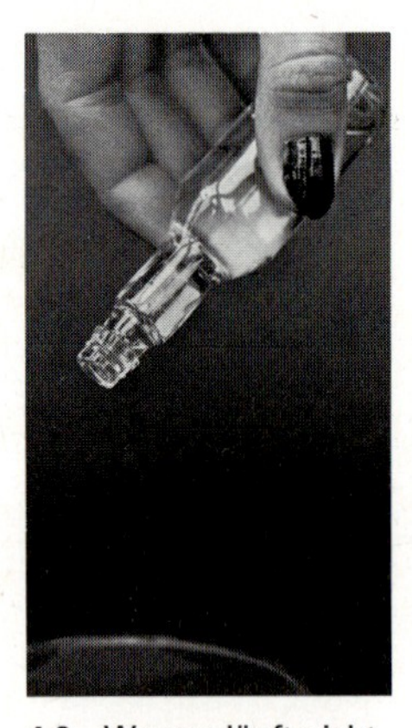

4.2 Wasser läuft nicht aus der Flasche

4.3 Stahl kann schwimmen

4.4 Wassertropfen

Versuch 3 Füllen Sie Wasser in eine Schale und legen Sie vorsichtig eine Nähnadel, Büroklammer oder eine Rasierklinge auf die Wasseroberfläche (**4.**3).

Versuch 4 Tropfen Sie mit Hilfe einer Pipette angefärbtes (Methylenblau-)Wasser aus etwa 30 cm Höhe auf eine glatte Fläche. Beobachten Sie die Tropfenform beim Lösen von der Pipette, beim Fall und nach dem Aufprall (**4.**4).

Grenzflächenspannung (früher Oberflächenspannung). Es scheint, als werde Wasser durch eine „Haut" zusammengehalten. Diese Haut entsteht durch eine Kraft, durch die Grenzflächenspannung. Bei gleichem Rauminhalt ist die Oberfläche eines Würfels um

---

[1]) **W**asch**a**ktive **S**ubstanzen, abgekürzt WAS; gelesen W-A-S

etwa 20% größer als die einer Kugel. Wasser „kugelt" sich also zusammen, weil es dann eine kleinere Oberfläche hat. Wodurch kommt die Kraft der Grenzflächenspannung zustande? Wasser besteht aus kleinsten Teilen, den Wassermolekülen. Zwischen diesen Teilchen wirken Anziehungskräfte: Die Teilchen ziehen sich gegenseitig an. In der Mitte des Wasserglases heben sich die Anziehungskräfte auf, weil jedes Wasserteilchen ringsum von gleichstarken anderen umgeben ist. Nur bei den Teilchen an der Oberfläche fehlt die Anziehung von oben – sie werden deshalb nach innen gezogen (**4**.5). Dadurch versucht sich das Wasser zusammenzuziehen. Da Quecksilber, ein flüssiges, giftiges Metall, die größte Grenzflächenspannung hat, kann man an dieser Flüssigkeit das Zusammenkugeln am besten beobachten.

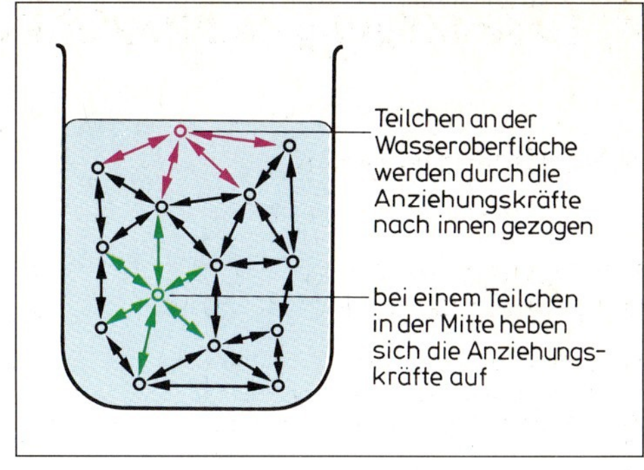

4.5 Grenzflächenspannung

Grenzflächenspannung ist das Bestreben einer Flüssigkeit, eine möglichst kleine Oberfläche auszubilden.

Die Grenzflächenspannung des Wassers verhindert das Auseinanderlaufen von Tropfen und damit die Benetzung (das Naßwerden) des Haares bei der Haarwäsche (**4**.6). Die vollständige Benetzung ist Voraussetzung für das Ablösen von Schmutz und damit für den Waschvorgang.

Versuch 5 Wiederholen Sie die Versuche 1 bis 3 unter Zugabe einer Waschmittel- oder Shampoolösung.

Versuch 6 Geben Sie je einen Tropfen Wasser und Shampoolösung auf eine Glasplatte und vergleichen Sie die Form.

Während der Wassertropfen fast eine Halbkugel bildet, verläuft der flachere Tropfen der Waschmittellösung.

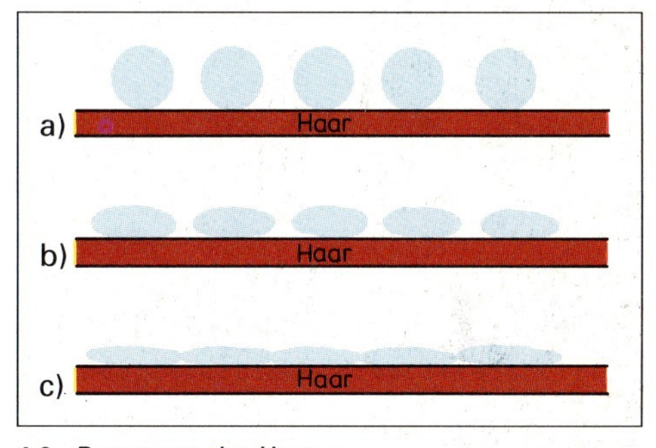

4.6 Benetzung des Haares
a) Wasser ohne Tensid perlt ab – keine Benetzung
b) Tenside verringern die Grenzflächenspannung und fördern die Benetzung – beginnende Benetzung
c) Die Tropfen sind ineinandergelaufen und bilden eine geschlossene Fläche – vollständige Benetzung

Tenside. Waschmittel und Shampoo verringern, wie die Versuche zeigen, die Grenzflächenspannung. Sie enthalten waschaktive Substanzen (WAS), die das Wasser „flüssiger" machen und die Benetzung fördern. So dringt das Wasser besser zwischen Haar und Schmutz. Stoffe, die die Grenzflächenspannung herabsetzen, heißen Tenside. Sie sind Hauptbestandteile von Shampoos, Seifen, Haushaltswasch- und Geschirrspülmitteln, unerläßlicher Zusatz für jede Art der Reinigung mit Wasser.

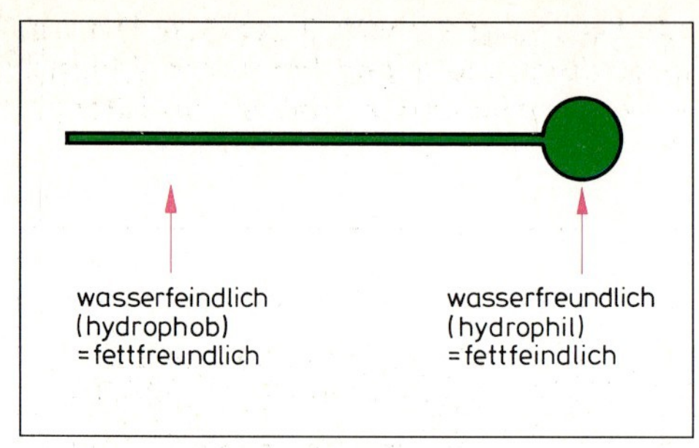

4.7 Modell eines Tensideteilchens

Die chemische Industrie stellt zahlreiche verschiedenartige Tenside her, die jedoch alle nach dem gleichen Prinzip aufgebaut sind: Ihre Moleküle haben ein *wasserfreundliches* und ein *wasserfeindliches* Ende (**4**.7). Wenn sie in Wasser tropfen, ordnen sie sich an der Grenzfläche an. Dabei liegt der wasserfreundliche Teil im Wasser, während der wasserfeindliche aus dem Wasser herausragt (**4**.8). Dadurch zerstören sie die „Haut des Wassers" – die Grenzflächenspannung wird verringert.

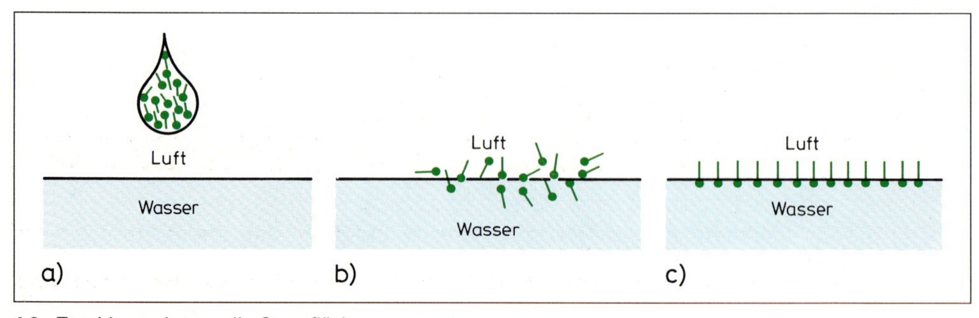

4.8 Tenside verringern die Grenzflächenspannung

a) Ein Tropfen Tensidlösung wird in Wasser gegeben, b) Die Tensidteilchen verteilen sich im Wasser, c) Da die wasserfeindlichen Enden der Tensidteilchen nicht im Wasser bleiben können, sammeln sich die Tenside an der Grenzfläche und verringern dadurch die Grenzflächenspannung.

4.1.2 Waschvorgang

Versuch 7 Tauchen Sie je einen Objektträger in Wasser und in eine Tensidlösung. Beobachten Sie die Benetzung der Gläser.

Versuch 8 Bestreichen Sie zwei Objektträger mit angefärbtem Öl, bewegen Sie einen in Wasser, den anderen in einer Tensidlösung hin und her.

Versuch 9 Mischen Sie in einem Reagenzglas Ruß (pulverisierte Aktivkohle) mit Wasser und in einem zweiten mit einer Tensidlösung. Schütteln Sie beide Gläser kräftig und gießen Sie dann die Mischungen durch je ein Filterpapier (**4**.9).

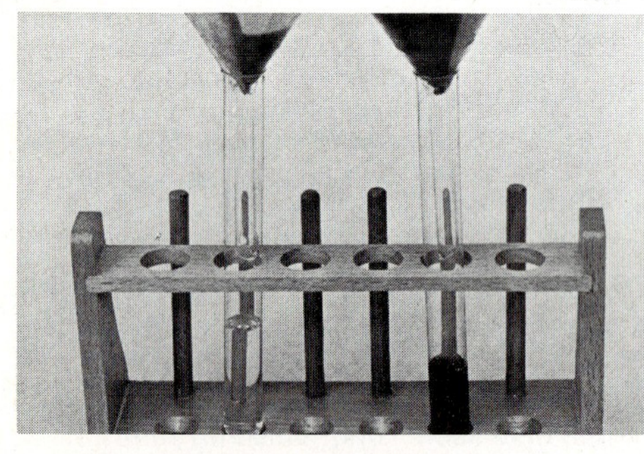

4.9 Dispergierwirkung der Tenside

Durch Tenside und Bewegung wird auch bei der Haarwäsche der Schmutz abgelöst. Die Fette verteilen sich als feine Tröpfchen im Wasser – sie werden emulgiert (Emulsion = feine Verteilung von Fett in Wasser). Dabei ragen die wasserfreundlichen Teile der Tenside ins Wasser, die wasserfeindlichen in die Fetttröpfchen. Durch diese Umhüllung werden die Fetttröpfchen im Wasser gehalten und können sich nicht wieder auf dem Haar ablagern. Feste Schmutzteilchen werden durch die Tenside nicht nur vom Haar abgelöst und umhüllt, sondern auch zerteilt – dispergiert (Dispersion = Zerteilung von festen Stoffen in Flüssigkeiten, **4**.10). Dies zeigt Versuch 9 deutlich: Die von den Tensiden dispergierten Rußteilchen schlüpfen durch die engen Poren des Filterpapiers hindurch. Wasser allein kann die Rußteile nicht zerkleinern, so daß sie im Filter zurückbleiben.

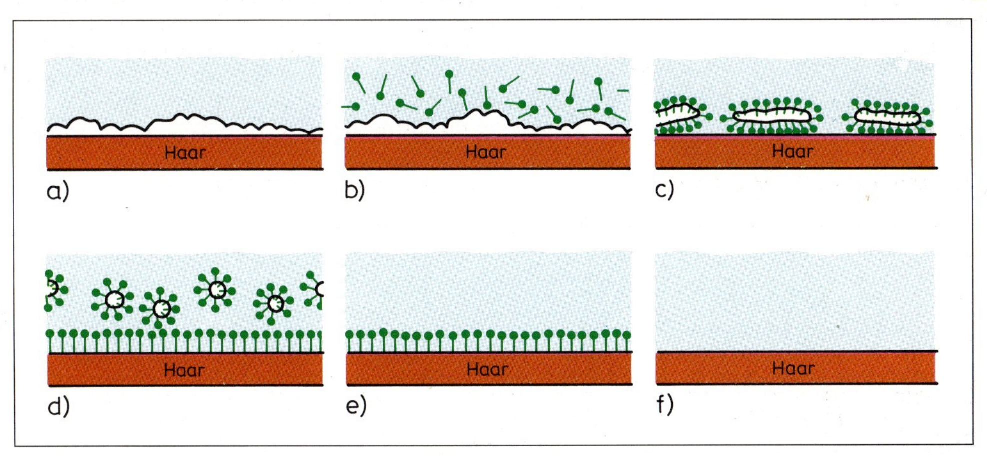

4.10 Waschvorgang

a) Das Haar ist durch Fette, Salze und wasserunlösliche feste Verunreinigungen verschmutzt. Salze lösen sich im Wasser.
b) Tenside verringern die Grenzflächenspannung und ermöglichen die vollständige Benetzung des Haares mit Wasser.
c) Mit ihrem wasserfeindlichen Ende schieben sich die Tenside zwischen Haar und Fett. Sie umhüllen das Fett und emulgieren es im Waschwasser.
d) Feste wasserunlösliche Verschmutzungen (z. B. Staub, Hautteilchen) werden dispergiert.
e) Weil das Keratin des Haares wasserabweisend ist, lagern sich die Tenside mit ihrem wasserfeindlichen Ende am Haar an.
f) Um sie wieder zu entfernen, muß das Haar gründlich gespült werden.

Tenside
- haben ein wasserfreundliches und ein wasserfeindliches Ende,
- ordnen sich an der Wassergrenzfläche an und verringern die Grenzflächenspannung,
- fördern die Benetzung und lösen Verschmutzungen ab,
- emulgieren Fette und dispergieren feste Schmutzteilchen.

Durchführung der Haarwäsche

Um die Kleidung der Kundin zu schützen, legen wir einen wasserabweisenden Umhang um. Durch die Halskrause wird verhindert, daß der Umhang die Haut der Kundin berührt (⟶ Hygiene). Vom Nacken aus legen wir ein Frotteetuch als zusätzlichen Nässeschutz um. Vor der Wäsche kämmen wir die Haare durch, scheiteln sie und beurteilen Haare und Kopfhaut (**4**.12).

Tragen Sie bei jeder Haarwäsche Handschuhe!

Tabelle 4.11 **Beurteilung von Haar und Kopfhaut**

Haarstärke	Haarqualität	Kopfhaut	Besonderheiten
fein, dünn, normal, dick, stark	weich, normal, hart porös (strukturgeschädigt), poröse Spitzen hart, glasig, gepflegt, glänzend, glanzlos, stumpf	trocken, normal, fettig, schuppig	Haarausfall Entzündungen der Kopfhaut Überempfindlichkeiten u.a.

Das Ergebnis der Haar- und Kopfhautbeurteilung bestimmt die Auswahl der Reinigungs- und Pflegemittel.

Vor dem Anfeuchten legt man Handtuch, Gesichtstuch und Saugserviette, Shampoo sowie evtl. Spülung und Kurmittel griffbereit an den Arbeitsplatz. Achten Sie beim Anfeuchten der Haare darauf, daß der Kundin kein Wasser ins Gesicht oder in die Ohren läuft. Gleich zu Beginn fragen Sie die Kundin, ob ihr die Wassertemperatur angenehm ist. Nach dem Anfeuchten wird das Shampoo (Konzentrate verdünnen!) zur Haarreinigung mit leichten Massagebewegungen auf dem Haar verteilt. Bei stark verschmutzten Haaren entsteht wenig Schaum, weil die Tenside die Verschmutzungen umhüllen und nicht mehr zur Schaumbildung ausreichen. Durch sorgfältiges Spülen der Haare entfernt man mit Tensiden Fette und Schmutzteilchen. Werden die Haare wöchentlich mehrmals gereinigt, genügt eine Wäsche ohne Vorwäsche. Nach dem Spülen wird das Haar leicht ausgedrückt und mit dem Handtuch frottiert. Bestimmt schätzt es die Kundin nicht, wenn Sie ihr dabei das Gesicht mit dem Handtuch abdecken oder sogar „mitfrottieren". Zum Vorbereiten der weiteren Behandlungen wird das Haar mit einem groben Kamm entwirrt. Um ein übermächtiges Ziehen an den Haaren zu vermeiden, beginnen wir mit dem Durchkämmen in den Haarspitzen und arbeiten uns bis zum Haaransatz vor.

Wie oft sollen Haare gewaschen werden? Diese häufige Frage läßt sich sehr einfach beantworten: Haare sollen so oft wie nötig gewaschen werden! Obwohl sich die Ansicht durchgesetzt hat, daß Haare einmal in der Woche zu reinigen sind, läßt sich daraus keine feste Regel ableiten. Die Kopfhaut sondert ständig mehr oder weniger Talg und Schweiß ab. Bei trockener Haut, also bei geringen Absonderungen, reicht die wöchentliche Haarwäsche sicher aus. Fetten Haar und Kopfhaut jedoch stark, kann sogar täglich eine Haarwäsche erforderlich sein. Seltene Reinigung bei rasch fettenden Haaren ist nicht nur ein Problem des Aussehens, sondern auch der Hygiene. Hauttalg ist ein guter Nährboden für Mikroorganismen, die sich bei seltener Haarwäsche ungehindert vermehren und ausbreiten können. Dabei steigt die Gefahr von Infektionen der Kopfhaut, die zu Haarausfall führen können. Für die tägliche Haarwäsche ist nicht jedes Shampoo geeignet. Kopfhaut, Haarschaft und Spitze dürfen nicht ausgetrocknet werden. Mangelnder Glanz des Haares, Brüchigkeit und gespaltene Spitzen wären die Folge. Geeignet sind deshalb nur milde Shampoos mit rückfettenden Bestandteilen.

4.1.3 Haarreinigungsmittel

Warum ist Seife zur Haarreinigung ungeeignet?

Seife war früher das einzige Reinigungsmittel für Haut und Haare. Wenn Ihre Urgroßmutter ihrem Haar etwas besonders Gutes tun wollte, nahm sie Regenwasser zur Haarwäsche mit Seife. Heute kommt niemand mehr auf den Gedanken, Seife zur Haarwäsche zu benutzen. Moderne Shampoos haben sie abgelöst.

Versuch 10 Waschen Sie eine dunkle Haarsträhne mit Leitungswasser und Seife, eine andere mit Leitungswasser und Shampoo. Kämmen Sie beide Strähnen aus und trocknen Sie sie.

Versuch 11 Geben Sie mit einer Pipette je drei Tropfen Seife in ein Reagenzglas mit Leitungswasser und in ein Reagenzglas mit destilliertem Wasser (**4**.12). Schütteln Sie beide Gläser kräftig.

Versuch 12 Prüfen Sie eine Seifenlösung und mehrere Shampoolösungen mit Lackmus- oder Indikatorpapier.

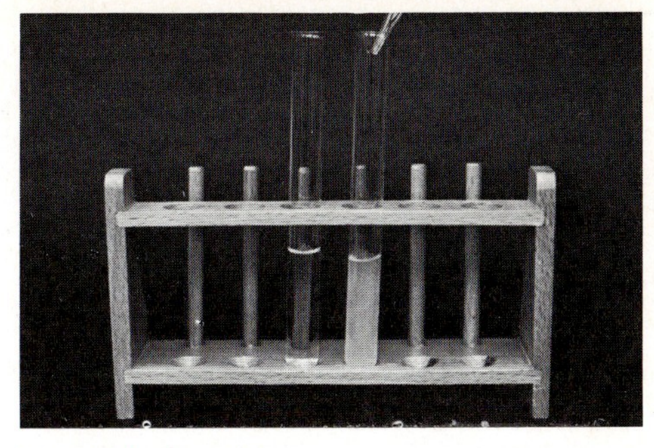

4.12 Kalkseifenbildung

Die mit Shampoo gewaschene Haarsträhne fühlt sich weich und geschmeidig an, läßt sich gut auskämmen und trocknet schnell. Die mit Seife gewaschene Strähne ist dagegen selbst nach gründlichem Spülen verklebt und läßt sich nur schwer auskämmen. Sie trocknet schlecht, fühlt sich rauh an und hat – je nach Wasserhärte – einen weißlichen Belag.

Kalkseife. Der Versuch 11 zeigt uns diesen Belag genauer. Im Reagenzglas mit Leitungswasser fällt ein heller Niederschlag aus, das Wasser wird trübe und schäumt nicht beim Schütteln. Leitungswasser enthält Kalk, der beim Erhitzen oder Destillieren als feste weiße Ablagerung zurückbleibt. Sie haben solche Kalkablagerungen schon in Wasserkesseln, Heißwasserbereitern oder an der Tauchsiederspirale gesehen. Der Kalk bildet zusammen mit dem kleinsten Teilchen der Seife Kalkseife. Und die sehen wir im Reagenzglas als weißen Niederschlag. Sie verklebt nicht nur die Haare, sondern macht sie auch grau und unansehnlich. Zugleich bindet der Kalk die Seife, so daß sie unwirksam wird – sie schäumt und reinigt nicht mehr.

Wissen Sie nun, warum ihre Urgroßmutter Regenwasser zur Haarwäsche nahm? Regenwasser ist zwar nicht so rein wie destilliertes Wasser, enthält aber keinen Kalk. Also kann sich auch keine Kalkseife bilden. Doch unsere Urgroßmütter mußten noch einen anderen Nachteil der Seife in Kauf nehmen.

Alkalität der Seife. Im Gegensatz zu Shampoolösungen reagiert Seife alkalisch. Alle Alkalien (Laugen) quellen das Haar, laugen es aus und spreizen die Schuppenschicht ab. Deshalb fühlen sich mit Alkalien behandelte Haare spröden an und sind glanzlos. Nur ein glattes Haar reflektiert Lichtstrahlen in eine Richtung und erscheint uns darum glänzend. Ein rauhes Haar streut die Lichtstrahlen, lenkt sie ab und wirft sie in verschiedene Richtungen zurück. Darum sieht es stumpf und matt aus.

Seifen	Shampoos
– reagieren alkalisch	– reagieren neutral oder schwach sauer
– quellen das Haar	– adstringieren das Haar (= Zusammenziehen)
– bilden Kalkseife	– bilden keine Kalkseife
– machen Haare stumpf, rauh und glanzlos	– lassen Haare glänzen

Arten der WAS

Nach dem chemischen Bau unterscheiden wir vier Arten waschaktiver Substanzen:

anionenaktive WAS	—⊖	negativ geladen
kationenaktive WAS	—⊕	positiv geladen
nichtionogene WAS	—○	keine Ladungen
amphotere WAS	—(+−)	positive und negative Ladungen

Alle vier Arten werden in Shampoos verwendet, haben jedoch unterschiedliche Aufgaben und Eigenschaften.

Die anionenaktiven WAS haben die stärkste Waschwirkung und sind daher meist Hauptbestandteil der Shampookonzentrate. Ihr Name leitet sich vom chemischen Bau ab: Der aktive Teil ist negativ geladen. Leider entfetten die anionenaktiven WAS Haar und Kopfhaut sehr stark. Dieser Nachteil wird durch rückfettende Zusätze gemildert. Trotzdem eignen sie sich für trockenes und strapaziertes Haar ebensowenig wie für die tägliche Haarwäsche.

Kationenaktive WAS haben im aktiven Molekülteil eine positive Ladung (Kation = positiv geladene Teilchen). Weil das Keratin des Haars viele negative Ladungen hat, ziehen sie auf das Haar auf, denn entgegengesetzte Ladungen ziehen sich an. Die Waschwirkung der kationenaktiven WAS ist gering, weil sie am Haar haften und keine Schmutz- und Fetteile umhüllen. Unentbehrlich sind sie jedoch als Zusatz zu anderen WAS, denn sie verbessern den Griff des Haars, indem sie es geschmeidig machen.

Haare laden sich besonders beim Durchkämmen mit Kunststoffbürsten negativ auf. Diese elektrostatische Aufladung läßt sie nach dem Trocknen „fliegen" und macht sie schwer frisierbar. Kationenaktive WAS in Shampoos, Spülungen oder Haarkuren verhindern die elektrostatische Aufladung. Die negativen Ladungen des Keratins ziehen nämlich die positiven der kationenaktiven WAS an – die Ladungen heben sich auf – die Haare „fliegen" nicht (**4**.13).

4.13 Hilfe, meine Haare fliegen – ich bin negativ geladen! Kann mit nicht passieren – meine negative Ladung wird durch die kationenaktiven WAS aufgehoben!

Versuch 13 Verrühren Sie eine Lösung kationenaktiver WAS mit etwas rohem Hühnereiweiß.

Versuch 14 Tropfen Sie kationenaktive WAS-Lösung in eine anionenaktive Lösung und prüfen Sie die Schaumwirkung durch Schütteln.

Kationenaktive WAS sind milde Desinfektionsmittel; sie lassen das Eiweiß gerinnen. Allerdings kann man sie nicht mit anionenaktiven WAS mischen, da sich beide durch die elektrostatische Anziehung in der Wirkung aufheben.

Nichtionogene WAS haben weder positive noch negative Ladungen. Obwohl sie nur wenig Schaum bilden und teurer sind als die anderen WAS, nimmt man sie wegen ihrer guten Netzwirkung (Förderung der Benetzung durch Herabsetzen der Grenzflächenspannung) gern als Zusatz zu Shampoos und anderen kosmetischen Präparaten (z.B. Blondiermittel, Wellflüssigkeit). Sie können mit allen anderen WAS gemischt werden.

Amphotere WAS (amphoter = „jeder von beiden“) haben positive und negative Ladungen, vereinigen also die Eigenschaften der kationen- und anionenaktiven WAS. Dabei reinigen sie milder und haarschonender als anionenaktive WAS. Zugleich verbessern sie den Griff des Haares und können schwache Desinfektionswirkung haben. Wegen ihrer guten Schleimhautverträglichkeit (sie brennen nicht in den Augen) verwendet man amphotere WAS in Babyshampoos.

Spezialshampoos

Waschaktive Substanzen oder eine Mischung verschiedener WAS sind noch kein Shampoo, das die Erwartungen des Verbrauchers erfüllt. Je nach der Beschaffenheit des Haares und der Kopfhaut sind noch viele Zusätze nötig, bevor man das Shampoo als Haarpflegemittel bezeichnen kann (**4**.14).

Tabelle **4**.14 **Shampoozusätze**

Rückfettungsmittel (z.B. Lanolin, Lecithin, Eiweiß, Fettsäuren)	ersetzen den Hauttalg und verhindern dadurch eine zu starke Entfettung des Haars
Konservierungsmittel (z.B. Benzoesäureester)	verhindern die Zersetzung des Shampoos durch Bakterien und andere Mikroorganismen
Verdickungsmittel (z.B. Polyvinylalkohol, Kochsalz, Methylcellulose	machen das Shampoo dickflüssiger und verhindern das Ablaufen des Präparats von Händen und Haaren
Schaumstabilisatoren	verhindern das Zerfallen des Schaums während der Haarwäsche (zwar ist die Waschwirkung unabhängig von der Schaummenge und -festigkeit, doch wünscht der Verbraucher eine gute Schaumbildung)
Wasserenthärter	binden den im Leitungswasser enthaltenen Kalk
Parfümöle	verleihen dem Präparat und dem Haar einen angenehmen Duft

Haarbäder (Kurbäder) sind Spezialshampoos mit einem hohen Anteil an Pflegestoffen (**4**.15). Sie nehmen eine Stellung zwischen Shampoos und Kurmitteln ein. Bei der Anwendung sind einige Besonderheiten zu beachten. Nach der Vorwäsche frottiert man das Haar handtuchtrocken. Der Rest des Mittels wird wie eine Haarkur auf Kopfhaut und Haar verteilt, wirkt 5 bis 10 Minuten ein und wird vor dem Ausspülen mit wenig Wasser aufemulgiert. Unterläßt man das Aufemulgieren bei Haarbädern gegen strukturgeschädigtes Haar, bleiben zu viele Fettstoffe im Haar – es verklebt und wird schwer frisierbar.

Tabelle **4**.15 **Spezialshampoozusätze (Kurshampoos)**

Haar- oder Kopfhautproblem	Inhaltsstoff	Wirkung
angegriffenes Haar (blondiert, gefärbt, dauergewellt	organische Säuren (Zitronensäure, Weinsäure) Proteine (Eiweißstoffe) Kunstharze kationenaktive WAS	adstringieren das Haar, legen Schuppenschicht an füllen Hohlräume im Haar aus glätten die Haaroberfläche
fettiges Haar, fettige Kopfhaut	Kräuterzusätze (Huflattich, Schafgarbe, Kamille), Teer	entzündungshemmend, beugen z. B. durch schwache Desinfektionswirkung Infektionen der Kopfhaut vor
Kopfhautschuppen	Schwefel(-verbindungen) Salizylsäure	mildern Juckreiz hornlösend und desinfizierend

WAS-freie Reinigungsmittel

Trockenshampoo ist ein Puder zur Haarentfernung. Die feinen Puderteilchen werden aus der Streudose oder als Spray auf das Haar gegeben, durch Frottieren verteilt und gründlich ausgebürstet. Trockenshampoo entfernt keinen Schmutz, sondern *nur* Fett. Es ersetzt deshalb keine Haarwäsche und ist nur zur Zwischenreinigung geeignet.

Lavaerde ist ein besonderes, für Allergiker beliebtes Reinigungsmittel. Sie ist *tensidfrei* und deshalb auch für empfindliche Kundinnen geeignet. In Nordafrika wird sie seit Generationen zur schonenden Haar- und Hautreinigung verwendet. Bei uns ist die Erde als Pulver und als gebrauchsfertige Reinigungspaste erhältlich. Die gebrauchsfertige Paste enthält zusätzlich verschiedene Pflanzenöle (Lavendel-, Kamillen-, Rosen-, Geranienöl) und eignet sich deshalb besonders für extrem trockenes Haar.

2 bis 3 Teelöffel des Pulvers werden mit warmem Wasser zu einem dünnflüssigen Brei aufgeschlämmt, dann die angefeuchteten Haare und die Kopfhaut kräftig damit massiert. Nach 2 bis 3 Minuten Einwirkzeit wird gründlich gespült, wobei wir das Haar immer wieder mit gespreizten Fingern lockern.

Aufgaben zu Abschnitt 4.1

1. Welche Verunreinigungen des Haares sind Absonderungen der Haut?
2. Was versteht man unter Grenzflächenspannung? Wie kommt sie zustande?
3. Was bedeuten die Begriffe benetzen, dispergieren, emulgieren?
4. Welche Aufgaben haben Tenside?
5. Worin sind Tenside enthalten?
6. Wie sind Tenside aufgebaut?
7. Warum müssen Sie vor der Haarwäsche eine Haar- und Kopfhautbeurteilung vornehmen?
8. Warum muß man schnell fettendes Haar mehr als einmal in der Woche waschen?
9. Welche Nachteile haben dazu geführt, daß Seife nicht mehr zur Haarwäsche genommen wird?
10. Nennen Sie die vier Arten der WAS.
11. Welche waschaktiven Substanzen haben die stärkste Waschwirkung?
12. Warum eignen sich anionenaktive WAS nicht für trockenes und sprödes Haar?
13. Welche WAS sind schwache Desinfektionsmittel?

14. Warum verhindern kationenaktive WAS das „Fliegen" der Haare?
15. Warum dürfen Sie anionen- und kationenaktive WAS nicht zusammen verwenden?
16. Welche WAS fördern die Benetzung am stärksten und werden deshalb den Präparaten als Netzmittel zugesetzt?
17. Welche WAS reinigen mild und sind besonders schleimhautverträglich?
18. Nennen Sie Shampoozusätze und ihre Aufgaben.
19. Wie wirken organische Säuren in Spezialshampoos?
20. Welche WAS glätten die Haaroberfläche?
21. Nennen Sie Wirkstoffe, die Schuppenbildung bekämpfen.
22. Warum eignet sich Trockenshampoo nur zur Zwischenreinigung?

4.2 Haarpflege

Durch Haarpflege bleibt das Haar gesund und schön. Auch dies ist Aufgabe des Friseurs. Er soll das Haar nicht nur reinigen und frisieren, sondern auch Störungen der Kopfhaut und Schäden am Haarschaft erkennen und behandeln.

4.2.1 Störungen der Kopfhaut (Haarboden)

Schuppenbildung und Seborrhö

Wie die Körperhaut schuppt sich auch die Kopfhaut allmählich ab, erneuert sich von der Basalzellenschicht aus. Die abgestorbenen Zellen werden vom Hauttalg zusammengehalten. Das merken wir, wenn wir uns auf dem Kopf kratzen und unter den Fingernägeln eine weißliche, fettige Masse finden (**4**.16). Dieser Vorgang ist normal. Jedoch treten bei der Erneuerung der Kopfhaut Störungen auf, über die unsere Kundinnen klagen: Schuppenbildung oder schnell fettendes Haar.

Bei Schuppenbildung stößt sich die Haut so stark ab, daß kleine Teilchen (Schuppen) sichtbar im Haar auftreten oder gar auf die Kleidung herabrieseln (**4**.17). Ursachen dafür sind

4.16 Kopfjucken

4.17 Schuppenbildung

eine übermäßig starke Verhornung und damit eine verstärkte Zellproduktion sowie ein Mangel an Hauttalg.

Manchmal trocknet die Haut durch äußere Einflüsse aus, z.B. durch zu stark entfettende Haarwaschmittel. Bei wissenschaftlichen Untersuchungen hat man eine weitere Ursache gefunden: Bei Schuppenbildung treten in verstärktem Maße Bakterien und Pilze auf.

Behandlung der Schuppenbildung. Spezialpräparate (Shampoo, Packungen, Kopfwasser) enthalten hornlösende Stoffe: Schwefel, Salizylsäure, Pyrithionsalze. Da sie die Schuppen ablösen, kommt es am Anfang der Behandlung zu einer vermehrten Schuppenbildung, auf die Sie die Kunden hinweisen sollten. Spezialshampoos enthalten waschaktive Substanzen, die wenig entfetten und nicht austrocknen (s. Abschn. 4.1.1). Außer den genannten hornlösenden Stoffen enthalten die Präparate desinfizierende Zusätze, die nicht nur Bakterien und Pilze bekämpfen, sondern auch die hornlösende Wirkung verstärken.

Schuppenflechte (Psoriasis) ist eine Hautkrankheit, die nichts mit Schuppenbildung zu tun hat, obwohl sie auch die behaarte Kopfhaut befallen kann. Sie ist nicht ansteckend.

Schuppenbildung

Ursachen	Behandlung
– starke Verhornung	– Shampoos gegen Schuppenbildung
– ausgetrocknete Kopfhaut	– Packungen und Kopfwasser mit Schwefel, Salizylsäure, Pyrithionsalzen.
– Bakterien und Pilze	

Schnell fettende Kopfhaut und fettige Haare (Seborrhö) beruhen auf einer Überfunktion der Talgdrüsen. Sie produzieren zuviel Fett, so daß das Haar schon nach zwei bis drei Tagen wieder strähnig-fettig ist. Diese Störung heißt Seborrhö = Talgfluß (sebum = Talg, rhei = fließen).

4.18 „Du bekommst auch noch deine Seborrhö!"

Ursache ist eine Veranlagung zu fettiger Haut. Dazu müssen aber noch andere Ursachen kommen. Denn auffällig ist, daß Kinder vor der Pubertät trotz Veranlagung keine fettigen Haare und keine fettige Haut haben (**4**.18).

Mit der Bildung der Keimdrüsenhormone, die in der Pubertät beginnt, setzt ein schnelleres Fetten der Haare ein. Mediziner haben festgestellt, daß Testosterone (männliche Keimdrüsenhormone) die Talgdrüsenfunktion verstärken, Östrogene und Gestagene (weibliche Keimdrüsenhormone) sie dagegen vermindern. Da beide Keimdrüsenhormone bei Männern und bei Frauen auftreten, bekommen auch Frauen eine Seborrhö.

Es gibt zwei Arten der Seborrhö: die ölige und die trockene.

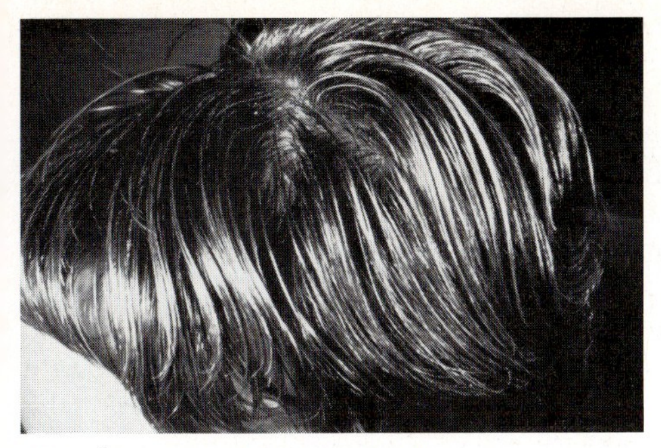

4.19 Ölige Seborrhö (Seborrhö oleosa)

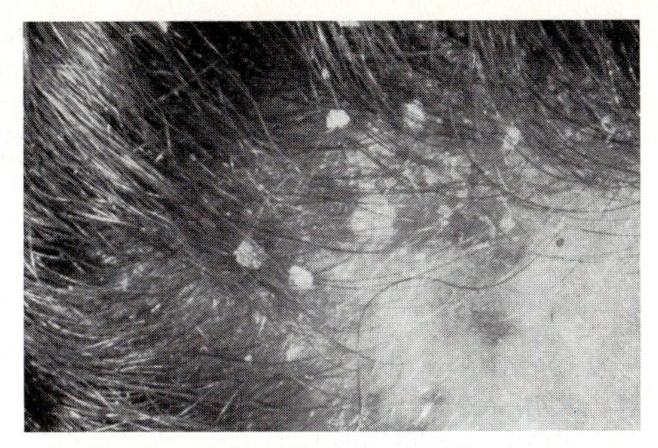

4.20 Trockene Seborrhö (Seborrhö sicca)

Bei der öligen Seborrhö (Seborrhö oleosa) ist das Haar vom Ansatz bis zur Spitze strähnig-fettig, weil der Hauttalg ölig-flüssig ist (**4**.19).

Bei der trockenen Seborrhö (Seborrhö sicca) sieht das Haar gar nicht fettig aus, eher trocken und spröde. Erst bei genauerem Hinsehen stellt man fest, daß es am Ansatz fettig ist. Der Hauttalg ist wachsartig-fest, verteilt sich deshalb nicht bis in die Haarlängen. Gelegentlich bildet er Schuppen, die größer sind als bei der Schuppenbildung und sich fettig-klebrig anfühlen (**4**.20).

Behandlung. An der Veranlagung zu fettiger Haut und an den Hormonen kann der Friseur nichts ändern. Doch er sorgt dafür, daß sich das Fett nicht in der Frisur verteilt. Dazu dienen Kurfestiger, die verhindern, daß das Haar zusammenfällt. Außerdem enthalten sie Kunstharze, die Fett aufsaugen. Nach der Dauerwelle scheint das Haar nicht so schnell fettig zu werden – es ist porös geworden und saugt das Fett auf. Weil Hauttalg ein guter Nährboden für Bakterien und Pilze ist, muß das Haar notfalls täglich mit mildem Shampoo gewaschen werden. Desinfizierende Wirkstoffe in Kopfwässern verhindern, daß sich Bakterien und Pilze vermehren. Zusätze (z.B. Teer, Menthol) bekämpfen den Juckreiz und vermeiden Entzündungen. Außerdem muß der Friseur Behandlungen vermeiden, die die Talgdrüsen reizen könnten – besonders heißes Fönen, starke Kopfmassagen, konzentrierte Shampoos und zu heißes Wasser.

Seborrhö = Überfunktion der Talgdrüsen

Arten	Ursachen	Behandlung
– Seborrhö oleosa = ölige Seborrhö	– Veranlagung	– regelmäßige schonende Haarreinigung
– Seborrhö sicca = trockene Seborrhö	– männliche Keimdrüsenhormone (Testosterone)	– desinfizierende Kopfwässer
	– Reizung der Talgdrüsen	– fettaufsaugende Kurfestiger

Fleckförmiger Haarausfall

Haarausfall. Schuppenbildung und Seborrhö sind häufig mit verstärktem Haarausfall verbunden. Bei Haarausfall gehen mehr Haare aus, als durch den Haarwechsel nachwachsen – also mehr als 100 Haare täglich. Die Ursachen dafür sind vielfältig. Der Haarausfall kann fleckförmig, an begrenzten Kahlstellen auftreten oder aber diffus, also über den ganzen Kopf verbreitet.

Der kreisrunde Haarausfall (Alopecia areata, **4**.21) mit seinen münzgroßen, fast runden Kahlstellen ist am bekanntesten. Die Stellen sind scharf begrenzt und von dicht stehendem normalem Haar umgeben. Die Kopfhaut der Kahlstellen ist unverändert, die Haarfollikel sind deutlich zu erkennen. Am Rand stehen 2 bis 3 mm lange abgebrochene Haare. Sie lassen sich schmerzlos herausziehen und haben statt der normalen runden Wurzel eine spitz zulaufende, schwächer pigmentierte Haarwurzel. Wegen ihres typischen Aussehens nennt man sie Ausrufungszeichen-Haare (**4**.22). Die Ursache ist nicht bekannt; auf keinen

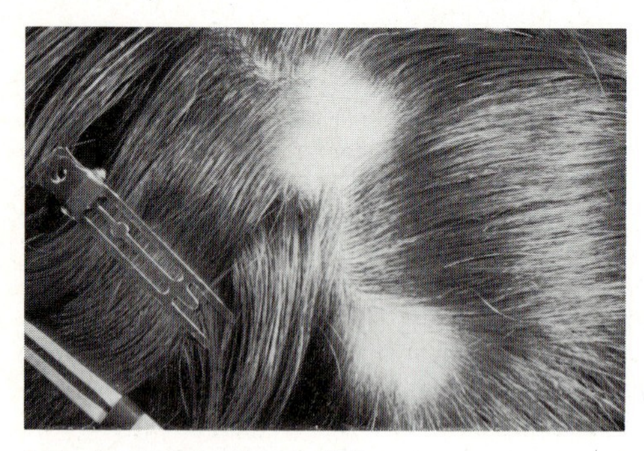

4.21 Kreisrunder Haarausfall

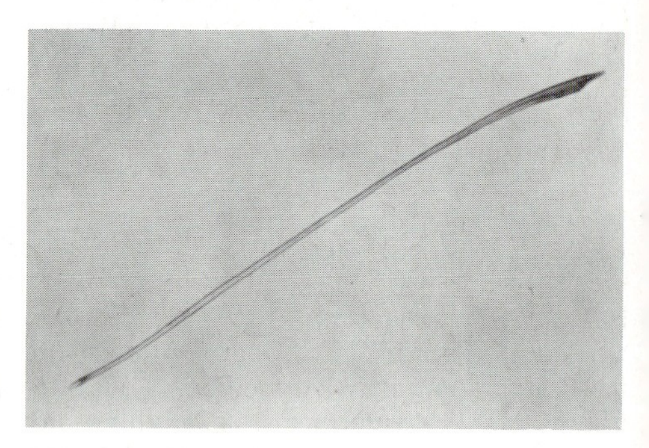

4.22 Ausrufungszeichen-Haar beim kreisrunden Haarausfall

Fall ist dieser Haarausfall ansteckend. Verlauf und Heilung des kreisrunden Haarausfalls sind unberechenbar. Meist wachsen nach einigen Monaten von selbst feine, fast weiße Wollhärchen (**4**.23). Allmählich werden sie stärker und dunkler, so daß die Kahlstellen nicht mehr zu erkennen sind. Doch können über einen längeren Zeitraum immer neue Kahlstellen auftreten. In besonders schweren Fällen kommt es zur völligen Kahlheit, bei der sogar Augenbrauen, Wimpern und Körperhaare ausfallen (**4**.24). Manchmal gibt es dann eine spontane Selbstheilung, manchmal dauert die Krankheit jahrelang. Sicher ist nur, daß die Haarwurzeln beim kreisrunden Haarausfall nicht zerstört werden.

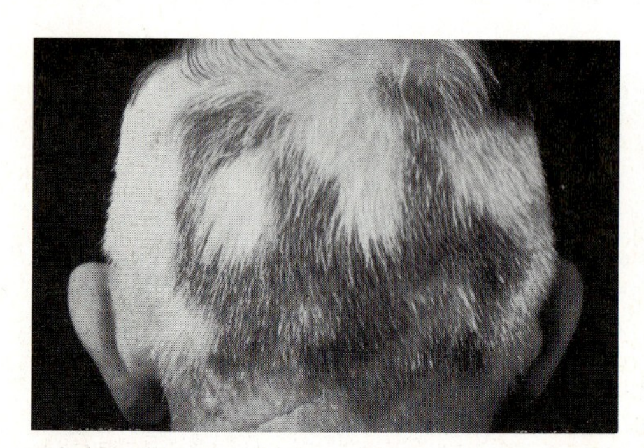

4.23 Hell nachwachsendes Haar bei kreisrundem Haarausfall

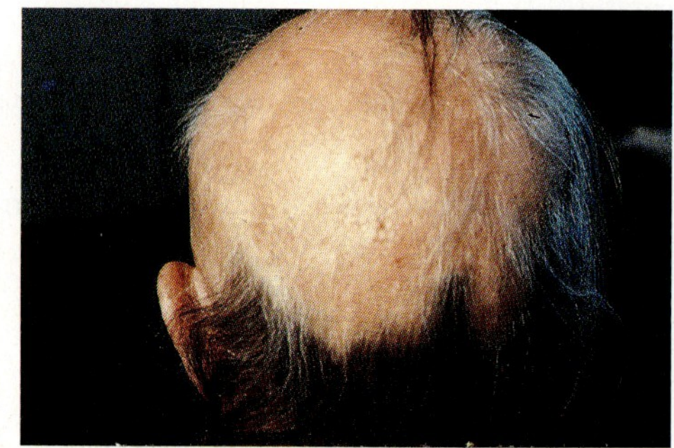

4.24 Kreisrunder Haarausfall mit Übergang in die ausgedehnte Alopecia durch Zusammenfließen mehrerer Alopecia-areata-Herde bei einem 35jährigen Mann

Die Behandlung sollte wegen des ungewissen Verlaufs nach Anweisung eines Arztes geschehen. Bis heute gibt es allerdings kein Mittel, die Haare bei einer Alopecia areata wieder zum Wachsen zu bringen. Gelegentlich hat man mit einer künstlichen Hautentzündung Erfolg. Deshalb verschreiben die Ärzte Höhensonnenbestrahlung und stark durchblutungssteigernde Kopfwässer. Bei Erwachsenen wird auch Cortison zur Behandlung eingesetzt. Der Friseur kann die ärztliche Behandlung durch Massage mit dem verschriebenen Mittel unterstützen.

Kreisrunder Haarausfall = Alopecia areata

Aussehen
- kreisförmige, scharf begrenzte Kahlstellen, Ausrufungszeichen-Haare

Ursache
- unbekannt, kein Krankheitserreger

Heilung
- nach Monaten von selbst, Rückfälle und totale Kahlheit möglich

Behandlung
- durch den Arzt

Kahlstellen durch Narben und Hautkrankheiten. Wie wir aus Abschn. 3.2.1 wissen, wachsen auf Narben keine Haare. Narben können von Verletzungen und Verbrennungen herrühren – aber auch von Hautkrankheiten, die nur der Arzt behandeln darf (Hautkrebs oder -tuberkulose). Wir müssen sie kennen, um die Kundin notfalls zu informieren und sie an einen Hautarzt zu verweisen. Hautkrankheiten der behaarten Kopfhaut können durch Pilze verursacht werden (Pilzflechten = Mykosen), z.B. die Mikrosporie, die Scherpilzflechte und der Erbgrind. Sie sind alle ansteckend und müssen unbedingt ärztlich behandelt werden.

Die Mikrosporie befällt meist Kinder. Zu erkennen ist sie an den linsen- bis münzgroßen Stellen, die anfangs nur leicht schuppen oder gerötet sind. Später brechen die Haare bis auf 2 bis 3 mm ab (**4**.25). Die Mikrosporie kann in Schulen, Kindergärten und Heimen durch Ansteckung wie eine Seuche auftreten.

Die Scherpilzflechte (Trichophytie) bildet Kahlstellen mit starker Schuppung und Rötung am Bart oder auf der Kopfhaut. Ihre Erreger werden oft von Tieren übertragen (z.B. Hunde, Katzen, Hamster, **4**.26).

Der Erbgrind (Favus) war früher im Vorderen Orient stark verbreitet (**4**.27). In Deutschland kommt er selten vor. Auf dem Kopf bilden sich begrenzte Entzündungen mit dicken, schildartigen Krusten. Der Erreger kann auch von Tieren übertragen werden.

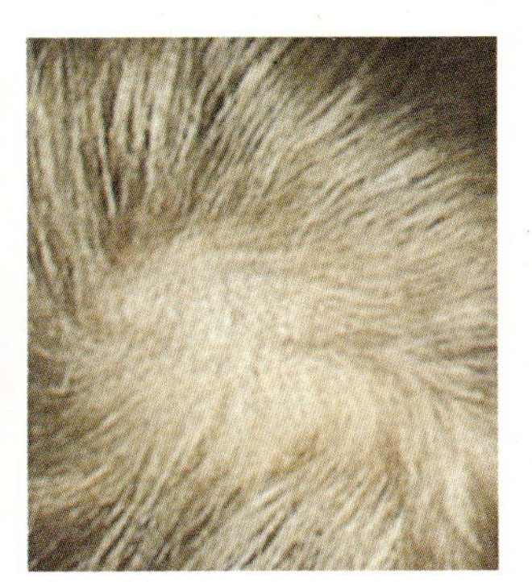

4.25 Mikrosporie bei einem 12jährigen Jungen

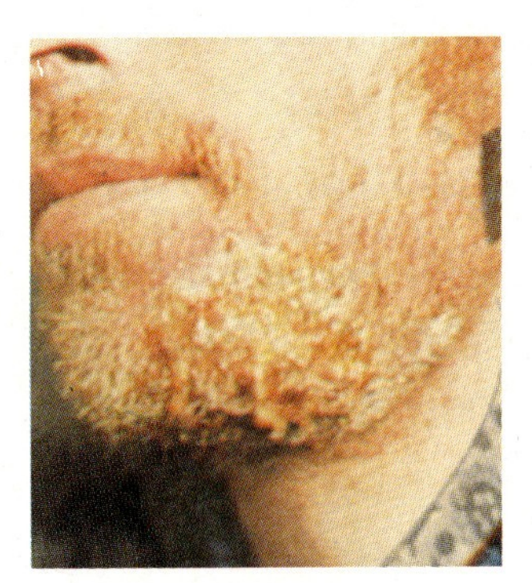

4.26 Scherpilzflechte des Bartes (Barttrichophytie), von Rindvieh übertragen

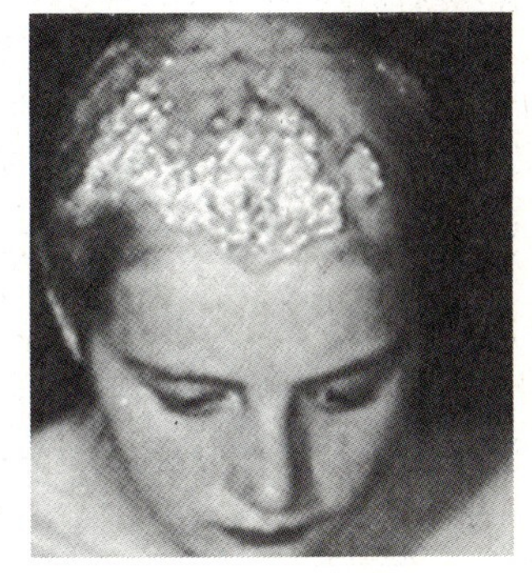

4.27 Favus mit schildchenförmigen Auflagerungen und narbiger Kahlheit

Bei der Mikrosporie, der Scherpilzflechte und dem Erbgrind werden die Haarpapillen zerstört, die Haare wachsen also nicht nach.

Kahlstellen durch Narben

ansteckende Hautkrankheiten		**nicht ansteckende Hautdefekte**
Mykosen - Mikrosporie - Scherpilzflechte - Favus	bakterielle - Hauttuberkulose	- Hautkrebs - Verbrennungen - Schnittverletzungen

Mechanisch bedingter Haarausfall. Fleckförmige Kahlstellen können auch durch bestimmte Haartrachten entstehen. So brechen durch ständiges Befestigen von Schwesternhauben mit Spangen und Klemmen an diesen Stellen die Haare ab. Pferdeschwanzfrisuren mit straff nach oben gekämmten Haaren verursachen dauernden Zug und lassen die Haare abbrechen oder ausfallen. Beim Kombinieren von Pony und Pferdeschwanz kann sich an der Querscheitelung eine Kahlstelle bilden. Wird eine Frisur nur vorübergehend getragen, wächst das Haar wieder nach. Bei ständigem Druck oder Zug kommt es aber zu bleibenden Schäden der Haarpapillen und zur Haarlosigkeit ohne Heilungsaussicht.

Diffuser Haarausfall

Diffuser Haarausfall verbreitet sich gleichmäßig über den ganzen Kopf. Das Haar wird schütter, stark gelichtet – Glatze oder völlige Kahlheit sind die Folge. Mehrere Ursachen sind möglich.

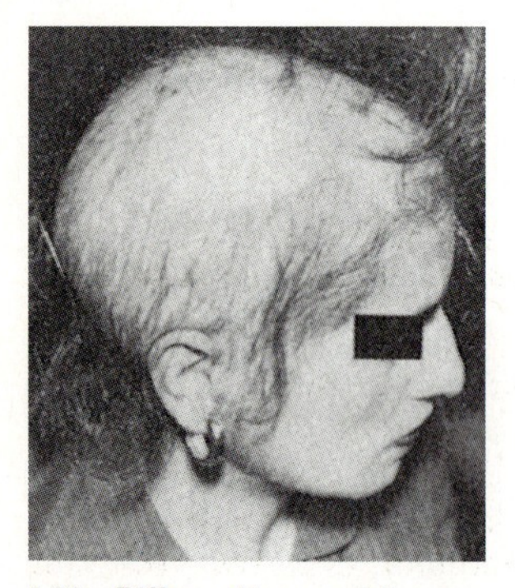

4.28 Diffuser Haarausfall nach Typhuserkrankung

Haarausfall nach Fieberkrankheiten wie Typhus, Scharlach, Lungenentzündung, schwerer Grippe (**4.28**). Ursache ist die vermehrte Überführung von Haaren in die Ruhephase – wahrscheinlich eine Schutzreaktion des Körpers, da die Haaranlagen dann weniger geschädigt werden als in der Wachstumsphase. Die Kopfhaut zeigt keine Veränderungen, die Haarfollikel sind gut sichtbar, nach einiger Zeit, wachsen die Haare wieder nach. Die Zeit bis dahin ist unterschiedlich und hängt von der Schwere der Krankheit ab. Die Behandlung mit durchblutungsfördernden Kopfwässern und Massagen kann das Nachwachsen unterstützen.

Symptomatischer Haarausfall ist eine Begleiterscheinung (Symptom) mancher innerer Krankheiten (z.B. Schilddrüsen, Nebennieren-, Lebererkrankungen, Syphilis, schwere Unterernährung, Vitamin- und Mineralstoffmangel). Nach der Heilung der Krankheit hört der Haarausfall auf, und die Haare wachsen nach.

Haarausfall nach Fieberkrankheiten	Symptomatischer Haarausfall
Ursache vermehrte Überführung der Haare in die Ruhephase	Ursache innere Krankheit

Heilung nach Genesung von selbst

Haarausfall nach Vergiftungen ist typisch vor allem für Quecksilber, Arsen und Thallium (Rattengift, **4.29**). Diese Gifte schädigen die Haarpapille so, daß das Haar schon in der

Wachstumsphase ausfällt. Bei Thalliumvergiftung ist die Haarwurzel eigentümlich schwarz gefärbt. Auch die anderen Gifte lagern sich in der Haarwurzel ab und können darin nachgewiesen werden. Für Kriminalisten sind daher ausgefallene Haare ein Beweismittel. Nach erfolgreicher Behandlung der Vergiftung wachsen die Haare wieder normal nach.

Haarausfall nach Medikamenten kommt nach Mitteln vor, die die Blutgerinnung verzögern und deshalb bei Thrombose (Blutgerinnsel) und Venenentzündung eingesetzt werden. Auch Medikamente zur Krebsbekämpfung können Haarausfall verursachen, weil sie die Zellteilung der Haarmatrix ebenso hemmen wie die der Wucherungen. Manche Krankheiten erfordern eine Hormonbehandlung. Es gibt aber Hormone, die das Haar ausfallen lassen (z.B. Androgene, s. Abschn. 3.3.3). Nach Absetzen des Medikaments wachsen die Haare in der Regel von selbst wieder nach.

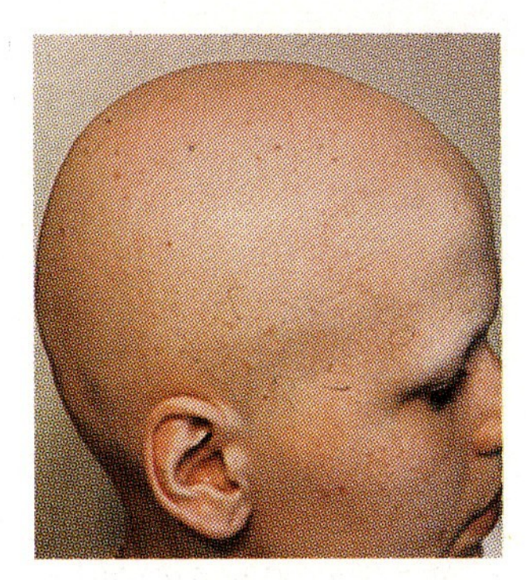

4.29 Vollständiger Haarausfall nach Thalliumvergiftung bei einer 36jährigen Frau

Haarausfall nach Röntgenbestrahlung droht nicht bei normalen Röntgenuntersuchungen, sondern bei längerer Bestrahlung der behaarten Haut (z.B. bei Krebs). Je nach der Bestrahlungsstärke kann der Haarausfall vorübergehend sein oder bleiben.

Haarausfall
- nach Vergiftungen
- nach Medikamenten
- nach Röntgenbestrahlung

} Haare wachsen nach Abschluß der Behandlung nach

Hormonell bedingter Haarausfall

Fast täglich fragen Kunden bekümmert ihren Friseur um Rat, ob er nicht ein Mittel gegen die Glatze habe. Welche Vorstellungen verbinden Sie mit der Glatze? Ist die Glatze ein Schönheitsfehler wie etwa abstehende Ohren? Würde es Sie als Frau stören, wenn Ihr Mann eine Glatze hätte?

Haarausfall vom männlichen Typ (Glatzenbildung). Eine Glatze ist vom Kahlkopf zu unterscheiden, der als Folge von Fieberkrankheiten usw. auftreten kann. Bei der Glatze fallen nicht alle Haare aus, sondern es bleibt ein Haarkranz an den Seiten und im Nacken. Sie beginnt mit zurückgehender Stirnkontur (Geheimratsecken) oder Lichtungen am Wirbel (Tonsur, **4**.30 auf S. 92). Ausgeprägte Glatzen gibt es nur bei Männern, und zwar recht oft. Deshalb nennen die Mediziner sie auch „Haarausfall vom männlichen Typ". Meist vererbt sich dieser Haarausfall in der Familie – sehen Sie sich also den Großvater Ihres Freundes an, dann wissen Sie, ob Sie einen Glatzentyp heiraten!

Ursache. Die Erbanlage kann aber nicht allein die Glatze auslösen – sonst müßten auch Frauen davon betroffen sein. Bei Männern sind es neben der Veranlagung die männlichen Keimdrüsenhormone, die Androgene (s. Abschn. 3.3.3). Sie verkürzen nicht nur die Anagenphase und steigern die Talgdrüsenfunktion, sondern lassen auch die Haarfollikel verkümmern. Deshalb wachsen nur noch feine Wollhärchen nach.

Die Behandlung der Glatzenbildung ist aussichtslos, weil sich die erbliche Veranlagung nicht ändern läßt und die Androgene nicht ausgeschaltet werden können. Durch vorbeugende Maßnahmen kann man die Glatzenbildung verzögern, das vorhandene Haar erhalten. Dazu gehört die Massage mit durchblutungsförderndem Kopfwasser.

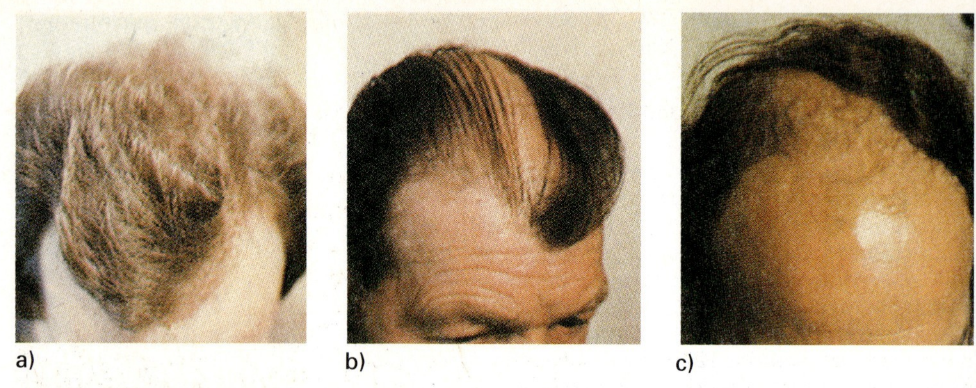

a) b) c)

4.30 Haarausfall vom männlichen Typ

a) Gemeimratsecken – beginnende Glatzenbildung, b) Geheimratsecken mit Wirbelglatze, c) fortschreitende Stirnglatze

Haarwuchsmittel, die auf einer Glatze neue Haare sprießen lassen, gibt es nicht – auch wenn sie in Anzeigen mit (angeblich echten) Fotos und Dankschreiben angepriesen werden (**4**.31)! Auch *Haarverpflanzungen* sind keine optimale Lösung. Dabei stanzt der Arzt in einer Operation kleine Hautinseln aus der behaarten Kopfhaut der Seiten und vom Nacken und pflanzt sie in die Kahlstellen ein. Da die Papillen mit verpflanzt werden, wachsen

4.31 Haarwuchsmittel nützen nichts

die Haare weiter. Von der Geschicklichkeit des Arztes hängt es jedoch ab, wie er die Kahlstelle mit den Haarinseln ausfüllt. Sie werden schachbrettartig verpflanzt, damit die nachwachsenden Haare die Zwischenräume bedecken. Dabei muß der Arzt die Wuchsrichtung bei jeder Hautinsel genau beachten, sonst wachsen die Haare kreuz und quer. Eine solche Operation ist nicht billig und wird nicht von den Krankenkassen bezahlt. Außerdem klagen Patienten über starke Schmerzen nach der Operation, weil die Wunden über den ganzen Kopf verteilt sind. Ein Toupet ist im Vergleich dazu die sicherste Lösung, eine Glatze mit Haaren zu bedecken.

Auch bei Frauen kann der Haarausfall vom männlichen Typ auftreten. Dabei kommt es zwar nicht zur ausgebildeten Glatze, aber doch zu erheblichen Lichtungen am Ober-

Haarausfall vom männlichen Typ

Ursachen	Heilung
– erbliche Veranlagung und Androgene	– aussichtslos, evtl. Haarverpflanzung

kopf (**4**.32). Bei älteren Frauen ist dies gar nicht so selten. Schuld daran sind die Androgene, die ja auch bei Frauen vorhanden sind. Normalerweise bleiben sie durch die weiblichen Keimdrüsenhormone (Östrogene) wirkungslos. Nach den Wechseljahren ändert sich das Verhältnis, weil nun weniger Östrogene produziert werden und die Androgene an Wirkung gewinnen.

Junge Frauen sind seltener betroffen (Hormonstörung). Die Heilungsaussichten sind gut, weil der Arzt die fehlenden Östrogene als Medikament verschreiben kann.

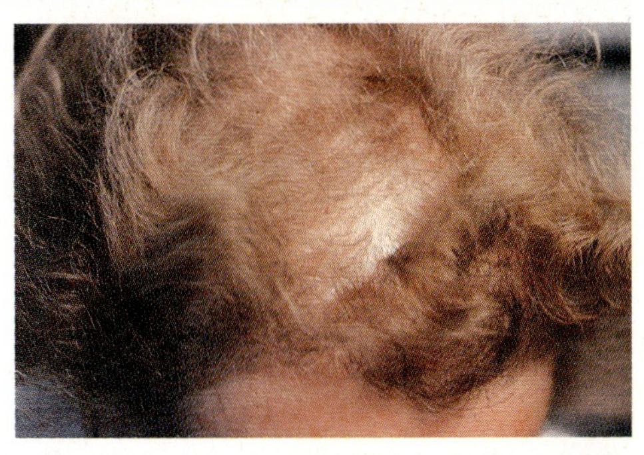

4.32 Beginnender androgenetischer Haarausfall bei einer 27jährigen Frau

Haarausfall vom männlichen Typ bei Frauen

Ursache	Heilung
– erbliche Veranlagung und Störung des Hormonhaushalts	– Hormonbehandlung durch den Arzt

Haarausfall nach Entbindungen ist recht häufig. Etwa drei Monate nach der Entbindung fallen die Haare diffus aus. Das Haar lichtet sich, vor allem an der Stirn und an den Schläfen. Nach sechs Wochen hört die Störung von selbst auf, die Haare wachsen langsam wieder nach. Ursache ist die Hormonumstellung. In der Schwangerschaft bilden sich vermehrt Östrogene. Damit verlängert sich die Wachstumsphase, und weniger Haare gelangen in die Ruhephase. Daß während dieser Zeit kaum Haare ausfallen, beachtet man gar nicht. Nach der Entbindung normalisiert sich die Östrogenproduktion, die Haare aus der verlängerten Wachstumsphase treten in die Ruhephase ein und fallen aus.

Eine Behandlung ist nicht erforderlich, weil das Haar von selbst wieder nachwächst. Massagen mit durchblutungsfördernden Kopfwässern unterstützen das Nachwachsen.

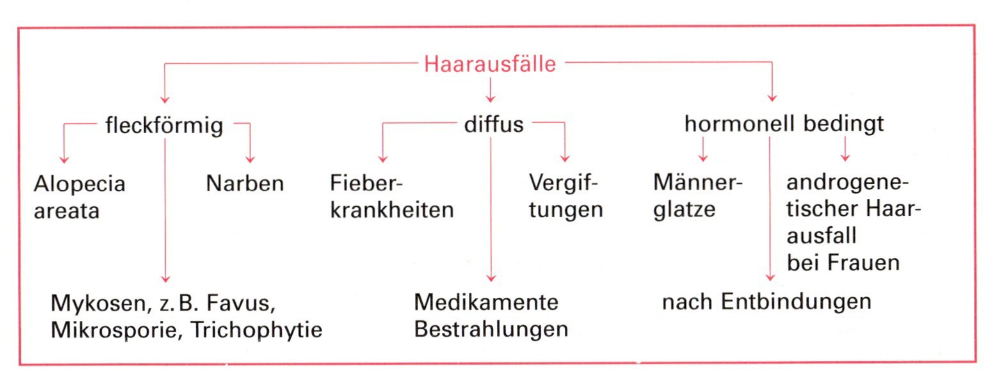

4.2.2 Schäden des Haarschafts

Sie entstehen durch äußere Einflüsse, durch starke Sonneneinwirkung, falsche „Pflege" und Behandlungen des Friseurs. In der Praxis spricht man von Strukturschäden des Haares. Dazu zählen glanzloses Haar, Haarspliß und Knötchenkrankheit.

Glanzloses, poröses Haar ist der häufigste Schaden. Das Haar fühlt sich trocken und spröde an, läßt sich schlecht auskämmen, verfilzt leicht. Die elektronenmikroskopische Aufnahme zeigt abgespreizte Schuppenzellen. Die Schuppenzellen des gesunden Haares liegen an und bilden eine glatte Oberfläche. Sie bilden eine geschlossene, glatte Schutzschicht (**4**.33). Glanzloses Haar ist ausgelaugt und angegriffen. Zwischen den einzelnen Schuppenlagen bilden sich Hohlräume – das Haar ist porös, die Oberfläche rauh und glanzlos. Schuld daran kann die starke Sonnenbestrahlung im Urlaub sein; sie trocknet die Haare aus. Aber auch bestimmte Behandlungen des Friseurs schädigen das Haar. Bei Blondierungen und Hellerfärbungen arbeiten wir z.B. mit einem hohen Anteil Wasserstoffperoxid, das Sauerstoff abspaltet (Oxidation, s. Abschn. 6.7.2). Seife schädigt das Haar, weil sie alkalisch wirkt und das Keratin quillt (s. Abschn. 4.1.3). Stärker quellende Mittel sind Dauerwellflüssigkeiten, Haarfarben und Blondiermittel.

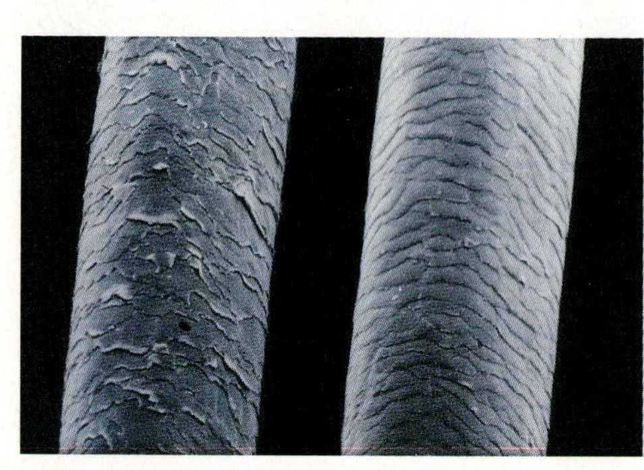

4.33 Schuppenschicht, links beansprucht – rauh, rechts intakt – glatt

Behandlung. Das angegriffene Keratin läßt sich nicht wiederherstellen – der Schaden bleibt also. Man kann ihn nur mildern, indem man die Hohlräume durch andere Stoffe auffüllt. Dazu dienen Packungen und Haarkuren. Ihre Fettstoffe machen das Haar wieder geschmeidig. Säurezusätze adstringieren gequollene Haare, andere Wirkstoffe ziehen aufs Haar auf und glätten so die Oberfläche.

Glanzloses, poröses Haar

Ursache	Behandlung
– abgespreizte Schuppenschicht durch Sonnenbestrahlung, alkalische Mittel	– Packungen, Säurespülungen, glättende Haarkuren

Haarspliß (= gespaltene Haarspitzen, Trichoptilosis). Die gespaltenen Spitzen sind oft mit bloßem Auge zu erkennen, weil sie heller sind als das übrige Haar. Durch das Mikroskop sieht man deutlich, daß die Haarspitze – meist mehrfach – der Länge nach gespalten und ausgefasert ist (**4**.34).

Ursache. Bei Langhaarfrisuren reibt das Haar auf der Kleidung, so daß sich die Spitzen spalten. Auch zu heißes Fönen und scharfkantige Haarbürsten (Kunstborsten, s. Abschn. 5.5.3) und Spritzgußkämme (s. Abschn. 5.5.3) können die Schuppenschicht schädigen und Haarspliß verursachen.

Behandlung. Die geschädigten Spitzen sind nicht zu heilen. Sie müssen geschnitten werden. Das ist nicht einfach, weil nicht immer die längsten Haare gespalten sind. Haarspliß

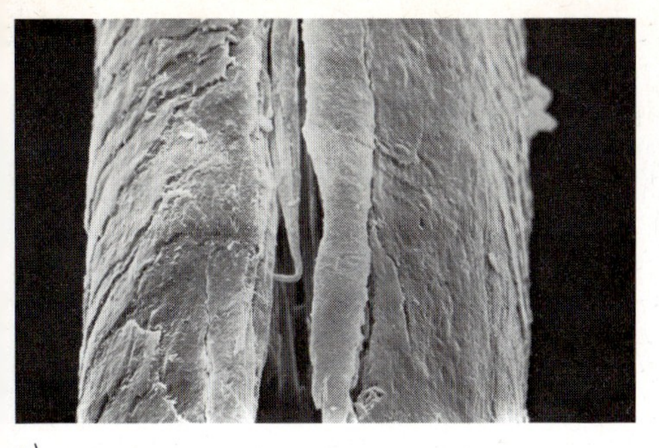

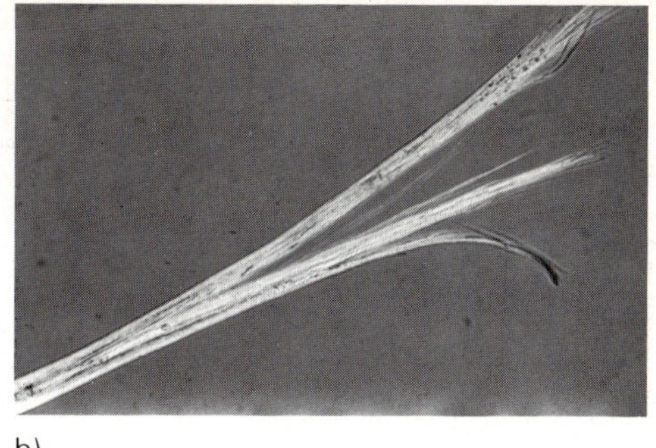

a) b)

4.34 Haarspliß a) unter dem Raster-Elektronenmikroskop, b) unter dem Lichtmikroskop

kann auch durch Sengen beseitigt werden. Dazu dreht man das Haar strähnenweise wie eine Kordel fest zusammen, streift durch Entlangstreichen zum Ansatz die Spitzen ab und brennt sie mit einer Flamme (Kerze, Feuerzeug) vorsichtig ab. Diese Technik ist auch vorteilhafter, weil die Haare beim Schneiden durch die Schere gequetscht werden. So kann sich der Haarschaft wieder aufspalten und neuer Haarspliß entstehen. Den Geruch des verbrannten Haares (Horn) entfernen wir nach dem Sengen durch Waschen. Wegen der Geruchsbelästigung von verbrannten Haaren schneiden heute viele Friseure die abstehenden Spitzen mit einer Schere.

Vorbeugen ist besser als Schneiden! Eine dauerhafte Besserung ist beim Haarspliß nur zu erwarten, wenn die Frisur so kurz getragen wird, daß sie nicht auf der Kleidung reibt. Auch das Fönen sollte eingeschränkt werden, und scharfkantiges Werkzeug gehört in den Mülleimer. Zur Vorbeugung hält man das Haar mit Packungen, Säurespülungen und Ölhaarwäschen geschmeidig.

Haarspliß

Ursachen	Behandlung
– Reibung an der Kleidung	– gespaltene Haarspitzen kürzen (sengen)
– Austrocknung	– Packungen, Säurespülungen, Ölhaarwäschen
– zu heißes Fönen	

Knötchenkrankheit mit Pinselhaarbruch tritt manchmal zusammen mit Haarspliß auf. Das befallene Haar sieht aus, als enthalte es kleine Knötchen. Unter dem Mikroskop ist zu erkennen, daß der Haarschaft an der betreffenden Stelle aufgetrieben und knötchenartig verdickt ist (**4**.35). An einem Haarschopf findet man Stellen, bei denen ein Knötchen entsteht, andere mit voll ausgebildeten Knötchen und schließlich solche, bei denen das Knötchen abgebrochen ist. Da die Bruchstelle kurz ausfasert (**4**.36), nennt man es Pinselhaarbruch. Verursacht wird die Knötchenkrankheit durch chemische Einflüsse (Dauerwellen, Färben, Blondieren), scharfkantige Werkzeuge und Austrocknen sowie Knickstellen an Spangen, Klemmen und Einsteckkämmchen.

Behandlung. Die Stellen mit Knötchen und Pinselbruch müssen abgeschnitten oder gesengt werden. Kurze Frisuren machen Spangen und ähnliches überflüssig. Durch Packungen, Ölhaarwäschen (Lecithinöl), Säurespülungen und Frisiercreme hält man das Haar geschmeidig.

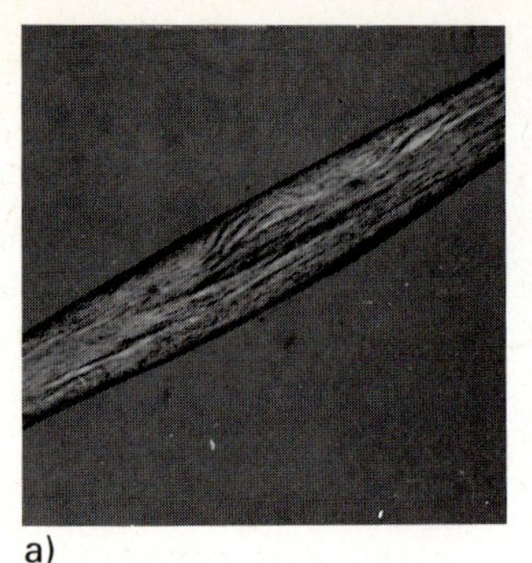

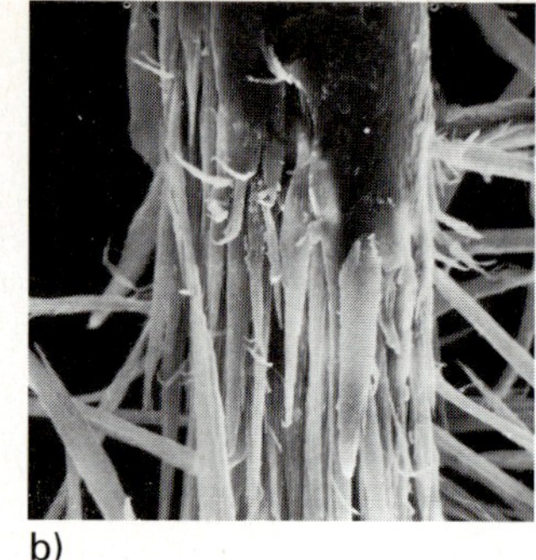

a) b) c)

4.35 Knötchenkrankheit (Trichorrhexis nodosa) a) beginnende Auftreibung im Haarschaft, b) voll ausgebildetes Haarknötchen unter dem Raster-Elektronenmikroskop und c) unter dem Lichtmikroskop

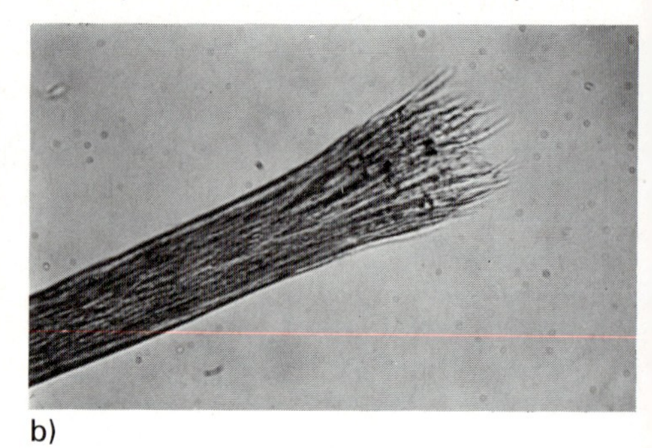

a) b)

4.36 Pinselhaarbruch-Endstadium der Knötchenkrankheit
a) unter dem Raster-Elektronenmikroskop, b) unter dem Lichtmikroskop

Knötchenkrankheit mit Pinselhaarbruch

Ursachen

- chemische Behandlungen, Austrocknung, scharfkantiges Werkzeug und Knickstellen

Behandlung

- befallene Haare kürzen (sengen), Packungen, Ölhaarwäschen, Säurespülungen, Frisiercremes

Aufgaben zu Abschnitt 4.2.1 und 4.2.2

1. Welche Ursachen hat die Schuppenbildung?
2. Welche hornlösenden Stoffe verwendet man in Shampoos, Packungen und Kopfwässern?
3. Warum darf man bei Schuppenbildung nur milde Shampoos verwenden?
4. Welche Ursachen hat schnell fettendes Haar (Seborrhoe)?
5. Nennen Sie die Arten der Seborrhö und ihre Unterschiede.
6. Wie behandelt man eine Seborrhö?
7. Durch welche Hormone wird die Talgdrüsentätigkeit gesteigert, durch welche vermindert?
8. a) Welche Ursachen hat der kreisrunde Haarausfall? b) Beschreiben Sie das Aussehen der nachwachsenden Haare.
9. Durch welche Hauterkrankungen können narbenähnliche Kahlstellen entstehen?
10. Weshalb führen nicht rechtzeitig behandelte Pilzinfektionen der Kopfhaut zu bleibenden Kahlstellen?
11. Wie heißen die häufigsten Pilzinfektionen der Kopfhaut?
12. Nennen Sie Beispiele für mechanisch bedingten Haarausfall.
13. Beschreiben Sie das Erscheinungsbild des diffusen Haarausfalls.
14. Nach welchen Krankheiten kann diffuser Haarausfall auftreten?
15. Welche Vergiftungen führen zu Haarausfall?
16. Welche Arzneimittel können Haarausfall verursachen?
17. Weshalb haben normalerweise nur Männer eine Glatze?
18. Weshalb kann man „Glatzenbildung" bei Frauen erfolgreich behandeln, bei Männern nicht?
19. Erklären Sie die Ursache für den vermehrten Haarausfall nach der Entbindung.
20. Woher kommt es, daß geschädigtes Haar stumpf und glanzlos aussieht?
21. Durch welche Friseurbehandlungen wird das Haar porös und glanzlos?
22. Wodurch bilden sich gespaltene Haarspitzen?
23. Beschreiben Sie den Pinselhaarbruch.
24. Zeichnen Sie eine gespaltene Haarspitze und Pinselhaarbruch.
25. Wie läßt sich Haarspliß beseitigen?

4.2.3 Haarpflegemittel

Mittel zur Pflege der Kopfhaut und des Haares sind Kopf- und Haarwässer sowie Kuren.

Kopf- und Haarwässer

„Das biologische Haartonikum pflegt und erhält das Haar, beseitigt unter Garantie in kurzer Zeit Haarausfall – viele Dankschreiben!" Was halten Sie von einer solchen Anzeige? Welche Erwartung weckt sie? Kann das Kopfwasser diese Erwartung erfüllen?

Unter der Bezeichnung Kopf- und Haarwässer faßt man eine Reihe von Präparaten zusammen, die im Friseurgeschäft gebraucht und/oder verkauft werden.

Kabinett-, Frisier- und Dufthaarwasser wirken auf das Haar und werden auf das Haar aufgetragen – sie sind Haarwässer. Dagegen trägt man medizinische oder biologische Kopfwässer scheitelweise oder sogar mit der Pipette auf die Kopfhaut auf, weil sie dort wirken sollen.

Inhaltsstoffe der Haar- und Kopfwässer

Versuch 15 Geben Sie ein paar Spritzer eines Dufthaarwassers in eine Schale aus feuerfestem Glas und halten Sie ein brennendes Streichholz daran.

Alkohol. Der brennbare Bestandteil des Haarwassers ist Alkohol. Die trübe Flüssigkeit, die nach dem Brennen zurückbleibt, riecht fast ebenso wie das Haarwasser. Durch Zufügen von etwas Alkohol wird sie wieder klar. Er dient als Lösungsmittel für die Duftstoffe und andere Inhaltsstoffe, die sich nicht in Wasser lösen. 40 bis 60% des Kopfwassers sind

Alkohol. Er steigert die Hautdurchblutung, entfettet und desinfiziert. Durch schnelle Verdunstung kühlt und erfrischt er.

Versuch 16 Vergleichen Sie den Geruch von Dufthaar-, Frisier-, Kabinett- sowie medizinischem oder biologischem Kopfwasser. Riechen Sie auch an 2-Propanol und Ethanol.

Geruch. Medizinische und biologische Kopfwässer haben durch die Zusätze einen strengen Eigengeruch. Deshalb löst man sie im preiswerten 2-Propanol. Er hat einen scharfen Eigengeruch und ist ungenießbar. Sein Lösungsvermögen für Fette und Wirkstoffe ist jedoch besser als das des Ethanol. Diesen kennen Sie auch unter dem Namen Weingeist im Bier und in anderen alkoholischen Getränken. Als Genußmittel ist er hoch versteuert. Weil er angenehm riecht, stört er die Parfümierung nicht. Deshalb braucht man ihn für Duftharwässer, die dadurch allerdings teurer werden.

2-Propanol (Isopropylalkohol)	Ethanol (Äthylalkohol)
– riecht unangenehm	– riecht angenehm
– hat gutes Lösungsvermögen	– hat geringes Lösungsvermögen
– ist preiswert	– ist teuer
– desinfiziert bei 50%	– desinfiziert bei 70%
– medizinische und biologische Kopfwässer, Kabinett- und Frisierwässer	– Dufthaarwasser

Medizinisch biologische Zusätze

Wirkstoff	Wirkungsweise
– Salizylsäure	– hornlösend, löst Schuppen ab
– Schwefel	– hornlösend, vermindert Talgproduktion
– Teer	– entzündungshemmend, stillt Juckreiz
– Menthol	– kühlt, stillt Juckreiz, antiseptisch
– Vitamin A	– gegen Schuppen
– Vitamin B	– gegen Seborrhö
– östrogenähnliche Stoffe	– regen Zellteilung an, verbessern Durchblutung, fördern Haarwuchs
– Thymol, Chinin	– desinfizieren

Frisierwässer enthalten Kunstharze, die wie in Haarfestigern die Haare mit feinen Lackbrücken verbinden und so die Haltbarkeit der Frisur verlängern.

Kopfmassage fördert die Durchblutung. Dadurch dringen die Kopfwässer besser in die Kopfhaut ein. Die Steigerung der Durchblutung zeigt sich an der Rötung der Kopfhaut. Durchblutungssteigerung ist nur sinnvoll, wenn der Blutabfluß verbessert wird – sonst kommt es zu einer Blutstauung. Massiert wird deshalb in mehreren Phasen:

- **Bei der Eröffnungsmassage** streicht man die Venen und Lymphbahnen hinter den Ohren und entlang der Wirbelsäule aus. Dadurch wird der Blutabfluß in Richtung Herz gesteigert.
- **Bei der Druckmassage im Bindegewebe** wird die Kopfhaut gelockert und die Durchblutung gesteigert. Dabei setzt man die Fingerkuppen fest auf und verschiebt die Haut kreisend gegen die Schädelknochen. Die Fingerspitzen reiben also nicht, sondern bleiben auf der Stelle.
- **Bei der Verschiebungs- und Lockerungsmassage** wird die Haut mit fest aufgesetzten Fingerkuppen beider Hände zusammengeschoben und dadurch gelockert.
- **Bei der abschließenden Beruhigungsmassage** streicht man gleichmäßig entlang der Stirnkontur und den Seiten Richtung Nacken. Nach den anregenden Massagearten beruhigt dieser Griff die Hautnerven.

Bei jeder Massage – also auch der Kopfmassage – empfinden Kunden eine Unterbrechung des Hautkontakts als unangenehm und beunruhigend. Deshalb dürfen nicht beide Hände zugleich umgesetzt werden.

Ob durch Massage und Steigerung der Durchblutung der Haarwuchs angeregt werden kann, ist zweifelhaft. Bei Störungen des Haarwuchses nach Fieberkrankheiten usw. mag eine Anregung möglich sein, bewiesen ist sie nicht. Bei gesunder Kopfhaut und normalem Haarwuchs kann eine Durchblutungssteigerung den Haarwuchs nicht beschleunigen. Eine gute Kopfmassage wird allerdings als sehr angenehm und entspannend empfunden. Sie kann sogar Kopfschmerzen beseitigen.

X

Kopfmassage

Aufgabe	Durchführung
– Kopfhaut lockern, Durchblutung fördern, Eindringen des Kopfwassers unterstützen	– Eröffnungsmassage, Druck- und Verschiebungsmassage, Beruhigungsmassage

Haarkurmittel

Haarkurmittel sollen die Frisierbarkeit des Haares verbessern, Haarschäden mildern und Störungen der Kopfhaut bekämpfen. Man unterscheidet Cremepackungen oder Vollpackungen, Balsamkuren oder Schnellkuren, Kunststoffkuren und Kurfestiger.

Emulsionen. Cremepackungen und Balsamkuren sind Emulsionen, also Mischungen aus Fett und Wasser.

Versuch 17 Füllen Sie in ein Reagenzglas gleiche Mengen Wasser und Öl, schütteln Sie das Glas kräftig und beobachten Sie es dann.

Vor dem Schütteln schwimmt das Öl auf dem Wasser. Unmittelbar nach dem Schütteln sind Öl und Wasser in kleinen Tröpfchen ineinander verteilt. Nach wenigen Sekunden aber steigen die Öltropfen nach oben, und die Wassertropfen setzen sich ab. Kurz darauf haben sich Öl und Wasser wieder getrennt (**4**.37). Durch das Schütteln ist aus beiden Flüssigkeiten eine Emulsion entstanden. Da sich Öl und Wasser nach dem Schütteln wieder trennen, handelt es sich um eine unbeständige Emulsion.

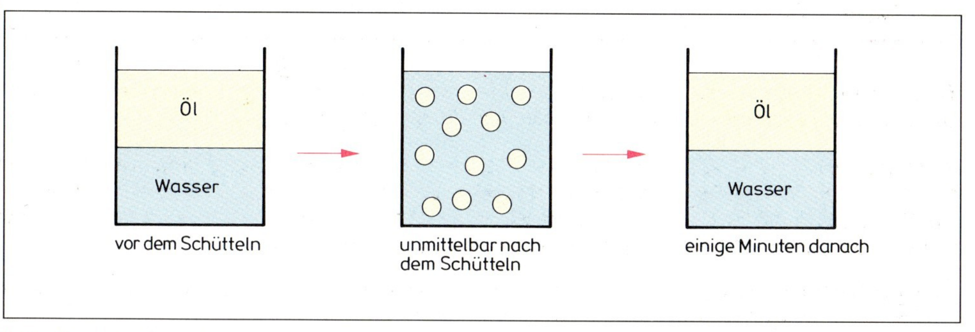

4.37 Emulgier-Versuch

Versuch 18 Geben Sie zu der Mischung aus Wasser und Öl etwas Shampoo oder Spülmittel, schütteln Sie erneut und beobachten Sie. Die Tröpfchen aus Wasser und Öl sind kleiner geworden. Selbst nach ein paar Minuten haben sie sich noch nicht getrennt. Die Emulsion ist also beständiger geworden. Das Shampoo hat die Grenzflächenspannung des Wassers herabgesetzt und die Verteilung der Phasen begünstigt. Stoffe, die eine Emulsion haftbar machen, nennt man *Emulgatoren.*

Emulsion	Emulgatoren
– feine Verteilung zweier nicht miteinander mischbarer Flüssigkeiten, z. B. Öl (Fett) und Wasser	– Stoffe (Tenside), die die Verteilung von Fett und Wasser erleichtern und die Emulsion haltbar machen

Emulsionstypen. Die Wirkung der Emulgatoren entspricht der der Tenside beim Waschvorgang. Auch sie haben ein wasserfreundliches (hydrophiles) und ein wasserfeindliches (hydrophobes) Ende. Das wasserfreundliche Ende ordnet sich in der Emulsion zum Wasser, das wasserfeindliche (fettfreundliche) zum Fett oder Öl (**4**.38). Je nach Art des Emulgators können zwei verschiedene *Emulsionstypen* entstehen:

Öl-in-Wasser-Emulsion (Ö/W-Emulsion). Hier schwimmen Öltropfen (= innere oder verteilte Phase) im Wasser (= äußere oder umschließende Phase, **4**.39 a)

Wasser-in-Öl-Emulsion (W/Ö-Emulsion). Hier sind Wassertropfen als innere und verteilte Phase in Öl (äußere oder umschließende Phase, **4**.39 b) verteilt.

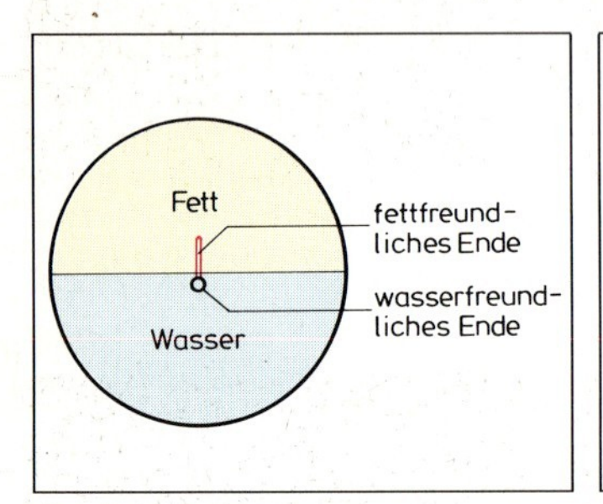

4.38 Emulgator-Molekül

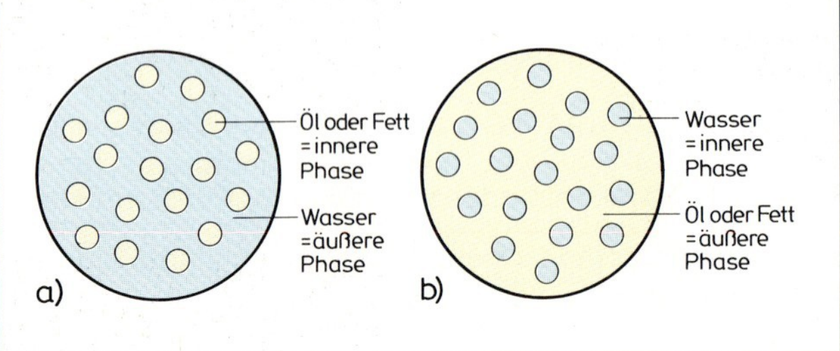

4.39 a) Öl-in-Wasser-Emulsion (Ö/W-Emulsion), b) Wasser-in-Öl-Emulsion (W/Ö-Emulsion)

Die Emulsionsbestandteile Öl und Wasser nennt man Phasen. Der Emulsionstyp wird durch den Emulgator bestimmt.

Emulgatoren für W/Ö-Emulsionen sind fettlösliche Stoffe, wie Bienenwachs, Lanolin, Cetylalkohol, Lanette und Fettalkohole. Emulgatoren für Ö/W-Emulsionen sind wasserlösliche Tenside mit Bezeichnungen, wie Fettalkoholsulfate, Tegin, Hostacerin u. a.

Prüfung des Emulsionstyps. Emulsionen lassen sich stets mit ihrer äußeren Phase mischen. Einer Ö/W-Emulsion kann man also Wasser zumischen, eine W/Ö-Emulsion dagegen Öl.

Versuch 19 Geben Sie in ein Reagenzglas mit Wasser etwas Tagescreme, in ein zweites etwas Fettcreme. Schütteln Sie beide Gläser. Was beobachten sie?

Die Tagescreme vermischt sich mit dem Wasser zu einer milchigen Flüssigkeit. Die Fettcreme klumpt, mischt sich nicht. Um welchen Emulsionstyp handelt es sich?

Versuch 20 Geben Sie auf je zwei Uhrgläser etwas Ö/W- und W/Ö-Emulsion. Rühren Sie mit einem Glasstab jeweils einen wasserlöslichen (Methylenblau) oder öllöslichen Farbstoff (Sudanrot) darunter.

Der wasserlösliche Farbstoff läßt sich gut mit der Ö/W-Emulsion mischen, weil die äußere Phase Wasser ist (**4**.40 a). Dagegen mischt er sich nicht mit der W/Ö-Emulsion. Der öllösliche Farbstoff mischt sich nicht mit der Ö/W-Emulsion, aber gut mit der W/Ö-Emulsion (**4**.40 b).

Versuch 21 Tränken Sie ein Filterpapier in Kobaltchlorid-Lösung und trocknen Sie es dann in einem Trockenschrank, auf der Heizung oder mit einem Fön. Die rosa Farbe des Kobaltchlorids schlägt dann nach blau um. Geben Sie nun eine Probe einer Ö/W- und einer W/Ö-Emulsion auf das Papier, daneben einen Tropfen Wasser und reines Öl.

Das Wasser läßt die Farbe des Kobaltchlorids wieder nach rosa umschlagen, das Öl nicht. Um die Ö/W-Emulsion bildet sich ein rosa Rand auf dem Papier, weil die äußere Phase Wasser ist (**4**.41 a).

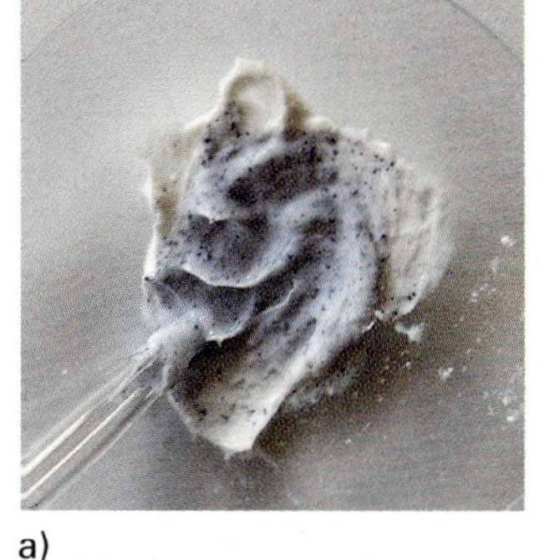
a)

b)

4.40
a) Methylenblau mit Ö/W-Emulsion verrührt
b) Sudanrot mit W/Ö-Emulsion verrührt

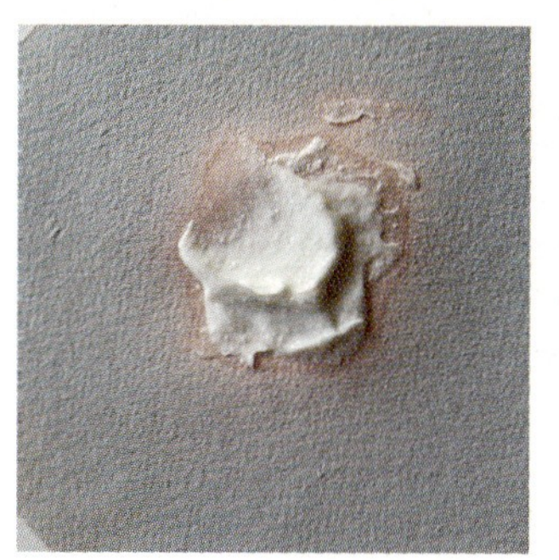
a)

b)

4.41
a) Ö/W-Emulsion auf Kobaltchloridpapier – rosa Rand
b) W/Ö-Emulsion auf Kobaltchloridpapier – Fettrand

Versuch 22 Tragen Sie etwas Sportcreme auf die linke Hand und etwas Haarkurpackung oder Tagescreme auf die rechte Hand. Beurteilen Sie den Glanz der Haut. Wie ziehen die Emulsionen ein? Spülen Sie anschließend beide Hände unter Wasser ab.

Die Sportcreme macht die Haut glänzend und weich, läßt sich gut verteilen. Die Tagescreme oder Haarkurpackung glänzt nicht auf der Haut; nach kurzer Zeit fühlt sich die Haut eher stumpf an und läßt sich nicht gut massieren. Unter Wasser lassen sich Tagescreme und Haarkurpackung leicht abspülen, von der Sportcreme perlt das Wasser jedoch ab.

Wirkungen der Emulsionen auf Haut und Haar. Wie der Versuch zeigt, ziehen Tagescreme oder Haarkurpackung (Ö/W-Emulsionen) leichter in die Haut ein als W/Ö-Emulsionen. Die Sportcremes vom Typ W/Ö sollen auch gar nicht schnell eindringen, damit sie die Hautoberfläche vor Witterungseinflüssen schützen. Bei einer Haarkurpackung ist es dagegen wichtig, daß man sie mit Wasser entfernen kann. Das Haar nimmt einen Teil der Cremepackung auf, den überschüssigen Teil spült man mit Wasser aus, damit das Haar nicht klebt.

W/Ö-Emulsion

- dringt langsam in die Haut ein
- hinterläßt Fettglanz, macht die Haut gleitfähig
- läßt sich nicht mit Wasser entfernen

Ö/W-Emulsion

- dringt schnell in Haut und Haar ein
- hinterläßt keinen Fettglanz, macht die Haut stumpf
- läßt sich mit Wasser entfernen

Haarkur-Cremepackungen sind Ö/W-Emulsionen gegen Störungen des Haarbodens und gegen Schäden des Haarschafts. Sie enthalten Fette und Wachse, die besonders haarfreundlich sind und gut aufgenommen werden (z. B. Lanolin, Cholesterin, Lecithin, Fettalkohole). Als Emulgatoren dienen meist Stoffe, die selbst fettende Eigenschaften haben und gut einziehen (z. B. Lanettewachse und Fettalkohole). Ein Zusatz von Gerbsäure oder Zitronensäure adstringiert das Haar (zieht gequollenes Haar wieder zusammen) und legt die Schuppenschicht an, Schwefel entfernt Schuppen, Kräuterzusätze (Schafgarbe, Brennessel, Kamille) wirken schwach desinfizierend, entzündungshemmend und sollen bei Seborrhoe helfen. Durch die Fettstoffe der Packungen wird das Haar geschmeidig. Besonders bei sprödem Haar mit abgespreizter Schuppenschicht ist diese Wirkung deutlich zu spüren.

Der Friseur beurteilt die Wirkung von Packungen nur mit den Händen (Fingerspitzengefühl). Die Hersteller messen die Wirkung ihrer Präparate genau durch Geräte, z. B. die Kämmbarkeit des Haars.

Versuch 23 Verteilen Sie etwas Cremepackung auf einer Glasplatte (Objektträger) und trocknen Sie das Präparat auf einer Wärmeplatte oder Heizung. Halten Sie anschließend die Packung unter fließendes Wasser. Was geschieht?

Ergebnis Von der getrockneten Packung perlt das Wasser ab.

Bei porösem Haar dringt die Emulsion in die Hohlräume und füllt sie aus. Beim Haartrocknen verdunstet das Wasser der Emulsion und läßt – wie der Versuch zeigt – die Fettstoffe zurück, die einen wachsartigen Film bilden. Dieser glättet die Haaroberfläche und schützt das Haar vor Feuchtigkeit.

Cremepackungen

- enthalten als haarpflegende Bestandteile Fette, Gerb- oder Zitronensäure zum Adstringieren, Schwefel- oder Kräuterzusätze
- machen das Haar geschmeidig, glätten und schützen die Oberfläche

4.42 Spülung mit blauem Lackmuspapier geprüft

Spülungen wie Kräuterregenerator, Zitronen- oder Azidspülungen sind ebenfalls Ö/W-Emulsionen und werden als Kurmittel verwendet. Sie enthalten in der meist dickflüssigen Emulsionsgrundlage einen größeren Anteil Zitronensäure.

Versuch 24 Prüfen Sie verschiedene Spülungen mit blauem Lackmuspapier.

Ergebnis An der Rotfärbung erkennen wir, daß die Spülung Säure enthält (**4**.42).

Die Säure adstringiert gequollenes Haar und legt die Schuppenschicht an. Deshalb verwendet man Spülungen nach dem Färben und Blondieren. Zugleich machen die Fette das Haar geschmeidig und besser kämmbar. Darum setzen viele Friseure eine Spülung nach der Dauerwelle und zum Auskämmen stark verwirrter Haare ein.

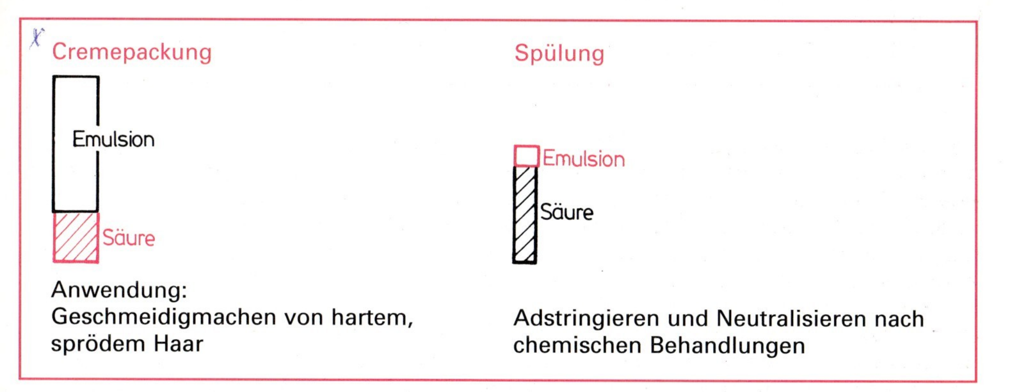

Balsamkuren sind flüssiger als Cremekuren; ihre wichtigsten Wirkstoffe sind kationaktiv (s. Abschn. 4.1.3). Wegen ihrer positiven Ladung haften sie an den negativen Ladungen des Keratins. Dadurch glätten sie die Oberfläche und verbessern so den Glanz. Sie dringen nicht tief ins Haar ein, weil die Ladungen im äußeren Bereich des Haares sie festhalten. Aber das führt zu der besseren Kämmbarkeit. Um Strukturschäden im Haar auszugleichen, enthalten sie Proteine, kleine Eiweißbausteine, die Hohlräume ausfüllen. Zusätzlich gibt es Balsamkuren mit Schwefel gegen Schuppen und Kräutern gegen fettiges Haar.

Cremepackungen eignen sich für alle Haarqualitäten – Balsamkuren nicht, sondern vor allem für strukturgeschädigte Haare. Bei chemisch unbehandeltem Haar können Balsamkuren die Frisierbarkeit des Haars beeinträchtigen, weil sich ihre kationaktiven Stoffe um das Haar legen und es beschweren. Besonders bei feinem und rasch fettendem Haar macht sich das ungünstig bemerkbar: Das feine Haar fällt zusammen, es verklebt und scheint noch schneller zu fetten.

Balsamkuren
- enthalten kationaktive Wirkstoffe zur Glättung der Oberfläche
- enthalten Proteine zum Füllen der Hohlräume
- haben Schwefel- oder Kräuterzusätze gegen Schuppen bzw. fettiges Haar
- eignen sich nicht bei feinem und schnell fettendem Haar

Kunststoffkuren. Während kationaktive Wirkstoffe nur oberflächliche Haarschäden ausgleichen, dringen Kunststoffkuren tiefer ins Haar ein.

Versuch 25 Erhitzen Sie eine Kunststoffkur so lange, bis die Flüssigkeit verdampft ist. Es bleibt eine klebrige Masse zurück, von der Sie mit einem Glasstab Fäden ziehen können.

Kunststoffkuren sind Präparate zum Ausgleich der Haarstruktur. Sie bestehen aus zwei Komponenten, z. B. Pulver und Flüssigkeit. Bei einigen ist das Pulver schon in der Flüssigkeit gelöst. Das in der Flüssigkeit gelöste Pulver dringt gut in die Schuppenschicht ein, weil die Moleküle klein sind. Beim Haartrocknen verketten sich die kleinen Moleküle zu großen Kunststoffmolekülen (Polymere), die Hohlräume im Haar verschließen. Nur an den geschädigten Stellen bildet sich der Kunststoff. Dadurch wird die Haarstruktur ausgeglichen.

Balsamkuren	Kunststoffkuren
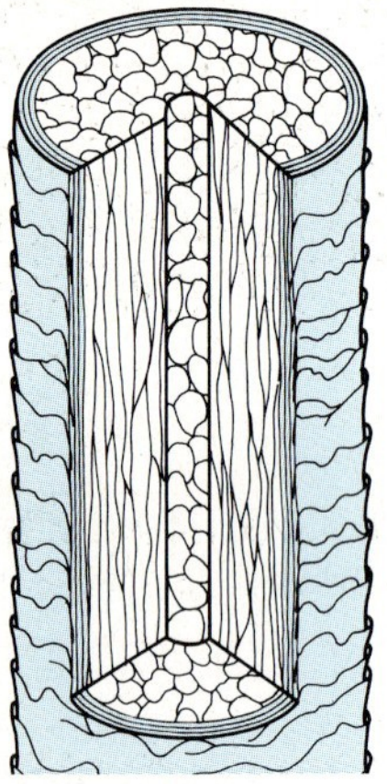	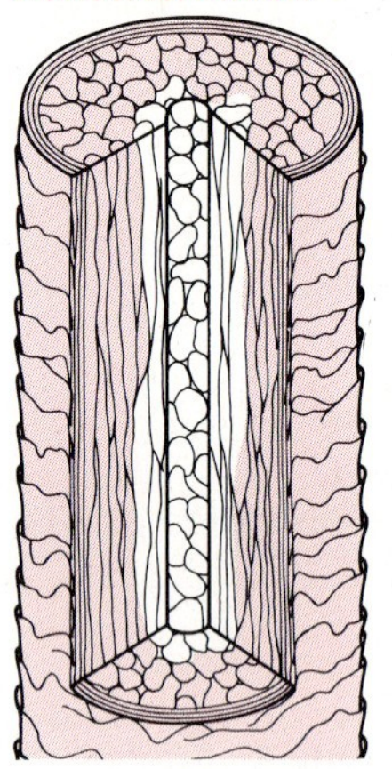
Anwendung: Glätten der Haaroberfläche bei strukturgeschädigtem Haar	Strukturausgleich bei strukturgeschädigtem Haar

Kurfestiger sind alkoholische Lösungen verschiedener Wirkstoffe. Sie dienen zur Ergänzung oder Unterstützung von Cremepackungen und Balsamkuren oder als Zwischenbehandlungen. Es gibt spezielle Kurfestiger für angegriffenes, strukturgeschädigtes, fettiges Haar und Schuppenbildung. Die Wirkstoffe sind jeweils in 2-Propanol (Isopropylalkohol) gelöst (s. Abschn. 4.2.3).

Kurfestiger für angegriffenes Haar enthalten kationaktive Wirkstoffe und Proteine, die die Haaroberfläche glätten und den Glanz verbessern. Da sie das Haar beschweren, dürfen sie nicht bei feinem Haar angewendet werden, das leicht fettet.

Kurfestiger gegen Schuppen enthalten Schwefel. Sie desinfizieren durch kationaktive Stoffe und wirken antistatisch.

Kurfestiger für fettiges Haar enthalten Kräuterauszüge, die antiseborrhöisch wirken sollen. Spezielle Kunstharze festigen das Haar besonders stark und saugen Fett auf. Damit das Haar nicht beschwert wird, enthalten diese Festiger keine kationaktiven Stoffe.

X Kurfestiger

- enthalten kationaktive Stoffe und Proteine in Alkohol gelöst, Schwefel oder Kräuterzusätze
- ergänzen oder unterstützen Cremepackungen und Balsamkuren oder dienen für Zwischenbehandlungen

Silikone sind in Verruf geraten, weil sie in Wash-and-go-Shampoos zur Beeinträchtigung nachfolgender Dauerwellen geführt haben. Dabei verdirbt ein „Sündenbock" das Ansehen einer ganzen Gruppe von Pflegemitteln. Es gibt viele Silikone mit positiven Eigenschaften, die nicht unter die Übeltäter fallen.

4.43 Kurbehandelter Haarspliß unter dem Raster-Elektronenmikroskop

Silikonöl wird seit langem in Haarspray als Glanzgeber verwendet. Geringe Mengen davon verhindern, daß der Kunstharzfilm spröde wird (Weichmacher). In Haarspitzenkurven kitten sie die gespaltenen Haarspitzen (**4.43**) und machen sie wieder geschmeidig. Sie sind nicht wasserlöslich und überstehen dadurch mehrere Haarwäschen.

Silikon-Tenside werden in Shampoos und Konditionierern (Festiger mit haarglättender Wirkung) eingesetzt. Sie verbessern die Kämmbarkeit des Haares und erhöhen den Haarglanz. Sie sind wasserlöslich und halten nur bis zur nächsten Wäsche. Dadurch belasten sie das Haar nicht. Neben der Pflegewirkung verringern die Silikon-Tenside (Namen: Dimethicone oder Siloxane) die Schleimhautreizung der Shampoos, so daß diese weniger in den Augen brennen.

Silikon-Polymere sind Verbindungen, die mit der Haaroberfläche reagieren und auf das Haar aufziehen. Sie werden als Schutzstoffe in Kombipräparaten (Shampoo und Spülung in einem) eingesetzt. Auch sie erhöhen die Kämmbarkeit des Haares und geben Glanz. Der Schutzfilm, der sich auf dem Haar bildet, überdauert mehr als sechs Haarwäschen, denn die Polymere sind nicht wasserlöslich. Bei wiederholtem Gebrauch dieser Kombishampoos wird der Schutzfilm immer stabiler. Der Nachteil ist, daß feine, schnell fettende Haare dadurch strähnig werden. Die Frisur hält nicht, weil das Haar zu sehr beschwert ist. Silikon-Polymere bereiten auch bei Dauerwellen und Färbungen Probleme: Der Film läßt die Wellflüssigkeit und Haarfärbemittel schlechter ins Haar eindringen, so daß die Sprungkraft der Dauerwelle oder die Deckkraft der Farbe nicht ausreicht. Da die meisten Firmen die Inhaltsstoffe inzwischen auf den Packungen angeben, sollte man die Bezeichnungen kennen. Silikon-Polymere verstecken sich hinter den Bezeichnungen Amodimethicone oder Quaternium 80. Bei feinem Haar sollten sie nicht verwendet werden.

X

Silikone

Silikonöle	Silikon-Tenside	Silikon-Polymere
Glanzgeber und Weichmacher in Haarspray wasserunlöslich	verbessern Kämmbarkeit und Haarglanz in Konditionierern sowie die Schleimhautverträglichkeit (Dimethicone und Siloxane)	reagieren mit der Haaroberfläche, bilden unlöslichen Schutzfilm, beschweren das Haar, enthalten in Kombishampoos (Amodimethicone, Quaternium 80)

Aufgaben zu Abschnitt 4.2.3

1. Nennen Sie die Arten der Kopf- und Haarwässer und ihre Aufgaben.
2. Weshalb sind Dufthaarwässer teurer als medizinische Kopfwässer?
3. Welche Alkoholarten werden bei Kopf- und Haarwässern verwendet?
4. Welche Inhaltsstoffe der Kopfwässer bekämpfen Schuppen?

5. Welche Stoffe in Kopfwässern sollen den Haarwuchs fördern?
6. Welche Aufgaben haben Vitamine in Kopfwässern?
7. Wie trägt man ein Kopfwasser auf?
8. Weshalb eröffnet man eine Kopfmassage mit Ausstreichen der Venen und Lymphbahnen zum Herzen hin?
9. Beschreiben Sie den Ablauf einer Kopfmassage.
10. Nennen Sie die Arten der Haarkurmittel.
11. a) Welche Emulsionstypen gibt es?
    b) Wodurch unterscheiden sie sich?
12. Beschreiben Sie die Prüfmethoden für Emulsionstypen.
13. Welche Bedeutung hat der Emulgator?
14. Beschreiben Sie die Wirkung der Emulsionstypen auf Haut und Haar.
15. Welchen Emulsionstyp haben Haarkurpackungen?
16. Erläutern Sie Bestandteile und Wirkungen der Cremepackungen.
17. Wir wirkt eine Spülung?
18. Was enthalten Balsamkuren, und wie wirken sie?
19. Beschreiben Sie die Anwendung und Wirkung von Kunststoffkuren.
20. Welchen Vorzug haben Kurfestiger?
21. Weshalb dürfen Sie keine Kurmittel für angegriffene Haare bei feinem, schnell fettendem Haar verwenden?
22. Warum enthalten Haarkurmittel desinfizierende Zusätze?
23. a) Welche Probleme können durch Silikone in Haarpflegemitteln auftreten?
    b) Wie werden diese Präparate genannt?
24. Welche Silikone werden als Weichmacher in Haarspray verwendet?
25. Welche Silikone sind wasserlöslich und belasten das Haar nicht?
26. Welche Silikone ziehen auf das Haar auf und bilden einen Schutzfilm, der mehrere Wäschen überdauert?
27. Warum sollten feine und schnell fettende Haare auf keinen Fall mit Silikon-Polymeren behandelt werden?
28. Welche Silikone verbergen sich hinter den folgenden Bezeichnungen: Dimethicone, Siloxane, Amodimethicone, Quaternium 80?
29. Welche Silikone verbessern die Schleimhautverträglichkeit der Shampoos?

5 Techniken der Frisurenformung

Erinnern Sie sich an die Frisurenmoden der letzten Jahre? Wie trug man damals das Haar bei uns, in Paris oder Wien? Welche Anregungen für die diesjährige Frisurenmode kommen aus dem Ausland?

Die Frisurenmode wechselt häufig, wie jede Mode. Zweimal im Jahr werden neue Frisuren vorgestellt (**5**.1). Hinzu kommen die Modevorschläge aus anderen Ländern, aus Frankreich (Paris), Österreich (Wien) und England (London). Diese Fülle von Frisuren gibt dem Friseur die Möglichkeit, sein vielfältiges Können zu zeigen. Sie erfordert aber auch, daß er die ganze Palette der Arbeitstechniken beherrscht.

5.1 Frisuren früherer Jahre
a) Langhaarfrisur 1973, b) Kurzhaarfrisur 1991

Manche Technik ist in Vergessenheit geraten und wird wohl auch nicht mehr wiederkommen – z. B. die Ondulation, die 1872 erfunden wurde und um 1900 nahezu die einzige Arbeitsweise war. Manche Technik wird nach Jahren der Vergessenheit wieder vorgeschlagen und eingeführt – z. B. die Lockwelltechnik.

Welche Arbeitstechniken von Bedeutung sind, hängt sehr stark von der jeweiligen Frisurenmode ab. Wir wollen und können in diesem Abschnitt keine Anleitung zur Gestaltung bestimmter Modefrisuren geben. Dazu ist der Wechsel zu häufig. Statt dessen wollen wir möglichst alle Arbeitstechniken behandeln, auch die nicht gerade aktuellen. Jede hat etwas Besonderes, einen Vorzug gegenüber den anderen. Wenn man diese Vorzüge nutzen will, muß man sie alle kennen.

Manche Arbeitstechniken werden eine Zeitlang bevorzugt, andere ganz abgelehnt. Bei den Langhaarfrisuren der siebziger und achtziger Jahre wurde nur mit der Haarschneideschere geschnitten. In letzter Zeit werden wieder Effiliergeräte mit Klingen benutzt, weil kürzere Haarschnitte modisch sind. Auch bei den Herrenfrisuren wird deutlich: Langhaarfrisuren gehören der Vergangenheit an. Für modische Herrenhaarschnitte sind andere Techniken erforderlich: Schneiden mit der Haarschneidemaschine und mit Kamm und Schere.

> Die Mode bestimmt die Arbeitstechnik: Lange, füllige Frisuren lassen sich besser mit der Haarschneideschere formen. Bei kurzen, fransig geschnittenen Frisuren eignet sie sich weniger gut. Sie gelingen besser mit Effiliergeräten.

Typ der Kundin. Eine Frisur wird aber nicht nur durch die Frisurenmode bestimmt. Oft möchte eine Kundin gern die Mode mitmachen, doch paßt sie nicht zu ihr, nicht zu ihrem Typ. Oder die Haarqualität ist für eine solche Frisur nicht geeignet. Dann muß der Friseur ihr eine andere Frisur vorschlagen.

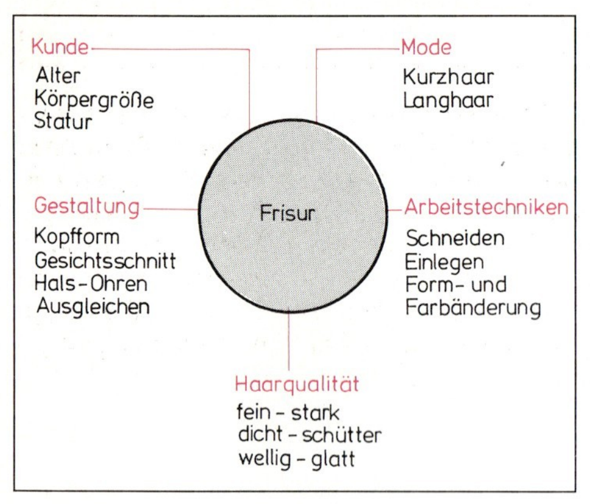

5.2 Planung einer Frisur

Für die Auswahl einer Frisur sind in erster Linie Faktoren entscheidend, die die Eigenarten der Kundin – ihren Typ – berücksichtigen. Dazu zählen Alter, Körpergröße und Körperform, Kopfform und Gesichtsschnitt, Hals und Ohren sowie Haarqualität. Anfangs ist es schwierig, dies alles „unter einen Hut zu bringen". Deshalb wollen wir zunächst die Haarschneidetechniken behandeln, dann die Einlege- und Frisiertechniken und zuletzt Fragen der Gestaltung (**5**.2).

Mit dem Haarschnitt beginnt die Frisurenformung. Erst danach kann eingelegt, geföhnt oder frisiert werden.

5.1 Haarschneidetechniken

Der Haarschnitt ist die Grundvoraussetzung für eine Frisur. Das wird deutlich, wenn man sich die Extreme vorstellt: Der beste Friseur kann keine Kurzhaarfrisur in schulterlanges Haar zaubern, ohne das Haar zu schneiden. Ebenso ist es unmöglich, eine Langhaarfrisur zu formen, wenn die Haarlänge nicht ausreicht.

Neue Techniken erlauben es, jedoch das Haar zu verlängern. Einzelne Haarpartien werden eingewebt oder angeklebt. Durch die Technik „Hair by Hair" können Kundinnen mit feinem

a)

b)

5.3 Hair by Hair
a) vorher, b) nachher

Haar ihre Haarfülle oder Haarlänge „aufbessern“ lassen (**5**.3). Diese Verfahren sind natürlich aufwendiger als ein Haarschnitt; die Haare können aber anschließend wie eigenes Haar behandelt werden. Im Abschn. **5**.4 stellen wir diese Techniken ausführlich dar.

Frisurenformung fängt beim Haarschnitt an.

Bei den Haarschneidetechniken wechseln die Arbeitsweisen besonders oft. Behandelt werden in diesem Abschnitt deshalb auch die zur Zeit nicht angewendeten Techniken. Welche Haarschneidetechniken gibt es eigentlich? Sie haben sicher Bezeichnungen wie Stumpfschneiden, Effilieren, Konturenschneiden, Graduieren, Soften, Pointen, Slicen gehört. Können Sie sich darunter etwas vorstellen? Einige sind Ihnen bestimmt bekannt, andere weniger, da sie nicht so häufig gebraucht werden. Bei allen Techniken ist auch die Frage wichtig, mit welchem Gerät sie ausgeführt werden. Denken wir nur an das Effilieren. Es ist mit nahezu allen Schneidegeräten möglich: mit der Haarschneideschere, der Effilierschere, dem Rasiermesser und dem Effiliergerät.

5.1.1 Grundtechniken

Alle Haarschneidetechniken – gleich mit welchem Gerät – sind Abwandlungen zweier Grundtechniken: des Querschnitts und des Längsschnitts. Was versteht man darunter?

Beim Querschnitt wird das Haar quer zur Fallrichtung geschnitten (**5**.4a). Dadurch werden alle Haare auf die gleiche Länge gebracht; die Haarfülle bleibt also erhalten, das Haar wird nicht ausgedünnt. Ein so geschnittenes Haar fällt durch die große Haarfülle stumpf und breit auseinander (**5**.4b u. c).

Den Querschnitt verwendet man beim Kürzen der Haare, beim Konturenschneiden und bei den Scherenformschnitten von Langhaar.

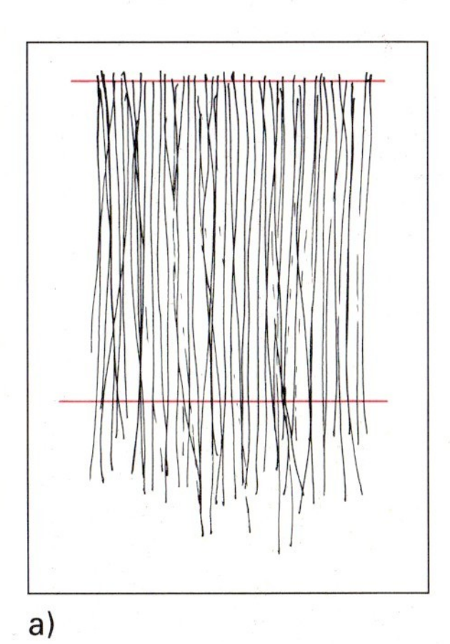

a)

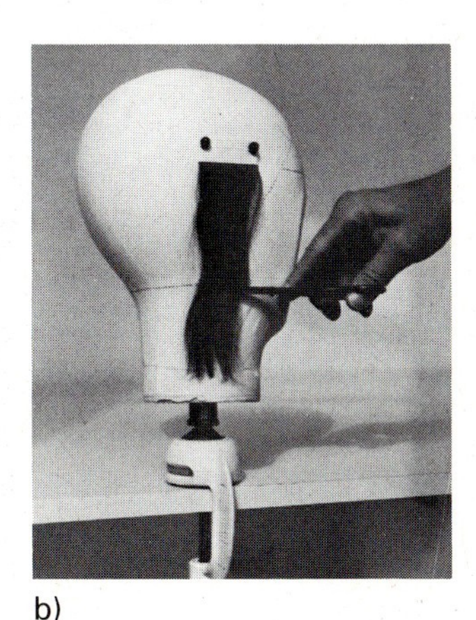

b)

c)

5.4 Querschnitt a) Schema, b) Schneiden quer zur Fallrichtung, c) Ergebnis des Querschnitts

Beim Längsschnitt wird das Haar schräg entlang der Fallrichtung geschnitten. Dadurch erzielt man unterschiedliche Haarlängen und verändert die Haarfülle; das Haar wird ausgedünnt (**5**.5a). Diese Schneidetechnik ahmt den natürlichen Zustand nach, bei dem es durch den Haarwechsel immer unterschiedliche Haarlängen gibt. Auch das wirkt sich auf den Fall des Haares aus: Durch die Verminderung der Haarfülle fällt es spitz und pinselartig

a)

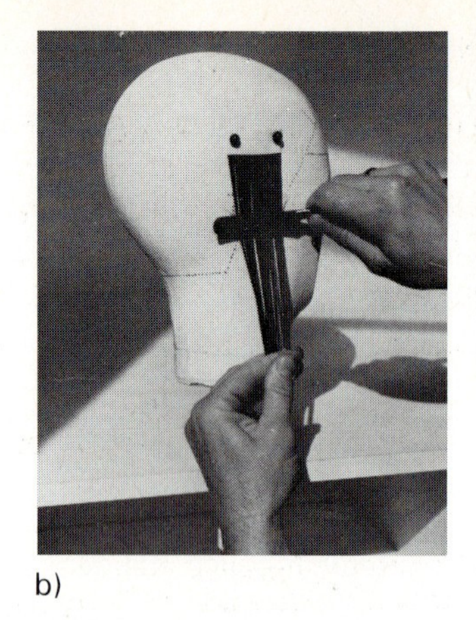

b)

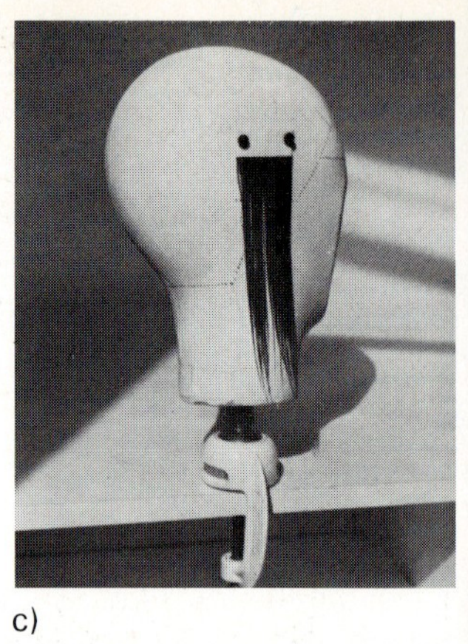

c)

5.5 Längsschnitt a) Schema, b) Schneiden entlang der Fallrichtung, c) Ergebnis des Längsschnitts

ineinander (**5**.5 b u. c). Den Längsschnitt verwendet man beim Ausdünnen der Haare, beim formenden Effilieren, Graduieren und Slicen.

Beide Grundtechniken werden normalerweise bei einem Haarschnitt gebraucht. Zeitweilig schien es, daß nur bestimmte Techniken angewendet wurden. Bei den Kurzhaarfrisuren vor 1970 wurde fast nur mit dem Messer oder Effilierer geschnitten. Bei den Langhaarfrisuren seit 1970 bis in die achtziger Jahre wurde von Vidal Sassoon der Scherenformschnitt eingeführt und verbreitet. Auf den ersten Blick sieht es so aus, als sei das Schneiden mit dem Messer nur ein Längsschnitt und der Scherenformschnitt nur ein Querschnitt. Aber das täuscht, wie die Gegenüberstellung der Frisuren zeigt. Die Frisuren seit 1980 waren Langhaarfrisuren, die nicht ausgedünnt werden durften, weil sie sonst zu schütter fielen. Man mußte also die ganze Haarfülle erhalten (**5**.1 a). Damit sie jedoch nicht zu plump fallen, werden die Spitzen abgestuft = graduiert. Kurzhaarfrisuren seit 1990 müssen wieder so geformt werden, daß sich die kurzen Haare in die Gesamtform einfügen. Pony und Seitenpartie der Frisur **5**.1 b lassen das deutlich erkennen. Das kann man sowohl mit dem Messer als auch der Haarschneideschere erreichen (Slicen).

Grundtechniken

Querschnitt quer zur Fallrichtung	**Längsschnitt** schräg zur Fallrichtung
Wirkung erzielt gleiche Haarlängen, dünnt nicht aus, erhält die Haarfülle das Haar fällt stumpf und breit auseinander	**Wirkung** erzielt unterschiedliche Haarlängen, dünnt aus das Haar fällt spitz ineinander
Anwendung beim Kürzen, Konturenschnitt, Scherenformschnitt	**Anwendung** beim Effilieren, Ausdünnen, Graduieren, Soften, Slicen

Die Schneidetechniken werden stark durch das Werkzeug bestimmt. Deshalb untersuchen wir zunächst die Schneidegeräte, bevor wir die Techniken darstellen.

5.1.2 Haarschneidegeräte

Es gibt viele Haarschneidegeräte. Im Grund handelt es sich jedoch nur um zwei jeweils abgewandelte. Um welche?

Scheren zum Haarschneiden haben alle die gleichen Bauteile: zwei Scherenblätter, zwei Schenkel mit Augen oder Griffen und dem Schloß mit der Schraube, die die beiden Schenkel verbindet (**5**.6). Man unterscheidet Haarschneide-, Effilier- und Modellierscheren.

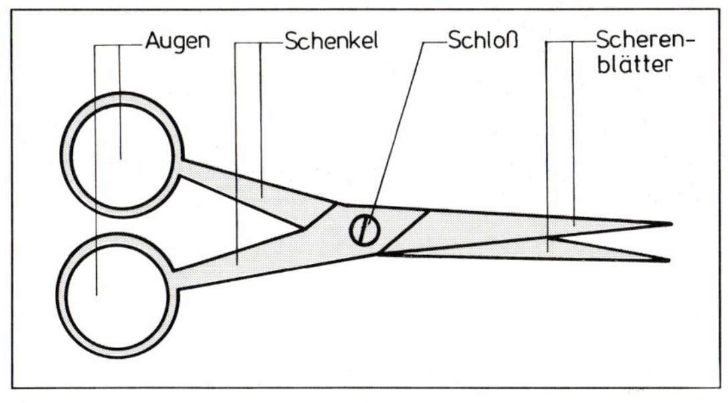

5.6 Bezeichnungen einer Schere

a)

b)

5.7 Haarschneideschere
a) geschlossen, b) geöffnet

Die Haarschneideschere hat leicht gebogene Scherenblätter. Im geschlossenen Zustand berühren sie sich nur an den Spitzen; auf der Länge der Scherenblätter kann man zwischen beiden hindurchsehen (**5**.7). Beim Öffnen der Schere berühren sich die Scherenblätter immer an der Stelle, an der sich die Schneiden kreuzen. So steht die Schere stets unter Spannung, die die Schneiden gegeneinander drückt. Verliert eine Schere die Spannung, schneidet sie nicht mehr. Die Haare rutschen dann zwischen die Scherenblätter; sie werden eingeklemmt, nicht abgeschnitten. Beim Schneiden gleiten die Haare manchmal während des Schließens zur Scherenspitze. Sehr gute Scheren haben deshalb auf den Schneiden noch eine feine Zahnung, die die Haare festhält.

Die Haarschneideschere schneidet alle Haare, die sich zwischen den Scherenblättern befinden, auf gleiche Länge. Mit ihr führt man also die Grundtechnik des Querschnitts aus. Sie wird meist zum groben Kürzen der Haare verwendet, zum Angleichen der Haarlängen (Stumpfschneiden), zum Konturenschneiden und zum Scherenformschnitt. Außerdem eignet sie sich zum Effilieren.

Effilierschere. Ihre Scherenblätter sind gezahnt. Dadurch schneiden sie nur einen Teil des Passées. Damit die Haare beim Schließen der Schere nicht zwischen den Zähnen wegrutschen, sind diese auf einem Scherenblatt gekerbt (**5**.8).

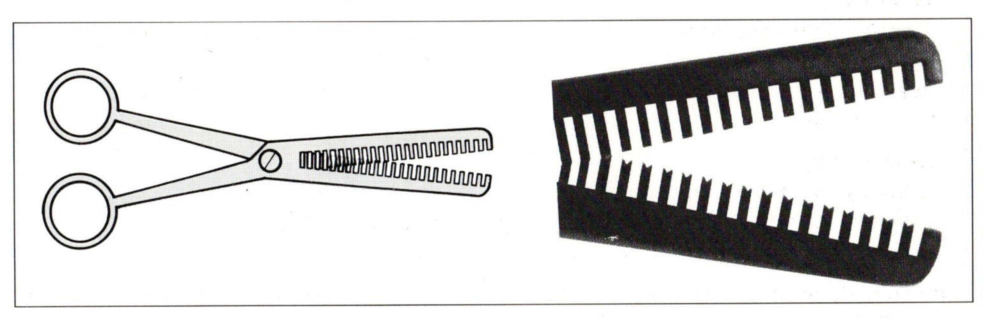

5.8 Effilierschere und Kerbung ihrer Zähne

Mit der Effilierschere dünnt man vor allem zu dichtes Haar aus. Dabei muß man darauf achten, daß die kürzeren Haare, die mit der Schere in den Schopf geschnitten werden, gleichmäßig verteilt sind. Dazu setzt man die Effilierschere stets schräg zur Haarsträhne an und schließt nur einmal. Dann setzt man die Schere ein Stück weiter an und schließt erneut. So arbeitet man Strähne für Strähne vom Ansatz zur Spitze durch.

Mit der Effilierschere führt man also die Grundtechnik des Längsschnitts aus (**5**.9). Dabei ist auf die richtige Handhabung besonders zu achten: Setzt man die Schere nicht schräg zur Fallrichtung an, sondern quer, oder schließt man sie mehrmals auf der Stelle, werden zu viele Haare herausgeschnitten, und es entstehen „Löcher" (**5**.10). Spezialscheren zum Soften und Pointen sind groß gezahnt (**5**.12). Sie schneiden viele Haare, deshalb besondere Vorsicht bei der Anwendung!

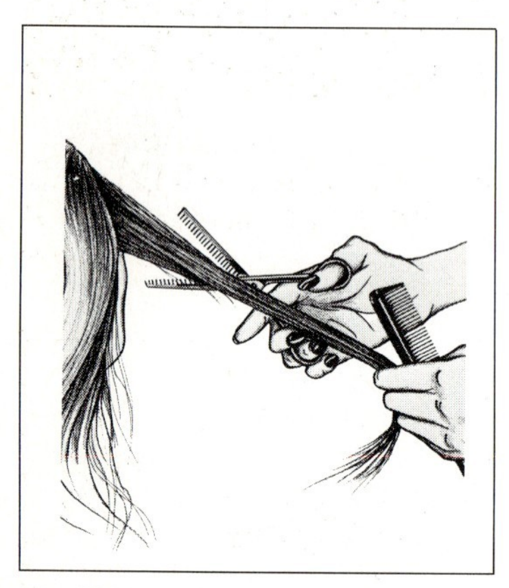

5.9 Richtige Handhabung der Effilierschere – schräg angesetzt

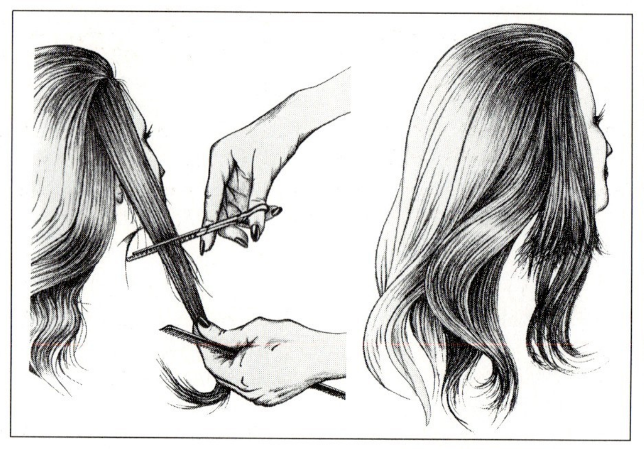

5.10 Falsche Handhabung der Effilierschere – gerade angesetzt. Ergebnis: Löcher

Die Modellierschere ist eine Kombination zwischen Effilierschere und Haarschneideschere. Das eine Scherenblatt ist voll wie bei der Haarschneideschere, das andere ist gezahnt. Doch ist die Zahnung enger und feiner als bei der Effilierschere. Die Modellierschere schneidet mehr Haare als die Effilierschere. Zum Ausdünnen ist sie nicht geeignet, weil zu leicht „Löcher" entstehen. Sie wird vielmehr im Herrensalon benutzt, um Übergänge mit der Schere über den Kamm zu schneiden (**5**.11).

Die grobgezahnten Softscheren werden gezielt zum Ausdünnen eingesetzt, um lockere bewegte Partien oder Stützhaare am Ansatz zu erreichen (**5**.12).

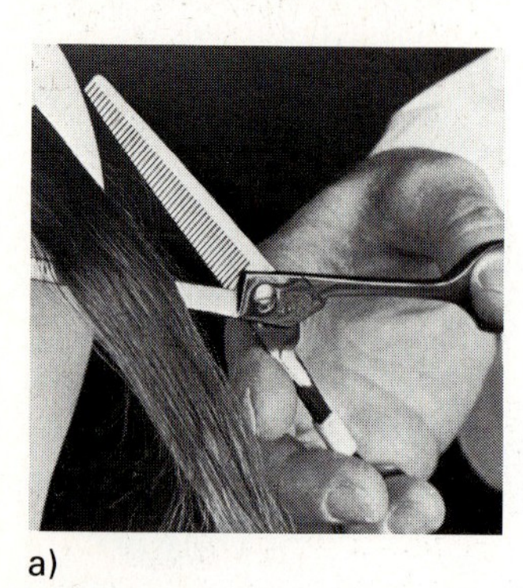

a)

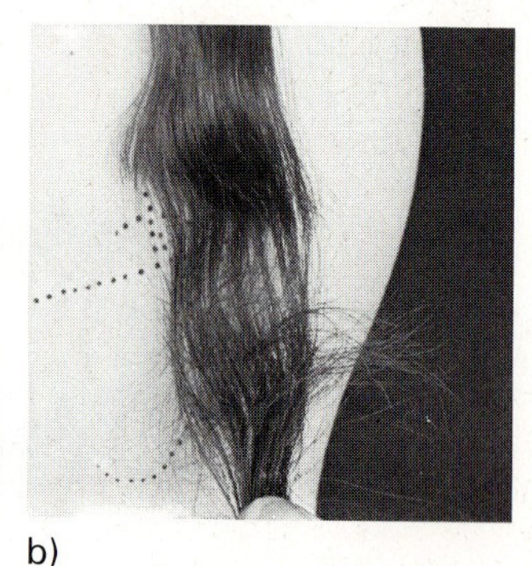

b)

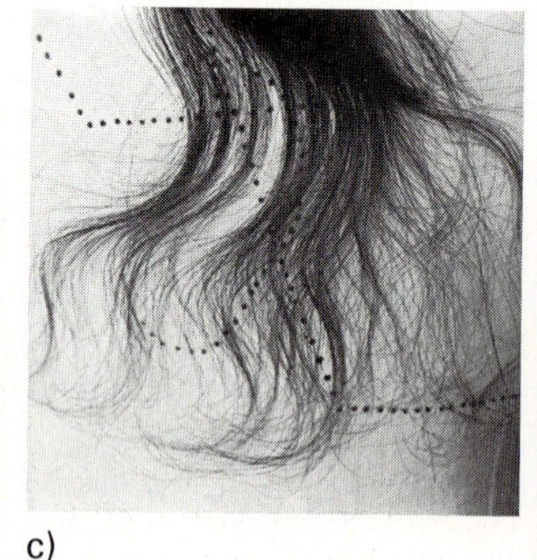

c)

5.11 a) Modellierschere, b) bis c) Ausdünnen mit der Modellierschere – es entstehen Löcher

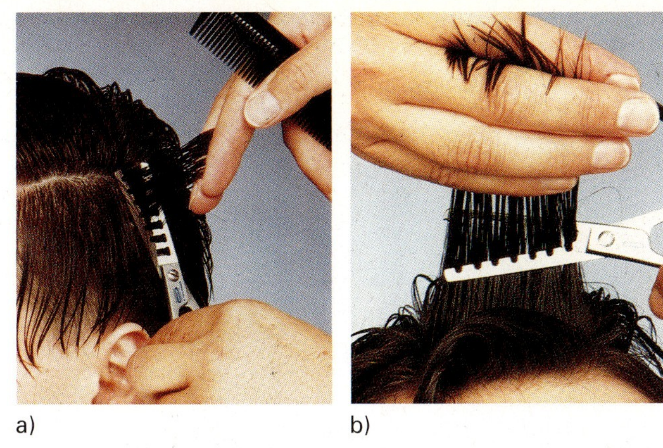

a) b)

5.12
Soften
a) an der Seite zum Ausdünnen
b) am Oberkopf, um Stützhaare zu erzielen

Der Rasiermesser wurde schon immer auch zum Haareschneiden benutzt. Es besteht aus der Klinge und der Schale, die die Schneide schützt (**5**.13). Mit dem Rasiermesser wird geschnitten, indem man an der Haarsträhne entlangschabt (**5**.14). Je fester dabei aufgedrückt wird, desto mehr Haare schneidet man ab.

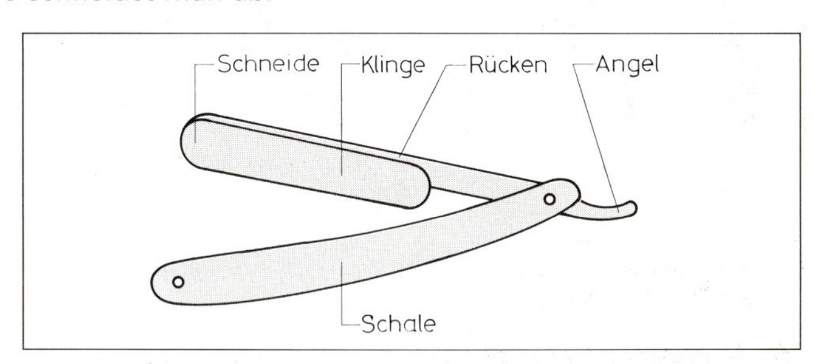

5.13
Bau des Rasiermesser

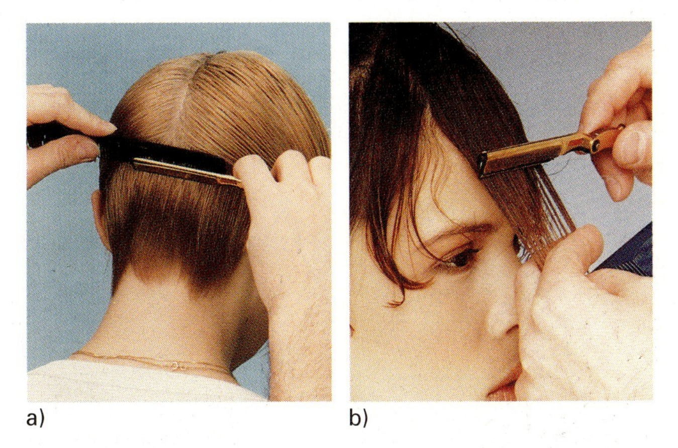

a) b)

5.14
Formendes Effilieren mit dem Rasiermesser
a) am Hinterkopfübergang
b) am Pony

Bei der Frisurenformung bietet das Rasiermesser eine große Verwendungsvielfalt. Mit dem Messer führt der Friseur einen Längsschnitt durch, dünnt also damit das Haar aus. Je länger er den Schnitt an der Haarsträhne entlangführt, desto stärker wird das Haar ausgedünnt. Kurze Schnitte dünnen das Haar nicht aus. Ein wichtiges Werkzeug ist das Messer bei der Formung von Kurzhaarfrisuren. Die Wirkung des Messerschnitts sollten Sie an Haarsträhnen erproben.

Versuch 1 Sie brauchen 4 Haarsträhnen, die Sie sich durch Tressieren selbst anfertigen. Befestigen Sie die Strähnen an einem Styrokopf und feuchten Sie sie an. Die erste Haarsträhne schneiden Sie mit dem Messer von der linken Seite, die zweite von der rechten. Die dritte Strähne schneiden Sie von unten (unter der Mesche), die vierte auf der Mesche (**5**.15).

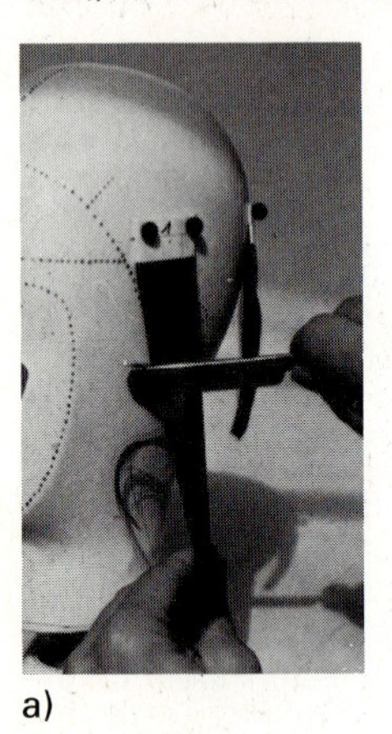

a)

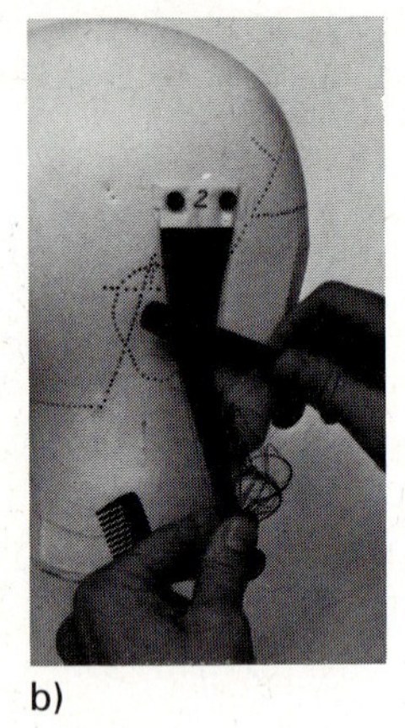

b)

5.15 Angefeuchtete Haarsträhnen mit dem Messer geschnitten

a) von links angeschnitten
b) von rechts angeschnitten

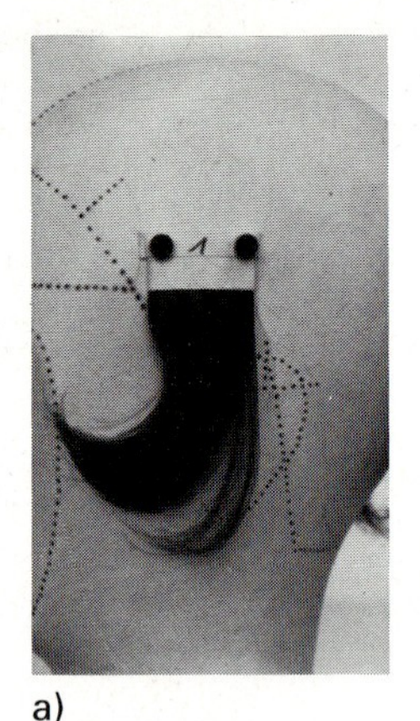

a)

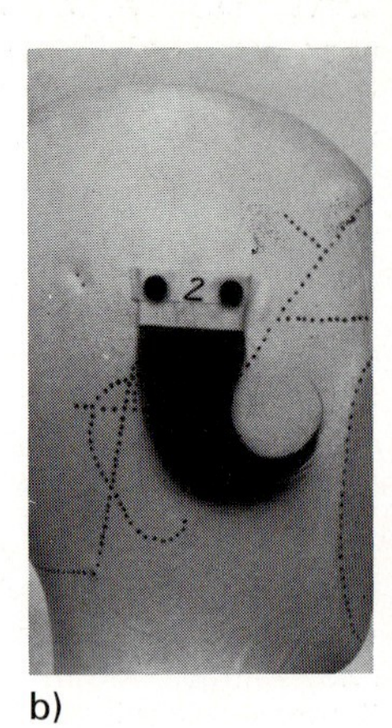

b)

5.16 Ergebnis (geschnittene Haarsträhnen trocknen)

a) fällt nach links
b) fällt nach rechts

Nach dem Trocknen erkennt man, daß die von links angeschnittene Strähne nach links fällt und die von rechts angeschnittene nach rechts. Die Strähne, die wir unter der Mesche geschnitten haben, fällt nach innen, und die auf der Mesche geschnittene nach außen (**5**.15).

Für die Frisurenformung ergibt sich daraus die Regel:

Das Haar muß immer von der Seite angeschnitten werden, nach der es fallen soll.

Beispiel 1 Soll eine Frisur einen ruhigen, flächigen Verlauf haben, darf das Haar nicht auf der Mesche geschnitten werden, sondern nur unter der Mesche (**5**.17).

Beispiel 2 Bei lockigen Frisuren, die aufspringen sollen, muß man das Haar auf der Mesche schneiden. Die Spitzen sind stärker zu effilieren, damit sie nicht zu schwer sind (**5**.18).

5.17 Eine ruhige flächige Figur darf nicht auf der Mesche geschnitten werden

5.18 Eine lockige, lebhafte Frisur muß auf der Mesche geschnitten werden

Soll bei Kurzhaarfrisuren eine Partie Volumen erhalten, muß das Haar Stütze bekommen. Langes Haar ist schwer, kurzes Haar stellt sich auf. Durch kurze Stützhaare erhält die ganze Haarmesche Stand und Volumen. Dazu schneidet man mit dem Messer in Kopfnähe ganz kurze Haare (etwa 1 cm lang), am besten zum Kopf hin (**5**.19). Diese Technik erfordert allerdings viel Fingerspitzengefühl, denn bei zu starkem Druck schneidet man zu viele Haare ab. Bei Langhaarfrisuren sind die kurzen Stützhaare aber nicht angebracht, da sie zwischen den langen Haaren wie kurze Stümpfe herausstehen.

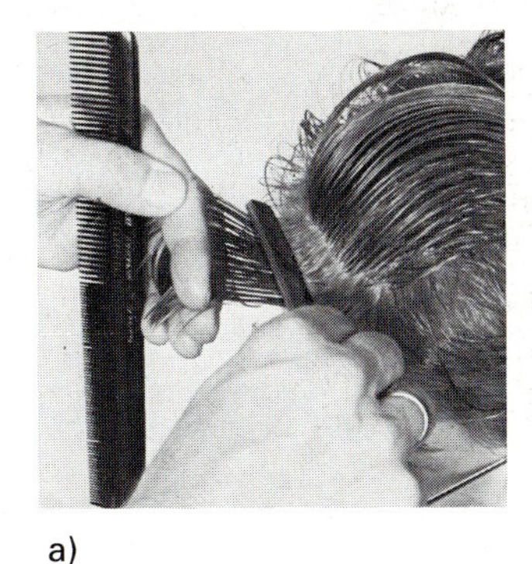
a)

b)

5.19
Stützhaareschneiden
a) mit dem Messer
b) mit der Schere

Effiliergeräte und Modellierer. Das Rasiermesser ist nicht nur ein empfindliches, sondern auch ein gefährliches Schneidegerät. Empfindlich ist es besonders gegen Stoß und Schlag. Wenn es hinfällt, ist meist ein Stück aus der Schneide gebrochen. Bei leichtfertigem Umgang ist die Verletzungsgefahr groß. Diese Gründe haben zur Konstruktion der Effiliergeräte und Modellierer geführt. Es sind Messer mit auswechselbaren Klingen. Die Geräte sind mit Zähnchen versehen, die die Schneiden schützen und die Verletzungsgefahr herabsetzen. In ihrer Wirkung und Verwendung sind Effiliergeräte und Modellierer dem Rasiermesser gleichzusetzen.

Effilieren mit der Effilierschere ⟶ Schere schräg einsetzen, um kurze Haare besser zu verteilen; nicht auf der Stelle schneiden.

Effilieren mit dem Messer und Effiliergerät ⟶ Ausdünnen durch lange Schnitte entlang der Haarsträhne, den zum Formen gewünschten Fall berücksichtigen; immer zu der Seite anschneiden, nach der das Haar fallen soll.

Reinigung und Pflege der Schneidewerkzeuge. Der Umgang mit Schneidewerkzeugen erfordert besondere Vorsicht. Erstens besteht (wie eben gesagt) Verletzungsgefahr, zweitens sind die Schneiden sehr empfindlich, z.B. Metallwerkzeuge gegen Feuchtigkeit – sie rosten. Gute Scheren und Messer bestehen zwar aus rostfreiem Stahl, können aber von den Friseurchemikalien angegriffen werden. Das können wir durch einen Versuch selbst prüfen.

Versuch 2 Legen Sie eine Rasierklinge in eine Schale mit Essig, eine zweite Klinge in eine Schale mit Kaltwellflüssigkeit.

Nach einiger Zeit ist zu beobachten, daß die Klingen fleckig werden und sich schwarz verfärben. Die Schneiden sind rauh und stumpf geworden.

Schneidegeräte aus Metall werden also durch Säuren (Essig) und Kaltwellflüssigkeit angegriffen.

Unfallgefahr. Haarschneidescheren, Rasiermesser und Effilierer bewahrt man nicht in der Kitteltasche auf. Zwar hat man sie dort immer griffbereit, doch hat schon mancher Friseur beim Griff in die Tasche in ein offenes Messer oder eine offene Schere gefaßt und sich dabei verletzt.

Messer und Scheren

- **nach jedem Gebrauch** in ein Desinfektionsbad nach Vorschrift (muß Viren abtöten) legen (s. Abschn. 2), anschließend abtrocknen, damit die Schneiden nicht rosten,
- niemals auf dem Waschtisch oder den Ablagen liegen lassen; dort gibt es fast immer Flüssigkeitsreste, die das Metall angreifen.
- so aufbewahren, daß sie nicht auf den Boden fallen können; am besten übersichtlich in einer Schublade am Arbeitsplatz.
- nicht in der Kitteltasche aufbewahren – Verletzungsgefahr! Scheren von Zeit zu Zeit leicht ölen, am besten mit Nähmaschinenöl.

5.1.3 Effilieren mit der Haarschneideschere

Wir unterscheiden drei Techniken: das schabende Effilieren, das Toupier-Effilieren und das Schleifen.

Das schabende Effilieren kann sowohl bei Damen- als auch bei Herrenhaarschnitten angewendet werden, um lange Haarpartien formend zu kürzen. Es wird am trockenen Haar ausgeführt. Mit der halbgeöffneten Haarschneideschere schabt man an der Haarsträhne entlang. Die linke Hand hält die Strähne, die rechte führt die Schere von den Spitzen zum Haaransatz. Dabei wird die Schere leicht geschlossen, so daß ein Teil der Haare geschnitten wird. Je länger man den Schnitt an der Strähne entlangführt, desto stärker wird das Haar ausgedünnt. Diese Technik entspricht also dem Längsschnitt (**5**.20).

5.20 Schabendes Effilieren mit der Haarschneideschere

5.21 Toupier-Effilieren

Das Toupier-Effilieren ist eine besondere Form des schabenden Effilierens. Man wendet es an, wenn bei Damen das Haar zu lang geworden ist, bei einem gründlichen Schnitt aber die Dauerwelle herausgeschnitten würde. Man teilt eine (ebenfalls trockene) Haarsträhne ab, hält sie mit der linken Hand an den Spitzen fest und toupiert die kürzeren Haare stark an den Kopf. Die zu langen Haare werden dann mit der Haarschneideschere schabend effiliert. Anschließend kämmt man die Strähne aus. Nun sind die langen Haare gekürzt – nicht aber die kurzen, die zurücktoupiert wurden. Sie sind jetzt die längeren Haare. Dadurch ist die Dauerwelle in den Spitzen der ungekürzten Haare erhalten (**5**.21).

Slicen. Fransige Strähnen kann man durch „schleifendes Schneiden" mit der Haarschneideschere erzielen. Dabei zieht man die halbgeöffnete Schere an der Strähne entlang zur Spitze (**5**.22).

5.22 Fransige Strähnen durch Slicen

5.1.4 Scherenformschnitt

Der Scherenformschnitt wird bei langen Damenfrisuren angewendet. Langes Haar soll voll bleiben, also nicht ausgedünnt werden. Durch einfaches Kürzen fällt es zu breit und stumpf – das sieht nicht gut aus. Hier hilft der Scherenformschnitt, bei dem zwei Arbeitsgänge zu unterscheiden sind: das Festlegen der Haarlänge und das Graduieren.

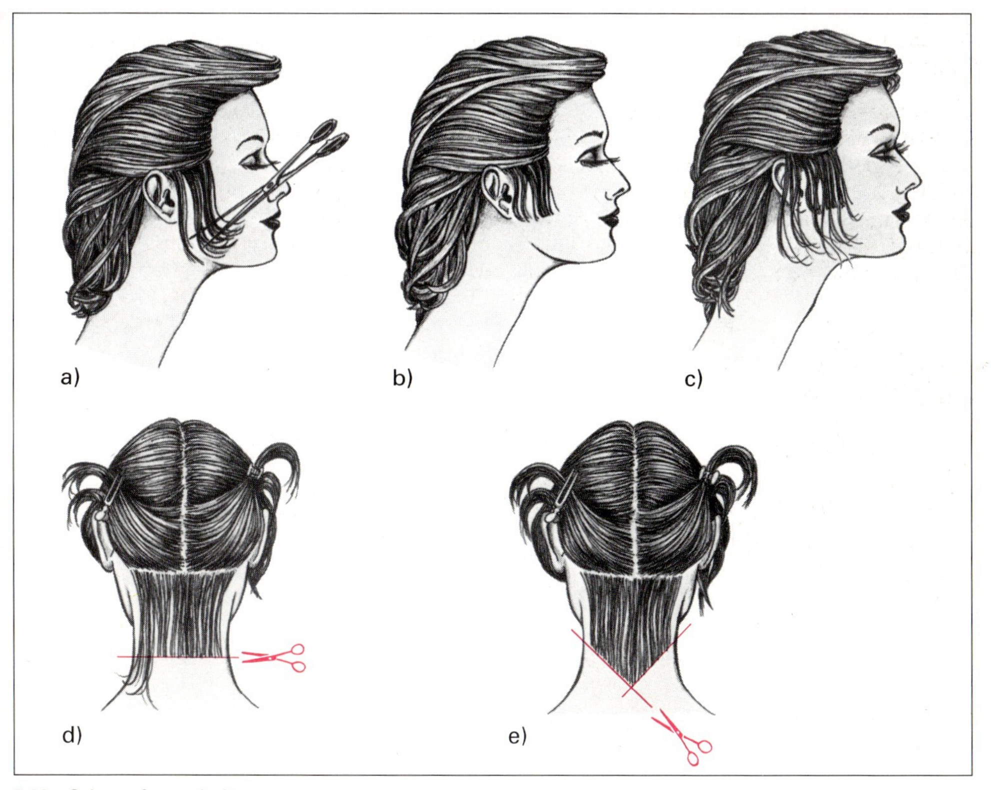

5.23 Scherenformschnitt

a) Abteilen einer dünnen Haarpartie, b) Führungslinie = Grundlinie, c) Die Führungslinie muß durch die nächste Haarpartie durchscheinen, d) Nackenlinie waagerecht, e) Nackenlinie zu den Ohren ansteigend

Festlegen der Haarlänge. Der Scherenformschnitt wird grundsätzlich am nassen, gewaschenen Haar ausgeführt, damit man es in die gewünschte Form kämmen kann. Weil langes Haar durch sein eigenes Gewicht glatt herunterhängt, soll das Haar immer in Fallrichtung gekämmt werden. Beim Scherenformschnitt beginnt man an den Haarkonturen, und zwar an einer Seite. Mit dem ersten Schnitt wird die Frisurlänge festgelegt. Dazu teilt man eine dünne Haarpartie (etwa 1 bis 2 cm breit) parallel zur Haarkontur ab und kämmt sie nach unten (**5**.23a). Das übrige Haar wird mit Klammern befestigt. Mit der Schere bringt man das Haar auf die Länge, die die Frisur später haben soll (**5**.23b). Dieser erste Schnitt ist der wichtigste, weil er die *Führungslinie* für die weiteren Schnitte festlegt. Als nächstes wird wieder eine etwa 2 cm breite Haarpartie parallel zur ersten abgeteilt und nach unten gekämmt (**5**.23c); durch diese Partie muß man die Schnittlinie des ersten Schnitts sehen können. An dieser Linie wird der zweite Schnitt ausgeführt. So kürzt man partienweise die ganze Seite und anschließend die andere.

Wenn beide Seiten bearbeitet sind, wird das Haar im Nacken gekürzt. Dazu kämmt man es wieder zu einer dünnen Haarpartie nach unten und legt damit die Grundlinie fest (**5**.23d). Ob diese Linie waagerecht verläuft oder zu den Ohren ansteigt, das Haar also in der Mitte länger ist, hängt von der gewünschten Frisurenform ab; ebenso die Verbindung zu den Seiten (**5**.23e). Nachdem die Grundlinie im Nacken geschnitten ist, wird das Haar am Hinterkopf wie schon vorher an den Seiten in schmale Partien von 1 bis 2 cm Breite abgeteilt, sorgfältig nach unten gekämmt und mit der Schere entsprechend der Führungslinie gekürzt. So bearbeitet man partienweise das gesamte Hinterkopfhaar und schneidet anschließend in gleicher Weise das Vorderkopfhaar.

Graduierung. Wenn die Haarlänge am ganzen Kopf festgelegt ist, erkennt man, daß dieses stumpf geschnittene Haar etwas plump fällt. Deshalb erhält die Frisur durch einen zweiten Arbeitsgang – die Graduierung – ihre eigentliche Form. Dazu werden die Passées vom Kopf weggekämmt und zwischen Zeige- und Mittelfinger der linken Hand gehalten. Dadurch verschieben sich die Längen. Die überstehenden Haare schneidet man mit der Schere in der Hand ab. Die Grundlinie dient als Längenmaß – sie darf nicht zerschnitten werden. Nur die Haare, die über die Grundlinie (Führungslinie) überstehen, werden abgeschnitten (**5**.24).

5.24 Graduieren

Während das Festlegen der Haarlänge ein Querschnitt ist, bringt die Graduierung einen Längsschnitt. Die abgestuften Haarlängen greifen ineinander. Dabei hängt die Graduierungsbreite davon ab, wie stark das Haar vom Kopf abgekämmt wird. Je steiler man es abkämmt, desto größer ist die Längenverschiebung, um so größer ist auch die Graduierung. Soll die Graduierung nur schmal sein, darf man das Haar also nur gering vom Kopf abkämmen.

5.1.5 Haarschneiden über den Kamm

Hauptsächlich dient es zum Übergangsschneiden im Herrensalon, aber auch bei Damenhaarschnitten. Zweck ist die Abstufung der Haare, so daß die kürzeren gleichmäßig in die längeren übergehen. Dazu wird das Haar mit dem Haarschneidekamm senkrecht vom Kopf abgehoben. Mit der Haarschneideschere schneidet man die über den Kamm hinausragenden Haare ab (**5**.25a). Diese Technik erfordert sehr viel Übung. In Vollendung wird das Schneiden über den Kamm beim Bürstenhaarschnitt verlangt.

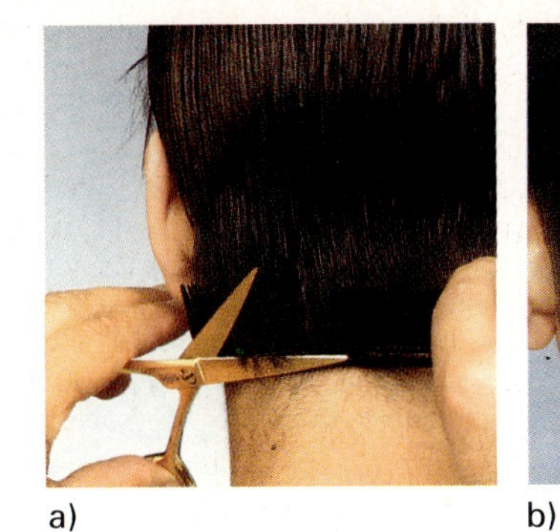

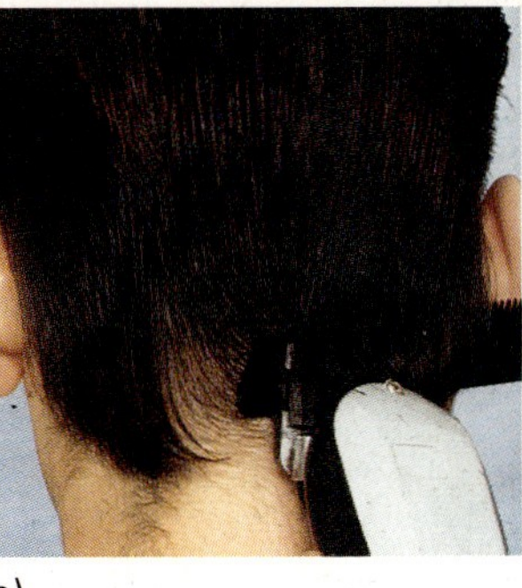

5.25
Übergangsschneiden
a) mit der Haarschneideschere über den Kamm
b) mit der Haarschneidemaschine

a) b)

Variationen des Schneidens über den Kamm kommen im Herrensalon vor. Beim Übergangsschneiden wird häufig an Stelle der Haarschneideschere die Modellierschere benutzt. Da sie durch das gezahnte Scherenblatt nicht gleich alle Haare kürzt, ist die Gefahr der „Stufen" nicht so groß.

Bei entsprechender Übung kann man auch mit der Haarschneidemaschine über den Kamm schneiden (**5**.25b).

5.1.6 Stumpfschneiden

Durch Stumpfschneiden werden die Haarlängen einander angeglichen. Diese Technik ist wichtig beim Damen- und beim Herrenhaarschnitt. Sie bildet in der Regel den Abschluß des Haarschnitts: Nachdem man durch Formen mit dem Messer oder der Schere die gewünschte Frisurenform erreicht hat, ist nur noch eine Korrektur der meist unterschiedlich langen Spitzen erforderlich. Das Haar wird senkrecht vom Kopf weggekämmt, die Spitzen hält man zwischen Zeige- und Mittelfinger der linken Hand. Mit der Haarschneideschere werden nun die überstehenden Spitzen gekürzt. Dabei darf man die Spitzen nur noch angleichen und nicht so stark kürzen, daß sich Haarlänge oder Haarfülle verändern (**5**.26).

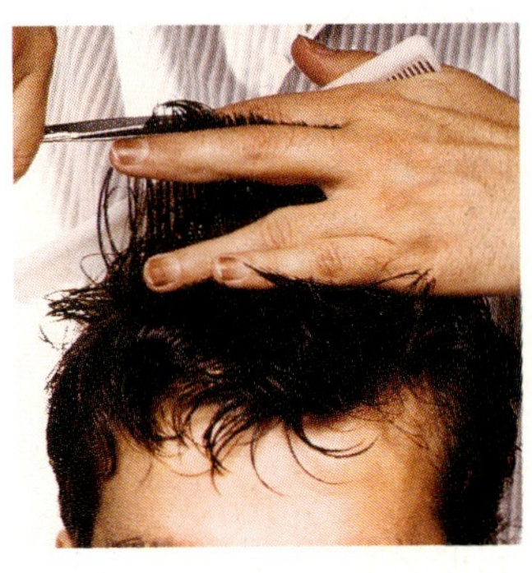

5.26 Stumpfschneiden über die Finger

Effiliertechniken mit der Haarschneideschere ⟶ schabendes Effilieren, Toupier-Effilieren und Schleifen

Scherenformschnitt (2 Arbeitsgänge)

- Festlegen der Haarlänge ⟶ Führungslinie, entspricht Querschnitt
- Graduieren ⟶ Verfeinern der Form, Abstufen der Haarlängen, entspricht Längsschnitt

Haarschneiden über den Kamm im Herrensalon

Stumpfschneiden ⟶ Korrektur des fertigen Haarschnitts durch Angleichen der Spitzen.

Aufgaben zu Abschnitt 5.1

1. Welche Bedeutung hat der Haarschnitt für die Frisurenformung?
2. Nennen Sie die beiden Grundtechniken des Haarschnitts und ihre Anwendungen.
3. Wie wird das Haar beim Querschnitt geschnitten? Bei welchen Schneidetechniken führt man den Querschnitt aus?
4. Wie schneidet man das Haar beim Längsschnitt? Bei welchen Schneidetechniken führt man den Längsschnitt aus?
5. Wie wirken sich Längsschnitt und Querschnitt auf die Haarfülle und den Fall des Haares aus?
6. Wodurch unterscheiden sich Haarschneide-, Effilier-, Modellierschere und Softer?
7. Wie setzt man die Effilierschere zum Ausdünnen ein? Was müssen Sie vermeiden, damit keine Löcher entstehen?
8. Weshalb eignet sich die Modellierschere weniger zum Ausdünnen als die Effilierschere?
9. Warum wird die Modellierschere zum Schneiden über den Kamm bevorzugt?
10. Welche Grundtechnik führt man mit dem Rasiermesser und Effiliergerät durch?
11. Wie muß das Messer angesetzt werden, wenn das Haar a) nach innen, b) zu aufspringenden Locken, c) nach rechts oder links fallen soll?
12. Welchen Vorteil haben Effilier- und Modelliergeräte gegenüber dem Rasiermesser?
13. Weshalb dürfen Sie Messer und Scheren nicht in der Kitteltasche aufbewahren?
14. Warum müssen Messer und Scheren nach jedem Gebrauch desinfiziert werden?
15. Wie wird das schabende Effilieren ausgeführt?
16. Wie wird das Toupier-Effilieren ausgeführt? Welchen Vorteil hat es?
17. Welche Arbeitsgänge sind beim Scherenformschnitt zu beachten?
18. Welche Bedeutung hat die Führungslinie?
19. Warum muß beim Scherenformschnitt graduiert werden?
20. Wie erreicht man eine starke Graduierung, wie eine schwache?
21. Bei welchen Frisuren wird über den Kamm geschnitten? Mit welchen Schneidegeräten?
22. Welchen Zweck hat das Stumpfschneiden? Wie wird es durchgeführt?

5.2 Einlegetechniken

Durch den Haarschnitt ist die Grundform der Frisur festgelegt. Nun wird sie durch Einlegen und Frisieren gestaltet.

Welche Einlegetechniken kennen Sie? Das Aufdrehen auf Wickler, das Einlegen mit Lockwell oder Steilformern, mit Clipsen oder Wasserwellkämmchen. Neben diesen eigentlichen Einlegetechniken gibt es noch andere Frisiertechniken, das Fönen und die Ondulation. Natürlich kann man das Haar auch einfach so trocknen lassen (luftgetrocknete Frisur).

Welche Einlegetechniken zeigt Bild **5**.27? Was soll mit den einzelnen Einlegetechniken erreicht werden? In welche Form ist das Haar jeweils gelegt?

Drei Einlegetechniken sind erkennbar, mit denen jeweils eine bestimmte Wirkung erzielt werden soll:

a) die handgelegte Wasserwelle – Wellen,
b) das Einlegen mit Clipsen (Papillotieren) – Wellen oder Locken,
c) das Einlegen mit Wicklern – Haarfülle = Volumen

5.27 Kombinierte Einlegetechnik (Welche Techniken sind zu erkennen?)

Bei der handgelegten Wasserwelle bringt man das Haar von Anfang an in die gewünschte Wellenform. Bei den beiden anderen Techniken wird es in Locken gelegt, die aber nicht die endgültige Form der Frisur bilden. Aus ihnen können nach dem Trocknen sowohl Wellen gekämmt werden als auch lebhafte, aufspringende Locken oder ruhige, flächenhafte Frisurpartien.

Weil das Haar bei der Wasserwelle gleich in Wellen gelegt wird, nennen wir es eine Wellentechnik. Die beiden anderen sind Lockentechniken, weil das Haar zunächst in Locken eingelegt wird. Alle übrigen Einlege- und Frisiertechniken lassen sich einer dieser beiden *Grundtechniken* zuordnen: der Wellen- oder der Lockentechnik.

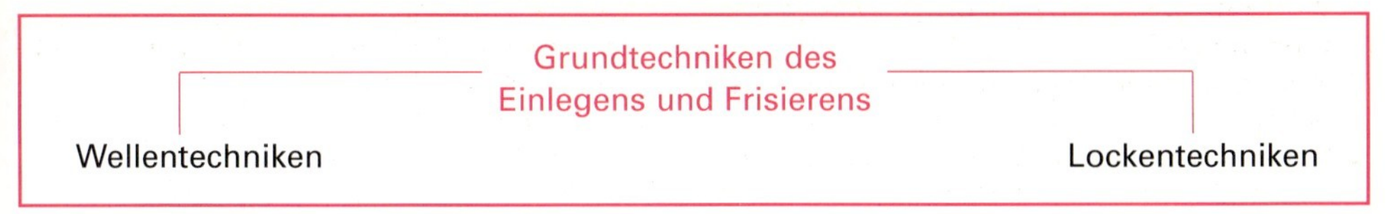

5.2.1 Wellentechniken

Zu den reinen Wellentechniken, bei denen das Haar gleich in Wellen geformt wird, gehören neben der handgelegten Wasserwelle die Fönwelle und die Ondulation.

Handgelegte Wasserwelle

Sie wurde zur Zeit des Bubikopfs (um 1930) am häufigsten angewendet. Danach geriet sie viele Jahre in Vergessenheit. Wiederentdeckt wurde sie 1978, als Wellenfrisuren wieder modern wurden.

Ausführung. Das Haar wird mit dem Kamm in Wellen gelegt. Die Wellen steckt man mit Kämmchen fest, damit sie sich beim Legen der nächsten Welle nicht verziehen (**5**.28).

Wirkung. Die handgelegte Wasserwelle wirkt steif und streng, weil das Haar flach am Kopf anliegt und die Wellen sehr gleichmäßig aussehen. Gefälliger wirken sie, wenn sie an der offenen Stelle schmaler sind als an der geschlossenen (**5**.29).

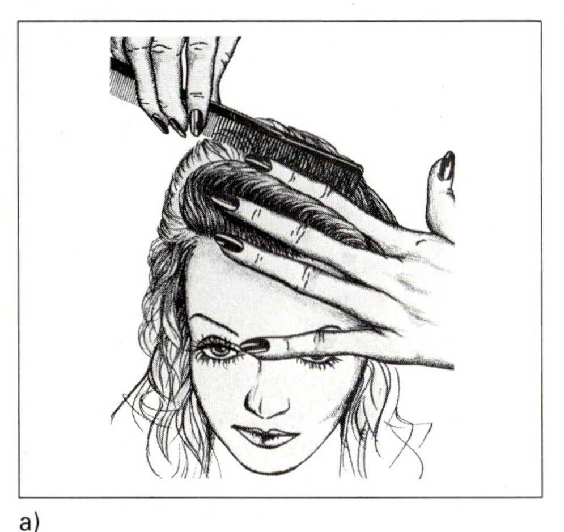
a)

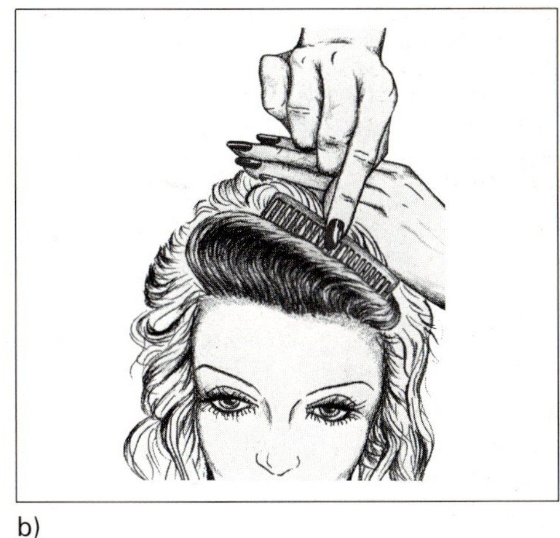
b)

5.28 Handgelegte Wasserwelle
a) Formen der Welle, b) Halten der Welle mit Wasserwellkämmchen

Bedeutung. Die handgelegte Wasserwelle ist eine grundlegende Technik, die jeder Friseur beherrschen muß, weil er daran den Wellenverlauf erlernt. Haltbar ist die handgelegte Wasserwelle nur, wenn man den natürlichen Fall des Haares berücksichtigt und das Haar nicht gegen seine Wuchsrichtung legt. Das ist besonders wichtig bei der Ansatzwelle.

Fönwelle

Ausführung. Das gewaschene Haar wird mit dem Kamm und dem Luftstrom des Handföns getrocknet und gleichzeitig geformt. Dabei führt der Kamm das nasse Haar in die Wellenform, während der Luftstrom des Föns das Wellental formt (**5**.30).

5.29 Die Wellen sollen an der offenen Seite schmaler sein

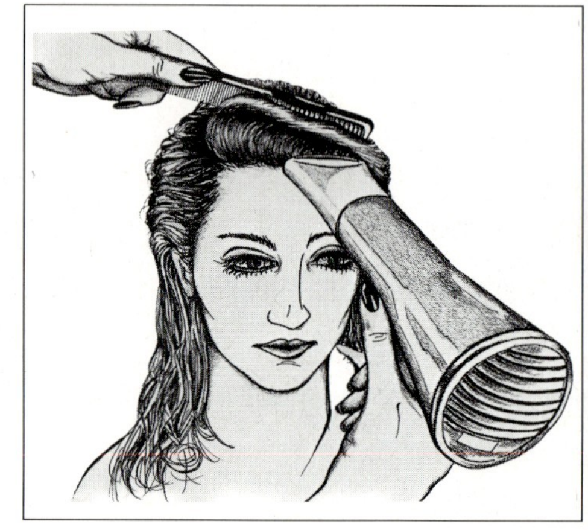

5.30 Formen einer Welle mit dem Fön

Wirkung. Das gefönte Haar liegt nicht an wie die handgelegte Wasserwelle, sondern fällt fülliger. Die Wellenkanten sind nicht so scharf. Dadurch wirken sie natürlicher und weicher.

Ondulation

Erfinder der Ondulation ist der Franzose Marcel Grateau (sprich Grato). Seine 1872 entwikkelte Ondulation bestimmte um 1900 die Frisurenmode (**5**.31).

a)

b)

5.31 a) Ondulierte Frisur um 1900, b) moderne Wellenfrisur

Ausführung. Nach dem Waschen muß das Haar erst getrocknet werden. Es darf jedoch nicht zu trocken sein, sonst läßt es sich nicht umformen. Haar enthält immer etwas Feuchtigkeit, denn es ist hygroskopisch (s. Abschn. 3.3.5). Diese Feuchtigkeit wird ihm durch das heiße Onduliereisen entzogen, seine Form dadurch gefestigt. Das Onduliereisen hat einen vollen und einen hohlen Schenkel, die ein loses Gelenk miteinander verbindet. Der volle Schenkel drückt das Haar gegen den hohlen und wellt es dadurch.

Da dieser enge Bogen nur eine kleine, unnatürliche Welle erzeugt, entwickelte Grateau eine besondere Technik: Das Haar wird mit dem Kamm nach dem natürlichen Fall vorgeformt. Mit dem leicht geöffneten Eisen formt man den ersten Wellenbogen. Durch Schließen des Eisens entsteht die Wellenkante, die noch vor dem Formen des nächsten Wellenbogens verstärkt wird. Der Kamm formt die Welle, das Eisen fixiert sie (**5**.32).

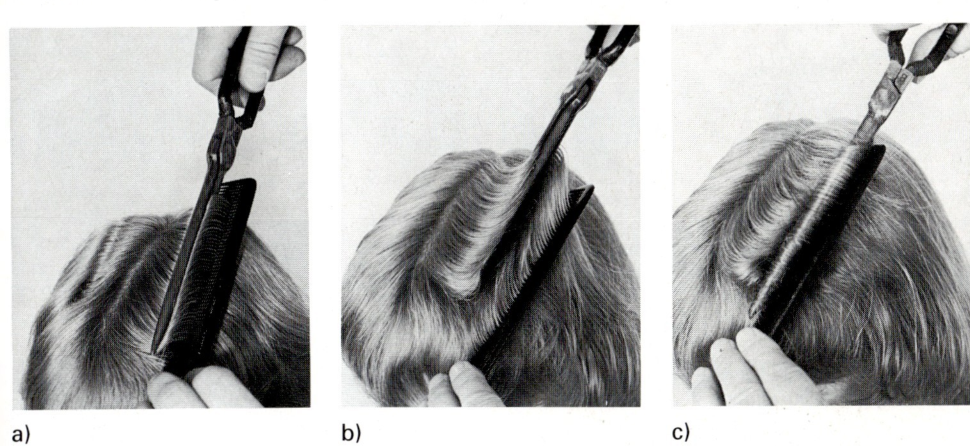

a) b) c)

5.32 Ondulieren

a) Einsetzen des Eisens am Haaransatz, b) Verstärken der Wellenkante, c) Formen der Welle durch Rollen des Eisens

Wirkung. Ondulierte Wellen wirken noch steifer und härter als handgelegte.

Bedeutung. Die Ondulation hat bis zur Durchsetzung der Dauerwelle um 1925 die Arbeit des Friseurs bestimmt. Heute wird sie nicht mehr ausgeführt. Doch kennen wir noch den daraus entwickelten Ondulier- bzw. Lockenstab und Curler (s. Abschn. 5.3.2).

5.2.2 Lockentechniken

Als Lockentechniken bezeichnen wir die Techniken, bei denen das Haar zunächst in Locken eingelegt wird und nach dem Trocknen in Wellen, Locken oder flächig wirkende Partien ausfrisiert werden kann. Die Lockentechniken sind vielseitiger als die reinen Wellentechniken. Zu ihnen zählen das Papillotieren, die Lockwellmethode und die Flachwellmethode.

Papillotieren

Schon um 1750 hat man Papilloten (frz. Locken) angefertigt. Das lange, trockene Haar wurde mit den Fingern zu einer Locke geformt und in ein Stück Papier gepackt. Mit einem Quetscheisen, das vorher wie ein Onduliereisen aufgeheizt wurde, erhitzte man es und festigte dadurch die Form (**5**.33). Die heute gebräuchlichen Papilloten werden im feuchten Zustand über den Finger gerollt und mit Clipsen oder Nadeln festgehalten. Es gibt liegende und stehende Papilloten in verschiedenen Variationen.

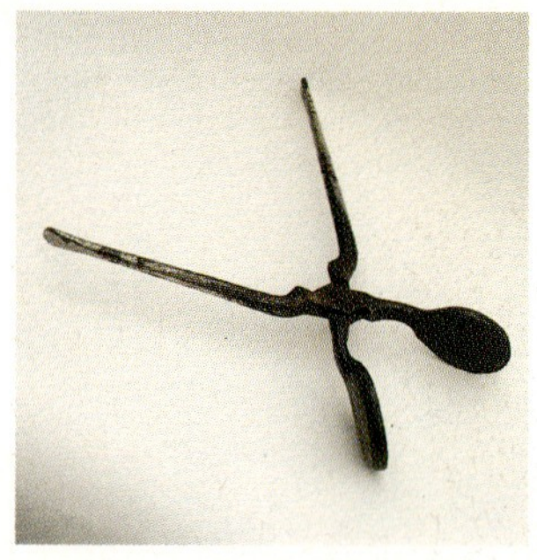

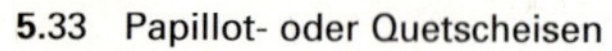

5.33 Papillot- oder Quetscheisen

5.34 Liegende Papilloten

5.35 Papillotierstab

Liegende Papilloten befestigt man so, daß die Locke flach an der Kopfhaut anliegt (**5**.34). Sie ergeben anliegende Frisurpartien. Anfänger drehen die Papilloten meist auf einen Wikkelstab, der dann wieder aus dem Haar entfernt wird. Dabei wird das Haar von der Spitze aus aufgedreht (**5**.35). Der geübte Friseur formt die Papilloten mit den Fingern.

Wenn man die Papillote vom Ansatz her aufdreht, liegen die Haarspitzen außen. Sie werden dann in einem größeren Bogen geformt und ergeben einen ruhigeren, großzügigeren Verlauf. Beim Eindrehen von der Spitze aus wird der Bogen enger. Dadurch ergeben sich sprungkräftigere, lebhafte, lockige Partien.

Wellenpapilloten. Will man Wellen papillotieren, muß man die Haare nach dem Wellenverlauf reihenweise nach links und rechts eindrehen (**5**.36).

Stehende Papilloten werden so eingedreht und befestigt, daß sie nicht am Kopf anliegen. Sie ergeben füllige Frisurenpartien und werden daher für füllige, breite Frisuren verwendet. Zu unterscheiden sind stehende Papilloten mit hochgeführtem und mit liegendem Ansatz.

Stehende Papilloten mit hochgeführtem Ansatz. Das Haar wird vom Ansatz hochgeführt und die Locke aufrechtstehend eingedreht (**5**.37). Die Anwendung ist bei fülligen Frisurenpartien angebracht, die geschlossen und ruhig wirken sollen, z.B. am Oberkopf, an der Stirnpartie oder am Pony.

5.36 Verlauf der Wellenpapilloten

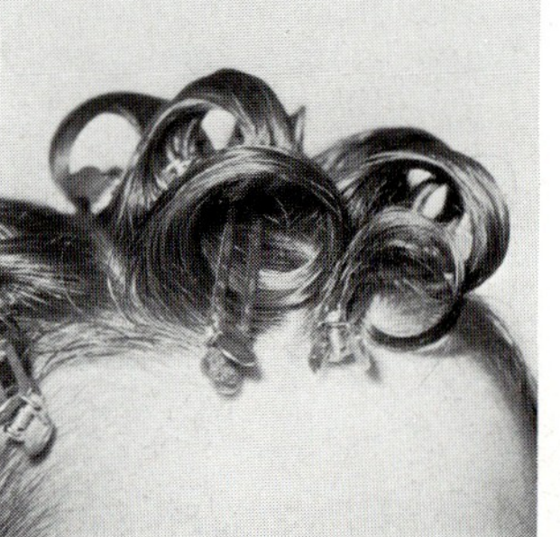

5.37 Stehende Papilloten mit hochgeführtem Ansatz

Stehende Papilloten mit liegendem Ansatz. Hier wird das Haar so zu einer stehenden Papillote aufgedreht, daß der Ansatz am Kopf anliegt, die Locke selbst aber hochsteht. Diese Papilloten ergeben auch Volumen, aber aufspringende Frisurenpartien, etwa am Pony, an den Seiten, am Hinterkopf und Nacken (**5**.38).

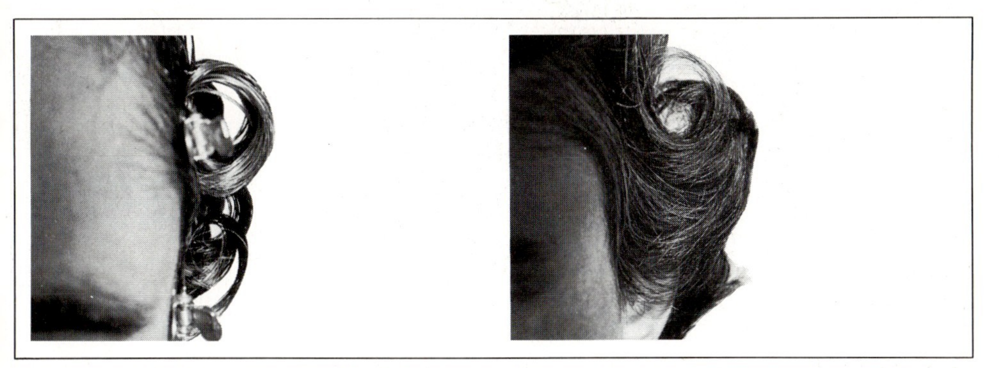

5.38 Stehende Papilloten mit liegendem Ansatz

Stehende Papilloten muß man abstützen, damit sie nicht durch den Schleier zusammengedrückt werden. Dazu eignen sich kleine Watteballchen. Noch besser sind Wasserwellkämmchen, die man zwischen die Papilloten stellt.

Schwierig ist das Papillotieren bei sehr feinem und langem Haar. Dauergewelltes Haar läßt sich noch schlechter papillotieren, weil die Locken nicht in der gewünschten Form bleiben, sondern durchkrausen. Durch ein Röllchen (Lockwell, Steilformer u. a.), das beim Trocknen im Haar bleibt, stützt man sie von innen.

Lockwellmethode

Obwohl die Bezeichnung Lockwell eigentlich nur für eine Erfindung des Schweizer Friseurs Georg Kramer (1949) gilt, hat sie sich für die vielen ähnlichen Techniken als Sammelname durchgesetzt.

Ausführung. Das Haar wird auf Röllchen gedreht, die während des Trocknens im Haar bleiben. Die verschiedenen Röllchen unterscheiden sich durch ihre Befestigung (**5**.39). Man braucht unterschiedlich dicke Wickler, weil ihr Durchmesser die Wellenbreite bestimmt. Wie bei der Wellenpapillote müssen die Röllchen reihenweise nach rechts und links gewickelt werden, wenn Wellen entstehen sollen (**5**.40).

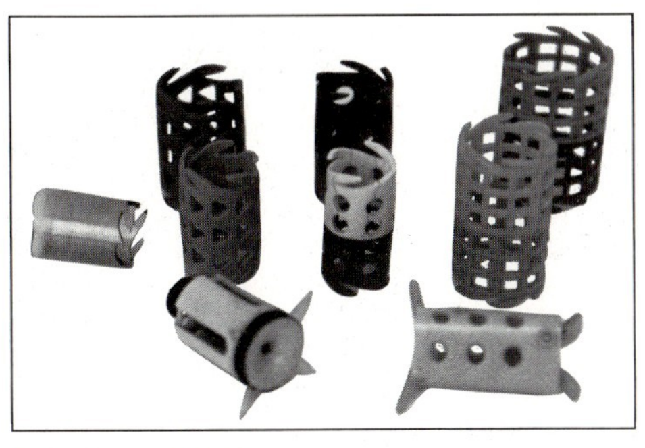

5.39 Lockwellwickler

5.40 Wellenpapilloten mit Lockwell

Wirkung. Lockwellpapilloten ergeben (wie die liegenden Fingerpapilloten) anliegende Wellen und Frisurenpartien. Um sie fülliger zu machen, kann man das Haar auf liegende Lockwellröllchen aufwickeln und diese mit Nadeln befestigen. Dann wird das Haar vom Ansatz hochgeführt und in eine stehende Papillote geformt.

Damit ist, wie wir erkennen, die Technik des Volumenwicklers gefunden, die man auch Flachwicklung nennt.

Flachwelltechnik

Diese aus der Lockwellmethode entstandene Technik erreicht im Grund nichts anderes als stehende Papilloten. Wie dort sollte man sie nur für füllige Frisurenpartien anwenden. Falsch ist sie, wenn Teile der Frisur anliegen müssen (z.B. an den Seiten, um die Kopfform schmal zu halten).

Die Flachwelltechnik gibt feinem und langem Haar mehr Sprungkraft. Auch mit Flachwellwicklern kann man Wellen erzielen. Nachteilig ist aber, daß das Haar nach rechts oder links fallen kann und wir die Wellenrichtung nicht bestimmen können. Um dem vorzubeugen, wickelt man der Wellenrichtung entsprechend abwechselnd nach rechts und links.

Einlegetechniken

Wellentechniken	Lockentechniken
Wasserwelle	liegende Papilloten
Fönwelle	stehende Papilloten
Ondulation	– mit stehendem Ansatz
	– mit liegendem Ansatz

Eine gezielte Frisurenplanung setzt voraus, daß man die richtige Technik anwendet. Daraus ergibt sich, daß bei einer Frisur verschiedene Einlegetechniken miteinander verbunden werden können.

5.3 Frisiertechniken

5.3.1 Ausfrisieren und Toupieren

Aus dem eingelegten und getrockneten Haar formt der Friseur die gewünschte Frisur.

Wie verhält sich das Haar, wenn es nach Entfernen der Wickler und Clipse durchgekämmt wird? Es springt in die Form zurück, in die es eingelegt wurde. Deutlich sehen wir die Rollen der Wickler und die beim Abteilen entstandenen Scheitel.

Durch das Ausbürsten wird das Haar entspannt und aufgelockert, so daß man es besser frisieren kann. Um die Scheitel zu beseitigen. bürsten wir es kreuz und quer, ohne Rücksicht darauf, wie es eingelegt war. Keine Angst – bei richtig eingelegter Frisur kann man die Form durch kräftiges Bürsten nicht zerstören. Je stärker man bürstet, desto besser läßt sich vielmehr die Frisur formen. Beim Bürsten in die gewünschte Form darf das Haar dann nicht mehr zurückspringen. Man kämmt es mit einem Frisierkamm durch, und auch danach muß die Frisurenform deutlich werden. Den Abschluß bildet die Feinarbeit.

Das Toupieren ist eine besondere Frisiertechnik. Durch Zurückschieben der kurzen Haare mit einem enggezahnten Kamm bringt man Fülle ins Haar und entspannt besonders sprungkräftiges Haar. Jedoch darf man nicht so stark toupieren, daß die geplante Frisurenform verlorengeht. Die toupierten Partien werden mit einem weitgezahnten Kamm oberflächlich geglättet und in die gewünschte Form gekämmt. Um nach dem Toupieren noch einzelne Frisurenpartien zu formen, eignet sich z. B. eine Lockennadel, mit der man das Haar ordnen und zurechtzupfen kann.

Durch das Ausfrisieren entspannt und lockert man das Haar auf, beseitigt Scheitel und modelliert die Frisur.

Die Ausfrisiertechniken haben nur bei eingelegten Frisuren ihre Bedeutung. Lockere natürliche Frisuren wie luftgetrocknete und Fönfrisuren fallen in die gewünschte Form und müssen nicht mehr „gebändigt“ werden.

5.3.2 Fönen und Nacharbeiten

Haben Sie schon einmal verzweifeln mögen, wenn Sie trotz Durchbürsten das Haar nicht richtig entspannen konnten? Vielleicht sind Sie dann darauf gekommen, es mit dem Fön zu versuchen.

Mit dem Fön können Sie nicht nur Haare trocknen, sondern auch besonders natürlich wirkende Frisuren formen. Die Aufgabe der Wickler muß dabei die Bürste übernehmen.

Fönen einer Frisur. Besonders zum Formen der Schnittfrisuren eignet sich das Fönen. Damit die erreichte Form nicht durch nachfolgende Arbeitsgriffe zerstört wird, muß man systematisch vorgehen.

1. Man arbeitet von unten nach oben, also von den Konturen zum Wirbel.
2. Es werden immer nur schmale Haarpartien bearbeitet, damit sie schneller trocknen und die gewünschte Form annehmen.
3. Fön und Bürsten arbeiten immer zusammen. Mit der Bürste wird das Haar in die gewünschte Form gebracht, der Fön trocknet es in die gewünschte Fallrichtung.
4. Spannung erreicht man, indem die Bürste während des Fönens ständig in Fallrichtung gedreht wird.
5. Nach innen fallende Partien werden mit der Bürste von unten erfaßt und mit dem Fön von oben getrocknet. Man arbeitet dabei mit einer runden Fönbürste.
6. Nach außen aufspringende Partien werden von oben mit der Bürste erfaßt, während der Fön sie von unten trocknet. Dazu nimmt man am besten eine Rundbürste mit kleinem Durchmesser; sie erzielt mehr Spannung.
7. Die Bürste darf nur in Fallrichtung aus dem Haar herausgedreht werden. Das Haar muß trocken und ausgekühlt sein, ehe die Bürste entfernt wird.

Vorsicht! Durch zu heißes Fönen wird das Haar ausgetrocknet und es entsteht Haarspliß (s. Abschn. 4.2.2).

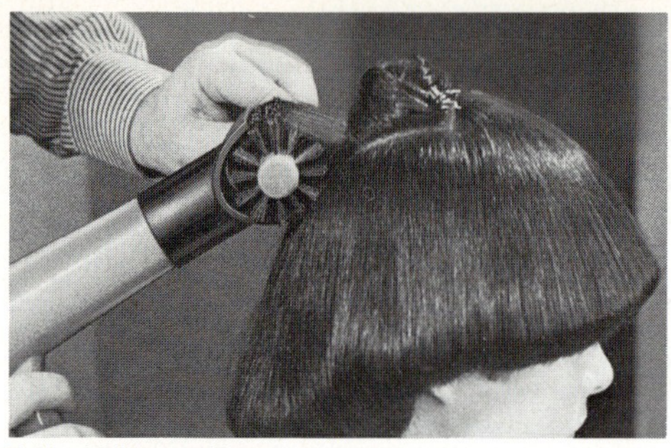
5.41 Volumen fönen

Volumen fönen. Um füllige Partien zu erzielen, muß das Haar steil vom Ansatz hoch genommen (überzogen) werden. Die Haarpartie darf nicht zu dick sein, weil sie sonst zu lange trocknet. Die Bürste hält sie gleich am Ansatz hoch, mit dem Fön wird das Haar am Ansatz zuerst getrocknet. Dann arbeitet man sich zu den Spitzen vor. Immer wird die Bürste unter der Strähne angesetzt, damit das Haar vom Kopf hochstrebt. Durch Überziehen der Haarpartie wird das Volumen größer (**5**.41).

Locken fönen. Lockige Frisuren lassen sich nur mit kleinen Rundbürsten fönen. Kleine Haarpartien werden mit der Rundbürste in Fallrichtung geformt, während der Fön sie trocknet. Dabei muß die Bürste auf der Stelle gedreht werden, damit das Haar unter Spannung bleibt. Um sprungkräftige Locken zu erzielen, läßt man die Bürsten bis zum völligen Auskühlen im Haar. Man braucht also mehrere Lockenbürsten.

Fönfrisuren nacharbeiten. Um besonders sprungkräftige Partien zu erzielen, ist es manchmal erforderlich, die Spannung nachzuarbeiten. Dazu eignen sich der Ondulierstab oder der Elektrocurler (**5**.42). Modische Wellenfrisuren lassen sich mit dem Ondulierstab besser nacharbeiten, so daß die Wellen natürlich wirken (**5**.42 d). Bei Kurzhaarfrisuren ist die Luftthermobürste eine Arbeitserleichterung, da sie gleichzeitig formt und trocknet.

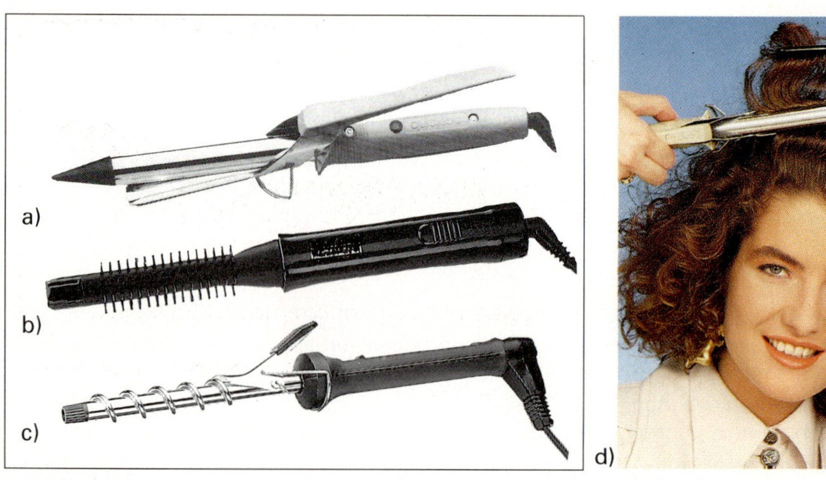

5.42 a) Ondulierstab, b) Elektrocurler, c) Spiraleisen, d) Nachbearbeiten einer Wellenfrisur mit dem Ondulierstab

Ausfrisieren
- Entspannen und Lockern durch Bürsten gegen den Strich, Beseitigen der Scheitel
- Modellieren der Form durch Toupieren

Fönen von Frisuren
- Aufbau von unten, schmale Haarpartien unter Spannung fönen
- Volumen durch Überziehen der Haarpartie, am Ansatz zuerst trocknen
- Locken mit kleinen Rundbürsten, im Haar auskühlen lassen

5.3.3 Kämme und Bürsten

Neben den Scheren sind Kämme und Bürsten die meistgebrauchten Werkzeuge des Friseurs. Schon in den ersten Arbeitstagen bemerken Sie, daß sie sich nach Form und Aufgabe, aber auch im Material unterscheiden.

Kämme. Die Kammform wird in erster Linie durch den Verwendungszweck bestimmt (5.43). Haarschneidekämme sind z.B. schmaler und feiner gezahnt als Frisierkämme. Wichtiger aber ist die Unterscheidung nach dem Material.

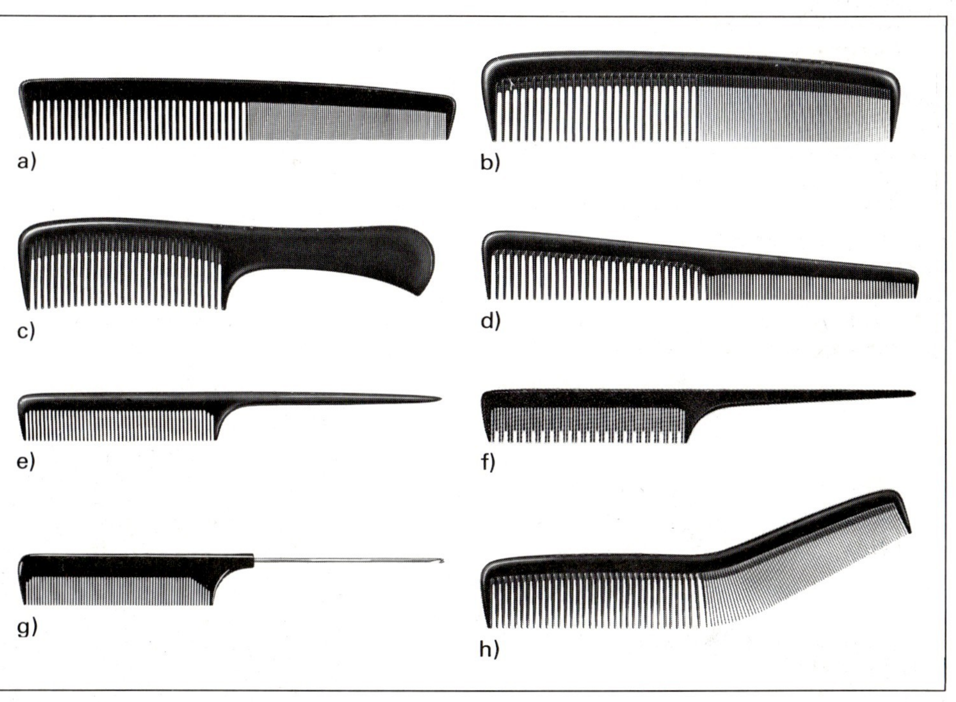

5.43 Kammformen

a) Herren- und Friseurberufskamm, b) Damenkamm, c) Griffkamm, d) Haarschneidekamm, e) Stielkamm, f) Toupierkamm, g) Toupierkamm mit Nadelstiel, h) Wasserwell-Frisierkamm

Versuch 3 Reiben Sie einen Celluloidkamm über einen Wollstoff, z.B. einen Pullover. Halten Sie ihn dann über Ihr Haar. Was beobachten Sie? Wiederholen Sie den Versuch mit einem Hornkamm.

Statische Aufladung ist materialabhängig.

Kämme stellt man vor allem aus Celluloid, Perlon oder Nylon, Hartgummi oder Horn her. Die ersten vier Stoffe sind Kunststoffe. Durch Reibung werden Kunststoffkämme entgegengesetzt elektrisch aufgeladen wie Wolle oder Haar (beide bestehen aus Keratin). Weil Haare die gleiche elektrische Ladung haben, stoßen sie sich gegenseitig ab und „sträuben" sich auch dann, wenn man nicht mit dem Kamm in ihre Nähe kommt. Diese Wirkung beobachten wir besonders bei frisch gewaschenem Haar (s. Abschn. 4.1.3). Horn dagegen besteht wie das Haar aus Keratin und lädt deshalb das Haar nicht elektrisch auf.

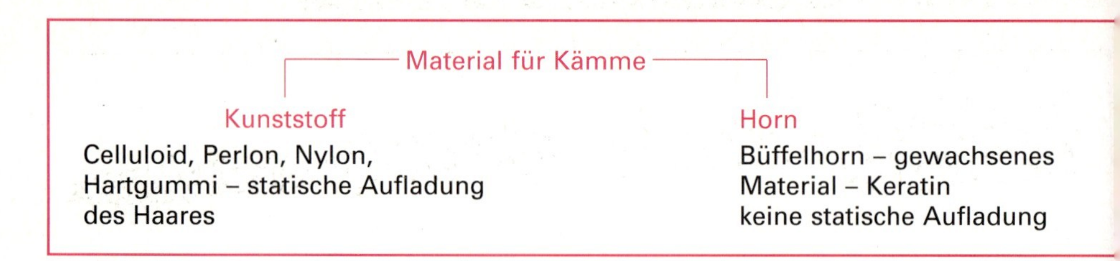

Herstellung. Für *Hornkämme* nimmt man Büffelhörner. Sie werden der Länge nach aufgeschnitten, durch Wärme und Feuchtigkeit erweicht und in eine flache Form gepreßt. Aus diesen Hornplatten schneidet man Kamm-Rohlinge aus und sägt mit feinen Kreissägen Zähne ein. Zum Schluß werden diese *gesägten Kämme* geschliffen und poliert. Das Material und die Herstellung sind teuer.

Um *Kunststoffkämme* herzustellen, preßt man den durch Erwärmen flüssig gewordenen Kunststoff in Formen. Diese *Spritzgußkämme* haben scharfe Kanten, die auf der Haut kratzen und das Haar verletzen können. Die Fertigung ist billiger als bei Hornkämmen. Nicht so teuer wie diese, andererseits nicht so scharf wie Spritzgußkämme sind *Hartgummikämme.* Man preßt sie aus gehärtetem Naturgummi und sägt die Zähne ein. Sie sind die meistgebrauchten Berufskämme. Daneben gibt es auch gesägte Celluloidkämme. Sie haben zwar keine scharfen Kanten, laden aber das Haar beim Kämmen statisch auf.

Probieren Sie die Wirkung eines Horn-, Perlon- und Hartgummikamms am eigenen Kopf aus. Welcher gleitet am besten über die Kopfhaut und durch das Haar? Warum?

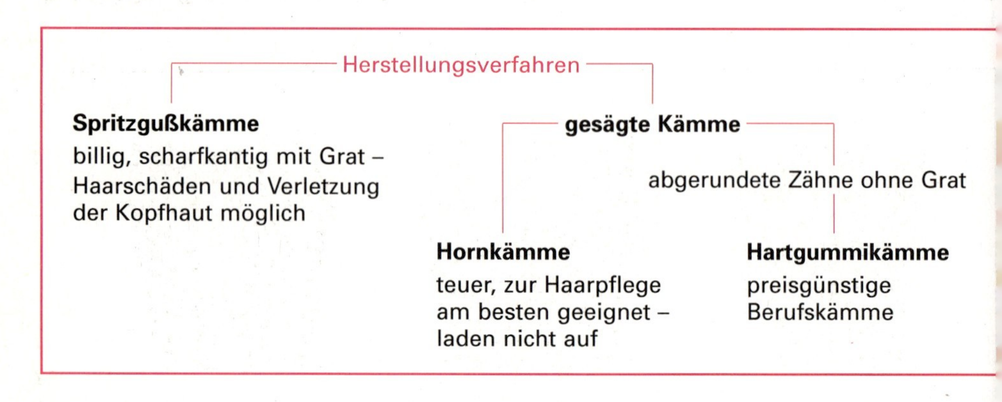

Durch das Geschäft mit Haarteilen und die Verwendung von Kunsthaar wurden auch *Aluminiumkämme* gebräuchlich. Sie verhindern die elektrische Aufladung der Kunsthaare, wirken antistatisch. Andere antistatische Kämme bestehen aus Edelhölzern (z.B. Ebenholz, **5**.47).

Zur Reinigung sollen die Kämme täglich mindestens einmal mit Wasser und einem Shampoo gewaschen und mit einem Desinfektionsmittel desinfiziert werden. Hornkämme darf man nicht zu warm waschen und nicht längere Zeit in der Waschlauge liegen lassen – sie verbiegen durch Wärme und Feuchtigkeit.

Bürsten gibt es ebenfalls in verschiedenen Formen, die vom Verwendungszweck bestimmt werden. Entscheidend für die Güte einer Bürste sind Art und Befestigung der Borsten.

Bürsten Sie Ihr Haar mit Bürsten verschiedener Borstenarten. Was stellen Sie fest?

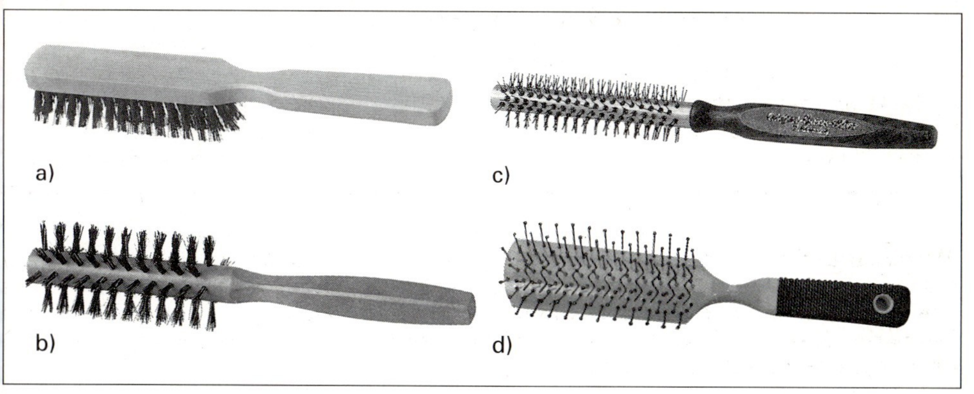

5.44 Verschiedene Bürstenformen
Frisierbürste
a) schmal, Naturborsten in Holzgriff
Fönbürste
b) rund, Naturborsten-Nylon-Mischung
c) rund, Nylonbürsten in Aluminiumhülse mit Holzgriff
d) Ventbürste, Kunststoff

Borstenarten. Beim Ausfrisieren muß die Bürste die einzelnen Haarpartien erfassen, also das Haar glätten, streichen und bürsten. Dazu dürfen die Borsten nicht zu hart sein. Andererseits müssen sie bis zur Kopfhaut durchgreifen, um das Haar von Grund auf zu formen. Sie dürfen also auch nicht zu weich sein. Frisierbürsten stellt man aus Natur- oder Kunstborsten her.

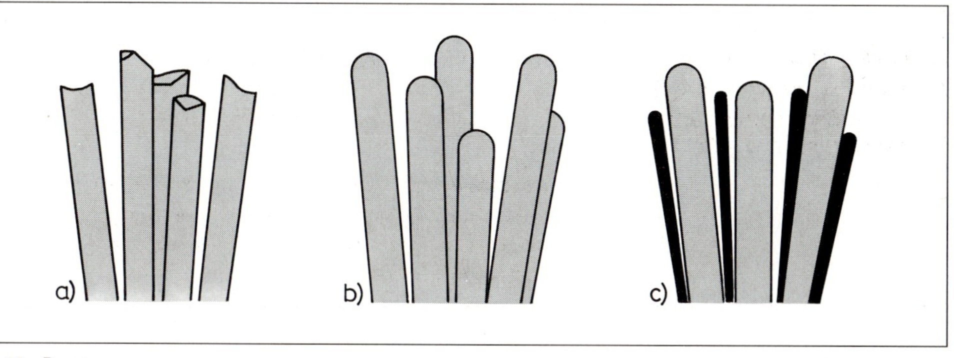

5.45 Borsten
a) scharfe Kunstborsten, b) abgerundete Kunstborsten, c) Kunst- und Naturborsten gemischt

Als *Naturborsten* nimmt man vor allem Schweineborsten, meist die dunklen und harten Wildschweinborsten. *Kunstborsten* sind billiger als Naturborsten. Preiswerte Gebrauchsbürsten haben Borsten aus Perlon oder Nylon oder anderen Kunstfasern. Das Material wird meist flüssig durch Düsen zu einem Faden in gewünschter Stärke und Härte gepreßt. Die Schnittkanten der abgeschnittenen Kunstborsten kratzen auf der Kopfhaut und können die Schuppenschicht des Haares verletzen. Bessere und entsprechend teurere Bürsten haben abgerundete Kunstborsten. Weil Kunstborsten härter sind als Naturborsten und dadurch besser auf die Kopfhaut durchgreifen, mischt man sie mit den Naturborsten (**5**.45).

Drahtbürsten enthalten Drahtstifte statt der Borsten. Sie sind in eine Gummiplatte eingesetzt, damit sie beim Bürsten nachgeben. Man benutzt sie zum Auskämmen langer Haare, weil sie gut durchgreifen und das Haar ordnen. Auch zum Frisieren von Haarteilen eignen sie sich, weil sie das Haar nicht elektrisch aufladen und die Knüpfknoten nicht lockern.

Weil Drahtbürsten auf der Kopfhaut kratzen, gibt es solche mit Kunststoffkappen über den Drahtstiften. Sie sind zwar angenehmer für die Kopfhaut, lassen sich aber schwerer reinigen (**5**.46).

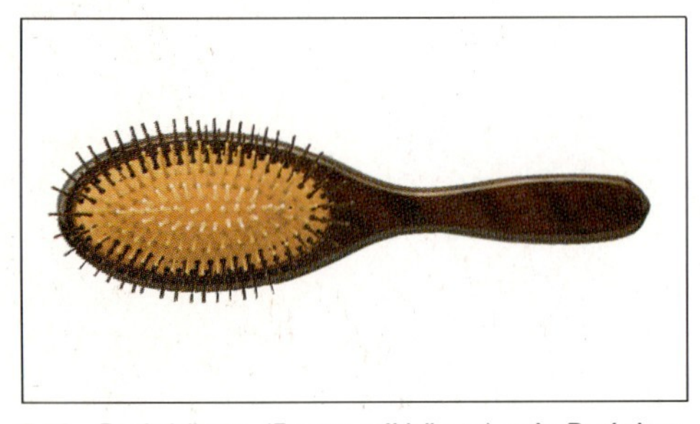

5.46 Drahtbürste (Pneumatikbürste) mit Drahtborsten und Plastiknoppen

5.47 Antistatische Bürste und Kamm aus Ebenholz

Bild **5**.47 zeigt neben einem Kamm aus Ebenholz auch eine entsprechende Bürste. Statt der Borsten hat sie Stifte aus Holz. Beim Fönen läßt sich die Holzbürste leicht im Haar drehen. Wie die Drahtbürsten laden auch Bürsten aus Edelhölzern das Haar nicht auf.

Fönbürsten enthalten weniger Borsten, damit sie sich leichter im Haar drehen lassen. Da Naturborsten zu weich sind, werden meist Kunstborsten verwendet (**5**.44c und d).

Die Bürstenreinigung ist besonders wichtig, weil sich zwischen den Borsten leicht Haare, Schuppen, Reste von Haarfestigern und Krankheitserreger festsetzen können. Die mechanische Reinigung der Bürsten durch Auskämmen sollte nach jedem Gebrauch selbstverständlich sein. Mindestens einmal täglich müssen sie jedoch gründlich gereinigt werden. Dazu tauchen wir sie in eine Waschmittellösung und geben zur Desinfektion nach Gebrauchsanweisung ein Desinfektionsmittel zu. Worauf ist beim Bürstenwaschen zu achten?

a) die Waschmittellösung darf nicht zu heiß sein, damit die Borsten nicht verbrühen.

b) Die Bürsten werden nur in die Waschlösung eingetaucht und darin geschwenkt – nicht hineingelegt. Bei Holzbürsten quillt sonst der Bürstenkörper, und die Borsten gehen aus. Bei geklebten Borsten kann sich der Klebstoff lösen, so daß sich die Borsten lockern.

c) Nach dem Waschen spült man die Bürsten in klarem kalten Wasser, um die Waschlösung zu entfernen.

d) Zum Trocknen legt man die Bürsten mit den Borsten nach unten, damit kein Wasser in den Bürstenkörper eindringt.

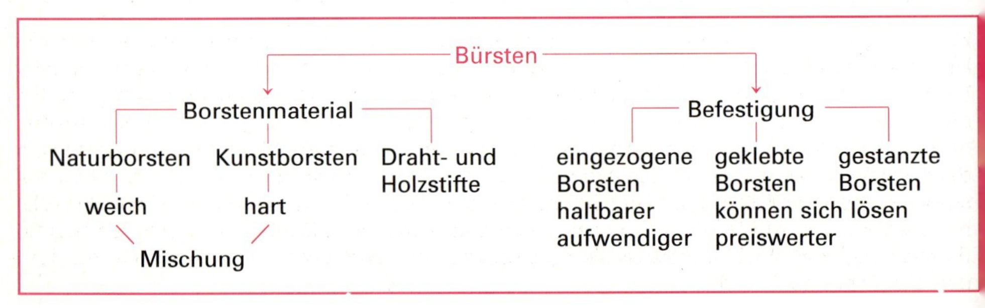

5.3.4 Hilfsmittel zum Einlegen und Frisieren

Feines Haar neigt dazu, zusammenzufallen und sich an den Kopf zu legen; es braucht also eine Stütze. Frisch gewaschenes Haar „fliegt" leicht, weil es sich elektrisch auflädt. Trockenes und geschädigtes Haar ist spröde und läßt sich schwer formen; es braucht Stoffe, die es geschmeidig machen. Dazu dienen Haarfestiger, Fönlotionen, Haarsprays, Frisiercremes und Gele.

Haarfestiger enthalten Kunstharze, antistatische Stoffe, Silikonöle, Farb- und Duftstoffe in Alkohol gelöst. Die Kunstharze bilden beim Trocknen einen Film, der das Haar stützt, ihm Standfestigkeit gibt. Sie bilden zwischen den einzelnen Haaren Quervernetzungen, die zwar beim Kämmen zerreißen, aber durch die eckigen Bruchstellen die Haare wieder ineinander verhaken (**5**.48). Silikonöle schützen das Haar gegen Feuchtigkeit. Die antistatischen Stoffe (kationaktiv) verhindern die elektrische Aufladung und damit das „Fliegen" der Haare. Haarfestiger für trockenes und strukturgeschädigtes Haar enthalten Fettstoffe und machen es geschmeidig (z. B. Lanolin = gereinigtes Wollfett der Schafe oder Proteine = einfache Eiweißstoffe). Gelöst sind diese Stoffe meist in 2-Propanol, Duftfestiger auch in Ethanol.

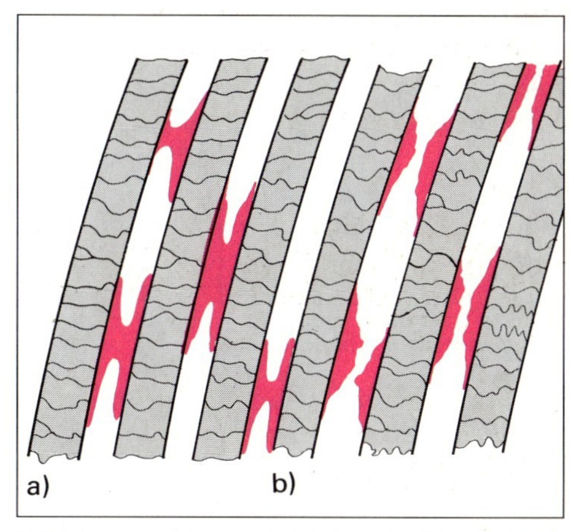

5.48 Quervernetzungen zwischen den Haaren durch Haarfestiger

a) im nassen Zustand, b) nach dem Trocknen und Durchkämmen

Fönlotionen erfüllen die gleichen Aufgaben wie Festiger. Weil das Haar aber beim Fönen nicht so stark verkleben darf, enthalten sie andere Kunstharze. Sonst bleiben die Bürsten hängen.

Aufhellende Haarfestiger enthalten Wasserstoffperoxid, das durch langsamen Zerfall Sauerstoff abspaltet und dadurch die Pigmente aufhellt („schleichende Oxidation"). Leider ist damit meist auch eine starke Strukturschädigung verbunden. Deshalb sind aufhellende Festiger abzulehnen.

Kurfestiger sind mit verschiedenen Zusätzen im Handel, z. B. Schwefel, Kräuterwirkstoffe, Proteine und kationaktive Stoffe.

Haarfestiger und Fönlotionen enthalten Kunstharze, kationaktive Stoffe (antistatisch), Silikonöle, Duft- und Farbstoffe sowie Alkohol als Lösungsmittel.

Haarspray soll die fertige Frisur haltbarer machen, sie vor Feuchtigkeit schützen und den Haarglanz erhöhen. Haarsprays als Aerosole enthalten außer dem in Alkohol gelösten Lack ein Gas, das sich unter Druck leicht verflüssigt und mit dem Lack vermischt. Das Gas dient also als Treibmittel. Durch das Steigrohr gelangt die Mischung aus Treibgas, Alkohol und Lack nach oben und wird durch das Ventil fein verteilt (**5**.49). In dem Augenblick, in dem das Treibgas aus der Dose entweicht, steht es nicht mehr unter Druck und verdampft sofort. Dabei zerstäuben die Lacktröpfchen und verteilen sich fein auf dem Haar. Der Alkohol verdunstet und hinterläßt nur das unsichtbare Lacknetz. Beim Durchkämmen zerreißt dieses Netz zwar, doch verbinden sich die Bruchstücke wie Häkchen miteinander und festigen die Frisur nachhaltig.

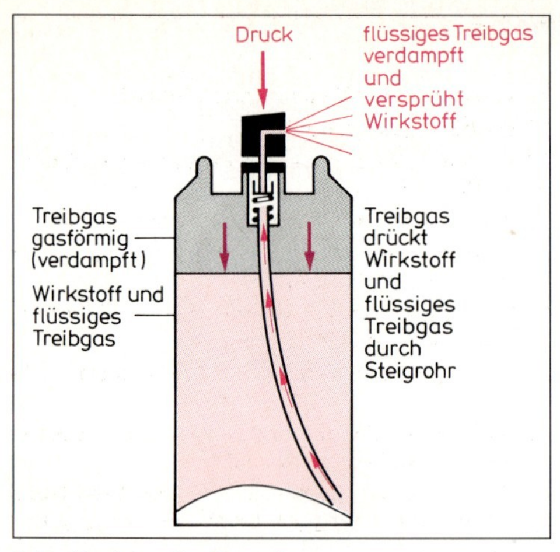

5.49 Funktion der Spraydose

Inhaltsstoffe der Haarsprays sind Lack, Weichmacher, Lösungsmittel, Treibgas, Glanz- und Duftstoffe sowie evtl. Zusätze. Die Lacke werden durch Weichmacher geschmeidig und blättern deshalb beim Kämmen nicht ab. Als Weichmacher dienen Fettstoffe wie Lanolinverbindungen oder Rizinusöl. Lösungsmittel ist 2-Propanol. Glanzstoffe (z.B. Silikonöle) erhöhen den Haarglanz und geben Schutz vor Feuchtigkeit, Duftstoffe verbessern den Geruch.

Treibgase. Die fluorierten Kohlenwasserstoffe (FCKW) werden schon lange nicht mehr in Haarspray verwendet. An ihre Stelle sind Treibgase wie Propan, Butan oder Dimethylether getreten. Sowohl diese Gase als auch der Alkohol sind brennbar. Deshalb darf ein Haarspray nie in offene Flammen gesprüht werden. Auch brennende Zigaretten können gefährlich sein. Der unbrennbare Stickstoff kann auch als Treibgas verwendet werden, benötigt aber einen sehr hohen Druck.

Pumpsprays kommen ganz ohne Treibgas aus. Allerdings sprühen sie häufig nicht so fein.

Spezielle Haarsprays. Sprays für schnell fettendes Haar enthalten Zusätze zum Aufsaugen des Fetts. Desodorierende Zusätze überdecken unangenehme Gerüche, die sich im Haar festsetzen. Glanzsprays sind fetthaltig. Sie machen trockenes Haar geschmeidig und erhöhen seinen Glanz. Sie enthalten keinen Lack, da sie nicht festigen sollen.

Frisiercremes sollen trockenem Haar Fettstoffe zuführen und die Frisur haltbar machen. Es handelt sich vorzugsweise um Emulsionen vom Typ Ö/W, aber auch W/Ö. Die Verwendung hängt sehr von der Frisurenmode ab. Lockere Frisuren vertragen keine Frisiercreme, weil das Haar „verklebt".

Frisiergele enthalten keine Fette, sondern gelbildende Substanzen (Pflanzenschleime wie Pektine, Alginate = Seetangextrakt und künstliche Gelbildner, z.B. Methylcellulose). Sie festigen das Haar, ohne zu fetten. Einige Produkte werden als Wetgele bezeichnet; sie täuschen Naßeffekte vor.

Aufgaben zu den Abschnitten 5.2 und 5.3

1. Welche Grundtechniken des Einlegens und Frisierens werden unterschieden?
2. Welche Einlege- und Frisiertechniken sind reine Wellentechniken? Welche sind Lockentechniken?
3. Weshalb sind die Lockentechniken vielseitiger als Wellentechniken?
4. Welche Bedeutung hat die handgelegte Wasserwelle?
5. Wodurch unterscheiden sich handgelegte, ondulierte und gefönte Wellen in ihrem Aussehen?
6. Wer hat die Ondulation erfunden? Wann?
7. Welche Bedeutung hatte die Ondulation um 1900, welche hat sie heute?
8. Nennen Sie die verschiedenen Papillotenarten.
9. Wie muß man das Haar papillotieren, wenn Wellen erzielt werden sollen?
10. Wie fällt das Haar, wenn es mit stehenden Papilloten eingelegt ist?
11. Welcher Papillotiertechnik entspricht die Lockwellmethode?
12. Welcher Papillotiertechnik entspricht die Flachwelltechnik?
13. Weshalb wird das Haar nach dem Trocknen kräftig durchgebürstet?
14. Welche Möglichkeiten zum Entspannen des Haares kennen Sie?
15. Beschreiben Sie die Arbeitsschritte beim Fönen einer Frisur.
16. Wie erzielt man Volumen beim Fönen?
17. Wie fönen Sie Locken?
18. Wodurch läßt sich die Spannung bei Fönfrisuren verstärken?
19. Welche Arten der Kämme unterscheidet man?
20. Weshalb eignen sich Hornkämme besser zur Haarpflege als Kunststoffkämme?
21. Beschreiben Sie die Herstellung von Hornkämmen und Spritzgußkämmen.
22. Welche Borsten werden für Frisierbürsten verwendet?
23. Wie werden Kämme und Bürsten am zweckmäßigsten gereinigt und desinfiziert?
24. Weshalb sollen Bürsten nur in die Waschlauge eingetaucht werden und nicht darin liegenbleiben?
25. Wodurch entsteht die festigende Wirkung von Haarfestigern und Fönlotionen?
26. Warum sind aufhellende Haarfestiger haarschädigend?
27. Welche Treibgase können im Haarspray enthalten sein?
28. Warum dürfen Spraydosen nicht in der Nähe von Öfen und Heizungen gelagert werden?
29. Stellen Sie die Vor- und Nachteile von Pumpsprays gegenüber.

5.4 Techniken der Haarverlängerung

Um Kundinnen längeres Haar oder mehr Haarfülle zu geben, haben sich zwei Techniken durchgesetzt.

Hair by Hair-Technik. Echthaartressen, die genau auf die Haarfarbe der Kundin abgestimmt sind, werden in das Eigenhaar eingearbeitet. Dazu wird ein Scheitel von den Stirnecken über den Wirbel gezogen und das Oberkopfhaar nach oben abgeteilt. An dieser Linie wird mit Hilfe von zwei Zwirnfäden eine Befestigung für die Echthaartressen geschaffen. Dünne Passées des Eigenhaars werden um diese beiden Fäden geschlungen und bilden so die Grundlage – *Grounding* – für die einzufügenden Tressen = *Insert* (**5**.50). Je nach gewünschter Haarfülle werden im Abstand von zwei bis drei Zentimetern zwei oder drei solcher Groundings gelegt (**5**.51). Mit einer Spezialnadel wird dann das Insert – auf die Haarfarbe abgestimmte Echthaartresse – mit dem Grounding verknüpft (**5**.52). Das Ergebnis ist so, daß die Frisur gewaschen, gefönt, gebürstet und gekämmt werden kann, als wären alles eigene Haare (**5**.3, S. 108).

5.50 Hair by Hair. Das erste Grounding wird gesetzt

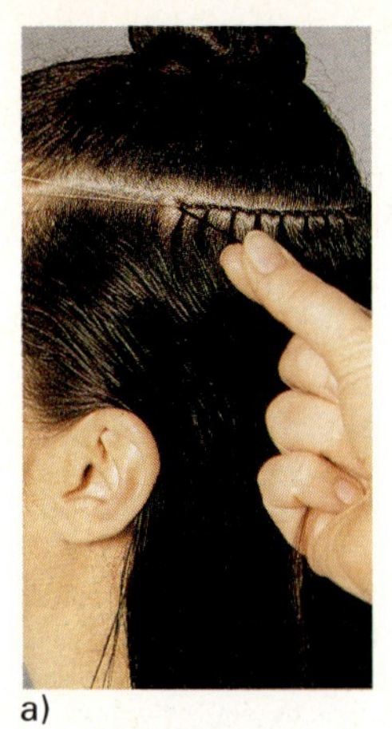

a)

b)

c)

5.51 Hair by Hair

a) Das erste Grounding ist fertig
b) Vor dem Befestigen wird die Übereinstimmung der Tresse mit dem Eigenhaar geprüft
c) Verknüpfen der Tresse mit dem Grounding mittels einer Spezialnadel

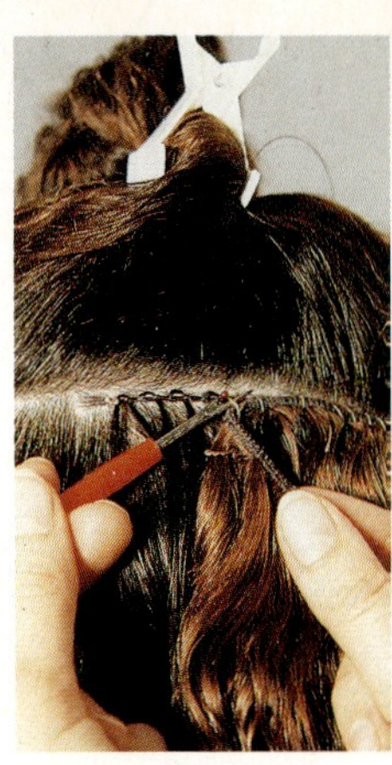

5.52 Lösen des herausgewachsenen Inserts

Da das Grounding mit den eigenen Haaren herauswächst und sich lockert, muß man nach 6 bis 8 Wochen die Haare am Ansatz neu festmachen. Dazu wird das Insert vom Grounding gelöst und kann wieder verwendet werden (**5**.52). Dann wird ein neues Grounding gelegt, an dem das Insert wieder befestigt wird. Die Prozedur dauert etwa drei Stunden – das Ergebnis kann sich sehen lassen.

Hair Extensions nennt sich eine Technik, bei der Synthetikhaar mit dem Eigenhaar verbunden wird. Dadurch erzielt man mehr Fülle und Länge. Das Synthetikhaar kann in jeder Farbe bearbeitet werden. Extensions-Frisuren lassen sich wie eigenes Haar waschen, schneiden, fönen, einlegen, bürsten und kämmen. Dazu wird ein spezielles Synthetikhaar (*Monofibre*) verwendet. Das ist lichtecht, verbleicht also nicht und kann mit Wärme (Haube, Heißwickler, Fön, Thermobürsten) geformt werden (**5**.52). Die Farbpalette der Monofibre-Haare bietet von schwarz bis weißblond jeden Naturton. Mit 10 Grundtönen, die mit 6 Mischtönen (rot, orange, violett, gelb, blau, grün) gemischt werden, kann für jeden Kunden der passende Farbton erstellt werden. Hier wurde aus zwei Grundtönen und zwei Mischtönen die gewünschte Farbe gemischt.

5.53 Monofibre Haare vor dem Mischen (= Melieren)

Die Monofibre-Haare gibt es in einer Länge von 70 cm, in Bündeln von 100 Gramm. Sie werden nach dem Farbmischen zu kleinen, einzelnen Strähnen befestigt. Dies kann in der *Monofines*-Technik mit 12 bis 18 Haaren oder in der *Monostandard*-Technik mit bis zu 50 Haaren (etwa 1 mm Stärke) geschehen. Monofines werden im Scheitelbereich oder an den Konturen, die etwas stärkeren Monostandard-Strähnen im Nackenbereich eingesetzt. Befestigt werden sie nach einem umwerfend einfachen Prinzip: Ein kleines, etwa 3 mm breites und 5 mm langes Rechteck wird im Eigenhaar abgeteilt und in der Mitte längs gescheitelt (**5**.54). Hier wird dann eine in der Stärke passende Strähne Monofibre-Haar mittig eingelegt. Das Eigenhaar wird vom Stylisten, das Monofibre-Haar von einem Assistenten gehalten. Beide Strähnen werden mit 4 bis 5 Überkreuzungen zu einem kleinen Zöpfchen geflochten, das mit einem Teil der vorher herausgelassenen Monofibre-Strähne bündig umwickelt wird. So liegt das Eigenhaar geschützt innen (**5**.55). Mit dem Wärmegerät C2 wird nun ein Siegelring um die Extensions-Strähne gebildet. Durch die Wärme schmilzt das Monofibre-Haar etwas und verbindet sich stabil mit dem Eigenhaar (**5**.56). Das Naturhaar wird dabei nicht verändert, denn die Temperatur des C2-Geräts ist nicht höher als die eines Lockenstabs.

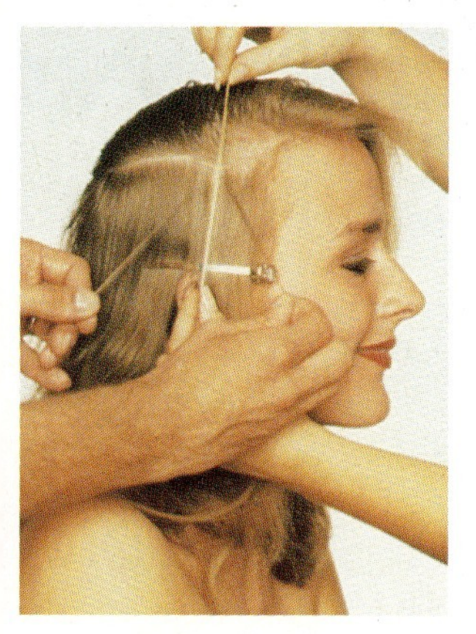

5.54 Abteilen des Eigenhaares und Einlegen der Monofibre-Strähne

5.55 Verflechten der Monofibre-Strähne mit dem Eigenhaar

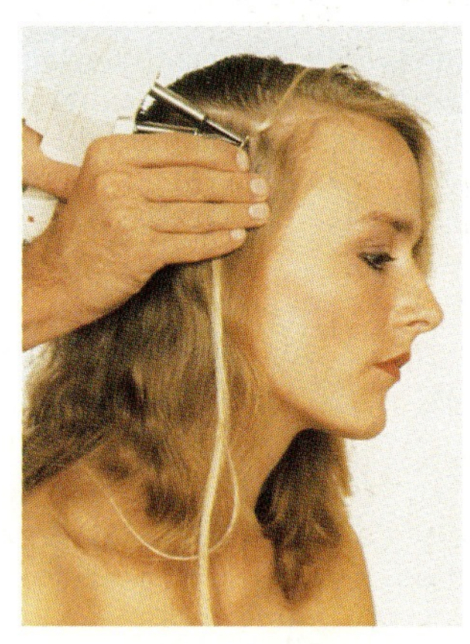

5.56 Versiegeln der Extensions-Strähne mit dem Wärmegerät

Es können wenige einzelne Strähnen für ein fransiges Frisurenbild, einzelne Farbsträhnen oder auch komplette Haarverlängerungen gemacht werden. Hier sind an den Seiten mehrere Extensions in einem helleren Blondton eingefügt worden (**5**.57). Die Extensions-Frisur wird geschnitten. Für die Wunschfrisur kann das Haar luftgetrocknet, gefönt oder – wie hier – mit Heißwicklern aufgedreht werden (**5**.58). Die Schneidetechnik wird mit einem

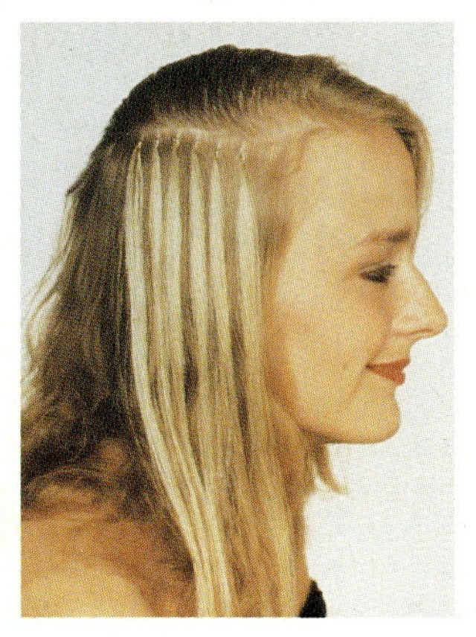

5.57 Mehrere blonde Extensions-Strähnen sind eingefügt

5.58 Extension-Frisur mit Heißwicklern aufgedreht

5.59 Fertige Extension-Frisur

speziellen Schneidemesser, Schere oder der Haarschneidemaschine ausgeführt. Das Ergebnis zeigt eine großzügige Frisur, die durch die Monofibre Extensions mehr Fülle und gleichzeitig auch mehr Farbausstrahlung bekommen hat (**5**.59). Mit dieser Technik läßt sich jede Frisur machen: glatt oder lockig, nur mit ein paar Fransen, mehr Volumen im gesamten Haar, Pferdeschwanzfrisuren oder eine Langhaarmähne (**5**.60).

Die Extensions-Strähnen wachsen, wie bei einer Dauerwelle mit dem Eigenhaar aus, so daß sie nach etwa drei Monaten gelöst werden müssen. Dies geschieht ohne Schere; die Siegelringe werden mit dem Fingernagel etwas aufgerubbelt und gelöst. Dann kann das darunter liegende Zöpfchen wieder entflochten werden. Monofibre Extensions können auch die Farbwirkung unterstützen, um dem Naturhaar ohne Einsatz von Chemie – und deshalb ohne Haarschädigung – zusätzliche Farbsträhnchen zu geben. Diese können jederzeit wieder entfernt werden, und die Kundin hat eine stabile Haarfarbe ohne Ansatz. Für die Monofibre-Extensions-Technik wurden spezielle Pflegeprodukte entwickelt, die einer statischen Aufladung und somit dem Verwirren der Haare vorbeugen.

a)

b)

5.60 Haarlängenveränderung mit Monofibre Extension
a) vorher, b) nachher

Ein weiteres Gebiet sind die Strukturfrisuren. Zöpfchenfrisuren (Bo Derek und Milli Vanilli), Dreadlock-Frisuren (Rastas von Bob Marley) oder auch nur einzelne Strukturakzente, wie hier mit den umwickelten Zöpfchen (Sticks, **5**.61), sind mit Extensions möglich. Monofibre gibt es in der glatten Variante (Regular) und in der welligen (Wave). Die glatte kann man nach dem Applizieren mittels Wärme in jede gewünschte Form bringen, die wellige behält einen dauerhaften Lockenschwung. Wave eignet sich sehr gut, Dauerwell-Effekte zu erzielen, ohne die entsprechende Chemie einsetzen zu müssen (**5**.62). Die Technik bietet kreativen Friseuren neue Möglichkeiten der Dienstleistung.

5.61 Modische Akzente mit Extension Zöpfchen

5.62 Lockige Frisur mit Monofibre Wave

Aufgaben zu Abschnitt 5.4

1. Wodurch unterscheidet sich die Hair Extension-Technik von der Hair-by-Hair-Technik?
2. Wie werden die Haare bei der Hair-by-Hair-Technik befestigt? Schildern Sie die Arbeitsschritte.
3. Was bedeuten Grounding und Insert bei der Hair-by-Hair-Technik?
4. Wie lange hält die Haarverlängerung mit der Hair-by-Hair-Technik?
5. Welcher Vorteil ergibt sich daraus, daß bei der Hair-by-Hair-Technik Echthaar verwendet wird?
6. Wie werden die Haare bei der Extension-Technik befestigt? Schildern Sie die Arbeitsschritte.
7. Welches Material wird bei der Extension-Technik verwendet?
8. Wie viele Haare werden bei den Extensions-Strähnen eingearbeitet? Wie dick sind die Strähnen jeweils?
9. Welche Gestaltungsmöglichkeiten hat man mit der Extension-Technik?
10. Wie werden die Extensions gelöst?
11. Weshalb benötigt man für Extension-Frisuren spezielle Pflegemittel?
12. Warum bietet die Extension-Technik mehr Möglichkeiten als die Hair-by-Hair-Technik?
13. Für welche Kundenwünsche bietet die Hair-by-Hair-Technik eine Lösung?
14. Welche Kundenwünsche kann man mit der Extension-Technik erfüllen?

5.5 Frisurengestaltung

Frisurengestaltung und Beratung gehören zusammen. Die Beherrschung der Techniken, d.h. die handwerkliche Seite des Friseurberufs, ist Voraussetzung für gute Frisurengestaltung. Was macht aber einen guten Friseur, eine gute Friseurin aus? Sie müssen einen sicheren Geschmack dafür haben, was der Kundin steht, müssen deren Eigenheiten erkennen und die Frisur damit in Einklang bringen. Der Geschmack wandelt sich ständig. Was uns vor einigen Jahren noch gefallen hat, finden wir heute unmöglich (**5**.63).

a)

b)

c)

5.63 Frisuren einst und jetzt
a) Frisur um 1972, b) Frisur um 1985, c) Frisur um 1992

Der Geschmack wandelt sich mit der Mode. Was man schön findet, ändert sich im Lauf der Zeit.

Gibt es Regeln für das Schöne? Können Sie sich einen Maßstab, eine Gesetzmäßigkeit für das Schöne denken?

Der Goldene Schnitt. Auf der Suche nach Gesetzmäßigkeiten des Schönen kamen schon die Griechen auf das mathematische Verhältnis des Goldenen Schnitts. Hier verhält sich der größere Abschnitt einer Strecke zum kleineren wie die ganze Strecke zum größeren Abschnitt. Durch Vergleich stellte man fest, daß die nach dem Goldenen Schnitt gestalteten Gegenstände besser gefallen als andere. Beispiele dafür sind etwa Bilderrahmen oder Buchseiten.

Frisuren lassen sich jedoch nicht nach mathematischen Verhältnissen gestalten. Gibt es andere Regeln? Nein – weil es um das Aussehen, um die Persönlichkeit von Menschen geht und weil jeder Mensch anders ist. Allerdings gibt es Empfehlungen, um Fehler zu vermeiden:

Körpergröße und Gesamterscheinung

- Bei einer kleinen Kundin sollte die Frisur nicht so groß sein, daß sie die Gesamterscheinung erdrückt. Ebenso sieht es bei einer großen Kundin komisch aus, wenn die Frisur im Verhältnis zu klein ist.

Kopfform und Frisur

- sollen aufeinander abgestimmt sein. Es gibt Kunden, die jede Frisur tragen können. Anderen stehen bestimmte Frisuren nicht.

Typische Kopf- oder Gesichtsformen. Wenigstens fünf dieser Formen kann man unterscheiden (**5.64**): den breiten Kopf, den runden, den langen schmalen Kopf, den ovalen und den dreieckigen Kopf mit spitzem Kinn.

5.64 Die fünf typischen Gesichtsformen
a) oval, b) breit, c) rund, d) dreieckig mit spitzem Kinn, e) lang-schmal

Davon bereitet der ovale dem Friseur am wenigsten Schwierigkeiten. Kundinnen mit dieser Kopfform können nämlich alle Frisuren tragen – sie haben sozusagen den idealen Kopf (**5.**65). Für die anderen Kopfformen ist es wichtig zu wissen, wie sie durch eine Frisur zu verändern sind (**5.66**).

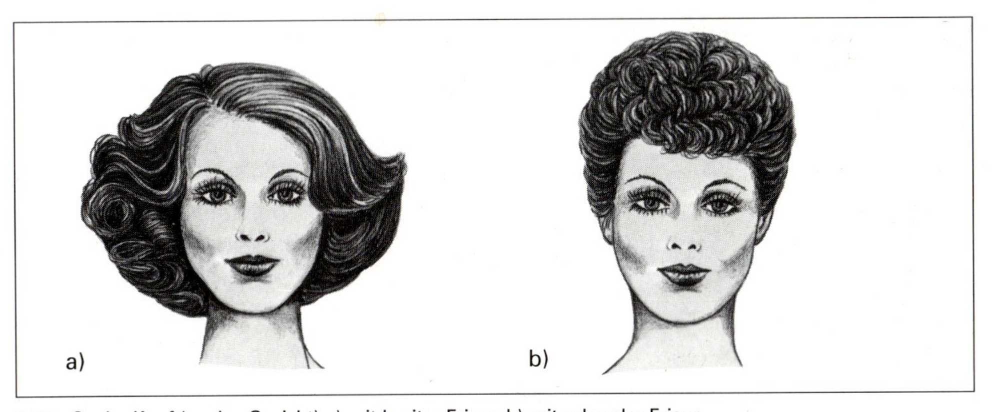

5.65 Ovaler Kopf (ovales Gesicht) a) mit breiter Frisur, b) mit schmaler Frisur

Äußerer und innerer Umriß der Frisur. Zur Klärung der Begriffe bezeichnen wir die Linie, die eine Frisur nach außen begrenzt, als den *äußeren* Umriß der Frisur. Die innere Grenzlinie zwischen Gesicht und Frisur ist der *innere* Umriß der Frisur (**5.66**).

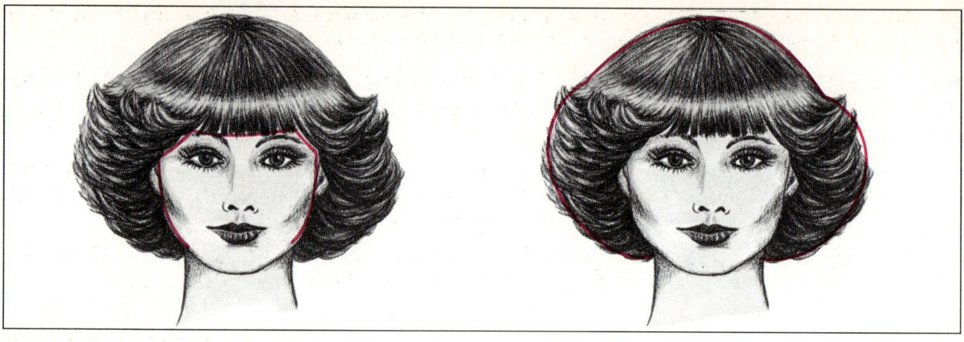

5.66 Innerer und äußerer Umriß einer Frisur

Vergleichen Sie die beiden Frisuren in Bild **5.67** a und **5.67** b. Wie wirkt sich die Frisur auf die Kopfform aus? Bei beiden wurde der äußere Umriß verschieden gestaltet; bei der einen weit, bei der anderen eng gehalten. Was ergibt sich daraus?

Äußerer Umriß. Durch Verändern des äußeren Umrisses läßt sich die Kopfform beeinflussen. Durch einen gestreckten Umriß wirkt der Kopf länger, durch einen ausladenden Umriß dagegen breiter (**5.67** c und d).

a) b) c) d)

5.67

a) Der äußere Umriß der Frisur ist weit gehalten, die Frisur wirkt voluminös – insgesamt der ganze Kopf größer.

b) Der äußere Umriß ist sehr eng gehalten – dadurch wirkt die Gesamtform kleiner und zierlich.

c) An den Seiten ist die Frisur verhältnismäßig anliegend, aber der Oberkopf ist voluminös-füllig. Der äußere Umriß ist gestreckt – die Gesamterscheinung wirkt länger und bildet ein längliches Oval.

d) Die Frisur ist am Oberkopf füllig und an den Seiten recht ausladend breit. Dadurch wirkt die Erscheinung breiter – der äußere Umriß bildet ein querliegendes Oval.

Betrachten Sie Bild **5**.68. Wie wirkt die Gesichtsform? Welche Kopfform hat das Modell wirklich? Durch die Frisur wirkt das Gesicht länger, als es ist. Wodurch ist diese Wirkung entstanden?

Innerer Umriß. Hier wurde nicht der äußere Umriß verändert, sondern der innere, d.h. die Grenze zwischen Gesicht und Frisur. Damit ändert sich zugleich der Eindruck der Kopf- bzw. Gesichtsform.

Frisiert man das Haar ganz aus dem Gesicht, wird der innere Umriß weit gehalten, und das Gesicht wirkt größer und flächenhafter (**5**.68a). Frisiert man es ins Gesicht, wird der innere Umriß enger gehalten, und das Gesicht wirkt kleiner (**5**.68b).

Ein Pony drückt den inneren Umriß der Frisur, das Gesicht wirkt breiter (**5**.68c). Bleibt die Stirn frei, wird der innere Umriß länger, das Gesicht erscheint schmaler (**5**.68d).

5.68

a) Das Haar wurde ganz aus dem Gesicht frisiert – der innere Umriß weit gehalten. Dadurch wirkt das Gesicht größer und flächiger.
b) Das Haar wurde ganz ins Gesicht frisiert – der innere Umriß eng gehalten. Das Gesicht wirkt dadurch kleiner.
c) Obwohl die Gesamtform länglich ist, drückt das Pony den inneren Umriß. Das Gesicht wirkt breiter.
d) Bei dieser asymmetrischen Frisur ist der innere Umriß einseitig verengt. Die Gesichtsform erscheint schmaler. Die asymmetrische Gestaltung wirkt interessanter.

Durch Verändern von innerem und äußerem Umriß einer Frisur lassen sich Kopfformen modellieren.

Vergleichen Sie die Bilder **5**.69a und **5**.69b. Sie erkennen, daß es sich um die gleiche junge Dame handelt, nur mit verschiedenen Frisuren. Beurteilen Sie die Gesichtsform, wie ist die Kopf- bzw. Gesichtsform durch die Frisur gestaltet?

a)

b)

5.69

a) Die Gesichtsform erscheint rund. Das Haar ist am Oberkopf voluminös und duftig-locker frisiert, die Seiten sind ganz flach. Der äußere Umriß ist gestreckt, der innere Umriß weit gehalten. Dadurch wirkt die Gesamtform länger, gestreckt, fast dreieckig spitz. Die Kopfform wurde durch die Frisur ausgeglichen.

b) Bei dieser Frisur ist der äußere Umriß eng gehalten, das Haar ist am Oberkopf und an den Seiten anliegend. Durch das Pony wird der innere Umriß der Frisur gedrückt, das Gesicht wirkt breiter. Diese Frisur gleicht die Kopfform nicht aus, sondern betont ein rundes Erscheinungsbild.

Ausgleichen oder Betonen?

Ob eine Kopf- bzw. Gesichtsform ausgeglichen oder betont werden soll, hängt vom Kundenwunsch und der Modeerscheinung ab.

Vergleichen Sie die Bilder **5.70** a und **5.70** b. Beurteilen Sie die Gesichtsformen beider Damen (denken Sie sich die Frisur weg). Wie beeinflussen die Frisuren die Gesichtsformen?

Betrachten Sie Bild **5.71**. Welche Gesichtsform erkennen Sie? Wie ist sie durch die Frisur gestaltet?
Wodurch könnte diese Gesichtsform ausgeglichen werden? Überlegen Sie sich Gestaltungsmerkmale und beschreiben Sie, womit die inneren und äußeren Umrisse verändert werden können.

a)

b)

5.70 a) Die Kopf- und Gesichtsform ist länglich-schmal. Das Haar ist an den Seiten kurz und der äußere Umriß eng. Auch am Oberkopf ist das Haar kurz, aber lockig-füllig frisiert. Das Volumen am Oberkopf streckt den äußeren Umriß, wodurch die Kopfform betont wird. Lediglich die kurzen Ponyfrisuren drücken den inneren Umriß und gleichen etwas aus.

b) Die Gesichtsform ist ebenfalls länglich und schmal. Der äußere Umriß ist an den Seiten durch die fülligen Lockenpartien stark verbreitert. Diesen Eindruck verstärkt die verhältnismäßig flache Oberkopfpartie. Der innere Umriß wirkt jedoch schmal, was durch die Stirnlocke noch verstärkt wird. Der Kontrast zwischen dem dunklen Haar und Gesicht läßt die längliche Form deutlich hervortreten. Wodurch wäre diese Gesichtsform verkürzt worden?

5.71
Auffallend ist die breite Stirnpartie im Gegensatz zum spitzen Kinn. Die Gesichtsform wirkt dreieckig. Die Frisur betont diese Form noch, indem sie das Dreieck verlängert. Das seitliche Haar ist eng anliegend und nach oben frisiert. Der äußere Umriß ist am Oberkopf erhöht und verbreitert, während er von der Höhe der Augen und Ohren abwärts schmaler wird. Dadurch wird die Dreieckform verstärkt.

Merke: Anstreben der „Ideal-Kopfform" führt immer zu einem ausgewogenen Verhältnis.

Breite Kopfform	**Schmale Kopfform**
Verlängern:	**Verbreitern:**
– innerer Umriß schmal	– innerer Umriß gedrückt
– äußerer Umriß gestreckt	– äußerer Umriß ausladend

Manche Unregelmäßigkeiten müssen ausgeglichen werden. Dazu gehören folgende Fälle:

a) Eine hohe Stirn unterstreicht man nicht noch, indem man das Haar aus dem Gesicht frisiert. Durch ein Pony fällt sie nicht auf.

b) Tiefe Haaransätze an der Stirn sind schon schwieriger zu verdecken. Frisiert man das Haar aus der Stirn, fallen die Ansätze stark auf. Durch einzelne ins Gesicht frisierte Strähnen dagegen lassen sie sich verdecken, ohne daß das Gesicht durch ein geschlossenes Pony erdrückt wird.

c) Flache Kopfpartien (etwa ein flacher Hinterkopf) können durch Volumen ausgeglichen werden. Dabei ist es aber wichtig, die übrigen Frisurenpartien nicht zu betonen, weil die flache Partie sonst wieder flach erscheint (**5**.72).

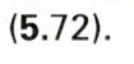

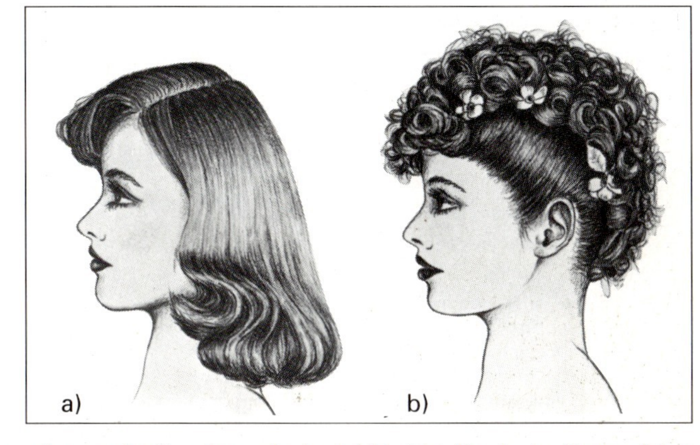

5.72
Flacher Hinterkopf
a) durch langes, anliegendes Haar betont
b) durch die Frisur ausgeglichen

d) Ein zu langer Hals fällt besonders auf, wenn das Haar kurz oder hoch frisiert ist. Durch eine längere Frisur und hochschließende Kleidung wird er ausgeglichen.

e) Ein zu kurzer Hals wirkt länger, wenn die Frisur schmal ausläuft und nicht zu lang ist. Auf keinen Fall sollte die Kundin eine Frisur mit langem, hängendem Haar tragen! Auch durch halsferne Kleidung wirkt der Hals länger.

f) Eine lange, spitze Nase fällt besonders auf, wenn das Haar an den Seiten aus dem Gesicht frisiert wird. Dadurch erscheint das Gesicht im Profil verlängert, die Nase also betont. Über den Ohren zum Gesicht frisiertes Haar verkürzt dagegen die Nase optisch (**5**.73).

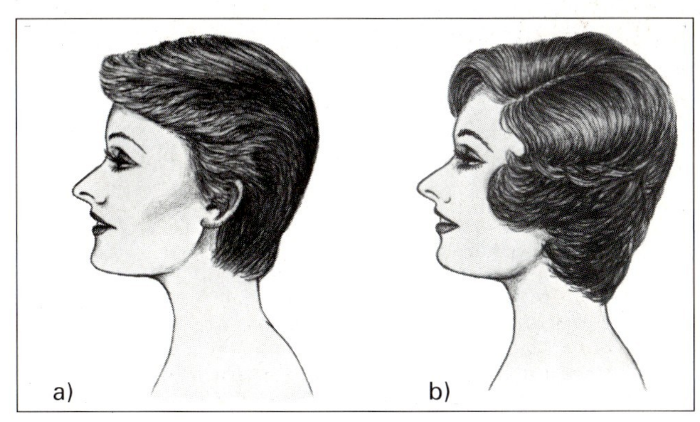

5.73
Lange Nase
a) betont
b) ausgeglichen frisiert

Übung macht den Meister! Der gute Friseur beurteilt die Erscheinung seiner Kundin schon, wenn sie den Salon betritt. Er erfaßt, ob sie groß oder klein, schlank oder mollig ist. Welche Kopfform sie hat und welche Auffälligkeiten, erkennt er, wenn er das gewaschene Haar glatt zurückkämmt. Durch Vorformen des nassen Haares findet er die Frisur, die der Kundin steht. Diese Fähigkeit erlernt sich nicht im Handumdrehen, sondern durch Übung und häufiges Vergleichen. Man kann den Blick und den Geschmack auch schulen.

Aufgaben zu Abschnitt 5.5

1. Warum muß die Körperform bei der Frisurengestaltung berücksichtigt werden? Nennen Sie Beispiele.
2. Nennen Sie die fünf typischen Kopfformen.
3. Was versteht man unter dem inneren und äußeren Umriß der Frisur?
4. Zeichnen oder beschreiben Sie vier Möglichkeiten, wie die Kopfform durch die Frisur beeinflußt werden kann.
5. Wie läßt sich eine zu hohe oder fliehende Stirn ausgleichen?
6. Wodurch können tiefe und ungleichmäßige Haaransätze ausgeglichen werden?
7. Wodurch können Sie flache Kopfpartien ausgleichen?
8. Beschreiben Sie je eine Frisur, die die Kopfform a) länger, b) breiter erscheinen läßt.
9. Wie kann man einen langen Hals ausgleichen?
10. Wie gleichen Sie einen zu kurzen Hals aus?
11. Betrachten Sie Frisurenfotos in Fach- oder Modezeitschriften. Beurteilen Sie die Bilder nach folgenden Gesichtspunkten: a) Welche Kopfform hat das Modell? b) Wie ist die Kopfform durch die Frisur verändert (innerer bzw. äußerer Umriß)?
12. Sammeln Sie Frisurenbilder zu den Kopfformen oval, breit, lang-schmal, rund, dreieckig mit spitzem Kinn.
13. Sammeln Sie Frisurenbilder, bei denen die verschiedenen Kopfformen ausgeglichen sind. Bestimmen Sie jeweils wodurch.
14. Suchen Sie Frisurenbilder, bei denen auffällige Kopfformen durch die Frisur betont sind. Beurteilen Sie, ob Ihnen diese Frisuren gefallen.
15. Eine Kundin hat eine sehr hohe Stirn. Machen Sie Frisurenvorschläge a) für eine Fönfrisur, b) für eine eingelegte Frisur. Beschreiben Sie die Arbeitstechnik und bei b) die Anordnung der Wickler und Papilloten.
16. Eine junge Kundin mit sehr schmalem Gesicht möchte eine vorteilhafte Frisur, aber möglichst wenig ihrer schulterlangen Haare opfern. Beraten Sie die Kundin in bezug auf Haarschnitt und Frisurenform.
17. Schlagen Sie einer Kundin mit rundem Gesicht und Pausbacken eine kleidsame Frisur vor. Leider hat sie sehr feines Haar. Sie sollten alle arbeitstechnischen Möglichkeiten beschreiben.
18. Eine kleine, zierliche Frau mit sehr dichtem, langem Haar möchte einen Haarschnitt. Beschreiben Sie eine vorteilhafte Frisur. Welche Frisuren wären unvorteilhaft?

5.6 Frisurenberatung – Das Beratungsgespräch

Das Beratungsgespräch hat bei der Frisurengestaltung die gleiche wichtige Bedeutung, wie die Beratung bei Haar- und Kopfhautproblemen. Dies gilt auch für den Verkauf von Körperpflegemitteln und Kosmetika (s. Warenkunde).

5.6.1 Begrüßung – Kontaktaufnahme

Wenn eine Kundin das Geschäft betritt oder telefonisch einen Termin vereinbaren will, wird bereits der erste Kontakt hergestellt. Dieser ist grundlegend für den weiteren Verlauf des Gesprächs. Damit wird die entscheidende Atmosphäre geschaffen. Die Friseurin muß durch ihre Stimme, Erscheinung und ihr Auftreten zeigen, daß sie offen für die Probleme der Kundin ist und bereitwillig ihr zuhören kann (**5**.74).

5.6.2 Kundenwunsch erfragen

Unmittelbar nach der Kontaktaufnahme wird erfragt, welchen Wunsch die Kundin hat. Sie wollen erfahren, weshalb die Kundin das Geschäft aufsucht. Wenn Sie etwas einkaufen will, muß die Friseurin anders reagieren, als wenn sie sich anmelden will oder zur Bedienung kommt. Häufig wird dieser Teil von einer Rezeptionistin erledigt, die anschließend die Kundin zur Bedienung an die Friseurin weiterleitet.

5.6.3 Motive erforschen

Haben Sie den Kundenwunsch erfahren, kommt es darauf an, die Kundenmotive zu erforschen, die für den Friseurbesuch entscheidend sind. Oft spielen dabei gefühlsbetonte Gründe, die den meisten Kundinnen selbst nicht bewußt sind, eine sehr wichtige Rolle. Das sollte man daher nicht direkt erfragen, sondern muß es aus den Äußerungen der Kundin heraushören. Die Friseurin, die sich bemüht, die Motive ihrer Kundinnen zu ergründen und die Bedienung darauf abzustimmen, wird auch zufriedene Kundinnen gewinnen.

Der *Bedarf* ist das häufigste vernunftbetonte Motiv. Vielen ist die Gesunderhaltung von Haut und Haaren wichtig, daher möchten sie bei Bedarf eine neue Frisur haben.

Geselligkeit und Kommunikation ist für manche ein wichtiges Motiv zu einem Friseurbesuch. Für sie kommt es darauf an, sich mit der Friseurin zu unterhalten, über Erlebnisse zu reden und Neues zu erfahren.

Erholungsbedürfnis und Schönheitsverlangen (sich etwas Gutes zu tun) bedeutet, die Friseurin muß sich besonders um die Kundin kümmern und Ihr den Besuch so angenehm wie möglich machen. Sie möchte den Aufenthalt im Salon genießen und entspannen.

Anerkennung und Prestige oder auch ausgefallene Wünsche sind unterbewußte Motive, auf die eine Friseurin richtig reagieren sollte.

Mangelndes oder übertriebenes *Geltungsbedürfnis und Selbstwertgefühl* trifft man oft bei Frauen, die großen Wert auf Äußerlichkeiten legen. Sie geben dafür auch mehr Geld aus, um bei anderen Menschen etwas zu gelten.

5.6.4 Fragetechnik

Wie kann der Friseur die Motive seiner Kundinnen erforschen ohne direkt danach zu fragen? Die Kundin äußert ihre Wünsche – die Friseurin muß sie nur reden lassen und ihr zuhören. Wie macht man das?

Beispiel 1 Friseurin: „Guten Tag Frau Müller. Soll es wieder die gleiche Frisur sein?"

Beispiel 2 Friseurin: „Guten Tag Frau Müller. Waren Sie mit Ihrer Frisur das letzte Mal zufrieden?"

Beispiel 3 Friseurin: „Guten Tag Frau Müller. Wie sind Sie mit Ihrer neuen Frisur zurecht gekommen?"

Merken Sie den Unterschied? In Beispiel 1 und 2 kann Frau Müller nur mit „Ja" oder „Nein" antworten. Das sind geschlossene Fragen. In Beispiel 3 kann Frau Müller nicht mit „Ja" oder „Nein" antworten. Sie muß schon eine längere Antwort geben. Darauf kommt es an, wenn wir herausfinden wollen, welche Wünsche und Vorstellungen die Kundin hat.

5.6.5 Fragearten

Offene Fragen beginnen mit einem Fragewort (W-Fragen). Sie zwingen die Kundin, ihre Gedanken in Worte zu fassen. Man nennt sie auch *Informations-* und *Erkundungsfragen.* Sie dienen dazu, die Wünsche und Vorstellungen der Kundin zu erfragen.

Beispiele „Wie wünschen Sie Ihre Frisur?"
„Was hat Ihnen an Ihrer Frisur nicht gefallen?"
„Womit pflegen Sie Ihre Haare?"

Geschlossene Fragen lassen nur wenig Alternativen zu. Sie werden immer dann eingesetzt, wenn die Beratung oder der Verkauf abgeschlossen werden sollen.

Beispiele „Darf ich Ihnen diese Hautcreme einpacken?"
„Würde Ihnen diese Frisur gefallen?"

Entscheidungsfragen sind geschlossene Fragen, die dann sinnvoll eingesetzt werden können, wenn die Kundin einem Vorschlag zustimmen soll.

Beispiele „Wäre die Haarlänge so recht?"
„Welche der Frisuren würde Ihren Vorstellungen entsprechen?"

Bestätigungsfragen sollen der Kundin vermitteln, daß Sie ihr aufmerksam zuhören. Sie erlauben uns die Kontrolle, ob wir die richtige Beratung geben und helfen Mißverständnisse zu vermeiden.

Beispiele „Sie möchten also Ihr Haar nicht kürzer tragen?"
„Habe ich Sie richtig verstanden, es stört Sie, daß Ihr Har so weich ist?"
„Sie möchten also eine unkomplizierte, pflegeleichte Frisur?"

Suggestivfragen sollen Gemeinsamkeiten mit dem Gesprächspartner hervorheben (suggerieren = einreden). Suggestivfragen dürfen nur vorsichtig benutzt werden, damit die Kunden sich nicht überrumpelt fühlen.

Beispiel „Finden Sie nicht auch, das kürzere Haar paßt viel besser zu Ihnen?"

Rhetorische Fragen sind Aussagen, die in Frageform gestellt werden. Der Frager erwartet eigentlich keine Antwort darauf.

Beispiele „Darf ich Sie zum Waschplatz führen?"
„Darf ich eine Karteikarte für Sie anlegen?"
„Darf ich mir einmal Ihr Haar ansehen?"

5.6.6 Hilfsmittel

Diese sind zur Beratung genauso wichtig wie die richtige Fragetechnik.

Körpersprache. Durch unsere Mimik und Gestik vermitteln wir der Kundin manchmal mehr, als durch unsere Aussagen. Sicher haben Sie auch schon erlebt, daß eine Verkäuferin einen unfreundlichen Eindruck gemacht hat. Wenn der Gesichtsausdruck (= Mimik) Gleichgültigkeit vermittelt, wird die Kundin keine überzeugende Beratung bekommen.

5.74 Offene Gesprächshaltung

Treten Sie der Kundin freundlich und offen entgegen (**5.74**):
- Schauen Sie die Kundin an – Blickkontakt, Augenkontakt
- Lächeln Sie, wenn Sie mit ihr sprechen
- Achten Sie auf Ihre Hände: nicht auf dem Rücken halten, nicht vor der Brust verschränken, nicht in die Taschen stecken – am besten leicht angewinkelt – so wirken Sie offen und ansprechbar

Auch die Kundin sendet durch ihre Körpersprache Signale aus, die Sie erkennen sollten, z. B.

- in Falten gelegte Stirn
- herabgezogene Mundwinkel
- hochgezogene Augenbrauen

sind Zeichen für Skepsis, Unbehagen, Unzufriedenheit (**5**.75).

5.75 Signale der Körpersprache, Unzufriedenheit

5.76 Unentschlossenheit

Ebenso die Gestik = Ausdrucksbewegungen von Kopf, Armen und Händen, z. B.

- erhobene Hände
- gekreuzte Arme
- Wiegen des Kopfes

sind Zeichen der Unentschlossenheit oder Ablehnung (**5**.76). Körpersprachliche Signale werden unbewußt ausgesandt und geben uns ein besseres Bild über die tatsächlichen Gedanken und Empfindungen der Kunden. Entgegnet die Kundin bei der Beratung über ein Haarpflegeproblem „Das ist ja interessant", ihre Augen schauen aber an dem gezeigten Pflegeprodukt vorbei, dann ist sie meist nicht wirklich daran interessiert. Vielleicht ist es ihr zu teuer.

Frisurenbilder. Die größte Schwierigkeit bei der Frisurenberatung besteht darin, die Frisurenvorstellung der Kundin zu erfassen. Wenn sie sagt, daß sie die Haare kürzer haben möchte, weiß die Friseurin noch nicht, wie kurz das gemeint ist. Häufig hat die Kundin eine Frisur gesehen, die ihr gefällt, kann sie aber nicht mit Worten beschreiben. Dann sind *Frisurenvorlagen* eine große Hilfe. Entsprechende Bildmappen sind in den meisten Geschäften selbstverständlich. Wie die betreffende Frisur bei der einzelnen Kundin aussieht, läßt sich mit den Bildvorlagen nicht beurteilen. Ein Hilfsmittel dafür ist ein *Frisurenberatungs-Computer,* mit dem auf das Gesicht der Kundin die unterschiedlichen Frisuren simuliert werden können. Mit einer Kamera wird das Foto der Kundin in den Computer eingegeben. Darin sind viele Frisuren gespeichert. Zusammen mit dem Foto der Kundin können jetzt die verschiedensten Frisuren auf dem Bildschirm abgebildet und der Kopfform angepaßt werden. Zusammen mit der Friseurin kann die Kundin beurteilen, welche Frisur ihr davon am besten gefällt. Zur Verdeutlichung können Veränderungen auf dem Bildschirm vorgenommen werden. Die Haarlänge kann verändert werden, das Volumen der Frisur, der innere und äußere Umriß. Auch Farbveränderungen lassen sich simulieren. Die Frisurenberatungs-Computer sind ideale Hilfsmittel bei der Frisurenfindung.

5.6.7 Lösungsvorschlag

Nachdem der Wunsch der Kundin erfaßt ist, muß ist eine Überprüfung (Analyse) der Voraussetzungen erfolgen: Kopf- und Gesichtsform, Haarqualität – Struktur, Stärke, Länge – Haaransatz, Wirbelbildungen und schließlich die Gesamterscheinung sind Vorgaben, die die Möglichkeiten der Frisurengestaltung eingrenzen. Die Friseurin muß Alternativen vorstellen und der Kundin veranschaulichen. Dabei sind wieder Frisurenbilder und der Beratungs-Computer wertvolle Hilfsmittel. Während der Beratung sollte sie sich durch Rückfragen immer wieder vergewissern, ob sie auch von der Kundin richtig verstanden wird.

5.6.8 Zusammenfassung

Bevor die eigentliche Arbeit an der Frisur beginnen kann, sollte sich die Friseurin durch Bestätigungsfragen vergewissern, ob ihre Vorschläge mit den Vorstellungen der Kundin übereinstimmen. Auch während der Arbeit ist es wichtig, z.B. bei der Festlegung der Haarlänge, sich durch Bestätigung der Kundin rückzuversichern.

Phasen des Beratungsgespräches

1. Begrüßung: Offene, freundliche Haltung, Augenkontakt, Lächeln sollen Atmosphäre schaffen. Reden Sie die Kundin mit Namen an. Sprechen Sie deutlich und nicht zu schnell; geben Sie durch Sprechpausen der Kundin die Möglichkeit zu antworten.

Überbrücken Sie Wartepausen durch Zeitschriften oder ein Getränk.

2. Kontaktphase: Ermitteln Sie durch W-Fragen den Kundenwunsch. Versuchen Sie dabei, die Kundenpersönlichkeit zu erfassen: äußere Erscheinung und Persönlichkeitsmerkmale.

5.77 Freundliche Haltung

3. Motivsuche: Versuchen Sie herauszufinden, welche Motive hinter dem Kundenwunsch stehen:

- Bedarf decken
- Soziale Anerkennung
- Kommunikation
- Verwöhnt werden.

Benutzen Sie offene Fragen. Geben Sie der Kundin durch Rückfragen das Gefühl, daß Sie ihr aktiv zuhören. Bestätigen Sie durch Wiederholung, daß Sie sie richtig verstanden haben.

4. Analyse: Überprüfen Sie die Realisierbarkeit – Beurteilen Sie Kopf- und Gesichtsform, Haarstärke und -qualität.

5. Lösungsvorschläge: Veranschaulichen Sie der Kundin Alternativen durch bildliche Darstellungen. Grenzen Sie die Möglichkeiten ein, präzisieren Sie Ihre Vorschläge.

6. Zusammenfassung: Holen Sie durch geschlossene Fragen (Rückfragen) die Bestätigung ein, daß Ihr Vorschlag von der Kundin verstanden wurde. Lassen Sie sich bestätigen, daß die Kundin mit Ihrem Vorschlag übereinstimmt.

Manche Kundin ist bezüglich ihrer künftigen Frisur unentschlossen und wünscht eine intensive Beratung durch die Friseurin. Andere haben ganz bestimmte Vorstellungen. Die Beratung wird anders verlaufen. In beiden Fällen kommt es darauf an, herauszufinden, welche Vorstellungen die Kundin von ihrer Wunschfrisur hat. Im folgenden beschreiben wir ein Beratungsgespräch. Finden Sie heraus, ob die Kundin unentschlossen ist und daher gut beraten sein möchte.

Beratungsgespräch

Phasen	Gespräch zwischen Friseurin und Kundin	Erläuterungen Gesprächsführung	fachliche Aspekte
	Kundin betritt das Geschäft		
Begrüßung	**Friseurin:** Guten Tag, ich bin Marion. Was kann ich für Sie tun?	Atmosphäre schaffen	
	Kundin: Guten Tag Frau Marion – ich bin vorbestellt, Müller.		
Kontaktphase	**Friseurin:** Ich habe Zeit für Sie – bitte nehmen Sie gleich Platz, Frau Müller.	Erfassen der Kundenmerkmale	Körpergröße Statur – schlank, usw.
	Kundin: Danke – Schön, daß es gleich losgeht.		
Kundenwunsch erfragen	**Friseurin:** Womit kann ich Ihnen dienen?	offene Frage	
	Kundin: Ich fühle mich mit meiner Frisur gar nicht wohl.	unbestimmte Aussage – Kundenwunsch ist unklar	allgemeiner Zustand des Haares der Frisur
	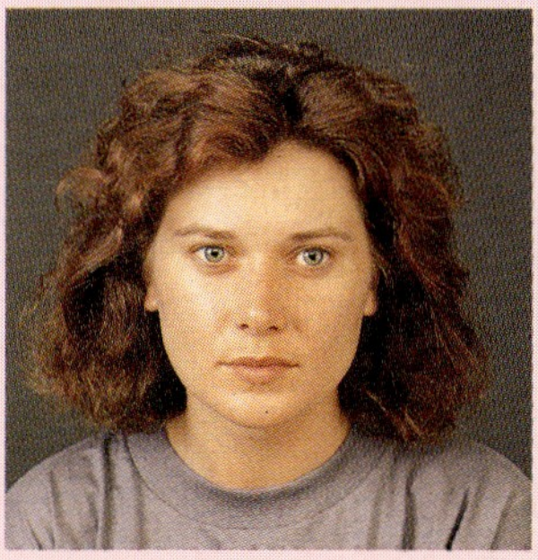		
	Friseurin: Was haben Sie sich vorgestellt?	offene Frage	
Motivsuche	**Kundin:** Die Form paßt nicht zu mir, die Farbe ist scheckig – Ich will richtig chic aussehen	allgemeine Aussage – Kundin hat Bedarf	
	Friseurin: Sie haben recht, die Farbe ist verschossen. Das können wir mit einer Tönung auffrischen. Das geht recht leicht.	Geht bestätigend auf Kundenwunsch ein und bietet Lösung an	Beurteilung der Farbe
Analyse des Kundenwunschs	Um die richtige Frisur herauszufinden, müssen wir uns genauer unterhalten.		
	Dürfen wir Ihre Haare auch kürzen?	geschlossene Frage	Frage nach Art der Behandlung

Beratungsgespräch, Fortsetzung

Phasen	Gespräch zwischen Friseurin und Kundin	Erläuterungen Gesprächsführung	fachliche Aspekte
	Kundin: Etwas kürzer schon, aber nicht zu kurz.		
	Friseurin: Sie haben recht, halblang sollte es schon sein. Möchten Sie das Haar ins Gesicht frisiert haben oder lieber aus dem Gesicht?	Bestätigung aktives Zuhören	Berücksichtigung innerer Umriß
	Kundin: Nein, ins Gesicht nicht, ein Pony macht mich zu breit.		Beurteilung der Gesichtsform
Lösungsvorschlag 1	**Friseurin:** Sie haben recht, Sie haben ebenmäßige Gesichtszüge und können gut eine Frisur tragen, bei der das Gesicht frei ist.	geschickt formuliert, daß die Kundin eigentlich ein breites Gesicht hat	Demonstriert, indem sie das Haar zurückkämmt
	Kundin: Oh Gott, was bin ich dick!	Körperkontakt mit Kundin	
	Friseurin: Lassen Sie sich nicht täuschen – ich habe nur das Haar an den Seiten zurückgekämmt. Wenn es am Oberkopf höher ist, sieht es gleich besser aus.	Einwand der Kundin wird entkräftet	Hält das Haar hoch – demonstriert die Veränderung
	Kundin: Das gefällt mir; aber eben als Sie die Seitenhaare zurückgekämmt hatten, wirkte mein Hals länger	Bedarf	Hinweis auf Gestaltungsproblem: Kundin möchte längeren Hals
Lösungsvorschlag 2	**Friseurin:** Richtig, wenn wir das Haar seitlich kürzen, wirkt nicht nur Ihr Hals länger, sondern es streckt Ihre ganze Erscheinung	aktives Zuhören Bestätigen	Eingehen auf Kundenmerkmal äußerer Umriß
	Kundin: Das wäre bei meinen 1 Meter 64 nicht schlecht – aber hält das denn?	Bedarf	Kundin möchte größer wirken
Lösungsvorschlag 3	**Friseurin:** Durch eine leichte Umformung erhält Ihr Haar mehr Stand, so daß Sie größer wirken	Bestätigung	Dauerwellbehandlung angeboten
	Kundin: Muß ich dann die Haare jeden Tag eindrehen? Das ist mir zuviel Arbeit.	Einwand	Frisur soll pflegeleicht sein
	Alle zwei Tage waschen muß ich meine Haare ohnehin, weil sie schnell fetten. Aber zum Eindrehen fehlt mir morgens die Zeit.	Bedarf	Kundin gibt Hinweis auf ein Problem: Haar fettet schnell
Lösungsvorschlag 4	**Friseurin:** Wenn ich Ihre Haare mit diesen großen Super-Looper umforme, ergibt das eine so natürliche Wellung, daß Sie Ihre Haar nur fönen brauchen. Schauen Sie, hier habe ich ein Beispiel in der Frisurenmappe: die Welle gibt der Frisur den Chic und kann leicht mit einem Lockenstab nachgearbeitet werden. Außerden nimmt die Dauerwelle dem Haar das Fett, so daß Sie am Anfang sicher Ihr Haar nicht so häufig waschen brauchen.	Eingehen auf Einwand Einsetzen der Bildmappe Nutzen für die Kundin	Zeigt Super-Looper, gibt sie der Kundin in die Hand Zeigt Frisurenmappe fachliche Erläuterung in für die Kundin verständlicher Form

Beratungsgespräch, Fortsetzung

Phasen	Gespräch zwischen Friseurin und Kundin	Erläuterungen Gesprächsführung	fachliche Aspekte

	Kundin: Die Frisur gefällt mir schon, aber meinen Sie, daß das hiermit geht?	Kundeneinwand	Greift sich in die Vorderkopfpartie
Überprüfen der Realisierbarkeit	**Friseurin:** Ihr farblich vorbehandeltes Haar ist am Oberkopf ausgebleicht. Mit einer Kur wird die Struktur verbessert und den Glanz bekommt das Haar durch die Tönung.	Friseurin stellt Nutzen für die Kundin heraus	Analyse der Haarstruktur Zusatzbehandlung angeboten
Lösungsvorschlag 5	**Kundin:** Gibt das nicht einen Ansatz, den man sehen kann?	Einwand	
	Friseurin: Da kann ich Sie beruhigen. Ich schlage Ihnen eine Tönung vor, die Ihre Farbe nur auffrischt.	Friseurin geht auf Einwand der Kundin ein und entkräftet ihn	
	Kundin: Na gut, wenn Sie meinen	Zustimmung	
	Friseurin: Die Tönung gibt der Frisur den letzten Pfiff. Wenn wir sie in die Fixierung geben, dauert es auch nicht so lange.	Bestätigt die Richtigkeit der Entscheidung	Erläuterung der fachlichen Durchführung
Zusammenfassung	**Friseurin:** So Frau Müller, ich glaube, jetzt weiß ich, was Sie wünschen: Wichtig ist Ihnen, daß es chic aussieht.	Eingrenzen der Möglichkeiten	
	Kundin: Genau, so wie jetzt ist es mir zu langweilig.		
	Friseurin: Ihre Frisur soll nicht viel Arbeit machen. Damit Ihr Hals länger wirkt, wollen wir das Haar an den Seiten etwas kürzen und im Nacken spitz zulaufen lassen.	Rückversicherung Kundenmerkmale angesprochen	kurzer Hals fachliche Erläuterung der Lösung
Rückfragen	**Friseurin:** Sind wir uns einig, daß die Frisur am Oberkopf duftig und leicht wirken soll und Ihre Gesamterscheinung streckt?	Entscheidungsfrage – geschlossene Frage Kundenmerkmal berücksichtigt	Körpergröße
	Kundin: Ja, wirklich, so möchte ich das.	Bestätigung	

Beratungsgespräch, Fortsetzung

Phasen	Gespräch zwischen Friseurin und Kundin	Erläuterungen Gesprächsführung	fachliche Aspekte
Zusammenfassung	**Friseurin:** Damit das Haar locker und wellig fällt, ist eine leichte Umformung erforderlich.	Kundennutzen herausgestellt	Begründung der Umformung
	Kundin: Das habe ich mir gedacht	Bestätigung	
	Friseurin: Um die Haarstruktur zu schonen, ist die Vorbehandlung wichtig. Die Tönung gleicht den Farbunterschied aus und rundet das Ganze ab.	Eingehen auf Bedarf erläutert den Nutzen für die Kundin	gibt fachliche Erklärung zur Zusatzbehandlung
Abschluß	**Kundin:** Na, dann fangen wir an!	Zustimmung	
	Andrea: Keine Sorge, Sie können im Spiegel verfolgen, wie wenig ich abnehme.	Beruhigt die Kundin mit Hinweis auf ihre Kontrollmöglichkeit	

Aufgaben zu Abschnitt 5.6

1. Wie begrüßen Sie eine Kundin?
   a) Machen Sie Vorschläge zur Anrede
   b) Auf welche nichtsprachlichen Aspekte müssen Sie achten?
2. Mit welchen Fragen erkundigen Sie sich nach dem Kundenwunsch?
3. Geben Sie unterschiedliche Motive an, die Kunden zum Friseurbesuch veranlassen.
4. Erläutern Sie den Unterschied zwischen offenen und geschlossenen Fragen. Geben Sie Beispiele.
5. Was sind Informations- und Erkundungsfragen? Nennen Sie Beispiele.
6. Welche Fragen schließen eine Beratung oder einen Kauf ab?
7. Was soll mit Bestätigungsfragen erreicht werden?
8. Was sind Suggestivfragen? Warum darf man sie nur vorsichtig bei der Beratung einsetzen?
9. Weshalb ist die Körpersprache in der Beratung wichtig?
10. Durch welche Mimik und Gesten wird Unzufriedenheit und Skepsis signalisiert?
11. Welche Körpersprache-Signale sind Hinweise für Ablehnung oder Unentschlossenheit?
12. Welche Körpersprache sollten Sie bei der Beratung bewußt einsetzen?
13. Welchen Vorteil haben Frisurenberatungs-Computer bei der Beratung?
14. Welche Vorbedingungen müssen Sie beachten, wenn Sie der Kundin Lösungsvorschläge anbieten?
15. Welche Kundenmerkmale müssen Sie beachten, wenn Sie der Kundin bei der Frisurenberatung Lösungsvorschläge unterbreiten?
16. Was versteht man unter aktivem Zuhören?
17. Warum ist die Zusammenfassung am Schluß der Beratung wichtig?

6 Chemie für den Friseur

6.1 Was ist Chemie?

Chemie – wie ist Ihre erste Reaktion beim Lesen dieses Wortes? Meine Güte, auch das noch! Verständlich, denn mancher hat schlechte Erinnerungen an Formeln, gefährliche Stoffe, unverständliche Wissenschaft. Was hat der Friseur mit Chemie zu tun? Eine ganze Menge!

Die Chemie ist eine wichtige Naturwissenschaft für den Friseur. Haar- und Hautpflegemittel sind im umfassenden Sinn chemische Stoffe. Um diese Präparate richtig auszuwählen und anzuwenden, muß man ihre Wirkung auf Haar und Haut kennen. Voraussetzung dafür sind Kenntnisse über Aufbau, Zusammensetzung und Wirkung dieser Stoffe.

Beispiel Dauerwellmittel und Haarentfernungscremes enthalten den gleichen haarerweichenden Stoff (Ammoniumthioglykolat). Bei falscher Anwendung – zu langer Einwirkzeit, zu hoher Konzentration, zu starker Wärmezufuhr – können Wellmittel daher die Kundin um ihre Haare bringen. Schuld daran hätte der Friseur.

Damit Ihnen solche Fehler nicht passieren, müssen Sie wissen, was bei jedem Arbeitsverfahren mit dem Haar oder der Haut geschieht.

Versuch 1 Lassen Sie in einem Uhrglas ein cremeförmiges Oxidationshaarfärbemittel (z. B. Mittelblond) und in einem anderen ein Tönungsmittel (z. B. Farbfestiger, Tonspülung) 30 Minuten lang an der Luft stehen. Welchen Unterschied stellen Sie fest?

Versuch 2 Kochen Sie eine Haarsträhne in Wellmittel. Was beobachten Sie?

Chemische Vorgänge verändern die Stoffe. Während das Tönungsmittel unverändert bleibt, wird das Färbemittel dunkler – Stoffe in der Creme reagieren mit dem Luftsauerstoff und verändern sich. Einen ähnlichen Vorgang kennen wir aus dem Alltag: das Rosten von Eisen (**6**.1). Das feste, stabile Eisen wird durch Rosten spröde und verliert seine Eigenschaften. Was ist geschehen? Der Stoff Eisen (ein Metall) wandelt sich in einen anderen Stoff um, in Rost (= Eisenoxid), eine rotbraune, pulvrige Substanz. Damit dieser Prozeß ablaufen konnte, waren noch andere Stoffe nötig: Sauerstoff aus der Luft und Wasser, das ebenfalls fein verteilt in der Luft vorkommt. Solche Stoffumwandlungen sind chemische Vorgänge, bei denen zwei oder mehr Stoffe miteinander „reagieren" und neue Stoffe mit oft ganz anderen Eigenschaften bilden.

6.1 „Chemische Vorgänge am Auto"

Physikalische Vorgänge. Erwärmt man einen Eiswürfel, schmilzt er zu Wasser. Erwärmt man Wasser, verdampft es. Ein chemischer Vorgang? Nein, denn der Stoff hat sich nicht geändert – Eis, Wasser und Wasserdampf haben die gleiche Zusammensetzung, sind nur verschiedene *Zustandsformen*. So wird umgekehrt Wasserdampf durch Abkühlung (Wärmeentzug) wieder flüssig und bei weiterer Abkühlung zu Eis.

Wasser und auch alle anderen Stoffe können in verschiedenen Zustandsformen (Aggregatzuständen) vorkommen. Als Eigenschaft eines Stoffes gibt man immer den Aggregatzustand bei Raumtemperatur an, denn er ist temperaturabhängig. Die Änderung der Zustandsformen ist stets ein physikalischer Vorgang.

Aggregatzustände der Stoffe

$$\text{fest} \underset{\text{Wärmeentzug}}{\overset{\text{Wärmezufuhr}}{\rightleftarrows}} \text{flüssig} \underset{\text{Wärmeentzug}}{\overset{\text{Wärmezufuhr}}{\rightleftarrows}} \text{gasförmig}$$

Chemische und physikalische Arbeitsverfahren führen Sie ständig im Salon aus. Bei chemischen Verfahren verändern sich die Stoffe, z.B. beim Blondieren. Die Naturpigmente werden dabei durch einen chemischen Vorgang zerstört. Auch die Anwendung von Hautbräunungsmitteln ist ein chemisches Verfahren, denn die Hornschicht der Haut wird dauerhaft angefärbt; die Farbe verblaßt erst, wenn die obersten (gefärbten) Zellagen durch die natürliche Abschilferung abgestoßen sind. Dagegen ist das Schneiden der Haare ein physikalischer Vorgang, denn auch das kleinste abgeschnittene Härchen ist immer noch derselbe Stoff (nämlich Keratin). Ebenso bleiben die Farbpigmente beim Auftragen von Make-up erhalten – auf der Haut und nach dem Abnehmen mit Reinigungsmitteln sind es die gleichen Stoffe geblieben (**6**.2).

Tabelle **6**.2 **Beispiele chemischer und physikalischer Arbeitsverfahren**

Chemische Arbeitsverfahren	Physikalische Arbeitsverfahren
Blondieren, Strähnen	Haare schneiden
Färben	Tönungsfestiger auftragen
Dauerwelle	Wasserwelle
Anwenden von Hautbräunungsmitteln	Auftragen von Make-up

Bei physikalischen Vorgängen ändern sich die Stoffe nicht. Chemische Vorgänge sind dagegen Stoffumwandlungen.

Die Chemie ist die Lehre von den Eigenschaften, der Zusammensetzung und der Umwandlung der Stoffe.

6.2 Stoffarten

Was sind eigentlich Stoffe? Alle Gegenstände bestehen aus verschiedenen Materialien – aus Stoffen. Die Haarschneideschere und die Rasierklinge z.B. sind aus Stahl, Kämme und Lockenwickler aus Kunststoff. Auch Nagellack, Hautcreme, Gesichts- und Haarwasser sind Stoffe.

Stoff ist die Bezeichnung für alles, was Masse hat und Raum einnimmt.

Versuch 3 Betrachten Sie eine Hautcreme und ein Gesichts- oder Haarwasser unter dem Mikroskop. Wieviel Bestandteile können Sie bei der Creme unterscheiden? Und beim Gesichts- oder Haarwasser?

Einheitliche und uneinheitliche Stoffe. Bei genauem Betrachten erkennt man, daß die Hautcreme aus zwei verschiedenen Anteilen (Phasen) besteht. Beim Gesichts- oder Haarwasser sind keine verschiedenen Phasen sichtbar.

Phasen sind deutlich voneinander unterscheidbare Bestandteile eines Stoffes.

Stoffe, die aus zwei oder mehreren Phasen bestehen, heißen *uneinheitliche (heterogene)* Stoffe. *Einheitliche (homogene)* Stoffe bestehen nur aus einer einzigen Phase. Die Phasen können verschiedene Aggregatzustände haben (**6**.3).

Tabelle **6**.3 **Heterogene (uneinheitliche Stoffe)**

1. Phase	2. Phase	Name	Beispiele
flüssig	flüssig	Emulsion	Hautcreme, Cremehaarkur, Reinigungsmilch
flüssig	fest	Suspension	Make-up, Perlmuttnagellack, Peeling
fest	fest	Mischung	Blondierpulver, Teintpuder
flüssig	gasförmig	Schaum, Aerosol	Tönungsschaum, Rasierschaum, Haarspray

Heterogene Stoffe lassen sich in ihre Phasen trennen. Beim Erwärmen einer Creme scheidet sich – je nach Emulsionstyp – das Wasser oder das Öl auf der Oberfläche ab. Die Perlmutt-Teilchen des Nagellacks setzen sich bei längerem Stehen ab, und viele Aerosole müssen vor Gebrauch geschüttelt werden, um die Phasen gut zu vermischen.

Aber auch einheitliche Stoffe können aus mehreren Teilen bestehen. Läßt man z.B. bei einem Haarfestiger die Flüssigkeit verdampfen, bleibt eine feste Masse zurück. Der Festiger besteht also aus Flüssigkeiten (Wasser und Alkohol) und aus dem festen Stoff Kunstharz. Haarfestiger und andere kosmetische Präparate (z.B. Gesichtswasser, Haarwasser, Nagellackentferner, Nagelhärter) sind *Lösungen.*

Eine Sonderform sind Gele. Es handelt sich um eingedickte Lösungen (z.B. Haargel, Sonnenschutzgel, Feuchtigkeitsgel).

Lösungen sind homogene Stoffe, die aus mehreren Teilen bestehen (Lösungsmittel und gelöste Stoffe).

Lösungen aus zwei Flüssigkeiten werden durch Destillation getrennt. Die meisten Stoffe beginnen bei einer bestimmten Temperatur zu kochen. Diese Temperatur heißt Siedepunkt.

Der Siedepunkt ist eine charakteristische Eigenschaft eines Stoffes, d.h., der reine Stoff beginnt immer bei der gleichen Temperatur zu kochen. So kann man Stoffe unter anderem an ihrem Siedepunkt unterscheiden.

Versuch 4 Wir erwärmen Wasser, Ethanol (Spiritus) im Wasserbad und Paraffin und messen die Temperatur, bei der die einzelnen Flüssigkeiten zu kochen beginnen – ihren Siedepunkt (**6**.4).

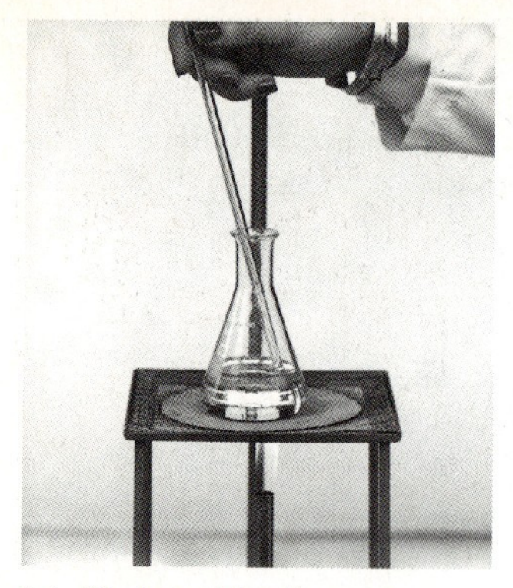

6.4 Siedepunktbestimmung

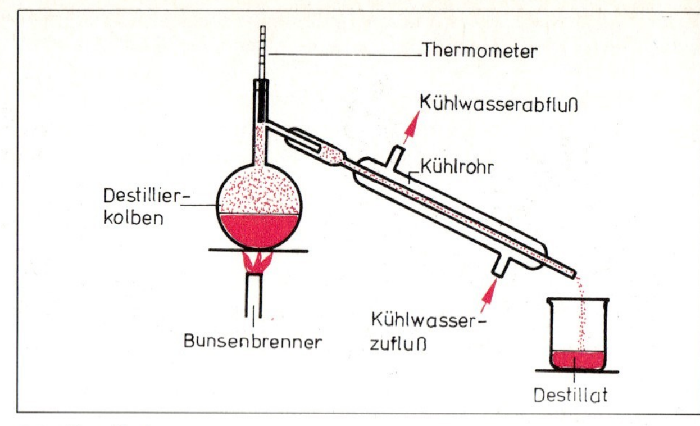

6.5 Destillation

Destillation. Die verschiedenen Siedepunkte nutzt man, um flüssige oder auch feste gelöste Stoffe voneinander zu trennen. So läßt sich ein Alkohol-Wasser-Gemisch durch Destillation trennen (**6**.5). Dabei bleiben die Stoffe erhalten. Der Stoff mit dem niedrigeren Siedepunkt (hier Alkohol) geht nur vorübergehend in den gasförmigen Zustand über, um sich beim Abkühlen wieder zu verflüssigen. Die Destillation ist also ein physikalisches Verfahren.

Destillation ist ein Trennverfahren für Flüssigkeiten.
Destilliertes Wasser ist völlig reines Wasser, d.h., alle gelösten Stoffteilchen (z.B. Kalksalze) sind entfernt.

Stoffe, die sich physikalisch nicht weiter zerlegen lassen, nennt man *reine Stoffe.* Wasser, Alkohol, Schwefel oder Eisen sind reine Stoffe. Ein Teil dieser reinen Stoffe kann auf chemischem Weg noch zerlegt werden.

6.6
Hofmannscher Wasserzersetzungsapparat

Versuch 5 In einem Hofmannschen Apparat zersetzen wir Wasser (**6**.6). Über das Glasrohr mit der geringeren Gasmenge (weniger Gasblasen) halten wir einen glimmenden Holzspan. Das Gas aus dem anderen Rohr wird in einem Reagenzglas aufgefangen und das Glas mit der Öffnung nach unten vorsichtig (!) an den Flammenkegel eines Bunsenbrenners gehalten.

Verbindungen. Der Versuch zeigt, daß sich reine Stoffe noch in andere Stoffe zerlegen lassen. Im Hofmannschen Apparat wurde das Wasser in seine beiden gasförmigen Bestandteile Sauerstoff und Wasserstoff zerlegt. Sauerstoff haben wir durch den aufflammenden Holzspan nachgewiesen. Wasserstoff durch die Knallgasprobe. (Knallgas ist ein hochexplosives Gemisch aus Wasserstoff und Luft, **6**.7).

Friseure und Friseurinnen verwechseln oft *Wasserstoff* (Element) und das zum Blondieren, Färben und Fixieren nötige *Wasserstoffperoxid* (Verbindung). Verkürzen Sie deshalb nie Wasserstoffperoxid zu Wasserstoff – es wäre schrecklich falsch!

Wasser ist eine Verbindung, die sich chemisch wieder trennen läßt. Wie kommt eine solche chemische Verbindung zustande?

Versuch 6 Eine Mischung aus 4 g Schwefel- und 7 g Eisenpulver wird in einem Reagenzglas erhitzt. Nach dem Aufglühen bleibt eine Substanz zurück, die weder die Eigenschaften des Schwefels noch des Eisens hat.

6.7 „Knallgasprobe"

Chemische Reaktion. Schwefel und Eisen haben miteinander reagiert und sich zu einem neuen Stoff verbunden, der ganz andere Eigenschaften hat. Die Vereinigung von Stoffen durch eine chemische Reaktion nennt man *Synthese* (griech. = Zusammenfügen), die chemische Trennung einer Verbindung (Versuch 5) ist dagegen eine *Analyse* (griech. = Zerlegen).

Verbindungen
- sind reine Stoffe, die sich durch eine chemische Reaktion in andere Stoffe zerlegen lassen (Analyse),
- entstehen durch die Vereinigung von Stoffen (Synthese).

6.3 Elemente

Schwefel, Eisen, Sauerstoff und Wasserstoff lassen sich nicht weiter zerlegen – es sind Grundstoffe oder Elemente. 108 solcher Elemente sind bekannt und international einheitlich durch Symbole gekennzeichnet. Die Symbole sind von den lateinischen oder griechischen Namen der Grundstoffe abgeleitet. Etwa 70 Elemente leiten Strom und Wärme und glänzen – es sind Metalle. Grundstoffe ohne diese Eigenschaften heißen Nichtmetalle. Zu ihnen gehören auch die Gase. Die wichtigsten Elemente und ihre Symbole müssen wir uns merken (**6**.8).

Tabelle **6**.8 **Wichtige Elemente**

Element	Symbol	lat./griech. Name	Aggregatzustand	Element	Symbol	lat./griech. Name	Aggregatzustand
Nichtmetalle				Metalle			
Wasserstoff	H	**H**ydrogenium	gasförmig	Natrium	Na	**Na**trium	fest
Sauerstoff	O	**O**xygenium	gasförmig	Kalium	K	**K**alium	fest
Stickstoff	N	**N**itrogenium	gasförmig	Magnesium	Mg	**Mag**nesium	fest
Kohlenstoff	C	**C**arboneum	fest	Calcium	Ca	**Ca**lcium	fest
Schwefel	S	**S**ulfur	fest	Eisen	Fe	**Fe**rrum	fest
Chlor	Cl	**Chl**oros	gasförmig	Quecksilber	Hg	**H**ydra**g**yrum	flüssig
Brom	Br	**Br**omos	flüssig	Kupfer	Cu	**Cu**prum	fest
Jod	J	**J**oeides	fest	Silber	Ag	**Ag**entum	fest
Fluor	F		gasförmig	Gold	Au	**Au**rum	fest

Elemente sind Stoffe, die sich nicht weiter zerlegen lassen.

6.4 Atombau und Periodensystem der Elemente (PSE)

Um die Bildung von Verbindungen, von homogenen und heterogenen Stoffen zu verstehen, müssen wir einen Blick in die Welt werfen, die wir mit bloßem Auge nicht mehr sehen können. Wir müssen sie uns vorstellen.

Atom. Wasser, das in einer Schale auf dem Heizkörper steht, verdunstet. Wir sehen die Wasserteilchen nicht mehr, doch sind sie vorhanden. Wie Sie im Hofmannschen Apparat gesehen haben, läßt sich Wasser noch in zwei Elemente (Wasserstoff und Sauerstoff) zerlegen. Diese Elemente bestehen aus kleinsten Stoffportionen, die man Atome nennt. Atome (griech. atomos = unteilbar) sind weder mit dem bloßen Auge noch mit einem Mikroskop sichtbar.

Versuch 7 Mischen Sie in einem Standzylinder genau 50 ml Wasser und 50 ml Alkohol. Wieviel ml müßten Sie erhalten? (**6**.9)

Haben Sie beim Frühstück schon einmal darüber nachgedacht, warum der Kaffee in der Tasse kaum mehr Raum einnimmt, wenn Sie ihn mit einem oder sogar zwei Löffeln Zucker süßen? Wo sind die restlichen 4 ml Flüssigkeiten im Versuch 7 geblieben?

Dieser *Volumenverlust* läßt sich nur durch die Annahme erklären, daß die kleinen Stoffteilchen rund und unterschiedlich groß sind. Überträgt man den Versuch 7 in deutlich sichtbare Größenverhältnisse (z.B. Tennisbälle und Erbsen), erkennt man: Zwischen den Teilchen sind Lücken, in die die kleineren hineinrutschen können.

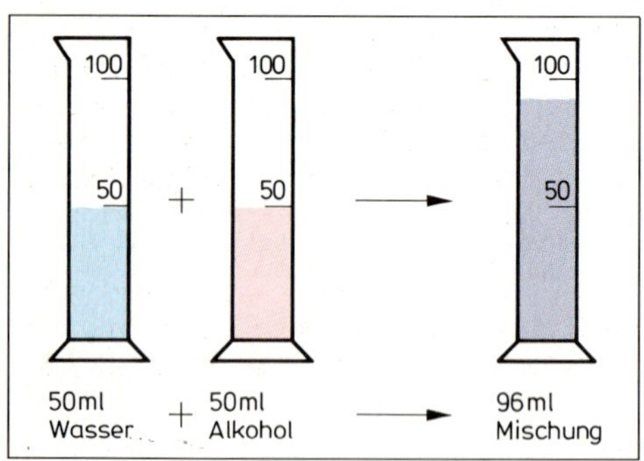

6.9 50 ml Wasser + 50 ml Alkohol = 96 ml Mischung

6.10 „Gewichtiger Wasserstoff"

Atommasse. Wie groß (besser: wie klein) ist ein Atom? Das leichteste ist das Wasserstoffatom. Es wiegt 0,000 000 000 000 000 000 000 001 66 g! In 1 g Wasserstoff sind 6 Trillionen Atome enthalten – das ist eine 6 mit 23 Nullen! (**6**.10).

Diese Zahlen sind fast unvorstellbar und unpraktisch. Daher hat man als Einheit der Atommasse den 12. Teil des Kohlenstoffatoms festgelegt. C hat also die Atommasse 12, H = 1, O = 16.

Atombau. Selbst das hochwertigste Mikroskop kann das Atom nicht sichtbar machen. So hat man seinen Aufbau aus Versuchen erschlossen und als Modell wiedergegeben. Eins dieser Modelle ist das Schalenmodell. Bild **6**.11 zeigt, daß ein Atom aus dem Atomkern und einer oder mehreren Schalen besteht, der Hülle. Der Kern enthält positiv geladene *Protonen* ($p^{\oplus}$), auf den Schalen bewegen sich die negativ geladenen *Elektronen* ($e^{\ominus}$)

um den Kern, wie die Planeten um die Sonne. Zwischen dem Kern und den Elektronenschalen, die man schematisch als Bahnen um den Kern darstellt, ist nichts, nicht einmal Luft. Gehalten werden die Elektronen auf ihren Bahnen durch Anziehungskräfte. Da die Anzahl der positiv geladenen Protonen eines Atoms stets gleich der Anzahl seiner negativ geladenen Elektronen ist, verhält sich das Atom nach außen neutral – die Ladungen heben sich gegenseitig auf. Außer Protonen enthält der Kern ungeladene *Neutronen.*

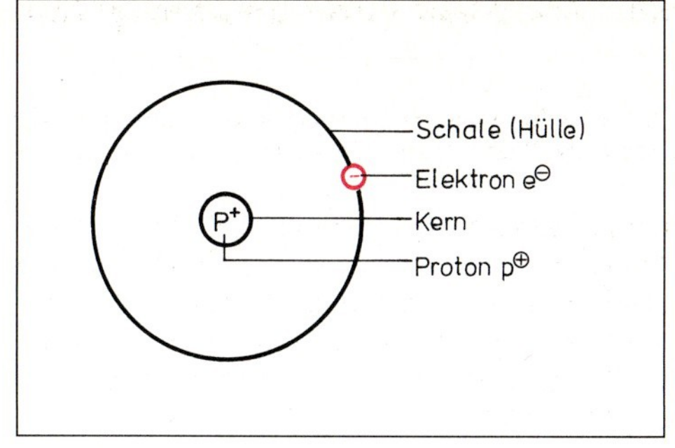

6.11 Atommodell des Wasserstoffs

Das Atom
- ist der kleinste Teil eines Elements,
- besteht aus dem Kern mit positiv geladenen Protonen und den Schalen mit ebenso vielen negativ geladenen Elektronen.

Elektronenschalen. Die Atome unterscheiden sich durch die Anzahl der Protonen und damit auch der Elektronen. Das Wasserstoffatom hat im Kern 1 Proton und auf seiner Schale 1 Elektron. Es folgt das Heliumgas mit 2 Protonen und 2 Elektronen auf der Schale. Mehr als 2 Elektronen kann die Innenschale nicht aufnehmen. Das nächste Element (Lithium) muß daher für sein drittes Elektron eine neue Schale anschließen. Diese zweite Schale kann bis zu 8 Elektronen aufnehmen, die dritte von höchstens 18 besetzt werden, die vierte von allenfalls 32 usw. Es gibt Atome mit 7 Elektronenschalen. Bei zwei und mehr Schalen kann die äußere jedoch nicht mehr als 8 Elektronen haben. Meist ist die äußere Schale unvollständig, also von weniger als 8 Elektronen besetzt.

Periodensystem der Elemente (PSE). Von Element zu Element wird die Atommasse größer, die Anzahl der Protonen nimmt um 1 zu (und damit auch die der Elektronen). Die Anzahl der Protonen ist die Ordnungszahl der Elemente, ihre Stelle im System der Grundstoffe.

Beispiel

Wasserstoff	= 1 Proton	= Ordnungszahl	1 =	1. Stelle
Sauerstoff	= 8 Protonen	= Ordnungszahl	8 =	8. Stelle
Schwefel	= 16 Protonen	= Ordnungszahl	16 =	16. Stelle

Als die Chemiker vor über hundert Jahren die Atome nach ihrer Masse ordneten, stellten sie eine merkwürdige Gesetzmäßigkeit fest: In bestimmten Abständen (periodisch) wiederholten sich die Eigenschaften der Elemente. Als man die Grundstoffe mit gleichen Eigenschaften untereinander stellte, ergab sich ein Periodensystem der Elemente, das eine neue erstaunliche Entdeckung brachte:

Die Elemente mit ähnlichen Eigenschaften haben auf ihrer Außenschale jeweils dieselbe Zahl Elektronen. Die Anzahl der Elektronen auf der Außenschale bestimmt also – eine wichtige Erkenntnis – die Eigenschaften eines Atoms!

Tabelle **6.**12 auf S. 162 zeigt einen Ausschnitt des PSE. Beachten Sie, daß die untereinanderstehenden Elemente die gleiche Elektronenzahl auf der Außenschale haben und damit ihre Gruppenzugehörigkeit zeigen. Die nebeneinanderstehenden Elemente stimmen wiederum in der Zahl der Elektronenschalen überein. Diese waagerechten Reihen nennt man Perioden.

Tabelle **6.12** **Periodensystem der Elemente**

Periode	Gruppen I Alkalimetalle	 II Erdalkalimetalle	 III Erdmetalle	 IV C/Si	 V N/P	 VI Chalkogene	 VII Halogene	 VIII Edelgase
1	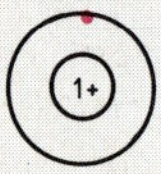 1+ 1 H Wasserstoff							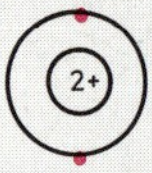 2+ 2 He Helium
2	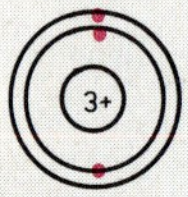 3+ 3 Li Lithium	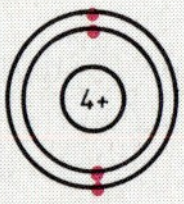 4+ 4 Be Beryllium	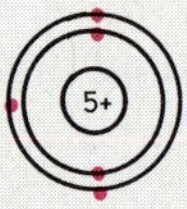 5+ 5 B Bor	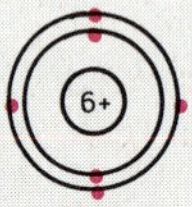 6+ 6 C Kohlenstoff	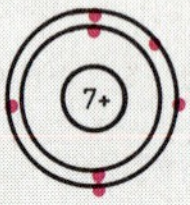 7+ 7 N Stickstoff	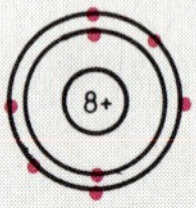 8+ 8 O Sauerstoff	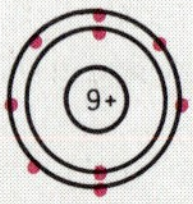 9+ 9 F Fluor	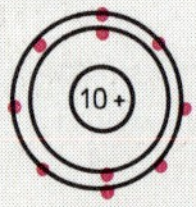 10+ 10 Ne Neon
3	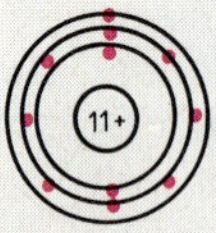 11+ 11 Na Natrium	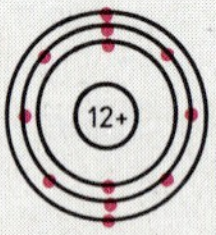 12+ 12 Mg Magnesium	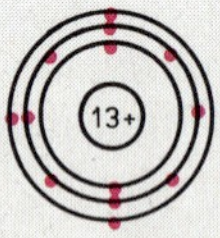 13+ 13 Al Aluminium	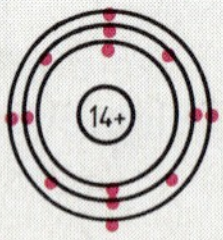 14+ 14 Si Silicium	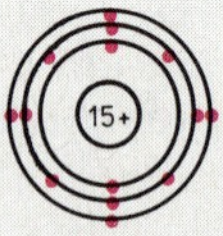 15+ 15 P Phosphor	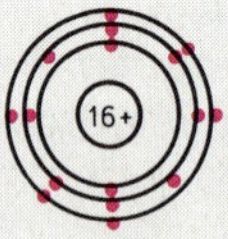 16+ 16 S Schwefel	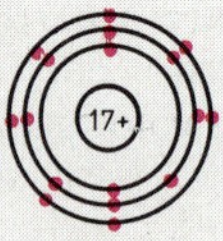 17+ 17 Cl Chlor	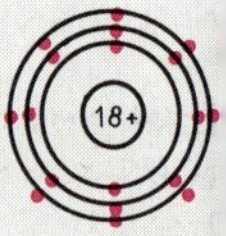 18+ 18 Ar Argon
4	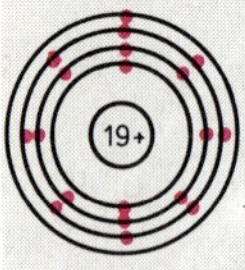 19+ 19 K Kalium	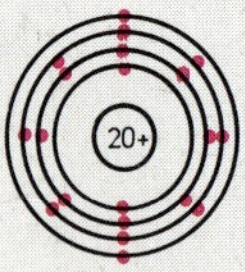 20+ 20 Ca Calcium	usw.					

Das PSE ist ein Schlüssel der Chemie. Was können Sie mit dem Periodensystem der Elemente anfangen? Sie haben gelernt, wie Atome aufgebaut sind, wodurch sich die Atome der einzelnen Grundstoffe unterscheiden und daß die Außenelektronen für die Eigenschaften und damit auch für die Reaktionen verantwortlich sind. Aus der Stellung eines Elements im PSE können Sie nun seinen Atombau ablesen und wissen durch einen Blick auf die Gruppennummer die Anzahl seiner Außenelektronen – kennen damit seine Eigenschaften und Reaktionen. Alles dieses erfahren Sie mit dem „Universalschlüssel" PSE, den Sie vollständig auf der Seite 428 finden.

Erläuterungen zum vollständigen PSE. Das PSE umfaßt sämtliche Elemente, die in Hauptgruppen, Nebengruppen und Lanthaniden/Actiniden eingeteilt sind. Die Lanthaniden/Actiniden sind fast alle radioaktiv. In dieser Gruppe finden Sie auch als 92. Element *Uran,* dessen Gefährlichkeit Ihnen sicher aus der Diskussion um Kernkraftwerke bekannt ist.

Für Sie wichtig sind die acht Hauptgruppen (rote Symbole). Die ersten zwei enthalten – mit Ausnahme des Wasserstoffs – nur Metalle, während in der siebten und achten Gruppe Nichtmetalle stehen.

Periodensystem der Elemente
- Übersicht über die Elemente
- Perioden (waagerecht →) = gleiche Elektronenschalen
- Gruppen (senkrecht ↓) = gleiche Anzahl Außenelektronen = gleiche Eigenschaften

6.5 Bindungsarten

Wenn man in gasförmigem Chlor ein Stückchen Natrium erwärmt, reagieren beide Stoffe, wie das aufflammende gelbe Licht zeigt, besonders heftig miteinander. Natrium ist so reaktionsfähig (besonders mit Sauerstoff und Wasser), daß man es unter Petroleum aufbewahren muß. Andere Stoffe sind nicht reaktionsbereit oder reagieren gar nicht. Woran liegt das?

Edelgaskonfiguration. Betrachten wir noch einmal die Gruppe VIII (Edelgase) der Tabelle **6.**12. Den Begriff „edel" kennen Sie von den Edelmetallen Gold, Silber, Platin her. Man nennt sie edel, weil sie besonders widerstandsfähig sind, nicht rosten und sich nur schwer mit anderen Elementen verbinden. Auch die Edelgase gehen kaum Verbindungen ein, denn ihre Außenschale ist vollbesetzt. Bei diesem Idealzustand besteht keine Neigung zu verändernden Reaktionen. Dagegen sind Elemente mit unterbesetzter Außenschale bestrebt, die „Edelgaskonfiguration" von 8 Elektronen (Oktettregel) oder bei der ersten Schale 2 Elektronen zu erreichen. Das ist die Ursache für ihre Reaktionsbereitschaft (**6.**13).

6.13 Edelgaskonfiguration – „Schönheitswettbewerb der Atome"

6.5.1 Ionenbindung

Das Natrium hat 2 Elektronen auf der ersten Schale, 8 auf der zweiten und nur 1 auf der Außenschale. Nach der Oktettregel könnte es 7 Elektronen aufnehmen, doch dürfte es leichter sein, 1 Elektron „loszuwerden" als 7 „einzufangen". Umgekehrt ist es beim Chlor mit 7 Elektronen auf der Außenschale: Es strebt danach, das fehlende 8. Elektron aufzunehmen (**6**.14). Deshalb die heftige Reaktion beider Stoffe.

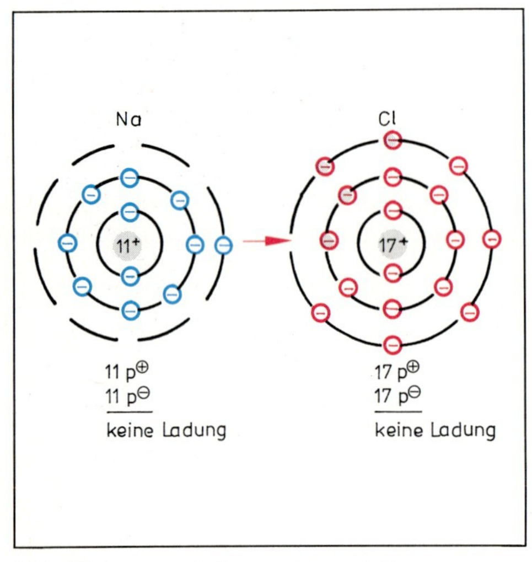

6.14 Elektronenschalen von Na und Cl

Na⊕
Cl⊖
11+
17+
11 p⊕
10 e⊖
1 p⊕
Kation
17 p⊕
18 e⊖
1 e⊖
Anion

6.15 Elektronenschalen von NaCl mit Anion und Kation

Ionen. Durch die übereinstimmende Anzahl von positiv geladenen Protonen und negativ geladenen Elektronen ist ein Atom nach außen neutral. Bei der Abgabe oder Aufnahme von Elektronen ändert sich die Anzahl der negativen Ladungen; die positiven Ladungen ändern sich nicht. Gibt z. B. Natrium sein Außenelektron ab, hat es im Kern 11 positive Ladungen, aber nur noch 10 negative Ladungen auf den Schalen. Für das gesamte Teilchen bleibt also eine positive Ladung übrig – bei Abgabe von Elektronen aus einem Atom entstehen folglich stets positiv geladene Teilchen. Man nennt sie *Kationen.* Chlor hat 17 positive Ladungen im Kern und erhält bei der Reaktion mit Natrium zu seinen 17 Elektronen eins dazu. Es hat also nun eine negative Ladung mehr – bei der Aufnahme von Elektronen entstehen negativ geladene Teilchen. Man nennt sie *Anionen* (**6**.15).

Ion ⟶ elektrisch geladenes Teilchen
Kation ⟶ elektrisch positiv geladenes Teilchen ⊕
Anion ⟶ elektrisch negativ geladene Teilchen ⊖

Da sich positive und negative Ladungen anziehen, bilden die Ionen eine Verbindung. Ionenbindungen entstehen, wenn sich Elemente der ersten drei PSE-Gruppen (Metalle) mit Grundstoffen der Gruppen 5 bis 7 (Nichtmetalle) verbinden (**6**.16). Grund: Die Außenschale der Metalle ist meist nicht einmal bis zur Hälfte besetzt und daher zur Elektronenabgabe bereit. Umgekehrt fehlen der Außenschale von Nichtmetallen nur wenige Elektronen, die sie begierig aufnehmen.

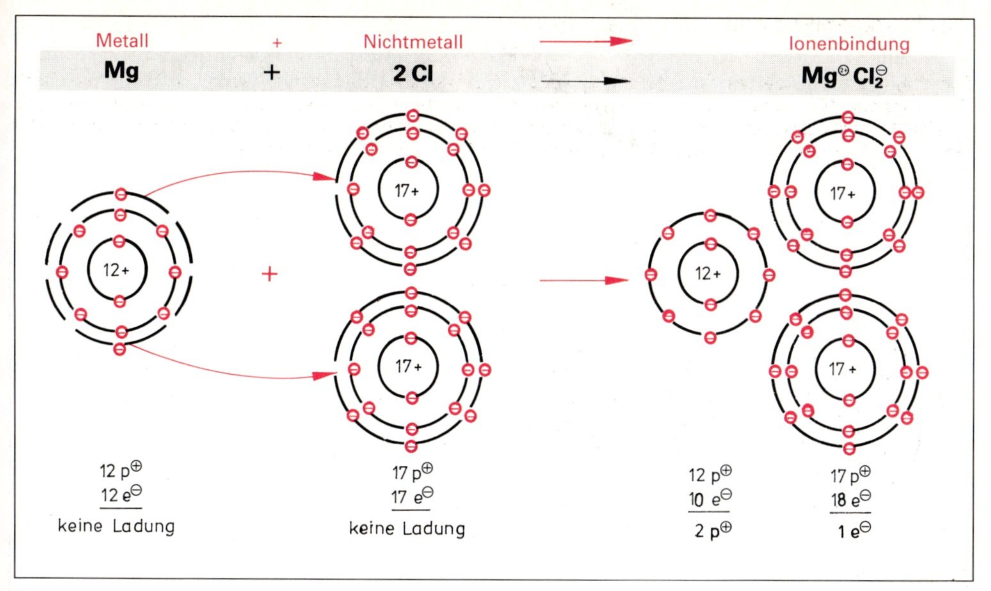

6.16 Ionenbindungen mit Elektronenschalen

Elektronenschreibweise. Beim Elektronenübergang verändert sich jeweils nur die Außenschale; die anderen Schalen und der Kern sind nicht betroffen. Zur besseren Übersicht läßt man sie daher weg und schreibt nur die Außenelektronen: ein einzelnes Elektron als Punkt, zwei Elektronen als Strich, möglichst gleichmäßig um das Symbol verteilt.

Beispiele

Na·	·Ċ· oder $|C|$
H·	·Ö· oder $|\overline{O}$ oder $\cdot\overline{O}\cdot$
·Mg· oder Mg$|$	:C̈l· oder $|\overline{Cl}\cdot$
·Ȧl· oder $|$Al·	:N̈e: oder $|\overline{Ne}|$

Die rot gedruckten Schreibweisen sind zu bevorzugen, weil sie auf einen Blick zeigen, wieviel Elektronen noch aufgenommen werden können. Überall, wo das Symbol nicht von Strichen umkreist oder nur mit einem Punkt versehen ist, gibt es noch Elektronenlücken.

Nun können wir Ionenbindungen auch in der Elektronenschreibweise darstellen.

Beispiele Metall + Nichtmetall ⟶ Ionenbindung

1. Na· + $\cdot\overline{Cl}|$ ⟶ $Na^{\oplus}\ |\overline{Cl}|^{\ominus}$
2. K· + $\cdot\overline{Cl}|$ ⟶ $K^{\oplus}\ |\overline{Cl}|^{\ominus}$
3. ·Mg· + $2\cdot\overline{Cl}|$ ⟶ $Mg^{2+}\ |\overline{Cl}|_2^{\ominus}$
4. ·Mg· + $\cdot\overline{O}\cdot$ ⟶ $Mg^{2+}\ |\overline{O}|^{2-}$

Summenformel. Auffällig ist das 3. Beispiel. Warum 2 Chloratome? Mg gehört zur Gruppe II, hat also 2 Außenelektronen. Nach der Oktettregel muß es beide abgeben. Chlor aber kann zu den 7 Elektronen nur eines aufnehmen. Für das zweite Elektron brauchen wir daher ein zweites Chloratom. Dieses Mengenverhältnis (1:2) muß in der Verbindung und in der Formel berücksichtigt werden. Man schreibt es rechts unten neben das Symbol: $MgCl_2$. Dies nennt man eine Summenformel. Sie gibt die Art der Verbindung an sowie Art und Anzahl der beteiligten Atome.

Beispiele H_2O (Wasser) = Verbindung aus 2 H-Atomen und 1 O-Atom
H_2O_2 (Wasserstoffperoxid) = Verbindung aus 2 H-Atomen und 2 O-Atomen

Ionenbindungen
- entstehen durch Abgabe bzw. Aufnahme von Elektronen,
- bilden sich zwischen Metallen und Nichtmetallen,
- werden durch die entgegengesetzten Ladungen zusammengehalten.

6.5.2 Atombindung

Einige Elemente können sich auch untereinander verbinden (z.B. Wasserstoff). Da sie völlig gleich sind, läßt sich nicht entscheiden, welches Atom ein Elektron abgegeben und welches eins aufgenommen hat. Vielmehr rücken sie so dicht zusammen, daß sich ihre Außenschalen überschneiden und von beiden genutzt werden (**6**.17). Solche Atom- oder Elektronenpaarbindungen gibt es als H_2, Cl_2, S_8 und bei den Elementen der Gruppe IV (Nichtmetalle) untereinander. Weil dabei weder Elektronen abgegeben noch aufgenommen werden, bilden sich keine Ionen und entstehen keine Ladungen.

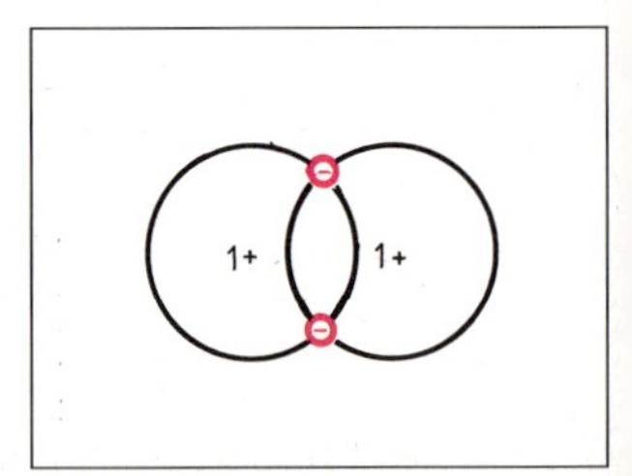

6.17 Wasserstoff als Atombindung (Wasserstoffmolekül)

Moleküle. Die durch Atombindungen entstandenen Teilchen heißen Moleküle. Ein Molekül ist also das kleinste Teil einer chemischen Verbindung und hat deren Eigenschaften. Lagern sich gleiche Atome zusammen (Cl_2, O_2), spricht man von einem Molekül der Elemente. Außer den Edelgasen kommen in der Natur keine Atome ungebunden vor, denn sie streben ja nach vollbesetzter Außenschale und suchen sich „Partner", um Moleküle zu bilden.

Moleküle sind die kleinsten Teilchen chemischer Verbindungen.

Die Elektronenschreibweise vereinfacht auch die Darstellung der Atombindungen, indem man gemeinsam genutzte Elektronenpaare als waagerechte Striche zwischen die Symbole setzt.

Beispiele Nichtmetall	+ Nichtmetall	⟶ Summenformel	Strukturformel
H·	+ ·H	⟶ H_2	H–H
2 H·	+ ·$\overline{\underline{O}}$·	⟶ H_2O	H–$\overline{\underline{O}}$–H
3 H·	+ I$\dot{\underset{\cdot}{N}}$·	⟶ NH_3	H–N(–H)–H mit freiem Elektronenpaar: IN(H)(H)–H
4 H·	+ ·$\dot{\underset{\cdot}{C}}$·	⟶ CH_4	H–C(H)(H)–H
I$\overline{\underline{Cl}}$·	+ ·$\overline{\underline{Cl}}$I	⟶ Cl_2	I$\overline{\underline{Cl}}$–$\overline{\underline{Cl}}$I

Strukturformel. Durch diese Schreibweise entstehen Formeln, die Anzahl und Art der beteiligten Atome und zugleich ihre Lage wiedergeben. So ist beim CH_4-Molekül der Kohlenstoff von den vier Wasserstoffatomen umringt. Im Unterschied zu den Summenformeln nennt man diese Schreibweise Strukturformel.

Atombindungen
- entstehen durch gemeinsames Benutzen von Elektronenpaaren,
- bilden sich zwischen Nichtmetallen.

6.5.3 Reaktionsgleichung

Bei der Darstellung von Ionen- und Atombindungen haben wir schon chemische Reaktionen in „Kurzfassung" als Gleichung geschrieben. Eine solche Reaktionsgleichung gibt an, wieviel Teile der Stoffe miteinander reagieren und wieviel Teile neuer Stoffe entstehen. Wenn sich zwei Atome Natrium und ein Molekül Chlor zu zwei Molekülen Natriumchlorid (= Kochsalz) verbinden, beschreibt man diese Reaktion so:

$2\,Na + Cl_2 \longrightarrow 2\,NaCl$

Auf der linken Seite der Gleichung stehen immer die *Ausgangsstoffe* (2 Na, Cl_2).
Das Pluszeichen zeigt an, daß sie miteinander reagieren.
Der Pfeil zeigt von den Ausgangsstoffen zu den *Reaktionsprodukten* auf der rechten Seite (2 NaCl).

Wichtig ist, daß auf beiden Seiten gleichviel Atome derselben Art stehen. Gibt es keine Übereinstimmung, müssen wir multiplizieren.

Beispiel Wasserstoffmoleküle und Sauerstoffmoleküle verbinden sich zu Wasser:

$H_2 + O_2 \longrightarrow H_2O$

linke Seite:	rechte Seite:
2 Wasserstoffatome	2 Wasserstoffatome
2 Sauerstoffatome	1 Sauerstoffatom

Die Gleichung muß also ausgeglichen werden, denn bei chemischen Reaktionen können keine Teilchen „verschwinden". Den zwei Atomen Sauerstoff links müssen zwei Atome rechts entsprechen. Dies erreicht man, indem man das Wassermolekül verdoppelt. Die 2 vor der Formel bedeutet, daß das ganze Molekül zweimal entsteht. Weil dazu noch ein weiteres Wasserstoffmolekül erforderlich ist, setzt man vor den Wasserstoff auf der linken Seite ebenso eine 2 und erhält nun:

$2\,H_2 + O_2 \longrightarrow 2\,H_2O$

Kontrolle

linke Seite:	rechte Seite:
2·2 H-Atome 4 H-Atome	2·2 H-Atome = 4 H-Atome
2 O-Atome	2 O-Atome

6.18 „Natriumexplosion" oder „Chlorvergiftung am Frühstückstisch"

Schreiben Sie zwischen Ausgangsstoffen und Endprodukten *niemals* ein Gleichheitszeichen, wie Sie es vom Rechnen her kennen! Denn in einer chemischen Reaktionsgleichung stehen nie die gleichen Stoffe auf beiden Seiten – es entstehen ja durch die Reaktion neue Stoffe mit anderen Eigenschaften! Das beste Beispiel dafür ist die Verbindung von Natrium und Chlor zu Kochsalz: Aus beiden giftigen Stoffen entsteht der Stoff, der Ihnen das morgendliche Frühstücksei schmackhaft macht (**6**.18).

Formelsprache der Chemie

Symbole sind die Abkürzungen der Elemente,

Außenelektronen werden als Punkte, Elektronenpaare als Striche um das Symbol gezeichnet.

Summenformeln kennzeichnen eine Verbindung sowie Art und Anzahl der beteiligten Stoffteilchen (z.B. Wasser H_2O, Wasserstoffperoxid H_2O_2, Kochsalz NaCl).

Strukturformeln zeigen außer der Verbindungsart, Art und Anzahl der beteiligten Stoffe auch die räumliche Anordnung (Struktur), z.B. Wasser $H-\overline{\underline{O}}-H$, Wasserstoffperoxid $H-\overline{\underline{O}}-\overline{\underline{O}}-H$.

Reaktionsgleichungen beschreiben chemische Reaktionen. Links stehen die Ausgangsstoffe; der Pfeil bedeutet „reagiert zu", „zerfällt in", „ergibt"; rechts stehen die Reaktionsprodukte, z.B. $2\,Na + Cl_2 \longrightarrow 2\,NaCl$, $2\,H_2O_2 \longrightarrow 2\,H_2O + O_2$.

Aufgaben zu Abschnitt 6.1 bis 6.5

1. Warum brauchen Sie Kenntnisse in der Chemie?
2. Wodurch unterscheiden sich chemische und physikalische Vorgänge?
3. Nennen Sie die drei Aggregatzustände.
4. Welche unserer Arbeitsverfahren sind chemisch, welche physikalisch?
5. Was versteht man unter Phasen?
6. Nennen Sie Mittel, die Emulsionen, Suspensionen, Mischungen und Aerosole sind.

7. Nennen Sie homogene kosmetische Präparate.
8. Was sind Gele?
9. Warum lassen sich Alkohol-Wasser-Lösungen durch Destillation trennen?
10. a) Was geschieht im Hofmannschen Apparat?
    b) Wie weisen Sie Sauerstoff und Wasserstoff nach?
11. Nennen Sie Verbindungen.
12. Wie nennt man die Vereinigung von Stoffen zu einer Verbindung?
13. Wie heißt die Trennung einer Verbindung in ihre Ausgangsstoffe?
14. Was sind Elemente? Wieviel gibt es?
15. Nennen Sie die drei Eigenschaften der Metalle.
16. Zählen Sie mindestens fünf gasförmige Grundstoffe auf.
17. Welches Metall ist flüssig?
18. Was sind Atome?
19. Zeichnen und beschriften Sie das Schalenmodell des Wasserstoffatoms.
20. Warum sind Atome elektrisch neutral?
21. Wodurch unterscheiden sich die Atome der verschiedenen Elemente?
22. Wieviel Elektronen können die erste, zweite und äußere Schale eines Atoms aufnehmen?
23. Wo stehen im Periodensystem Elemente mit ähnlichen Eigenschaften? Warum?
24. Nennen Sie drei Elemente mit der gleichen Anzahl Schalen.
25. Was können Sie aus der Gruppennummer eines Elements im Periodensystem ableiten?
26. Was versteht man unter Edelgaskonfiguration?
27. Was sind Ionen, Kationen und Anionen?
28. Warum entsteht bei Elektronenabgabe ein Kation?
29. Welche Art chemischer Bindung entsteht, wenn Metalle mit Nichtmetallen reagieren?
30. Schreiben Sie folgende Reaktionen in Elektronenschreibweise mit Ladungen:
    a) Natrium und Chlor reagieren zu NaCl,
    b) Kalium und Brom reagieren zu KBr,
    c) Magnesium und Schwefel reagieren zu MgS.
31. Was sagt die Summenformel H_2O aus?
32. Zwischen welchen Stoffen bilden sich Atombindungen aus?
33. An welchen Stellen im Periodensystem befinden sich die Metalle und die Nichtmetalle?
34. Nennen Sie Moleküle von Elementen.
35. Wodurch entstehen Atombindungen?
36. Was sagen die Strukturformeln von Verbindungen aus?
37. Gleichen Sie diese Reaktionsgleichungen aus:
    a) $H + S \longrightarrow H_2S$
    b) $Mg + Cl_2 \longrightarrow MgCl$
38. Warum steht in einer Reaktionsgleichung kein Gleichheitszeichen, sondern ein Pfeil?

6.6 Wasser

Stellen Sie sich einen Tag ohne Wasser vor. Das Frühstück und alle anderen Mahlzeiten fielen aus, denn sie könnten weder Getränke noch Essen kochen. Die Reinlichkeit ließe total zu wünschen übrig. Sie könnten sich nicht einmal mit einem Erfrischungstuch das Gesicht abreiben, denn auch dies enthält neben Alkohol und waschaktiven Substanzen Wasser. Und im Salon ständen sie „arbeitslos" herum, denn was kann ein Friseurbetrieb ohne Wasser anfangen?

Wasser ist lebensnotwendig. Weder Pflanzen noch Tiere oder Menschen können ohne Wasser leben. Sie müßten verdorren bzw. verdursten. Alle Lebewesen bestehen zu einem hohen Anteil aus Wasser – Menschen und Tiere zu 60 bis 65%. Weil der Mensch ständig Wasser ausscheidet (Schweiß, Harn), muß ein Erwachsener täglich 3 l Wasser zu sich nehmen, damit sein „Wasserhaushalt" funktioniert und er gesund bleibt.

In der Körperpflege ist Wasser unentbehrlich. Es dient als *Reinigungsmittel* für Haut und Haare und ist wichtiger Inhaltsstoff kosmetischer Präparate. Als *Lösungsmittel* löst es viele Wirkstoffe und wird zusammen mit Fetten und Ölen zu Emulsionen verarbeitet. Als *Verdünnungsmittel* vieler Präparate erleichtert es die gleichmäßige Verteilung der Wirkstoffe auf Haut und Haaren. Auch als *Behandlungsmittel* wird Wasser gebraucht: Warme Kompressen quellen die Haut und erweitern die Poren, kalte Kompressen wirken adstringierend. Vergessen wir schließlich nicht den medizinischen Einsatz des Wassers als *Heilmittel* in Bädern und Umschlägen. Gerade in unserem Beruf zeigt sich die vielfältige Verwendung und Anwendung des Wassers also besonders deutlich.

> **Wasser ist lebensnotwendig**
> - dient in der Körperpflege als Reinigungs-, Lösungs-, Verdünnungs- und Behandlungsmittel,
> - steht nicht unbegrenzt zur Verfügung und darf daher nicht unnötig verschmutzt und verschwendet werden.

Dipol. Wasser ist, wie wir schon wissen, eine chemische Verbindung von Wasserstoff und Sauerstoff (H_2O). Die Strukturformel zeigt eine Besonderheit: Die Wasserstoffatome sind nicht wie üblich angeordnet, sondern in einem Winkel (**6.**19a). Das ist die Ursache für einige wichtige Eigenschaften des Wassers. Die höhere Ladung des Sauerstoffkerns nämlich zieht die Elektronen des Wasserstoffmoleküls von ihren Kernen weg zu sich herüber. Dadurch wird das Sauerstoffatom schwach negativ geladen (Teil- oder Partialladung), während die Wasserstoffatome eine positive Teilladung erhalten. Das Wassermolekül ist also weder eine reine Atombindung noch eine Ionenbindung, sondern hat ein positives und ein negatives Ende – es ist ein Dipol (Zweipol) oder eine *polare Atombindung* (**6.**19a).
Die entgegengesetzten Ladungen ziehen sich an und bilden zwischen dem Sauerstoff und den Wasserstoffatomen anderer Wassermoleküle *Wasserstoffbrücken* – einen netzartigen Molekülverband (**6.**19b). Diese Verbände bilden sich jedoch nur beim flüssigen Zustand des Wassers. Im Wasserdampf lösen sie sich auf zu einzelnen Wassermolekülen.

Wasserstoffbrücken bilden sich auch im Keratin des Haares zwischen dem Sauerstoff der Peptidbindung und dem Wasserstoff der Aminogruppen (s. Abschn. 7.2.2).

Der Dipolcharakter des Wassermoleküls ist für die Grenzflächenspannung (s. Abschn. 4.1.1) ebenso verantwortlich wie für den verhältnismäßig hohen Siedepunkt (100 °C). Die Wasserstoffbrücken „halten" nämlich die einzelnen Moleküle zusammen, so daß zum Verdampfen von Wasser – also zum „Abtrennen" einzelner Moleküle – viel Energie aufge-

6.19 Wassermolekül
a) Dipol mit Ladungstrennung
b) netzartiger Molekülverband mit Wasserstoffbrücken

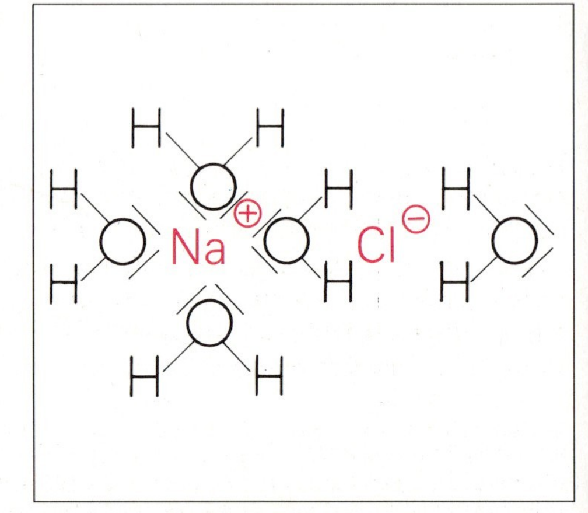

6.20 Wasser als Lösungsmittel für Ionen

bracht werden muß. Als Lösungsmittel ist Wasser besonders gut geeignet. Die Wassermoleküle lagern sich nämlich zwischen die Ionenbindungen und spalten sie, indem der negativ polarisierte Sauerstoff die Kationen umhüllt und die positiv polarisierten Wasserstoffteilchen die Anionen umschließen (**6**.20).

Kreislauf des Wassers. Leitungswasser ist kein chemisch reines Wasser, sondern enthält viele gelöste Stoffe, darunter für uns lebenswichtige Salze. Man kann sie durch Destillieren entfernen (s. Abschn. 6.2). Wie aber gelangen sie überhaupt ins Wasser? Die Niederschläge sickern in den Boden und werden dabei durch Sand- und Kiesschichten filtriert, also von groben Verunreinigungen befreit. Dabei löst das Wasser im Boden Stoffe, vor allem Calcium- und Magnesiumsalze. Das Grundwasser ist also salzhaltig, wenn es als Quelle wieder an die Erdoberfläche tritt. Unter der Sonnenwärme verdunstet ein Teil des Wassers in Flüssen, Seen und Meeren. Dabei fallen die gelösten Stoffe aus (daher der hohe Salzgehalt des Meeres von 3 bis 4%). In der Atmosphäre nimmt der Wasserdampf Sauerstoff, Kohlendioxid und Verunreinigungen auf, kühlt ab und fällt als Niederschlag auf die Erde zurück – der Kreislauf des Wassers ist geschlossen (**6**.21).

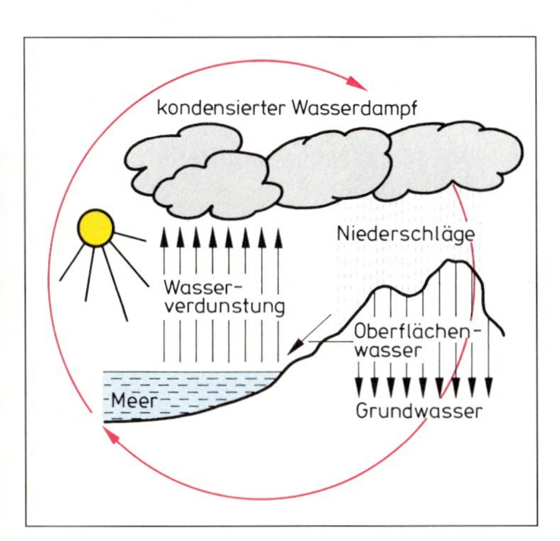

6.21 Kreislauf des Wassers

In Kesseln und Tauchsiedern setzen sich nach einiger Zeit gelbgraue Beläge ab. Man nennt sie Kesselstein und muß sie von Zeit zu Zeit entfernen, weil sie die Heizleistung beeinträchtigen. Was ist Kesselstein? Woher kommt er?

Tabelle **6**.22 **Härte des Wassers**

°dH	in 100 l Wasser	Bezeichnung
0 bis 4	0 bis 4 g CaO	sehr weiches Wasser
4 bis 8	4 bis 8 g CaO	weiches Wasser
8 bis 12	8 bis 12 g CaO	mittelhartes Wasser
12 bis 30	12 bis 30 g CaO	hartes Wasser
über 30	mehr als 30 g CaO	sehr hartes Wasser

Wasserhärte. In manchen Landschaften schmeckt das Wasser gut, in anderen fad. Fader Geschmack deutet auf wenige Salze im Wasser. Salzarmes Wasser ist ungesund. Doch auch salzreiches Wasser hat seine Tücken.

Die Menge der gelösten Stoffe mißt man durch die Härtegrade des Wassers. 1 deutscher Härtegrad (1°dH) bedeutet, daß in 100 l Wasser 1 g Calciumoxid gelöst ist. Nach dem Härtegrad unterscheidet man weiches und hartes Wasser (s. Tab. **6**.22).

Dabei unterscheidet man zwischen vorübergehender und bleibender Wasserhärte.

Vorübergehende (temporäre) Wasserhärte. Beim Kochen von Wasser scheidet sich Kesselstein ab, werden also Härtesalze – $Ca(HCO_3)_2$, $Mg(HCO_3)_2$ – entfernt. Durch die „Kalkalblagerungen" wird die Leistungsfähigkeit von Heizspiralen und Geräten herabgesetzt. Die Stoffe scheiden sich ab, weil die gelösten Hydrogencarbonate beim Erhitzen Wasser und Kohlendioxid abspalten, so daß schwerlösliche Carbonate zurückbleiben:

$$Ca(HCO_3)_2 \longrightarrow CaCO_3 + H_2O + CO_2$$

Calciumhydrogencarbonat (gelöst) → Calciumcarbonat (schwerlöslich) + Wasser + Kohlendioxid

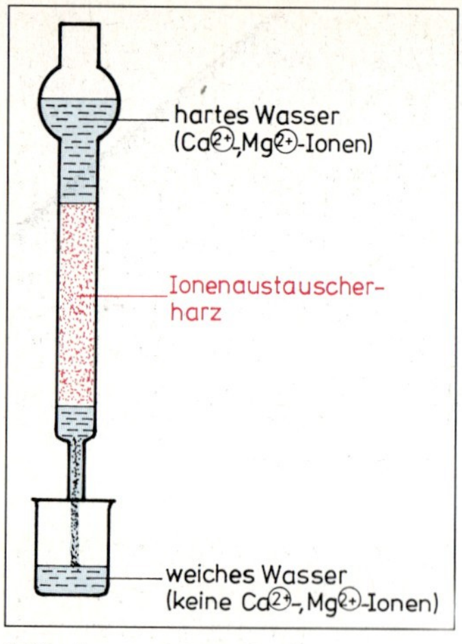

6.23 Ionenaustauscher

Bleibende (permanente) Wasserhärte wird durch andere Salze verursacht, die sich nicht durch Kochen beseitigen lassen. Es sind Calciumsulfat $CaSO_4$ und Magnesiumsulfat $MgSO_4$ sowie Calciumchlorid $CaCl_2$ und Magnesiumchlorid $MgCl_2$.

Hartes Wasser ist für kosmetische Präparate unbrauchbar, denn die gelösten Salze können mit den Inhaltsstoffen ebenso unerwünscht reagieren wie mit der Seife (s. Abschn. 4.1.3). Außerdem reizen sie empfindliche Haut. Wasserdampferzeugende Geräte (Vapozone, Gesichtssauna) werden durch die Kalkablagerungen beschädigt und dürfen daher nur mit enthärtetem Wasser betrieben werden.

Wasserenthärtung. Durch Abkochen entfernt man, wie wir gesehen haben, nur die vorübergehende Wasserhärte. Alle Salze fallen beim *Destillieren* aus (s. Abschn. 6.2). Heute verwendet man vielfach *Ionenaustauscher* zum Wasserenthärten (**6.23**). Sie sind mit bestimmten Harzen gefüllt und tauschen die Magnesium- und Calciumionen des durchlaufenden Wassers gegen die unschädlichen Natriumionen aus. Die Wasserhärte wird sozusagen „weggefangen". Möglicherweise benutzen Sie bereits einen Ionenaustauscher, ohne es zu wissen. Viele Firmen bieten z. B. zu Dampfbügeleisen ein Filtergerät mit Ionenaustauscher an. Darin enthaltene Ionenaustauscherharze sind zusätzlich mit einem Indikator versehen, der durch seinen Farbumschlag anzeigt, wann das Harz erneuert werden muß. Auch *chemische Mittel* wie Borax und Phosphonate eignen sich zum Wasserenthärten. Sie verbinden sich mit den Salzen zu schwerlöslichen Stoffen und fallen daher aus.

Wassserhärte
- vorübergehende Härte
  $\longrightarrow$ $Ca(HCO_3)_2$, $Mg(HCO_3)_2$
- bleibende Härte
  $\longrightarrow$ $CaSO_4$,
  $MgSO_4$, $CaCl_2$, $MgCl_2$

Wasserenthärtung
- durch Kochen
  $\longrightarrow$ teilentsalztes Wasser
- durch Destillieren
  $\longrightarrow$ destilliertes Wasser
- durch Ionenaustausch
  $\longrightarrow$ vollentsalztes Wasser
- chemisches Mittel

6.7 Oxidation und Reduktion

6.7.1 Oxidation

Versuch 8 Geben Sie ein cremeförmiges Oxidationshaarfärbemittel (z. B. Dunkelblond oder Brauntöne) auf eine Glasplatte und lassen Sie es an der Luft stehen. Welche Veränderung stellen Sie nach 10 bis 20 Minuten fest?

Versuch 9 Halten Sie ein Stück Kupferblech in die Flamme eines Bunsenbrenners. Was beobachten Sie?

Versuch 10 Entzünden Sie ein 3 bis 5 cm langes Magnesiumband über einer feuerfesten Schale (**6.25**).

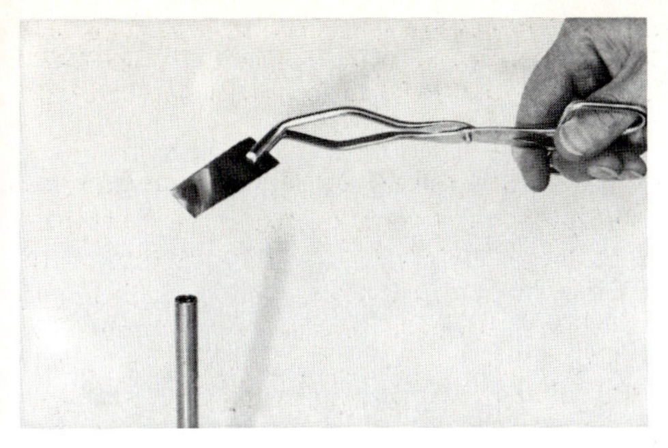

6.24 Oxidation von Kupfer

6.25 Oxidation von Magnesium

Oxidation. Schon beim Herausdrücken aus der Tube sehen Sie, daß der vordere Teil dunkler ist als die übrige Creme. Das herausgedrückte Stück färbt sich überall dort, wo es mit Luft in Berührung kommt, dunkel – zu der Farbe, in der das Haar eingefärbt werden soll. Wir schließen daraus, daß der Luftsauerstoff farblose Stoffe in der Creme (die Farbstoffvorstufen oder Farbstoffbildner) in Farbe umgewandelt hat.

Beim Erhitzen des rotglänzenden Kupfers bildet sich ein dunkler Stoff – Kupferoxid: $2\,Cu + O_2 \longrightarrow 2\,CuO$. Und das feste Magnesiumband verbrennt mit heller Flamme zu einem weißen Pulver – es hat aus der Luft Sauerstoff aufgenommen und wurde zu Magnesiumoxid: $2\,Mg + O_2 \longrightarrow 2\,MgO$. Auch Eisen nimmt beim Rosten Sauerstoff auf, wird zu Eisenoxid (Rost). Chemische Reaktionen, bei denen Sauerstoff aufgenommen wird, nennt man Oxidation, die neu entstandenen Verbindungen sind Oxide.

Tabelle 6.26 **Oxide**

Element	Summenformel	Griechisches Zahlwort	Name des Oxids
Kohlenstoff	CO	1 = mon(o)-	Kohlenmonoxid
Kohlenstoff	CO_2	2 = di-	Kohlendioxid
Schwefel	SO_2		Schwefeldioxid
Schwefel	SO_3	3 = tri-	Schwefeltrioxid

4 = tetra-, 5 = penta-, 6 = hexa-, 7 = hepta-

Oxide heißen nach dem Stoff, der Sauerstoff aufgenommen hat (z. B. Kupferoxid, Magnesiumoxid). Je nachdem, wieviel Atome Sauerstoff aufgenommen wurden, unterscheidet man die Oxide außerdem mit griechischen Zahlwörtern. Beim Verbrennen von Kohlenstoff entstehen z. B. CO = Kohlenmonoxid und CO_2 = Kohlendioxid (**6**.26).

Erweiterter Oxidationsbegriff. Zwar ist die Oxidation (wie schon der Name sagt) stets eine Reaktion mit Sauerstoff (Oxygenium), doch verlaufen Reaktionen mit einigen anderen Stoffen ähnlich. So können etwa Schwefel oder Chlor Magnesium „verbrennen" und *Sulfide* bzw. *Chloride* bilden: $Mg + Cl_2 \longrightarrow MgCl_2$. Daß die Reaktionen ähnlich sind, zeigt die Elektronenschreibweise:

$$\cdot Mg \cdot + 2\,\cdot\overline{\underline{Cl}}| \longrightarrow Mg^{2+}\ |\overline{\underline{Cl}}|_2^{-}$$

$$\cdot Mg \cdot + \cdot\overline{\underline{O}}\cdot \longrightarrow Mg^{2+}\ |\overline{\underline{O}}|^{2-}$$

Bei beiden Reaktionen hat das Magnesium seine zwei Außenelektronen abgegeben und ist dadurch zweifach positiv geworden. Deshalb versteht man unter Oxidation nicht nur die Aufnahme von Sauerstoff, sondern auch die Abgabe von Elektronen.

Oxidation

Verbindung eines Stoffes mit Sauerstoff

Verbindung eines Stoffes unter Elektronenabgabe

Oxidationsmittel sind Elektronenempfänger, müssen also die abgegebenen Elektronen aufnehmen können. Dazu eignen sich besonders die Nichtmetalle der Gruppen VI und VII des PSE, denen ja nur ein oder zwei Elektronen zur vollbesetzten Außenschale fehlen. Man nennt sie deshalb auch Elektronenakzeptoren (lat. akzeptieren = aufnehmen).

Oxidationsmittel sind Stoffe, die Elektronen aufnehmen (Elektronenempfänger).

6.7.2 Wasserstoffperoxid

Wasserstoffperoxid H_2O_2 ist für den Friseur das wichtigste Oxidationsmittel. Beim *Färben* oxidiert es die Farbstoffvorstufen zum künstlichen Pigment (Farbe), beim *Blondieren* zerstört es die natürlichen Pigmente des Haares. Zum *Desinfizieren* kann man es ebenso verwenden wie zum *Fixieren* von Dauerwellen. Wasserstoffperoxid für unseren Arbeitsbereich gibt es als 3-, 6-, 9-, 12- und 18prozentige Lösungen sowie in Emulsionsform. Die früher gebräuchlichen Tabletten mußten zerrieben und in Wasser gelöst werden.

Warum ist Wasserstoffperoxid ein so gutes Oxidationsmittel? Es hat die Strukturformel $H-\overline{\underline{O}}-\overline{\underline{O}}-H$. Dabei ziehen die Sauerstoffatome die Elektronen der Wasserstoffatome so stark zu sich herüber, daß es zu einer Ladungsverteilung kommt:

$$^{\oplus}H \quad \underbrace{|\overline{\underline{O}}-\overline{\underline{O}}|}_{2-} \quad H^{\oplus}$$

Die $|\overline{\underline{O}}-\overline{\underline{O}}|^{2-}$-Gruppe – auch Peroxid- oder Superoxidgruppe genannt – ist infolge der Atombindung in der Mitte bestrebt, ihre äußere Schale durch zwei Elektronen aus anderen Stoffen zu stabilisieren. Dabei zerfällt sie in $2|\overline{\underline{O}}|^{2-}$-Ionen mit vollbesetzten Außenschalen:

$$|\overline{\underline{O}}-\overline{\underline{O}}|^{2-} + 2e^{-} \longrightarrow |\overline{\underline{O}}|^{2-} + |\overline{\underline{O}}|^{2-}$$

Wasserstoffperoxid ist daher sehr reaktionsfähig und ein gutes Oxidationsmittel. Leider hat es aber auch Nachteile.

Versuch 11 Geben Sie in Reagenzgläser mit einer 12- oder 6prozentigen H_2O_2-Lösung jeweils Braunstein (MnO_2), Staub und aufgelöste Hefe (**6**.27).

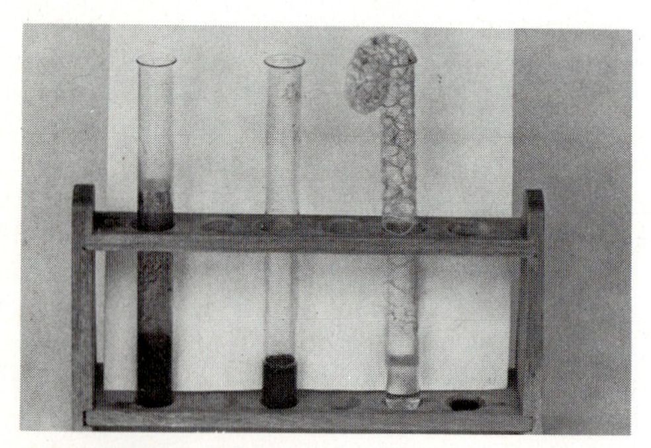

6.27 $\left.\begin{array}{l}MnO_2\\ \text{Staub}\\ \text{Hefe}\end{array}\right\} + H_2O_2$

Versuch 12 Erwärmen Sie eine 12prozentige H_2O_2-Lösung und messen Sie die Temperatur, bei der Gasblasen aufzusteigen beginnen.

Versuch 13 Geben Sie zu einer 12prozentigen H_2O_2-Lösung einige Tropfen Ammoniumhydroxid (NH_4OH).

Wasserstoffperoxid-Zerfall. Schwermetallsalze (wie z.B. Braunstein), Hefe und Ammoniumhydroxid, manchmal schon etwas Staub lassen das H_2O_2 zerfallen. Die aufsteigenden Gasblasen sind Sauerstoff, wie die Probe mit dem glimmenden Holzspan beweist. Wasserstoffperoxid zerfällt also in Sauerstoff und Wasser:

$$2\,H_2O_2 \longrightarrow 2\,H_2O + O_2$$

$$\begin{matrix} H-\overline{\underline{O}}-\overline{\underline{O}}-H \\ H-\overline{\underline{O}}-\overline{\underline{O}}-H \end{matrix} \longrightarrow \begin{matrix} H-\overline{\underline{O}}-H \\ H-\overline{\underline{O}}-H \end{matrix} + \cdot\overline{\underline{O}}-\overline{\underline{O}}\cdot$$

Wasserstoffperoxid ⟶ Wasser + Sauerstoff

Katalysatoren. Die Stoffe, die wir in den Versuchen den Peroxidlösungen zugesetzt haben, erscheinen in diesen Reaktionsformeln nicht – sie leiten den Zerfall in Wasser und Sauerstoff zwar ein, beschleunigen (ebenso wie Wärme) die Reaktion, verändern sich selbst jedoch nicht. Sie wirken katalytisch, nur durch ihre Anwesenheit. Man nennt sie Katalysatoren.

Biokatalysatoren. Ohne Katalysatoren liefen viele chemische Reaktionen zu langsam ab. Auch unser Organismus kommt nicht ohne diese Reaktionsbeschleuniger aus – die Enzyme (Fermente) übernehmen diese Aufgabe im Stoffwechsel. Man nennt sie auch Biokatalysatoren.

Katalysatoren beschleunigen chemische Reaktionen, ohne selbst an der Reaktion teilzunehmen.

Wasserstoffperoxid-Stabilisierung. Setzt man H_2O_2 in einem Metallgefäß an, zerfällt es sofort und wird unbrauchbar. Dasselbe geschieht, wenn es längere Zeit starkem Licht und Wärme ausgesetzt wird. Damit kein Staub eindringt, müssen die Flaschen sofort nach Gebrauch wieder verschlossen werden. Damit die handelsüblichen H_2O_2-Lösungen nicht zerfallen und unbrauchbar werden, sind sie mit sauer reagierenden Substanzen (z.B. Phosphorsäure) stabilisiert. Diese Stoffe halten das Molekül fest zusammen und verhindern so die Abspaltung von Sauerstoff. Soll das Wasserstoffperoxid oxidieren, muß die Stabilisierungssäure erst entfernt werden. Dazu enthalten die Blondier- und Färbemittel entsprechende Alkalien.

Die Oxidationswirkung beginnt gleich nach dem Mischen von Blondier- und Färbemittel mit H_2O_2. Deshalb müssen Sie sie immer frisch mischen und schnell auftragen. Steht das angerührte Präparat längere Zeit, entweicht der Sauerstoff, und es wirkt nicht mehr oder nur noch unzureichend.

Um Wasserstoffperoxid nachzuweisen, machen wir folgende Versuche:

Versuch 14 In Reagenzgläser mit jeweils 3-, 6-, 9- und 18prozentiger H_2O_2-Lösung tropfen Sie Titanylsulfat. Welche Farbreaktion tritt auf?

Versuch 15 Füllen Sie jeweils etwas Wasser, Wellmittel, Fixierung, Aufhellungsfestiger, Festiger und Shampoolösung in Reagenzgläser und tropfen Titanylsulfat hinzu. Bei welchen Stoffen zeigt sich die Farbreaktion?

Wasserstoffperoxid-Nachweis. Farbloses Titanylsulfat färbt sich gelb bis orange, wenn es mit H_2O_2 in Berührung kommt. Diese Farbreaktion zeigt, daß ein Präparat Wasserstoffperoxid enthält. Titanylsulfat ist also ein Indikator (Anzeiger) für Wasserstoffperoxid.

Indikatoren sind Stoffe, die durch Farbreaktionen andere Stoffe nachweisen. Farbloses Titanylsulfat zeigt durch gelb-orangen Farbumschlag Wasserstoffperoxid an.

Regeln im Umgang mit Wasserstoffperoxid

- H_2O_2-Mittel nur in den vom Hersteller angegebenen Konzentrationen verarbeiten; zu starke Konzentrationen schädigen Haut und Haare.
- H_2O_2 kühl und staubfrei lagern und nicht mit Metallen in Berührung bringen; sonst zerfällt es.
- H_2O_2-Flaschen nicht luftdicht verschließen, damit frei werdender Sauerstoff entweichen kann (Gefahr des Platzens).
- Nichtverwendbares H_2O_2 nicht in die Flasche zurückfüllen, angebrochene Flaschen bald verbrauchen (Gefahr des Zerfalls).

6.7.3 Reduktion

Versuch 16 Oxidieren Sie ein Stück Kupferblech im oberen Bereich einer Bunsenbrennerflamme. Wenn das rote Kupfer mit schwarzem Kupferoxid überzogen ist, halten Sie es in den Flammenkegel. Was beobachten Sie? Wiederholen Sie den Versuch (**6.**28).

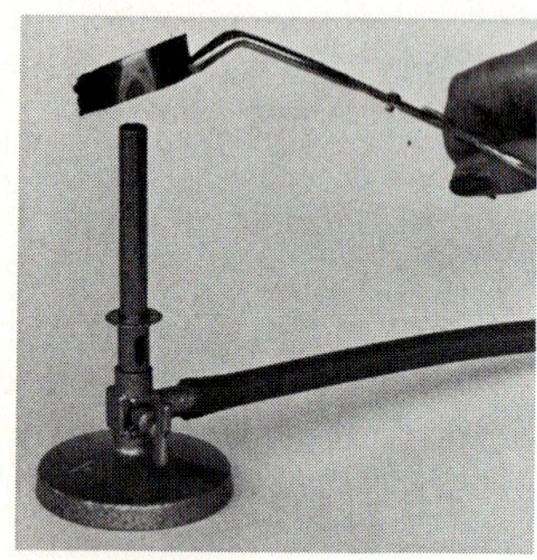

6.28 Reduktion von Kupferoxid in der Flamme

6.29 Flamme des Bunsenbrenners

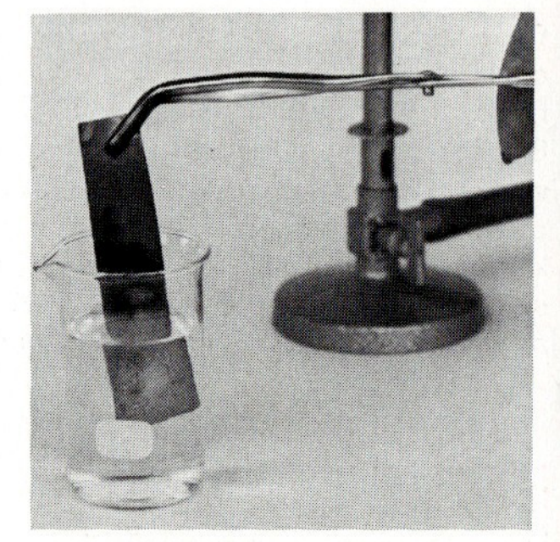

6.30 Reduktion von Kupferoxid in Methanol

Versuch 17 Tauchen Sie das noch heiße mit Kupferoxid überzogene Kupferblech aus Versuch 16 in Methanol (Vorsicht – Methanol brennt! **6.**30).

Die wasserstoffhaltige Flamme des Bunsenbrenners entzieht dem Oxid den Sauerstoff. Nimmt man das Kupferblech jedoch aus der Flamme heraus, kommt es mit dem oxidierenden Teil in Berührung und wird wieder zu Kupferoxid. Methanol entzieht dem Kupferoxid den Sauerstoff dagegen endgültig. Das schwarze Blech wird wieder blank und glänzend – Kupferoxid ist in Kupfer zurückverwandelt. Den Entzug bzw. die Abgabe von Sauerstoff nennt man Reduktion. Vergleichen wir die Reaktionen:

Oxidation	Reduktion
$2\,Cu + O_2 \longrightarrow 2\,CuO$	$CuO + H_2 \longrightarrow Cu + H_2O$ Wasserstoff-Flamme $CuO + CH_3OH \longrightarrow Cu + CH_2O + H_2O$ Methanol / Formaldehyd
$\cdot Cu \cdot - 2e^{\ominus} \longrightarrow Cu^{2+}$ $\cdot\overline{\underline{O}}\cdot + 2e^{\ominus} \longrightarrow |\overline{\underline{O}}|^{2+}$	$Cu^{2+} + 2e^{\ominus} \longrightarrow Cu$ $2\,H\cdot - 2e^{\ominus} \longrightarrow 2\,H^{\oplus}$ $2\,H^{\oplus} + |\overline{\underline{O}}|^{2-} \longrightarrow H_2O$

Erweiterter Reduktionsbegriff. Bei der Oxidation hat Kupfer seine beiden Außenelektronen abgegeben, bei der Reduktion hat das zweifach positiv geladene Kupferion zwei Elektronen aufgenommen. Reduktion bedeutet also die Aufnahme von Elektronen.

Versuch 18 Oxidieren Sie die Farbstoffvorstufen einer Farbcreme mit Wasserstoffperoxid und geben Sie anschließend ein reduktives Abzugsmittel (Redukta, Modulat) hinzu. Was stellen Sie fest?

Das reduktive Abzugsmittel entfärbt die durch Oxidation gebildeten Farbstoffe, indem es Elektronen an den Farbstoff abgibt (**6**.31).

Reduktionsmittel sind Stoffe, die reduzierend wirken, wie z. B. Wasserstoff. Methanol und reduktive Abzugsmittel geben Elektronen an den zu reduzierenden Stoff ab. Reduktionsmittel sind also *Elektronenspender.*

Tabelle **6**.31 **Oxidation und Reduktion beim Färben**

Oxidation		
Farbstoffvorstufe	$\xrightarrow{H_2O_2}$	Farbstoff
Farbstoffvorstufe $-e^{\ominus}$	$\longrightarrow$	Farbstoff
(farblos)		(farbig)
Reduktion		
Farbstoff	$\xrightarrow{\text{Abzugsmittel}}$	Farbstoffvorstufe
Farbstoff $+ e^{\ominus}$	$\longrightarrow$	Farbstoffvorstufe
(farbig)		(farblos)

Oxidation und Reduktion bei der Dauerwelle. Aus der Praxis wissen Sie, daß sich die mit Wellmittel behandelten Haare weich und glitschig anfühlen. Die Brücken im Keratin, die dem Haar Festigkeit geben, werden durch die Wellmittel gespalten. Dabei handelt es sich hauptsächlich um Doppelschwefelbrüken, die durch Anlagerung von Wasserstoff reduziert werden. Das durch die Reduktion erweichte Haar paßt sich der Form des Wicklers an und wird durch die Fixierung wieder gefestigt. Beim Fixieren wird also die reduzierte Schwefelbrücke wieder oxidiert (s. Abschn. 7.2.2 bis 7.2.5).

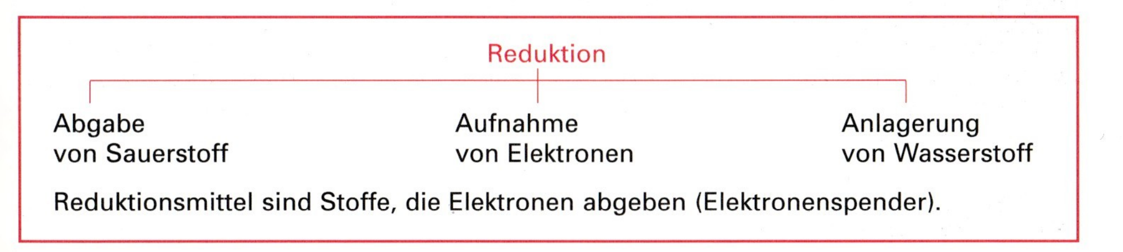

6.7.4 Redox-Reaktion

Um den Zusammenhang zwischen Oxidation und Reduktion zu erkennen, betrachten wir die Reaktion von Wasserstoff und Sauerstoff zu Wasser ($2H + O \longrightarrow H_2O$). Wasserstoff nimmt dabei Sauerstoff auf – er wird oxidiert. Doch nimmt auch der Sauerstoff Wasserstoff auf und wird damit reduziert! Oxidation und Reduktion laufen also gleichzeitig ab, denn das Oxidationsmittel (hier der Sauerstoff) wird reduziert. Deshalb faßt man beide Reaktionen unter dem Begriff Redox-Reaktionen zusammen.

Reduktion $\cdot\overline{O}\cdot \; + 2e^{\ominus} \longrightarrow |\overline{O}|^{2-}$ Elektronenaufnahme
Oxidation $2\,H\cdot \; - 2e^{\ominus} \longrightarrow 2\,H^{\oplus}$ Elektronenabgabe

Ebenso läßt sich die Reaktion von Kupfer und Sauerstoff als Redox-Reaktion betrachten.

$\cdot Cu\cdot \; + \cdot\overline{O}\cdot \longrightarrow Cu^{2+}\, |\overline{O}|^{2-}$
Oxidation $\cdot Cu\cdot \; - 2e^{\ominus} \longrightarrow Cu^{2+}$ Elektronenabgabe
Reduktion $\cdot\overline{O}\cdot \; + 2e^{\ominus} \longrightarrow |\overline{O}|^{2-}$ Elektronenaufnahme

Kupfer hat seine beiden Außenelektronen abgegeben, wurde also oxidiert. Das Oxidationsmittel Sauerstoff hat diese Elektronen aufgenommen, wurde mithin reduziert. Beide Reaktionen laufen gleichzeitig ab.

Oxidation und Reduktion laufen stets gleichzeitig ab = Redox-Reaktion.

Viele Ihrer täglichen Arbeitsverfahren im Salon sind solche Redox-Reaktionen. Bei den oxidativen Arbeitsverfahren (Blondieren, Färben, Fixieren) wird das Oxidationsmittel reduziert. Bei den reduktiven Verfahren (Erweichen der Haare durch Wellmittel, reduktiver Abzug) wird dagegen das Reduktionsmittel oxidiert.

Aufgaben zu Abschnitt 6.6 und 6.7

1. Warum muß ein Erwachsener täglich etwa 3 Liter Wasser zu sich nehmen?
2. Welche Aufgaben hat H_2O in der Körperpflege?
3. Zeichnen Sie die Strukturformel von Wasser mit den Teilladungen (Dipol).
4. Warum bildet Wasser Wasserstoffbrücken aus?
5. Warum ist Wasser ein so gutes Lösungsmittel?
6. Beschreiben Sie den Kreislauf des Wassers.
7. Was besagt ein Wasserhärtegrad von 6°dH?
8. Welche Salze verursachen die vorübergehende, welche die bleibende Wasserhärte?
9. Nennen Sie Methoden zur Wasserenthärtung.
10. Was versteht man unter Oxidation?
11. Warum ist Wasserstoffperoxid ein gutes Oxidationsmittel?
12. In welche Stoffe zerfällt Wasserstoffperoxid?
13. In welchen Lösungsstärken wird H_2O_2 für den Friseurbereich verkauft?
14. Was sind Katalysatoren?
15. Nennen Sie Katalysatoren, die den Zerfall von H_2O_2 beschleunigen.
16. Warum sind H_2O_2-Lösungen säurestabilisiert?
17. Welche Stoffe heben die Säurestabilisierung im H_2O_2 auf?
18. Wie kann man Wasserstoffperoxid nachweisen?
19. Was sind Indikatoren?
20. Was müssen Sie beim Umgang und bei der Lagerung von H_2O_2-Lösungen beachten?
21. Was versteht man unter Reduktion?
22. Nennen Sie Reduktionsmittel.
23. Warum laufen Reduktionen und Oxidationen immer gleichzeitig ab?
24. Nennen Sie Redox-Reaktionen aus der Friseurpraxis. Was wird dabei oxidiert, was reduziert?

6.8 Laugen und Säuren

Wie erkennen Sie Säuren und Laugen? Zitronensaft und Essig schmecken so sauer, daß wir schon in Gedanken daran den Mund verziehen (**6**.32). Schuld sind die Zitronensäure und die Essigsäure. Säuren kann man also am sauren Geschmack erkennen. Allerdings ist es nicht empfehlenswert, unbekannte Stoffe „abzuschmecken". Das betrifft ebenso die Laugen, die man auch Basen oder Alkalien nennt. Probieren Sie also z.B. Seifenlauge nicht mit der Zunge, sondern tropfen Sie lieber etwas Ammoniumhydroxid auf die Fingerkuppe und zerreiben Sie den Tropfen. Die Haut fühlt sich weich und glitschig an, denn Laugen lösen die obersten Zellagen der Hornschicht ab und erweichen sie.

Für die Chemie sind solche Unterscheidungsversuche zwischen Säuren und Laugen nicht genau genug und daher unbrauchbar. Hier stehen uns andere Prüfmittel zur Verfügung.

6.32 Genuß von Säuren

Versuch 19 Halten Sie rotes Lackmuspapier in Natronlauge und in Ammoniumhydroxid. Wiederholen Sie den Versuch mit blauem Lackmuspapier in Salz- und Essigsäure.

Als Indikator (Anzeiger) für Wasserstoffperoxid kennen wir bereits das Titanylsulfat. Lackmus, ein Pflanzenextrakt, ist ein Indikator für Säuren und Laugen. Es gibt Lackmus in flüssiger Form oder (gebräuchlicher) als Papierstreifen.

Säuren färben blaues Lackmuspapier rot, Laugen färben rotes Lackmuspapier blau.

6.8.1 Laugen

Versuch 20 Füllen Sie ein 500-ml-Becherglas etwa 3 cm hoch mit Wasser und legen sie mit einer langen Pinzette vorsichtig ein Stückchen Natrium auf die Oberfläche. Prüfen Sie dann die Lösung mit Lackmuspapier (**6**.33).

Versuch 21 Verbrennen Sie ein Stück Magnesiumband, lösen sie das entstandene weiße Pulver (Magnesiumoxid) in Wasser und prüfen Sie die Lösung mit Lackmuspapier.

Alkalimetalle. Beide Lösungen färben das Lackmuspapier blau – es sind also Laugen entstanden. Im Versuch 20 ergibt sich die Reaktionsgleichung $Na + H_2O \longrightarrow NaOH + {}^1/_2H_2$.

Das Metall Natrium reagiert mit Wasser zu Natronlauge. Alle Metalle der 1. Hauptgruppe im Periodensystem bilden direkt Laugen, wenn sie mit Wasser in Berührung kommen. Man nennt sie deshalb auch Alkalimetalle (Li, Na, K).

6.33 Reaktion von Natrium mit Wasser

Magnesium dagegen bildet nicht direkt mit Wasser eine Lauge, sondern muß erst oxidiert werden: $2\,Mg + O_2 \longrightarrow 2\,MgO$ und $MgO + H_2O \longrightarrow Mg(OH)_2$.

Ebenso bildet Calciumoxid mit Wasser Calciumhydroxid: $CaO + H_2O \longrightarrow Ca(OH)_2$.

Ammoniumhydroxid. Die in Friseurpräparaten meistgebrauchte Lauge entsteht, wenn Ammoniak (ein stechendes Gas) in Wasser gelöst wird: $NH_3 + H_2O \longrightarrow NH_4OH$.

Laugen entstehen:
- aus Alkalimetallen (z. B. Na, K) und Wasser.
- aus Metalloxiden (z. B. MgO, CaO, Na_2O, K_2O) und Wasser,

Ammoniumhydroxid entsteht aus Ammoniak und Wasser.

Hydroxidgruppe. Allen Laugen ist, wie Tabelle **6.**34 zeigt, die OH-Gruppe gemeinsam. Sie ist Kennzeichen der Laugen und verantwortlich für die alkalische Wirkung. Diese Hydroxidgruppe (zusammengezogen aus Hydrogenium und Oxygenium) ist negativ geladen, ihre Strukturformel lautet $^{\ominus}|\overline{O}-H$. Die Basen spalten sich im Wasser in ihre Ionen auf. Dabei entstehen die positiv geladenen Basenrestionen und die negativ geladenen Hydroxidionen (**6.**35).

Tabelle **6.**34 **Namen und Formeln wichtiger Laugen**

Natronlauge	Na OH
Kalilauge	K OH
Magnesiumhydroxid	$Mg(OH)_2$
Calciumhydroxid	$Ca(OH)_2$
Aluminiumhydroxid	$Al(OH)_3$
Ammoniumhydroxid	NH_4OH

Tabelle **6.**35 **Ionenspaltung der Basen**

Base		Basenrest-Ion		Hydroxid-Ion
NaOH	$\xrightarrow{H_2O}$	$Na^{\oplus}$	+	$OH^{\ominus}$
$Ca(OH)_2$	$\xrightarrow{H_2O}$	Ca^{2+}	+	$2\,OH^{\ominus}$
$Al(OH)_3$	$\xrightarrow{H_2O}$	Al^{3+}	+	$3\,OH^{\ominus}$
NH_4OH	$\xrightarrow{H_2O}$	$NH_4^{\oplus}$	+	$OH^{\ominus}$

Basen geben in Wasser negativ geladene Hydroxidgruppen ab. Man nennt sie Hydroxidgruppenspender. Die Hydroxidgruppe ist für die basische Reaktion verantwortlich.

Starke und schwache Laugen. Ammoniumhydroxid zerfällt in Wasser in das Ammoniumion und die Hydroxidgruppe. Dabei wird jedoch nicht die ganze Verbindung in Ionen gespalten, sondern ein großer Teil bleibt als Molekül erhalten. So entstehen verhältnismäßig wenig $OH^{\ominus}$-Gruppen. Da die Hydroxidgruppe die alkalische Wirkung verursacht, ist Ammoniumhydroxid nur eine schwache Lauge. Natron- und Kalilauge sind dagegen starke Laugen, denn sie zerfallen vollständig in ihre Ionen und bilden daher sehr viele $OH^{\ominus}$-Gruppen (**6.36**). $Mg(OH)_2$, $Ca(OH)_2$ und $Al(OH)_3$ zerfallen kaum und sind daher schwache Laugen.

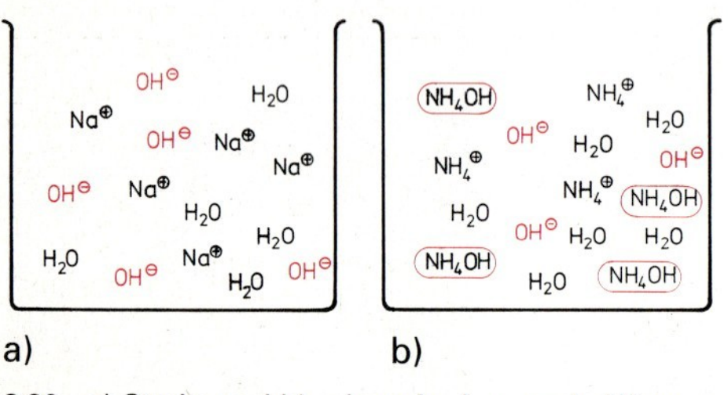

6.36 a) Starke und b) schwache Laugen in Wasser

Starke Laugen spalten sich vollständig in ihre Ionen auf, enthalten also viele $OH^{\ominus}$-Gruppen.

Schwache Laugen spalten sich nur teilweise in ihre Ionen auf, enthalten also wenig $OH^{\ominus}$-Gruppen.

6.8.2 Säuren

Versuch 22 Wir erhitzen Schwefel in einem Verbrennungslöffel und halten den Löffel mit dem brennenden Schwefel in einen Standzylinder, der etwa 3 cm hoch mit Wasser gefüllt ist. Fangen Sie möglichst viel des entstandenen Schwefeldioxids im Zylinder auf. Entfernen Sie den Verbrennungslöffel nach Abschluß der Reaktion, verschließen Sie den Zylinder und schütteln Sie, damit sich das Gas im Wasser löst. Prüfen Sie dann die Lösung mit Lackmuspapier (**6**.37).

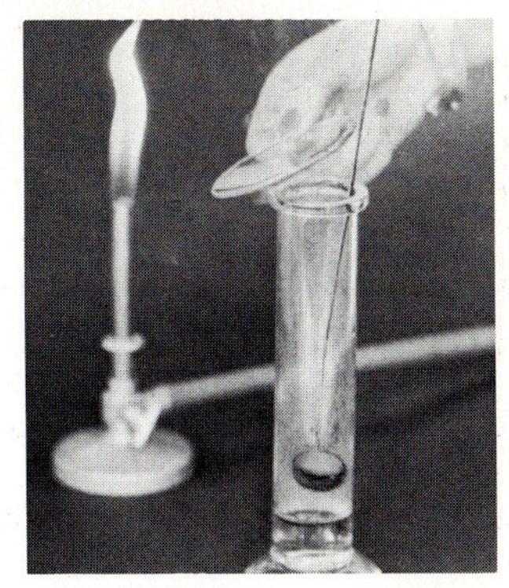

6.37 Herstellung von schwefliger Säure

Durch die Verbrennung des Schwefels entsteht Schwefeldioxid, ein stechend riechendes Gas: $S + O_2 \longrightarrow SO_2$. Leitet man es in Wasser, bildet sich Säure, wie die Lackmusprobe zeigt. Die Reaktionsgleichung zeigt, daß es sich um schweflige Säure H_2SO_3 handelt: $SO_2 + H_2O \longrightarrow H_2SO_3$. Löst man Kohlendioxid in Wasser, entsteht auf gleiche Weise Kohlensäure, die uns von Brausegetränken her bekannt ist: $CO_2 + H_2O \longrightarrow H_2CO_3$.

Säuren entstehen also aus Nichtmetalloxiden und Wasser. Die so entstandenen Säuren heißen auch *Sauerstoffsäuren.* Aber noch andere Verbindungen reagieren sauer und färben Lackmuspapier *rot.* Es sind die *Halogenwasserstoffe* HCl, HF, HBr und HJ (Halogene = Elemente der 7. Hauptgruppe). Diese Stoffe sind gasförmig und lösen sich gut in Wasser. Sie können aus ihren Elementen hergestellt werden, z. B. $H_2 + Cl_2 \longrightarrow 2HCl$.

Säuren entstehen
- aus Nichtmetalloxiden und Wasser (Sauerstoffsäuren).
- aus Halogenen (F, Cl, Br, J) und Wasserstoff (Halogenwasserstoffe).

Säurewasserstoff. Alle Säuren enthalten, wie Tabelle **6**.38 zeigt, Wasserstoff. Dieser Säurewasserstoff ist Kennzeichen der Säuren und verantwortlich für den sauren Geschmack und die Säureeigenschaften. Er ist positiv geladen ($H^{\oplus}$), denn die Säuren spalten sich in Wasser in Wasserstoffionen und Säurerestionen auf (**6**.39).

Tabelle **6**.38 **Namen und Formeln wichtiger Säuren**

Salzsäure	HCl	Blausäure	HCN
Schweflige Säure	H_2SO_3	Salpetersäure	HNO_3
Schwefelsäure	H_2SO_4	Borsäure	H_3BO_3
Kohlensäure	H_2CO_3	Essigsäure	CH_3-COOH
Phosphorsäure	H_3PO_4	Thioglykolsäure	$H-S-CH_2-COOH$

Tabelle **6**.39 **Ionenspaltung der Säuren**

Säure		Wasserstoffion	Säurerestion
HCl	$\xrightarrow{H_2O}$	$H^{\oplus}$	$+ Cl^{\ominus}$
H_2SO_3	$\xrightarrow{H_2O}$	$2\,H^{\oplus}$	$+ SO_3^{2\ominus}$
H_2SO_4	$\xrightarrow{H_2O}$	$2\,H^{\oplus}$	$+ SO_4^{2\ominus}$
H_2CO_3	$\xrightarrow{H_2O}$	$2\,H^{\oplus}$	$+ CO_3^{2\ominus}$
H_3PO_4	$\xrightarrow{H_2O}$	$3\,H^{\oplus}$	$+ PO_4^{3\ominus}$
HCN	$\xrightarrow{H_2O}$	$H^{\oplus}$	$+ CN^{\ominus}$
HNO_3	$\xrightarrow{H_2O}$	$H^{\oplus}$	$+ NO_3^{\ominus}$
H_3BO_3	$\xrightarrow{H_2O}$	$3\,H^{\oplus}$	$+ BO_3^{3\ominus}$
CH_3-COOH	$\xrightarrow{H_2O}$	$H^{\oplus}$	$+ CH_3COO^{\ominus}$
$H-S-CH_2-COOH$	$\xrightarrow{H_2O}$	$H^{\oplus}$	$+ H-S-CH_2-COO^{\ominus}$

Da das Wasserstoffion sein einziges Elektron abgibt, besteht es nur noch aus dem Kern, einem einzigen Proton. Daher verbindet es sich in wäßrigen Lösungen sofort mit einem Wassermolekül zu einem Hydroniumion:

$$H^{\oplus} + H_2O \longrightarrow H_3O^{\oplus} \quad \text{bzw.} \quad HCl + H_2O \longrightarrow H_3O^{\oplus} + Cl^{\ominus}$$

Diese $H_3O^{\oplus}$-Ionen sind die eigentlichen Säureteilchen. Nur wegen der einfachen Schreibweise verwendet man an Stelle von $H_3O^{\oplus}$ das $H^{\oplus}$.

> Alle Säuren geben in Wasser positiv geladene Wasserstoffionen ab. Man nennt sie deshalb Wasserstoffionenspender.
> Das Wasserstoffion ist verantwortlich für die saure Wirkung.

Starke und schwache Säuren. Ebenso wie bei den Laugen unterscheidet man bei den Säuren starke und schwache. Starke Säuren sind die Halogenwasserstoffe, Schwefel- und Salpetersäure. Sie zerfallen in Wasser vollständig in ihre Ionen. Phosphorsäure, Kohlensäure und schweflige Säure sind schwächer, denn sie haben in Wasser noch ungespaltene Moleküle.

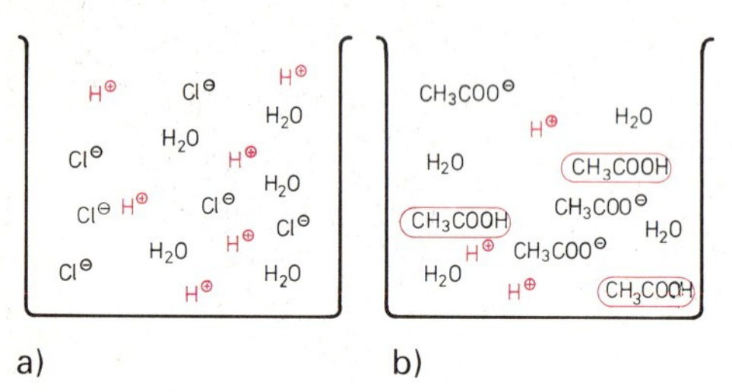

6.40 a) Starke und b) schwache Säuren in Wasser

Organische Säuren kommen in der Natur vor (z.B. Essigsäure, Milch- und Zitronensäure). Es sind schwache Säuren, die in der Haut- und Haarpflege häufig verwendet werden. Typisch für sie ist die –COOH-Gruppe (**6.40**).

> Starke Säuren spalten sich vollständig in ihre Ionen auf. Ihre wäßrigen Lösungen enthalten daher viele $H^{\oplus}$-Ionen.
> Schwache Säuren enthalten noch ungespaltene Moleküle, also wenig $H^{\oplus}$-Ionen. Organische Säuren sind schwache Säuren.

6.8.3 Wirkung von Laugen und Säuren auf Haar und Haut

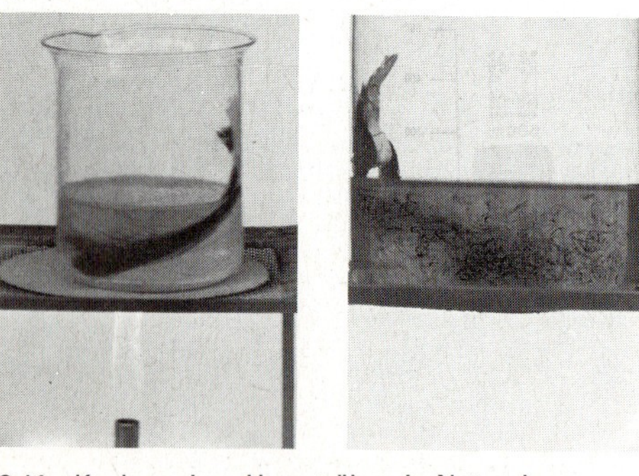

6.41 Kochen einer Haarsträhne in Natronlauge

Versuch 23 Kochen Sie eine Haarsträhne in Natron- oder Kalilauge (**6.41**).

Versuch 24 Erwärmen Sie eine Haarsträhne in Wellmittel, spülen Sie sie aus und prüfen Sie die Dehnbarkeit. Kämmen Sie die Strähne nach dem Trocknen vorsichtig mit einem engen Kamm aus.

Starke Laugen zerstören Haare völlig. Von der Strähne im Versuch 23 bleiben nur total erweichte kurze Bruchstücke übrig. Deshalb sind starke Laugen für die meisten kosmetischen Mittel ungeeignet (es sei denn, die Haarzerstörung ist beabsichtigt, wie z.B. bei Haarentfernungscremes).

Nagelhautentferner enthalten starke Laugen, denn sie lösen nicht nur Haare, sondern auch die Haut auf.

Schwache Laugen verwendet man in Wellmitteln. Sie quellen das Haar, spreizen die Schuppenschicht ab, schädigen aber leider auch das Keratin – das Haar wird „ausgelaugt". Mehrfach mit schwachen Laugen behandelte Haare werden porös, wirken glanzlos und lassen sich leichter dehnen als unbehandeltes Haar. Diese Nachteile müssen bei chemischen Behandlungen am Haar (Dauerwelle, Färben, Blondieren) in Kauf genommen werden. Sie sollten jedoch so selten wie möglich durchgeführt werden, um die Haarstruktur nicht unnötig zu schädigen.

Die Quellung des Haares ist erforderlich, um das Keratin aufnahmefähig für die Stoffe zu machen, die eindringen sollen (z.B. die Farbstoff-Vorstufen beim Färben oder die Oxidationsmittel beim Blondieren, **6**.42). Außerdem zerstören Laugen die Stabilisierungssäure im Wasserstoffperoxid, so daß der zur Oxidation nötige Sauerstoff frei wird.

6.42 Laugen bereiten den Weg

Denken Sie daran, daß Laugen nicht nur das Keratin des Haares schädigen, sondern auch die Haut. Die Haare Ihrer Kundin kommen höchstens alle 4 bis 6 Wochen mit Laugen in Berührung, Ihre eigenen Hände aber mehrmals täglich. Den besten Schutz gegen die gefürchteten Alkalischäden bieten Handschuhe. Zusätzlich sollllten Sie Handschutzsalben benutzen und Ihrem kostbarsten „Werkzeug" mehrmals täglich eine Portion Pflegecreme spendieren!

> Starke Laugen zerstören Haar und Haut.
> Schwache Laugen quellen das Keratin und machen es aufnahmefähig für weitere Behandlungen.

Versuch 25 Legen Sie eine Haarsträhne in konzentrierte Schwefelsäure.

Versuch 26 Behandeln Sie eine Haarsträhne mit Blondiermittel oder Wellflüssigkeit. Nach der jeweiligen Einwirkzeit spülen Sie die Strähne gründlich aus und pressen sie auf rotes Lackmuspapier (**6**.43).

Anschließend legen Sie die Strähne in eine Säurespülung oder Haarkur und prüfen sie nach dem Abspülen erneut mit Lackmuspapier. Trocknen Sie die Strähne und prüfen Sie die Haarstruktur.

6.43 Mit Wellmitteln behandelte Strähne wird mit Lackmus geprüft

Starke Säuren zerstören das Keratin, eignen sich nicht zur Haar- und Hautpflege.

Schwache Säuren (organische Säuren) sind in kosmetischen Mitteln enthalten. Sie heben die Wirkung der Restalkalien auf, die trotz gründlichen Spülens nach alkalischen Behandlungen noch im Haar bleiben. Schwache Säuren entquellen also und legen die Schuppenschicht des Haares wieder an. Sie wirken adstringierend und vermindern damit die durch Laugen verursachte Haarschädigung. Die entquellende, adstringierende Wirkung der Säuren ist in der Hautpflege ebenso wichtig wie in der Haarpflege. Rasierwasser, Gesichtswasser und Adstringentien enthalten organische Säuren, um den Säureschutzmantel der Haut zu erneuern und sie damit widerstandsfähiger gegen Infektionen zu machen.

Tabelle **6.44** **Übersicht über Laugen und Säuren**

	Laugen	Säuren
Kennzeichen	färben roten Lackmus blau $OH^{\ominus}$-Gruppe	färben blauen Lackmus rot $H^{\oplus}$-Ion
Herstellung	Alkalimetall + Wasser (1. Hauptgruppe) Metalloxid + Wasser Ammoniak + Wasser	Halogen + Wasserstoff (7. Hauptgruppe) Nichtmetalloxid + Wasser
Verwendung	in Wellmitteln, Blondier- und Färbemitteln, Haarentfernungscremes, Nagelhautentferner	in Spülungen, Packungen Gesichtswasser, Rasierwasser, Fixierungen, H_2O_2-Lösungen
Wirkung	schwache Laugen quellen, spreizen die Schuppenschicht ab („öffnen" das Haar) starke Laugen zerstören Haut und Haare	schwache (organische) Säuren entquellen, adstringieren („schließen" das Haar), erneuern den Säureschutzmantel der Haut starke Säuren zerstören Haut und Haare

Starke Säuren zerstören (ätzen) Haar und Haut.

Schwache Säuren entfernen Restalkalien, entquellen und adstringieren Haut und Haare.

Vorsicht beim Umgang mit starken Säuren und Laugen!

- Schutzbrille und Schutzhandschuhe tragen.
- Zum Verdünnen wird konzentrierte Säure („rauchende") vorsichtig unter Umrühren in Wasser gegeben – niemals das Wasser in die Säure!
- Säuren und Laugen nicht in Getränkeflaschen aufbewahren, sondern stets in Spezialflaschen und immer mit dem Giftetikett versehen!

6.8.4 Der pH-Wert – eine Maßeinheit für die Stärke von Laugen und Säuren

Längen können wir genau in Metern, Zentimetern oder Millimetern angeben. Die erforderliche Menge eines Wellmittels oder einer Fixierung messen wir in Millilitern ab. Die Stärke von Säuren und Laugen haben wir dagegen bisher nur durch die Begriffe „stark" und „schwach" unterschieden. Auch hierfür gibt es jedoch eine „Maßeinheit" – den pH-Wert.

pH ist die Abkürzung für pondus hydrogenii (lat. = Gewicht des Wasserstoffs). Es ist eine Art Konzentrationsangabe für Wasserstoffionen. Im vorigen Abschnitt haben Sie gelernt, daß sich Laugen und Säuren in Wasser in ihre Ionen aufspalten. Starke Säuren spalten sich vollständig auf und enthalten darum viele $H^{\oplus}$-Ionen, schwache dagegen nur wenige.

„Viel" und „wenig" sind ebenso ungenau wie „stark" und „schwach". Man braucht also einen Bezugspunkt. Dieser Bezugspunkt ist das neutrale Wasser.

In einem Liter Wasser sind $^1/_{10\,000\,000}$ g Wasserstoffionen enthalten, weil sich auch einige H_2O-Moleküle in $H^{\oplus}$ und $OH^{\ominus}$ aufspalten. Diese 1 Zehnmillionstel Gramm Wasserstoffionen kürzt man als „pH 7" ab – die Zahl 7 entspricht den Nullen unterm Bruchstrich. Wasser ist neutral, weil es ebensoviel $OH^{\ominus}$-Ionen (Laugenteilchen) hat wie $H^{\oplus}$-Ionen (Säureteilchen). Vom pH-Wert 7 als „Neutralpunkt" aus hat man eine Skala von 0 bis 14 aufgestellt. Der pH-Wert 6 gibt an, daß $^1/_{1\,000\,000}$ g $H^{\oplus}$-Ionen vorhanden sind, zehnmal soviel wie beim pH-Wert 7. Da die Gesamtzahl der Ionen stets gleich ist, sind beim pH-Wert 6 mehr Säureteilchen vorhanden als Laugenteilchen. Die Lösung reagiert also sauer. Bei einem pH-Wert von 5 sind wiederum zehnmal mehr Säureteilchen vorhanden als bei pH 6. Je niedriger der pH-Wert, um so mehr überwiegen also die Säureteilchen gegenüber den Laugenteilchen – die Lösungen werden immer stärker sauer.

pH-Werte über 7 bedeuten dagegen, daß die Laugenteilchen überwiegen und die Lösungen alkalisch reagieren. Mit jedem höheren pH-Wert steigt die Stärke der Laugen um das Zehnfache. Die stärksten Laugen haben pH 14 (**6**.45).

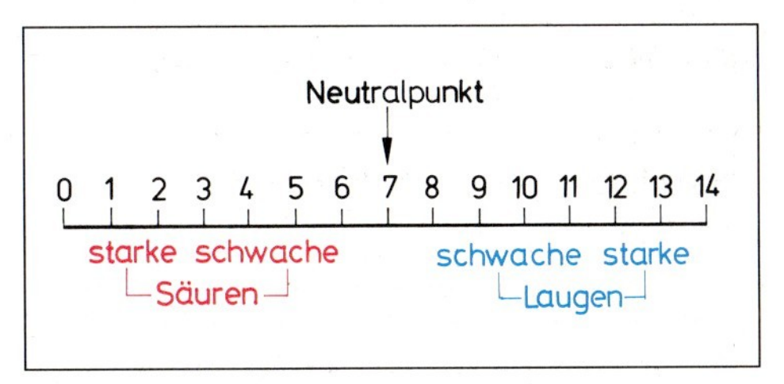

6.45 pH-Wert-Skala

Der pH-Wert ist die Maßeinheit für die Stärke von Säuren und Laugen.

Eine Lösung mit dem pH-Wert 7 ist neutral, von 7 bis 0 nimmt die Säurestärke, von 7 bis 14 die Laugenstärke zu.

Mit jedem pH-Wert ändert sich die Stärke um das Zehnfache.

Welche Bedeutung hat der pH-Wert für Ihre Arbeit? Sie verwenden saure und alkalische Präparate (**6**.46). pH-Werte zwischen 4 und 5 bezeichnet man als haar- und hautschonend, weil die Hautoberfläche durch Säuren aus Schweiß und Hauttalg diese Reaktion aufweist. Kosmetische Mittel in diesem pH-Bereich verändern also die Reaktion der Hautoberfläche nicht, erhalten sozusagen den natürlichen Zustand oder stellen ihn wieder her. Solche Haarpflegemittel wirken sich deshalb besonders günstig auf den Pflegezustand und die Haarstruktur aus.

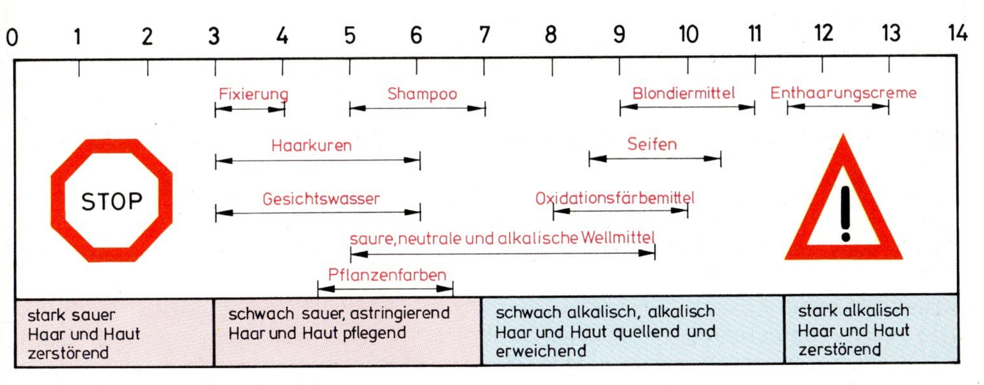

6.46 ph-Bereiche kosmetischer Präparate

Versuch 27 Messen Sie den pH-Wert von Natronlauge mit Spezialindikatorpapier. Füllen Sie dazu 10 ml in einen Meßzylinder (100 ml) und verdünnen Sie 1:1, 1:2, 1:3 bis 1:10 mit Wasser. Welche Änderungen des pH-Wertes stellen Sie fest?

Verdünnung. Denken Sie immer daran, daß sich durch das übliche Verdünnen von Präparaten im Verhältnis 1:1 oder 1:2 der pH-Wert nur unerheblich ändert. Die Wirkstoffkonzentration ist bei einer Verdünnung von 1:1 mit Wasser zwar um die Hälfte herabgesetzt, doch ändert sich der pH-Wert nur um eine Ziffer (z. B. von pH 9 auf pH 8), wenn man auf die zehnfache Menge verdünnt. Trotzdem dürfen Sie auf das Verdünnen kosmetischer Mittel nicht verzichten, wenn es die Gebrauchsanweisung vorschreibt. Der pH-Wert allein hat nämlich keine genügende Aussagekraft über die haar- und hautschädigende Wirkung. Eine große Rolle spielen dabei noch andere Faktoren (z. B. die Länge der Einwirkzeit, Wärmezufuhr, Schutz- und Pflegestoffe sowie andere Inhaltsstoffe (etwa Reduktions- und Oxdiationsmittel). Außerdem ist es wichtig, zu wissen, ob die Alkalität des Mittels während der Einwirkzeit gleich bleibt oder sinkt. Alkalien, die leicht verdampfen (z. B. das am meisten verwendete Ammoniumhydroxid), sind weniger haarschädigend, weil die Konzentration während der Einwirkzeit abnimmt.

Der pH-Wert hat nur eine begrenzte Aussagekraft über die haar- und hautschädigende Wirkung kosmetischer Mittel.

Wie kann man den pH-Wert messen?

Indikatorpapier. Mit Lackmuspapier haben wir Säuren und Laugen unterschieden. Es färbt sich bei Laugen blau, bei Säuren rot, zeigt aber keine Abstufungen im Sinne der pH-Wert-Skala. Dazu benutzt man Indikatorpapiere, die mit verschiedenen Indikatoren getränkt sind, so daß sich bei jedem pH-Wert eine andere Färbung ergibt (**6**.47). Diese Teststreifen hält man in die Lösung und vergleicht die Färbung mit einer Vergleichsskala (meist auf dem Rollendeckel). Hier ist jeder Farbe ein bestimmter pH-Wert zugeordnet (**6**.48). Meist

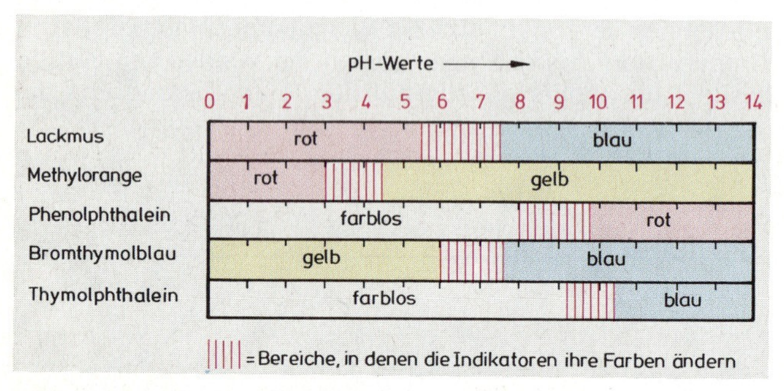

6.47 Beispiele für pH-Indikatoren mit ihren Färbungen

6.48 Universalindikatorpapier

benutzt man *Universalindikatorpapier,* mit dem sich pH-Werte von 1 bis 10 feststellen lassen. *Spezialindikatorstäbchen* messen in bestimmten pH-Bereichen (z. B. 5 bis 10) auf eine Stelle hinter dem Komma genau. Zum Messen mit Indikatorpapier löst man feste Stoffe (z. B. Salze, Blondierpulver) in destilliertem Wasser. Cremes trägt man mit einem Spatel auf das Papier auf und vergleicht, nachdem der Teststreifen durchfeuchtet ist, die Rückseite mit der Skala.

pH-Meßgerät. Für die Bestimmung des pH-Wertes von gefärbten Lösungen eignet sich das Indikatorpapier nicht, weil sich die Eigenfarbe der Lösung auswirkt. Hier arbeitet ein elektrisches Meßgerät (Glaselektrode, **6**.49) bedeutend genauer. Es zeigt den pH-Wert auf der Meßskala an. Zu diesen Geräten gibt es Spezialelektroden, z.B. eine Hautelektrode zur genauen Ermittlung des pH-Wertes auf der Hautoberfläche.

6.49 pH-Meter

> Messen der pH-Werte
> - mit Universalindikatorpapier pH 1 bis 10 (nur ganze Werte)
> - mit Spezialindikatorpapier in einzelnen Bereichen genauer
> - genau mit dem pH-Meßgerät (pH-Meter)

6.8.5 Neutralisation und Salzbildung

Versuch 28 Mischen Sie in einem Becherglas je 50 ml in 1n-Salzsäure und 1n-Natronlauge. Messen Sie den pH-Wert der Lösung. Erhitzen Sie dann die Lösung so lange, bis fast die ganze Flüssigkeit verdampft ist.

Neutralisation. Die Mischung aus gleichen Mengen gleichstarker Säure und Lauge reagiert neutral (pH 7). Es müssen also gleichviel Säure- und Laugenteilchen vorhanden sein. Die $H^{\oplus}$-Ionen der Säure haben sich dabei mit den $OH^{\ominus}$-Ionen der Lauge zu neutralem Wasser verbunden, weil sich die entgegengesetzten Ladungen anziehen: $H^{\oplus} + OH^{\ominus} \longrightarrow H_2O$. Dadurch wurden die saure und die alkalische Wirkung aufgehoben. Diesen Vorgang nennt man Neutralisation.

> **Neutralisation**
> - Aufheben der alkalischen Wirkung durch Säuren
> - Aufheben der sauren Wirkung durch Laugen

Beim Verdampfen der Flüssigkeit ist ein weißer Rückstand geblieben. Ausnahmsweise dürfen Sie kosten. Aus dem Metallion der Lauge $Na^{\oplus}$ und dem Säurerestion $Cl^{\ominus}$ ist ein Salz entstanden – Natriumchlorid NaCl, Kochsalz. Die Reaktionsgleichung lautet so:

$$HCl + NaOH \longrightarrow NaCl + H_2O$$

Salzsäure + Natronlauge ⟶ Natriumchlorid + Wasser

Tabelle **6**.50 **Salzbildung**

Lauge	+ Säure	⟶ Salz	+ Wasser
$NaOH$ Natronlauge	$+ HCl$ Salzsäure	$\longrightarrow NaCl$ Natriumchlorid	$+ H_2O$ Wasser
$2\,KOH$ Kalilauge	$+ H_2SO_4$ Schwefelsäure	$\longrightarrow K_2SO_4$ Kaliumsulfat	$+ 2H_2O$ Wasser
$Ca(OH)_2$ Calciumhydroxid	$+ H_2CO_3$ Kohlensäure	$\longrightarrow CaCO_3$ Calciumcarbonat	$+ 2H_2O$ Wasser
NH_4OH Ammoniumhydroxid	$+ H-S-CH_2-COOH$ Thioglykolsäure	$\longrightarrow H-S-CH_2-COONH_4$ Ammoniumthioglykolat	$+ H_2O$ Wasser

Tabelle **6.51** **Namen der Salze**

Chloride	= Salze der Salzsäure
Sulfate	= Salze der Schwefelsäure
Carbonate	= Salze der Kohlensäure
Acetate	= Salze der Essigsäure
Nitrate	= Salze der Salpetersäure
Phosphate	= Salze der Phosphorsäure
Thioglykolate	= Salze der Thioglykolsäure
Sulfite	= Salze der schwefligen Säure

Bezeichnung der Salze. Läßt man gleiche Mengen Calciumhydroxid $Ca(OH)_2$ und Schwefelsäure H_2SO_4 miteinander reagieren, erhält man das schwerlösliche Salz Calciumsulfat $CaSO_4$ und Wasser (**6**.50). Das Salz setzt sich auf dem Boden des Glases ab. Benannt werden die Salze nach den Laugen und Säuren, aus denen sie entstehen. Das Metallion der Lauge bildet den ersten Teil des Namens, der Säurerest den zweiten (**6**.51).

Neutralisation in der Friseurpraxis. Nach alkalischen Behandlungen des Haares müssen Alkalireste neutralisiert werden, um bleibende Haarschäden (z.B. durch Quellung) zu vermeiden (s. Versuch 26). Dazu eignen sich Säurespülungen, Packungen und andere spezielle Nachbehandlungsmittel. Sie bewirken im Haar eine Neutralisation. Die $OH^{\ominus}$-Ionen der Basen werden durch die $H^{\oplus}$-Ionen der Säuren zu Wasser neutralisiert. Außerdem bilden sich Salze, die mit Wasser ausgespült werden können. Nach Färbungen und Blondierungen neutralisiert man die Alkalien mit Säurespülungen, nach der Dauerwelle mit der Fixierung. Sie enthält Säuren, die Restalkalien des Wellmittels unschädlich machen. Auch in der Hautpflege ist die Neutralisation wichtig, z.B. beim Adstringieren der Haut durch Rasierwasser nach der Naßrasur mit Rasierseife. Der umgekehrte Fall – eine Neutralisation von Säuren und Alkalien – spielt sich ab, wenn Alkalien in Färbe- oder Blondiermitteln die Stabilisierungssäure im Wasserstoffperoxid neutralisieren, damit der Sauerstoff zur Oxidation frei wird (**6**.52).

Tabelle **6.52** **Neutralisation im Salon**

Alkalische Behandlung	Neutralisation durch saure Behandlung
Blondieren und Färben	Säurespülung, Haarkur
Dauerwelle	Fixierung
Naßrasur mit Rasierseife	Rasierwasser
Seifenwaschung der Haut	Gesichtswasser
Neutralisation der Stabilisierungssäure im Wasserstoffperoxid durch Alkalien der Blondier- oder Färbemittel	

Versuch 29 Prüfen Sie folgende Salze mit Universalindikatorpapier und ordnen Sie sie nach den pH-Werten: Natriumchlorid, Kaliumcarbonat, Natriumhydrogencarbonat, Aluminiumchlorid, Kupfersulfat, Alaun, Natriumsulfat, Ammoniumchlorid.

Salze können neutral, alkalisch oder sauer reagieren. Warum reagieren sie nicht alle neutral, obwohl sie bei der Neutralisation entstehen? Sie erinnern sich, daß es Säuren und Laugen unterschiedlicher Stärke gibt. Läßt man die schwache Lauge Ammoniumhydroxid mit der starken Salzsäure reagieren, entsteht keine neutrale Lösung, sondern eine saure. Starke Säuren und schwache Laugen bilden also saure Salzlösungen: $NH_4OH + HCl \longrightarrow NH_4Cl + H_2O$. Woher kommt die saure Wirkung?

Wenn wir bei einer Salzlösung einen pH-Wert im sauren Bereich messen, müssen $H^{\oplus}$-Ionen vorhanden sein. Das saure Salz spaltet sich in Wasser teilweise in seine Ionen auf.

$$NH_4Cl \xrightarrow{H_2O} NH_4^{\oplus} + Cl^{\ominus}$$

Das $NH_4^{\oplus}$-Ion stammt aus der schwachen Lauge NH_4OH. Weil sich schwache Laugen nur wenig in ihre Ionen aufspalten, entziehen die $NH_4^{\oplus}$-Ionen dem Wasser $OH^{\ominus}$-Ionen:

$$NH_4^{\oplus} + H_2O \longrightarrow NH_4OH + H^{\oplus} \qquad (H^{\oplus} = \text{saure Wirkung})$$

Das $Cl^{\ominus}$-Ion aus dem Salz liefert dagegen die Salzsäure. Als starke Säure liegt sie in Wasser vollständig in ihre Ionen gespalten vor, so daß sie dem Wasser keine $H^{\oplus}$-Ionen entzieht. Darum entstehen keine $OH^{\ominus}$-Ionen, die die saure Wirkung „abfangen" könnten – die Lösung reagiert also sauer (**6**.53).

Reagiert ein Salz alkalisch, bildet sich in der Lösung die schwache Säure als Molekül aus, und zurück bleiben $OH^{\ominus}$-Ionen, die für die alkalische Wirkung verantwortlich sind.

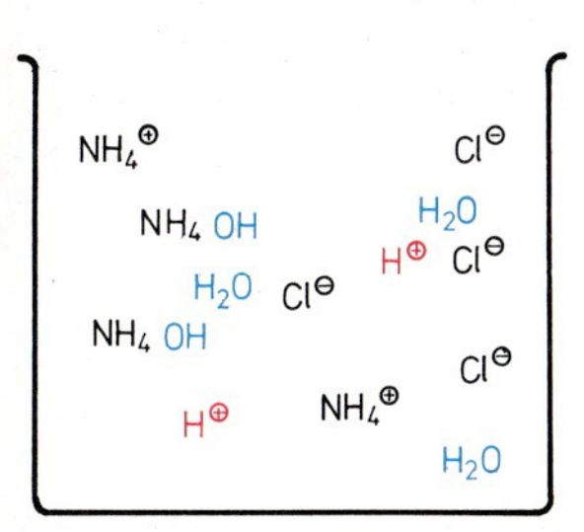

6.53 Ammoniumchlorid in Wasser

6.54 Salze auf der pH-Wert-Skala

Eine Natriumchloridlösung reagiert neutral, weil die Säure HCl und die Lauge NaOH, aus denen das Salz enstanden ist, gleich stark sind. Verbinden sich jedoch eine starke Lauge (z. B. KOH) und die schwache Säure H_2CO_3, reagiert die Salzlösung alkalisch, wie Sie am pH-Wert der Kaliumcarbonatlösung im Versuch 29 gesehen haben (**6**.54).

$2\,KOH$	$+ H_2CO_3$	$\longrightarrow K_2CO_3$	$+ 2\,H_2O$
starke Lauge	schwache Säure	alkalische Salzlösung	

Neutral reagierende Salze entstehen aus gleichstarken Säuren und Laugen.
Saure reagierende Salze entstehen aus starken Säuren und schwachen Laugen.
Alkalisch reagierende Salze entstehen aus schwachen Säuren und starken Laugen.

Kosmetische Mittel enthalten statt Säuren oder Alkalien häufig sauer oder alkalisch reagierende Salze. Saure finden wir z. B. in Gesichtswassern, Säurespülungen und Rasierwässern, während alkalische den Blondiermitteln, Haarfärbemitteln und Wellmitteln zugesetzt werden. Die Salze lassen sich besser verarbeiten, wirken außerdem schwächer und deshalb schonender als die entsprechenden Säuren oder Laugen (**6**.55).

Tabelle **6**.55 **Salze in der Haar- und Hautpflege**

Name und Formel	Reaktion	Verwendung und Wirkung
Aluminiumchlorid $AlCl_3$	sauer	Antischweißmittel, wirkt adstringierend
Ammoniumchlorid NH_4Cl	sauer	Gesichtswässer, wirkt adstringierend
Natriumsulfit Na_2SO_3	alkalisch	verhindert als Reduktionsmittel die vorzeitige Oxidation von Farbstoff-Vorstufen in Farbcremes
Natriumcarbonat (Soda) Na_2CO_3	alkalisch	Zusatz in Badesalz und Wellmitteln zur Wasserenthärtung
Ammoniumthioglykolat $H-S-CH_2-COONH_4$	alkalisch	Reduktionsmittel in alkalischen Wellmitteln
Alaun $NH_4Al(SO_4)_2$ $KAl(SO_4)_2$	sauer	Zusatz in Blutstillerstiften, um verletzte Kapillargefäße zusammenzuziehen
Eisenchlorid $FeCl_3$	sauer	Blutstillerwatte, Ätzmittel bei Warzen

Versuch 30 Prüfen Sie den pH-Wert von destilliertem Wasser. Geben Sie dann zur Hälfte des Wassers einige Tropfen Säure und zur anderen einige Tropfen Lauge. Messen Sie die jeweiligen pH-Werte, am besten mit dem pH-Meßgerät.

Versuch 31 Prüfen Sie den pH-Wert der Salzlösung NaH_2PO_4/Na_2HPO_4. Tropfen Sie auch hier zur einen Hälfte Säure und zur anderen Lauge. Was beobachten Sie bei der pH-Wert-Messung?

Pufferwirkung. Wird Säure oder Lauge in Wasser getropft, ändert sich sofort der pH-Wert der Lösung. Die Salzlösung hat dagegen offensichtlich die Säure- bzw. Laugenteilchen „weggefangen", denn der pH-Wert hat sich nicht geändert. Stoffe, die Wasserstoffionen wegfangen und damit den pH-Wert konstant halten, heißen Pufferstoffe. Man setzt sie kosmetischen Präparaten zu, um den pH-Wert stabil zu halten. Diese Stabilität ist wichtig, weil sich bei Verschiebungen die Wirkung der Mittel ändert, was zu Haar- und Hautschäden führen kann.

Die im Versuch 31 gebrauchte Salzlösung heißt Phosphatpuffer (= Salze der Phosphorsäure) und wirkt bei pH 7. Die Mischung aus Essigsäure und Natriumacetat ergibt einen anderen Puffer mit Pufferwirkung bei pH 5. Nahezu für jeden pH-Wert gibt es ein geeignetes Puffergemisch, das den pH-Wert konstant hält. In kosmetischen Mitteln finden wir häufig den *Ammoniakpuffer*. Er besteht aus Ammoniumhydroxid NH_4OH und Ammoniumchlorid NH_4Cl. Dieses Puffergemisch puffert bei pH 9,5 und verhindert bei Färbungen, Blondierungen und Dauerwellen eine zu hohe Alkalität.

Pufferstoffe halten den pH-Wert kosmetischer Mittel konstant.

Aufgaben zu Abschnitt 6.8

1. Wie färben Laugen und Säuren Lackmuspapier?
2. Aus welchen Stoffen entstehen Laugen?
3. Warum sind im Calciumhydroxid und Magnesiumhydroxid jeweils zwei OH-Gruppen?
4. Welche Ladung hat die OH-Gruppe?
5. Wodurch unterscheiden sich starke und schwache Laugen?
6. Nennen Sie zwei besonders starke Laugen.
7. Welche Lauge ist am häufigsten in Friseurpräparaten enthalten?
8. Wie werden Säuren hergestellt?
9. Welcher Teil einer Säure ist verantwortlich für die saure Wirkung?
10. Nennen Sie schwache Säuren.
11. Welche Wirkung haben starke Laugen auf das Haar?
12. Wie wirken schwache Laugen auf das Haar?
13. Welche Präparate enthalten Laugen?
14. Welche Wirkung haben schwache Säuren auf Haut und Haare?
15. Warum müssen Sie nach alkalischen Behandlungen des Haares eine Säurespülung oder Haarkur durchführen?
16. Zeichnen und beschriften Sie die pH-Wert-Skala.
17. Wieviel stärker ist eine Lauge mit pH 14 als eine mit pH 13?
18. Welchen pH-Wert haben die stärksten Säuren?
19. Warum reagiert Wasser neutral?
20. Warum sind kosmetische Mittel mit einem pH-Wert von 4 bis 5 besonders haut- und haarschonend?
21. Warum dürfen Sie nicht auf das Verdünnen von Präparaten verzichten, auch wenn sich der pH-Wert dadurch kaum ändert?
22. Wie mißt man den pH-Wert?
23. Warum reagieren Mischungen aus gleichen Mengen gleichstarker Säuren und Laugen neutral?
24. Was versteht man unter Neutralisation?
25. Wie heißen die Salze der Salzsäure, Kohlensäure, Essigsäure, Phosphor- und Schwefelsäure?
26. Schreiben Sie die Reaktionsgleichung für diese Salzbildungen:
    a) Natronlauge reagiert mit Salzsäure,
    b) Calciumhydroxid reagiert mit Schwefelsäure,
    c) Ammoniumhydroxid reagiert mit Essigsäure.
27. Nennen Sie Beispiele von Neutralisationen aus der Friseurpraxis.
28. Aus welchen Bestandteilen bilden sich alkalisch reagierende Salze?
29. Warum reagiert Natriumchloridlösung neutral?
30. Aus welchen Stoffen ist das Salz Ammoniumthioglykolat entstanden? Wozu wird es gebraucht?
31. Warum setzt man kosmetischen Mitteln Pufferstoffe zu?
32. Erläutern Sie den Vorgang der Pufferung.

7 Dauerhafte Haarumformung

7.1 Heißwelle oder „Wer schön sein will, muß leiden!“

Der Wunsch, sich mit Locken zu schmücken bzw. mit „Locken zu locken“, scheint so alt zu sein wie die Menschheit selbst. Von Natur aus sind wir jedoch unterschiedlich begünstigt. Einige haben eine regelrechte Lockenpracht, andere müssen sich mit schnittlauchglatten Haaren herumärgern. Der Wunsch, diese „Ungerechtigkeit“ auszugleichen, ließ die Damen und die Haarkünstler schon im Altertum nicht schlafen. Doch die frühen „Lockversuche“ waren nicht von Dauer, sie hielten nur einige Tage und mußten ständig erneuert werden.

Bereits im 17. Jahrhundert wurden die Haare dauerhaft gekraust. Man wickelte sie auf Holzstäbchen, kochte sie zwei bis drei Stunden in schwach alkalischen Lösungen (Borax) und neutralisierte sie vor dem Trocknen in Essigwasser. Dieses Verfahren konnte natürlich keine Kundin über sich ergehen lassen – es eignete sich nur für ausgekämmte oder abgeschnittene Haare, die anschließend zu Perücken verarbeitet wurden (**7**.1).

7.1 Erste Dauerwellversuche

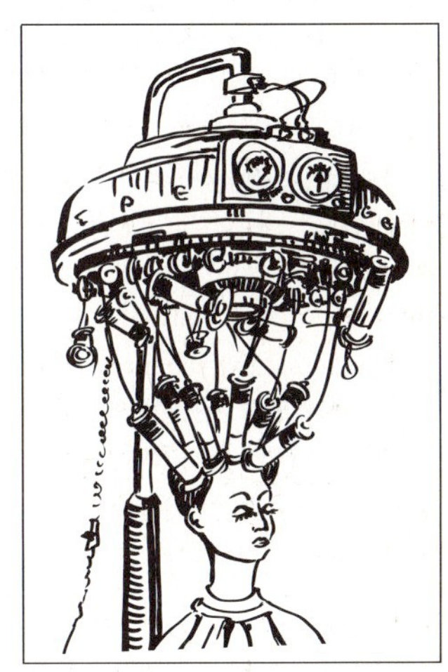

7.2 Heißwellapparat

Karl Nessler, ein pfiffiger junger Friseur aus Todtnau im Schwarzwald, übertrug diese Methode auf „lebendes“ Haar. „Versuchskaninchen“ war seine spätere Frau Katharina. Er band von Katharinas langem Haar drei Strähnen ab, feuchtete sie mit geheimnisvollen Flüssigkeiten an und wickelte sie auf Metallstäbchen. Diese erhitzte er mit einer glühenden Zange. Anfangs wurde Katharina für die Dauerwellversuche ihres Freundes arg gestraft: Die erste Haarsträhne löste sich vom Kopf, unter der zweiten bildete sich eine dicke, schmerzhafte Brandblase, und das Haar war und blieb glatt. Die dritte Haarsträhne jedoch war und blieb gewellt! Karl Nessler hatte die *Heißwelle* erfunden! Unermüdlich arbeitete er an seiner Erfindung weiter, so daß er sie 1906 in London den Fachkollegen offiziell vorstellen konnte. Er konstruierte einen Dauerwellapparat, durch den jeder einzelne Wickler aufgeheizt wurde (**7**.2).

Bei der Heißwelle wurden die Haare mit Alkalien angefeuchtet und sehr straff auf senkrecht vom Kopf abstehende Metallstäbchen (*Spiralwickler*) gewickelt. Eine besondere Fixierung war unnötig. Sie erfolgte durch Abkühlen der Haare auf den Wicklern. Zum Schutz der Kopfhaut vor den gefürchteten Brandblasen nahm Karl Nessler Gummiisolierklammern. Gummiklammern, Metallstäbchen und Heizer wogen zusammen etwa 900 g. Doch

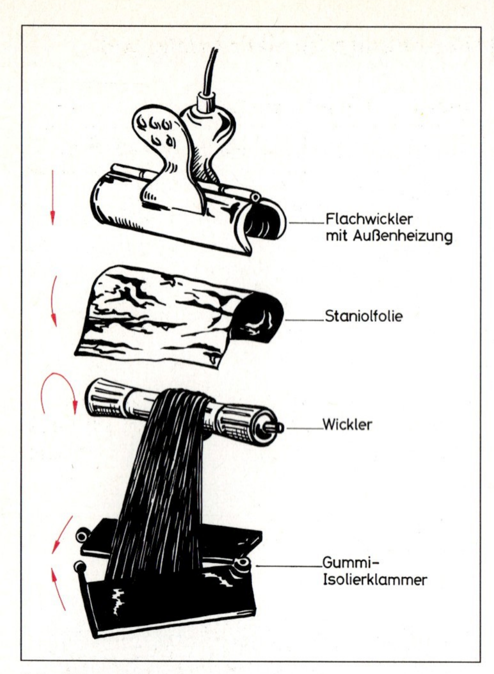

7.3 Flachwirkung

damit war das Sprichwort „Wer schön sein will, muß leiden" noch nicht erfüllt. Die Prozedur dauerte obendrein 4 bis 5 Stunden und kostete 105 Goldmark – ein Vermögen, wenn man bedenkt, daß der Stundenlohn eines Arbeiters damals bei 35 Pfennig lag!

Als Josef Mayer 1924 die *Flachwickler* erfand, besserte sich die Lage der lockenwütigen Frauen etwas. Der waagerecht am Kopf anliegende Wickler war leichter und hatte (durch die geringere Hebelkraft) weniger Zugwirkung als der Spiralwickler. Außerdem läßt sich ein Flachwickler einfacher und schneller wickeln, was Sie selbst ausprobieren können. Natürlich mußten auch die Flachwickler erhitzt werden (**7**.3).

Dabei unterscheidet man zwei Arten: *Innenheizung* und *Außenheizung.* Bei der Innenheizung wird die Spitzenkrause stärker. Erhitzt man das Haar dagegen durch eine Heizklammer (Außenheizung), wird die Ansatzkrause stärker.

1906 stellt Karl Nessler die Heißwelle vor
1920 entwickelt er den Dauerwellapparat mit Spiralwicklung
1924 erfindet Josef Mayer die Flachwicklung

7.2 Kaltwelle

1934 meldete eine deutsche Firma ein organisches Reduktionsmittel als Patent an. Diese Chemikalie (Ammoniumthioglykolat) war eine entscheidende Neuerung für die Dauerwelle, denn es handelte sich um die erste Wellflüssigkeit, die ohne umständliches Erhitzen der Haare wirkte. Allerdings dauerte es noch Jahre, bis sich diese Erfindung in Europa durchsetzte.

Mildwelle. Unzufriedenheit ist häufig Auslöser für Neuerungen. Anhänger der Heißwelle bemängelten die stärkere Haarschädigung durch die neuen chemischen Wellmittel. Die umständliche Heißwelle wünschten sich zwar weder Friseure noch Kunden zurück, doch wollte man ihre Vorteile auf das neue Wellverfahren übertragen. So wurde 1950 die Mildwelle erfunden. Sie ist eine Kombination aus Heiß- und Kaltwelle, bei der mit geringer Chemikalienkonzentration, aber zusätzlicher Wärmezufuhr das Haar umgeformt wurde.

Unsere heutigen Wellflüssigkeiten sind zwar besser auf die verschiedenen Haarqualitäten abgestimmt, doch entspricht ihr Wirkungsprinzip noch immer den ersten Kaltwellen.

7.2.1 Chemischer Bau des Haares als Voraussetzung für die Formbarkeit

Dauerwellen sind chemische Umformungen des Haares. Um den Wellvorgang zu verstehen und Fehler zu vermeiden, muß man wissen, was bei der Umformung im Haar geschieht. Dazu sind genaue Kenntnisse über den chemischen Bau des Haares nötig. Tab. **7.4** zeigt die Elemente des Keratins.

Man kann sich die Keratinelemente mit ihren Symbolen gut als Wörtchen SCHON merken, wobei der Prozentanteil allerdings nicht berücksichtigt ist.

Tabelle **7.4** **Keratinbestandteile**

Element	Symbol	Anteil in %
Kohlenstoff	C	49
Sauerstoff	O	23
Stickstoff	N	17
Wasserstoff	H	7
Schwefel	S	4

Aminosäuren. Die 5 Elemente liegen im Haar nicht ungeordnet vor, sondern bilden chemische Verbindungen, die Aminosäuren. Dies sind kleinste Eiweißbausteine. Haare sind aus 17 bis 20 verschiedenen Aminosäuren zusammengesetzt, die alle nach folgendem Prinzip aufgebaut sind:

$$H_2N-\underset{R}{\overset{H}{C}}-C{\overset{O}{\|}}-OH$$

Die NH_2-Gruppe ist die basisch reagierende *Aminogruppe,* die $-COOH$-Gruppe nennt man Carboxyl- oder *Säuregruppe.* R steht für einen organischen Rest, der z.B. bei einer für die Dauerwelle wichtigen Aminosäure Schwefel enthält.

Peptidbindungen. Im Keratinmolekül des Haares sind viele Aminosäuren zu einem langen Kettenmolekül verbunden. Dabei ist jeweils die Aminogruppe der einen Aminosäure mit der Säuregruppe der nächsten verknüpft. Bei der Verknüpfung wird Wasser (H_2O) entzogen, so daß sich folgendes Reaktionsschema ergibt:

$$H_2N-\underset{R}{\overset{H}{C}}-\overset{O}{\overset{\|}{C}}-OH + H_2N-\underset{R}{\overset{H}{C}}-\overset{O}{\overset{\|}{C}}-OH \xrightarrow{-H_2O} H_2N-\underset{R}{\overset{H}{C}}-\boxed{\overset{O}{\overset{\|}{C}}-\overset{H}{N}}-\underset{R}{\overset{H}{C}}-\overset{O}{\overset{\|}{C}}-OH$$

Das neu entstandene (eingerahmte) Zwischenstück nennt man Peptidbindung. Im Kettenmolekül des Keratins entstehen durch die Zusammenlegung vieler Aminosäuren in regelmäßigen Abständen solche sehr festen Peptidbindungen. Im Haar ist das Molekül schraubenartig gedreht (**7**.5). Da die Peptidschrauben in Längsrichtung des Haares liegen, also eine bestimmte Richtung haben, kann man sie gerichtetes Keratin nennen. Es bildet die Keratinfasern, Mikro- und Makrofibrillen. Die schwefelreiche amorphe Masse, die zwischen diesen geformten bzw. gerichteten Bestandteilen des Haares liegt, ist ungerichtetes Keratin.

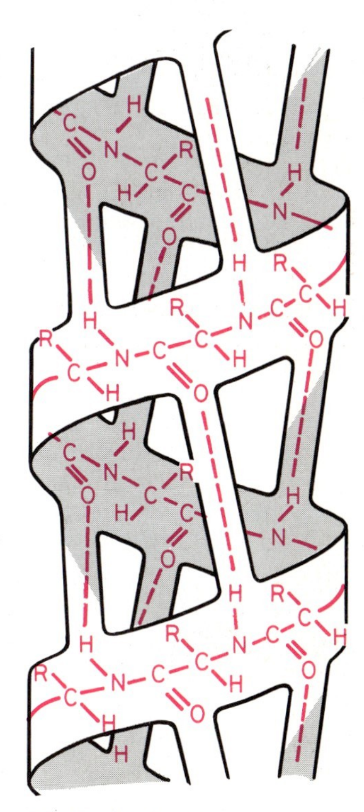

7.5 Peptidschrauben

Aufbau des Keratins

Aminosäuren ⟶ Peptidschrauben ⟶ Keratinfasern ⟶ Mikrofibrille ⟶ Makrofibrille, schwefelreiche amorphe Masse

7.2.2 Längs- und Querbrücken im Keratin

Wenn Sie einen Kugelschreiber auseinanderschrauben und mit der Feder spielen, stellen Sie fest: Die Feder läßt sich zusammenschieben, biegen und auf das Doppelte bis Dreifache ihrer Länge dehnen. Aus dem Abschnitt über das Haar wissen Sie, daß auch Haare dehnbar sind, wenn auch nicht in dem Ausmaß der Kugelschreiberfeder. Die „Federn" des Haares, d.h. die nebeneinanderliegenden Peptidschrauben, werden nämlich durch Längs- und Querverbindungen zusammengehalten. Drei Arten solcher Vernetzungen oder Brücken unterscheidet man: Wasserstoff-, Salz- und Schwefelbrücken.

Die Wasserstoffbrücken sind die instabilsten, d.h., sie lassen sich am leichtesten lösen. Sie bilden sich zwischen den Wasserstoffatomen der Aminogruppen und den Sauerstoffatomen der Peptidgruppen aus.

Wasserstoffbrücke $\mathrm{C{=}O \cdots H{-}N}$

Bild **7**.5 zeigt, daß diese Bindungen die Peptidschraube in Längsrichtung zusammenhalten. Die gleichen Wasserstoffbrücken findet man auch zwischen verschiedenen Peptidschrauben. Da sie durch Wasser gelöst werden, dehnt sich nasses Haar stärker als trockenes. Diesen Vorteil nutzen Sie täglich bei Wasserwellen und Fönfrisuren. Dabei quillt das Haar durch Wasseraufnahme um etwa 15%. Durch das Öffnen der Wasserstoffbrücken werden die Peptidschrauben beweglicher. Beim Formen auf dem Wickler oder über der Fönbürste verschieben sich die Schrauben. Beim Trocknen (Wasserentzug) geht die Quellung zurück, und Wasserstoffbrücken bilden sich wieder aus. Durch die Formung über dem Wickler oder der Bürste stehen sich nun jedoch andere Kontaktstellen für Wasserstoffbrücken gegenüber, so daß das Haar die Wickler- bzw. Bürstenform bekommt – leider nur bis zum nächsten Kontakt mit Wasser. Und dazu sind nicht einmal ein kräftiger Regenguß oder eine Haarwäsche erforderlich. Das Haar zieht nämlich die Feuchtigkeit aus der Luft an, es ist hygroskopisch. Deshalb hält die Pracht der Wasserwelle nur einige Tage oder höchstens eine Woche. Lösen und Neuknüpfen von Wasserstoffbrücken führen also nur zu einer vorübergehenden Haarumformung.

Salzbrücken sind stabiler als Wasserstoffbrücken. Sie werden durch $COO^{\ominus}$ und $^{\oplus}H_3N$-Gruppen verschiedener Peptidschrauben gebildet.

Salzbrücke $-COO^{\ominus}\ \ {}^{\oplus}H_3N-$

Wie Sie aus der Chemie wissen, reagieren Säuren und Laugen (Basen) zu Salzen. Ebenso bilden die basische Aminogruppe und die Säuregruppe im Keratin eine Salzbindung. Die entgegengesetzten Ladungen von Anion ⊖ und Kation ⊕ halten die Ionenbindung zusammen. Salzbindungen sind Quervernetzungen, die durch Wasser gelockert, aber nicht gespalten werden.

Wasser drängt sich als Dipol zwischen die beiden Teile der Salzbrücke und schiebt sie auseinander. Beim Trocknen des Haares bilden sich die Salzbrücken ebenso zurück wie die Wasserstoffbrücken. Bei der Wasserwelle haben beide Brückenarten also die gleiche Bedeutung. Während Wasser die Salzbrücken nur lockert, werden sie durch die Alkalien der Dauerwellflüssigkeit gespalten.

$—COO^{\ominus}\quad {}^{\oplus}H_3N—$	Salzbrücke
$+\oplus\ H_2O\ \ominus$	plus Wasser (Dipol)
$—COO^{\ominus}\ \oplus\ H_2O\ \ominus\ {}^{\oplus}H_3N—$	

a) Lockern einer Salzbrücke durch Wasser

$—COO^{\ominus}\quad {}^{\oplus}H_3N—$	Salzbrücke
$+\ NH_4{}^{\oplus}OH^{\ominus}$	+ Ammoniumhydroxid (Alkali)
$—COO^{\ominus}\quad NH_4{}^{\oplus}\ OH^{\ominus}\ {}^{\oplus}H_3N—$	Alkali lockert die Salzbrücke
$—\ H_2O$	Wasser spaltet sich ab
$—COO^{\ominus}\ NH_4{}^{\oplus}\quad H_2N—$	gespaltene Salzbrücke

b) Spalten einer Salzbrücke durch Alkalien

Die Schwefelbrücken sind die stabilsten Brücken im Keratin des Haares. Sie verbinden verschiedene Peptidschrauben.

Schwefelbrücke $—CH_2—S—S—CH_2—$

Schwefelbrücken befinden sich hauptsächlich in der amorphen Masse, die das gerichtete Keratin umgibt. Als Atombindung lassen sie sich durch Wasser weder lösen noch lockern, sind also für die Wasserwelle ohne Bedeutung. Will man Haare jedoch dauerhaft umformen, müssen die Schwefelbrücken gespalten werden. Dazu braucht man Reduktionsmittel wie das 1934 als Patent zur Haarumformung angemeldete Ammoniumthioglykolat.

$—CH_2—S—S—CH_2—$	Schwefelbrücke
$\downarrow + 2\,H^{\cdot}$	+ Wasserstoff aus dem Reduktionsmittel Ammoniumthioglykolat
$—CH_2—S—H\quad H—S—CH_2—$	gespaltene Schwefelbrücke

Die Peptidspiralen des Haares bekommen durch Wasserstoffbrücken, Salzbrücken und Schwefelbrücken ihre Stabilität. Will man das Haar umformen, muß man die Brücken spalten und anschließend in der neuen Form wieder verknüpfen. Dazu sind Wellflüssigkeit und Fixierung erforderlich.

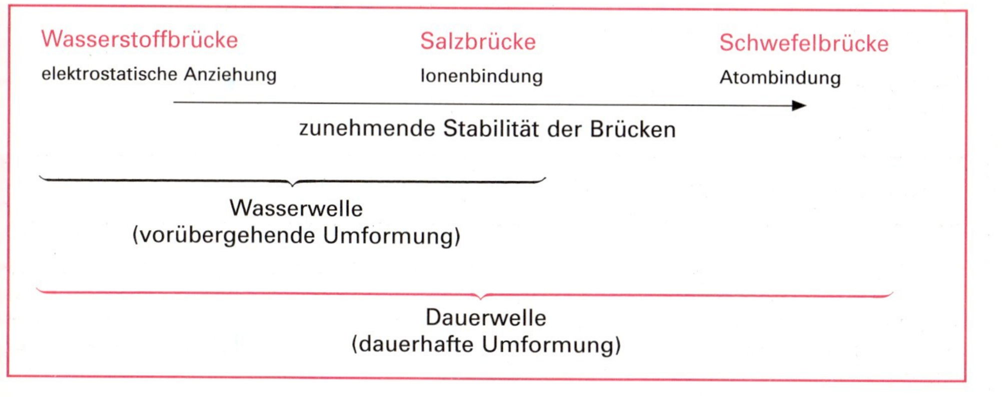

7.2.3 Inhaltsstoffe und Aufgaben der Wellflüssigkeit

Versuch 1 Legen Sie eine Haarsträhne 30 Minuten in eine Wellflüssigkeit und prüfen Sie dann die Dehnbarkeit. Wie fühlt sich das Haar an, wenn man es zwischen den Fingern reibt?

Versuch 2 Befestigen Sie ein Haar durch zwei etwa 2 bis 3 cm voneinander entfernte Tropfen Nagellack auf einem Objektträger. Beträufeln Sie das Haar mit Wellflüssigkeit, während Sie es unter dem Mikroskop betrachten (7.6).

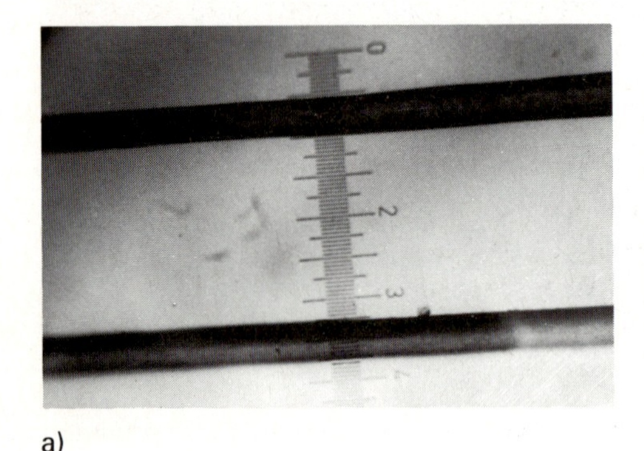

a)

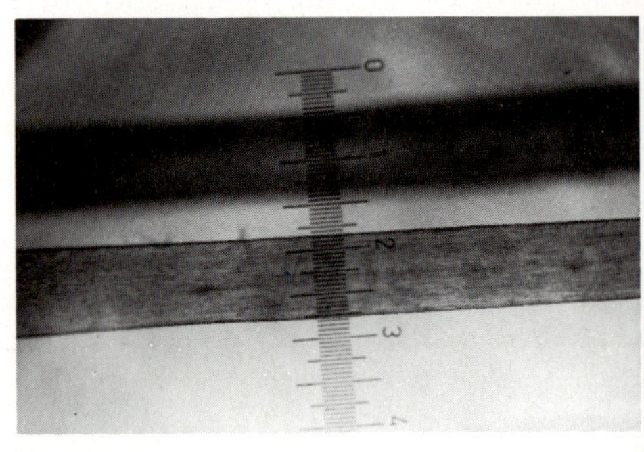

b)

7.6 Quellung des Haares durch Wellflüssigkeit
a) trocken, b) mit Wellmittel

Versuch 3 Messen Sie den pH-Wert verschiedener Wellflüssigkeiten.

Die meisten Wellflüssigkeiten reagieren alkalisch und quellen das Haar. Mit Wellflüssigkeit behandelte Haare fühlen sich weich und glitschig an; sie sind stärker dehnbar. Ursache dieser Veränderungen sind die zwei wichtigsten Bestandteile der Wellflüssigkeit: das Reduktions- und das Alkalisierungsmittel.

Reduktionsmittel (z.B. Thioglykolsäure $H-S-CH_2-COOH$ oder Thiomilchsäure) spalten Schwefelbrücken und erweichen so die Kittmasse. Das Haar verliert seine Festigkeit und wird formbar. Keratinerweichend wirkt allerdings nicht die Thioglykolsäure, sondern ihr Salz Ammoniumthioglykolat. Es bildet sich, wenn die Säure mit dem Alkalisierungsmittel (Ammoniumhydroxid) zusammenkommt.

Versuch 4 Messen Sie den pH-Wert von Thioglykolsäure und tropfen Sie so lange Ammoniumhydroxid NH_4OH zu, bis sich der pH-Wert über den Neutralpunkt hinaus verschoben hat.

$$H-\overline{S}-CH_2-COOH + NH_4OH \longrightarrow H-\overline{S}-CH_2-COO^{\ominus}\,{}^{\oplus}NH_4 + H_2O$$

Thioglykolsäure + Ammoniumhydroxid ⟶ Ammoniumthioglykolat + Wasser

Säure + Lauge ⟶ Salz + Wasser

Alkalisierungsmittel (z.B. Ammoniumhydroxid NH_4OH) quellen das Haar, indem sie Salz- und Wasserstoffbrücken spalten.

Mit den genannten Reduktions- und Alkalisierungsmitteln ließen sich zwar Wellbehandlungen durchführen, doch entsprechen sie noch nicht den heute gebräuchlichen Wellflüssigkeiten. Diese enthalten zusätzlich Netzmittel, Schutzstoffe, Emulgatoren, Duft- und Farbstoffe.

Netzmittel sind Tenside, die die Grenzflächenspannung des Wassers herabsetzen und dadurch die Benetzung des Haares mit Wellmittel und das Eindringen der Stoffe fördern (s. Abschn. 4.1.3).

Schutzstoffe sind nötig, weil die Dauerwelle stark in die Haarstruktur eingreift. Schutz- und Pflegestoffe schwächen die Haarschädigung ab. Die bekanntesten Schutzstoffe sind Lanolin, Glycerin, Lecithin und Stearin.

Emulgatoren und Lösungsvermittler verteilen die Fette, Öle und Wachse zu einer beständigen Emulsion und halten wasserunlösliche Stoffe in der Lösung, so daß sie sich auch bei längerer Lagerung nicht absetzen.

Parfümöle mildern den unangenehmen Geruch des Ammoniumhydroxids und Ammoniumthioglykolats.

Farbstoffe erleichtern die Unterscheidung verschiedener Präparate und lassen die Wellmittel ansprechender aussehen.

Wellmittel enthalten
- Reduktionsmittel zum Spalten der Schwefelbrücken
- Alkalisierungsmittel zum Spalten der Salz- und Wasserstoffbrücken
- ferner Netzmittel, Schutzstoffe, Emulgatoren, Lösungsvermittler, Duft- und Farbstoffe sowie entsalztes oder destilliertes Wasser als Lösungsmittel

7.2.4 Arten der Wellflüssigkeit

Alkalische Wellmittel haben einen pH-Wert zwischen 8 und 9,5. Sie eignen sich für kräftiges, nicht poröses Haar. Der Anteil an Ammoniumthioglykolat beträgt 6 bis 8%. Er darf 11% nicht übersteigen, weil ein höherer Anteil das Haar auflösen würde (⟶ Haarentfernungsmittel).

Schwach alkalische Wellmittel haben einen pH-Wert zwischen 7 und 8. Sie enthalten mehr Thioglykolat, aber weniger Alkalisierungsmittel als alkalische Wellmittel. So erzielt man trotz geringerer Quellung des Haares ein gutes Wellergebnis. Diese Mittel eignen sich für normales und für angegriffenes Haar. Bei stark porösem Haar sollten sie mit Wasser verdünnt werden. Sie ersetzen immer mehr saure Wellmittel.

Sauer reagierende Wellmittel haben einen pH-Wert von 5 bis 6 und sind – da sie das Haar nicht quellen – hauptsächlich für poröses Haar geeignet.

Thioglykolsäure wirkt aber nur im alkalischen Bereich; deshalb enthalten echte saure Wellmittel bis zu 11% Thioglykolsäureester (= Thioglykolsäure + Alkohol, z.B. Glycerin oder Sorbit). Dieses Reduktionsmittel ist ein so starkes Allergen, daß die Firmen die saure Dauerwelle durch schwach alkalische (pH-Wert bis zu 7,5) ersetzen. Die Friseure und Friseurinnen konnten ihre Haut zwar durch Handschuhe schützen, jedoch gelangt auch bei sorgfältigem Auftragen schon einmal Wellmittel auf die Kopfhaut und gefährdet die Kundin.

Darüber hinaus hat die Praxis gezeigt, daß bei Haaren, die mehrmals nacheinander mit sauren Wellmitteln behandelt wurden, die Sprungkraft leidet.

Deshalb gilt die Regel: *Nie mehr als drei saure Dauerwellen nacheinander! Dann muß wieder eine alkalische oder schwach alkalische Wellflüssigkeit genommen werden.*

Thermogesteuerte Dauerwellen brauchen Wärme (Haube, IR-Gerät, erwärmte Wellmittel, Wicklerheizung), um zu wirken, da sie weniger Thioglykolat und Alkalien enthalten. Die Wärme wirkt katalytisch und ersetzt somit einen Teil der Chemikalien.

2-Phasen-Wellmittel bestehen aus einer schwachen flüssigen Phase und einer stärkeren Creme- oder Gelphase. Die milde Flüssigkeit wird zum ersten Anfeuchten benutzt. Sie dringt bis in die Spitzen vor. Die Creme trägt man anschließend mit dem Pinsel auf die Ansätze auf. Durch die festere Konsistenz verteilt sich die stärkere Creme weniger und dringt nicht in die Spitzen, wellt aber das gesunde Ansatzhaar besonders gut. Diese Wellmittel sind daher für Kundinnen gedacht, deren Haarstruktur zwischen Spitzen und Ansatz so unterschiedlich ist, daß auch ein Strukturausgleichspräparat die Unterschiede nicht ausreichend ausgleichen kann.

2-Komponenten-Wellmittel bestehen aus einem alkalischen Wellmittel und einer sauer reagierenden Pflegeemulsion. Nach dem Mischen der beiden Teile schwächt die Emulsion das Wellmittel ab, so daß sich der pH-Wert durch unterschiedliche Mischungsverhältnisse der Flüssigkeiten auf alle Haarqualitäten einstellen läßt. Diese Wellmittel sind eine Verbesserung des „Verdünnungsprinzips", bei dem ein alkalisches Wellmittel je nach Haarqualität 1:1, 1:2 oder 1:3 mit Wasser verdünnt wird.

Schaumdauerwellen sind alkalische Wellmittel, die nur mehr Tenside enthalten. Der Schaum bildet sich durch das Einpumpen von Luft, oder es sind echte Aerosole. Da sie bei längerem Haar nur schlecht bis in die Spitzen vordringen, werden die hauptsächlich im Herrensalon und bei Kurzhaar verwendet.

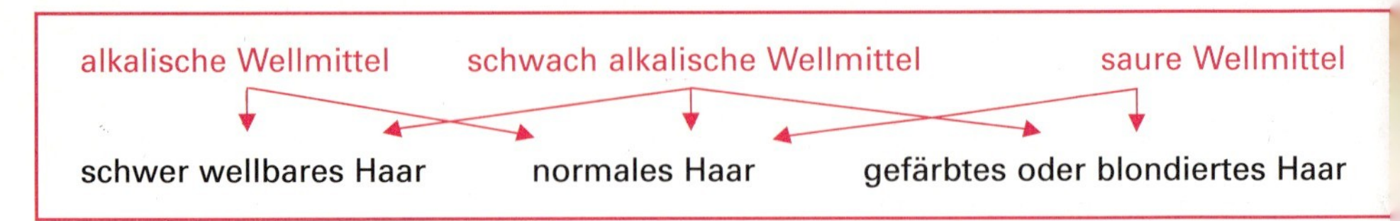

7.2.5 Arten und Inhaltsstoffe der Fixierungen

Die Wellflüssigkeit erweicht das Haar, indem die Quervernetzungen (Salz- und Schwefelbrücken) gelöst werden. Durch das Wickeln verschieben sich die Peptidschrauben, und das Haar paßt sich der Form des Wicklers an. Die Fixierung muß das erweichte Haar „härten", also die Brücken wieder schließen. Fixierungen bewirken somit das Gegenteil von Wellflüssigkeiten und enthalten entsprechend auch die gegenteiligen Stoffe: Oxidationsmittel und Säuren.

Oxidationsmittel schließen die Schwefelbrücken und festigen das erweichte Keratin. Außerdem stoppen sie die Wirkung von Reduktionsmittelresten im Haar. Als Oxidationsmittel verwendet man *Wasserstoffperoxid* H_2O_2 oder *Bromate* $KBrO_3$. Wasserstoffperoxid greift die Pigmente an, so daß das Haar leicht aufgehellt wird. Trotzdem ist es gebräuchlicher als Bromatfixierungen.

$—CH_2—\underline{S}—H \quad H—\underline{S}—CH_2—$ gespaltene Schwefelbrücke

$\downarrow + \cdot\underline{O}\cdot$ + Sauerstoff aus dem Oxidationsmittel

$—CH_2—\underline{S}—\underline{S}—CH_2— + H_2O$ geschlossene Schwefelbrücke

Säuren neutralisieren die Restalkalien und entquellen das Haar. Dabei werden die Salzbrücken geschlossen.

$—COO^{\ominus}NH_4^{\oplus} \quad H_2N—$ gespaltene Salzbrücke

$\downarrow \quad + CH_3—COO^{\ominus}H^{\oplus}$ + Säure (z.B. Essigsäure)

$—COO^{\ominus}\ NH_4^{\oplus}\ CH_3—COO^{\ominus}H^{\oplus}\ H_2N—$

$\downarrow \quad —CH_3COO^{\ominus}\ {}^{\oplus}NH_4$ Salz (hier Ammoniumacetat) spaltet sich ab

$—COO^{\ominus}\ {}^{\oplus}H_3N—$ geschlossene Salzbrücke

Außer Oxidationsmitteln und Säuren enthalten Fixierungen Netzmittel, Schaummittel (Tenside) und Pflegestoffe.

Brücken	Wellmittel Lösen der Brücken	Fixierung Schließen der Brücken
Wasserstoff-brücke	Wasser	Trocknen
Salzbrücke	Alkalien (z.B. Ammoniumhydroxid)	Säuren (z.B. organische Säuren)
Schwefel-brücke	Reduktionsmittel (z.B. Ammoniumthioglykolat)	Oxidationsmittel (z.B. Wasserstoffperoxid, Bromate)

7.2.6 Arbeitsweise bei der Kaltwelle

Die Haardiagnose steht am Beginn jeder Wellbehandlung, denn vom Zustand des Haares hängt die Auswahl des Wellmittels ab. Kräftiges, gesundes Naturhaar ergibt ohne Vorbehandlungen eine sprungkräftige Wellung. Ist das Haar strukturgeschädigt, muß es mit einer entsprechenden Kur (s. Abschn. 4.2.3) vorbehandelt werden.

Poröse Haarspitzen können durch ein *Strukturausgleichspräparat* der übrigen Haarqualität angeglichen werden.

Der Gebrauch von *Spitzenemulsionen* ist empfehlenswert, um eine gleichmäßige Umformung vom Ansatz bis zur Spitze zu erzielen; Spitzenpapier erleichtert das Wickeln.

Bei der Haarwäsche wird das Haar nur einmal leicht durchgewaschen. Dabei soll die Kopfhaut nur leicht massiert werden, um sie möglichst wenig zu reizen. Nach dem Ausspülen wird das Haar handtuchtrocken frottiert. Bleibt es zu naß, wird das Wellmittel verdünnt und tropft ab. Zu trockenes Haar ist schwer benetzbar und nimmt daher das Wellmittel nur schlecht auf.

Durch Vorfeuchten mit Wellmittel wird das Haar bereits gequollen. Beim felderweisen Vorfeuchten teilt man das Haar in mehrere Felder ab (**7**.7).

Man beginnt am Nacken oder am Hinterkopf und feuchtet jeweils die Haarpartie an, die sofort gewickelt wird.

Diese Arbeitsweise sollte nur bei sehr langen und schwer wellbaren Haaren angewendet werden.

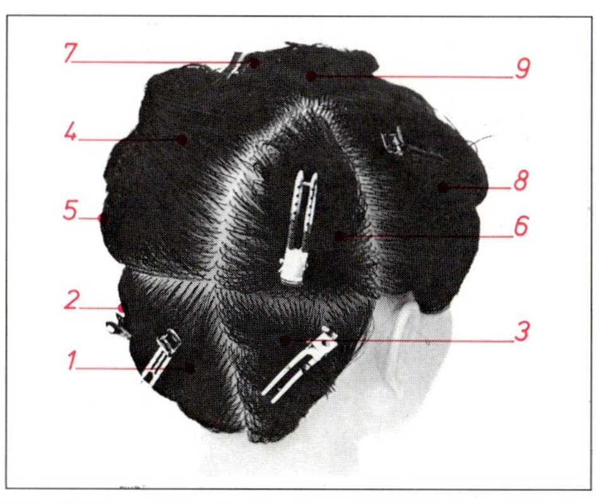

7.7 Felderweises Vorfeuchten (*1* bis *9*)

Wickeln. Die Wicklerstärke bestimmt die Stärke der Umformung. Dünne Wickler ergeben einen engen Wellenbogen, dicke einen weiten und damit eine großzügigere Wellung (**7**.8). Um dem Haar trotzdem eine gute Stütze und mehr Fülle zu geben, hat es sich in der Praxis bewährt, dicke und dünne Wickler abwechselnd zu verwenden.

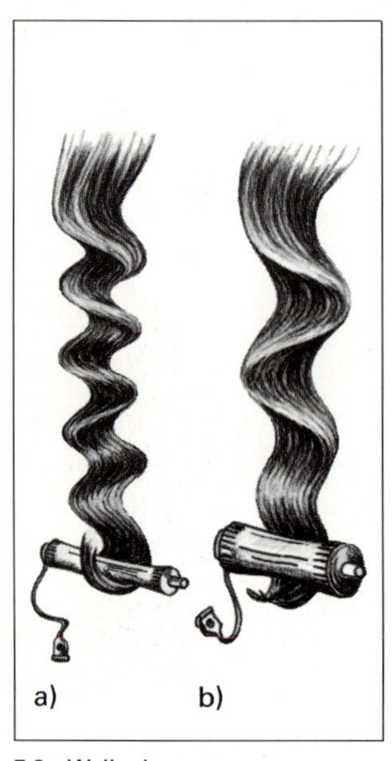

7.8 Wellenbogen
a) dünner Wickler
b) dicker Wickler

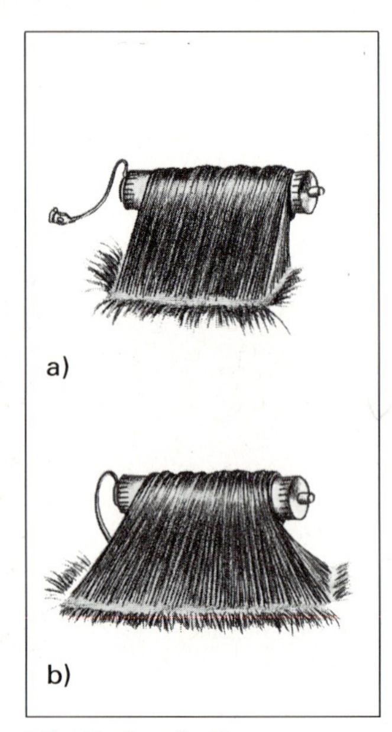

7.9 Abteilen des Haares
a) richtig: abgeteiltes Passée
b) falsch: Passée mit seitlicher Schlaufenbildung

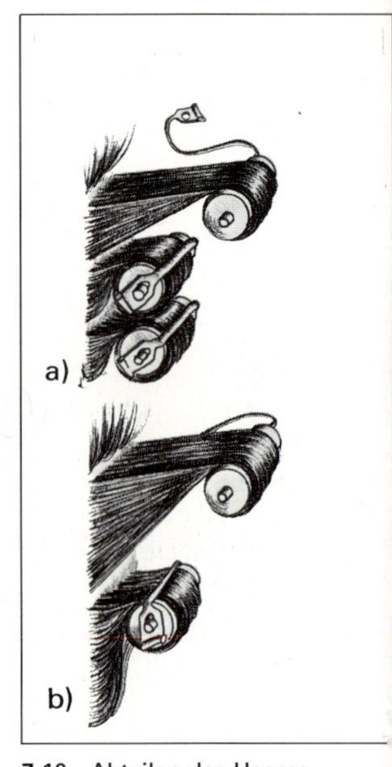

7.10 Abteilen des Haares
a) richtig: schmal abgeteilt
b) falsch: zu breit abgeteilt

Beim Abteilen des Haares darf das Passée nicht länger sein als der Wickler, sonst entstehen seitliche Schlaufen und eine ungleichmäßige Umformung des Haares (**7**.9). Wird zu breit abgeteilt, bilden sich glatte Ansätze (**7**.10).

Vor dem Wickeln wird das Haar glatt und senkrecht vom Kopf abgekämmt, denn nur so liegt der Wickler in der Mitte des Passées. Haltegummis der Wickler dürfen die Haare auf keinen Fall knicken. Sie sollen nicht verdreht werden oder zu straff sitzen, damit die Haare nicht abbrechen. Die Anzahl der Wickler ergibt sich aus der Haarfülle und der Größe des Kopfes. Erfordert die gewünschte Frisur keine besondere Wickeltechnik, nimmt man so viele Wickler, daß die Kopfhaut dazwischen nicht sichtbar ist und Wickler neben Wickler liegt.

Anfeuchten. Nur gründliches Anfeuchten führt zu einer guten Ansatzkrause. Dabei gibt man nur so viel Wellmittel auf das Haar, wie es aufnehmen kann. Um Hautreizungen zu vermeiden, soll keine Wellflüssigkeit auf die Kopfhaut, ins Gesicht oder in den Nacken tropfen. Legt man zum Schutz der Gesichtshaut einen Wattestreifen um, wird die Haut vorher eingecremt. Selbstverständlich muß der Wattestreifen vor der Einwirkzeit erneuert oder abgenommen werden, weil er sich mit Wellmittel vollsaugt.

Versuch 5 5 unbehandelte Haarsträhnen gleicher Haarstruktur und Haarstärke sollen mit unterschiedlichen Einwirkzeiten dauergewellt werden. Befestigen Sie dazu die numerierten Strähnen auf einem Postichekissen und wickeln Sie sie auf gleichgroße Dauerwellwickler. Tragen Sie ein Wellmittel, dessen Einwirkzeit mit etwa 10 bis 15 Minuten angegeben ist, auf und lassen Sie es folgendermaßen einwirken:

1. Strähne 5 Minuten (**7.11** a), 2. Strähne 10 Minuten (**7.11** b), 3. Strähne 15 Minuten (**7.11** c), 4. Strähne 20 Minuten (**7.11** d), 5. Strähne 25 Minuten (**7.11** e).

Nach der jeweiligen Einwirkzeit werden die Strähnen ausgespült, fixiert, abgewickelt, nachfixiert und in eine Säurespülung getaucht. Danach werden die Strähnen leicht durchgekämmt und an der Luft getrocknet. Beurteilen Sie anschließend das Wellergebnis in bezug auf die Sprungkraft und die Haarstruktur (**7.11**).

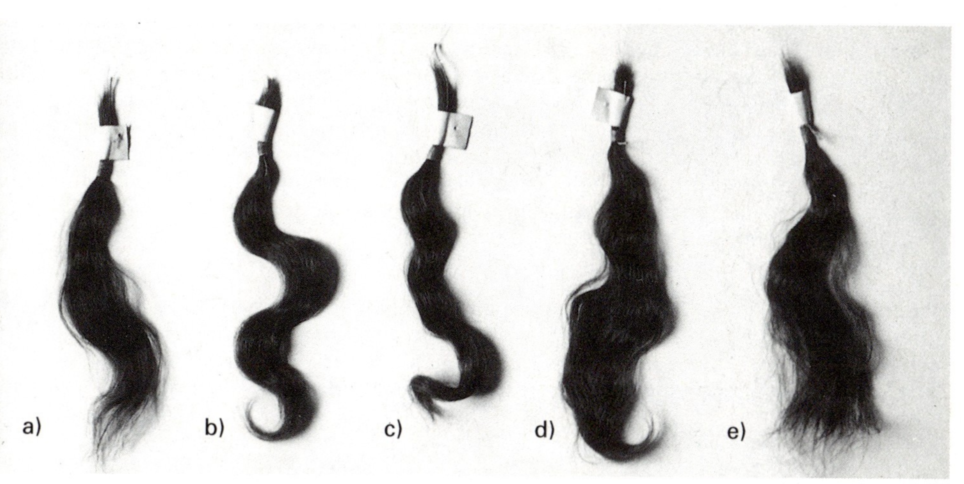

7.11 Einwirkdauer ⟶ Wellergebnis

Über die Einwirkzeit läßt sich das Wellergebnis nicht steuern. Ist sie zu kurz, erweicht das Keratin nur ungenügend, werden zu wenig Brücken gelöst – die Wellung hat wenig Sprungkraft und ist nicht haltbar. Bei zu langer Einwirkzeit überkraust das Haar und wird stark geschädigt. Dicke Haare erfordern jedoch eine längere Einwirkzeit als dünne. Zur Schonung der Haare nimmt man lieber ein schwächeres Wellmittel (evtl. kombiniert mit kleineren Wicklern) und verlängert die Einwirkzeit entsprechend. Zur Kontrolle nehmen wir an zwei bis drei Stellen des Kopfes *Probewickler.* Dabei wird das Haar zu $^{2}/_{3}$ abgewickelt und die Wellung durch leichtes Anschieben geprüft.

Da Wärme chemische Reaktionen beschleunigt, läßt sich die Einwirkzeit durch höhere Temperaturen verkürzen. Beim Abdecken des Haares mit einer Kaltwellhaube wird die Körpertemperatur vermehrt ausgenutzt. Weitere Temperatursteigerungen sind durch IR-Strahler- oder Trockenhauben (50 °C) möglich. Unter der Trockenhaube muß das Haar immer mit einer Plastikhaube abgedeckt werden, damit die Flüssigkeit nicht verdunstet.

Stark strukturgeschädigtes (blondiertes) Haar deckt man während der Einwirkzeit nicht ab, da Wärme die Einwirkzeit in diesem Fall so verkürzt, daß sie nicht mehr kontrolliert werden kann.

Die Einwirkzeit richtet sich nach der Stärke des Haares und des Wellmittels. Eine längere Einwirkzeit ist haarschonender als eine durch erhöhte Temperatur verkürzte. Sie läßt sich auch besser kontrollieren.

Durch Fixieren wird das Haar in der neuen Form gefestigt. Es beginnt – falls in der Gebrauchsanweisung nicht anders gefordert – mit dem gründlichen Ausspülen der Wellflüssigkeit, damit Reste nicht die zur Haarfestigung nötigen Fixierwirkstoffe verbrauchen. Anschließend werden die Wickler trockengetupft und die Fixierlösung aufgetragen. Dabei müssen Sie sorgfältig jeden Wickler mit Fixierung benetzen.

Versuch 6 Legen Sie eine Haarsträhne 5 Minuten in Wellflüssigkeit. Nach gründlichem Ausspülen pressen Sie Universal-Indikatorpapier oder rotes Lackmuspapier auf die Strähne.

Trotz gründlichen Spülens werden Sie noch Alkalien im Haar nachweisen können. Diese „Restalkalien" sind jedoch bei der Wirkstoffmenge der Fixierung eingeplant. Während der Einwirkzeit von 5 bis 10 Minuten neutralisiert die Fixierlösung diese Restalkalien und härtet das durch die Wellflüssigkeit erweichte und umgeformte Haar. Gerade bei längerem Haar werden jedoch bei der ersten Fixierung die Haarspitzen, die ganz innen am Wickler liegen, noch nicht genügend durchfeuchtet. Um auch sie gründlich zu fixieren, wird vorsichtig abgewickelt und nachfixiert. Diese zweite Fixierung braucht etwa 5 Minuten Einwirkzeit. Danach spült man aus und behandelt das Haar je nach Kundenwunsch weiter – muß aber beachten, daß die frische Dauerwelle noch empfindlich ist und das Haar nicht stark gedehnt werden darf.

Dauerwellfehler. Auch einem Fachmann passieren Fehler – nur weiß er, wie er sie (wenn überhaupt möglich) wieder „ausbügeln" kann. Damit Ihnen die üblichen Arbeitsfehler nicht erst unterlaufen, aus denen Ihre Kolleginnen klug geworden sind, werden sie in der Tabelle **7**.12 beschrieben und Korrekturmöglichkeiten genannt.

Tabelle **7**.12 **Dauerwellfehler**

Fehler	mögliche Ursachen	Korrektur	Vermeidung
Wellung zu kraus	zu kleine Wickler zu starkes Wellmittel	Behandlung mit schwächerem Wellmittel und dicken Wicklern wiederholen	Bei porösem Haar Kurmittel vor der Dauerwelle
Wellung zu schwach	zu dicke Wickler zu schwaches Wellmittel zu kurze Einwirkzeit	Wellbehandlung wiederholen	
	zu lange Einwirkzeit	unmöglich, da Haare zu stark geschädigt Packungen	Einwirkzeit besser überwachen

Fortsetzung s. nächste Seite

Tabelle 7.12, Fortsetzung

Fehler	mögliche Ursachen	Korrektur	Vermeidung
Haar hat keine Sprungkraft	zu lange Einwirkzeit zu starkes Wellmittel zu häufiges Dauerwellen Wellmittel vor der Fixierung unvollständig ausgespült nicht sorgfältig fixiert	unmöglich Packungen nachfixieren falls das nicht ausreicht, Wellbehandlung wiederholen	Bei porösem Haar Kurmittel vor der Dauerwelle
Knicke in den Spitzen	Spitzen nicht sorgfältig aufgewickelt	Spitzen schneiden	Spitzenpapier verwenden
Knicke am Ansatz	Haltegummis falsch befestigt zu breit abgeteilt	unmöglich	
Haarbruch	Wellmittel in den Haarfollikel gelangt und Haltegummis falsch befestigt zu breit abgeteilt	unmöglich	
Hautschäden (Rötungen, Bläschen, nässende Hautstellen	mit Wellmittel vollgesogene Wattestreifen nicht entfernt zu starke Kopfmassage bei der Haarwäsche	unmöglich in schweren Fällen muß die Kundin zum Hautarzt	Hautschutzmittel auftragen

Wickeltechnik. Bevor Sie mit dem Wickeln beginnen, müssen Sie zusammen mit der Kundin die gewünschte Frisur festlegen. Es gibt nämlich keine ideale Wickeltechnik für alle Frisuren, sondern nur Techniken, die für bestimmte Frisuren am besten geeignet sind. Nach der Umformung fällt das Haar immer in die Richtung, in die es gewickelt wurde. Wickelt man z.B. das Seitenhaar zurück, fällt es nach hinten; wickelt man es nach vorn, fällt es ins Gesicht. Die Haltbarkeit der späteren Frisur und somit die Zufriedenheit der Kundin hängen also eng mit der Wahl der Wickeltechnik zusammen.

Grundsätzlich unterscheidet man die Behandlung des gesamten Haares von Teildauerwellen. Läßt die Frisur eine Teilumformung zu, sollte man sich auch dafür entscheiden und damit unnötige Haarschädigungen vermeiden. Achten Sie bei Teildauerwellen besonders auf einen gleichmäßigen Übergang zu den nichtbehandelten Haarpartien. Dazu eignen sich vor allem dicke Dauerwellwickler oder Wasserwellwickler mit geringem Durchmesser. Erfordert die Frisur die Wellung des gesamten Haares, muß – genau wie bei der Wasserwelle – die Anordnung der Wickler der Frisur entsprechen. Dadurch entsteht eine „In-Form-Wicklung". Sollen im langen Haar die Ansätze glatt und nur die Spitzen lockig fallen, verwendet man die Pyramiden- oder Kranzwicklung (**7.13**).

Übersicht über häufige Wickeltechniken

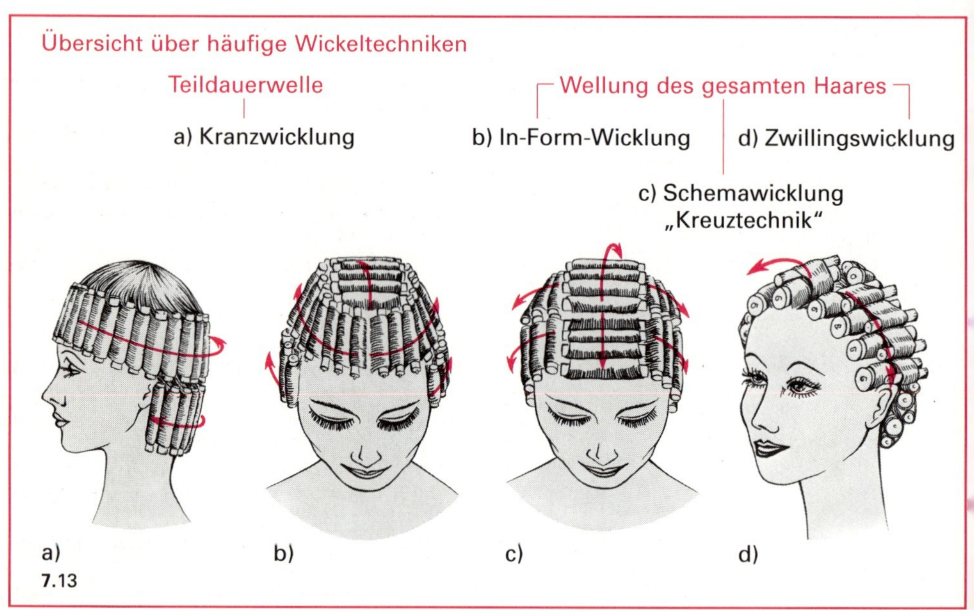

7.13

Spezialwickler sind empfehlenswert, um den Kundenwunsch nach einer großzügig gelockten Spitze bei engbogiger Wellung am Ansatz zu erfüllen. Da übliche Dauerwellwickler

7.14 Spezialholzwickler

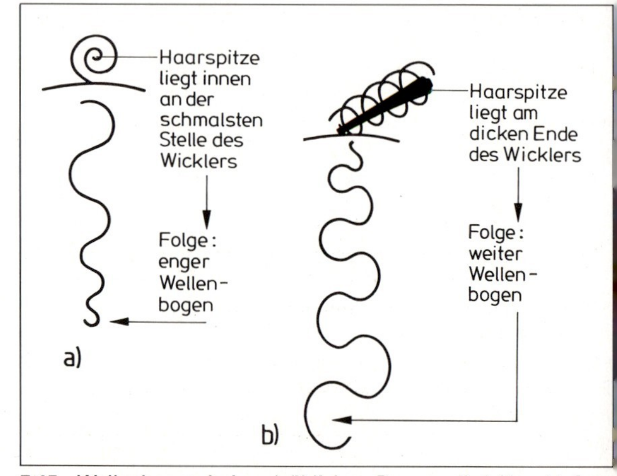

7.15 Wellenbogen beim a) üblichen Dauerwellwickler, b) Spezialwickler

ihre schmalste Stelle in der Mitte haben, wird die Haarspitze am lockigsten. Wie Sie im Bild **7.14** erkennen, ist der neue Wickler auf einer Seite dünner. Die *Haarspitzen* werden auf die *dickere Wicklerseite* gedreht. Der Haarschaft liegt diagonal auf dem Wickler, der *Ansatz* auf der *dünnen Wicklerseite.* Weil der Durchmesser eines Wicklers den Wellenbogen bestimmt, erzielt man mit dem Spezialwickler eine weich auslaufende Spitzenwelle und starkes Volumen am Ansatz (**7.15**).

Aufgaben zu Abschnitt 7

1. Beschreiben Sie die Durchführung einer Heißwelle.
2. Wodurch unterscheiden sich Spiral- und Flachwicklung?
3. Welche Haarpartie wurde bei der Innenheizung am stärksten gekraust, welche bei der Außenheizung der Wickler?
4. Welche Nachteile hatte die Heißwelle?
5. Was versteht man unter Mildwelle?
6. Aus welchen 5 chemischen Elementen besteht das Keratin des Haares?
7. Wie heißen die kleinsten Eiweißbausteine des Keratins?
8. Aus der Verknüpfung von zwei Aminosäuren entsteht eine für das Keratin typische Bindung. Wie nennt man sie?
9. a) Notieren Sie die Formel der Aminogruppe, der Säuregruppe und die allgemeine Formel einer Aminosäure.
   b) Verknüpfen Sie zwei Aminosäuren zum Peptid.
10. a) Nennen Sie die drei Brückenarten im Keratin des Haares.
    b) Welche chemischen Bindungen liegen vor?
11. Welche beiden Brücken werden bei Wasserwellen und Fönfrisuren gelöst und neu verknüpft?
12. Warum wird die Schwefelbrücke bei der Wasserwelle nicht angegriffen?
13. Wodurch werden Salzbrücken gelockert, wodurch gespalten?
14. In welchem Bestandteil des Keratins befinden sich die meisten Schwefelbrücken?
15. Durch welche Chemikalie werden Schwefelbrükken gespalten?
16. Was geschieht, wenn das Reduktionsmittel Thioglykolsäure mit dem Alkalisierungsmittel Ammoniumhydroxid zusammenkommt?
17. Nennen Sie die Inhaltsstoffe der Wellflüssigkeit. Welche Aufgaben haben sie?
18. Für welche Haarqualitäten eignen sich alkalische Wellmittel?
19. Wodurch wird die Verminderung des Alkaligehalts bei schwach alkalischen Wellmitteln ausgeglichen?
20. Warum eignen sich saure Wellmittel nicht für dikkes kräftiges Haar?
21. Welche Reduktionsmittel sind in sauren Wellmitteln enthalten?
22. Warum wird mit dem Begriff „esterfreie" Dauerwelle Werbung gemacht?
23. Welche 2 Nachteile hat die saure Dauerwelle?
24. Weshalb wirken thermogesteuerte Dauerwellen nur in Verbindung mit Wärme?
25. Weshalb wird die Creme bei 2-Phasen-Wellmitteln nur auf den Ansatz aufgetragen?
26. Welche Aufgaben hat das Oxidationsmittel in Fixierlösungen?
27. Welcher Inhaltsstoff der Fixierungen schließt die Salzbrücken?
28. Warum muß vor jeder Dauerwelle eine genaue Haardiagnose durchgeführt werden?
29. Wodurch unterscheidet sich die Haarwäsche vor der Dauerwelle von der sonst üblichen Haarwäsche?
30. Warum soll nicht das gesamte Haar mit Wellmittel vorgefeuchtet werden?
31. Warum darf das Passée nicht länger oder breiter sein als der Wickler?
32. Was geschieht, wenn das Wellmittel zu lange auf das Haar einwirkt?
33. Wodurch läßt sich die Einwirkzeit verkürzen?
34. Welche Aufgaben hat die Fixierlösung?
35. Warum muß nach dem Abwickeln des Haares noch einmal nachfixiert werden?
36. Welche Ursachen kann eine zu schwache Wellung haben?
37. Wie vermeiden Sie Knicke in den Haarspitzen?
38. Warum sollte nur eine Teildauerwelle durchgeführt werden, wenn es die Frisur zuläßt?
39. Welchen Zweck hat der Spezialwickler?
40. Auf welche Wicklerseite wickelt man beim Spezialwickler die Haarspitzen und den Ansatz?

---

8 Farbbehandlung des Haares

Ein wichtiger Arbeitsbereich des Friseurs ist die Farbbehandlung des Haares. Bevor wir die verschiedenen Verfahren behandeln, müssen wir uns mit der Farbenlehre beschäftigen.

8.1 Farbenlehre

8.1.1 Licht und Farbe

Nachts sind alle Katzen grau! Prüfen Sie, was an dem Spruch dran ist.

Versuch 1 Halten Sie einen roten Farbkarton in den Strahlengang eines Diaprojektors. Setzen Sie dann ein grünes Glasfilter in den Projektor. Wiederholen Sie dasselbe mit einem blauen Karton und einem orangefarbenen Glasfilter.

Gegenstände verlieren ihre Farbigkeit, wenn sie nicht von weißem Licht beschienen werden. Der rote Karton erscheint im grünen Licht fast schwarz. Auch die Farbe des blauen Kartons erscheint im orangefarbenen Licht grau-schwarz. Folgerung:

> X Farben sind vom Licht abhängig.

Versuch 2 Drehen Sie ein geschliffenes Weinglas in der Hand und beobachten Sie die Schliffkanten.

Versuch 3 Setzen Sie in den Strahlengang eines Diaprojektes ein Schlitzdia, so daß nur ein schmaler Lichtspalt austritt. Halten Sie in diesen Strahl ein Glasprisma. Was sehen Sie?

Spektralfarben. Lichtstrahlen werden an geschliffenen Glasflächen (Kanten) gebrochen. Dabei treten Farben in Erscheinung (Trinkglas). Durch ein Prisma wird der Lichtstrahl abgelenkt und in die Regenbogenfarben zerlegt. Auf einer Projektionsfläche können wir diese Spektralfarben erkennen (**8**.1).

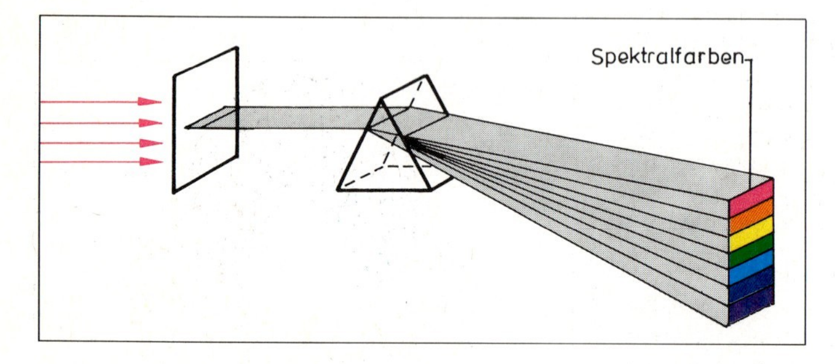

8.1
Lichtbrechung (Spektralfarben)

Versuch 4 Halten Sie in den aufgefächerten Strahlengang des Prismas eine Lupe (Sammellinse). Beobachten Sie das Spektrum auf der Projektionswand.

Die Spektralfarben ergeben zusammen wieder weißes Licht.

> X Weißes Licht ist eine Mischung von Strahlen verschiedener Wellenlängen.

Das sichtbare Licht ist nur ein kleiner Bereich der elektronenmagnetischen Wellen. Nur solche mit einer Wellenlänge zwischen etwa 400 nm und 800 nm erkennen wir als Licht[1]). Strahlen mit einer größeren und kleineren Wellenlänge nimmt unser Auge nicht als Licht wahr (**8**.2). Insekten, z. B. Bienen, sehen dagegen auch Strahlen kürzerer Wellenlänge als Licht. Über 800 nm Wellenlänge spüren wir einen Teil als Wärme; das ist die Infrarot-Strahlung (IR). Unter 400 nm Wellenlänge führen die Strahlen zu Sonnenbrand und Hautbräunung. Das ist die ultraviolette Strahlung (UV). Zu den kurzwelligen Strahlen gehören auch die Röntgen-, die Atom- und die kosmische Strahlung im Weltraum (**8**.3).

Nanometer bedeutet milliardstel Meter. Diese Vorsilbe ist wenig gebräuchlich. Bekannter sind Millimeter = tausendstel Meter und Zentimeter = hundertstel Meter.

1 Meter = 100 Zentimeter = 1000 Millimeter = 1 000 000 000 Nanometer (eine Milliarde)

1 Millimeter = 1 000 000 Nanometer (eine Million)

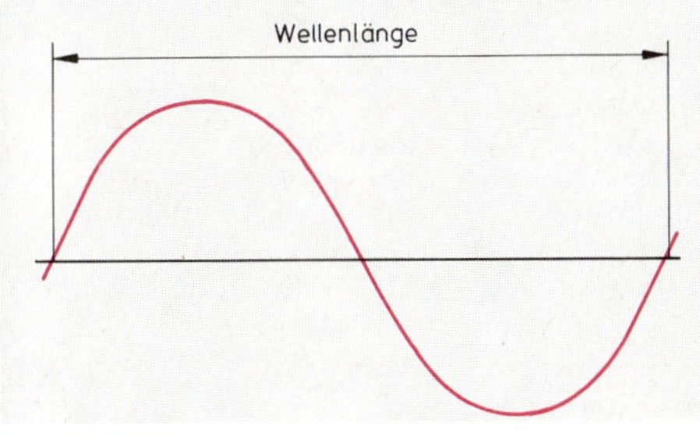

8.2 Wellenlänge

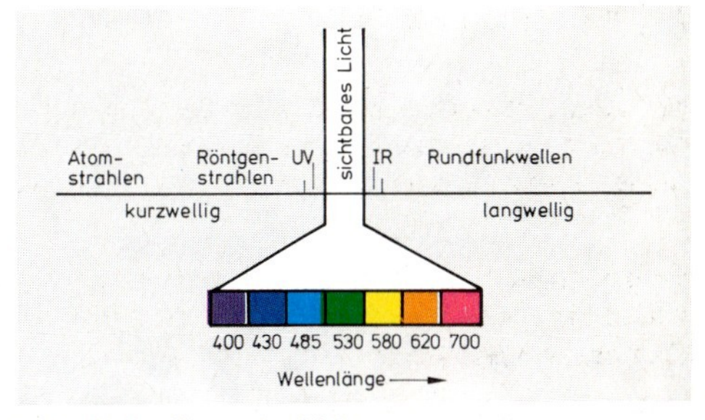

8.3 Wellenlänge des Lichtes

Licht ist eine elektromagnetische Strahlung mit einer Wellenlänge zwischen 400 nm und 800 nm. Treffen Strahlen aller dieser Wellenlängen unser Auge, sehen wir weißes Licht. Wird unser Auge dagegen nur von einer bestimmten Wellenlänge gereizt, sehen wir eine Farbe, z. B. bei 700 nm Rot oder bei 530 nm Grün. Wenn keine Strahlen unser Auge reizen, nehmen wir auch kein Licht und keine Farbe wahr (wie schon erwähnt: bei Nacht sind alle Katzen grau). Der Eindruck Schwarz entsteht also, wenn alle Strahlen fehlen.

Versuch 5 Drei Projektoren werden jeweils mit einem orangeroten, grünen und violetten Filter versehen. Die farbigen Lichtstrahlen werden so auf eine Leinwand projiziert, daß sich die Lichtkegel teilweise überschneiden.

Additive Farbmischung. An den Stellen, wo sich das farbige Licht überschneidet, treten neue Farben auf. Die Überschneidung von Orange und Grün ergibt Gelb, die von Grün und Violett Blau, die von Orange und Violett Rot. In der Mitte, wo sich alle drei Farben überschneiden, entsteht weißes Licht. Die drei Lichtfarben Orange, Grün und Violett ergänzen („addieren") sich also zu Weiß. Diese Erscheinung nennt man die additive Farbmischung (**8**.4).

Wenn eine Lampe Strahlen einer bestimmten Wellenlänge aussendet, sehen wir farbiges Licht. Wie kommt es aber, daß wir einen Gegenstand farbig sehen, der selbst nicht strahlt? Führen Sie dazu folgenden Versuch durch.

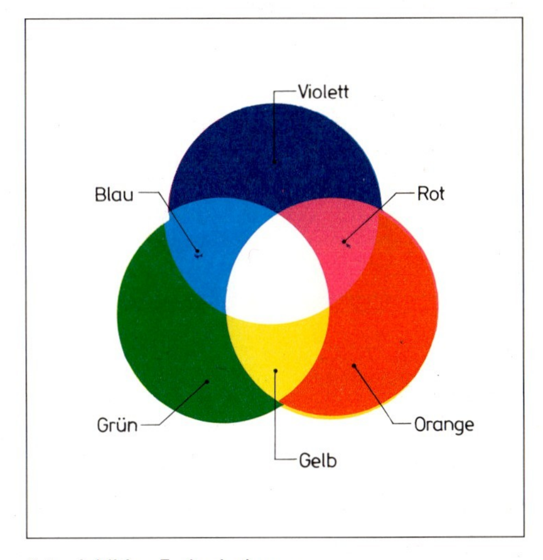

8.4 Additive Farbmischung

[1]) nm (gelesen = Nanometer), 1 nm = 1 millionstel Millimeter = $^1/_{1000000}$ mm

Versuch 6 Legen Sie je ein Thermometer unter ein Stück weißen, schwarzen und farbigen Stoff. Lassen Sie alle drei Thermometer von der Sonne bescheinen. Was beobachten Sie?

Nach einiger Zeit zeigen die Thermometer eine höhere Temperatur an, wobei die unter dem schwarzen Stoff am höchsten ist, die unter dem weißen Stoff am niedrigsten.

Reflexion und Absorption. Die Gegenstände, die von den Lichtstrahlen beschienen werden, werfen die Strahlen zum Teil zurück (reflektieren), zum Teil verschlucken sie sie (absorbieren). Der schwarze Gegenstand absorbiert alle Strahlen und wandelt sie in Wärme um. Deshalb erwärmt er sich am stärksten. Der weiße Gegenstand reflektiert alle Strahlen (alle Wellenlängen), deshalb erwärmt er sich am wenigsten. Sie haben sicher schon selbst erfahren, daß man unter weißer Kleidung weniger schwitzt als unter schwarzer. Der farbige Gegenstand reflektiert nur Strahlen einer bestimmten Wellenlänge, alle anderen absorbiert er (**8**.5).

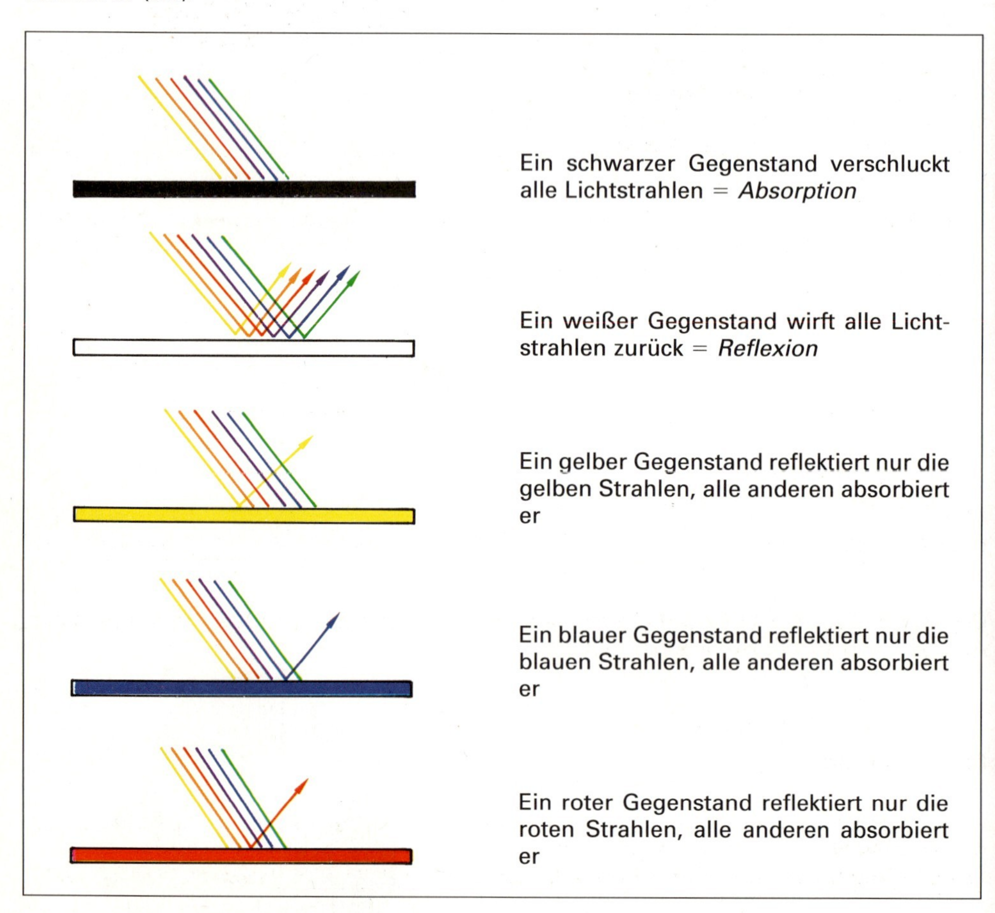

8.5 Absorption und Reflexion von Lichtstrahlen

Versuch 7 Mischen Sie die Wasserfarben Rot, Gelb und Blau eines Tuschkastens zusammen. Welcher Farbton entsteht dabei?

Subtraktive Farbmischung. Aus den drei Farben Rot, Gelb und Blau entsteht ein schmutziges Braun (**8**.6). Da jede der drei Farben Licht absorbiert, wird die Lichtmenge, die bei der Mischung reflektiert wird, weniger (subtrahiert). Dadurch wird das Farbergebnis dunkler. Diese Mischung nennt man subtraktive Farbmischung. Der Friseur arbeitet bekanntlich nicht mit farbigem Licht, wenn er Haare tönt oder färbt. Deshalb ist es keine additive Farbmischung. Vielmehr benutzt er Tönungs- und Färbemittel, die Lichtstrahlen absorbieren. Da diese mit den Naturpigmenten des Haares zusammen wirken, die ebenfalls Lichtstrahlen verschlucken, wird das Farbergebnis dunkler als die Ausgangsfarbe. (Denken Sie daran: Auch Kaffee gibt auf einer braunen Tischdecke einen dunkleren Fleck.) Die Farben bei Friseurarbeiten folgen deshalb den Regeln der subtraktiven Farbmischung. Wünscht die Kundin aber ein Farbergebnis, das heller sein soll, müssen Naturpigmente aufgehellt werden (entweder blondiert oder hellergefärbt).

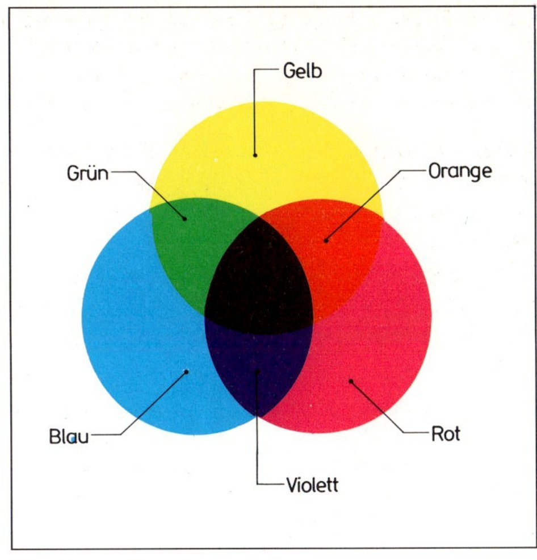

8.6 Subtraktive Farbmischung

Chemie der Farbstoffe. Ob ein Körper Strahlen absorbiert, hängt von seinem chemischen Aufbau ab. Eine bestimmte Anordnung von Doppelbindungen im Molekül absorbiert die Strahlen und läßt den Stoff daher farbig erscheinen.

Hydrochinon

Diese Verbindung ist farblos.

p-Chinon

Diese Verbindung ist gelb durch die parallele Anordnung der Doppelbindungen.

Organische Farbstoffe, auch die beim Haarfärben verwendeten, weisen solche parallele Anordnung der Doppelbindungen auf.

8.1.2 Farbordnung

Versuch 8 Mischen Sie die Wasserfarben eines Tuschkastens. Verwenden Sie dabei alle Farben, die der Kasten hat, außer Rot, Gelb und Blau. Welche Farben entstehen?

Versuch 9 Mischen Sie mit den Wasserfarben Rot, Gelb und Blau andere Töne. Welche Farben entstehen?

Grundfarben. Durch Mischen zweier Farben kann man neue Farben gewinnen. Dabei zeigen sich aber bestimmte Gesetzmäßigkeiten. Aus den Farben Gelb, Rot und Blau lassen sich viele andere Farben mischen. Hat man aber diese drei Farben nicht zur Verfügung, kann man sie nicht aus anderen Farbtönen gewinnen. Daraus folgt:

> Grundfarben = Primärfarben, lassen sich nicht aus anderen Farben mischen: Gelb, Rot, Blau

Mischfarben. Aus Gelb und Rot entsteht Orange, aus Gelb und Blau Grün, aus Rot und Blau Violett (**8**.7). Aus den drei Grundfarben erhält man also durch Mischen drei neue Farben, die Mischfarben erster Ordnung.

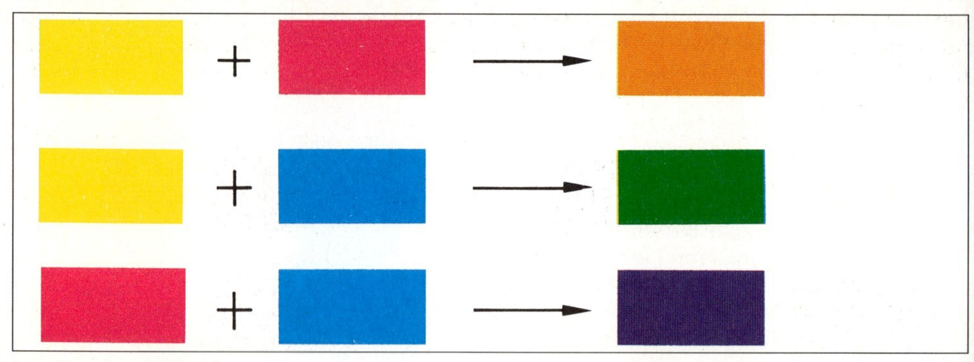

8.7 Grund- und Mischfarben

Mischt man Gelb mit Grün, entsteht ein neuer Farbton: Gelbgrün. Ebenso aus Blau und Grün: Blaugrün. Auch die übrigen Mischfarben ergeben mit einer ihrer Grundfarben einen neuen Ton. Zu den drei Grundfarben und den drei Mischfarben erster Ordnung sind sechs neue Farben hinzugekommen, die Mischfarben zweiter Ordnung: Gelbgrün, Blaugrün, Blauviolett, Rotviolett, Rotorange, Gelborange. Aus den drei Grundfarben sind also schon 12 Farben entstanden. Ordnet man diese Farben entsprechend ihrer Mischung kreisförmig an, erhält man den *Farbkreis* (**8**.8). Durch Mischen zweier im Farbkreis benachbarter Farben gewinnt man jeweils einen neuen Farbton, der zwischen den Ausgangsfarben liegt.

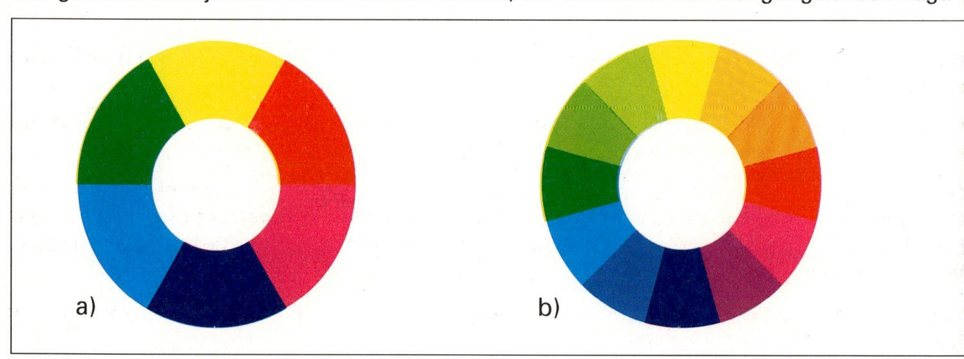

8.8 a) sechsteiliger Farbkreis, b) zwölfteiliger Farbkreis

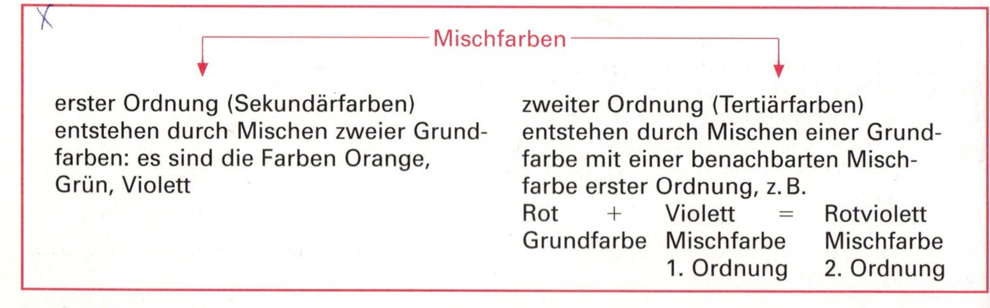

Versuch 10 Mischen Sie zwei Farben, die sich im Farbkreis gegenüberliegen, zu gleichen Teilen miteinander, z. B. Gelb und Violett, Rot und Grün, Blau und Orange.

Komplementärfarben. Durch Mischen zweier Farben, die sich im Farbkreis gegenüberliegen, entsteht keine neue Farbe, sondern ein schmutzig-grauer Ton (**8**.9). Diese Farben heben sich in ihrer Farbwirkung gegenseitig auf. Man nennt sie deshalb Komplementärfarben (Gegenfarben). Die Wirkung der Komplementärfarben wird in der Färbepraxis ausgenutzt. Wenn ein Farbton als zu kräftig erscheint, muß man die entsprechende Komplementärfarbe anwenden. (Welche Farben müssen Sie benutzen, wenn Sie einen unerwünschten Blond- oder Goldton mattieren wollen?)

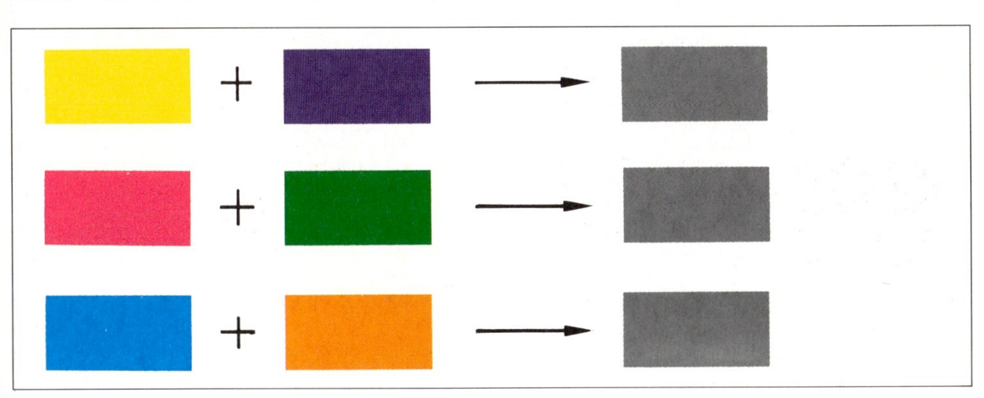

8.9 Komplementärfarben

Komplementärfarben heben sich in ihrer Farbwirkung gegenseitig auf.

Bunte Farben und unbunte Farben. Haarfarben kommen im Farbkreis nicht vor. Wie entstehen Blond- oder Brauntöne?

Versuch 11 Mischen Sie die Komplementärfarben Gelb und Violett. Nehmen Sie etwas mehr Gelb. Wiederholen Sie die Mischung mit den Komplementärfarben Rot und Grün, Orange und Blau.

Beim Mischen heben sich die Komplementärfarben nicht ganz auf, wenn eine von beiden überwiegt. Sie brechen dann nur ihre Leuchtkraft, es entstehen *getrübte Farben.* Die Farben des Farbkreises dagegen sind leuchtende Töne. Man nennt sie *Klarfarben.* Die Farben Weiß, Grau und Schwarz fehlen darin ganz.

Versuch 12 Mischen Sie Weiß und Schwarz miteinander. Geben Sie zunächst zu Weiß wenig Schwarz und fügen Sie immer mehr Schwarz hinzu.

Aus Weiß und Schwarz ergibt sich eine Reihe von Grautönen. Man nennt sie *unbunte Farben* (**8**.10).

8.10 Graureihe

Versuch 13 Mischen Sie zu den Klarfarben Gelb, Orange und Rot Schwarz, indem Sie mit ganz wenig beginnen und immer mehr hinzufügen.

Durch Mischen der Klarfarben mit den unbunten Farben entstehen *getrübte Farben.* Dazu gehören auch die Haarfarben (**8**.11).

8.11 Getrübte Farben

Haarfarben (Blond- und Brauntöne) entstehen durch Zusammenwirken von Klarfarben mit Grauanteilen.

Die verschiedenen Nuancierungen (Farbrichtung s. Abschn. 3.3.4) der Haarfarben entsprechen den Farben des Farbkreises. In der Fachsprache haben wir allerdings dafür andere Bezeichnungen, wie Tabelle **8**.12 zeigt. In der Färbepraxis werden aber auch Töne (Nuancen) gebraucht, die im Farbkreis gar nicht vorkommen, z.B. Asch (grau). Auch manche Modetöne lassen sich nicht genau einer Farbe des Farbkreises zuordnen.

Tabelle **8**.12 **Farbbezeichnungen**

Farbkreis	Haarfarbe
Gelb	Gold
Orange	Rotgold/Tizian
Rot/Purpur	Purpur
Violett	Violett
Blau	Perl
Grün	Matt
Grau	Asch

8.1.3 Wirkung der Farben

Weshalb reizt ein rotes Tuch den Stier? Weshalb sind Krankenhauszimmer oft grün gestrichen?

Farben haben eine Wirkung auf unsere Stimmung. Rot reizt nicht nur den Stier, sondern regt auch die Menschen an. In einem Raum, dessen Wände rot gestrichen sind, werden wir unruhig und nervös, ja sogar aggressiv. Deshalb finden Sie keinen Klassenraum mit roten Wänden. Ein Raum mit grünen Wänden dagegen beruhigt die Menschen. Diese Ergebnisse sind wissenschaftlich bewiesen. Z.B. beruhigen sich Rennpferde nach dem Rennen in einem blau gestrichenen Stall schneller als in einem rot-orange gestrichenen.

Warme und kalte Farben. In einem Versuch hat man Personen in verschieden gestrichenen Arbeitsräumen getestet. In einem blaugrünen Raum empfanden die Personen eine Temperatur von 15 °C als kalt, während sie in einem rot-orangen Raum erst bei 11 bis 12 °C froren. Wir empfinden Farben im Blau-Grün-Bereich nicht nur als *kalte Farben,* sie wirken auch dämpfend auf den Blutkreislauf. Dagegen regen rot-orange Farben an, werden als *warme Farben* empfunden. In der Medizin wie in der Kosmetik nutzt man diese Tatsache bei der Strahlenanwendung (s. Abschn. 9.4.4).

Wirkung der Farbe

blau-grüne Töne wirken
- kalt
- beruhigend
- passiv
- schattig
- unscheinbar

rot-orange Töne wirken
- warm
- erregend
- aktiv
- sonnig
- auffallend

Leichte und schwere Farben. Die Helligkeit der Farben hat ebenfalls einen Einfluß auf ihre Wirkung. Dunkle Farben empfinden wir als schwere, helle dagegen als leichte Farben (vgl. helle Kleidung im Sommer, schwarze Trauerkleidung).

Versuch 14 Kleben Sie auf farbigen Karton in den Farben Gelb, Orange, Rot, Grün, Blau und Violett je ein Quadrat aus grauem Papier. Betrachten Sie das Grau der sechs Kartons nebeneinander und jeden Karton einzeln.

Obwohl das Grau in allen Fällen die gleiche Farbe ist, wirkt es auf den Kartons unterschiedlich. Was läßt sich daraus schließen?

Die Farben beeinflussen sich gegenseitig.

Simultankontrast. Wenn man jeden Karton einzeln betrachtet, erscheint das kleine Quadrat in der jeweiligen Komplementärfarbe. Dieser Eindruck ist um so stärker, je länger man die Hauptfarbe betrachtet. Unser Auge verlangt immer nach der komplementären Farbe. Deshalb stehen Rothaarigen grüne Kleider so gut. Diese Erscheinung, daß sich die Farben bei gleichzeitigem Betrachten beeinflussen, nennt man Simultankontrast (simultan = gleichzeitig).

Betrachten Sie Bild **8**.13. Wodurch unterscheiden sich die roten Ringe in der Mitte?

8.13 Simultankontrast

Das Rot in dem orangen und purpurroten Feld scheint matter zu sein als in dem blauen und grünen Feld. Tatsächlich ist es aber das gleiche Rot. Die Farbe wird durch die umgebenden Töne beeinflußt. Die Komplementärfarbe verstärkt die Wirkung einer Farbe, eine ähnliche Farbe schwächt sie ab. Eine rothaarige Frau z.B., die sich in Rot-Braun-Tönen kleidet, wirkt sehr dezent und zurückhaltend. Trägt sie bei gleicher Haarfarbe jedoch grüne oder blaue Kleidung, fällt sie auf. Auch bei der *Farbgestaltung der Kabinen* muß man den Simultankontrast beachten. Durch farbige Tapeten oder Vorhänge wirkt die Haarfarbe anders. Deshalb wählt man neutrale Farben.

Haben Sie sich auch schon einmal darüber erschrocken, wie fahl Sie im Spiegel von öffentlichen Toiletten ausgesehen haben?

Farbe und Beleuchtung. Die Ursache liegt in der Beleuchtung. Vielfach haben die Toiletten in Gaststätten Leuchtstofflampen, die ein eigenartiges Licht ausstrahlen. Im Gegensatz zum Licht der gewöhnlichen Glühlampen strahlen sie nicht alle Wellenlängen des Sonnenspektrums aus. Meist fehlt der Gelbanteil. So bekommen die blauhaltigen Strahlen ein Übergewicht und bewirken das kalte, fahle Aussehen.

Für die Beleuchtung der Färbekabinen ist es wichtig, daß das Licht alle Spektralfarben enthält. Am besten ist es, wenn Tageslicht vorhanden ist. Kunstlicht läßt die Farben anders erscheinen. Z.B. können rote Haare bei Leuchtstofflampen-Licht gedämpft und matt erscheinen, weil dem Spektrum die „warmen" Wellenlängen fehlen. Kommt die Kundin aber ans Tageslicht, leuchten ihre Haare wie eine Ampel.

8.1.4 Farbharmonie – Was paßt zu wem?

Wer sich in einer unmöglichen Farbenkombination kleidet (z.B. weinroter Rock und erdbeerfarbener Pulli oder lindgrüne Hose und türkisfarbene Bluse), macht sich lächerlich. Sicher gibt es Menschen, die auch solche Farbzusammenstellungen schön finden, die Mehrheit ist es gewiß nicht. Warum werden Farbkombinationen von vielen Menschen als harmonisch oder unharmonisch empfunden?

Harmonie bedeutet Gleichklang, in diesem Fall Gleichgewicht der Farben. Bei der Suche nach einer Gesetzmäßigkeit der Farbharmonie hilft folgender Versuch.

Versuch 15 Betrachten Sie eine Zeitlang ein Blatt Papier, auf dem Sie ein grünes Quadrat gemalt haben. Schauen Sie dann auf eine weiße Wand. Wiederholen Sie den Versuch mit einem roten Quadrat. Sie können auch nach dem Betrachten die Augen schließen. Was stellen Sie fest?

Sukzessivkontrast. Nach dem Betrachten des grünen Quadrats sieht man auf der weißen Wand ein rotes Quadrat (Nachbild), nach dem Betrachten des roten Quadrats ein grünes Nachbild. Diese Erscheinung nennt man den Sukzessivkontrast (sukzessiv = aufeinanderfolgend). Das Auge verlangt nach der Komplementärfarbe! Dadurch erzeugt es ein Gleichgewicht, also Harmonie. Da die Komplementärfarben miteinander gemischt immer ein Grau ergeben, kann man sagen:

Farben sind harmonisch, wenn sie gemischt Grau ergeben.

Farbkombinationen sind modeabhängig. Es hat Zeiten gegeben, in denen Farbkombinationen verschrien waren, die uns heute selbstverständlich sind. Z.B. galt es unmöglich, Rot mit Grün oder Grün mit Rot zu kombinieren. Diese Ablehnung drückt sich in Aussprüche wie diesem aus: „Grün und Blau trägt nur des Teufels Frau!"

Ob Farben miteinander harmonisieren, hängt auch von ihrer Helligkeit ab. Während Dunkelgrün und Dunkelblau durchaus harmonieren, wirken Hellgrün und Hellblau disharmonisch.

Kleiderfarben und Haarfarbe. Welche Farben getragen werden können, hängt von der Haar- und Hautfarbe (Teint) ab.

Zu hellen Haut- und Haarfarben passen zarte, gedämpfte Töne. Dunkle Haut und dunkles Haar vertragen kräftige Farben.

Rothaarige müssen bei Farben in der Kleidung besonders aufpassen. Zu ihnen passen Brauntöne, aber auch gedecktes Blau und Grün. Sie sollten grelle Farben wie gelb, orange und lila meiden.

Make-up-Farben sollen zur Haar-, Augen- und Kleiderfarbe passen. Mit dunklen Haarfarben harmonieren z.B. dunkle Lidschatten, mit hellen Haarfarben helle Lidschatten. Zu braunen Augen passen warme, braune Lidschatten, während blaue Augen mit lichten, blauhaltigen Lidschatten besonders harmonisch betont werden.

Aufgaben zu Abschnitt 8.1

1. Was geschieht, wenn ein Lichtstrahl durch ein Glasprisma hindurchgeht?
2. Was versteht man unter Spektralfarbe und Spektrum?
3. Welche Wellenlängen hat das sichtbare Licht?
4. Erklären Sie die additive Farbmischung.
5. Unter welchen Voraussetzungen sehen wir eine bestimmte Farbe, z.B. Rot oder Grün?
6. Weshalb sehen wir manche Gegenstände in einer bestimmten Farbe?
7. a) Erläutern Sie die Reflexion und die Absorption.
   b) Welche Lichtstrahlen werden von einem grünen Gegenstand reflektiert, welche absorbiert?
8. Wovon hängt es ab, ob ein Körper Strahlen absorbiert?
9. Welche Farben sind Grundfarben? Weshalb bezeichnet man sie so?
10. Welche Farben sind Mischfarben erster, welche zweiter Ordnung?
11. Was sind Komplementärfarben?
12. Nennen Sie die Komplementärfarben-Paare.
13. Welche Farben nennt man unbunte Farben?
14. Was sind Klarfarben, was getrübte Farben?
15. Welchen Farben entsprechen die Blond- und Brauntöne der Haarfarben?
16. Welchen Farben des Farbenkreises entsprechen die Farbrichtungen Gold, Rotgold, Purpur, Violett, Perl, Matt und Asch?
17. Nennen Sie kalte und warme Farben.
18. Was versteht man unter Simultankontrast?
19. Welche Beleuchtung ist für Färbekabinen ungeeignet? Begründen Sie das.
20. Wann harmonisieren Farben miteinander?
21. Gestalten Sie einen Zeichenkarton mit Komplementärfarben, z.B. Rot und Grün. Sie können Quadrate oder Streifen anlegen und die Farben mischen.
22. Zeichnen Sie auf einem Zeichenblatt einen 12teiligen Farbkreis und mischen Sie die Farben aus den drei Grundfarben (Wasserfarben).
23. Zeichnen Sie eine Farbreihe aus mindestens 8 Stufen und mischen Sie Komplementärfarben. Nehmen Sie außen die reinen Farben und stufen Sie sie zur Mitte gleichmäßig ab.
24. Tagen Sie auf einem Zeichenkarton vier gleichgroße Quadrate einer Farbe (z.B. Grün) auf. Umgeben Sie die Quadrate mit anderen Farben, etwa Rot, Blau, Gelb, Violett. Beurteilen Sie die Wirkung.

8.2 Blondieren

Durch Blondieren oder Hellerfärben können wir die Haare aufhellen, ihre Farbtiefe verändern.

Ursache der Haarfarbe sind die Pigmente (s. Abschn. 3.3.4). Je dunkler das Haar ist, um so mehr Pigmente enthält es (Farbtiefe). Soll ein Haar aufgehellt werden, müssen also die Pigmente verringert werden. Das geschieht beim Blondieren und Hellerfärben dadurch, daß sie chemisch abgebaut (zerstört) werden.

Welchen Farbton (Nuancierung, Farbrichtung) haben blondierte Haare?

Eine Blondierung verändert auch die Farbrichtung des Haares. Selbst ein aschblondes Haar wird durch Blondieren lebhafter und erhält einen Goldton. Man hat angenommen, daß die feinkörnigen gelb-roten Pigmente schwerer abgebaut werden als die grobkörnigem schwarz-braunen. Ein Überwiegen der gelb-roten Pigmente nach dem Blondieren soll die Ursache für den Goldton sein. Die elektronenmikroskopischen Untersuchungen haben das nicht bestätigt (s. Abschn. 3.3.4). Vielmehr müssen wir annehmen, daß die Pigmente beim Aufhellen zunächst in Bruchstücke zerlegt werden, die rötlich sind. Erst bei längerer Einwirkung werden auch diese Bruchstücke in hellere Teilchen abgebaut. Dem entspricht die Erfahrung, daß bei kürzerer Einwirkzeit der Rotstich größer wird.

Wenn Sie schwarze Zeichentusche mit Wasser sehr stark verdünnen, bekommen Sie eine rötlich-gelbe Lösung. Die schwarze Farbe der Tusche geht also auch über Gelb oder Rot, wenn sie verdünnt wird. So kann man verstehen, daß schwarze Haare beim Blondieren einen kräftigen Rotton bekommen. Bei dunkelhaarigen Kundinnen (Italienerin, Spanierin u.a.) werden Strähnen selten blond, sondern meist rötlich. Sollen sie doch blond werden, muß mehrmals blondiert werden, weil das Haar sehr viele Pigmente enthält.

Das Haar wird jedoch durch mehrmaliges Blondieren sehr stark geschädigt. Auch muß man sich überlegen, ob eine starke Aufhellung noch zur Trägerin paßt. Dunklere Hautfarbe, dunkle Augenbrauen, Wimpern und Augen passen meist nicht zu blonden Haaren. Hier spielt die Typ-Beratung der Kundin eine große Rolle.

Aufhellen der Naturhaarfarbe. Soll naturfarbenes Haar nur um zwei bis drei Töne (z.B. dunkelblond – hellblond) heller werden, eignet sich das Hellerfärben. Bei Aufhellungen um drei bis vier Töne (z.B. dunkelblond – hell-lichtblond) kann man noch mit Spezialfarben zum hochgradigen Hellerfärben ein gutes Ergebnis erzielen. Bei Aufhellungen um mehr als vier Töne muß man blondieren. Das entspricht der Aufhellung eines hellbraunen Haares auf lichtblond.

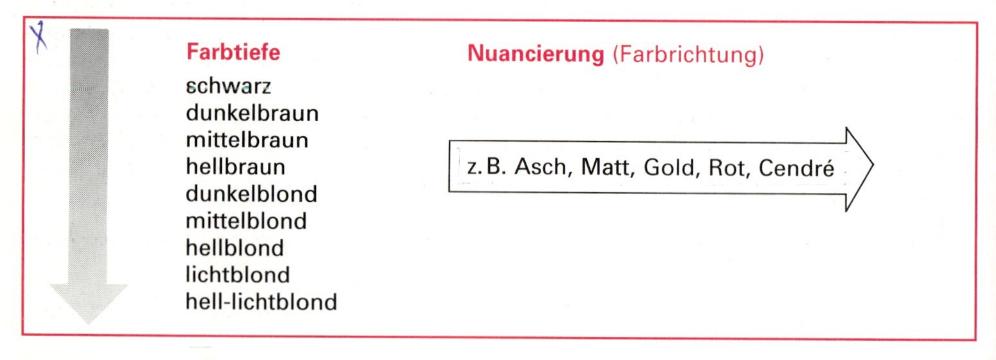

Aufhellungen von gefärbten Haaren bezeichnet man als Abzugsverfahren. Weil dabei künstliche Farbstoffe im Haar aufgehellt werden, sind diese Verfahren im Abschnitt Färben behandelt (s. Abschn. 8.3.6).

8.2.1 Blondiermittel

Versuch 16 Legen Sie jeweils eine Strähne des gleichen Haares in 6%iges Wasserstoffperoxid ohne Zusatz und in 6%iges Wasserstoffperoxid, dem einige Tropfen Ammoniumhydroxid zugegeben sind. Lassen Sie die Strähnen 20 bis 30 Minuten darin und beurteilen Sie dann die Aufhellung.

Die Aufhellung von Naturpigmenten ist nur mit Wasserstoffperoxid und Alkalien möglich. Wasserstoffperoxid allein hellt zu langsam auf. Es muß durch Ammoniumhydroxid aktiviert werden (Katalysator, s. Abschn. 6.7.2).

Die Zerstörung der Naturpigmente erfolgt durch Oxidation.

Oxidationsmittel. Zum Blondieren verwendet man Wasserstoffperoxid als Oxidationsmittel. Es wird mit den Blondierpräparaten gemischt und ist in verschiedenen Konzentrationen im Handel: 3-, 6-, 9-, 12- und 18%ig. Zum Blondieren wird es hauptsächlich 6- und 9%ig verwendet. In fertig angerührten Präparaten darf es nicht stärker als 12%ig sein. Damit es nicht vorzeitig zerfällt, ist es mit Säuren stabilisiert.

Besonders stabil sind Wasserstoffperoxid-Tabletten, solange sie trocken sind. Das Wasserstoffperoxid ist an Harnstoff gebunden (= Harnstoffperoxid). Eine Tablette zu 1 g ergibt in 1 ml Wasser 30%iges H_2O_2 oder in 10 ml Wasser 3%iges H_2O_2.

Versuch 17 Behandeln Sie drei Haarsträhnen gleicher Farbe und Struktur mit folgenden Rezepturen:

a) erste Strähne mit 20 ml Blondiergel und 40 ml 9%iges H_2O_2, kein Verstärkerpulver,
b) zweite Strähne mit 20 ml Blondiergel, 40 ml 9%igem H_2O_2 und 1 Beutel Verstärkerpulver,
c) dritte Strähne mit 20 ml Blondiergel, kein H_2O_2, statt dessen 40 ml Wasser und ein Beutel Verstärkerpulver.

Vergleichen Sie die Ergebnisse.

Verstärkerpulver enthalten als Oxidationsmittel Persalze. Meist sind es Peroxidisulfate, z. B. Natriumperoxidisulfat $Na_2S_2O_8$, oder Natriumperoxid Na_2O_2. Diese Salze allein hellen das Haar nur geringfügig auf (Strähne 3), oxidieren aber in Verbindung mit Wasserstoffperoxid viel stärker. Sie geben auch dann noch Sauerstoff ab, wenn H_2O_2 kaum noch wirkt. Dadurch verstärken sie nicht nur die Aufhellung, sondern mindern durch die längere Einwirkzeit auch den Rotstich.

Arten der Blondiermittel. Drei Blondiermittel sind zu unterscheiden, cremeförmige (Emulsionen), pulverförmige und gelartige Blondiermittel. Weil Blondierpuler beim Einatmen zu Atemwegserkrankungen führt, wird es heute als staubfreies Granulat angeboten. Außerdem gibt es Verstärkerpulver, die den Blondiergelen zugesetzt werden. Blondiercremes sind durch Spezialfarben zum Hellerfärben ersetzt worden und kaum noch im Handel. Es gibt auch Pulvergele. Das sind pulverförmige Blondiermittel, die in Wasser oder H_2O_2 gelöst ein Gel ergeben. Diese Pulvergele dürfen nicht mit Blondiergel verwechselt werden, wie sich aus den folgenden Versuchen ergibt. Um die Wirkung der verschiedenen Blondiermittel zu beurteilen, prüfen wir sie auf Oxidationsmittel.

Versuch 18 Füllen Sie in mehrere Reagenzgläser einige ml H_2O_2 verschiedener Stärken. Geben Sie zu jedem einige Tropfen Kaliumjodid-Lösung. Was beobachten Sie?

Kaliumjodid reagiert auf Oxidationsmittel mit einer Braunfärbung. Durch die Oxidation wird Jod abgeschieden (braun).

Versuch 19 Füllen Sie in Reagenzgläser jeweils eine Probe Blondiergel, Pulvergel, Blondierpulver und Verstärkerpulver in Wasser gelöst. Geben Sie zu den Proben einige Tropfen Kaliumjodid-Lösung. Bei Blondierpulver, Pulvergel und Verstärkerpulver tritt die Braunfärbung auf, bei Blondiergel nicht.

Blondier- und Verstärkerpulver sowie Pulvergel enthalten Persalze als zusätzliche Oxidationsmittel.

Da Blondiergel keine zusätzlichen Oxidationsmittel (Persalze) enthält, hellt es nicht so stark auf. Mit Verstärkerpulver läßt sich seine Oxidationswirkung erhöhen.

Versuch 20 Beurteilen Sie den Geruch von Blondiergel und Blondierpulver.

Versuch 21 Prüfen Sie Blondiergel und Blondierpulver (in Wasser gelöst) mit Lackmus- oder Indikatorpapier.

Alkalisierungsmittel. Alle Blondiermittel enthalten Alkalisierungsmittel, die man am Geruch als Ammoniak erkennen kann. In der Regel enthalten sie kein reines Ammoniumhydroxid, sondern Ammoniumhydrogencarbonat (Hirschhornsalz NH_4HCO_3), das weniger stark riecht und auch nicht so stark auf der Haut brennt. Mit Alkalisierungs- und Oxidationsmittel kann man zwar schon Haare aufhellen, gebrauchsfertige Präparate enthalten aber noch andere Inhaltsstoffe (**8.14**).

Tabelle **8.14** **Inhaltsstoffe der Blondierpräparate**

Inhaltsstoff	Wirkung	Blondierpräparat
Alkalisierungsmittel z.B. Ammoniumhydroxid, Ammoniumhydrogencarbonat	Quellen des Haares und Öffnen der Schuppenschicht Neutralisieren der Stabilisierungssäure und Aktivieren des Wasserstoffperoxid (Katalysator)	Blondiergel Blondiercreme Blondierpulver Pulvergel
Oxidationsmittel z.B. Persalze	geben zusätzlich Sauerstoff ab, verstärken die Oxidationswirkung, verlängern die Einwirkzeit (Reaktionszeit)	Blondierpulver Verstärkerpulver Pulvergel
Verdickungsmittel z.B. natürliche oder synthetische Schleimstoffe, Emulsionen, Magnesia	erleichtern das Auftragen verhindern das Ablaufen markieren schon behandelte Stellen	Blondiergel Blondiercreme Blondierpulver Pulvergel
Schutzstoffe z.B. Lanolin, Schutzkolloide (Schleimstoffe)	sollen die Haarschädigung verringern	Blondiercreme Blondiergel
Netzmittel z.B. nichtionogene Tenside	fördern das Eindringen in das Haar	in allen Blondierpräparaten
Farbzusätze Blau oder Violett	sollen auftretenden Rotstich mattieren (Wirksamkeit fraglich)	in allen Blondierpräparaten möglich
Optische Aufheller	verschieben Strahlen aus dem UV-Bereich in den des sichtbaren Lichtes, nehmen Gelbstich	Blondierpulver

Versuch 22 Behandeln Sie drei Strähnen der gleichen Haarfarbe und Struktur mit verschiedenen Blondiermitteln.

1. Strähne: 20 g Blondierpulver + 40 ml 6%iges H_2O_2
2. Strähne: 20 ml Blondiergel + 40 ml 6%iges H_2O_2
3. Strähne: 20 ml Blondiergel + 40 ml 6%iges H_2O_2 + 1 Beutel Verstärkerpulver

Lassen Sie die Strähnen 45 Minuten in der Blondiermasse, möglichst bei 37 °C im Wärmeschrank. Beurteilen Sie den Aufhellungsgrad und die Haarstruktur.

Blondiergel ohne Verstärkerpulver hat die geringste Aufhellung, mit Verstärkerpulver ist sie deutlich größer. Blondierpulver hellt das Haar am stärksten auf, schädigt es aber auch am stärksten.

Die Haarschädigung nimmt mit dem Aufhellungsgrad zu.

8.2.2 Arbeitsweise beim Blondieren

Am Beginn der Blondierung steht die Beurteilung von Haar und Kopfhaut, die mit der Beratung der Kundin verbunden werden sollte. Schützen Sie vor der Behandlung die Kleidung, denn die Blondiermasse hellt nicht nur die Haare auf, sondern zerstört auch die Farben der Textilien.

Beurteilung des Haares und der Kopfhaut. Da die Haarschädigung beim Blondieren am größten ist, ist die Beurteilung des Haares sehr wichtig. Sehr feines und strukturgeschädigtes Haar darf nicht blondiert werden, weil es sonst abbrechen kann. Bei Erkrankungen und Verletzungen der Kopfhaut darf selbstverständlich auch nicht blondiert werden. Empfindliche Kopfhaut erfordert besondere Vorsichtsmaßnahmen, z. B. geringerer H_2O_2-Anteil, spezielle Schutzpräparate, kein Blondier- oder Verstärkerpulver. Auf keinen Fall darf Wärme zugeführt werden.

Naturrotes und sehr dunkles Haar lassen sich nur schwer aufhellen, weil ein Rotstich zurückbleibt. Starke Aufhellungen dürfen nur bei kräftigem (dickem) Haar durchgeführt werden. Die Stärke der Aufhellung und damit die Auswahl des Blondiermittels hängt von der Ausgangsfarbe und dem gewünschten Farbton ab (**8**.15).

Tabelle **8**.15 **Auswahl der Blondiermittel**

Aufhellungsgrad	Blondiermittel
bis zu drei Tönen	Blondiergel, 6- oder 9%iges H_2O_2, evtl. 1 Btl. Verstärkerpulver
vier bis fünf Töne	Blondiergel, 6- oder 9%iges H_2O_2, 2 Beutel Verstärkerpulver
sechs und mehr Töne	Blondiergel, 9%iges H_2O_2, drei Beutel Verstärkerpulver
starke Aufhellungen, z. B. Strähnen	Blondierpulver, 6- bzw. 9%iges H_2O_2

Vorsicht!
- Nicht stärker aufhellen als nötig (Haarschädigung!)
- Bei schwachen Aufhellungen Blondiergel verwenden.
- Blondierpulver nur bei starken Aufhellungen und gesundem, kräftigen Haar anwenden.
- Gebrauchsanweisung beachten. Es gibt Blondierpulver, die nur mit 6%igem H_2O_2 angewendet werden dürfen.

Ansetzen der Blondiermasse

Versuch 23 Geben Sie in ein Becherglas 20 ml 18%iges Wasserstoffperoxid und etwa 3 ml Ammoniumhydroxid. Legen Sie dann einen Kupferpfennig in die Lösung.

Bei Verwendung von Metallgefäßen zum Ansetzen der Blondiermasse wird Sauerstoff plötzlich freigesetzt (Katalysator). Die Lösung erwärmt sich stark. Haarschädigungen und Verletzungen der Kopfhaut können die Folge sein. Die Verfärbung der Lösung kann Farbflecke im Haar hinterlassen.

Das Blondiermittel darf man erst unmittelbar vor dem Auftragen mit Wasserstoffperoxid mischen, weil sonst schon Sauerstoff abgespalten wird.

Auftragen der Blondiermasse

Nicht Waschen. Da die Blondiermasse auf der Haut brennt, wird das Haar vor dem Blondieren nicht gewaschen. Der Hauttalg dient als Schutz.

Um Hautschäden zu vermeiden, müssen beim Auftragen der Blondiermasse Schutzhandschuhe getragen werden!

Erstblondierung (Neublondierung). Die Pigmente werden um so schlechter aufgehellt, je stärker das Haar verhornt ist. Die Spitzen brauchen also länger als das übrige Haar. Am Ansatz ist das Haar am wenigsten verhornt, außerdem beschleunigt die Körperwärme die Aufhellung. Deshalb darf bei der Erstblondierung die Blondiermasse nicht auf die gesamte Haarlänge zugleich aufgetragen werden.

Reihenfolge bei der Erstblondierung

- Spitzen und Mittelstück zuerst behandeln, etwa 2 cm freilassen.
- Ansatz erst behandeln, wenn Spitzen und Mittelstück fast die gewünschte Aufhellung erreicht haben.

Tragen Sie immer Schutzhandschuhe!

Bei sehr langem Haar kann es erforderlich sein, Spitzen und Mittelstück getrennt zu behandeln. Dann ist die Reihenfolge: Spitzen, Mittelstück, Ansatz. Auch dabei soll die Blondiermasse erst auf den folgenden Abschnitt aufgetragen werden, wenn etwa zwei Drittel der gewünschten Aufhellung erreicht sind (**8.16**). Poröse Spitzen werden beim Blondieren nicht schneller aufgehellt. Deshalb brauchen sie nicht besonders behandelt zu werden.

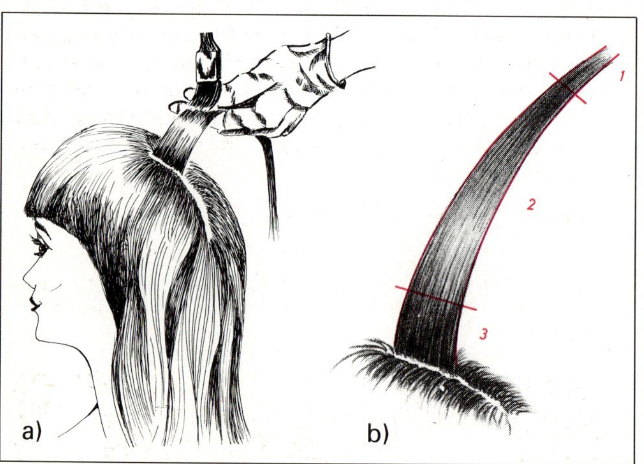

8.16 Auftragen der Blondiermasse bei Erstblondierung
a) Mittelstück und Spitzen zuerst, Ansatz zuletzt
b) bei sehr langem Haar Spitzen – Mittelstück – Ansatz

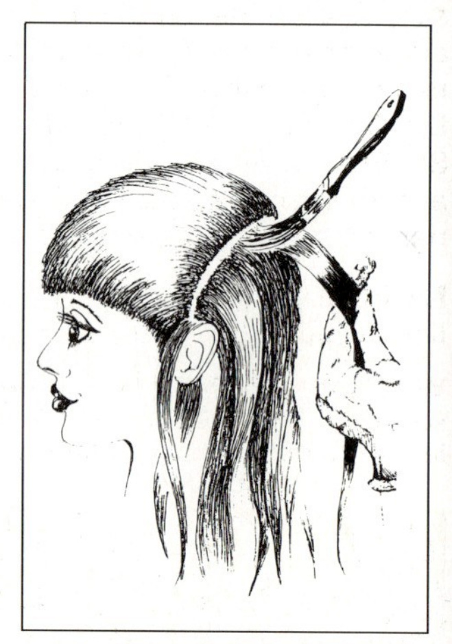

8.17 Auftragen der Blondiermasse bei Ansatzblondierung

Ansatzblondierung (Nachwuchsblondierung). Bei dunkel nachgewachsenem Haar darf die Blondiermasse nur auf den Ansatz aufgetragen werden, um das schon blondierte Haar nicht zu schädigen und weiter aufzuhellen. Weil in der Regel das Haar am Hinterkopf dunkler ist, wird dort begonnen. Man zieht einen Querscheitel von Ohr zu Ohr (**8.17**). Damit die Aufhellung an beiden Seiten gleichmäßig wird, scheitelt man von der einen Seite zur anderen ab und trägt die Blondiermasse auf. Nachdem Hinterkopf und Nacken behandelt sind, trägt man die Masse vom Querscheitel aus zur Stirn auf.

Grundsätzlich beginnt man beim Auftragen an den Stellen, wo das Haar am dunkelsten ist, wo also die meisten Pigmente aufgehellt werden müssen.

Dick auftragen. Sparen Sie nicht am Blondiermittel, sondern tragen Sie reichlich auf, um genügend Oxidationsmittel zur Verfügung zu haben. Anschließend lockern Sie das ganze Haar mit dem Stiel des Färbekamms oder -pinsels auf, um Wärmestauungen zu vermeiden, denn bei der Reaktion des Oxidationsmittels entsteht Wärme (s. Versuch 23).

Versuch 24 Blondieren Sie je drei hellbraune und drei mittelblonde Haarsträhnen mit 20 g Blondierpulver und 40 ml 9%igem H_2O_2. Nehmen Sie von beiden Strähnen eine nach 15 Minuten aus der Blondiermasse, die zweite nach 30 Minuten und die dritte nach 45 Minuten. Beurteilen Sie die Aufhellung (Farbtiefe) und den Farbton (Nuancierung).

Versuch 25 Blondieren Sie drei Haarsträhnen gleicher Farbe und Struktur mit verschiedenen H_2O_2-Konzentrationen:

a) erste Strähne mit 20 ml Blondiergel und 40 ml 6%igem H_2O_2,
b) zweite Strähne mit 20 ml Blondiergel und 40 ml 9%igem H_2O_2,
c) dritte Strähne mit 20 ml Blondiergel und 40 ml 18%igem H_2O_2.

Lassen Sie die Strähnen 30 Minuten in der Blondiermasse bei 35 °C im Wärmeschrank. Beurteilen Sie nach dem Ausspülen die Aufhellung (Farbtiefe), den Farbton (Nuancierung) und die Struktur.

Berechnen Sie die H_2O_2-Konzentration der fertigen Blondiermasse dieser drei Mischungen. Beachten Sie die Höchstkonzentrationen in fertig angerührten Präparaten (s. Abschn. 8.21). 18%iges H_2O_2 darf niemals mit Blondierpulver angerührt werden, weil es die gesetzlich zulässige Konzentration (12%) überschreitet. Diese gesetzliche Bestimmung ist erlassen worden, weil die Haut- und Haarschädigung zu groß ist.

Die Einwirkungszeit ist abhängig vom gewünschten Aufhellungsgrad, der Naturfarbe und der H_2O_2-Konzentration. Je dunkler die Naturfarbe ist und je heller das Ergebnis werden soll, desto höher muß der Anteil an H_2O_2 sein. Dabei darf aber die Haarschonung nicht außer acht gelassen werden. Ein geringerer H_2O_2-Anteil und längere Einwirkungszeit können die gleiche Aufhellung ergeben wie ein höherer Anteil H_2O_2 bei kürzerer Einwirkzeit. Die Einwirkung muß auf jeden Fall beobachtet werden. Zur Kontrolle schiebt man mit dem Stielkamm die Blondiermasse an mehreren Stellen zurück. Reicht die Aufhellung nicht aus, muß man an diesen Stellen wieder Blondiermasse auftragen. Um das Haar zu schonen, sollte keine Wärme zusätzlich zugeführt werden.

Nachbehandlung. Ist die gewünschte Aufhellung erreicht, wird die Blondiermasse gründlich ausgespült und das Haar mit einem milden Shampoo gewaschen.

Versuch 26 Blondieren Sie eine Haarsträhne, spülen Sie sie anschließend gründlich und drücken Sie überschüssiges Wasser aus. Halten Sie dann ein Stück rotes Lackmuspapier daran. Tauchen Sie die Strähne nun in Titanylsulfat-Lösung (s. Abschn. **6.7.2**, **8.**18 und **8.**19).

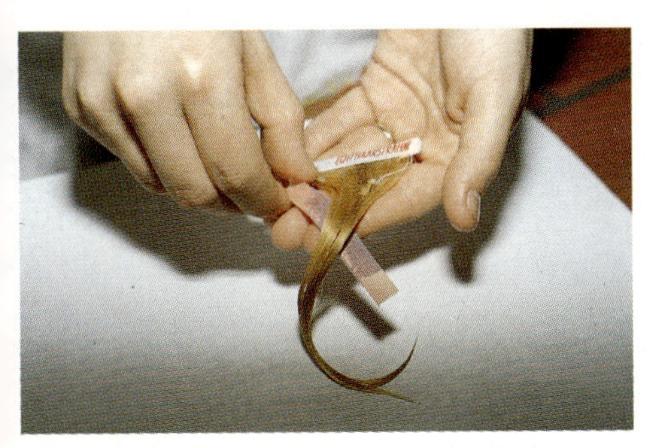

8.18 Die blondierte Strähne färbt rotes Lackmuspapier blau – ein Zeichen, daß Restalkalien nicht mit Wasser ausgespült werden können.

8.19 Die ausgespülte Strähne färbt Titanyl-Sulfat (Indikator für H_2O_2) orange – sie enthält also noch Reste von H_2O_2.

Den Abschluß bildet eine Säurespülung, die etwa drei Minuten einwirken sollte. Diese Säurespülung neutralisiert nicht nur die Alkalien, sondern adstringiert auch das Haar und erneuert den Säureschutzmantel der Haut. Der Versuch mit Titanylsulfat zeigt, daß auch Reste von Wasserstoffperoxid im Haar bleiben, die nicht ausgespült werden können. Deshalb enthalten Säurespülungen Zusätze, die diese Reste unwirksam machen. Sie verhindern eine Nachoxidation (schleichende Oxidation), durch die das Haar besonders stark geschädigt würde.

Die Blondierwäsche ist ein zeitsparendes Verfahren, wenn nur eine leichte Aufhellung erzielt werden soll. Zu 15 g Blondierpulver und 30 ml 9%igem Wasserstoffperoxid mischt man 60 ml warmes Wasser und etwa 10 ml Shampoo. Die Mischung wird in das aufzuhellende Haar (eventuell einzelne Partien) eingeschäumt, die Einwirkung beobachtet. Wenn die gewünschte Aufhellung erreicht ist, wird ausgespült und wie bei den anderen Blondierungen nachbehandelt.

Strähnenblondierungen. Helle Strähnen sind von der jeweiligen Mode abhängig und auf verschiedene Weise zu erreichen.

Nicht fest umrissene Strähnen (Lichter) erhält man, wenn die Blondiermasse mit einem grobzahnigen Kamm ins Haar eingekämmt wird. Dabei ergeben sich weich verlaufende Aufhellungen, die sich besonders gut in die Frisur einarbeiten lassen (**8**.20).

Strähnen in kurzem Haar erzielt man am besten mit einer Strähnenhaube. Eine Folienhaube deckt das Haar ab, das nicht aufgehellt werden soll. Mit einem speziellen Strähnenfärbekamm an dessen Nadelstiel eine Art Häkelnadel angebracht ist, kann man die aufzuhellenden Strähnen durch die Folienhaube hindurchziehen. Die Blondiermasse wird nur auf diese Strähnen aufgetragen, das übrige Haar ist durch die Haube abgedeckt (**8**.21).

Strähnen in langem Haar gelingen besser mit Aluminiumfolie als mit der Strähnenhaube. Zwei Arbeitsweisen haben sich bewährt. Bei der einen werden die aufzuhellenden Strähnen mit Blondiermasse bestrichen und in Aluminiumfolie eingepackt. Diese Methode ist angebracht, wenn nur wenige Strähnen erzielt werden sollen (**8**.22). Bei vielen Strähnen über die ganze Frisur verteilt deckt man das Haar, das nicht aufgehellt werden soll, mit Aluminiumfolie ab und wickelt beides auf große Dauerwellwickler (**8**.23). Nur die Passées, die aufgehellt werden sollen, bleiben frei und können so mit Blondiermasse behandelt werden. Das Nachblondieren herausgewachsener Strähnen bei schulterlangem Haar ist nur mit dieser Technik möglich.

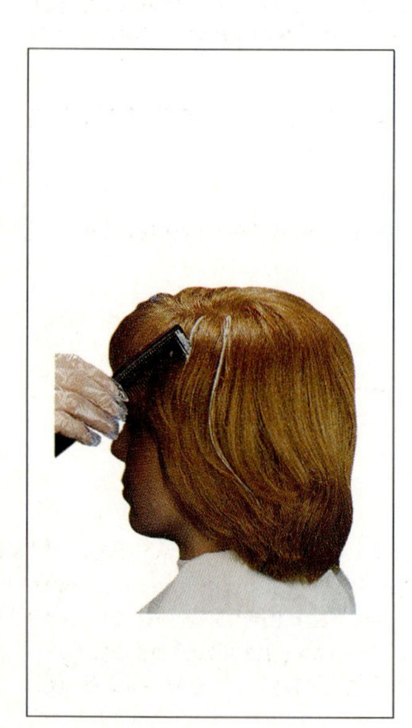

8.20 Einkämmen von Kammsträhnen

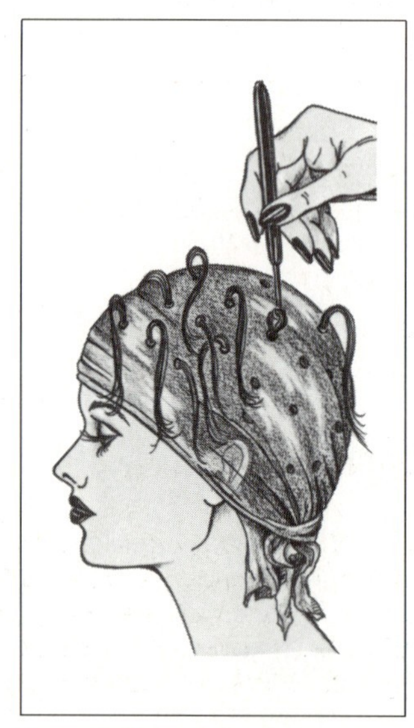

8.21 Strähnenblondierung mit Strähnenhaube

8.22 Foliensträhnen

Aufgehellte einzelne Haare erzielt man durch Toupieren dickerer Passées. Mindestens zwei Drittel der Haare werden straff an den Kopf toupiert, Schaft und Spitze des hochstehenden restlichen Passées blondiert (**8**.24). Als Effekt ergeben sich in der fertigen Frisur feine Goldfäden.

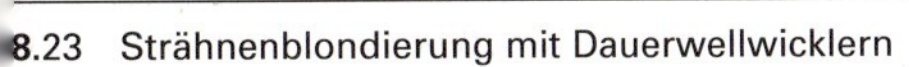

8.23 Strähnenblondierung mit Dauerwellwicklern
a) Aufwickeln des Haares mit Alufolie
b) Strähnenziehen mit Strähnenkamm

8.24 Strähnenblondierung in Toupiertechnik – Goldfädeneffekt

Viele Strähnentechniken sind modeabhängig. Sie wechseln von Saison zu Saison. Die neuesten Informationen erhalten Sie auf Modeproklamationen in Fachzeitschriften, Seminaren und Fortbildungsveranstaltungen der Firmen und Innungen.

Strähnenblondierung

- Arbeiten Sie haarschonend, kein 18%iges H_2O_2 verwenden!
- Die Strähnentechnik richtet sich nach der Haarlänge, nach dem zu erzielenden Effekt und der Mode.
- Nachbehandlung wie bei Ganzblondierungen.
- Immer Schutzhandschuhe tragen!

8.2.3 Blondierschäden und -fehler

Fehlerergebnisse führen immer zu Beanstandungen und unzufriedenen Kunden. Der Friseur sollte sie also vermeiden. Sind sie trotzdem einmal aufgetreten, muß er die Ursache herausfinden und wissen, wie er den Fehler beheben kann. Beim Blondieren können nicht nur Fehlergebnisse (etwa zu hell oder zu dunkel) auftreten, sondern auch Schädigungen der Haarstruktur oder der Kopfhaut. Häufig ist leichtsinniges Vorgehen des Friseurs die Ursache dafür.

Blondierschäden treten bei unsachgemäßer Arbeitsweise auf (**8**.25).

Tabelle **8.25** **Blondierschäden**

Schaden	Ursache	Behandlung
Hautrötung Entzündung Hautverletzung	empfindliche Kopfhaut (Überempfindlichkeit, Allergie) durch Kratzen oder ähnliche Einwirkung gereizte Kopfhaut ungenügender Hautschutz zu hohe H_2O_2-Konzentration, Wärmezufuhr	Abspülen mit kaltem Wasser, Vollpackung mit Kamille, Blaulichtbestrahlung zur Milderung der Hautrötung bei besonders schweren Schäden und Verdacht auf Allergie zum Arzt schicken
sprödes Haar schwammiges Haar	zu hohe H_2O_2-Konzentration zu starkes Blondiermittel, z. B. Blondierpulver statt Gel zuviel Persalz Wärmezufuhr	Der Schaden kann nicht mehr behoben werden, sondern durch Packungen und Frisiercremes gemildert werden auf keinen Fall mehr so stark blondieren

Korrektur unerwünschter Blondtöne. Gelborange ist zwar eine hübsche Farbe, aber als Haarfarbe nicht so sehr beliebt. Bevor Sie Ihre Kundin als „Südfrucht" laufen lassen, sollten Sie sich Korrekturmöglichkeiten überlegen. Wenn Sie die Farbenlehre verstanden haben, wird Ihnen die richtige Komplementärfarbe einfallen.

Bei gleichmäßiger Haarstruktur eignen sich dazu sowohl Farbfestiger als auch Tonspülungen oder Tönungsmittel. Ist die Haarstruktur allerdings unterschiedlich (z. B. bei porösen Spitzen), werden diese Mittel zu ungleichmäßig angenommen. Ein besseres Ergebnis erzielen Sie dann durch eine Pastellton-Färbung mit der entsprechenden Komplementärfarbe.

Fehlerhafte Blondierresultate sind wie Blondierschäden auf Arbeitsfehler zurückzuführen (**8.26**).

Tabelle **8.26** **Blondierfehler**

Fehler	Ursache	Behandlung
ungleichmäßige Blondierung – scheckige Aufhellung	unregelmäßige Auftragsweise zu breit oder zu dick abgeteilte Passées zu langsame Auftragsweise	nochmals blondieren, sorgfältig auftragen
zu geringe Aufhellung	falsches Blondierpräparat oder zu wenig Verstärkerpulver	Blondierung wiederholen, Einwirkzeit besser überwachen
zu starke Aufhellung	falsches Blondiermittel zu viel Persalze zu hohe H_2O_2-Konzentration zu lange Einwirkzeit	einfärben bei Wiederholung weniger Oxidationsmittel nehmen Einwirkzeit besser überwachen

Aufgaben zu Abschnitt 8.2

1. Warum blondiert man?
2. Begründen Sie, weshalb blondierte Haare immer einen lebhaften gelbrötlichen Farbton haben.
3. Durch welchen chemischen Vorgang werden die Naturpigmente abgebaut?
4. Welche beiden Inhaltsstoffe der Blondiermittel sind unbedingt zum Aufhellen der Naturpigmente erforderlich?
5. Welche Alkalisierungsmittel sind in Blondiermitteln enthalten?

6. Erklären Sie die Aufgaben des Alkalisierungsmittels in Blondiermitteln.
7. Welche Oxidationsmittel sind in Blondierpulver und Verstärkerpulver enthalten?
8. In welcher Stärke ist Wasserstoffperoxid im Handel? In welcher Stärke wird es beim Blondieren hauptsächlich verwendet?
9. Wieviel % H_2O_2 darf Blondiermasse (Blondiermittel + H_2O_2) höchstens enthalten?
10. Warum tritt bei Verwendung von Blondierpulver ein geringerer Rotstich auf als bei Blondiergel?
11. Welche Verdickungsmittel sind in Blondierpräparaten enthalten?
12. Welche Aufgabe haben die Netzmittel in Blondierpräparaten?
13. Nennen Sie die Schutzstoffe, die in Blondierpräparaten enthalten sind.
14. Wozu dienen Farbzusätze und optische Aufheller in Blondierpräparaten?
15. Beim Blondieren ist die Haarschädigung größer als bei anderen Behandlungen. Wovon hängt sie ab?
16. Wodurch können Sie die Haarschädigung beim Blondieren gering halten?
17. Nennen Sie Blondiermittel für eine schonende Aufhellung.
18. Welche Haare lassen sich schlecht blondieren? Begründen Sie das.
19. Welche Haare sollten überhaupt nicht blondiert werden?
20. Begründen Sie, warum die Blondiermasse unmittelbar nach dem Mischen mit Wasserstoffperoxid aufgetragen werden muß.
21. Weshalb wird das Haar vor dem Blondieren nicht gewaschen?
22. In welcher Reihenfolge wird die Blondiermasse bei der Erstblondierung aufgetragen?
23. Warum darf die Blondiermasse nicht gleichzeitig auf den Ansatz und die Haarlängen aufgetragen werden?
24. Wo beginnt man mit dem Auftragen der Blondiermasse bei Ansatzblondierungen?
25. Wovon hängt die Einwirkzeit beim Blondieren ab?
26. Erklären Sie den Zweck der Säurespülung nach dem Blondieren.
27. In welchen Fällen wenden Sie eine Blondierwäsche an? Wie wird sie durchgeführt?
28. Nennen Sie die Techniken der Strähnenblondierung.
29. Wie erreicht man Lichter im Haar, nicht fest umrissene Strähnen?
30. Womit erzielt man in kurzem Haar am besten Strähnen?
31. Wie kann man Strähnen in langem Haar und nachgewachsene Strähnen blondieren?
32. Beschreiben Sie die Technik, mit der einzelne Haare aufgehellt werden (Goldfäden).
33. Mit welchen Farben lassen sich unerwünschte Gelb- und Orangetöne nach dem Blondieren mattieren?

3.3 Haarfärben

Niemand ist gern eine „graue Maus". Welche Merkmale führen zu einer solchen Bezeichnung? Schlichte, unauffällige und unmoderne Kleidung, ein blasses, fahles Gesicht zusammen mit einer ausdruckslosen Haarfarbe ergeben diesen unscheinbaren Gesamteindruck.

Welche Haarfarben wirken ausdruckslos? Meist sind es die aschig-matten Naturtöne, aber auch das „graue" Haar. Zum Beleben der aschig-matten Haare bevorzugt man Modetöne, die immer leuchtende, rötliche Farben sind. Da Grauhaarige älter wirken, verstecken sie die ersten weißen Haare gern, indem sie sie im Naturton einfärben lassen. Manche Grauhaarige wirken dagegen ausgesprochen attraktiv, so daß man die weißen Haare durch eine Silbernuancierung hervorhebt.

Schon im Altertum, um Christi Geburt, haben die Menschen ihre Haarfarbe verändert. Im alten Rom färbten die Damen ihre Haare mit Kamille, einem pflanzlichen Farbstoff, der blond färben sollte.

8.3.1 Haarfärbemittel

Wodurch unterscheiden sich Oxidationshaarfärbemittel und Tönungsmittel? Machen Sie dazu folgenden Versuch.

Versuch 27 Verteilen Sie etwas Oxidationshaarfärbemittel und flüssiges Tönungsmittel auf einem Stück weißen Zeichenkarton nebeneinander. Beobachten Sie die Farbveränderung im Verlauf von 30 Minuten.

Das Oxidationshaarfärbemittel ist anfangs ganz hell, fast farblos und wird in den 30 Minuten dunkler, entwickelt sich. Das Tönungsmittel dagegen ist von Anfang an farbig, fertig entwickelt.

X Oxidationshaarfärbemittel enthalten unentwickelte Farbstoffe, Tönungsmittel fertig entwickelte (direktziehende) Farbstoffe.

Versuch 28 Behandeln Sie drei naturweiße Haarsträhnen mit verschiedenen Nuancen eines flüssigen Tönungsmittels:

- die 1. Strähne mit einem roten Ton,
- die 2. Strähne mit einem blau-violetten Ton (z.B. Silber),
- die 3. Strähne mit einem Naturton (z.B. dunkelblond).

Vergleichen Sie die Ergebnisse.

Weißes Haar wird von roten oder violetten Tönungsmitteln gut angefärbt, in den Naturtonbereichen (Blond und Braun) schwächer. Weißes Haar kann nur unzureichend mit direktziehenden Farbstoffen abgedeckt werden. Weshalb wird das weiße Haar in rot- und blau-violetten Tönen gut angefärbt, aber in Blond- oder Brauntönen schlechter?

Versuch 29 Füllen Sie zwei Meßzylinder bis zum Rand mit Wasser und spannen Sie über beide ein Stück Cellophan (Einmachhaut). Das Cellophan soll das Wasser berühren. Streuen Sie dann auf den einen Zylinder ein paar Körnchen Kaliumpermanganat, auf den anderen etwas grünen Batikfarbstoff.

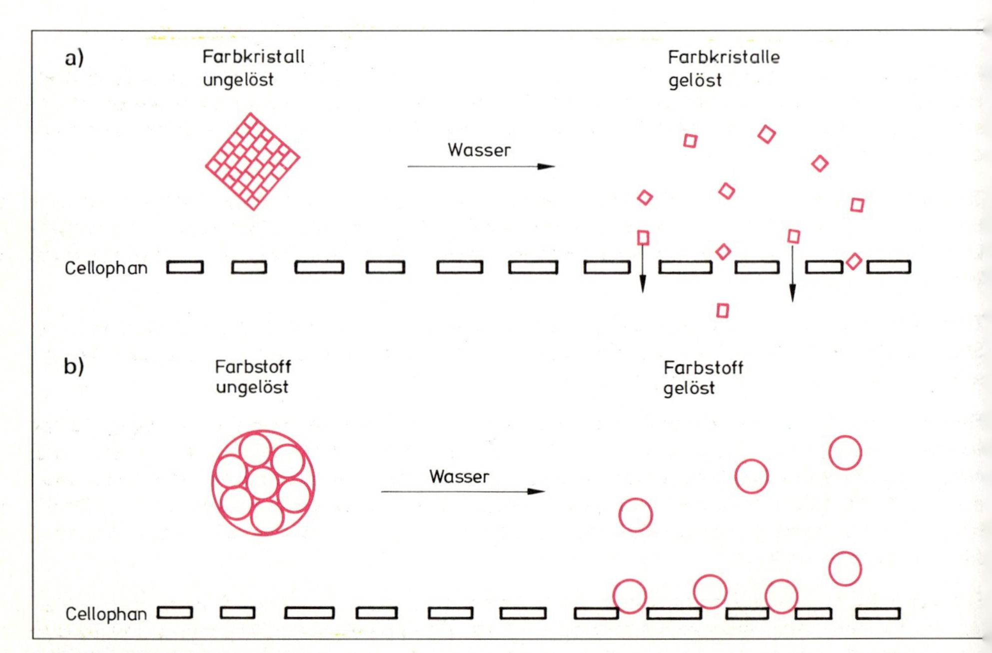

8.27 Durchlässigkeitsversuch
a) kleine Moleküle werden durchgelassen, b) große Moleküle gehen nicht durch die Membranöffnungen

Nach wenigen Minuten bilden sich unter der Cellophanhaut mit den Kaliumpermanganat-Kristallen rote Schlieren, die sich auf den Boden absetzen. Das Wasser hat das Kaliumpermanganat gelöst, der gelöste Stoff ist durch das Cellophan hindurchgewandert. Bei dem grünen Batikfarbstoff bilden sich keine Farbschlieren, obwohl er sich auf der Cellophanhaut im Wasser gelöst hat. Die Moleküle des grünen Farbstoffs sind größer als die Öffnungen des Cellophans, das nur für Stoffe einer bestimmten Molekülgröße durchlässig ist (**8**.27).

Auch die Schuppenschicht des Haares ist nur für Farbstoffe einer bestimmten Molekülgröße durchlässig. Die roten und blau-violetten Farbstoffe färben das Haar an, weil ihre Moleküle klein genug sind, um einzudringen. Die blonden oder braunen Farbstoffe haben dagegen größere Moleküle, die schwer durch die Schuppenschicht ins Haar eindringen können. Sie müssen deshalb im Haar aus Farbstoff-Vorstufen entwickelt werden, die so klein sind, daß sie die Schuppenschicht durchdringen. Darum ist zum Färben weißer Haare ein unentwickelter Farbstoff besser geeignet.

Tabelle **8**.28 **Farbverändernde Mittel**

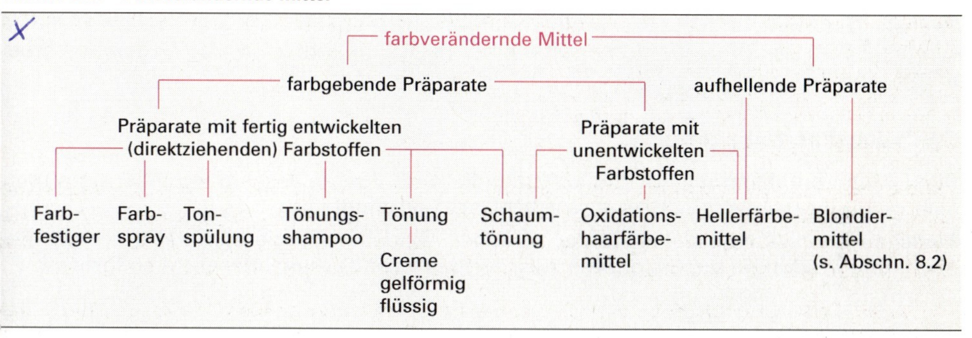

Tönungsmittel

Farbfestiger und Farbspray enthalten nur direktziehende Farbstoffe. Bei unbehandeltem Haar dringen sie nur oberflächlich in die Schuppenschicht ein und werden bei der nächsten Haarwäsche wieder entfernt. Bei porösem Haar können sie tiefer eindringen und dadurch länger im Haar haften.

Tonspülungen haben mehr Farbstoffe, sind konzentrierter, so daß sie für die jeweilige Haarfarbe verdünnt werden müssen (bis 100fach). Auch sie enthalten nur fertig entwickelte Farbstoffe. Je nach Porosität des Haares dringen sie ein und werden bei der nächsten Wäsche ausgespült.

Tönungsshampoos enthalten direktziehende Farbstoffe in Verbindung mit waschaktiven Stoffen. Sie geben dem Haar bei der Wäsche eine Nuancierung. Um die Wirkung zu verstärken, kann man sie einige Minuten einziehen lassen.

Flüssige, gel- und cremeförmige Tönungsmittel haben eine stärkere Farbwirkung als die vorherigen Präparate. Sie enthalten auch direktziehende Farbstoffe, die aber meist kationisch geladen sind, so daß sie von den negativen Ladungen des Haares angezogen werden. Dadurch gehen sie eine Ionenbindung (s. Abschn. 6.1.5) mit dem Keratin ein, die sie länger haltbar macht. Sie werden zwar durch die folgende Haarwäsche abgeschwächt, aber nicht ganz entfernt.

Schaumtönungen in Aerosolpackungen werden an der Luft sehr viel dunkler. Sie enthalten neben fertig entwickelten auch unentwickelte Farbstoffe, die sich durch Luftsauerstoff entwickeln. Sie stehen in ihrer Wirkung zwischen Tönungen und Haarfarben und decken geringen Weißanteil ab.

Farbverlust. Sie haben sicher schon beim Waschen dunkel getönter Haare beobachtet, daß das Waschwasser farbig aussieht. Trotzdem sind die Haare hinterher getönt. Was passiert beim Waschen getönter Haare?

Die kationaktiven Farbstoffe gehen mit den negativen Ladungen der $-COO^{\ominus}$-Gruppen des Keratins eine Ionenbindung ein. Die Wasser-Dipole schieben sich zwischen die Ionenbindung und lockern sie (s. Abschn. 6.6). Beim Ausspülen reißt das Wasser Farbstoff mit weg. Ein Teil übersteht aber mehrere Haarwäschen. Dagegen entziehen kationaktive Haarpflegemittel (Balsamkuren, Pflegespülung) dem Haar mehr Farbstoff. Da sie die gleiche Bindung mit dem Keratin eingehen, verdrängen sie die Farbstoffmoleküle. Deshalb bieten Ihnen die Firmen nichtkationische Spezialmittel an, die Sie Ihrer Kundin empfehlen sollten.

Einsatzmöglichkeiten. Hauptanwendungsgebiet der Tönungsmittel sind Farbauffrischungen und Änderungen der Nuancierung (Modetöne). Auch die Farbtiefe läßt sich ändern, allerdings nicht heller. Dunkler tönen könnte man beliebig, jedoch paßt es nicht immer zur Gesamterscheinung der Kundin. Das Abdecken weißer Haare führt an die Grenzen des Tönungsmitteleinsatzes. Ein geringer Weißanteil läßt sich zwar abdecken, ein mittlerer angleichen. Übersteigt der Weißanteil aber 50%, brauchen wir Oxidationsfärbemittel.

Intensiv-Tönung wird in der Praxis ein Verfahren genannt, um erste graue Haare abzudekken (bis 50%). Die Mittel werden meistens mit H_2O_2 gemischt, sind also Oxidationsfärbemittel.

Oxidationshaarfärbemittel

Diese Mittel enthalten unentwickelte Farbstoffe und müssen deshalb mit Wasserstoffperoxid gemischt werden. Sie decken weiße Haare vollständig ab.

Manche Firmen bieten transparenter wirkende Oxidationshaarfärbemittel unter der Bezeichnung Coloration an. Sie decken zwar weißes Haar ab, sind aber nicht so farbsatt.

8.3.2 Färben mit Oxidationshaarfärbemitteln

Versuch 30 Streichen Sie ein cremeförmiges Oxidationsfärbemittel (hellbraun) auf einen Objektträger und lassen Sie es etwa 20 Minuten an der Luft stehen. Was beobachten Sie?

Das Färbemittel kommt hell aus der Tube, am Anfang kann es dunkel gefärbt sein. Nach 20 Minuten hat es sich dunkel verfärbt. An der Unterseite des Objektträgers, wo keine Luft an die Creme kommen konnte, ist sie unverändert hell geblieben. Die Farbe hat sich durch Luftsauerstoff entwickelt (= Oxidation). Bei der Färbung reicht die Oxidationswirkung von Luftsauerstoff nicht aus, man braucht Wasserstoffperoxid.

Versuch 31 Setzen Sie ein mittelbraunes Oxidationsfärbemittel nach Gebrauchsanweisung mit Wasserstoffperoxid an. Lassen Sie es 24 Stunden stehen und färben Sie dann eine naturweiße Haarsträhne damit. Spülen Sie nach 30 Minuten Einwirkzeit aus.

Die weiße Haarsträhne nimmt keine Farbe an, ist allenfalls etwas gelblich geworden. Durch die Oxidation sind große Farbstoffmoleküle entstanden, die nicht mehr durch die Schuppenschicht ins Haar eindringen können. Was folgt daraus?

> Oxidationshaarfärbemittel müssen sofort nach dem Anrühren mit Wasserstoffperoxid aufgetragen werden.

Oxidationshaarfärbemittel bestehen aus Farbstoffbildner, Nuancierfarben, Alkalisierungsmitteln und Zusätzen.

Versuch 32 Lösen Sie eine Spatelspitze 1,4-Diaminobenzol (Paraphenylendiamin) in einem halben Reagenzglas Wasser. Verteilen Sie die Lösung auf drei Reagenzgläser. Ein Glas bleibt zur Kontrolle ohne weitere Behandlung. Das zweite wird mit der dreifachen Menge Wasser verdünnt. In das zweite und dritte Glas werden dann etwa 2 bis 3 ml 3%iges Wasserstoffperoxid gegeben. Was beobachten Sie?

1,4-Diaminobenzol ist ein Oxidationsfarbstoff, der fast farblose Kristalle bildet, die sich in Wasser lösen. Mit Wasserstoffperoxid färbt sich die Lösung dunkelviolett bis schwarz. Der Farbstoff wurde 1861 von dem Chemiker August Wilhelm von Hofmann entwickelt. Man hat ihn anfangs nur zum Pelzfärben verwendet. Um 1900 wurde er auch zum Haarfärben eingesetzt. Weil jedoch häufig Hautreizungen auftraten, wurde er 1906 zum Haarfärben verboten, ist aber inzwischen wieder erlaubt. Als weniger giftigen Farbstoff hat man dann das 1-Methyl-2,5-Diaminobenzol (Paratoluylendiamin) entwickelt, das den Grundstoff der heutigen Oxidationshaarfärbemittel bildet. Beide Stoffe können die sogenannte Paragruppen-Allergie auslösen. Deshalb müssen Kundinnen vor einer Erstbehandlung unbedingt nach Allergien befragt werden.

CH_3, H_2N, NH_2

1-Methyl-2,5-Diaminobenzol

Farbstoffbildner nennt man die Farbstoff-Vorstufen, die selbst noch nicht farbig sind, aus denen sich aber der Farbstoff entwickelt. Sie sind der wichtigste Bestandteil der Oxidationshaarfärbemittel, denn sie decken weißes Haar ab. Die Farbstoffbildner erzeugen auch die *Farbtiefe* der Haarfarbe. Enthält eine Farbcreme viele Farbstoffbildner, hat sie eine gute Deckkraft und erzielt eine dunkle Haarfarbe (s. Versuch 32).

Die Menge der Farbstoffbildner bestimmt Farbtiefe und Deckkraft
- wenig Farbstoffbildner ⟶ geringe Deckkraft ⟶ helle Haarfarbe
- viele Farbstoffbildner ⟶ große Deckkraft ⟶ dunkle Haarfarbe

Nuancierfarben bestimmen die *Farbrichtung* der Haarfarbe.

Versuch 33 Drücken Sie auf einen weißen Zeichenkarton drei Stränge von Oxidationshaarfärbemitteln gleicher Farbtiefe, aber verschiedener Farbrichtung, z. B. Mittelblond, Mittelrotblond (Tizian), Mittelaschblond.

Die Nuancierung der Rotfarben kann man schon an der Creme erkennen. Sie enthalten als Nuancierfarben meist fertig entwickelte Farbstoffe, da diese klein genug sind, um ins Haar einzudringen (vgl. Tönung). Die Nuancierung der Matt- und Aschfarben ist nicht immer zu erkennen, weil die Nuancierer häufig noch nicht entwickelt sind. Es handelt sich dabei um Stoffe, die in Verbindung mit den Farbstoffbildnern die Nuancierung ergeben. Man nennt sie Kupplungskomponenten (**8**.29). So ergeben z. B. 1-Methyl-3,4-Diaminobenzol (Orthotoluylendiamin) Grün und 2,3-Dihydroxyphenol (Pyrogallol) Gelb.

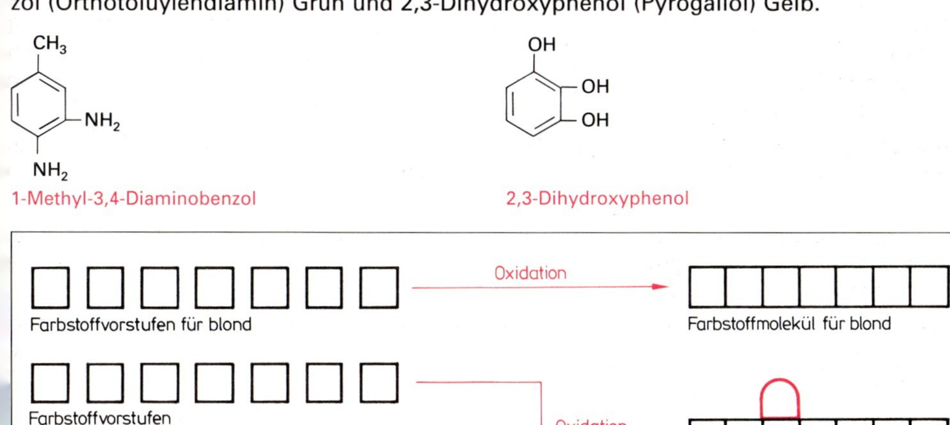

1-Methyl-3,4-Diaminobenzol

2,3-Dihydroxyphenol

8.29 Kupplungskomponenten verändern den Farbton

Als Alkalisierungsmittel enthalten die Färbepräparate Ammoniumhydroxid, wie Sie leicht am Geruch feststellen können. Es hat, wie beim Blondieren, eine doppelte Aufgabe: Erstens quillt es das Haar und öffnet die Schuppenschicht, so daß die Farbstoffbildner besser ins Haar eindringen können, zweitens neutralisiert es die Stabilisierungssäure des Wasserstoffperoxids.

Farbstoffbildner, Nuancierer und Alkalisierungsmittel sind in eine Trägermasse eingearbeitet; zugesetzt sind Antioxidantien, Netzmittel und Duftstoffe.

Antioxidantien vermindern die Oxidation der Farbstoffbildner durch Luftsauerstoff und konservieren dadurch das Haarfärbemittel.

Netzmittel fördern die Benetzung des Haares und damit das Eindringen der Färbemasse.

Duftstoffe sollen den stechenden Geruch des Ammoniaks maskieren (= verbessern).

Inhaltsstoffe der Oxidationshaarfärbemittel

Farbstoffbildner bestimmen Farbtiefe und Deckkraft: z.B. 1-Methyl-2,5-Diaminobenzol

Nuancierer bestimmen die Farbrichtung: direktziehende Farbstoffe und Kupplungskomponenten

Alkalisierungsmittel quillt das Haar und neutralisiert die Stabilisierungssäure

Antioxidantien, Netzmittel, Duftstoffe und Trägermasse

Die Trägermasse für die Farbstoffbildner und das Alkalisierungsmittel ist gleichzeitig Verdickungsmittel. Es sind Emulsionen, die Schutzstoffe wie Lanolin enthalten, oder Gele. Die Trägermasse erleichtert das Auftragen des Färbemittels und verhindert, daß es in schon gefärbte Haarpartien läuft oder abtropft. Das Verdickungsmittel markiert schon behandelte Stellen, so daß man besser erkennen kann, wo Färbemasse hingekommen ist. Durch die Schutzstoffe soll die Haarschädigung gemildert werden.

Versuch 34 Riechen Sie an einem gelförmigen und an einem cremeförmigen Oxidationshaarfärbemittel. Das Gel riecht viel stärker nach Ammoniak als die Creme.

Die Creme (Emulsion) hält den Ammoniakanteil stärker fest. Dadurch bleibt der pH-Wert während der Einwirkungszeit gleichmäßig hoch. Das Haar wird stärker gequollen, so daß die Farbstoffbildner vermehrt eindringen. Die Folge ist eine gute Deckkraft und satte Farbwirkung (farbintensiv). Mit der stärkeren Quellung ist aber auch eine stärkere Haarschädigung verbunden.

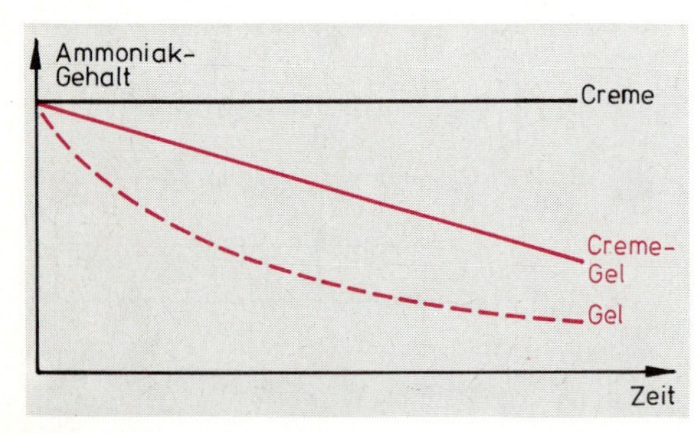

8.30 Einfluß der Trägermasse auf den Ammoniakspiegel

Gelförmige Oxidationshaarfärbemittel halten das Ammoniak nicht so fest, so daß seine verfügbare Menge während der Einwirkungszeit abnimmt (= fallender Ammoniakspiegel). Dadurch ist die Quellung geringer, die Farbstoffbildner dringen vermindert ein, so daß die Farbwirkung transparenter ist und die Deckkraft nicht so groß. Dafür ist aber auch die Haarschädigung geringer.

Creme-Gel-Präparate. In diesen modernen Oxidationshaarfärbemitteln werden die Vorteile der einen Trägermasse mit denen der anderen verbunden (**8**.30).

Einfluß der Trägermasse auf das Färbungsgesamtergebnis

Emulsion	Gel
– gleichbleibender Ammoniakspiegel	– fallender Ammoniakspiegel
– stärkere Quellung	– geringere Quellung
– farbintensiver	– transparenter
– vermehrte Haarschädigung	– geringere Haarschädigung

Entwickler für Oxidationshaarfärbemittel ist Wasserstoffperoxid, das eine doppelte Aufgabe hat. Es oxidiert nicht nur die Farbstoffbildner und Kupplungskomponenten zu Farbstoffen, sondern hellt auch die Naturpigmente auf (s. Blondierung). Dadurch wird bei meliertem Haar der Unterschied zwischen den weißen und den naturpigmentierten Haaren abgebaut, so daß beide gleichmäßig angefärbt werden.

Ausgleichsvermögen. Bei der Nachwuchsfärbung kann die Färbemasse auch auf das bereits gefärbte Haar aufgetragen werden, ohne daß diese Stellen dunkler werden. Das Wasserstoffperoxid gleicht Farbunterschiede aus.

Bei Spezialfarben zum Hellerfärben ist der Wasserstoffperoxid-Gehalt so groß wie beim Blondieren. Dadurch werden die Naturpigmente so stark aufgehellt, daß das Ergebnis mehrere Töne über der Ausgangsfarbe liegt.

8.3.3 Arbeitsweise beim Färben mit Oxidationshaarfärbemitteln

Vorgang im Haar. Beim Färben laufen mehrere Vorgänge zusammen ab, die aus Gründen der Übersicht nacheinander aufgeführt sind.

1. Die wäßrige Lösung des Ammoniumhydroxids (NH_4OH) und Wasserstoffperoxids dringt ins Haar ein.
2. Wasser und NH_4OH quellen das Haar und öffnen die Schuppenschicht.
3. NH_4OH neutralisiert die Stabilisierungssäure und aktiviert das H_2O_2.
4. H_2O_2 hellt die Naturpigmente auf.
5. Direktziehende Nuancierfarben dringen ein und haften im Haar.
6. Die Farbstoffbildner dringen ins Haar ein und werden durch das H_2O_2 zu Farbstoffen oxidiert. Dabei werden mehrere Farbstoffbildnermoleküle zu einem Farbstoffmolekül verknüpft (**8**.31). Diese sind so groß, daß sie nicht mehr aus dem Haar heraus können. Diesen Vorgang nennt man *Kupplungsreaktion*.
7. Eine geringe Menge des neugebildeten Farbstoffs wird durch Wasserstoffperoxid wieder zerstört (Ausgleichsvermögen).
8. NH_4OH und H_2O_2 greifen das Keratin an, so daß eine Strukturschädigung eintritt.

8.31 Kupplungsreaktion

Arbeitsweise. Dazu gehört nicht nur das richtige Auftragen der Färbemasse. Die hauptsächliche Arbeit ist vorher zu leisten. Manche Kundinnen wissen sicher, was sie wollen; viele möchten aber auch vom Friseur beraten werden. Dabei muß er nicht nur das Alter und die Gesamterscheinung berücksichtigen, auch Beruf und Umgebung können genau so Einfluß auf die Farbwahl haben wie Teint und Augenfarbe.

Das Farbergebnis kann von vielen Faktoren beeinflußt werden:
- von der Haarstärke,
- von der Porosität,
- von der Ausgangsfarbe und
- vom Weißanteil.

Deshalb muß man bei einer Erstbehandlung zunächst das Haar genau beurteilen und den Kundenwunsch ermitteln, ehe man die Farbe auswählen kann.

Haarbeurteilung

Saugfähigkeit des Haares. Durch vorausgegangene Haarbehandlungen und Sonneneinwirkung kann das Haar poröser und damit aufnahmefähiger geworden sein. Dann dringen mehr Farbstoffbildner ein als bei unbehandeltem Haar, das Farbergebnis würde zu dunkel. Um dies zu vermeiden, wählt man einen helleren Farbton. Bei sehr porösen Spitzen kommt es vor, daß die Farbe „ausfällt", wodurch die Spitzen heller erscheinen. Das läßt sich durch Pigmentierung vermeiden (s. Abschn. 8.3.5).

Haarstärke. Die Menge der Farbstoffbildner ist auf eine durchschnittliche Haarstärke eingestellt. Die auf der Farbkarte erkennbare Farbtiefe wird also bei mittelstarkem Haar (0,06 mm) erreicht (**8**.32).

Tabelle **8**.32 **Abhängigkeit des Farbergebnisses von der Haarstärke**

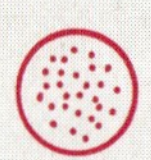	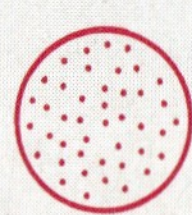	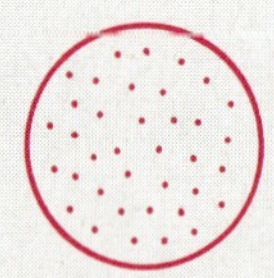
0,04 mm dünnes, feines Haar	0,06 mm normales, mittelstarkes Haar	0,08 mm dicke, starkes Haar
Farbtiefe dunkler als auf der Farbkarte	Farbtiefe entspricht der Farbkarte	Farbtiefe heller als auf der Farbkarte

Sehr dünnes, feines Haar ist nicht so stark verhornt. Deshalb dringen mehr Farbstoffbildner ein, so daß das Ergebnis zu dunkel wird. Zur Vermeidung kann man den gewünschten Farbton mit dem nächsthelleren mischen.

Dickes, starkes Haar ist stärker verhornt und die Schuppenschicht ausgeprägter. Für den größeren Querschnitt reicht die Konzentration der Farbstoffbildner nicht aus, so daß das Farbergebnis zu hell ist und die Deckkraft nicht genügt. Wie läßt sich die Konzentration der Farbstoffbildner erhöhen? Durch Mischen mit dem nächstdunkleren Ton, der ja mehr Farbstoffbildner enthält, erreicht man auch, daß noch mehr eindringen (viele Farbstoffbildner – dunkle Haarfarbe).

Die Ausgangsfarbe (Naturfarbe oder frühere Färbung) bestimmt in der Regel mit, welcher Farbton zum Färben ausgewählt wird. Durch Vergleich mit einer Farbkarte werden *Farbtiefe* und *Farbrichtung* festgelegt. Der *Ergrauungsgrad* spielt für die Farbtiefe keine Rolle, weil die modernen Oxidationsfärbemittel ausgleichend wirken. Aber die Farbrichtung wird durch das Vorhandensein von weißen Haaren beeinflußt, vor allem, wenn sie nicht gleichmäßig verteilt sind. Bei weißem Haar tritt der Gelb- oder Rotstich nicht auf, der bei der Aufhellung durch das H_2O_2 in naturfarbenem Haar entsteht. Deshalb bekommen weiße Stellen durch die Asch-Nuancierer einen schmutzig grau-grünen Farbton. Den Weißanteil muß man in Prozenten schätzen und bei ungleichmäßiger Ergrauung die Schwerpunkte festlegen.

Das Abschätzen des Weißanteils erfordert sehr viel Übung. Um sich nicht so leicht zu verschätzen, kann man sich Vergleichssträhnen herstellen. Dazu nimmt man weißes und am besten hellbraunes Haar und meliert es in verschiedenen Anteilen, z.B.:

$^1/_4$ weiß + $^3/_4$ hellbraun ⟶ 25% Weißanteil
$^1/_2$ weiß + $^1/_2$ hellbraun ⟶ 50% Weißanteil
$^3/_4$ weiß + $^1/_4$ hellbraun ⟶ 75% Weißanteil.

Der Farbwunsch der Kundin kann weitaus schwieriger zu ermitteln sein. Da man Farben kaum mit Worten beschreiben kann, nimmt man die Farbkarte zur Hilfe, die auch ein Hilfsmittel bei der Beratung der Kundin ist. Doch darf man niemals die Farbe, die die Kundin auf der Karte ausgesucht hat, als den Ton ansehen, den sie sich wünscht. Die Farbkarte kann nur die *Richtung* des Farbwunsches angeben. Vor allem hat man zu berücksichtigen, daß die kleinen Farbmuster nur abgeschwächt wirken. In der Fülle eines Haarschopfs sind sie viel farbintensiver. Um keine unangenehmen Überraschungen zu erleben, muß man also bei der Auswahl des Farbtons vorsichtig sein. In der Regel fällt es der Kundin schwer, sich mit der neuen Farbe vorzustellen. Dann helfen Perücken in verschiedenen Farben, mit denen sie sich betrachten kann.

Immer dann, wenn die gewünschte Farbe von der Ausgangsfarbe abweicht, sollten Sie folgende Grundsätze beachten:

Nicht zu sehr von der Ausgangsfarbe abweichen. Ein zu krasser Ton schockiert die Kundin. Ist ihr die Farbe zu schwach, läßt sie sich immer noch verstärken. Umgekehrt ist es schwieriger.

Der Weißanteil läßt den Gesamteindruck heller erscheinen. Außerdem paßt die hellere Haarfarbe besser zu der blasseren Gesichtshaut im Alter. Deshalb sollten Sie lieber einen helleren Ton auswählen. Falls die Kundin wirklich einen dunkleren Ton wünscht, ist dies leichter zu korrigieren als einen zu dunklen aufzuhellen.

Bei hohem Weißanteil fällt das Ergebnis aschiger aus als bei geringem Weißanteil.

Das ist besonders wichtig bei ungleichmäßiger Ergrauung.

Zum Ansetzen der Färbemasse gelten die gleichen Gesichtspunkte wie beim Blondieren (s. Abschn. 8.2): Erst unmittelbar vor dem Auftragen mit Wasserstoffperoxid mischen, keine Metallgefäße verwenden. Um Hautschäden zu vermeiden, muß die Kopfhaut vorher beurteilt werden. Verletzungen und empfindliche Haut können wie beim Blondieren zu Schäden führen (s. Abschn. 8.2.3). Da Oxidationshaarfärbemittel zu Überempfindlichkeit führen können (Farbstoffallergie), müssen besondere Vorsichtsmaßnahmen beachtet werden (s. Abschn. 8.3.8).

Auftragen der Färbemasse und Einwirkzeit

Der Schutz der Kleidung ist vor dem Färben besonders wichtig, da Farbflecke in der Regel nicht ohne Beschädigung des Kleidungsstücks entfernt werden können. Halskrause, Färbetuch und Färbeumhang müssen so angelegt sein, daß keine Farbe die Kleidung gefährdet. Auch an sich selbst sollte der Friseur denken. Ein Kittel erfüllt nicht nur hygienische Anforderungen, sondern schützt auch seine Kleidung. Farbflecke an den Händen (Fingernägel) sind kein Kennzeichen des guten Färbers, Schutzhandschuhe müssen beim Färben immer getragen werden, um Hautschäden und Allergien zu vermeiden.

Nicht waschen. Vor dem Auftragen der Färbemasse soll das Haar normalerweise nicht gewaschen werden, um den Talgfilm als Hautschutz zu erhalten. Das ist bei Hellerfärbungen besonders wichtig. Bei sehr fettigem Haar kann es vorkommen, daß der Fettfilm die Färbemasse abstößt, so daß die weißen Haare nicht vollständig abgedeckt werden. Dann muß man das Haar einmal waschen.

Erstfärbung (Naturtonfärbung). Da das Haar am Ansatz weniger verhornt ist und die Körperwärme das Eindringen der Farbstoffbildner beschleunigt, muß man bei der Erstfärbung den Ansatz zuletzt behandeln. Man beginnt am Hinterkopf (Querscheitel) und trägt die Färbemasse nur auf das Mittelstück und die Spitzen auf. Nach 10 bis 20 Minuten wird die Färbemasse auf den Ansatz aufgetragen. Die Konturen an der Stirn und den Schläfen werden zuletzt behandelt, da sie schneller annehmen und leicht zu dunkel werden (**8**.33 a).

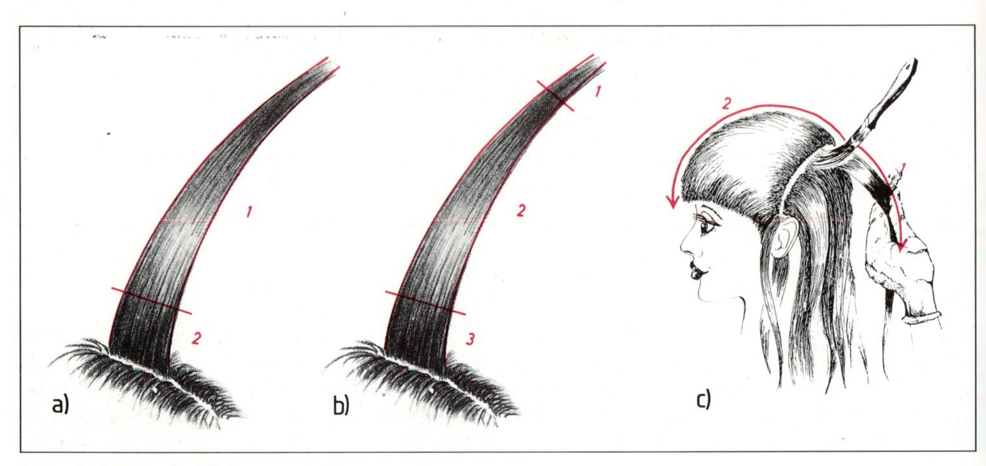

8.33 Auftragen der Färbemasse
a) bei Erstfärbung – Naturtonfärbung
b) bei Modefärbung – Heller- und Rotfärbung
c) bei Ansatzfärbung

Modefärbungen bringen bei der Erstbehandlung häufig Probleme mit sich. Rottöne werden am Ansatz meist besonders kräftig, während die Spitzen sie kaum annehmen. Auch Aufhellungen, die bei Modefärbungen häufig sind, werden nicht gleichmäßig, weil die Spitzen schlechter annehmen (s. Abschn. 8.2.2). Deshalb sollten zuerst die Spitzen behandelt werden, nach 10 Minuten das Mittelstück und nach weiteren 10 Minuten der Ansatz (**8**.33 b).

Bei Ansatzfärbungen wird die Färbemasse nur auf das nachgewachsene Haar aufgetragen. Man beginnt in der Regel am Hinterkopf und trägt die Färbemasse, von einem Querscheitel ausgehend, zuerst zum Nacken, dann zur Stirn hinauf. Die Konturen an Stirn und Schläfen werden auch bei der Ansatzfärbung zuletzt behandelt (**8**.33 c).

Zügig auftragen. Da nach dem Ansetzen der Färbemasse die Entwicklung sofort einsetzt, muß man zügig auftragen. Wenn man zu langsam arbeitet, werden die Moleküle schon in der Färbeschale so groß, daß sie nicht mehr ins Haar eindringen. Ein ungleichmäßiges Ergebnis oder ungenügende Deckkraft sind die Folgen.

Einwirkzeit. Zur vollständigen Entwicklung der Farbstoffe ist eine Einwirkzeit von 30 Minuten erforderlich. Wird die Färbemasse zu früh ausgespült, kann es vorkommen, daß die weißen Haare nicht genügend abgedeckt sind. Außerdem kann die Farbe nachdunkeln, weil bei zu frühem Abspülen die Oxidation noch nicht abgeschlossen ist, so daß unvollständig oxidierte Moleküle vorhanden sind. Diese dunkeln durch Luftsauerstoff nach. Dagegen hat eine Verlängerung der Einwirkzeit keine Auswirkung. Zu dunkel kann die Farbe nicht werden, denn außen am Haar in der Färbemasse oxidierte Moleküle können nicht mehr eindringen, weil sie zu groß sind. Durch Wärmezufuhr kann die Einwirkzeit verkürzt werden, denn Wärme beschleunigt das Eindringen der Farbstoffbildner und die Reaktion, macht das Farbergebnis satter und gleichmäßiger. Bei empfindlicher Haut und Hellerfärbungen sollten Sie keine Wärme zuführen, weil die Färbemasse sonst auf der Haut brennt.

Kontrolle. Nachdem die Färbemasse 30 Minuten eingewirkt hat, schiebt man sie an mehreren Stellen mit dem Stielkamm von den behandelten Haaren zurück, ehe ausgespült wird. So prüft man, ob das gewünschte Ergebnis erreicht ist. Wenn das Haar noch nicht genügend angenommen hat, muß die Färbemasse noch einmal ergänzt werden.

Auftragen der Farbmasse

Erstfärbung: Mittelstück und Spitze zuerst, Ansatz zuletzt

Hellerfärbung: Spitze, Mittelstück, Ansatz

Ansatzfärbung: Hinterkopf, Vorderkopf, Stirn- und Schläfenkonturen zuletzt

Unbedingt Schutzhandschuhe tragen!

Abschlußbehandlung

Waschen. Zum Entfernen der überschüssigen Färbemasse wird zunächst nur mit etwas Wasser durchmassiert (aufemulgiert). Dadurch lösen sich der Schmutz und die Farbflecke, die daher kommen, daß verhornte Hautzellen Farbe angenommen haben. Weil Alkalien die Haut quellen und die Färbemasse alkalisch reagiert, lassen sich die Farbflecke damit besser lösen als mit Shampoo. Wenn Sie mit Färbemasse gründlich durchmassieren, lösen sich auch der Schmutz und das Fett, so daß Sie nicht noch einmal mit Shampoo durchwaschen müssen. Auf jeden Fall muß gründlich nachgespült werden. Nach Bedarf kann man mit einem milden Shampoo oder Spezialpräparat für gefärbtes Haar durchwaschen. Das sollte aber nur einmal geschehen, um Haar und Kopfhaut nicht zu stark auszutrocknen.

Säurespülung. Zur Neutralisierung der Alkalien und zum Adstringieren ist eine Säurespülung nötig. Die Pflegestoffe machen das Haar geschmeidig, die reduzierend wirkenden Zusätze verhindern eine Nachoxidation (schleichende Oxidation). Das ist wichtig, weil sich die Farbe sonst verändern könnte und das Haar geschädigt wird. Rottöne werden durch Säuren leicht entfärbt, weil sich die Farbe durch Säure verändert. Dies vermeidet man, indem man die Säurespülung stark verdünnt. Besser noch sind spezielle Farbstabil-Spülungen.

Um die Haarstruktur zu verbessern, sollte nach der Färbung eine Haarkur folgen.

Färbefehler

Fehlerhafte Färbeergebnisse können verschiedene Ursachen haben. Falsche Farbwahl und Fehler beim Ansetzen der Färbemasse (z. B. zu hohe H_2O_2-Konzentration) lassen sich nachträglich nicht mehr feststellen. Fehler beim Auftragen dagegen lassen sich aus dem Fehlergebnis erkennen (**8**.34).

Tabelle 8.34 **Färbefehler**

Fehlergebnis	Ursache	Korrekturbehandlung
zu helle Farbe weißes Haar mangelhaft gedeckt	falsche Farbwahl zu früh ausgewaschen Färbemasse zu früh angesetzt oder zu langsam aufgetragen evtl. sehr fettiges Haar	noch einmal färben, Ergebnis genau überwachen, damit es nicht zu dunkel wird, weil das Haar porös geworden ist bei Folgebehandlungen zügiger auftragen, evtl. bei stark fettigem Haar vorher leicht waschen
zu dunkles Ergebnis	falsche Farbwahl bzw. falsche Haarbeurteilung	entfärben (s. Abschn. 8.3.6)
zu kräftiger Rotton	falsche Farbwahl Farbwunsch nicht richtig erkannt	Komplementärfarbe als Tönung bei Folgebehandlung richtige Farbe auswählen
zu fahler Farbton	falsche Farbwahl bei Modefärbung	Korrektur mit Modetönung bei Folgebehandlung andere Farbe auswählen
ungleichmäßige, scheckige Farbe	Autragefehler	bei zu dunklen Stellen entfärben, bei zu hellen Stellen nachfärben bei Folgebehandlungen sorgfältig auftragen
zu dunkle Konturen	falsche Reihenfolge beim Auftragen	Ansätze an den Konturen entfärben bei Folgebehandlungen Konturen zuletzt behandeln

8.3.4 Hellerfärben

Ziel des Hellerfärbens ist, wie beim Blondieren, auch die Aufhellung der Naturpigmente. Heute wird weniger blondiert, dafür mehr hellergefärbt. Gründe:

1. Bei der Blondierung entsteht bekanntlich ein mehr oder weniger starker Gelb- bzw. Rotstich, der anschließend in einem zweiten Arbeitsgang mit einem Tönungsmittel mattiert werden muß. Beim Hellerfärben geschieht das durch die Nuancierfarbstoffe des Färbemittels in einem Arbeitsgang.
2. Wenn Kundinnen mit meliertem Haar, also Weißanteilen blondiert werden wollen, werden nur die naturpigmentierten Haare aufgehellt. Die weißen werden nicht verändert. Um sie abzudecken, müssen sie in einem zweiten Arbeitsgang eingefärbt werden. Beim Hellerfärben geschieht das auch in einem Arbeitsgang. Hellerfärben ist haarschonender. Die Emulsion der Farbcreme enthält Schutz- und Pflegestoffe, die Haarschädigungen vorbeugen.

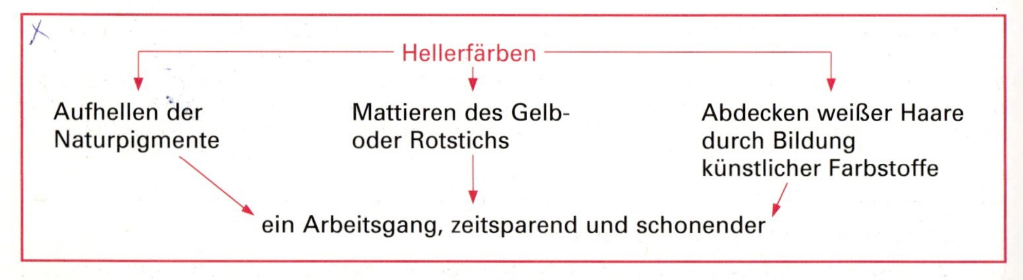

Während man mit der Blondierung auch extreme Aufhellungen um etwa sechs Farbstufen durchführen kann, erreicht man mit Hellerfärben eine Aufhellung um etwa vier Farbstufen.

Auftragetechnik. Da die Aufhellung der Naturpigmente im Vordergrund steht, gelten beim Auftragen die gleichen Regeln wie bei der Blondierung.

Erstbehandlung: Reihenfolge Spitzen – Mittelstück – Ansatz

Ansatzbehandlung nur auf den Ansatz: Hinterkopf – Oberkopf – Stirn- und Schläfenkonturen

Färbemasse dicker auftragen als bei normaler Färbung

Die Einwirkzeit ist beim Hellerfärben in der Regel länger als beim Färben. Je nach Aufhellungsgrad kann sie 50 Minuten betragen (Gebrauchsanweisung beachten!).

Die Möglichkeiten des Hellerfärbens ergeben sich aus der gewünschten Aufhellung und der Forderung nach Haarschonung. Leichte Aufhellungen um 1 bis 2 Farbstufen erreicht man schon dadurch, daß man nur einen helleren Farbton auswählt und nach Gebrauchsanweisung mit Wasserstoffperoxid ansetzt (in der Regel mit 6%). Für stärkere Aufhellungen braucht man auch ein stärkeres Wasserstoffperoxid (9%), für stärkste Aufhellungen meist Spezialfarben und 12- oder 18%iges H_2O_2. In jedem Fall ist die Gebrauchsanweisung zu beachten (**8**.35).

Tabelle **8**.35 **Stufen des Hellerfärbens**

			Zunahme der Haarschädigung
leichte Aufhellung	1 bis 2 Farbstufen	Oxidationsfärbemittel mit 6% H_2O_2, hellerer Ton	↓
Hellerfärbung	2 bis 3 Farbstufen	Oxidationsfärbemittel mit 9 bis 12% H_2O_2	↓
hochgradiges Hellerfärben	4 Farbstufen	Spezial-Blond-Oxidationsfärbemittel mit 12 oder 18% H_2O_2	↓

Die Haarschädigung nimmt mit dem Grad der Aufhellung zu.

Die Spezialoxidationsfärbemittel zum hochgradigen Hellerfärben enthalten mehr Nuancierer, um den stärkeren Gelb- bzw. Rotstich zu mattieren. Besonders die Spezialaschtöne haben einen hohen Anteil an Aschnuancierern. Bei stärkerer Ergrauung des Haares wird das Farbergebnis dadurch zu aschig oder grau.

Bei gleichmäßiger Ergrauung kann man dem vorbeugen, indem der Aschton mit einem entsprechenden Grundton gemischt wird. Dadurch werden die fehlenden Gold-Nuancierer ergänzt.

Bei ungleichmäßiger Ergrauung (z.B. weißen Schläfen oder Stirnkonturen) ist das schwieriger, weil das übrige Haar einen Gelb- oder Rotstich bekommt. Um ihn auszugleichen, wird das weiße Haar mit einem Goldton vorpigmentiert. Dazu nimmt man das Oxidationsfärbemittel ohne H_2O_2 und trägt es auf die weißen Haare auf. Nach 10 Minuten Einwirkzeit wird das gesamte Haar wie üblich mit der Färbemasse zum Hellerfärben behandelt.

Hellerfärben bei stärkerem Weißanteil

- bei gleichmäßiger Verteilung der weißen Haare Aschton mit Grundton mischen
- bei ungleichmäßiger Verteilung Vorpigmentieren mit Goldton

Farbbehandlung und Haarschädigung. Sicher haben Sie schon einmal eine Kundin bedient, deren Haar eigentlich schon „kaputt" war. Woran merkt man das? Wie sieht ein solches Haar aus? Welche Behandlungen führen zu der größten Haarschädigung?

Alkalische und oxidative Behandlungen schädigen das Haar. Ein verantwortungsbewußter Friseur wägt bei der Entscheidung, welche Behandlungsverfahren er anwendet, auch nach dem Gesichtspunkt der Haarpflege ab (**8.36**).

Tabelle **8.36** **Haarschädigung**

Tönung			Färbung	Aufhellung	
Farbfestiger Farbspray Tönungsshampoo Tonspülung	flüssige, gel- und creme-förmige Tönungsmittel	Schaum-tönung	Oxidations-haarfärbe-mittel 6 bis 9% H_2O_2	Hellerfärben mit 9 bis 12% H_2O_2	hochgradiges Hellerfärben mit 12 bis 18% H_2O_2
zunehmende Haarschädigung →					

Wenden Sie immer das Verfahren an, bei dem das Haar am wenigsten geschädigt wird.

8.3.5 Vorpigmentieren

Wiedereinfärben aufgehellter Haare. Wenn eine Kundin blondiert oder hellergefärbt wurde und dann wieder einen Farbton wünscht, der ihrer Naturfarbe entspricht, muß man zwei Gesichtspunkte beachten:

a) **die Gewöhnung.** Durch die aufgehellte Haarfarbe haben sich die Kundin und ihre Mitmenschen an ein helleres Farbbild gewöhnt. Erscheint sie nun plötzlich mit ihrer Naturfarbe, ist der Kontrast zu groß. Man sollte deshalb lieber einen helleren Ton anstreben, am besten stufenweise vorgehen und dabei von Mal zu Mal etwas dunkler werden.

b) **das poröse Haar.** Durch die Aufhellung ist das Haar porös geworden, nimmt also mehr Farbstoffbildner auf als unbehandeltes Haar. Das Farbergebnis wird demnach dunkler ausfallen; deshalb muß man einen helleren Farbton auswählen. Die roten und gelben Nuancierfarben haben kleine Moleküle, die aus dem stark porösen Haar leicht herausfallen. Das Ergebnis ist dann meist zu aschig – fast schmutzig. Deshalb darf man zum Einfärben keinen Asch- oder Matton verwenden. Da die Spitzen besonders porös sind, halten sie die Farbe besonders schlecht und müssen vorpigmentiert werden.

Zum Vorpigmentieren nimmt man am besten ein rotes Tönungsmittel, das durch die kationaktive Aufladung besser im Haar haftet. Nach 5 bis 10 Minuten Einwirkzeit wird das Tönungsmittel ausgespült und die Färbemasse auf das angefeuchtete, handtuchtrockene Haar aufgetragen. Bei der Einwirkung sollte keine Wärme zugeführt werden; Dauer 30 Minuten. Anschließend wird ausgespült und wie gewohnt nachbehandelt.

Einfärben blondierter Haare
- Helleren Farbton auswählen, keine Aschtöne
- Poröse Spitzen mit Rottönen vorpigmentieren
- Färbemasse ins angefeuchtete Haar auftragen

Vorpigmentieren bei glasig-hartem Haar (schwer anfärbbar). Dickes Haar nimmt die Farbstoffbildner schlecht an, so daß die weißen Haare nicht genügend abgedeckt werden. Ursache dafür ist die Haarstärke. Die Schuppenschicht ist stark ausgeprägt, so daß die Farbstoffbildner schlecht eindringen. Außerdem müssen sie einen längeren Weg zurücklegen, um das Haar vollständig zu durchdringen. Weil sie aber durch die Oxidation miteinander verknüpft werden, können sie nicht tief genug ins Haar eindringen (**8**.37 a).

Die Farbentwicklung muß deshalb verzögert werden, indem man das Wasserstoffperoxid erst später zugibt. Tragen Sie das Präparat so, wie es aus der Tube kommt, auf das Haar auf und lassen Sie es 10 Minuten einwirken. Anschließend wird mit dem restlichen Färbemittel und Wasserstoffperoxid wie üblich gefärbt. Dabei behandelt man auch die Partie mit, die vorpigmentiert wurde.

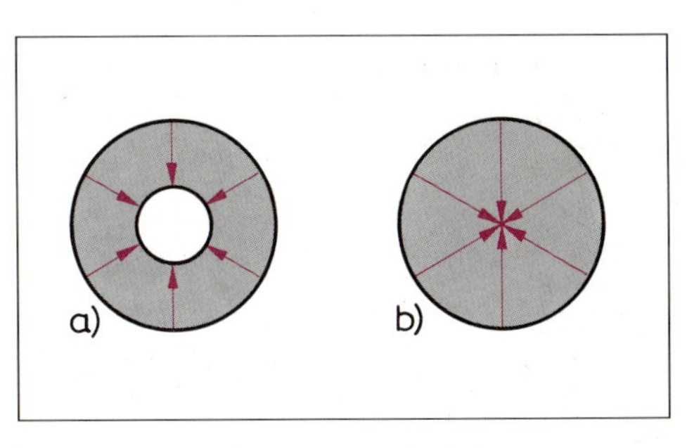

8.37 Vorpigmentieren mit Oxidationsfärbemittel ohne H_2O_2
a) Eindringen der Farbstoffbildnermoleküle bei starkem Haar
b) Eindringen der Moleküle bei verzögerter Farbentwicklung

Wirkung. Durch die Alkalien wird das Haar gequollen, und die Farbstoffbildner dringen tief ins Haar ein, da noch keine Oxidation erfolgt. Wenn die Färbemasse mit H_2O_2 aufgetragen wird, sind die Farbstoffbildner schon bis zur Haarmitte vorgedrungen (**8**.37 b). Durch das Wasserstoffperoxid, dessen Moleküle klein sind und schnell eindringen, werden sie dann zu Farbstoffen oxidiert.

Vorpigmentieren ohne Wasserstoffperoxid bei glasig-hartem Haar – Farbstoffentwicklung wird verzögert, so daß die Farbstoffbildner tiefer ins Haar eindringen können.

8.3.6 Entfärben von Oxidationsfarbstoffen

Manche Kunden möchten nach jahrelanger Färbung einmal einen anderen Farbton haben, weil der bisherige nicht mehr zu ihrem Alter paßt oder nicht mehr modern ist. Ihre Haare müssen dazu erst entfärbt werden. Auch ein Fehlergebnis beim Färben kann Anlaß zum Entfärben sein, ebenso eine unsachgemäße Heimbehandlung. Dazu verwendet man heute nur noch den oxidativen Abzug.

Oxidatives Entfärben (= alkalischer Abzug)

Entfärbemittel. Zum oxidativen Entfärben nimmt man Blondiermittel, die Persalze enthalten, also Blondierpulver.

Versuch 35 Behandeln Sie eine weiße oder melierte und eine mittelblonde Haarsträhne, die beide hellbraun eingefärbt wurden, mit Entfärbemasse. Diese stellen Sie nach Gebrauchsanweisung aus Blondierpulver mit 9%igem H_2O_2 her. Lassen Sie die Masse 45 Minuten einwirken, spülen Sie und behandeln Sie mit Säurespülung nach. Beurteilen Sie die Aufhellung (Farbtiefe) und Nuancierung.

Wirkung. Wie bei der Blondierung werden beim oxidativen Entfärben die Naturpigmente aufgehellt. Außerdem werden dabei die großen Moleküle der Farbstoffe in kleinere Bruchstücke „geknackt", die heller bzw. farblos sind.

Die Arbeitsweise ist die gleiche wie bei der Erstblondierung. Da die Farbstoffmoleküle mit der Zeit immer fester im Haar sitzen, lassen sich ältere Färbungen (z.B. in den Spitzen) schlechter aufhellen. Das Blondiermittel trägt man deshalb zuerst auf die Spitzen auf. Erst wenn diese hell genug sind, behandelt man das Mittelstück – den Ansatz erst, wenn Mittelstück und Spitzen hell genug sind. Wenn die gewünschte Aufhellung erreicht ist, wird ausgespült, gewaschen und mit einer Säurespülung nachbehandelt.

Eine leichte Aufhellung um etwa zwei Töne kann man bei frischen Färbungen mit der Blondierwäsche erreichen (s. Abschn. 8.2.2).

Vorteil. Beim oxidativen Entfärben wird das Ergebnis beliebig hell, weil auch die Naturpigmente aufgehellt werden. Wegen des auftretenden Rotstichs muß immer nachgefärbt werden. An der Aufhellung erkennt man, ob die Behandlung abgebrochen werden kann. Die Aufhellung sollte einen Ton heller sein als der gewünschte Farbton.

Nachteil. Gefärbtes Haar ist strukturgeschädigt. Der Abzug mit Alkalien und hohem H_2O_2-Anteil schädigt es noch stärker. Die folgende notwendige Neufärbung rettet zwar die Haarfarbe, aber nicht mehr die Haarstruktur.

8.3.7 Dauerwelle und Färben

Kennen Sie Kundinnen, die darauf bestehen, eine Dauerwelle und Färbung am gleichen Tag zu bekommen? Welche Gründe führen sie dafür an? Was spricht gegen Färben und Dauerwellen am gleichen Tag?

Möglichst nicht am gleichen Tag. Eine Dauerwellbehandlung und Färbung sollten möglichst nicht am gleichen Tag ausgeführt werden. Abgesehen davon, daß eine solche Sitzung anstrengend ist, muß sie auch vom Standpunkt der Haarpflege abgelehnt werden. Beide Verfahren beeinflussen sich gegenseitig. Eine frische Färbung wird durch die anschließende Dauerwelle aufgehellt, und die frische Wellbehandlung wird durch anschließendes Färben abgeschwächt. Weshalb beeinflussen sich die Färbung und Dauerwelle gegenseitig?

Da sich die Farbstoffe durch Oxidation entwickeln, bei der Kaltwelle aber durch Reduktion die Schwefelbrücken gespalten werden, wird ein Teil der Farbstoffe wieder aufgehellt (reduziert). Diese Wirkung ist um so größer, je frischer die Farbe ist. Bei einer gerade durchgeführten Dauerwelle sind die Querbrücken noch nicht ganz gefestigt. Durch eine anschließende Farbbehandlung (Oxidation) können Brücken geschädigt werden, so daß ein bleibender Verlust an Sprungkraft die Folge ist.

Wie gehen Sie nun vor, wenn es doch einmal erforderlich ist, beide Behandlungen am gleichen Tage durchzuführen? Eine feste Anleitung für alle Fälle gibt es nicht, sondern muß von Fall zu Fall entschieden werden. Als Grundregel gilt:

Die empfindlichere Behandlung muß zuletzt durchgeführt werden.

Eine Hilfe kann dabei der Gesichtspunkt sein, welche Behandlung am leichtesten zu korrigieren ist. Das wird meist die Farbbehandlung sein. Es gibt eine Fülle von Oxidationsfärbemitteln, die der Fixierung zugesetzt werden, um die Farbe auszugleichen. Außerdem ist die Farbbehandlung in kürzeren Abständen fällig, kann also auch deshalb leichter korrigiert werden.

Färbung und Dauerwelle nicht am gleichen Tag! Im Zweifelsfall die empfindlichere und schwerer zu korrigierende Behandlung als zweite durchführen.

8.3.8 Pflanzenfarbstoffe

Haben Sie schon einmal frische Walnüsse geklaut und gegessen? Das grüne Fruchtfleisch, das die Schale umgibt, färbt die Hände braun, wenn man es abschält. Diese Färbung ist dauerhaft und nicht abwaschbar.

Es gibt Pflanzen, die in ihren Blättern, Wurzeln oder Früchten Farbstoffe enthalten. Sie sind meist schon sehr lange bekannt und wurden bereits im Altertum als Mittel zum Färben der Haare und Wolle verwendet. Vor wenigen Jahren wurden Pflanzenfarben nur von „Biofreaks“ verwendet. Inzwischen erfreuen sie sich solcher Beliebtheit, daß sie auch von großen Firmen als Alternative zu chemischen Haarfärbemittel angeboten werden. Mit ihnen kann fast jeder Farbwunsch erfüllt werden, nur nicht Hellerfärben. Unter ihnen hat Henna die größte Bedeutung.

Henna wird aus den getrockneten Blättern des Zypernstrauches gewonnen. Es ist im frischen Zustand ein grünes Pulver. Henna entwickelt sich nur in feuchter Hitze. Deshalb wird es mit heißem Wasser zu einem sahnigen Brei angerührt, der mit einem Färbepinsel auf das Haar aufgetragen wird. Um die Wärme zu halten, muß man das Haar mit Folie abdecken und für Wärmezufuhr sorgen (Haube).

Versuch 36 Färben Sie mit Naturhenna eine hellblonde, eine dunkelblonde, eine mittelbraune und eine weiße Haarsträhne. Lassen Sie die Strähnen 60 Minuten in dem Hennabrei, spülen Sie anschließend mit Wasser aus und vergleichen Sie das Ergebnis (**8**.38).

8.38 Hellblonde, dunkelblonde, mittelbraune und weiße Haarsträhne – links unbehandelt, rechts mit Henna rot gefärbt

Aus den grünen Blättern entwickelt sich ein roter, transparenter Farbstoff, der je nach Ausgangsfarbe mehr oder weniger leuchtend ausfällt. Auf hellem Haar ergibt es einen kräftig orange-roten Farbton, auf dunklem Haar ein dezentes Rot. Die Intensität läßt sich durch längere Einwirkzeit verstärken. Eine Hennafärbung kann eine Stunde und länger dauern. Weißes Haar kann man nicht ausschließlich mit Henna färben, weil es leuchtend rot wird.

Bild **8**.39 zeigt weiße Haarsträhnen, die mit verschiedenen Pflanzenfarben gefärbt sind: a und b mit Henna rot verschiedenster Herkunft – das Ergebnis ist auch verschieden; c mit Henna braun und d mit Henna schwarz. Man erkennt, daß alle Hennatöne mehr oder weniger rot sind.

Henna enthält Gerbsäure, die das Haar adstringiert. Eine Henna-Färbung gibt dem Haar daher einen schönen Glanz. Im Gegensatz zu anderen Haarfärbemittel schädigt Henna die Haarstruktur nicht.

Hennapulver gibt es in verschiedenen Tönen (**8**.40). Die Blätter der einjährigen Pflanzen haben die intensivste Färbewirkung, ein kräftiges Rot. Das läßt von Jahr zu Jahr nach. Im fünften Jahr des Anbaus bewirkt sie nur noch ein schwaches Orange. Henna neutral hat

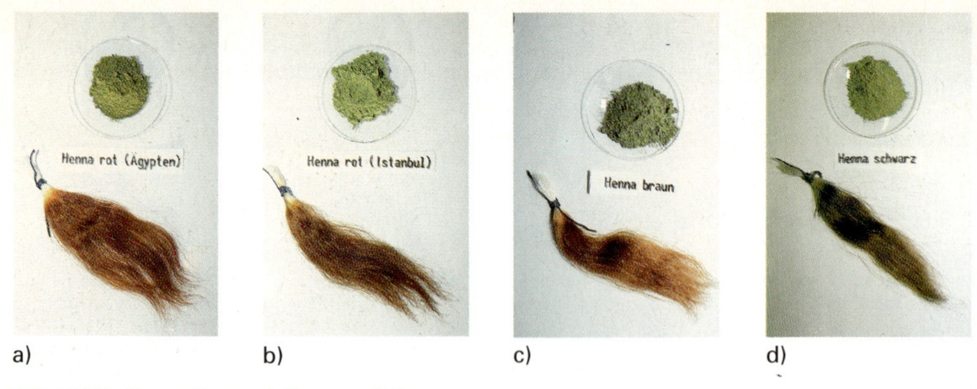

8.39 Weiße Haarsträhnen mit Henna gefärbt
a) mit Henna rot aus Ägypten, b) mit Henna rot aus Istanbul, c) mit Henna braun, d) mit Henna schwarz

kaum Farbwirkung und wird nur zur Haarpflege eingesetzt. Das Pulver stammt von über zehn Jahren alten Pflanzen. Weiße Strähnen, die mit Henna neutral gefärbt wurden, lassen erkennen, daß es auch noch färbt (**8**.41). Auf naturfarbenem Haar ist die Farbwirkung nicht mehr erkennbar.

8.40 Hennapulver verschiedener Farbtöne und gemahlene Walnußschalen

8.41 Henna neutral auf weiße Haarsträhnen
a) Henna neutral (Spinnrad)
b) Henna neutral (Sirykid)

Dauerwellen entfärben mit Henna gefärbtes Haar teilweise. Das Reduktionsmittel der Wellflüssigkeit reduziert auch den Hennafarbstoff. Die Färbung muß also nach der Dauerwelle erneuert werden. Wegen der Porosität nimmt das Haar allerdings stärker an.

Katechu. Aus dem Holz der ostindischen Akazienart wird durch feinstes Zermahlen ein Pulver gewonnen, das braun färbt. Es enthält etwa 30% Gerbsäure und wird in der Gerberei und Färberei verwendet.

Krappwurzel (**8**.42). Die Wurzeln der Färberröte, einer Pflanze, die am Schwarzen Meer wächst, liefern einen purpurroten Farbstoff (Krapprot). Er wird in der Wollfärberei verwendet.

Reng. Unter diesem Namen wird Indigopulver gehandelt, das blau färbt (z.B. Blue Jeans). Mit Henna zusammen ergibt es violette bis braune Töne.

Salbei. Die Pflanze, von der es viele Arten gibt, wächst im Mittelmeerraum wild. Sie gilt als Arzneipflanze (Salbeitee). Aus den Blättern wird ein Farbpulver gewonnen, das Aschtöne erzielt.

8.42 Krappwurzel, rechts ganze Wurzelstücke, links körnig gemahlen

Sedre. Eine Pflanze aus der Familie der Kreuzdorngewächse. Sie gedeiht im trockenen Klima des Iran und Irak und liefert aus ihren herzförmigen Blättern ein Pulver, das beim Färben sandfarbene Nuancierungen erzeugt (Färberdorn).

Walnuß. Die Blätter der Walnußbäume enthalten den Farbstoff Juglon, der braun färbt. Eine Abkochung der Blätter und grünen Fruchtschalen wurde früher zum Färben bei meliertem Haar benutzt (**8**.43). Bild **8**.43b zeigt eine weiße Haarsträhne, die mit gemahlenen Walnußschalen gefärbt wurde. Mit Henna gemischt ergibt es einen kräftigeren Farbton (**8**.43c).

Kamille. Ein Aufguß der römischen Kamille wurde verwendet, um Blondtöne zu erzielen.

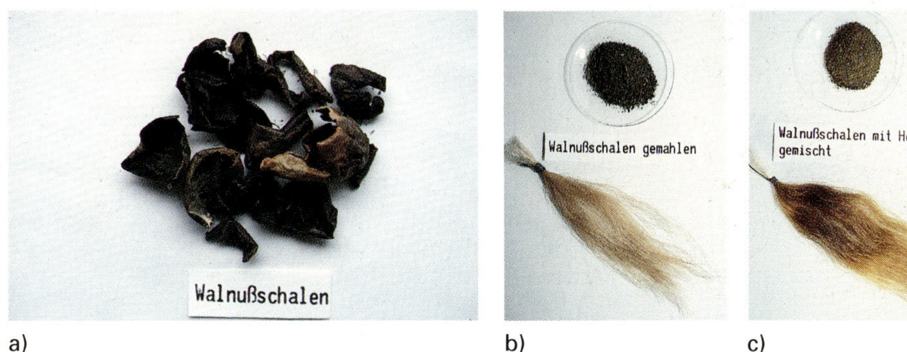

a) b) c)

8.43 a) Walnußschalen getrocknet, b) weiße Haarsträhne mit Walnußschalen gefärbt, c) weiße Haarsträhne, gefärbt mit einer Mischung aus Walnußschalen und Henna

Die modernen Pflanzenhaarfarben sind meistens Mischungen aus Henna und anderen Pflanzenfarbstoffen. Dadurch lassen sich mehr Farbtöne erzielen. Durch Vorbehandlung mit synthetischen direktziehenden Farbstoffen und anderen Pflanzenfarben wird die Deckkraft erhöht. Damit werden auch weiße Haare abgedeckt. Die Pflanzenfarben im Friseursalon stammen meist aus kontrolliertem Anbau. Sie garantieren ein gleichmäßigeres Färbeergebnis als die Farben für die Heimbehandlung. Durch eine Vorbehandlung ist es möglich, Weißanteile abzudecken. Dazu behandeln wir das Haar mit einer Mischung aus direktziehenden Farben und Juglon, dem Farbstoff der Walnußschalen. Durch die anschließende Färbung mit Henna werden diese Farbstoffe im Haar eingeschlossen. Henna adstringiert die Cuticula. Die maximale Farbtiefe, die damit erreicht wird, ist hellbraun.

Pflanzenfarben zum Färben der Wolle und Haare

Henna färbt rot bis orange, Henna neutral hat keine Farbwirkung, ist nur adstringierend; entwickelt sich in feuchter Hitze.

Kamille (Blüten der römischen Kamille und Färberkamille) ergeben Gelbtöne.

Katechu: Pulver aus dem Holz einer Akazienart, färbt braun.

Krappwurzel: Wurzeln der Färberröte, färbt purpurrot.

Reng: Farbstoff der Indigopflanze färbt blau.

Salbei: Pulver aus den Blättern der Salbeipflanze, ergibt Aschtöne.

Sedre: Pulver aus den Blättern des Färberdorn, erzielt sandfarbene Nuancierungen.

Walnuß: Fruchtschalen der Walnuß, färben braun.

8.44 Probe auf Metallsalze – H_2O_2 schäumt auf, Metallsalze spalten Sauerstoff ab – Katalysator

Vorsicht: Manche Hennafarben zur Heimbehandlung können mit Metallsalzen vermischt sein. Dann darf das Haar weder mit Oxidationshaarfärbemittel noch mit H_2O_2-Fixierungen behandelt werden. Bei Berührung mit Metallen zersetzt sich Wasserstoffperoxid katalytisch unter Hitzeentwicklung. Um zu prüfen, ob ein mit Pflanzenfarben gefärbtes Haar Metallspuren enthält, legt man eine Probesträhne in 18%iges H_2O_2. Aufschäumen ist ein Zeichen für Metallsalze (Katalysator, **8.**44).

8.3.9 Färbemittel auf Metallsalzbasis

„Keine grauen Haare mehr durch ‚Antigrau' – Antigrau ist ein wasserhelles Haarpflegemittel, das grauem Haar ganz allmählich und unauffällig die natürliche Farbe zurückgibt." Um was handelt es sich bei solchen Anzeigen in Illustrierten?

Versuch 37 Bestreichen Sie eine hellblonde Haarsträhne mit 10%iger Silbernitratlösung. Lassen Sie die Lösung an der Luft antrocknen. Wiederholen Sie den Vorgang an mehreren aufeinanderfolgenden Tagen.

Vorsicht! Silbernitrat ätzt und darf nicht auf die Haut oder Kleidung gelangen!

Versuch 38 Bestreichen Sie eine hellblonde Haarsträhne mit einer 3%igen 2,3-Dihyhdroxyphenol-(Pyrogallol-) Lösung und gleich darauf mit 10%iger Silbernitratlösung.

Vorsicht! Nehmen Sie zum Befeuchten zwei getrennte Wattetupfer, die Sie nicht vertauschen dürfen!

Einige Schwermetalle (wie Silber, Kobalt, Kupfer, Nickel, Wismut) bilden mit dem Schwefel des Haares unlösliche Farbniederschläge. Als Salzlösungen können sie aufs Haar gebracht werden und wurden vor Entdeckung der Oxidationsfarbstoffe zum Färben der Haare verwendet. Teilweise sind sie auch heute noch im Gebrauch. Wir unterscheiden ein- und zweiteilige Metallsalzfärbemittel.

Einteilige Metallsalzfärbemittel bestehen zum größten Teil aus Silbernitrat. Durch Bestreichen der Haare mit der Lösung bildet sich langsam eine Verbindung zwischen Silber und dem Schwefel des Haares (Silbersulfit), die das Haar anfärbt (Versuch 39). Durch Wiederholung wird der Farbniederschlag immer dunkler bis ganz schwarz.

Silbersulfit kennen Sie von angelaufenem Silberbesteck und Silberschmuck. Silberbesteck läuft besonders stark an bei Berührung mit Eierspeisen, Schmuck durch schwefelhaltige Ausdünstungen der Haut sowie durch den Schwefelgehalt der Luft.

Einteilige Metallsalzfärbemittel sind noch heute unter der Bezeichnung *Haarfarbenwiederhersteller* im Handel. Auch werden damit präparierte Kämme als Haarfärbekämme verkauft.

Zweiteilige Metallsalzfärbemittel werden zum Augenbrauen- und Wimpernfärben verwendet. Sie bestehen aus einer Entwicklerlösung (gekennzeichnet mit *1*) und der Metallsalzlösung (gekennzeichnet mit *2*). Das Haar wird zuerst mit der Flüssigkeit *1* (Entwickler) bestrichen, dann mit der Flüssigkeit *2* (Metallsalz). Die Farbreaktion tritt sofort ein (Versuch 38). Der Entwickler reduziert das Metallsalz; dabei scheidet sich fein verteiltes Metall auf dem Haar ab, wodurch die Farbwirkung eintritt.

Nachteile der Metallsalzfärbemittel. Weil das Metall außen am Haar abgeschieden wird, haben mit Metallsalzen gefärbte Haare einen unnatürlichen Schimmer. Sie dürfen nicht mit Wasserstoffperoxid in Berührung kommen, da das Metall das H_2O_2 katalytisch zersetzt, wodurch Haarschäden entstehen (s. Versuch 23). Zweiteilige Metallsalzfärbemittel werden deshalb nur noch zum Augenbrauen- und Wimpernfärben benutzt. Andererseits lassen sich mit Metallsalz gefärbte Haare mit Hilfe der katalytischen Zersetzung des H_2O_2 erkennen: Man übergießt eine kleine Strähne davon in einer Schale mit 18%igem H_2O_2. Bei Anwesenheit von Metallsalzen schäumt das Wasserstoffperoxid nach kurzer Zeit stark auf (**8**.44).

Haarfärbemittel auf Metallsalzbasis
enthalten Silber-, Kupfer-, Wismutsalze

einteilig = Haarfarbenwiederhersteller und Haarfärbekämme

zweiteilig = Entwickler und Salzlösung (z. B. Augenbrauen- und Wimpernfarbe)

Gefahr: Keine Behandlung mit Oxidationshaarfärbemitteln und H_2O_2! Vorher Metallsalze entfernen!

Aufgaben zu Abschnitt 8.3

1. Welche Kundenwünsche machen eine Farbbehandlung erforderlich?
2. Welche Haarfärbemittel enthalten direktziehende, welche unentwickelte Farbstoffe?
3. Weshalb kann man weißes Haar schwer mit direktziehenden Farbstoffen einfärben?
4. Warum färben direktziehende Farbstoffe weißes Haar in Rot- und Violett-Tönen gut an, in Naturtönen aber schlecht?
5. Erläutern Sie die unterschiedliche Farbwirkung der verschiedenen Tönungsmittel.
6. Weshalb haben creme- und gelförmige Tönungen eine größere Haltbarkeit als Farbfestiger?
7. Begründen Sie, warum die Schaumtönungen in Aerosolpackungen einen geringen Weißanteil abdecken.
8. Welcher Inhaltsstoff der Oxidationshaarfärbemittel ergibt als Farbstoffbildner die Farbtiefe und Deckkraft?
9. Wovon hängen die Deckkraft und Farbtiefe eines Oxidationsfärbemittels ab?
10. Welche verschiedenen Nuancierer sind in Oxidationshaarfärbemitteln enthalten?
11. Erklären Sie die Aufgabe des Alkalisierungsmittels in Oxidationshaarfärbemitteln.
12. Wodurch bestimmt die Trägermasse das Farbergebnis?
13. Welche Bedeutung haben die Netzmittel in Oxidationshaarfärbemitteln?
14. Was sind Kupplungskomponenten?
15. Durch welches Mittel werden die Farbstoff-Vorstufen zu Farbstoffen oxidiert?

16. Was versteht man unter dem Ausgleichsvermögen der Oxidationshaarfärbemittel? Wodurch wird es bewirkt?
17. Begründen Sie die Notwendigkeit, vor dem Haarfärben eine Haarbeurteilung durchzuführen.
18. Wie wirkt sich unterschiedliche Porosität des Haares auf das Farbergebnis aus?
19. Wie wirkt sich die Haarstärke auf das Farbergebnis aus?
20. Beschreiben Sie die Farbansprache vor dem Färben.
21. Welche Möglichkeiten gibt es, den Farbwunsch der Kundin zu ergründen?
22. Welche Grundsätze sollten Sie bei der Auswahl des Farbtons beachten?
23. Weshalb sollte das Haar vor dem Färben in der Regel nicht gewaschen werden? Wann muß es doch gewaschen werden?
24. Beschreiben Sie die Auftragsweise bei Erstfärbungen, bei Ansatzfärbungen und bei Rot- bzw. Hellerfärbungen (Erstfärbung).
25. Welche Nachbehandlung führen Sie nach dem Färben mit Oxidationsfärbemitteln durch?
26. Beschreiben Sie den Unterschied zwischen Hellerfärben und Blondieren.
27. Welche Möglichkeiten des Hellerfärbens gibt es?
28. Weshalb wird beim Hellerfärben von stärker ergrautem Haar das Farbergebnis zu aschig?
29. Beschreiben Sie die Möglichkeiten, zu aschige Töne bei stärkerer Ergrauung beim Hellerfärben zu vermeiden.
30. Beschreiben Sie das Wiedereinfärben blondierter Haare.
31. Weshalb muß ein glasig-hartes Haar, das die Farbe schlecht annimmt, vorpigmentiert werden?
32. Beschreiben Sie Arbeitsweise und Ergebnis des oxidativen Entfärbens.
33. Weshalb sollen Dauerwellen und Färbung nicht am gleichen Tag durchgeführt werden?
34. Was muß der Friseur tun, um eine Farbstoffallergie zu vermeiden?
35. Beschreiben Sie die Durchführung einer Hennafärbung.
36. Nennen Sie Pflanzenfarben. Welche Farbtöne lassen sich damit erzielen?
37. Wovon hängt die Farbintensität von Henna ab? Wie wirkt Henna neutral?
38. Durch welche Technik lassen sich weiße Haare mit Pflanzenfarben abdecken? Bis zu welcher Farbtiefe?
39. Weshalb haben mit Pflanzenfarben gefärbte Haare einen besonders schönen Glanz?
40. Warum kann man mit Pflanzenfarben keine Haare aufhellen?
41. Wodurch entsteht bei Verwendung von Metallsalzfärbemitteln der Farbstoff?
42. Weshalb dürfen mit Metallsalzen gefärbte Haare nicht mit Wasserstoffperoxid in Berührung kommen?
43. Welche Arten der Metallsalzfärbemittel unterscheidet man?
44. Beschreiben Sie das Prüfverfahren auf mit Metallsalzen gefärbte Haare.
45. Führen Sie ein Beratungsgespräch mit einer Kundin über Pflanzenfarben. Welche Vorteile können Sie ihr nennen? Welche Grenzen bei der Anwendung?
46. Eine Kundin mit mittelblondem Haar möchte eine Farbbehandlung mit Pflanzenfarben. Ihre Wunschfarbe ist hellblond. Was empfehlen Sie ihr?
47. Eine Kundin beklagt, daß ihre ausdruckslose Haarfarbe (mittelaschblond) bisher nicht zufriedenstellend belebt werden konnte. Die Tönungsmittel bei der täglichen Haarwäsche verblassen zu schnell. Welche Ratschläge können Sie ihr für eine Behandlung mit Pflanzenfarben geben?
48. Eine Kundin hat gehört, daß Pflanzenfarben besser seien als herkömmliche Färbemittel. Sie möchte eine umfassende Beratung. Beachten Sie dabei folgende Punkte: Farbwunsch, Farbpalette, Haarstruktur und Porösität, Weißanteil – Ergrauung, direkte Färbung oder Vorbehandlung. Formulieren Sie Fragen zur Beratung.

9 Kosmetik

9.1 Bedeutung, Aufgaben und Teilbereiche der Kosmetik

Kein Chef wird eine ungepflegte Frau als Repräsentantin der Firma einstellen, auch wenn sie noch so gute Zeugnisse vorlegt. Auch Sie können als Verkäuferin von Kosmetika nur überzeugen, wenn Sie selbst gepflegt und ansprechend wirken. Beobachten Sie sich einmal selbst. Wahrscheinlich fühlen Sie sich wohler, wenn Sie sich Zeit für die eigene Schönheit nehmen und mit dem Ergebnis Ihrer kosmetischen Pflege zufrieden sind. Die Zufriedenheit mit sich selbst macht Sie selbstbewußter. Dadurch bewegen Sie sich freier und wirken anziehender. Sie werden beachtet und ernten Komplimente. Somit erfüllt die Kosmetik folgende

Aufgaben
- Verbesserung des Aussehens,
- Pflege und Gesunderhaltung der Haut,
- positive Auswirkungen auf die Psyche.

Bereiche der Kosmetik. Die vielgepriesene Schönheit ist leider nur selten ein Geschenk der Natur. Meist ist sie das Ergebnis intensiver Arbeit an sich selbst, zusammen mit Rat und Hilfe der Kosmetikerin. Damit Sie Ihren Kundinnen als „Fachmann in Sachen Schönheit" zur Seite stehen können, müssen Sie über Kenntnisse in allen drei Teilbereichen der Kosmetik verfügen:

Kosmetik

pflegende Kosmetik	medizinische Kosmetik	dekorative Kosmetik
(Kosmetikerin, Friseurin)	(Dermatologe, Chirurg)	(Visagist, Kosmetikerin, Friseurin)

Die pflegende Kosmetik bewahrt die Haut vor Schäden durch äußere Einflüsse (Verschmutzungen, Infektionen, Sonne) und beugt vorzeitiger Alterung der Haut vor. Zu ihr gehören neben der Reinigung, Massage und Anwendung von Pflegemitteln auch Empfehlungen für gesunde Ernährung und Lebensweise (**9**.1).

Die medizinische Kosmetik behandelt Hautschäden und andere Schönheitsfehler bis hin zu kosmetischen Operationen (Nasenkorrektur, Lifting, Abschleifen von entstellenden Narben). Sie ist natürlich allein Sache des Arztes. Trotzdem müssen Sie über die wichtigsten Behandlungsmethoden Bescheid wissen, damit Sie einer Kundin zum Arztbesuch raten können, ohne ihr falsche Hoffnungen über das Behandlungsergebnis zu machen.

Die dekorative Kosmetik verdeckt Hautmängel oder gleicht sie zumindest aus und betont die Persönlichkeit durch Anwendung farbiger Mittel.

9.1 Alptraum „Alter"

Ihr Arbeitsfeld beschränkt sich im Friseursalon auf die Beratung, den Verkauf kosmetischer Präparate, auf Handpflege, Färben von Augenbrauen und Wimpern sowie die Reinigung der Gesichtshaut, auf Massage und Make-up. Falls Ihr Salon darauf eingerichtet ist, werden Sie auch vollständige Gesichtsbehandlungen durchführen. Ganzheitskosmetik, die die Behandlung der Körperhaut, apparative Kosmetik und Spezialbehandlungen einschließt, bleibt speziell ausgebildeten Kosmetikerinnen in entsprechend eingerichteten Instituten überlassen.

9.2 Hautdiagnose und Hauttypen

Keine Behandlung oder Beratung ohne Diagnose! Diese Regel gilt nicht nur für Ärzte, sondern auch für Sie. Eine genaue Beurteilung des Ist-Zustandes der Haut ist Voraussetzung für eine erfolgreiche Behandlung. Dazu hat es sich in der Praxis bewährt, die Haut bestimmten Hauttypen zuzuordnen.

Hauttypen
- normale Haut
- fettige Haut (Seborrhö oleosa und sicca)
- trockene Haut (Sebostase)
- Altershaut (atrophische Haut)
- Aknehaut

Hauttyp und Talgsekretion. Die Hauttypen nennt man auch *Sekretionstypen,* da sie hauptsächlich durch die Menge der Talg- und Schweißabsonderung (= Sekretion) bestimmt werden. Eine Haut, die übermäßig viel Talg produziert, gibt meist auch vermehrt Schweiß ab. Beides zusammen ergibt den Oberflächenfilm der Haut, der den Hauttyp prägt. Wie Sie aus dem Abschnitt über die Haut wissen, ist die Talgproduktion von den Geschlechtshormonen abhängig. Die entsprechenden Drüsen beginnen in der Pubertät, Hormone zu produzieren, so daß sich erst dann die unterschiedlichen Hauttypen ausbilden. Bis dahin spricht man von Kinderhaut, die außer einem Schutz gegen extreme Witterungseinflüsse (Sonne, Kälte) keiner besonderen kosmetischen Pflege bedarf.

Bei den meisten Menschen arbeiten die Talgdrüsen während der Pubertät sehr stark, so daß sich das Bild einer Seborrhö mit Neigung zu Unreinheiten (Akne) ergibt. Mit zunehmendem Lebensalter vermindert sich die Talgsekretion, so daß die ehemals fettige Haut meist um das 30. Lebensjahr zur normalen Haut wird, um dann etwa vom 45. Lebensjahr an zu altern (**9**.2).

Das Lebensalter der Kundin ist nur ein erster grober Hinweis auf den Sekretionstyp, denn „Ausnahmen bestätigen die Regel".

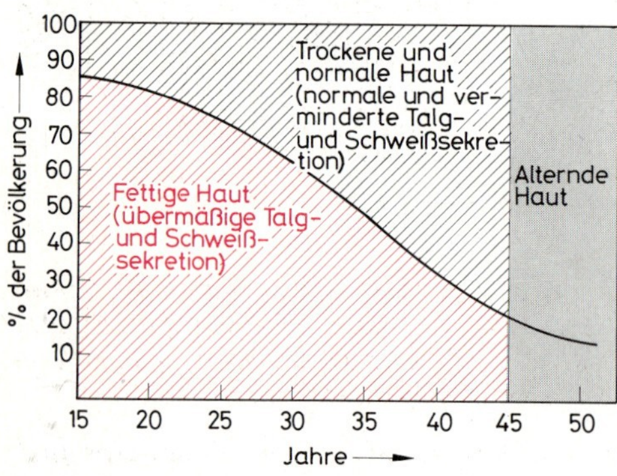

9.2 Hauttypen und Lebensalter

Es lohnt sich also auf keinen Fall, die Kundin taktlos nach dem Alter zu fragen – sie wird darauf wahrscheinlich nur mit einem „Raten Sie mal" oder „Was schätzen Sie?" antworten. Falls Sie dann noch ein paar Jährchen zu hoch greifen, ist sie beleidigt. Verlassen Sie sich daher beim Beurteilen des Hauttyps in erster Linie auf Ihre eigenen Augen. Dabei kann die Befragung der Kundin helfen, denn sie kennt schließlich ihre Haut am besten. Allerdings erzählt die Kundin häufig, daß sie eine empfindliche Haut habe. Solche Aussagen sollten Sie daher nicht ungeprüft übernehmen.

9.2.1 Merkmale und Untersuchungsmethoden der Haut

Zur Hautdiagnose sollte die Haut frei von Make-up und durch eine gute Arbeitslampe (Lupenleuchte) beleuchtet sein. Achten Sie auf folgende Merkmale:

Talg- und Schweißsekretion
- Kopfhaut und Haare
- Glanz

Hautfarbe
- Eigenfarbe der Epidermis
- Durchblutung
- Transparenz
- Pigmentierung

Elastizität
- Turgor (Menge der Gewebsflüssigkeit)
- Tonus (Spannungszustand des Bindegewebes)
- Faltenbildung

Oberflächenbeschaffenheit
- Porengröße
- Verhornung

Empfindlichkeit

Besonderheiten (z. B. Hautfehler)

Talg- und Schweißsekretion. Zur Untersuchung der Kopfhaut scheitelt man das Haar und streicht mit dem Finger über die Haut (**9**.3). Achten Sie dabei auf Talgschuppen (Seborrhö sicca) und Hornschüppchen (Sebostase). Der Glanz der Gesichtshaut zeigt Ihnen die Menge der Talgabsonderungen. Wirkt die gesamte Haut fettig glänzend, handelt es sich um eine Seborrhö oleosa. Ist sie stumpf und glanzlos, ist die Sekretion vermindert (Sebostase, Altershaut). Genauere Aufschlüsse erhalten Sie mit Seidenpapier, dünner Aluminiumfolie oder einem Objektträger (**9**.4). Dazu wird das Papier auf die Haut gedrückt, der Objektträger mit der einen Hälfte auf die Stirn und mit der anderen auf die Wange. Die Stärke des Fett- und Feuchtigkeitsabdrucks läßt auf die Sekretionsmenge schließen. Seidenpapier und Aluminiumfolie haben den Vorteil, daß sich damit ein Abdruck der gesamten Gesichtshaut erstellen läßt, während der Objektträger nur einzelne Hautstellen zeigt. Auf ihm kann man aber Schweiß- und Fett-Tröpfchen unterscheiden.

9.3 Untersuchung der Kopfhaut

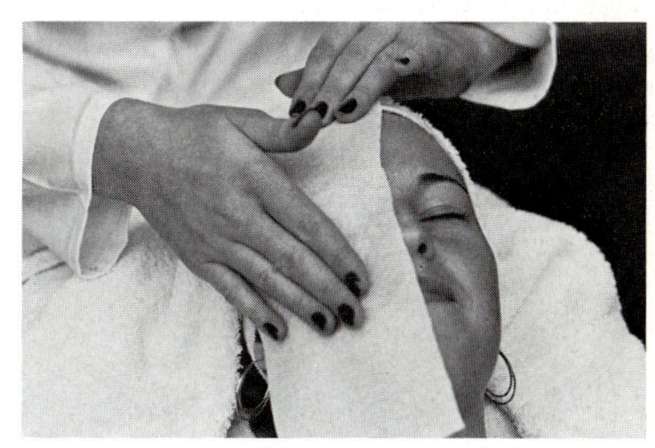

9.4 Seidenpapiertest

Bei diesen Untersuchungsmethoden darf die Haut vorher nicht frisch gereinigt, eingecremt oder mit Make-up versehen sein. Dies ist ein Nachteil, denn die Reinigung sollte mindestens 30 bis 40 Minuten her sein – die Kundin müßte also schon mit abgeschminktem Gesicht ohne Make-up oder Tagescreme zur Behandlung kommen.

Die Hautfarbe entsteht durch die Pigmentierung, die Durchblutung sowie Eigenfarbe und Dicke der Epidermis. Die Stärke der Durchblutung sieht man deutlich an der Augenschleimhaut. Dazu ziehen wir das untere Lid vorsichtig etwas herab und betrachten die Farbe des inneren Lidrands (**9**.5). Ein blasser Lidrand weist auf eine schlechte, ein rosa/roter auf eine gute Durchblutung hin. Die Eigenfarbe der Epidermis und die Pigmentierung werden mit Hilfe der *Diaskopie* untersucht. Dazu wird ein sauberer Objektträger auf die Stirn oder den Jochbeinbogen der Kundin gedrückt (**9**.6). Durch den sanften Druck ent-

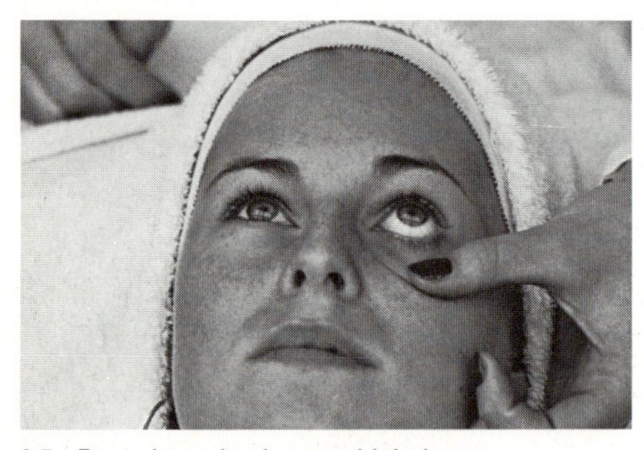

9.5 Betrachten der Augenschleimhaut

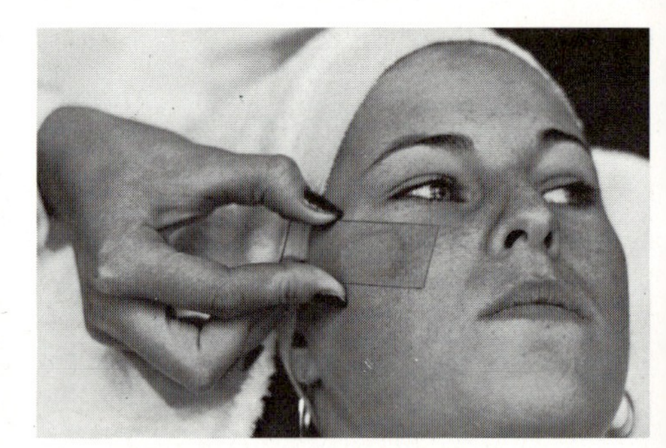

9.6 Diaskopie

weicht das Blut aus den Kapillaren in tiefer liegende Gefäße und die Eigenfarbe der Haut wird sichtbar. Erscheint die Haut bräunlich/gelb, ist sie stärker pigmentiert als weiß/gelbliche Haut. Ein deutlich sichtbarer Unterschied zwischen der Farbe der übrigen Haut und der unter dem Objektträger weist auf starke Durchblutung bei guter Transparenz hin. In diesem Fall ist die Epidermis dünn, denn bei dicker Epidermis zeigt sich nur ein geringer Unterschied, da das Blut in den Kapillaren der Cutis nicht durchschimmern kann.

Elastizität. Unelastische Haut ist schlaff und oft reich an Falten. Die Elastizität hängt zusammen mit dem Spannungszustand des Bindegewebes (Tonus), der Dicke der Cutis und dem Gehalt an Gewebsflüssigkeit (Turgor). Die Dicke der Cutis läßt sich bestimmen, indem man seitlich vom Auge die Haut mit zwei Fingern abhebt. Die Breite des Röllchens („Röllchenprobe") zeigt die Dicke der Cutis und Epidermis, denn an dieser Stelle ist die Subcutis kaum ausgeprägt (**9**.7).

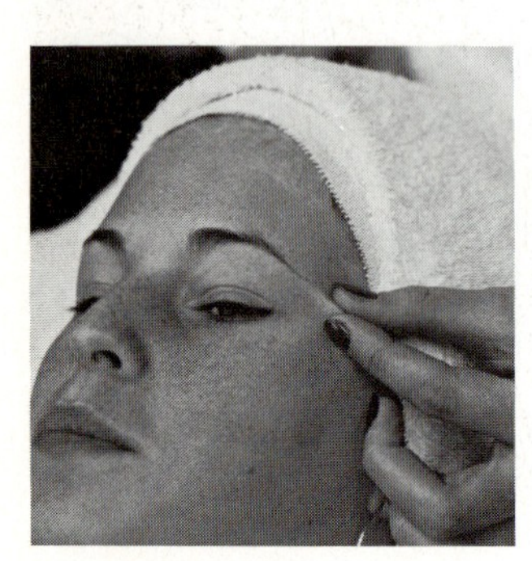

9.7 Röllchenprobe

9.8 Abheben der Haut unter dem Auge

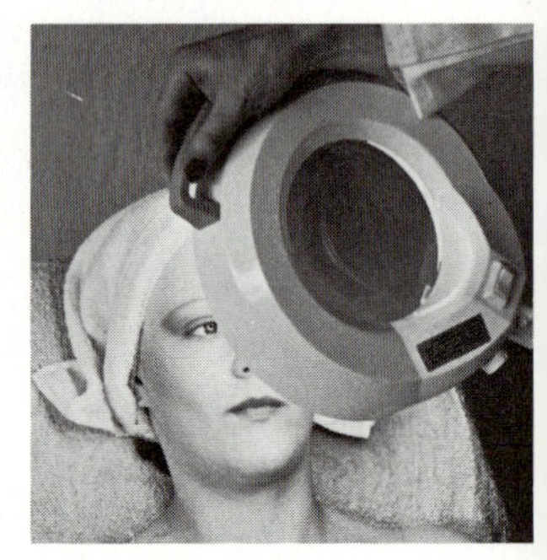

9.9 Lupenleuchte

Durch Abheben der Haut unter dem Auge und Verschieben in Richtung Nase sind Tonus und Turgor feststellbar. Junge, gesunde Haut mit guter Spannung ist prall und elastisch. Sie läßt sich nur schwer abheben und schnellt sofort wieder in die Ausgangslage zurück (**9**.8). Haut mit vermindertem Tonus/Turgor verhält sich wie ein überdehntes Gummiband.

Sie geht nur langsam wieder in die Ausgangslage zurück, ist unelastisch, läßt sich leicht dehnen, abheben und verschieben.

Die Hautoberfläche betrachtet man mit einer Lupenleuchte (**9**.9) oder Lupenbrille. Große, tiefe Poren deuten auf eine dicke, meist verhornte Epidermis. Sie ist typisch für die Seborrhö, denn große Poren lassen auf große Talgdrüsen schließen – ist die Talgdrüse nur klein, stehen auch nur wenig Zellen zur Talgproduktion zur Verfügung. Kleine Talgdrüsen mit engen Poren sind daher typisch für trockene Haut (**9**.10). Sie werden beobachten, daß

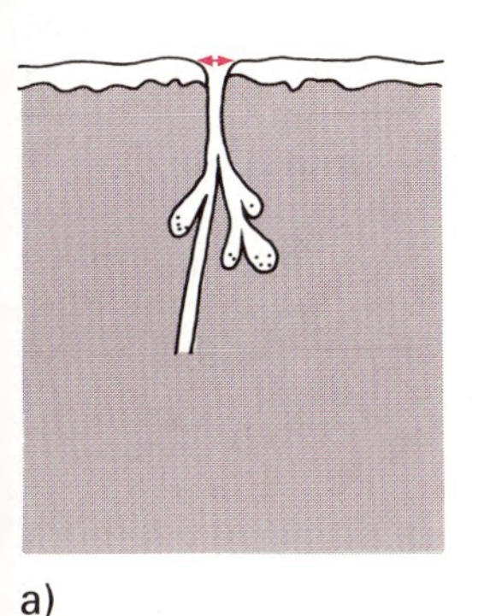
a)

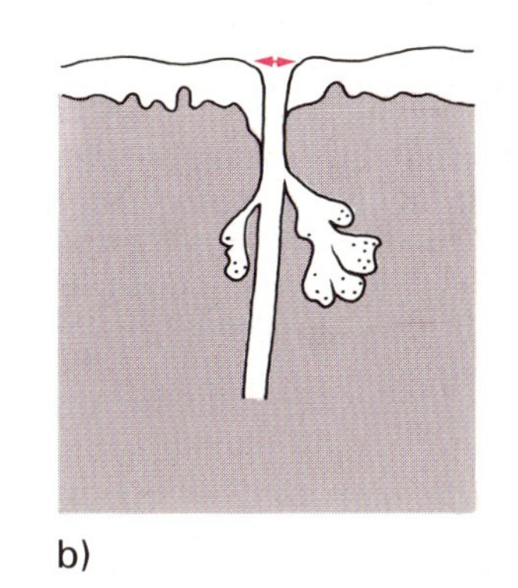
b)

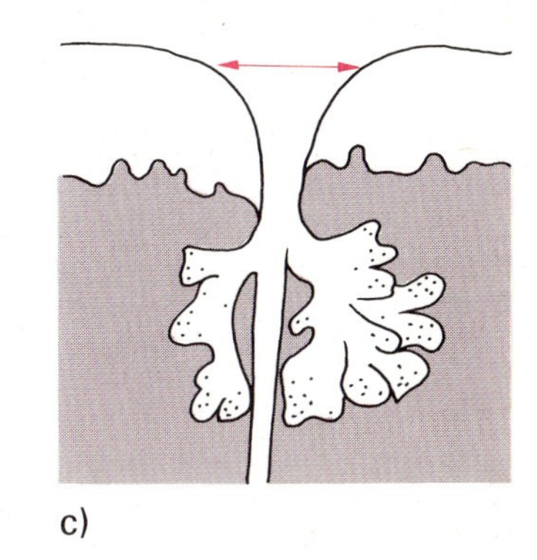
c)

9.10 Poren
a) Sebostase b) normale Haut, c) Seborrhö

auch bei normaler und trockener Haut die Poren im Mittelgesicht (T-Partie) immer etwas weiter sind als an den Wangen, denn hier sind die Talgdrüsen bei jedem Menschen etwas größer (seborrhöischer Bezirk). Starke Verhornung sieht man an einem groben Hautrelief bei fast lederartigem Aussehen. Dieses Hautbild entsteht nach zu starker Sonnenbestrahlung (Lichtschwiele = Verdickung der Hornschicht). Dünne, wenig verhornte Haut wirkt zart und zeigt eine feine Oberflächenfelderung.

Noch deutlicher als mit der Lupenleuchte sieht man das Hautrelief, wenn man die Haut mit den Fingerspitzen etwas zusammenschiebt.

Die Empfindlichkeit der Haut gegenüber mechanischen Reizen (Massage, Entfernung von Mitessern) wird mit der Hautschreibung, dem *Dermographismus* untersucht (**9**.11). Dazu streichen wir mit der glatten, abgerundeten Kante eines Spatels unter mäßigem Druck 2 bis 3 cm über die Haut. Bleibt ein weißer oder roter Strich längere Zeit zurück oder schwillt die Haut sogar an, ist sie empfindlich.

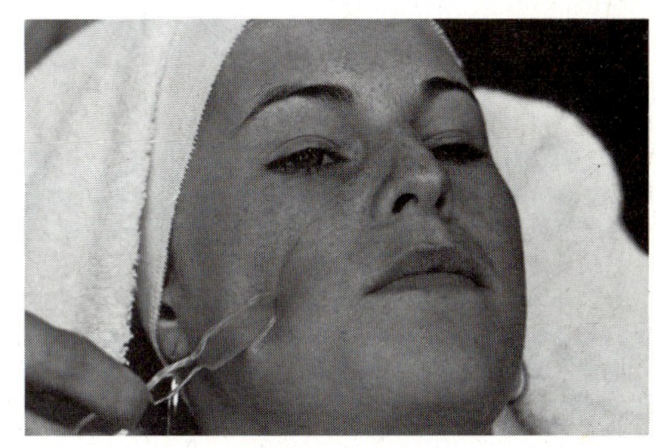

9.11 Dermographismus

Da niemand voraussagen kann, wie empfindlich die Haut auf den Spateldruck reagiert, führt man die Hautschreibung (nachdem die Kundin befragt wurde) besser zuerst am Dekolleté durch. Hier wird eine möglicherweise 2 bis 3 Stunden anhaltende Schwellung durch die Kleidung verdeckt.

Eine generelle Beziehung zwischen Hauttyp und Empfindlichkeit gibt es nicht. Jede Haut kann empfindlich sein!

9.2.2 Diagnosegespräch

Nutzen Sie die Zeit Ihrer sorgfältigen Hautdiagnose zu einem Gespräch mit der Kundin. Dieses Gespräch hat mehrere Zwecke:

- Sie erkunden die kosmetische Vorgeschichte (Anamnese),
- Sie zeigen der Kundin, daß Sie ihre Schönheitssorgen ernst nehmen,
- Sie werden mit der Kundin vertraut.

Außerdem wirkt es ausgesprochen unangenehm auf Ihre Klientin, wenn Sie ihr Gesicht stumm anstarren. Erklären Sie, was Sie tun, und sie wird Ihnen – ohne daß Sie viel fragen müssen – ihre kosmetische Vorgeschichte erzählen. Neben der bisherigen Pflege ist für Sie wichtig zu erfahren, ob Allergien vorliegen und bestimmte Präparate (z.B. Seife) nicht vertragen werden. Denken Sie daran, daß das Gespräch der Kundin ein Gefühl der Zuwendung geben soll, ohne aufdringlich zu wirken. Vermeiden Sie deshalb Aussagen darüber, daß die bisherige Pflege mangelhaft oder unzureichend war. Mit den Worten „es wäre besser ..." oder „Sie sollten ... probieren" vermeiden Sie eine Protesthaltung gegen ihre Behandlungsvorschläge.

Zur kosmetischen Hautdiagnose gehören das Betrachten und Untersuchen der Haut sowie das Diagnosegespräch. Das Ergebnis sollte auf einer Karteikarte festgehalten werden.

9.2.3 Zuordnung der Merkmale zu den Hauttypen

Zur richtigen Wahl der kosmetischen Mittel und zum Festlegen des Behandlungsplans empfiehlt es sich, die vielen Einzelmerkmale der Haut zu Hauttypen zusammenzufassen. Denken Sie aber daran, daß die Hauttypen nur durchschnittliche Erscheinungsbilder wiedergeben. Individuelle Unterschiede und abweichende Merkmale sind möglich.

Die normale Haut fühlt sich zart und geschmeidig an. Sie spannt nicht, ist unempfindlich und zeigt – wenn überhaupt – nur wenige Fältchen und keine Unreinheiten. Sie schimmert matt, die Epidermis ist dünn und nur schwach verhornt. Die Elastizität ist gut, Talg- und Schweißdrüsen arbeiten normal. Die Wangenpartie ist feinporiger als das Mittelgesicht. Die Haut wirkt rosig, da das Blut in den Kapillaren durch die Epidermis schimmert.

Die trockene Haut (Sebostase) wirkt in der Jugend zart, glatt und rosig. Mit zunehmendem Alter bilden sich vermehrt Falten, und die Haut wird pergamentartig. Bei unzureichender Pflege bilden sich besonders an Stirn und Wangen Hornschüppchen. Weil die Talg- und Schweißdrüsensekretion vermindert sind, fühlt sich die Haut spröde an, wirkt matt und glanzlos. Die Poren sind eng, Kopfhaut und Haare trocken. Auf thermische und mechanische Reize (Wärme und Druck) reagiert die Haut häufig mit fleckenförmigen Rötungen, ebenso wie bei psychischer Belastung und Nervosität der Kundin.

Die Seborrhö oleosa entsteht durch eine Überfunktion der Talgdrüsen. Die Haut fühlt sich fettig, schmierig an, glänzt stark und ist großporig. Durch die dicke Epidermis wirkt sie derb und fahl. Die Durchblutung ist schlecht. Dieser Hauttyp neigt zu Unreinheiten und ist Grundlage der Akne. Falten bilden sich erst spät aus. Die Haut verträgt Sonnenbestrahlung und ist meist unempfindlich.

Die Seborrhö sicca ist eine großporige Haut mit kleieartigen Talgschuppen, die sich zwischen den Fingern zerreiben lassen. Der Talg ist nicht ölig flüssig, sondern wachsartig fest. Diese Seborrhö entsteht durch eine Überfunktion der Talgdrüsen, wobei aber nicht die Schweißdrüsentätigkeit gesteigert wird. Sie neigt auch zu Unreinheiten, ist aber gleichzeitig sehr empfindlich. Auf mechanische Reize reagiert sie mit Rötungen und Schwellungen. Oft gleicht die Gesichtsmitte der Oleosa, glänzt fettig, während die Wangenpartien durch die Talgschuppen stumpf und rauh wirken.

Die Aknehaut ist eigentlich kein eigener Hauttyp, sondern ein Krankheitsbild der Haut, das auf der Grundlage der Seborrhö entsteht. Betroffen sind meist junge Menschen während der Pubertät. Durch die Hormonumstellung arbeiten die Talgdrüsen so stark, daß es im Zusammenhang mit einer Verhornung der Talgdrüsenausgänge zur Talgstauung kommt. Der gestaute Talg oxidiert an der Oberfläche und ist als schwarzer Punkt (Mitesser oder Komedo) sichtbar. Durch Bakterien entzünden sich die Mitesser (Pickel) und bilden Eiterpusteln (s. Talgdrüsenstörungen, Abschn. 9.3.3).

Tabelle **9.12** **Die Hauttypen und ihre Merkmale**

Merkmale	Normale Haut	Sebostase	Seborrhö oleosa	Seborrhö sicca	Aknehaut	Altershaut
Talg- und Schweiß-sekretion	normal	vermindert	verstärkt öliger Hauttalg	verstärkt fester Hauttalg, kleieartige Schuppen	verstärkt	vermindert
Poren	Wangen eng, Mittelpartie etwas weiter	feinporig	großporig	großporig, besonders im Mittelgesicht	großporig	normal bis großporig
Epidermis	normal	dünn	dick	Wangen normal, Mittelgesicht dick	dick	lederartig dick o. pergamentartig dünn
Durchblutung	gut	sehr gut	wirkt schlecht	schlecht	schlecht	normal bis schlecht
Glanz	matt schimmernd	glanzlos	fettig glänzend	Wangen matt fettig, Mittelgesicht fettig glänzend	fettig glänzend	matt glänzend
Empfindlichkeit	unempfindlich	sehr empfindlich	unempfindlich	sehr empfindlich	meist unempfindlich	unempfindlich
Kopfhaut und Haar	normal	trocken, evtl. Schuppen	fettig	Kopfhaut und Ansatz fettig, Haarspitzen trocken	fettig	trocken
Besonderheiten	keine	neigt zu Rötungen, altert frühzeitig, Äderchenzeichnung	neigt zu Mitessern und Akne	neigt zu Akne, bei mechanischer Reizung Rötungen und Schwellungen, Talgschuppen	Mitesser, Pickel, Eiterpusteln, Entzündungen, Verhornungsstörungen	Pigmentflecken, Bindegewebsschwund, Falten

Die Altershaut ist gekennzeichnet durch mangelnde Elastizität und durch Faltenbildung. Da die Zellen mit zunehmendem Alter weniger Feuchtigkeit binden, hat die Altershaut das pralle und straffe Aussehen eingebüßt. Sie ist schlecht durchblutet, ihr Bindegewebe verkümmert (Atrophie). Der Alterungsprozeß ist mit einer Abnahme der Talg- und Schweißsekretion verbunden, so daß die Haut ihren Glanz und Schimmer verliert.

Tabelle **9**.12 auf S. 253 zeigt eine Übersicht über die Hauttypen.

9.3 Hautveränderungen und ihre Behandlung

Störungen der Hautfunktionen und Mängel der Haut sind nicht allein ein medizinisches Problem. Häufig ist gerade das Gesicht von der Erkrankung betroffen, so daß sie entstellend wirkt. Damit Sie Kunden beraten sowie ansteckende von den nicht ansteckenden Erkrankungen unterscheiden können, lernen Sie nun die häufigsten Hautfehler und ihre Behandlungsmöglichkeiten kennen.

9.3.1 Pigmentfehler

Sommersprossen (Epheliden) sind besonders häufig anzutreffen. Es sind kleine braune Flecken, die durch Pigmenthäufungen in der Basalzellenschicht entstehen (**9**.13). Ihre Anlage ist erblich. Durch UV-Strahlen werden sie dunkler, so daß sie in der sonnenarmen Jahreszeit weniger auffallen als im Sommer. Bleichcremes und Abschleifen der Haut durch den Arzt versprechen nur eine vorübergehende Besserung. Auch Lichtschutzcremes, die die bräunenden UV-Strahlen von der Haut abhalten, erfreuen sich nicht gerade großer Beliebtheit, denn sie verursachen die früher vielgelobte „vornehme Blässe". Durch Make-up und Bräunungscremes treten Epheliden weniger in Erscheinung. Da sie durch kosmetische Behandlung nicht zu entfernen sind, sollte man sie als „eingefangenen Sonnenschein" betrachten.

Altersflecken sind meist größer als die normalen Sommersprossen. Man sieht sie besonders häufig auf dem Handrücken älterer Menschen.

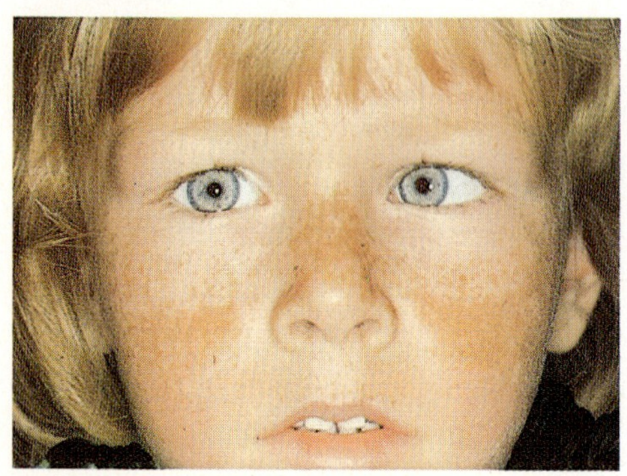

9.13 Sommersprossen (Epheliden)

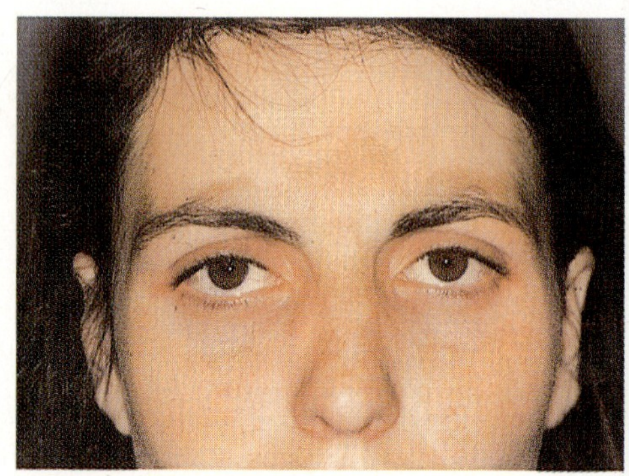

9.14 Chloasma

Schwangerschaftsflecken (Chloasma, **9**.14) sind Pigmentverschiebungen, die durch die Hormonumstellung während der Schwangerschaft oder durch Ovulationshemmer (Pille) entstehen. Die braunen Flecken zeigen sich vor allem an Stirn und Nase und verblassen nach einigen Monaten. Eine Behandlung ist meist nicht erforderlich.

Leberflecke (Pigmentnaevi, **9**.15) sind angeborene, einzeln auftretende braune Flecken. Sie befinden sich im Hautniveau und haben eine intakte Epidermis, d.h., ihre Oberfläche unterscheidet sich nicht von der Umgebung. Je nach Größe und Lage sind sie mehr oder weniger störend, so daß sie gegebenenfalls vom Arzt chirurgisch oder durch Schleifen entfernt werden.

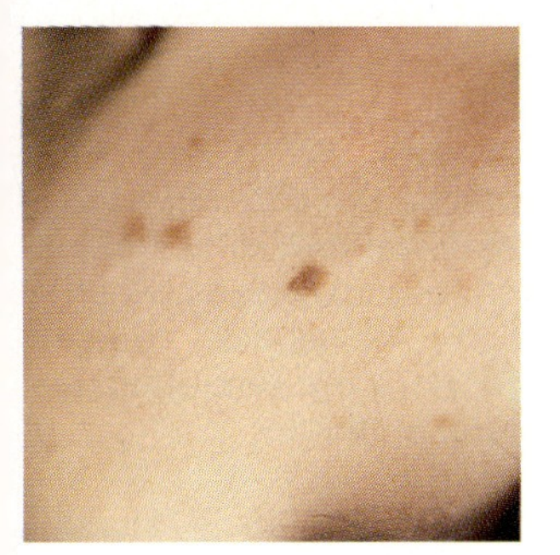

9.15 Leberfleck

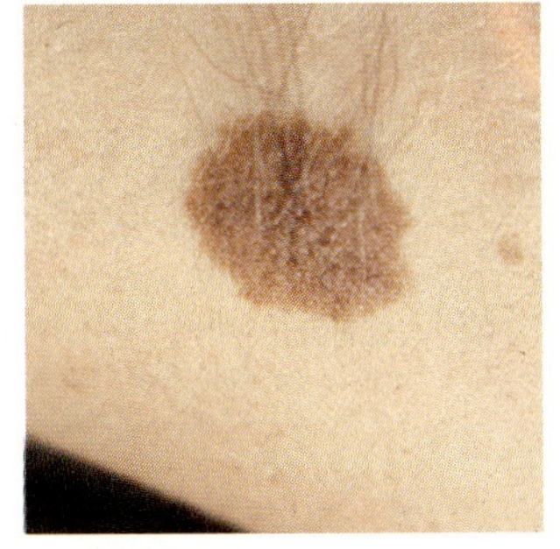

9.16 Muttermal

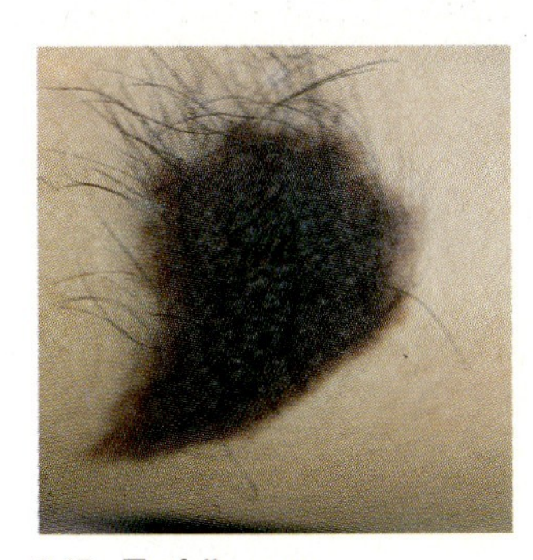

9.17 Tierfellnaevus

Muttermale (Naevus zellnaevi, **9**.16) nennt man die dunkelbraunen, gutartigen Hautveränderungen, die in der Epidermis und Cutis liegen. Sie bestehen aus fehlgebildeten Melanocyten und ragen über das Hautniveau hinaus. Manchmal haben sie eine übermäßige, ausgesprochen unansehnliche Behaarung (Tierfellnaevus, **9**.17). Kleine Muttermale kann der Arzt ebenso wie Leberflecke entfernen. Größere können nach operativer Entfernung Narben hinterlassen.

Melanome sind bösartige Veränderungen der Melanocyten (**9**.18). Die schwarzen oder braunen Flecken müssen möglichst schnell herausoperiert werden, weil es sich um einen gefährlichen Hautkrebs handelt. Da nur der Arzt diese bösartigen Flecken vom gutartigen Muttermal unterscheiden kann, sollten alle braunen Hautveränderungen dem Dermatologen gezeigt werden; besonders wenn der Fleck größer wird, juckt, blutet oder sich verfärbt.

Kölnischwasserflecken (Berloque dermatitis) sind bräunliche Flecke, verursacht durch bestimmte Duftöle, die auf verschwitzter Haut bei Sonneneinwirkung eine Entzündung hervorrufen. Aus der Entzündung entsteht die Überpigmentierung. Solche Flecken lassen sich

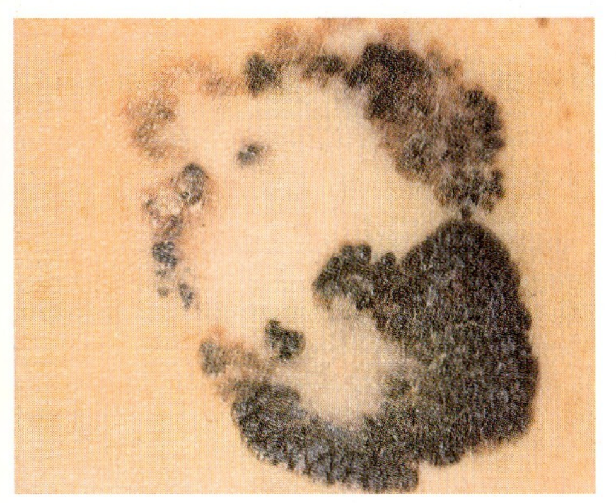

9.18 Melanome

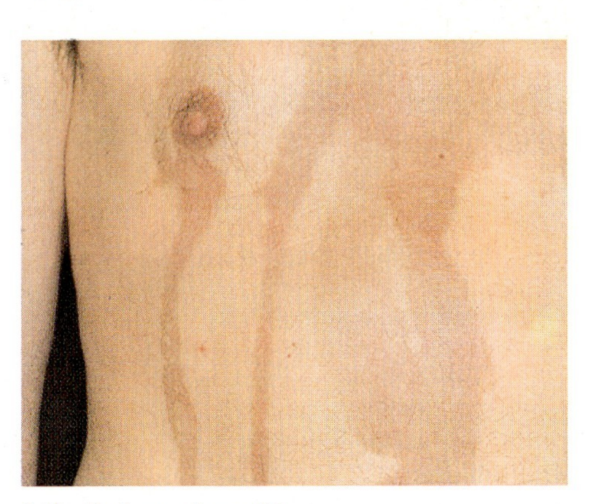

9.19 Berloque dermatitis

also schon vermeiden, wenn man Parfüm nur in die Haare oder auf Körperstellen tupft, die keiner Sonnenbestrahlung ausgesetzt sind (z. B. die Haut hinter den Ohren) oder durch Kleidung bedeckt werden. Behandlungsmethoden wie z. B. Bleichcremes haben kaum Erfolg. Nach einigen Jahren verblassen die Flecken von selbst.

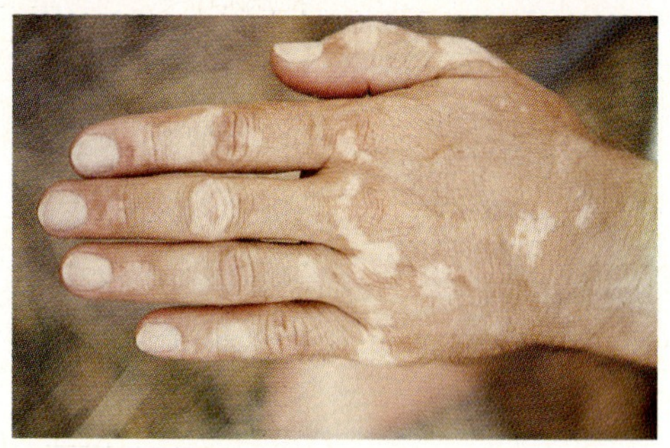

9.20 Vitiligo

Die Weißfleckenkrankheit (Vitiligo, **9**.20) entsteht durch stellenweises Fehlen der Hautpigmente. Die Ursache ist noch nicht erforscht. Die ärztliche Behandlung besteht in einer durch Medikamente künstlich hervorgerufenen Berloque dermatitis. Kosmetisch lassen sich die ineinandergreifenden hellen Flecken der Haut mit Bräunungscremes vorübergehend anfärben.

Albinismus ist ein angeborenes, vererbbares völliges Fehlen der Pigmente. Haare und Haut sind weiß, die Augenfarbe schimmert blaßrosa bis rot. Albinos sind äußerst lichtempfindlich! Da eine ärztliche Behandlung nicht möglich ist, läßt sich das auffallende Erscheinungsbild nur durch kosmetische Maßnahmen unauffälliger gestalten. Dazu färbt man die Haare, tönt die Haut mit Make-up und versteckt die Augenfarbe durch farbige Kontaktlinsen.

Pigmentfehler

Überpigmentierung (hell- bis dunkelbraun)	Pigmentmangel (weiß)
– Sommersprossen, Leberflecke, Muttermal, Kölnischwasserflecken, Schwangerschaftsflecken	– Weißfleckenkrankheit – Albinismus

Vorsicht! Verändern sich Überpigmentierungen in der Form oder Farbe, besteht Melanomverdacht (schwarzer Hautkrebs).

9.3.2 Blutgefäßveränderungen

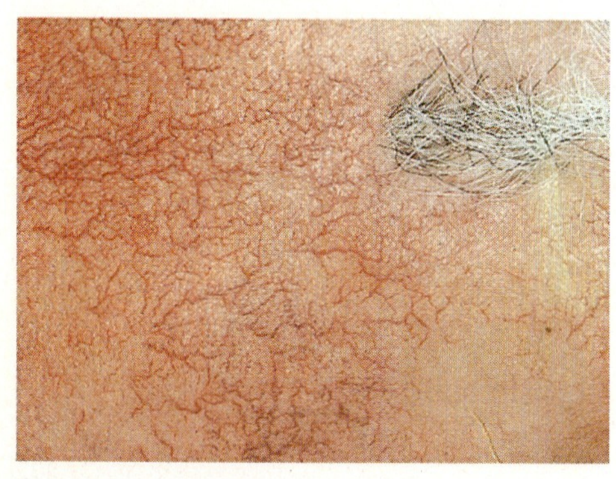

9.21 Teleangiektasien

Teleangiektasien (Äderchenzeichnung) sind bleibende Erweiterungen der Kapillargefäße (**9**.21). Sie treten bevorzugt bei trokkener und empfindlicher Haut an den Wangen und an der Nase auf. Meist liegt eine anlagebedingte Gefäßschwäche vor. Witterungseinflüsse, Genußgifte (Alkohol und Nikotin) sowie durchblutungssteigernde kosmetische Behandlungen fördern die Entstehung. Die rot durch die Epidermis schimmernden Gefäße lassen sich durch Elektrokoagulation veröden oder mit dem Laser (grünes Licht) entfernen. Diese Behandlungen sind allerdings langwierig und schmerzhaft. Wird auf die ärztliche Behandlung verzichtet, lassen sich Teleangiektasien kosmetisch mit grünlich-hellem Spezial-Make-up verdecken.

Spinnenmale sind vereinzelt auftretende sternförmige Gefäßerweiterungen. Entstehung und Behandlung entsprechen den Teleangiektasien.

Das Feuermal (Naevus flammeus, **9**.22) ist eine meist angeborene, stark entstellende Gefäßwucherung. Sie ist rot oder blaurot und wächst mit. Spontane Rückbildungen im Kindesalter sind möglich (allerdings sehr selten), wenn nur eine Körper- bzw. Gesichtshälfte betroffen ist. Da das Feuermal nicht über das Hautniveau hinausragt, empfiehlt sich eine kosmetische Abdeckung mit wasserfesten Präparaten. Gute Behandlungserfolge erzielen spezialisierte Dermatologen mit einer neuen Lasertherapie (Argonlaser).

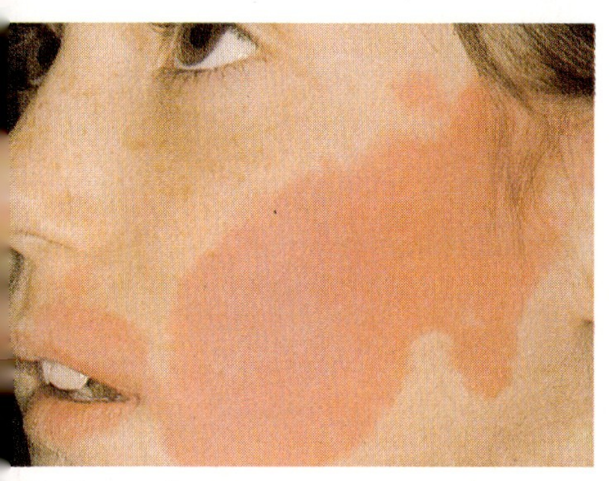

9.22 Feuermal

9.23 Blutschwamm

Der Blutschwamm (Hämangiom, **9**.23) ist eine gewöhnlich linsen- bis münzgroße Blutgefäßgeschwulst. Der flachgewölbte blaurote Fleck entsteht häufig in den ersten 3 Lebensmonaten und bildet sich bis zum 3./4. Lebensjahr zurück. Findet keine spontane Rückbildung statt, kann der Dermatologe die Geschwulst entfernen.

Blutgefäßveränderungen (rot bis blaurot)

Teleangiektasien Spinnenmal	} Gefäßerweiterungen	Feuermal Blutschwamm	} Gefäßgeschwulste

Die Rosacea ist eine Erkrankung der Gesichtshaut und befällt überwiegend ältere Menschen. Sie beruht auf einer anlagebedingten Gefäßschwäche; Grundlage ist die Seborrhö. Es bilden sich eitrige Knötchen und Knoten mit Blutgefäßgeschwülsten. Nase und Wangen sind gerötet (**9**.24a), bei Wucherungen der Talgdrüsen und des Bindegewebes kann sich eine Knollennase bilden (**9**.24b). Mögliche Auslöser der Rosacea sind Lebererkrankungen, klimatische Einflüsse (Sonne, Wind, Hitze und Kälte in ständigem Wechsel) oder Genußgifte. Kosmetisch kann die ärztliche Behandlung durch beruhigende und kapillarverengende Mittel unterstützt werden.

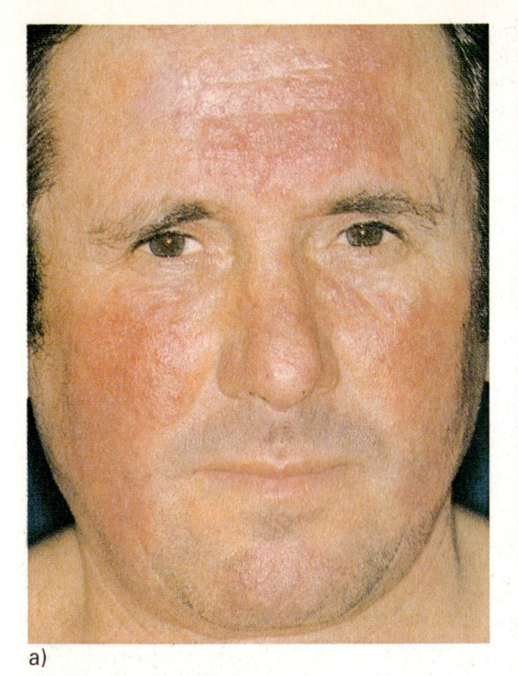

a)

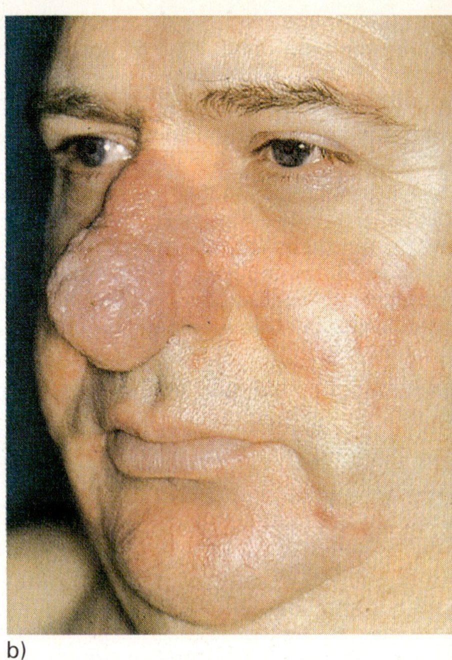

b)

9.24 a) Rosacea, b) Rosacea mit Knollennase

9.3.3 Talgdrüsenstörungen

Akne ist die häufigste Folge einer Überfunktion der Talgdrüsen. Man unterscheidet di Jugendakne (Akne vulgaris, **9.**25 a), die Altersakne, die im Klimakterium auftreten kanr und verschiedene Formen der Chemikalienakne (**9.**25 b). Alle Akneformen sind sehr har näckig und sollten nicht nur kosmetisch, sondern auch ärztlich behandelt werden. Nebe der Regulierung des Hormonspiegels (Pille) verschreibt der Arzt Medikamente (Cremes die den Talg verflüssigen und so Talgstauungen verhindern (Vitamin-A-Säuren). Leide

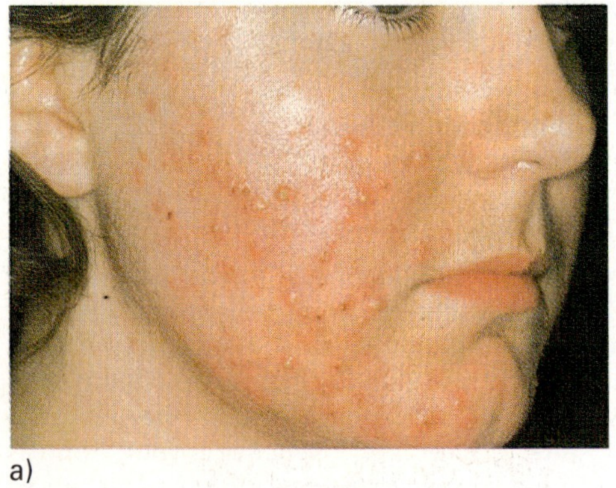

a)

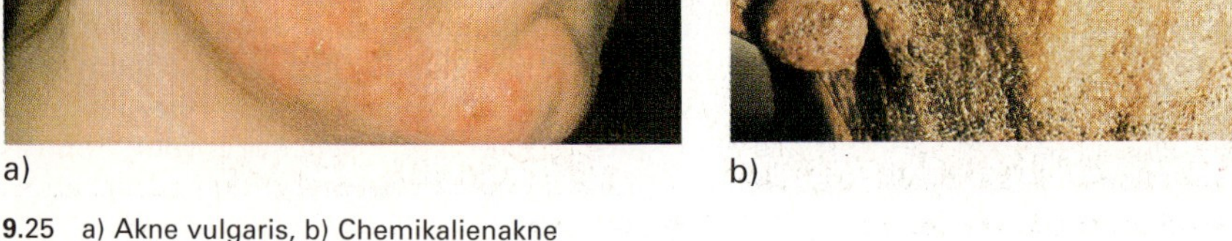

b)

9.25 a) Akne vulgaris, b) Chemikalienakne

kommt es während der Behandlung zu Rötungen und einem starken Spannungsgefühl der Haut, bevor sich die oberen Zellen der Hornschicht und die übermäßigen Verhornungen am Follikel ablösen. Erst nach dieser unangenehmen Schälung kann der verflüssigte Talg abfließen. Lohn der Behandlung ist eine zarte, pickel- und mitesserfreie Haut.

Besonders schwere Aknefälle bessern sich erst nach einer zusätzlichen Behandlung mit Antibiotica (Tetracyclin).

Die kosmetische Behandlung erstreckt sich auf gründliche Hautreinigung, evtl. Austrocknen durch UV-Strahlen, Entfernen der Unreinheiten und peroxidhaltige Cremes zur Desinfektion.

Hautunreinheiten sind Mitesser, Pickel und Pusteln sowie Talgzysten.

Mitesser (Komedonen **9**.26) bilden die erste Stufe zur Akne. Es sind durch verhärteten Talg verstopfte Poren. Nach gründlichem Erweichen der Haut (warme Kompressen, Dampfbäder, Vapozone) lassen sie sich mit dem desinfizierten Komedonenheber (**9**.27) oder – hautschonender – mit den mullumwickelten Fingern herausdrücken (Haut- und Händedesinfektion nicht vergessen!). Dazu zieht man das seitliche Gewebe etwas nach außen, so daß

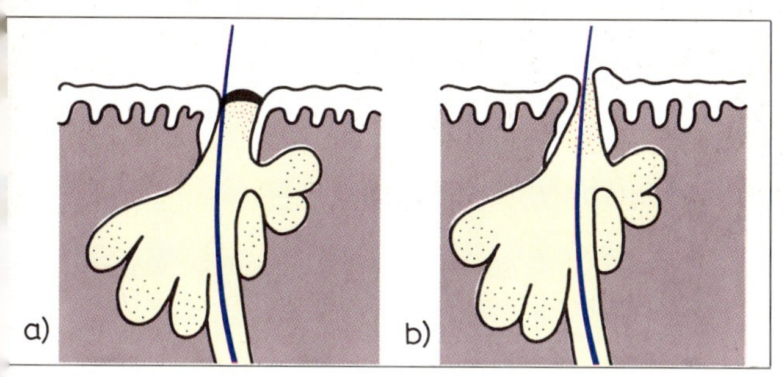

9.26 Mitesser
a) schwarzer (offener) Mitesser, b) weißer (geschlossener) Mitesser

9.27 Komedonenquetscher im Gebrauch

sich der Mitesser lockert, und drückt dann die umgebende Haut schräg nach unten in Richtung auf den Mitesser (**9**.28). Anschließend wird die Haut adstringiert und nochmals desinfiziert, um Entzündungen zu vermeiden.

Pickel und Pusteln sind entzündete und vereiterte Komedonen (**9**.29). Werden Mitesser nicht sorgfältig entfernt, bricht der Talg ins umliegende Gewebe. Durch Besiedlung mit Bakterien entsteht eine eitrige Entzündung. Behandelt wird sie mit austrocknenden Tinkturen, Aknegesichtswasser und entzündungshemmenden Packungen. Aufkratzen und Ausdrücken von Pickeln und Pusteln bergen die Gefahr weiterer Infektion und Narbenbildung.

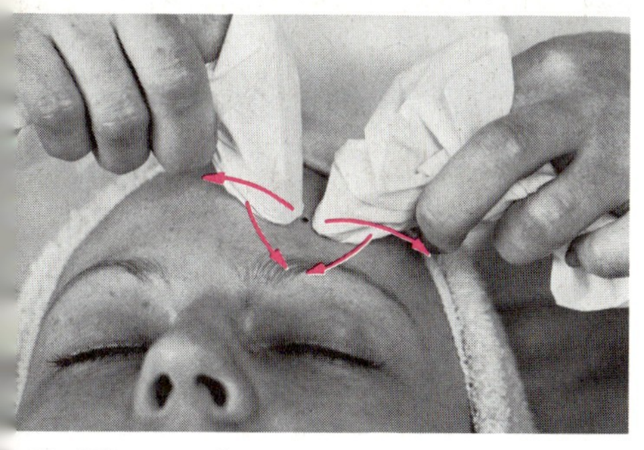

9.28 Mitesserentfernung mit den Fingern

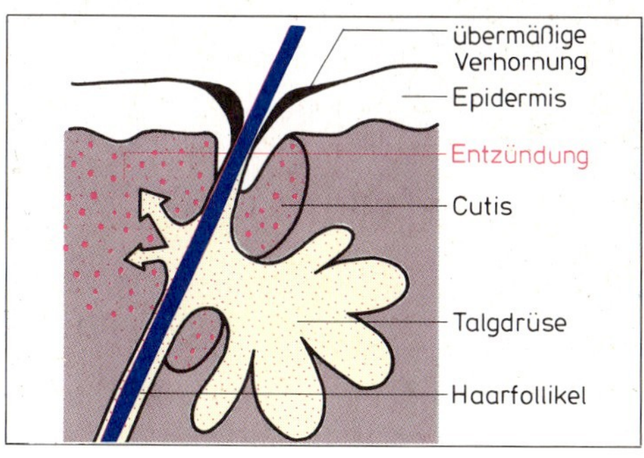

9.29 Pickel

Talgzysten entstehen durch einen Verschluß der Talgdrüse bei übermäßiger Verhornung der Follikelöffnung. Sie sind unter der geschlossenen Hautoberfläche als Knoten spürbar. Um den Talg zu entfernen, wird die Epidermis mit einem Spezialmesser angeritzt, so daß nach leichtem Druck auf das umliegende Gewebe der weiße Talg fadenförmig auf der Hautoberfläche erscheint und entfernt werden kann. Wegen der hohen Infektionsgefahr wird bei Akne auf jegliche Massage der Haut verzichtet.

Talgdrüsenstörungen
- Komedonen = Mitesser (weiß, schwarz)
- Pickel
- Pusteln
- Talgzysten

Akne

Jugendakne
- Hormonumstellung in der Pubertät

Altersakne
- Hormonumstellung im Klimakterium
- falsche Ernährung mit Magen- und Darmstörungen

Chemikalienakne
- durch Jod, Brom, Chlor, Teer oder Öle

9.3.4 Verhornungsstörungen und Epithelwucherungen

Hyperkeratosen (Verdickungen der Hornschicht), die kosmetisch behandelt werden können, sind meist Abwehrreaktionen des Körpers gegen äußere Einflüsse wie Druck und Strahlen. Dazu gehören Schwielen, Hühneraugen, Milien.

Schwielen sind Verdickungen der Hornschicht durch ständigen Druck (**9**.30). An den Fingern entstehen sie z.B. bei Friseuren durch die Griffe der Haarschneideschere. Schwielen lassen sich mit dem Hornhauthobel abnehmen und mit hornerweichenden Mitteln (Salizylsäure, Milchsäure) ablösen.

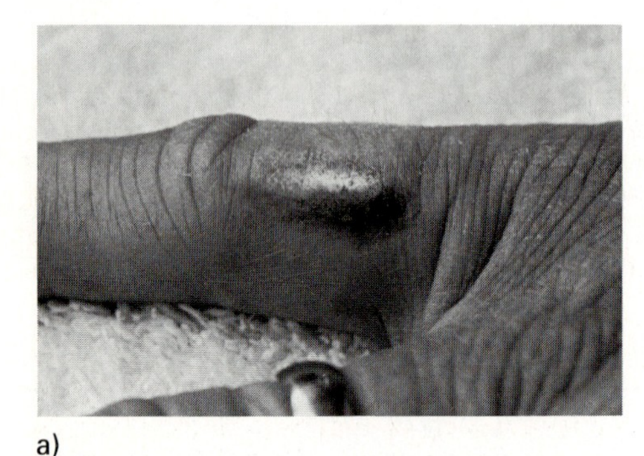

a)

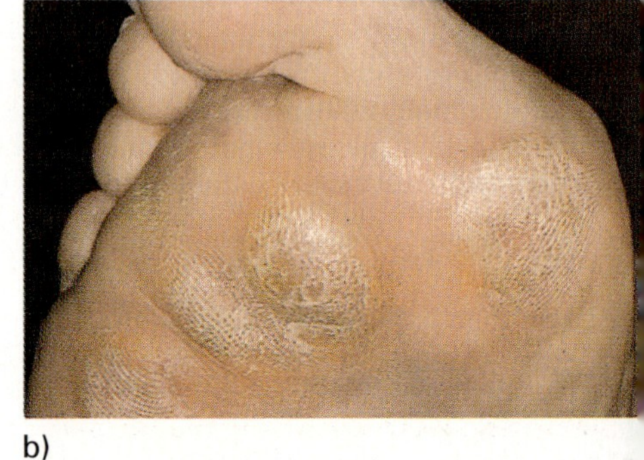

b)

9.30 Schwielen a) an der Hand, b) am Fuß

Hühneraugen (Clavus, **9**.31) sind keilförmige Verdickungen der Hornschicht. Ein dornförmiger Fortsatz (Wurzel) liegt unter der Verhornung und verursacht starke Schmerzen. Hühneraugen bilden sich durch konzentrierten Druck (falsches Schuhwerk) auf Hautstellen über den Knochen. Entfernen kann man sie durch Ausschneiden, Ausfräsen oder mit hornerweichenden Mitteln.

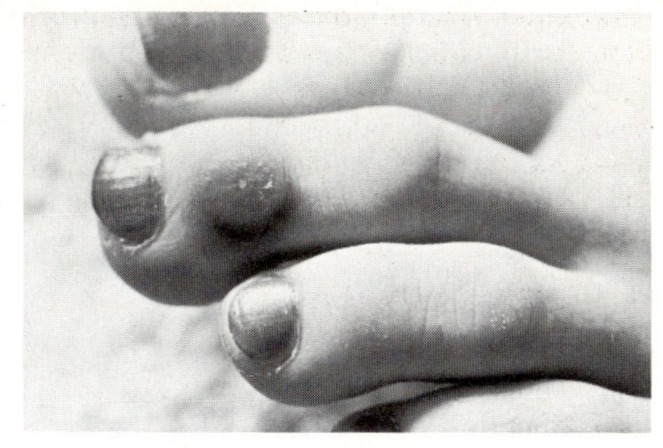

9.31 Hühnerauge

Als Lichtschwiele bezeichnet man eine Verdickung der Hornschicht, die nach starker Bräunung der Haut durch UV-Strahlen zurückbleibt. Die Gesichtshaut erscheint grob, großporig und faltig. Durch die natürliche Abschilferung bildet sich die Lichtschwiele zwar mit der Zeit von selbst zurück, jedoch kann man die Abschilferung durch Schälkuren oder Abschleifen der Haut beschleunigen und verstärken.

Milien (Grießkörner, **9**.32) bilden sich gewöhnlich auf den Jochbeinbogen, unter den Augen und am Kinn. Es sind kleine Hornzysten, die gelblich-weiß durch die Epidermis schimmern. Da sie von der Hornschicht bedeckt sind, können sie nicht herausgedrückt werden. Wegen ihres störenden Aussehens entfernt man sie durch Aufritzen der Hornschicht und Herausheben des Hornkügelchens.

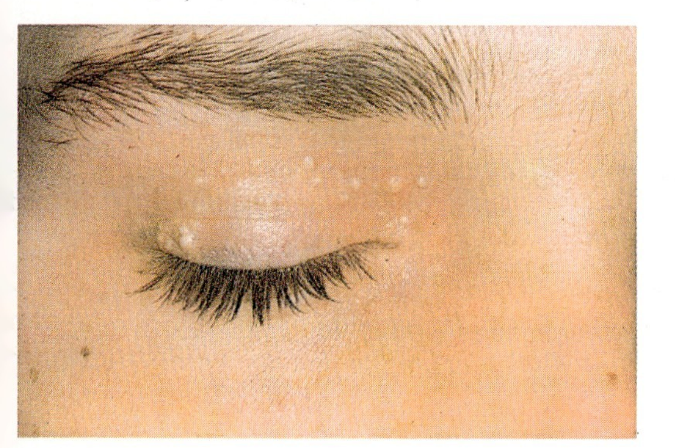

9.32 Milien

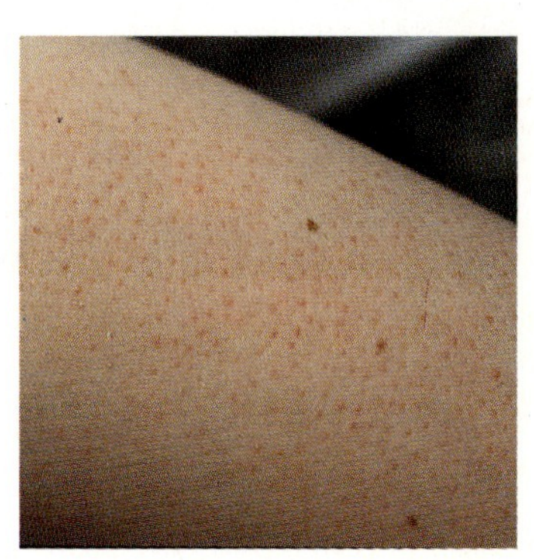

9.33 Lichen pilaris

Lichen pilaris heißt eine harmlose Verhornungsstörung der Haarfollikel (**9**.33). Meist befinden sich an den Außenseiten der Arme und Beine zahlreiche Hornpfröpfchen in den Follikelöffnungen. Diese Hornmassen liegen über dem Hautniveau. Dadurch fühlt sich die Haut rauh wie ein Reibeisen an. Behandeln läßt sich die Störung durch fettende Cremes, Ölbäder und mechanisches Abrubbeln mit Peelingpräparaten, Bimsstein oder einem Luffaschwamm. In hartnäckigen Fällen verschreibt der Arzt Vitamin-A-säurehaltige Cremes oder Salben zur Hautabschälung.

Warzen sind Wucherungen des Epithelgewebes (**9**.34). Flachwarzen sind Virusinfektionen und treten häufig bei Kindern im Gesicht oder an den Händen auf. Der Arzt entfernt die hautfarbenen Knötchen oder Plättchen durch Ätzen, Elektrokoagulation oder mit Pflanzensäften. Stachelwarzen sind gelbe oder grau-braune Hornmassen, die bei Erwachsenen und Kindern vorkommen. Auch sie entstehen durch Viren und dürfen wegen der Infektionsgefahr nicht aufgekratzt werden. Sie haben eine rauhe, „blumenkohlartige" Oberfläche. Alterswarzen sind braune, weiche Wucherungen, die sich fettig anfühlen. Besonders unangenehm sind *Dornwarzen.* Sie gehören zu den typischen Schwimmbad-, Sporthallen- und Hotelinfektionen. Die Warze wächst als stark verhornter Knoten nach innen. Wird sie nicht frühzeitig vom Arzt entfernt, kommt es zu starken Schmerzen beim Gehen und Stehen. Bild **9**.34c zeigt die Infektion eines Niednagels oder einer verletzten Nagelhaut durch Warzenviren. Nur sicher desinfizierte Maniküregeräte schützen vor solcher Infektion.

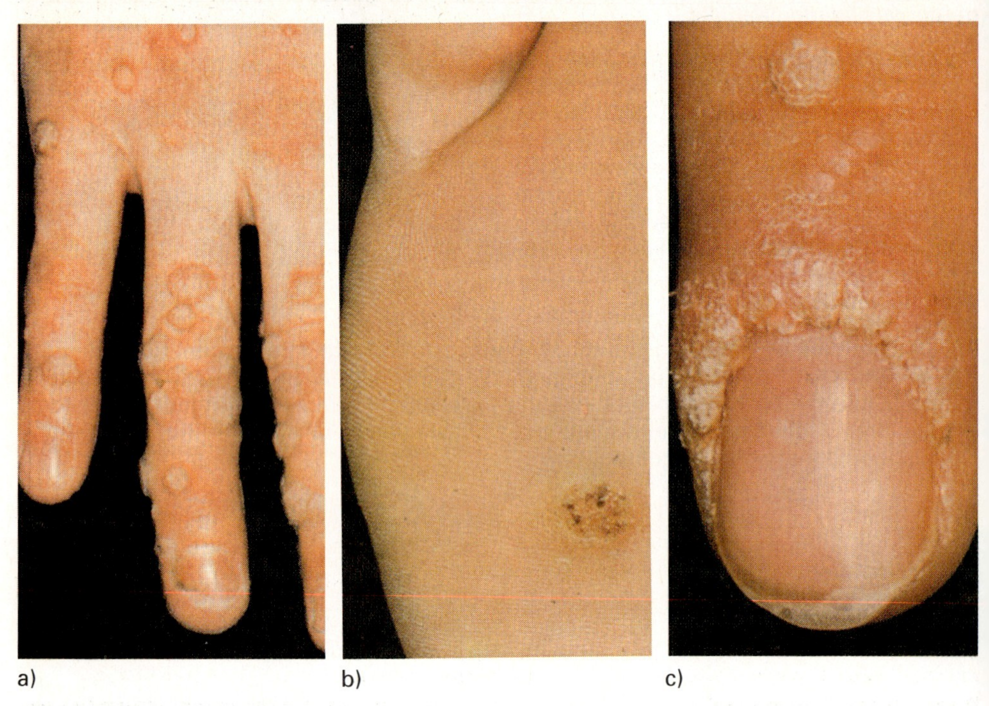

a) b) c)

9.34 Warzen
a) vulgäre Warzen, b) Dornwarze, c) Warzeninfektion an der Nagelhaut

> Verhornungsstörungen
> - Schwielen durch flächenhaften Druck
> - Hühneraugen durch konzentrierten Druck auf Hautstellen über Knochen
> - Milien (Hornzysten in der Epidermis)
> - Lichen pilaris („Reibeisenhaut")
>
> Epithelwucherungen
> - Warzen durch Virusinfektion

9.3.5 Schweißdrüsenstörungen

Hyperhidrosis nennt man die vermehrte Schweißabsonderung der gesamten Körperhaut oder nur an bestimmten Körperpartien (z.B. Hände, **9**.35, Fußsohlen, Achseln). Meist ist sie eine Begleiterscheinung innerer oder psychischer Erkrankungen und sollte daher vom Arzt behandelt werden. Kosmetische Maßnahmen beschränken sich auf die Verhinderung des unangenehmen Geruchs, der durch bakterielle Zersetzung des Schweißes entsteht. Dazu eignen sich Deodorantien, die nach sorgfältiger Reinigung der Haut mit desinfizierenden Seifen oder Waschlotion aufgebracht werden. *Schweißhemmende* Mittel sind

Stoffe, die eine gerbende Wirkung auf die Haut haben (Formalin, Aluminiumsalze, Salze der Zitronensäure). Wegen ihrer schlechten Hautverträglichkeit sollten sie nur an der stärker verhornten Haut der Hände und Füße eingesetzt werden.

Schweißdrüsenabszesse sind bakterielle Infektionen der apokrinen Schweißdrüsen. Es sind derbe, mit Eiter gefüllte Knoten; ihre Umgebung ist durch Entzündung stark gerötet. Sie können bei unsachgemäßer Entfernung der Achselhaare entstehen und müssen vom Arzt mit antibiotischen Salben behandelt werden.

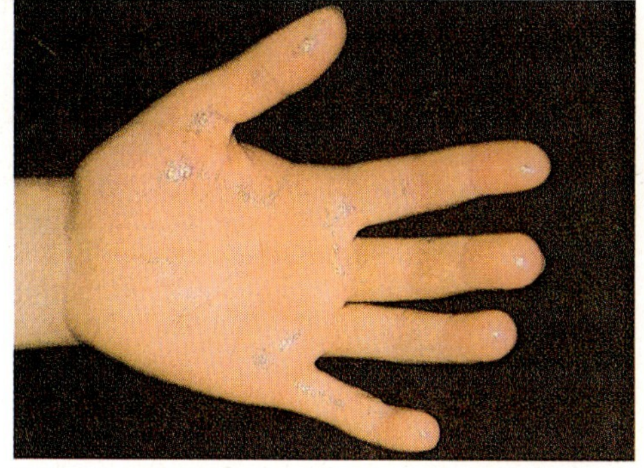

9.35 Hyperhidrotis

9.3.6 Allergien und Ekzeme

Ekzeme sind Rötungen, Schwellungen und Bläschenbildungen in der Haut. Meist sind sie von starkem Juckreiz begleitet. Die Bläschen platzen auf, nässen und bilden Schuppen oder Krusten. Ursache ist oft eine Unverträglichkeit von Stoffen – eine Allergie.

Allergien sind Überempfindlichkeiten gegenüber bestimmten Stoffen. Man unterscheidet drei Allergiegruppen: Nahrungsmittel-, Inhalations- und Kontaktallergien.

Die Nahrungsmittelallergie ruft z.B. durch Erdbeeren, Orangen, Milcheiweiß, Eier oder Getreide Juckreiz, Hautrötung, Übelkeit, Kopfschmerzen, Durchfall oder sogar Erbrechen hervor.

Die Inhalationsallergiker sprechen auf eingeatmete Stoffe an. Dazu gehören Blütenstaub (Pollen) von Gräsern, Bäumen und Getreide, aber auch Blondierpulver, Schimmelpilzsporen und Milbenkot, Chemikalien und pulverisierte Pflanzenfarbstoffe. Ergebnis ist der „Heuschnupfen", der mit Müdigkeit, Abgeschlagenheit, Augenbrennen, häufigem Niesen und Atemnot einhergeht. In schlimmen Fällen entsteht eine chronische Bronchitis mit lebensbedrohlichem Asthma.

Kontaktallergien werden durch Berührung von Stoffen mit der Haut verursacht. Das können Haarfärbemittel, Metalle, saure Wellmittel, Lanolin, Tenside oder Konservierungsmittel sein. Sie führen zu Juckreiz und dem oben beschriebenen allergischen Ekzem.

Ein Allergiker muß nicht auf alle Stoffe einer Gruppe, kann aber auf mehrere Allergene der drei Gruppen allergisch reagieren. Entsprechend vielfältig sind die Symptome der Krankheit. Besonders oft plagen sich Personen mit Allergien, die an *Neurodermitis* leiden. Dies ist eine vererbbare Erkrankung, die sich durch Blutuntersuchung nachweisen läßt. Neurodermitiker haben als Kleinkinder häufig Milchschorf – eine Hauterkrankung, die sich durch Milcheiweiß stark verschlimmert. Diese Personengruppe ist wegen der vererbten Neigung zu Allergien nicht geeignet für Berufe, die Atemwege und Haut stark belasten.

Sensibilisierung. Gelangen Allergene durch die Haut oder Schleimhäute in den Körper, bilden sich bei einigen Personen Antikörper (Gegenkörper) aus. Die Betroffenen spüren davon nichts, denn die Antikörper verursachen weder unliebsame Hauterscheinungen noch Heuschnupfen oder Asthma. Doch der Organismus ist durch die Bildung der Antikörper gegen die Berührung mit dem entsprechenden Allergen empfindlich geworden, *sensibilisiert.*

Allergische Reaktion. Kommt es nach der Bildung von Antikörpern erneut zu einer Berührung mit dem Allergen, reagieren Antikörper und Allergen miteinander. Bei dieser chemischen Reaktion bilden sich Stoffe (Histamine), die die oben beschriebenen Krankheitssymptome verursachen.

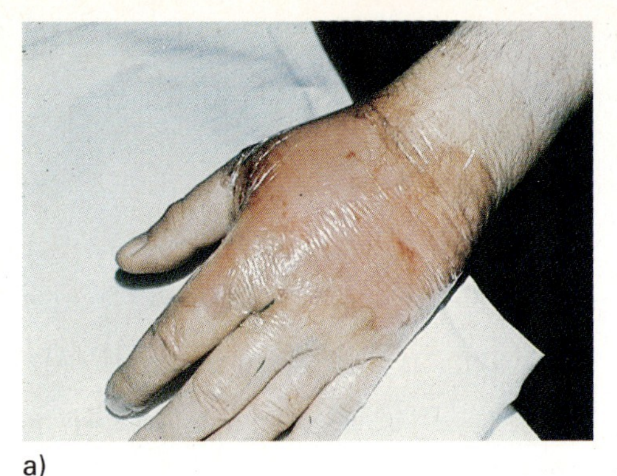

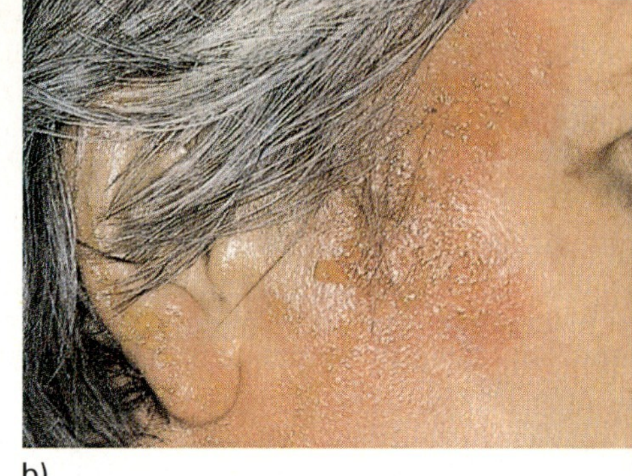

a) b)

9.36 a) Friseurallergie, b) Haarfärbemittel-Allergie

Durch häufigen Umgang mit Chemikalien gehören Allergien zu unseren Berufskrankheiten (**9**.36). Sie müssen ärztlich behandelt werden. Dabei ist vordringlich festzustellen, welcher Stoff die Allergie ausgelöst hat. Dazu führt man bei Kontaktallergien einen *Epikutantest* durch.

Man bringt verdünnte Lösungen aller Stoffe, die als Allergen in Frage kommen, mit einem Testpflaster auf die Haut des Rückens oder der Arme. Nach 48 Stunden wird der Test „abgelesen", d.h., die Pflaster werden entfernt und die Hautstellen beurteilt. Zeigen sich Rötungen oder Bläschen, ist der Test positiv, bei unveränderter Haut ist er negativ (**9**.37).

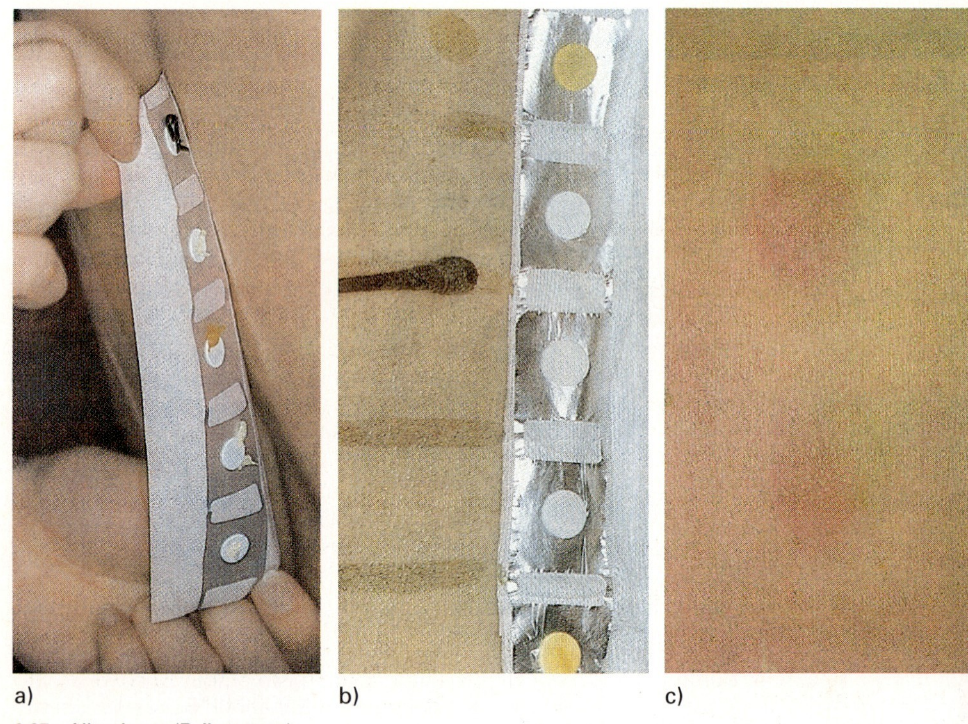

a) b) c)

9.37 Allergietest (Epikutantest)
a) Aufkleben der Teststreifen, b) Abnahme nach 45 Stunden, c) 2 positive Testergebnisse

Bei positivem Testergebnis stellt der Arzt einen Allergiepaß aus mit allen Allergenen, die bei der betroffenen Person eine Allergie auslösen. Sind die Allergene erst einmal erkannt, läßt sich die Berührung oftmals ausschließen, so daß die Allergie nicht mehr zum Ausbruch kommt.

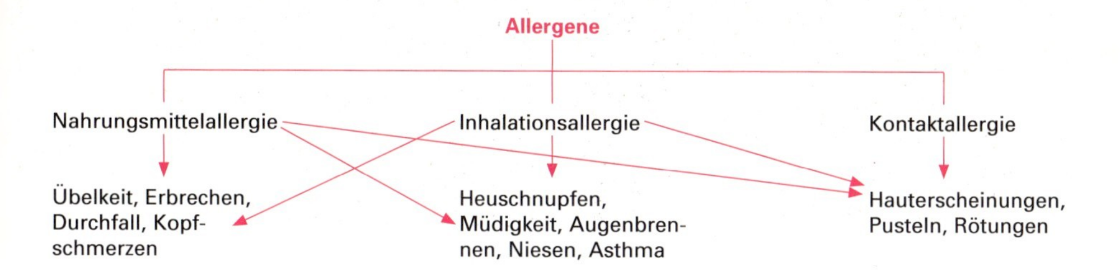

Allergie	Überempfindlichkeit der Haut gegenüber bestimmten Stoffen (z. B. Haarfärbemittel, Blütenstaub, Kosmetika, Metalle)
Allergene	dringen durch die Haut oder Schleimhäute in den Körper ein
Antikörper	bilden sich im Blut einiger Menschen. Bei erneuter Berührung reagieren sie mit dem Allergen
Kontaktallergie	zeigt sich durch Rötung, Schwellung, Bläschenbildung und Juckreiz

Aufgaben zu Abschnitt 9.1 bis 9.3

1. Nennen Sie die drei Teilbereiche der Kosmetik.
2. Warum müssen Sie vor der kosmetischen Behandlung eine Hautdiagnose durchführen?
3. Welche Hauttypen gibt es? Beschreiben Sie die Merkmale.
4. Warum bildet sich der Hauttyp erst während der Pubertät aus?
5. Nennen Sie mindestens zwei Methoden, um die Talg- und Schweißproduktion der Gesichtshaut zu untersuchen.
6. Welche drei Faktoren beeinflussen die natürliche Hautfarbe?
7. Was versteht man unter Diaskopie?
8. Warum wird die „Röllchenprobe" durchgeführt?
9. Welcher Hauttyp hat kleine, enge Poren?
10. Wie kann man die Empfindlichkeit der Haut gegenüber mechanischen Reizen prüfen?
11. Welchen Zweck hat das Diagnosegespräch mit der Kundin?
12. Wodurch unterscheiden sich Seborrhoe oloesa und Seborrhoe sicca?
13. Nennen Sie fünf Hautfehler, die durch Überpigmentierung entstehen.
14. Was ist ein Melanom?
15. Beschreiben Sie die Weißfleckenkrankheit (Vitiligo).
16. Welche Einflüsse verschlimmern Teleangiektasien?
17. Durch welche kosmetische Maßnahme lassen sich Teleangiektasien verdecken?
18. Nennen Sie vier Blutgefäßveränderungen der Haut.
19. Beschreiben Sie eine Rosacea.
20. Durch welche medizinische Maßnahmen lassen sich selbst schwere Aknefälle heilen?
21. Beschreiben Sie kosmetische Behandlungsmethoden bei Akne.
22. Was sind Komedonen?
23. Wodurch entstehen Schwielen? Wie lassen sie sich entfernen?
24. Warum können Sie Milien (Grießkörner) nicht durch Ausdrücken entfernen?
25. Warum dürfen Sie Warzen nicht aufkratzen?
26. Welchen Rat geben Sie einer Kundin mit stark vermehrter Schweißabsonderung (Hyperhiderosis)?
27. Wie entsteht eine Allergie?
28. Beschreiben Sie ein Ekzem.
29. Wie führt man einen Epikutantest durch?
30. Warum kann man Friseurallergien nicht vor der Berufsausbildung feststellen?

9.4 Kosmetische Behandlung

Die meisten Behandlungsmethoden der Kosmetik könnte die Kundin an sich selbst auch zu Hause durchführen. Warum kommt sie dann zu Ihnen? Sie will eben nicht selbst an sich arbeiten, sondern „arbeiten lassen". Denken Sie daran, daß die Kundin verwöhnt werden möchte, sich entspannen und ausruhen will. Dieser Gesichtspunkt der Kosmetik ist ebenso wichtig für die Verschönerung wie eine sachgemäße Behandlung.

Waschen und desinfizieren Sie vor Beginn der Behandlung in Gegenwart der Kundin Ihre Hände und bürsten Sie Ihre Nägel. Die Kundin soll sehen, daß sie mit sauberen Fingern verwöhnt wird!

9.4.1 Reinigung

Nachdem die Kundin die Oberbekleidung abgelegt hat, nimmt sie im Kosmetikstuhl Platz und wird mit Handtuch und Decke zugedeckt. Wir schieben ihre Haare mit einer Stirnbinde so weit zurück, daß der Haaransatz gerade sichtbar ist.

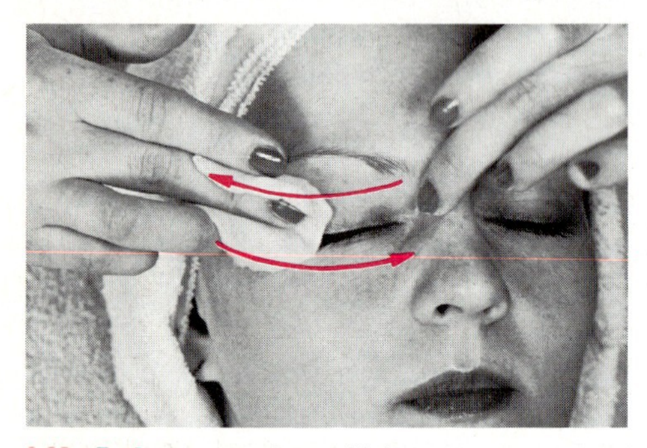

9.38 Entfernen von Augen-Make-up

Vorreinigung. Starkes Augen-Make-up nimmt man mit speziellen Pads (Eye make-up remover pads = Augen-Make-up-Entferner) oder mit ölgetränkter Watte ab. Dazu wird die angefeuchtete Watte oder der Pad vom inneren Augenwinkel über das Oberlid zum äußeren und unter dem Auge zum inneren Augenwinkel geführt (**9**.38). Die empfindliche Haut der Augenpartie darf nicht so stark verschoben oder gedehnt werden, um die Faltenbildung nicht zu fördern. Starkes Lippen-Make-up entfernen wir mit Öl, Watte oder Zellstoff.

Tabelle **9**.38 **Reinigung**

Hauttyp	Reinigungsmittel und Anwendung	Eigenschaften, Wirkung
Aknehaut und Seborrhö oleosa	Reinigungsschaum, Waschlotionen (seifenfreie WAS) nach Gebrauchsanweisung mit warmen Wasser verdünnen, Haut mit Kompressen reinigen	WAS haben gutes Lösungsvermögen für Fette erhalten durch schwach saure Reaktion den Säureschutzmantel
Seborrhö sicca und normale Haut mit fettigen Verschmutzungen	Reinigungscreme (Mineralfette in W/Ö-Emulsion) wird mit dem Spatel der Dose entnommen, auf dem Handrücken abgestreift, auf Stirn, Nase, Kinn und Wangen getupft, mit leichten Massagegriffen verteilt und mit Zellstoff oder Gesichtstüchern abgenommen	Mineralfette lösen fettige Verschmutzungen (Fette sind fettlöslich) und nehmen Make-up-Reste in die Emulsion auf hinterlassen fettiges Gefühl auf der Haut erfordern Nachreinigung
normale Haut, Sebostase und alternde Haut	Reinigungsmilch (Mineralfette und synthetische Wachse in Ö/W-Emulsion) wird in die Handinnenfläche gegeben und wie Reinigungscreme verteilt und abgenommen oder mit feuchtwarmen Kompressen entfernt	läßt sich leichter verteilen als Reinigungscreme ungeeignet für stark fettige Verschmutzungen, da äußere Phase Wasser hinterläßt kein fettiges Gefühl auf der Haut

Je nach Hauttyp haben sich für die Reinigung unterschiedliche Mittel bewährt. Gemeinsam ist allen üblichen Reinigungsmethoden das Prinzip der Emulsionsbildung oder Aufnahme der Verunreinigungen der Haut in eine Emulsion (**9**.39).
Die Hautreinigung ist ein wichtiger Bestandteil der kosmetischen Behandlung, denn Talg, Staub oder Make-up-Reste können, wenn sie nicht gründlich entfernt werden, bei der anschließenden Massage verteilt und in die Poren massiert werden. Dort begünstigen sie die Entstehung von Infektionen. Ein klares, gesundes und schönes Hautbild läßt sich also nur durch sorgfältige Reinigung erzielen.

Die Nachreinigung wird mit Gesichtswasser und Wattepads durchgeführt. Achten Sie darauf, daß die Watte immer erst mit Wasser angefeuchtet wird, damit keine Watteteilchen auf der Haut zurückbleiben. Träufeln Sie das Gesichtswasser auf die Watte und legen Sie zwei Wattepads um die Mittel- und Ringfinger beider Hände. Kleiner Finger und Zeigefinger halten die Watte, während die Haut vom Kinn aus zur Stirn mit leichten Massagebewegungen abgerieben wird. Durch das Gesichtswasser werden Reinigungsmittel entfernt und die Haut für weitere Behandlungen aufnahmefähig gemacht (**9**.40).

Tabelle **9**.40 **Inhaltsstoffe von Gesichtswässern**

Inhaltsstoff	Wirkung
10 bis 40% Ethanol in Aknegesichtswasser 30 bis 50% 2-Propanol	löst Fette (Hauttalg, Fette aus Reinigungsmitteln und fetthaltige Verschmutzungen) erfrischt (Verdunstungskälte) und desinfiziert
organische Säuren (Zitronen- und Weinsäure, Alaun) sauer reagierende Salze	adstringieren erneuern pH-Wert der Hautoberfläche entquellen
Tenside	verbessern die Reinigungswirkung
hautglättende Zusätze z.B. Propantriol (Glycerin), Hexanhexol (Sorbitol)	erhöhen durch ihre wasserbindenden Eigenschaften den Wassergehalt der Hornschicht
desinfizierende Zusätze[1])	erhöhen die Haltbarkeit des Präparates und wirken gegen Akne
Duft- und Farbstoffe	verbessern den Geruch und das Aussehen des Präparats
spezielle Zusätze, z.B.	
– Teer	entzündungshemmend
– Schwefel	hornlösend, desinfizierend
– Salizylsäure	hornlösend
– Kamille (Azulen)	entzündungshemmend
– Hamamelis	schwach gerbend
– Melisse	adstringierend
– Menthol	kühlend, antiseptisch, anregend
– Camphersäure	adstringierend, juckreizmildernd

[1]) Kosmetische Mittel müssen desinfizierende Zusätze bzw. Konservierungsmittel enthalten, um sie vor bakterieller Zersetzung und dem Ranzigwerden zu schützen.

Vorreinigung	= Entfernen von Augen- und Lippen-Make-up
Reinigung	= Entfernen von Make-up-Resten, Hauttalg und Verschmutzungen
Nachreinigung	= Vorbereiten der Haut für folgende Behandlungen

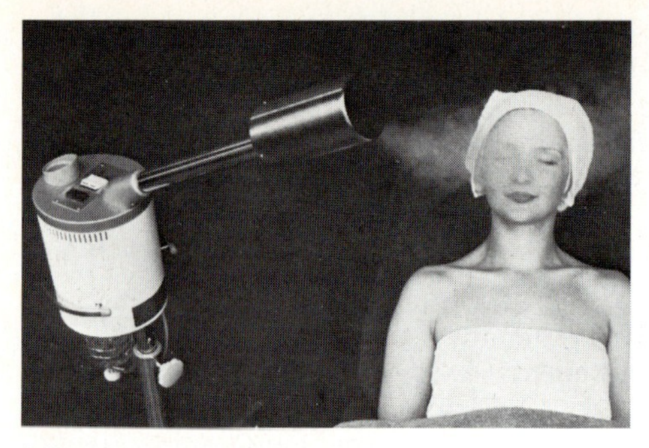

9.41 Vapozone

Die Tiefenreinigung wurde früher mit Spezialmasken (z.B. Paraffinmaske) durchgeführt. Heute ist die Anwendung von heißem Wasserdampf üblich. Dazu eignen sich *Gesichtssaunen* und *Vapozonegeräte* (**9**.41). Der Wasserdampf regt die Hautfunktionen an, quillt die Haut und fördert die Durchblutung. Die Poren werden erweitert, die Haut gibt vermehrt Schweiß ab und schwemmt Schadstoffe aus. Durch die Erwärmung verflüssigen sich Talgreste, Komedonen erweichen und können leicht entfernt werden.

Das Vapozonegerät erzeugt außer dem Wasserdampf Ozon (O_3), dessen desinfizierende Eigenschaft sich besonders günstig auf unreine Haut auswirkt.

Bei empfindlicher, zu Teleangiektasien neigender Haut dürfen beide Geräte nicht angewendet werden. Hier kann man die Reinigung durch feuchtwarme Kompressen unterstützen (**9**.42 und **9**.43).

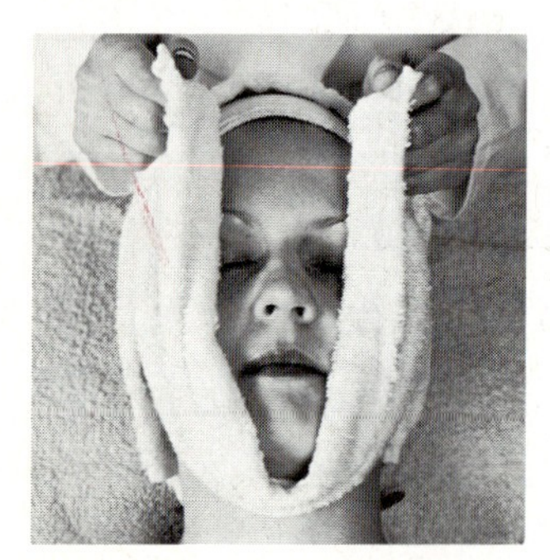

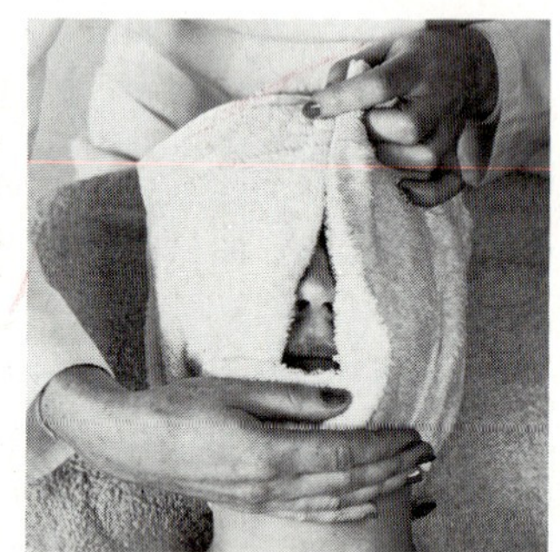

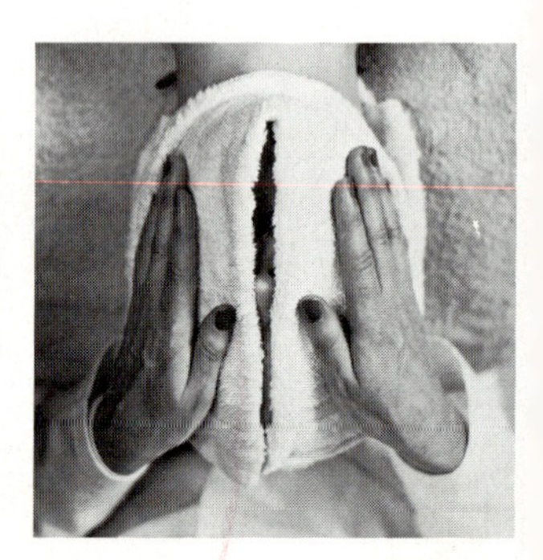

9.42 Legen einer Kompresse

Tabelle **9**.43 **Wasseranwendung in der Kosmetik**

Art	Anwendung	Wirkung
Wasserdampf (Gesichtssauna, Vapozone)	nach der Reinigung	steigert Hautfunktionen erweicht Komedonen fördert die Heilung bei Akne
warme Kompressen	während der Behandlung zum Abnehmen des Reinigungsmittels, von Masken und Packungen sowie zur Reinigung mit Waschlotion	steigern die Hautfunktionen (allerdings weniger als Wasserdampf)
kalte Kompressen	nach der Massage	setzen Hautfunktionen herab erfrischen
Wechselkompressen (heiß/kalt)	zum Abschluß der Behandlung	nachhaltige Durchblutungssteigerung „Gefäßtraining" härten die Haut ab

9.4.2 Massage

Die kosmetische Massage ist Mittelpunkt der Hautbehandlung. Sie wird in völliger Ruhe und Harmonie ohne merkbares Absetzen der Hände ausgeführt. Sie wirkt nicht nur auf die Haut, sondern führt auch zu völliger Entspannung der Kundin und hat damit direkt Einfluß auf ihr Wohlbefinden.

Die Massagecreme bewirkt zusammen mit den streichenden Bewegungen Ihrer Hände die Quellung und Erwärmung der Haut, so daß sie gleich nach der Massage gleichmäßiger und glatt erscheint. Damit Sie die Massage individuell auf die Kundin abstimmen können, wollen wir Ihnen in der Übersicht **9.**44 die Massagearten und -wirkungen vorstellen und Ihnen dann einzelne wichtige Griffe beschreiben (**9.**45).

Tabelle **9.**44 **Massagearten**

Massageart	Ausführung	Wirkung
Streichen = Effleurage	Die Hände schmiegen sich weich streichend den Hautpartien an. Ein anfangs leichter Druck klingt gegen Ende des Griffs wieder ab	beruhigt erwärmt die Haut verbessert die Durchblutung fördert den Lymphstrom mechanisches Abtragen der Epithelzellen
Reiben = Friktion	Die Fingerkuppen massieren mit steigendem und abflachendem Druck in kreisenden Bewegungen	„trainiert" die Bindegewebsfasern fördert den Stoffaustausch zwischen Gefäßen und Zellen lockert verspannte Muskulatur fördert Entleerung der Drüsen
Kneten = Petrissage	Daumen und Zeigefinger erfassen die Muskulatur, heben sie leicht an und verschieben sie gegeneinander	führt die durch Muskelarbeit entstandenen Schlackenstoffe der Lymphe zu beeinflußt die Elastizität des Bindegewebes lockert die Muskulatur
Klopfen = Tapotement (nur für unempfindliche Haut)	Durch federnde Bewegung aus dem Handgelenk heraus wird die Haut mit dem ersten oder den ersten beiden Fingergliedern punktförmig berührt („trommeln")	regt die Hautnerven an erhöht den Stoffwechsel beugt Muskelschwund (Muskelatrophie) vor festigt die Muskulatur
Erschüttern = Vibration (nur bei unempfindlicher Haut mit starker Subcutis)	Fast ausschließlich mit Massagegeräten. Dabei führt man den Massagekopf über die Haut und berücksichtigt besonders die fett- und muskelreichen Hautpartien	löst Verkrampfungen langanhaltende Durchblutungssteigerung reizt die Hautnerven

Eine Massage, bei deren Ablauf die Massageart nicht genügend gewechselt wird, bleibt wirkungslos. Der Erfolg einer Massage ist also eng mit dem Wechsel zwischen anregenden und beruhigenden Griffen verbunden, weil die Haut vor allem auf Reizunterschiede reagiert. Am Beginn und zum Abschluß führen wir zur Beruhigung immer sanfte Streichmassagen aus.

Tabelle **9.45** **Massagegriffe** (Jeder Griff wird etwa drei- bis fünfmal ausgeführt)

Halsmassage	
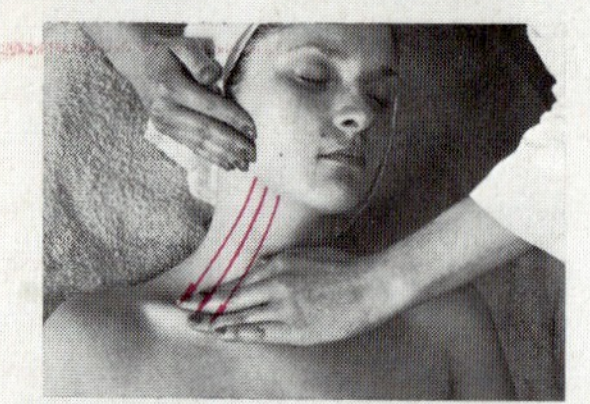	Die rechte Hand streicht die linke Halsseite von der Kieferkontur zum Schlüsselbein aus, die linke Hand entsprechend die rechte Seite. Der Griff wird wechselnd ausgeführt, so daß der Hautkontakt erhalten bleibt. Die Kehlkopfpartie lassen wir aus.
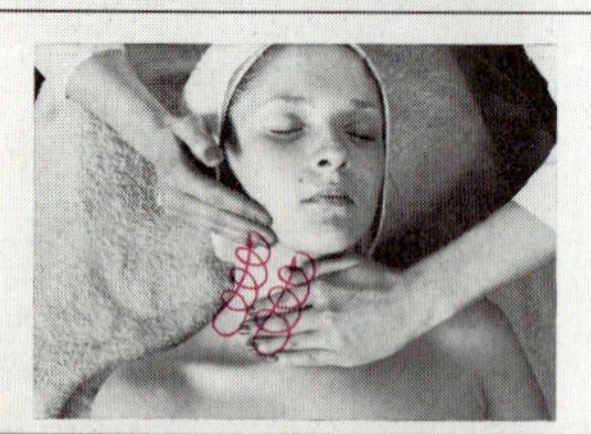	Beide Hände führen Friktionen auf der Halsseite aus und gleiten sanft zur Kieferkontur zurück.
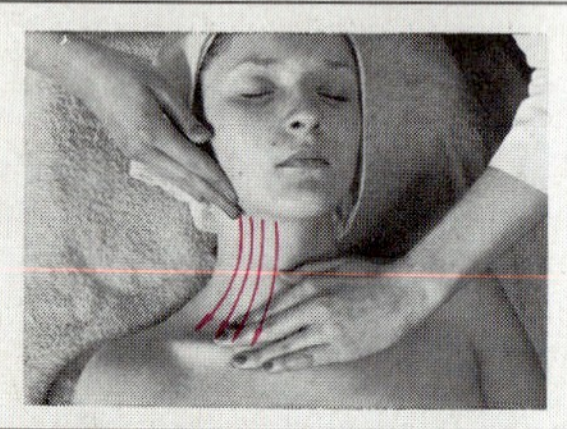	Der Hals wird im Wechsel beider Hände ausgestrichen.
Gesichtsmassage	
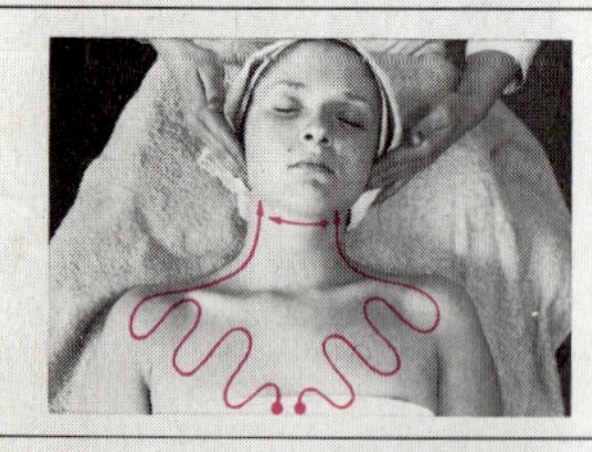	Übergang: Beide Hände setzen am Brustbein an und ziehen in Schlangenlinien über das Dekolleté, anschließend seitlich vom Hals hoch bis zu den Kieferästen. Die rechte Hand beginnt mit dem Ausstreichen der unteren Kinnpartie.
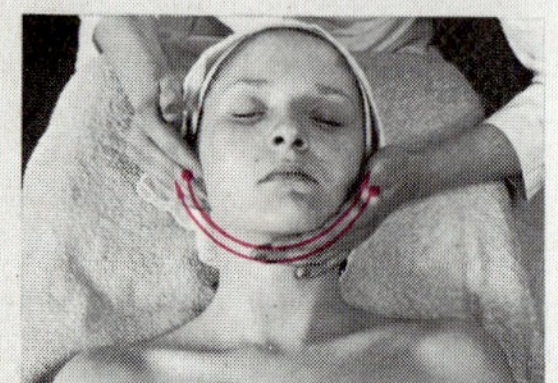	Ausstreichen unter dem Kinn von Ohr zu Ohr.
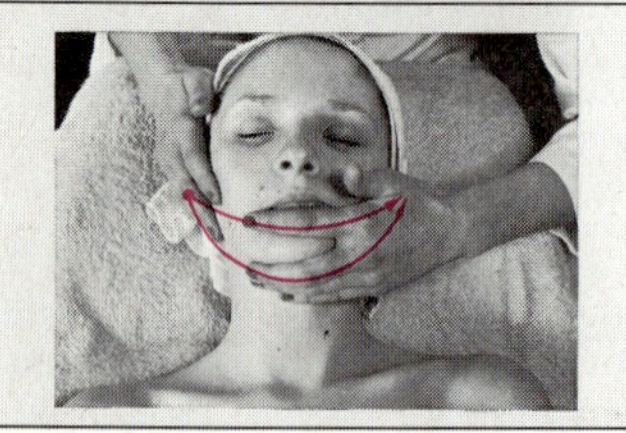	Ausstreichen unter und auf dem Kinn. Das Kinn liegt dabei zwischen Zeige- und Mittelfinger.

Fortsetzung s. nächste Seite

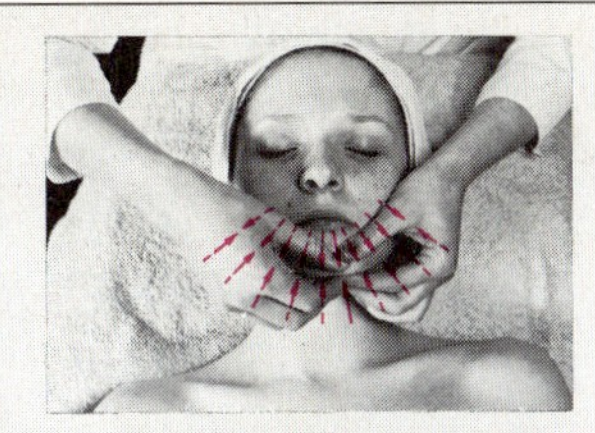	Kinnknetgriff von rechts nach links und von links nach rechts ausführen. Beide Daumen kneten im Wechsel das Gewebe gegen die übrigen Finger, von denen ein Gegendruck ausgehen muß.
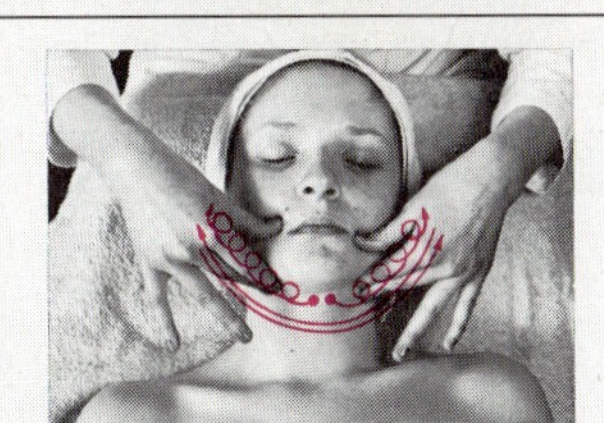	Friktionen unter dem Kinn von der Mitte zu den Ohren gleichzeitig mit beiden Händen. Die Friktionen werden mit den Kuppen von Mittel- und Zeigefinger ausgeführt. Zum Abschluß streichen wir die Kinnpartie aus.
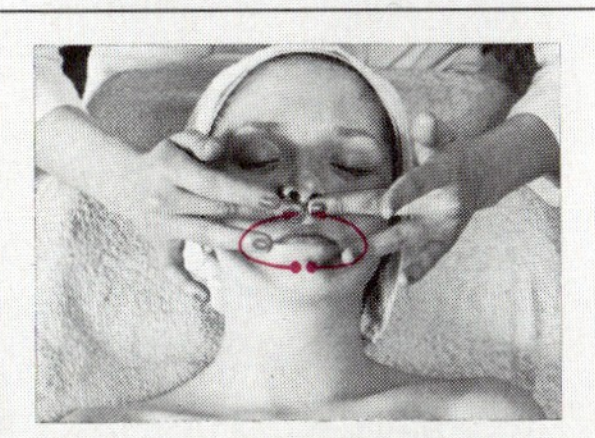 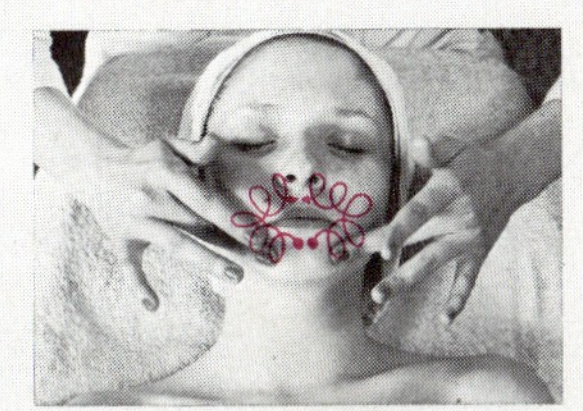	Mundringmuskelkreise: Beide Mittelfinger setzen in der Kinnrille an und ziehen im Halbkreis um den Mund. Lassen Sie die Finger ohne Druck zum Kinn zurückgleiten oder setzen Sie sie ausnahmsweise ab. Wiederholen Sie den Griff und führen Sie dabei mit dem Mittelfinger Friktionen aus.
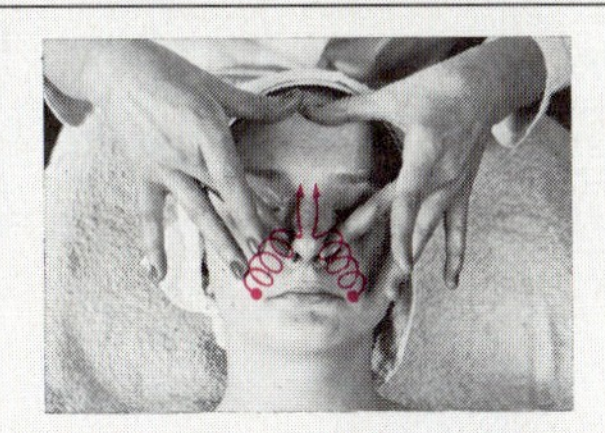	Beide Mittelfinger führen von den Mundwinkeln zu den Nasenflügeln Friktionen aus (Nasolabialfalte), ziehen hoch zur Nasenspitze und streichen im Wechsel über den Nasenrücken. Die Daumen werden dabei auf die obere Stirn gelegt.
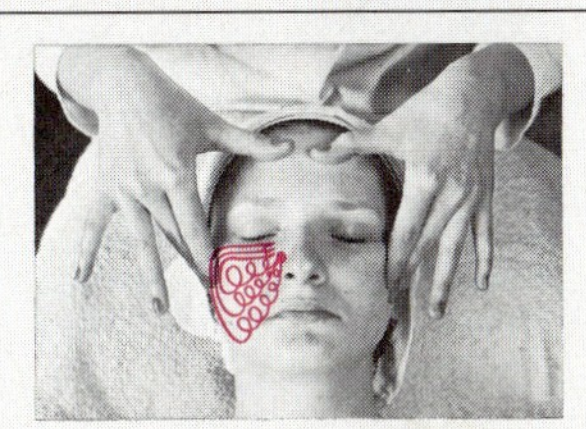	Friktionen auf den Wangen: Die Daumen bleiben auf der Stirn, während Mittel- und Ringfinger Friktionen in 3 bis 4 Reihen auf den Wangen ausführen. Die Finger gleiten anschließend von der unteren Wange zu den Schläfen, verharren dort mit leichtem Druck und gleiten sanft unter den Augen entlang zurück.
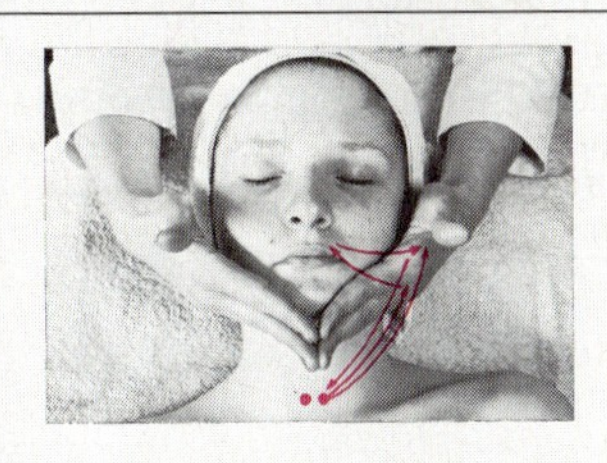	Ausstreichen der Wangenpartie mit Wangenschleifen: Die Hände setzen seitlich am Kinn an, so daß sich die Fingerspitzen 3 bis 4 cm vor dem Kinn berühren. Ziehen Sie die Hände mit geschlossenen Fingern bis zu den Ohren. Hier lösen sich die Zeigefinger und streichen über den Jochbeinbogen zu den Nasenflügeln, um sich während der Abwärtsbewegung wieder mit den anderen Fingern zu vereinigen. Die Aufwärtsbewegung wird mit mehr Druck ausgeführt als die Abwärtsbewegung. Damit die Wangen bedeckt werden, müssen Sie die Hände etwas hohl halten.

Fortsetzung s. nächste Seite

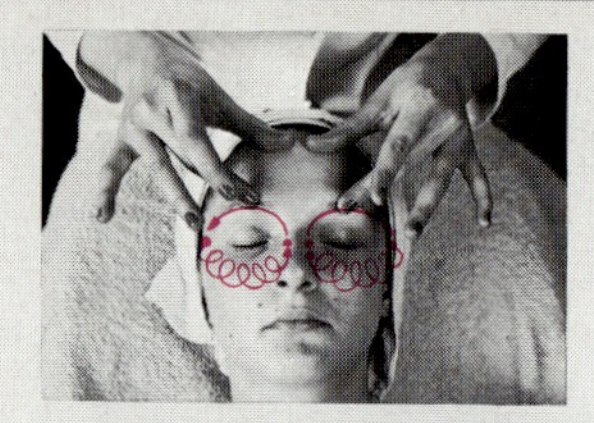	Große Augenringe: Von den Schläfen aus führen Sie mit den Mittelfingern Friktionen unter den Augen in Richtung Nase aus. An der seitlichen Nasenwurzel verharren die Finger und gleiten dann durch die Augenbraue zur Schläfe zurück.
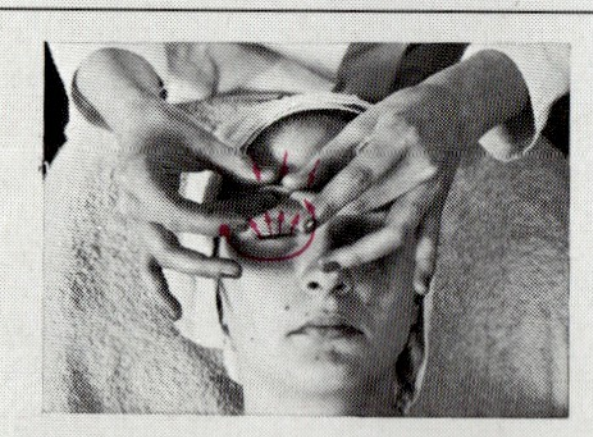	Knetgriff in der Augenbraue: Ein Mittelfinger gleitet von der Schläfe unter dem Auge entlang, um auf dem Rückweg durch die Augenbraue zusammen mit Daumen und Mittelfinger beider Hände Knetgriffe durch die Braue auszufüllen. Danach wird der gleiche Griff am anderen Auge ausgeführt.
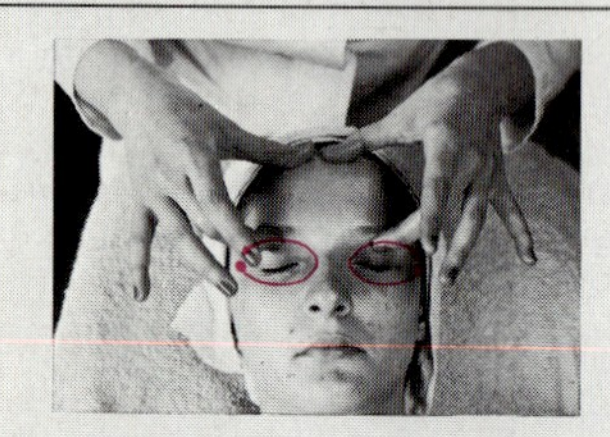	Kleine Augenkreise: Die Mittelfinger streichen von den Schläfen zum inneren Augenwinkel und durch die Lidfalte zurück zur Schläfe.
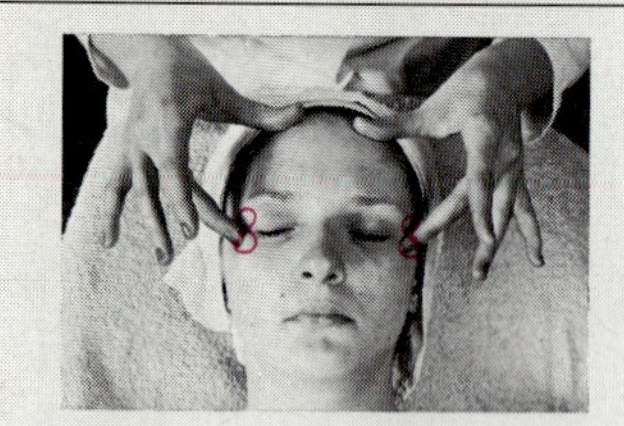	Ausstreichen der seitlichen Augenfältchen: Beide Mittelfinger beschreiben seitlich am äußeren Augenwinkel Achten.
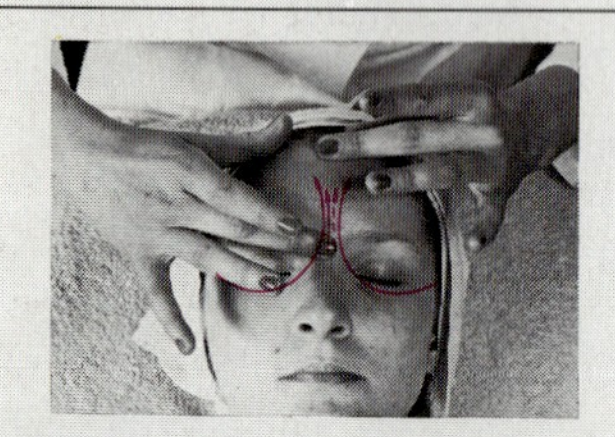	Ausstreichen der Zornesfalte: Die Mittelfinger ziehen über den Jochbeinbogen hoch zur Nasenwurzel, um im Wechsel die Zornesfalte auszustreichen.
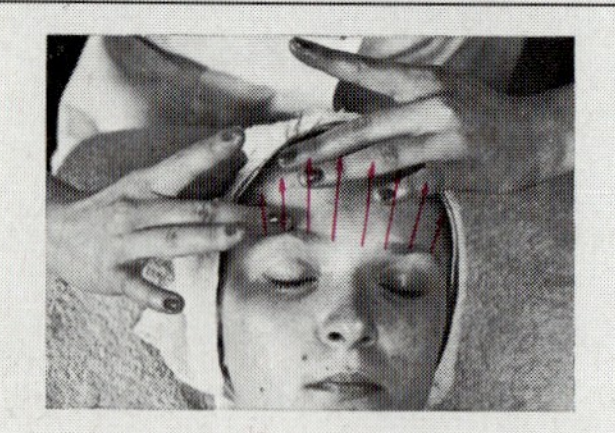	Ausstreichen der Stirn: Stellen Sie die Hände quer und streichen Sie von der Augenbraue bis zum Haaransatz mit beiden Mittelfingern im Wechsel aus. Der Griff wird von der Stirnmitte nach rechts und zurück zur Mitte ausgeführt. (Anschließend linke Stirnhälfte behandeln.)

Fortsetzung s. nächste Seite

Tabelle **9.45**, Fortsetzung

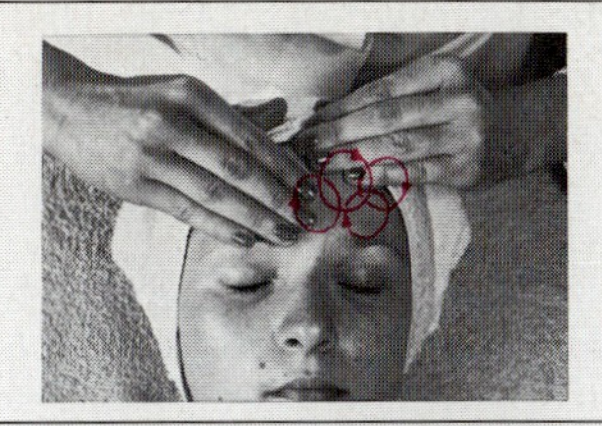	Großflächige Friktionen auf der Stirn: Zeige-, Mittel- und Ringfinger beschreiben ineinandergreifende Kreise auf der Stirn und bewegen sich dabei von links nach rechts und zurück.
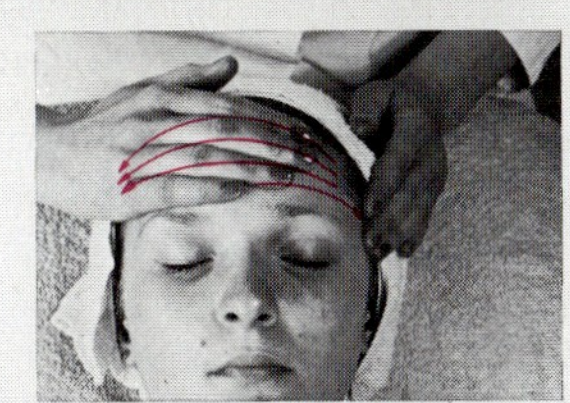	Plättgriffe auf der Stirn: Die Hände werden auf der Stirnmitte quergestellt. Die linke Hand streicht zur linken Stirnseite, die rechte setzt neben den Fingerspitzen der linken Hand an, um zur rechten Seite zu streichen. Griff im Wechsel ausführen.
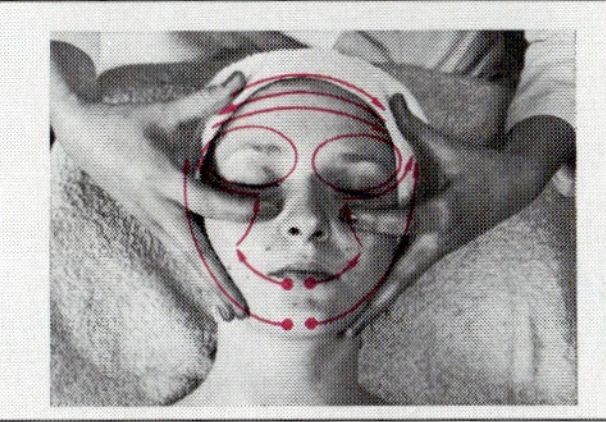	Abschlußgriff: Beide Hände um das Kinn legen, Zeigefinger in die Kinnrille. Hände nach hinten ziehen, bis die Zeigefinger neben dem Mundwinkel liegen. Die Zeigefinger werden über die Wangen zum Jochbein bewegt. Anschließend streichen Sie mit allen Fingern bis zu den Schläfen, um danach große Augenkreise und Stirnausstreichgriffe durchzuführen.

Massagemittel sollen den Händen Gleitfähigkeit verleihen, die Gesichtshaut glätten und geschmeidig machen. Damit die Gleitfähigkeit während der etwa 20minütigen Massage erhalten bleibt, dürfen die Mittel nicht schnell in die Haut eindringen. Geeignet sind alle Cremes mit dem Emulsionstyp W/Ö und Hautfunktionsöle. Die eigentlichen Massagecremes enthalten bis zu 60% Mineralfette (Paraffinöl, Vaseline), während die Hautfunktionsöle überwiegend aus Pflanzenölen bestehen, deren Gleitwirkung durch Zusatz von Paraffinöl erhöht wird. Da pflanzliche Fette und Öle in die Haut eindringen, können spezielle Wirkstoffe (z.B. Vitamine) mit eingeschleust werden. Mineralfette sind trotz ihrer geringen Hautfreundlichkeit beliebte Massagemittel, weil sie unter dem Druck der Bewegungen auf der Haut schmelzen, ohne klebrig zu werden.

Massagegeräte setzt man zur Körpermassage ein. Sie bestehen aus einem Motor, der auswechselbare Massageköpfe mit Rollen, Saugnäpfen oder Bürsten unterschiedlicher Härte antreibt. Man führt sie in streichenden oder kreisenden Bewegungen über die Haut- und Muskelpartien. Besonders beliebt sind sie zur Vibrationsmassage.

9.4.3 Masken und Packungen

Eine genaue Unterscheidung zwischen Masken und Packungen ist heute durch die Vielzahl der Präparate, die sich nicht in die traditionelle Trennung einordnen lassen, ungebräuchlich geworden.

Masken sind für Wärme und Ausscheidungen der Haut (Feuchtigkeit, Kohlendioxid) undurchlässige Substanzen, die einen festen Film bilden (Paraffin, Kunststoffe). Wegen ihrer Undurchlässigkeit steigern sie die Hautfunktionen, die Haut quillt, die Poren werden erweitert, die Unreinheiten erweichen. Masken werden zu Beginn der Behandlung eingesetzt.

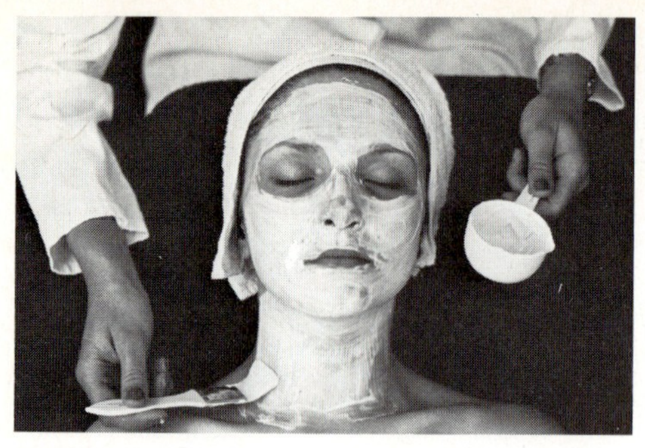

9.46 Packung auftragen mit dem Flachpinsel

Packungen sind durchlässig für Feuchtigkeit, Wärme, Kohlendioxid. Sie setzen Hautfunktionen herab, entquellen, beruhigen. Sie beschließen die Pflegebehandlung.

Puderpackungen sind anorganischer Herkunft (z. B. Kaolin, Tonerde, Talkum, Zinkoxid) und organischer Herkunft (z. B. Weizen-, Reis-, Maisstärke). Sie enthalten Zusätze mit anregenden oder beruhigenden Eigenschaften. Das Pulver wird mit warmem Wasser angerührt und mit einem Flachpinsel auf die Haut aufgetragen. Dabei muß die empfindliche Haut um die Augen herum freigelassen werden (**9.46**). Puderpackungen entziehen der Haut Fett und Wasser. Sie entquellen und eignen sich daher besonders für seborrhöische Haut.

Cremepackungen sind Ö/W-Emulsionen, die durch hygroskopische Zusätze (Sorbit, Glycerin, Honig) den Feuchtigkeitsgehalt der Haut erhöhen. Die damit verbundene Quellung läßt die Haut vorübergehend glatter erscheinen. Als fettende Stoffe dienen echte Fette, Wachse, Lecithin sowie ungesättigte Fettsäuren. Wegen ihrer hautglättenden und feuchtigkeitsbindenden Eigenschaften sind Cremepackungen vor allem für trockene, empfindliche und alternde Haut geeignet.

Masken zu Beginn der Behandlung	Packungen zum Abschluß der Behandlung
– sind undurchlässig	– sind durchlässig
– steigern Hautfunktionen	– setzen Hautfunktionen herab
– quellen und erwärmen die Haut	– entquellen und kühlen die Haut
– reinigen	– pflegen

9.4.4 Spezialbehandlungen

Färben der Augenbrauen und Wimpern

Das dauerhafte Einfärben von Augenbrauen und Wimpern ist eine beliebte Methode, um der Augenpartie etwas mehr Ausdruck zu verleihen, ohne Zeit und Mühe für ein tägliches Make-up aufwenden zu müssen. Die Färbung hält etwa 4 Wochen, d. h. so lange, bis der Haarwechsel der Borstenhaare vollzogen ist.

Bei Wimpernfärbemitteln liegt der H_2O_2-Gehalt niedriger als bei Haarfärbemitteln. Dadurch wird die Gefahr der Unverträglichkeit für die empfindliche Haut der Augenlider vermindert.

> **Vorsicht** – die Färbemasse soll die Haut nicht berühren und darf auf keinen Fall in die Augen gelangen!

Arbeitsweise. Zuerst reinigen wir Augenbrauen und Wimpern mit einem fettfreien Augen-Make-up-Entferner und cremen die Haut der Lider so vorsichtig mit einer W/Ö-Emulsion ein, daß die Wimpern fettfrei bleiben. Als weiteren Hautschutz legt man auf die Augengröße der Kundin zugeschnittene Schablonen (Kunststoff- oder Wattepads) unter die untere Wimpernreihe. Das Färbemittel wird mit einem watteumwickelten Holzstäbchen in rollenden Bewegungen auf die oberen Wimpern aufgetragen und zur unteren Wimpernreihe durchgedrückt. Selbstverständlich muß die Kundin beim Auftragen und während der Einwirkzeit die Augen geschlossen haben. Ist die Farbe auf die Wimpern aufgetragen, behandelt man die Augenbrauen. Sie sollten immer heller bleiben als die Wimpern, um keinen zu harten Gesichtsausdruck hervorzurufen. Nach der in der Gebrauchsanweisung angegebenen Einwirkzeit entfernen wir zuerst die Farbe mit dem watteumwickelten Holzstäbchen und nehmen dann mit feuchten Wattepads den Rest ab. Zur Nachbehandlung gehören beruhigende Augentropfen, ebenso wie das In-Form-Bürsten der Augenbrauen und Wimpern.

Da winzige Verletzungen der Haut beim Zupfen der Brauenhaare nicht auszuschließen sind, darf die Form erst nach der Färbung korrigiert werden.

Enthaarungsmethoden

Depilation und Epilation. Viele ältere Damen leiden an der Überbehaarung des Gesichts, dem Damenbart (**9**.47). Aber auch dunkle oder stärkere Behaarung der Beine und Achseln wird als unangenehm empfunden. Leichte Sommerkleidung verstärkt noch den Wunsch, die lästigen Haare loszuwerden. Bei der Enthaarung unterscheidet man Depilation und Epilation.

Als Depilation bezeichnet man alle Methoden, bei denen die Haare wieder nachwachsen; es ist also eine Haarentfernung auf Zeit.

Epilation dagegen ist die endgültige Haarentfernung durch Zerstören der Wachstumszone (Papille) des Haares mit elektrischem Strom. Beim Epilot ist eine an der Spitze nicht isolierte hauchdünne Nadel über das Gerät mit einem Fußpedal verbunden. Beim Betätigen des Pedals wird das Gewebe der Papille zerkocht (koaguliert).

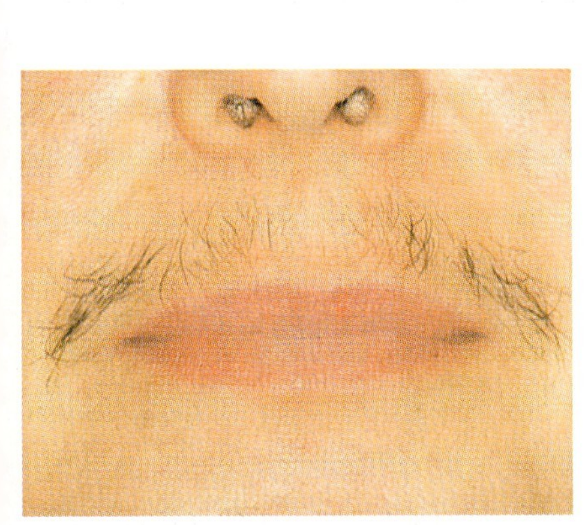

9.47 Damenbart

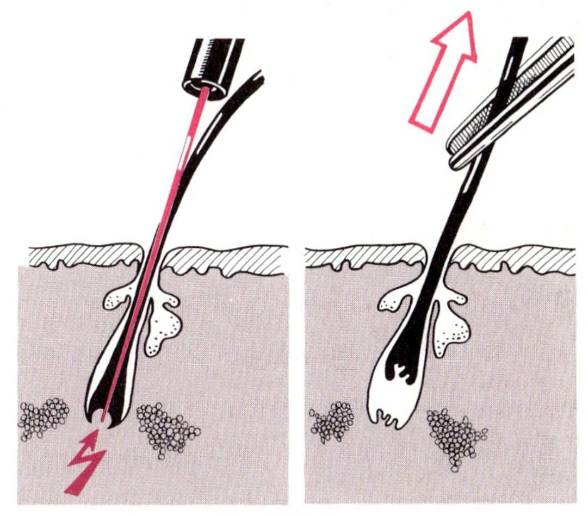

9.48 Epilotnadel im Haarfollikel

Arbeitsweise. Die zu epilierende Partie wird desinfiziert, da Verletzungen der Haut nicht auszuschließen sind. Dann schieben wir die Nadel in die Follikelöffnung des zu entfernenden Haares. Dabei muß die Wachstumsrichtung beachtet werden, so daß die Nadel den Follikel nicht durchsticht (keine Blutung!), sondern hineingleitet (**9**.48). Am Ende des Follikels spüren wir einen leichten Widerstand. Nachdem die Papille durch einen kurzen Stromstoß (2 bis 3 Sekunden) zerkocht ist, wird die Nadel wieder herausgezogen und das Haar mit einer Pinzette herausgenommen.

Das Epilieren ist eine äußerst mühevolle und langwierige Arbeitstechnik, weil nach dem ersten Epilieren noch etwa 30% der entfernten Haare nachwachsen – denn nicht immer wird die Papille genau getroffen und ausreichend zerkocht. Etwas einfacher geht es mit der Epilotpinzette, bei der die Nadel durch eine Pinzette ersetzt ist und das Haar nur berührt und herausgezogen werden muß. Am einfachsten sind allerdings die Depilationsmethoden.

Zupfen oder Rasieren der Haare sind bei der Korrektur der Augenbrauen üblich. Man zupft – meist mit der automatischen Pinzette – die Haare in Wuchsrichtung aus, wobei man die Haut mit Zeige- und Mittelfinger der linken Hand spannt. Etwa 3 bis 4 Wochen nach dem Auszupfen sind die Haare nachgewachsen. Beim Rasieren dagegen sind sie schon am nächsten Tag als dunkle Stoppeln sichtbar. Deshalb ist vom Rasieren der Augenbrauen abzuraten. Für die schnelle und einfache Enthaarung der Beine eignet sich die Rasur durchaus. Dazu ist das Rasiermesser wegen der Verletzungsgefahr weniger zu empfehlen als der kleine, handliche Damenrasierapparat.

Chemische Depilationsmittel sind Cremes oder Enthaarungsschaum auf der Basis von Thioglykolsäure oder Sulfiden. Beide Stoffe erweichen das Keratin so stark, daß die Haare mit einem Schwamm oder Spatel abgeschabt werden können. Besonders beliebt sind diese Mittel zum Enthaaren der Achselhöhlen.

Arbeitsweise. Zuerst wird an einer unsichtbaren Stelle ein Hauttest durchgeführt. Dazu trägt man etwas Creme auf und wäscht nach 10 Minuten ab. Zeigt sich keine Hautrötung, kann man das Mittel unbedenklich verwenden. Die zu entfernenden Haare werden dann in die Creme eingebettet. Nach der kürzesten der in der Gebrauchsanweisung angegebenen Einwirkzeit prüfen wir mit einer Pinzette, ob die Haare gummieartig weich sind. Dann nehmen wir die Masse mit Spatel oder Schwamm ab und waschen unbedingt mit warmem Wasser gründlich nach. Wegen der geringen Hautverträglichkeit dürfen keine Reste des Mittels auf der Haut bleiben! Zur Nachbehandlung cremt man die Haut ein oder pudert sie mit Körperpuder ab. Weil die Haut bei der Cremeenthaarung mit starken Alkalien behandelt wurde, sollten in den nächsten 12 Stunden keine alkoholischen Deodorantien benutzt werden.

Warmwachsenthaarung ist eine gute Möglichkeit, Haare an den Beinen oder auch Gesichtshaare zu entfernen, ohne daß sie mit stumpfer Spitze – also auffälliger als zuvor – nachwachsen. Es geht schneller als Zupfen, ist aber nicht gerade schmerzlos.

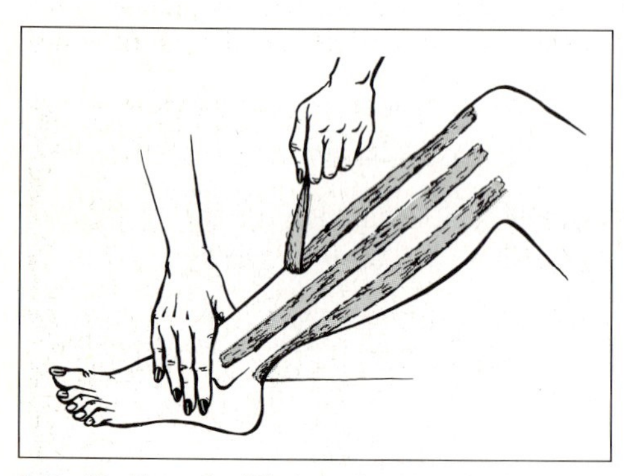

9.49 Streifenweise Wachsentfernung

Arbeitsweise. Das Wachs wird im Wasserbad erwärmt, bis es dünnflüssig ist, und 2 bis 3 mm dick mit einem flachen Pinsel auf die zu enthaarende Partie aufgetragen. An den Rändern sollte die Wachsschicht etwas dicker sein, damit sie sich besser abreiben läßt. Mit eingelegten Folienstreifen oder Mullbinden läßt sich die Masse leichter abnehmen. Nach dem Erkalten ist sie eine harte Masse, in die die Haare fest eingebettet sind. Man reißt dann Wachs und Haare *entgegen* der Wuchsrichtung von der Haut ab. Bei größeren Flächen empfiehlt sich die Arbeitsweise in pinselbreiten Streifen, weil sich die Streifen besser und schmerzloser entfernen lassen als breitere Flächen. Beim Abreißen muß die Haut gespannt werden, um unnötige Schmerzen zu vermeiden (**9.49**).

Wegen der Gefahr von Schweißdrüsenabszessen darf in den Achselhöhlen keine Wachsenthaarung vorgenommen werden!

Nach einer sorgfältig durchgeführten Wachsenthaarung ist das nachwachsende Haar feiner und dünner als üblich, so daß sich der Erfolg der Behandlung um einige Wochen verlängern läßt, wenn die feinen Härchen mit speziellem Schmirgelpapier abgerieben werden.

Depilationsgeräte ersetzen heute oft die umständliche Warmwachsenthaarung. Sie ähneln elektrischen Rasierapparaten, schneiden jedoch die Haare nicht oberhalb der Haut ab, sondern ziehen sie durch sich drehende oder senkrecht angeordnete Metallscheiben aus dem Follikel.

Enthaarung	
Epilation (endgültig)	Depilation (Haare wachsen nach)
– Zerkochen der Haarpapille durch Strom	– Zupfen oder Rasieren
	– chemische Mittel
	– Enthaarungswachs
	– Depilationsgeräte

Peeling und kosmetisches Hautschleifen

„Schlüpfen Sie aus der alten Haut!" könnte der Werbespruch für eine Peeling-Behandlung lauten. Wie bei Werbesprüchen üblich, liegt nur ein klein wenig Wahrheit darin. Was geschieht beim Peeling?

Peeling. Biochemisch wirksame Substanzen (Fermente und fermentähnliche Stoffe) werden als angerührtes Pulver oder in Cremeform auf die Haut aufgetragen. Die empfindliche Haut der Augenpartie bleibt ebenso wie bei Masken und Packungen frei! Die Stoffe lösen die Kittsubstanz zwischen den Hornzellen der Hornschicht, so daß die oberen Zellagen nach der Einwirkzeit von 15 bis 20 Minuten abgetragen werden können. Bei empfindlicher Haut entfernt man die Masse mit Kompressen, bei dicker und unempfindlicher Haut wird sie abgerubbelt. Das mechanische Abtragen der Zellen beim Abrubbeln kann durch eine Bürstenmassage mit dem Frimator verstärkt werden (**9**.50). Nach Peeling-Behandlungen wirkt auch dicke und großporige Haut zarter und gleichmäßiger.

Das Hautschleifen ist ein verstärktes mechanisches Peeling. Nach dem Auftrag eines grobkörnigen Spezialschleifmittels führt man den sich ständig drehenden Schleifstein über die Haut.

Schälbehandlungen der Haut, die nur von Ärzten vorgenommen werden, sind eine Radikalentfernung und Erneuerung der Hornschicht. Sie werden bei schweren Aknenarben durchgeführt. Salben, die Resorzin, Vitamin-A-Säure, Salicylsäure usw. enthalten, erzeugen eine starke Entzündung. Die Haut rötet sich, spannt schmerzhaft und schält sich innerhalb einer Woche vollständig ab, um sich dann zu erneuern.

Diese starken Schälbehandlungen erfordern meist einen Hautklinikaufenthalt.

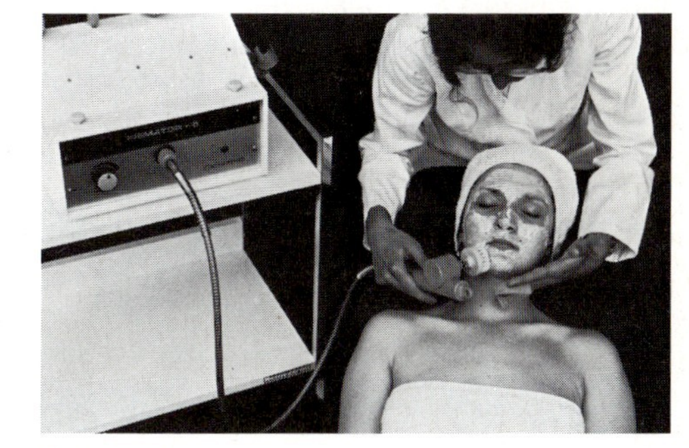

9.50 Peeling

Strahlenanwendung in der Kosmetik

Das natürliche Sonnenlicht enthält außer dem sichtbaren Licht Infrarotstrahlen und die langwelligen UV-A-, UV-B- sowie UV-C-Strahlen (**9**.51).

Die letzten werden normalerweise von der natürlichen Ozonschicht der Erdatmosphäre von der Erde abgehalten. Bei geschädigter Ozonschicht (Ozonloch) entfällt jedoch diese Filterwirkung – die zellschädigenden Strahlen treffen uns: *Folge: Die Krebserkrankungen der Haut werden noch häufiger.*

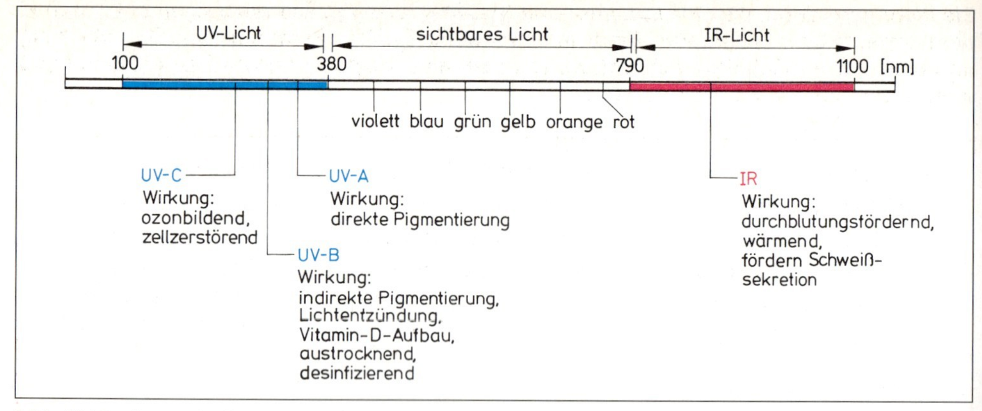

9.51 UV-Spektrum der Sonne

Solarien erzeugen keine UV-C-, wenig UV-B- und viel UV-A-Strahlung. Dadurch läßt sich zwar der schmerzhafte Sonnenbrand vermeiden, jedoch können andere Hautschäden auftreten.

UV-A-Strahlen dunkeln die vorhandenen Pigmentvorstufen (direkte Pigmentierung). So kommt es zu einer schnellen Hautbräunung, die aber nicht lange anhält. Da die langwelligen Strahlen bis in die Cutis eindringen, schädigen sie die elastischen und kollagenen Fasern des Bindegewebes. Die Fähigkeit dieser Hautschicht, Wasser zu speichern, läßt nach. Faltenbildung und vorzeitige Hautalterung, sind die Folgen.

UV-B-Strahlen dringen bis zur Basalzellenschicht ein und regen dort die Melanocyten zur Pigmentbildung an.

Man spricht von einer *indirekten Pigmentierung*, weil die Hautbräunung erst nach mehreren Tagen sichtbar wird. Die UVB-Strahlen führen jedoch stets zu einer Lichtentzündung (Sonnenbrand, Erythem), die langsam in die ersehnte dunkle Hautfarbe übergeht. Leider ist ein Sonnenbrand nicht nur eine vorübergehende Unannehmlichkeit, sondern verursacht bleibende Hautschäden. Vorzeitige Alterung der Haut, Verdickung der Hornschicht (Lichtschwiele) und Hautkrebs sind bekannte Folgen übertriebener Sonnenbestrahlung. Um die positiven Wirkungen dieser Strahlen – z.B. den Aufbau von Vitamin D aus der Vitaminvorstufe, die desinfizierende und austrocknende Wirkung (Seborrhö, Akne) – auszunutzen, bedarf es also einer genauen Dosierung der Strahlen. Dazu eignen sich künstliche Strahler (Solarien, Höhensonne) und Lichtschutzcremes, die einen Teil der schädigenden Strahlen herausfiltern (s. Abschn. 11.2.8).

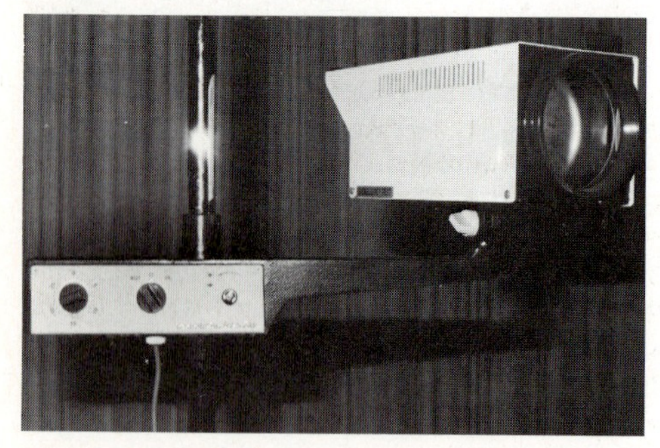

9.52 Sollux-Lampe

Infrarotstahlen (IR-Strahlen) sind Wärmestrahlen, die die Haut nicht schädigen. Sie wirken durchblutungsfördernd und regen die Schweißsekretion an. In der Kosmetik setzt man sie ein, um die Durchblutung bei Altershaut zu steigern und das Eindringen von Cremepackungen zu verbessern. Außerdem läßt sich mit IR-Strahlen die Heilung der Akne beschleunigen. Zur Bestrahlung eignet sich die Infrarotlampe der Höhensonne ebenso wie die Sollux-Lampe mit Rotfilter (**9**.52).

Blaulicht wird durch die Sollux-Lampe mit Blaufilter erzeugt. Die Wirkungen entsprechen dem Gegenteil der IR-Strahlen. Blaulicht verengt die Gefäße, vermindert die Durchblutung und beruhigt die Gefäßnerven. Daher setzt man es zur Linderung von Hautrötungen und -entzündungen ein (Sonnenbrand).

UV-Strahlen	IR-Strahlen	Blaulicht
– bräunen die Haut – desinfizieren – trocknen die Haut aus – bauen Vitamin D auf – verursachen Lichtschäden (Lichtschwielen, Hautalterung, Hautkrebs)	– erwärmen die Haut – fördern die Durchblutung – erhöhen die Schweißsekretion	– beruhigt, kühlt – vermindert die Durchblutung – lindert Rötungen und Entzündungen

9.5 Dekorative Kosmetik

Die dekorative Kosmetik bildet den Abschluß einer kosmetischen Behandlung. In Friseurbetrieben ohne Kosmetikkabine wird das Tages- oder Abend-Make-up gern als Zusatzbehandlung angeboten, um die positive Wirkung der Frisur zu einem gepflegten Gesamteindruck zu erweitern. Außerdem fördert die Anwendung farbiger kosmetischer Mittel den Verkauf von Kosmetika, denn die Kundin möchte meist das ihr erstellte Make-up auch weiter benutzen – Grund genug, sich besonders viel Mühe zu geben!

> Aufgabe der dekorativen Kosmetik ist es, Vorzüge zu betonen und Mängel auszugleichen.

Beispiel Hat eine Kundin unreine Haut oder Teleangiektasien, wird der Teint mit stark deckender Grundierung ausgeglichen, Augen und/oder Mund werden durch ein ansprechendes Make-up betont.

Bevor Sie zu den Farbtöpfen greifen, müssen Sie Ihre Vorstellungen vom Make-up mit denen der Kundin in Einklang bringen. Dazu sind ein kleines Gespräch und einige Vorüberlegungen nötig.

Anlaß und Kleidung bestimmen die Auffälligkeit des Make-up und die Wahl der Farben. Wünscht die Kundin ein kleines Tages-Make-up, wird es entweder „farbneutral" (beige, braune Töne) gehalten oder auf die Kleidung bezogen, die sie gerade trägt. Im Tageslicht wirken kräftige Farben kraß und unnatürlich, so daß ein Tages-Make-up in sanften Farben erstellt werden sollte. Möchte die Kundin ein Abend-Make-up, wird es nicht nur in kräftigeren Farben gehalten, sondern auch aufwendiger, z. B. mit künstlichen Wimpern, Glanzstiften usw., ergänzt. Künstliche Lichtquellen lassen kräftige Farben dezenter erscheinen. Ein besonders zart geschminktes Gesicht würde dadurch blaß und farblos wirken. Ein Abend-Make-up muß auch das Kleid berücksichtigen, das die Kundin tragen wird. Dabei ist nicht nur die Farbe des Kleides wichtig, sondern auch der Schnitt. Bei einem tiefen Ausschnitt wird die Haut des Halses, des Dekolletés und der Oberarme mit grundiert – allerdings ein oder zwei Töne heller als die Gesichtshaut, um den natürlichen Farbunterschied zu bewahren.

Alter. Niemand behält bis ins hohe Alter hinein ein makelloses, faltenfreies Gesicht. Das Make-up muß dieser unabänderlichen Tatsache Rechnung tragen. Eine faltige Augenpartie, betont mit leuchtenden Make-up-Farben, ist keine Verschönerung. Jedoch wirken ältere Damen mit dezenter Teintgrundierung, etwas Rouge, einem hellen Lippenstift und sauber gezupften Augenbrauen sowie etwas Wimperntusche sehr vorteilhaft. Dagegen kann eine junge Kundin mit nahezu makelloser Haut Extravaganzen der Mode mitmachen und – zu passenden Gelegenheiten – ein auffälliges Make-up tragen.

Der Typ entsteht durch Hervorheben einzelner Merkmale der Persönlichkeit – nämlich der typischen –, wobei individuelle Merkmale zurückgedrängt werden. Die individuellen Merkmale erschweren es uns, den Typ zu beurteilen. Nur wenige Frauen lassen sich eindeutig bestimmten Typen zuordnen. Dennoch gibt es Gruppen von Frauen, die in ihrem Aussehen und Verhalten Ähnlichkeiten aufweisen. Schauen wir sie uns an!

Der sportliche Typ trägt meist Hosen, Pullover, Hosenanzüge oder schlicht geschnittene bequeme Kleider. Diese Frauen haben oft Kurzhaarfrisuren und bevorzugen – wenn sie sich schminken oder schminken lassen – ein schlichtes Make-up ohne Extravaganz und auffällige Farben.

Die elegante Dame achtet streng auf völlige Harmonie der Farben. Kleidung und Make-up wirken sorgfältig ausgewählt, ja fast edel.

Die extravagante Kundin scheint der Mode immer einen Schritt voraus zu sein. Kleidung, Frisur und Make-up sind von auffälligem Chic. Sie hat Mut zu extremen Farben und Farbkombinationen, die bei einem anderen Typ sicher lächerlich wirkten.

Der frauliche, zurückhaltende Typ bevorzugt dezente Farben für Teint und Lippen ohne starkes Augen-Make-up. Damen dieses Typs lassen sich nicht auf die Mode und Modefarben ein. Sie tragen jahrelang das gleiche Make-up – jedoch Farben, die so dezent sind, daß sie immer angenehm wirken.

Den romantisch verspielten Typ verkörpern einige junge Kundinnen. Sie sind besonders zierlich, tragen gern lange lockige Haare, und das Gesicht wirkt fast „püppchenhaft". Die Teintgrundierung ist hell (oft einen Ton heller als die Hautfarbe), das Rouge unter den Augen hoch auf die Wangenknochen getupft, die Augenbrauen sind schmal, und den Augen wurde durch dunkle Töne Tiefe verliehen. Der Mund ist durch klares Rot betont.

Haar- und Augenfarbe müssen in ein harmonisches Make-up einbezogen werden. Sie bestimmen die Wahl der Farben nach dem Prinzip hell zu hell und dunkel zu dunkel. Dies bedeutet, daß einer blonden Kundin sanfte Pastellfarben besonders gut stehen. Die Augenfarbe kann durch Lidschatten im gleichen Farbton betont werden. Zu einer Dunkelhaarigen passen kräftigere Make-up-Farben; sie würde mit Pastellfarben blaß und unscheinbar wirken.

Ungünstige Gesichtsformen lassen sich nicht nur durch Frisuren ausgleichen, sondern auch durch das Make-up. Dunkel schattierte Gesichtspartien treten optisch zurück, wirken also schmaler, während hellere hervortreten. Ein breites Gesicht wird deshalb seitlich mit dunkler Teintgrundierung abschattiert. Ein spitzes Kinn kann optisch durch hellere Grundierung seitlich der Kinnspitze verbreitert werden.

> Die Wahl der Make-up-Farben wird bestimmt durch den Typ, den Anlaß, das Alter, Haar- und Augenfarbe sowie durch die Gesichtsform und die Kleidung.

Arbeitsschritte und Mittel zum Erstellen eines Make-up. Make-up darf nur auf gereinigte, adstringierte Haut aufgetragen werden, die durch eine Tagescreme (Ö/W-Emulsion) geschützt ist. Bei seborrhöischer Haut eignet sich besonders eine Mattcreme (Stearatcreme), da sie das Fleckigwerden der Grundierung verhindert.

Korrektur von Hautfehlern. Zuerst deckt man – wenn nötig – mit einem Korrekturstift oder weißem Make-up Unreinheiten sowie Augenringe ab. Bei starken Teleangiektasien oder Neigung zu roten Flecken kann ein hellgrünes Make-up (Komplementärfarbe) auf die Wangen aufgetragen werden.

Grundierung. Die meistgebrauchten Teintgrundierungen sind flüssige Make-up-Präparate in Form von Ö/W-Emulsionen. Sie werden in die Innenhand gegeben, von dort aus auf Stirn, Nase, Kinn und Wangen getupft und so lange gleichmäßig mit den Fingern oder Schwämmen verteilt, bis sie antrocknen. Pastenförmige Grundierungen sind in Spiegeldosen im Handel. Man trägt sie auf die Haut auf, nachdem man sie mit einem Spatel entnommen hat, um eine hygienische Anwendung bei mehreren Personen zu gewährleisten. Pastenförmige Make-up-Präparate haben eine höhere Deckkraft als flüssige und sind besonders als Abend-Make-up beliebt. Durch die starke Deckkraft erübrigt sich oft die vorherige Korrektur von Hautfehlern.

> Achten Sie beim Verteilen des Make-up auf gleichmäßige Übergänge am Hals und an den Konturen!

Die Grundierung mit Puder (lose oder als Puderstein gepreßt) kann bei seborrhöischer Haut verwendet werden. Man führt sie mit einem Wattebausch durch. Meist braucht man Puder aber nur zum Mattieren von Glanzstellen (Nase oder Mittelgesicht). Überschüssige Puderteilchen werden mit einem Wattebausch oder einer Bürste entfernt.

Wangenrouge gibt es als creme- oder puderförmige Präparate. Ihre Farbe sollte grundsätzlich dunkler sein als die Grundierung. Cremeförmiges Rouge wird vor dem Mattieren durch Puder aufgetragen, um sanfte Übergänge zu schaffen. Rougefarben eignen sich besonders zum Modellieren des Gesichts (**9**.53).

Tabelle **9**.53 **Gesichtsmodellierung mit Rouge**

Breites Gesicht 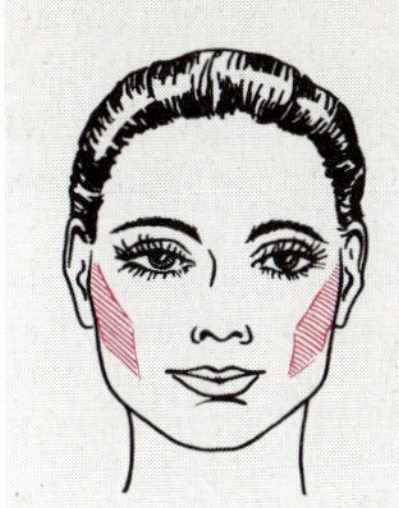	Das Rouge wird von der Mitte der Wange zum Ohr und zum Ende der Augenbraue (trapezförmig) verrieben.
Schmales Gesicht 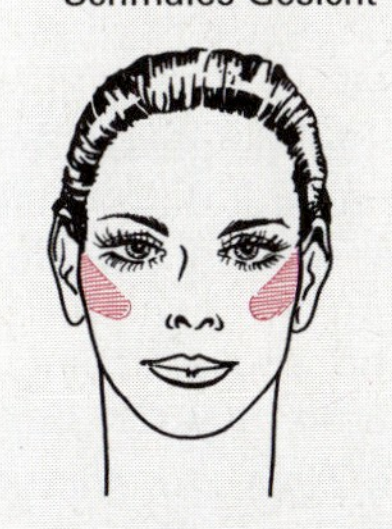	Das Rouge wird auf die Wangenknochen aufgetragen und zu den Schläfen hin verrieben.
Rundes Gesicht 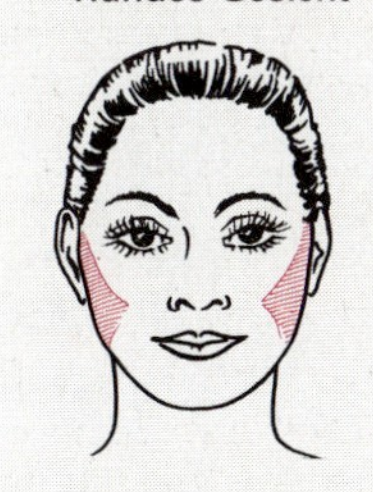	Das Rouge wird als Dreieck zwischen Augenbrauenende, Wangenmitte und Kieferknochen aufgetragen.
Breites Kinn 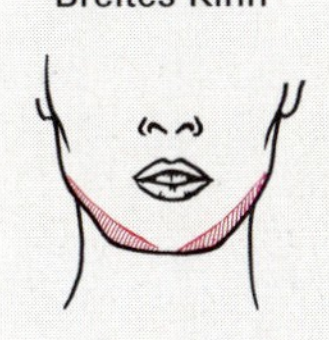	Die Kontur wird rechts und links von der Kinnspitze aus abschattiert.
Spitzes Kinn 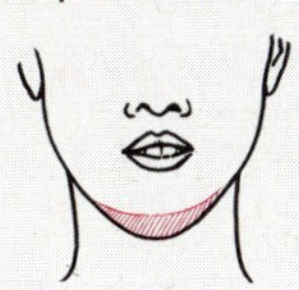	Die Kinnspitze wird mit einem Rougetupfer schattiert.

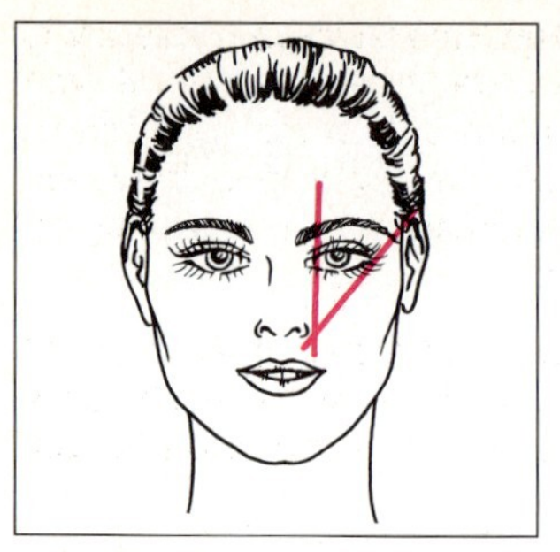

9.54 Prüfen der optimalen Augenbrauenlänge

Augenbrauen bürsten Sie entweder nur in Form oder zeichnen, falls sie zu dünn oder hell wirken, mit einem spitzen Augenbrauenstift einzelne Härchen zwischen die Brauenhaare. Sind die Brauen zwar gut geformt, aber zu hell, eignet sich Augenbrauenpuder zum Anfärben. Er wird mit einem abgeschrägten Pinselchen aufgetragen.

Das Zupfen der Brauen muß zu Beginn der Behandlung durchgeführt werden, weil sich die Haut dabei rötet, manchmal sogar anschwillt. Um eine Infektion zu vermeiden, reibt man zuerst die Brauen mit Alkohol ab. Gezupft wird nur am unteren Lidrand und bei zusammengewachsenen Augenbrauen über der Nasenwurzel. Dazu spannt man die Haut mit dem Zeige- und Mittelfinger der linken Hand und zieht überflüssige Haare mit der Pinzette ruckartig in Wuchsrichtung heraus (**9**.54).

Lidschatten in flüssiger oder cremeförmiger Form (Stifte) werden nach dem Auftragen auf dem oberen Lidrand mit den Fingerspitzen zu den Augenbrauen und Schläfen verwischt. Lidschattenpulver trägt man mit dem Pinsel auf. Die Haltbarkeit der Farben und die strahlende Wirkung der Augen lassen sich durch weißen oder hellbeigen Lidschatten (High Lighter) unter dem farbigen erhöhen. Dieser wird auf das gesamte Lid bis unter die Augenbraue aufgetragen und ebenso zur Schläfe hin verwischt (**9**.55). Die Lidschattenfarbe richtet sich nach der Augenfarbe oder der Bekleidung.

Tagsüber kommen sanfte Töne zur Wirkung, während man beim Abend-Make-up kräftigere Farben mit Perlmuttglanz bevorzugt.

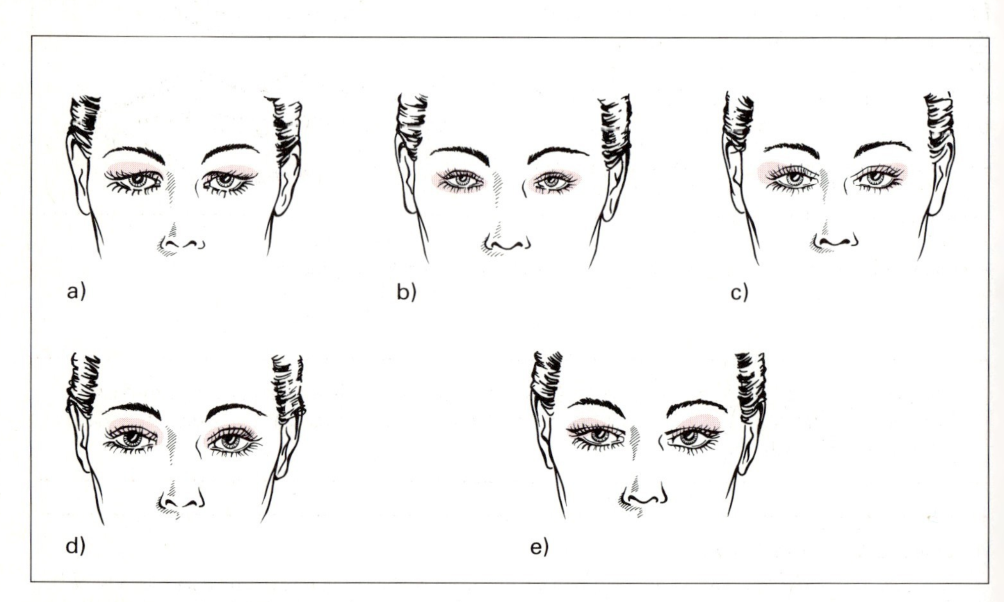

9.55 Schattierungsbeispiele beim Lidschatten

a) Schlupflid – bis zur Lidfalte hell, oberhalb der Lidfalte dunkler zur Augenbraue auslaufend
b) kleines Auge – einen dezenten Farbton ums Auge verteilen
c) zu eng stehende Augen – seitliche Augenwinkel betonen
d) zu weit auseinanderstehende Augen – innere Augenwinkel betonen
e) wulstige Partie zwischen Braue und Auge – Partie zwischen Lidfalte und Augenbraue waagerecht mehrfarbig teilen

Lidstrich oder Kajal ist zwar nicht immer modern, jedoch sollten Sie trotzdem wissen, wie er aufgetragen wird. Die Kundin muß das Augenlid schließen, damit Sie den Strich von der Mitte des Oberlids her dicht am Wimpernrand entlang nach außen ziehen können. Anschließend wird der Pinsel, der nun weniger Farbe enthält, am inneren Lidrand angesetzt und zur Mitte gezogen. Vermeiden Sie allzu dunkle Lidstriche – sie wirken zu hart.

Wimperntusche wird mit der Bürste oder Spirale des Applikators aufgetragen. Man tuscht zuerst die oberen Wimpern von oben, dann von unten. Dadurch erzielt man eine schwungvoll gebogene Wimpernform. Die Wimpern des Unterlids werden nur von oben behandelt.

Künstliche Wimpern sind dem Abend-Make-up vorbehalten. Sie werden entweder als Band oder einzeln über die natürlichen geklebt. Vor dem Ansetzen wird das Band auf die Länge des Lids zurechtgeschnitten und am inneren Augenwinkel etwas verkürzt. Durch unregelmäßiges Ausdünnen wirken sie bedeutend natürlicher.

Zum Lippen-Make-up gehören das Nachziehen der Kontur und das Ausfüllen der Lippen mit Lippenstift. Der Konturenstift darf eine Nuance dunkler sein als die Lippenfarbe. Der Mund wirkt dadurch besonders plastisch. Ist die Kontur vorgezeichnet, trägt man die Lippenfarbe mit dem Pinselchen auf, tupft mit Seidenpapier ab und überpudert die Lippen leicht, um anschließend erneut aufzutragen. Durch den zweifachen Auftrag erhöht sich die Haltbarkeit der Lippenfarbe (**9**.56).

Kontrollieren Sie zum Abschluß noch einmal das gesamte Make-up. Achten Sie dabei vor allem auf diese Punkte:

- **Übergänge** der Grundierung zum Hals, des Lidschattens und Rouge zur umgebenden Haut,
- **Harmonie der Farben,** besonders bei Lippenstift, Rouge und Nagellack,
- **Abstimmung** auf Alter und Typ der Kundin.

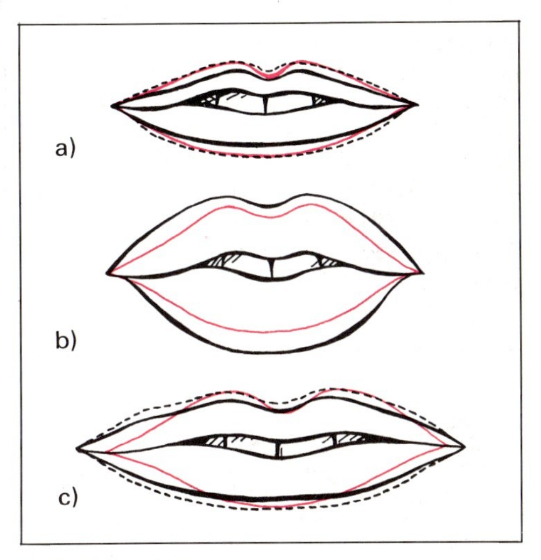

9.56 Lippen-Make-up
a) schmale Lippen
b) wulstige Lippen
c) zu breiter Mund

Ein perfekt ausgeführtes Make-up trägt nicht nur entscheidend zu besserem Aussehen bei, sondern bildet auch einen guten Schutz der Haut vor Umwelteinflüssen, besonders UV-Strahlen.

Aufgaben zu Abschnitt 9.4 und 9.5

1. Beschreiben Sie das Entfernen eines starken Augen-Make-up.
2. Welche Reinigungsmittel eignen sich besonders für Seborrhoe und Aknehaut?
3. Welche Nachteile haben Reinigungscremes gegenüber Reinigungsmilch?
4. Welche Inhaltsstoffe sind in Gesichtswässern?
5. Mit welchen Geräten wird eine Tiefenreinigung der Gesichtshaut durchgeführt?
6. Welche Wirkung haben warme, kalte und Wechselkompressen auf die Haut?
7. Nennen Sie mindestens vier Massagearten.
8. Warum müssen Sie während der Massage die Massageart mehrmals wechseln?

9. Welche Aufgaben hat das Massagemittel?
10. Welche Wirkungen haben Packungen?
11. Warum muß man das Färben bei Augenbrauen und Wimpern alle vier Wochen wiederholen?
12. Warum werden die Augenbrauen erst nach dem Färben in Form gezupft?
13. Wodurch unterscheiden sich Depilation und Epilation?
14. Nennen Sie Depilationsmethoden.
15. Welche Inhaltsstoffe in Enthaarungscreme oder -schaum erweichen das Keratin?
16. Was geschieht beim Peeling?
17. Was versteht man unter direkter Pigmentierung? Wodurch entsteht sie?
18. Welche Wirkung haben Infrarotstrahlen?
19. Warum setzt man bei Sonnenbrand Blaulicht ein?
20. Warum ist vor übermäßiger Sonnenbestrahlung der Haut abzuraten?
21. Welche Vorüberlegungen machen Sie zum Make-up? Was fragen Sie Ihre Kundin?
22. Nennen Sie Präparate zur Teintgrundierung. Wodurch unterscheiden sie sich?
23. Wie tragen Sie Wangenrouge bei einem breiten Gesicht auf?
24. Wie läßt man ein spitzes Kinn optisch breiter erscheinen?
25. Was müssen Sie bei der Wahl der Lidschattenfarbe berücksichtigen?
26. Warum sollte beim Lippen-Make-up die Kontur dunkler nachgezeichnet werden als die Lippen?

9.6 Handpflege

Stellen Sie sich eine Dame vor, die in gepflegter Kleidung, hübscher Frisur und Make-up vor Ihnen steht und aus den Handschuhen Hände hervorzieht, deren Haut rissig ist und deren Nägel ein abgesplitterter Lack „ziert". Diese Dame hinterläßt sicherlich keinen angenehmen Eindruck.

Gepflegte Hände und Nägel gehören ebenso zur Körperpflege wie die Haarpflege. Die Handpflege (Maniküre) dient nicht allein der Schönheit, sondern hat auch Bedeutung für die Gesundheit. Als unser ständiges „Werkzeug" sind die Haut und Nägel der Hände oft Schmutz, Wasser und Chemikalien ausgesetzt, die schädigend wirken. Zur Handpflege gehört deshalb auch der Schutz vor diesen Einflüssen.

Somit ist die Maniküre nicht nur eine ergänzende Behandlung für Ihre Kunden und Kundinnen, sondern auch für Sie selbst ein wichtiger Bestandteil der Körperpflege.

9.6.1 Aufbau der Hand und des Nagels

Die Hand ist Greif- und Tastorgan des Menschen. Der Bau des Handskeletts ist abgestimmt auf die vielen Bewegungsmöglichkeiten (**9.**57). Die Verbindung zum Unterarm (Elle und Speiche) bildet die Handwurzel, die aus *8 Handwurzelknochen* besteht. Diese Knochen bewegen sich beim Abknikken oder Drehen der Hände gegeneinander. Die Verbindung von der Handwurzel zu den Fingern bilden die *5 Mittelhandknochen.* An ihrem Ende befinden sich Gelenke, an die die *Fingerknochen* anschließen. Der Daumen besteht aus zwei Fingerknochen, die übrigen Finger haben je drei Knochen. Durch ein Sattelgelenk läßt sich der Daumen sämtlichen Fingern gegenüberstellen, so daß die Hand zu einem perfekten Greifwerkzeug wird.

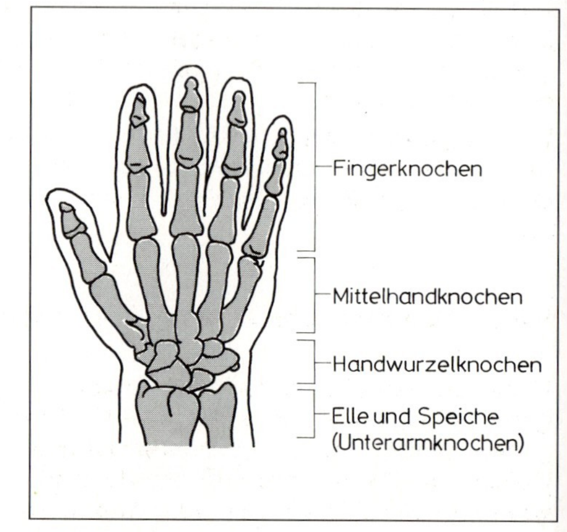

9.57 Handskelett

Der Nagel schützt die blut- und nervenreiche Fingerkuppe (**9**.58). Er ist ebenso wie die Haare ein Anhangsgebilde der Epidermis. Die *Nagelplatte* ist durchscheinend, etwa 0,3 bis höchstens 1 mm dick und besteht aus verhornten plättchenförmigen Zellen, die in mehreren Schichten übereinanderliegen. Den plättchenartigen Aufbau können Sie bei splitternden Nägeln gut beobachten. Unter der Nagelplatte liegt das bindegewebige *Nagelbett.* Es ist von zahlreichen Blutgefäßen durchzogen und versorgt die auf ihr liegende Keimschicht des Nagels. Diese Keimschicht entspricht der Basalzellenschicht der Haut und sorgt durch Zellteilung für das Dickenwachstum des Nagels. Für das Längenwachstum ist dagegen die Matrix (Mutterschicht) zuständig, die unter der Nagelwurzel liegt. Die *Nagelwurzel* ist der von der Haut verdeckte hintere Teil des Nagels. Vor ihr befindet sich das bei den meisten Nägeln sichtbare *Möndchen,* der weißlich schimmernde Teil. Auf diesem Möndchen liegt die *Nagelhaut.* Sie ist nicht durchblutet und schützt die Nagelwurzel vor eindringendem Staub und Krankheitserregern. Der seitliche Teil des Nagels heißt *Nagelfalz,* die wallförmige Hauterhebung um den Nagel *Nagelwall.*

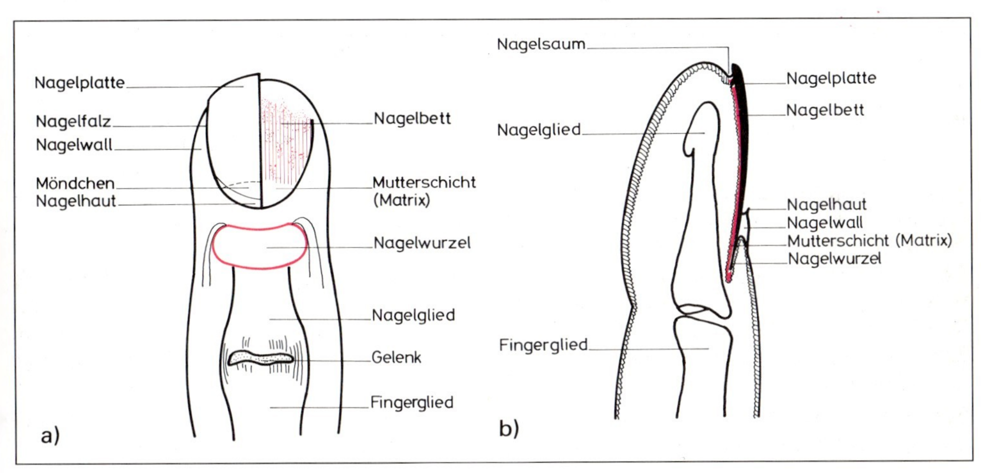

9.58 Nagel a) von oben, b) im Schnitt

Das Nagelwachstum ist bei den einzelnen Nägeln und Personen recht unterschiedlich. Im Durchschnitt wächst ein Nagel 0,8 mm in der Woche, so daß die Maniküre bei perfekt gepflegten Händen einmal wöchentlich durchgeführt werden sollte. Die Zehennägel wachsen etwas langsamer.

Wie langsam ein Nagel wächst, sieht man besonders, wenn der Arzt einen Nagel entfernen mußte. Das ist nicht nur schmerzhaft, sondern auch ein langwieriger Heilungsprozeß, denn zum Abheilen und vollständigen Nachwachsen des Nagels vergeht oft mehr als ein halbes Jahr.

9.6.2 Nagelschäden und Nagelanomalien

Nagelschäden können Verfärbungen oder Verformungen des Nagels sein oder Erkrankungen des Nagelwalls. Alle krankhaften Veränderungen müssen sorgfältig untersucht und gegebenenfalls vom Arzt behandelt werden, da sie häufig auf Allgemeinerkrankungen hinweisen. Der Friseur muß sich und die Kundin vor den Ursachen der Erkrankungen so weit wie möglich schützen und ansteckende Nagelkrankheiten erkennen, um die Maniküre in diesem Fall abzulehnen und der Kundin den Arztbesuch zu empfehlen.

Ursachen von Nagelschädigungen

- Hautkrankheiten und Allgemeinerkrankungen (z.B. Schuppenflechte, Pilzerkrankungen, Herz-, Leber- und Kreislauferkrankungen)
- mechanische Schädigung der Wachstumszonen (z.B. unsachgemäße Maniküre, Quetschungen)
- chemische Schädigungen (z.B. Umgang mit Laugen, zu häufige Seifenwaschungen)
- Ernährungsfehler (z.B. Vitamin-, Eiweiß- oder Mineralstoffmangel)

Nagelverfärbungen

Weiße Flecken in der Nagelplatte entstehen durch Lufteinschlüsse oder durch die Einlagerung von stark lichtbrechenden Körnchen (**9**.59). Unsachgemäßes Zurückschieben der Nagelhaut mit Metallwerkzeugen kann dazu führen. Meist sind die Flecken harmlos, manchmal ein Hinweis auf Leber- oder Nierenerkrankungen, besonders wenn sie sehr stark und an allen Nägeln auftreten. Da sie störend wirken, werden sie mit farbigem Lack abgedeckt.

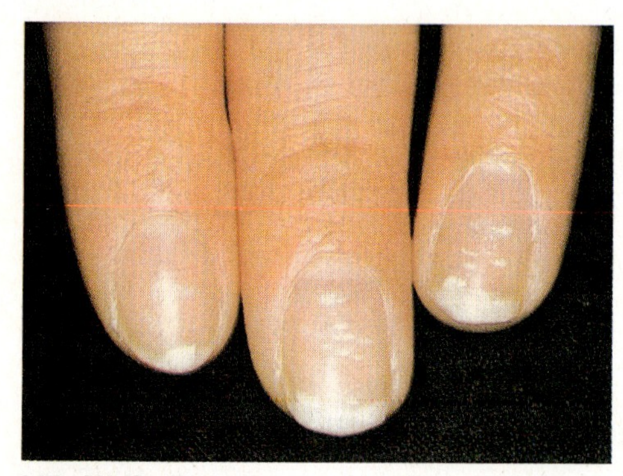

9.59 Weiße Flecken

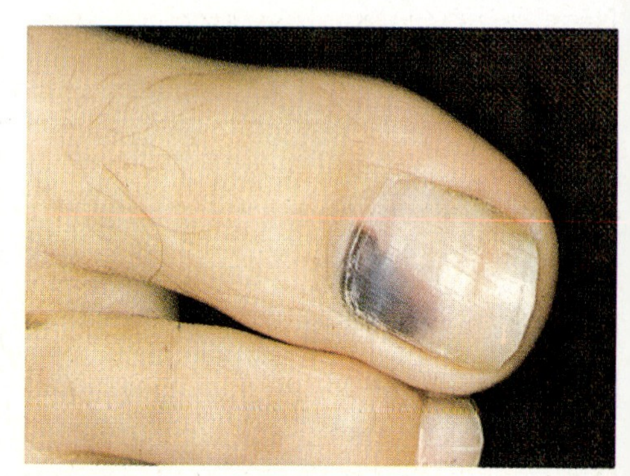

9.60 Blau-schwarze Verfärbung

Braun-schwarze oder blau-schwarze Verfärbungen sind meist Blutergüsse, die durch Quetschungen oder starken mechanischen Druck entstehen (**9**.60). Sie verschwinden nur langsam und können wegen ihrer dunklen Farbe auch nur schwer abgedeckt werden. Manchmal hilft weißer Lack als Unterlack. Liegt keine mechanische Einwirkung vor, kann es sich bei dunklen Verfärbungen um ein Melanom handeln – besonders wenn sich die Nagelplatte schmerzlos abhebt. Nicht abdecken. Hautarzt aufsuchen!

Gelbliche oder grau-grünliche Verfärbungen deuten auf eine beginnende Pilzerkrankung (Mykose) hin. Pilzerkrankungen sind ansteckend! Im Verlauf der Erkrankung verdickt sich der Nagel und blättert ab. Behandelt wird er mit desinfizierenden Lösungen und Salben. Bei fortgeschrittener Erkrankung muß der Nagel entfernt werden. Schicken Sie die Kundin zum Arzt und führen Sie keine Maniküre durch!

Nagelverformungen. Feine Längsrillen findet man in fast jedem Nagel, starke sind normale Altersveränderungen. Damit sich der Nagelrand nicht spaltet, pflegt man den Nagel mit Nagelcreme oder Nagelöl und gleicht die Rillen gegebenenfalls durch Unterlack aus.

Querrillen sind Wachstumsstörungen, die häufig bei Allgemeinerkrankungen oder nach Operationen auftreten (**9**.61). Sie können aber auch durch unsachgemäße Maniküre bzw. Nagelhautentferner entstehen, wenn dieser zur Nagelwurzel vordringt.

Als Krallennägel bezeichnet man Nägel, deren freier Rand schräg nach unten wächst (**9**.62). Ursache sind Herz- und Kreislauferkrankungen. Feilen Sie solche Nägel möglichst kurz.

Grübchenförmige Einsenkungen entstehen bei Schuppenflechte und beim kreisrunden Haarausfall (**9**.63). Da beide nicht anstecken, dürfen Sie eine Maniküre durchführen, sollten die Kundin aber unbedingt zum Arzt schicken.

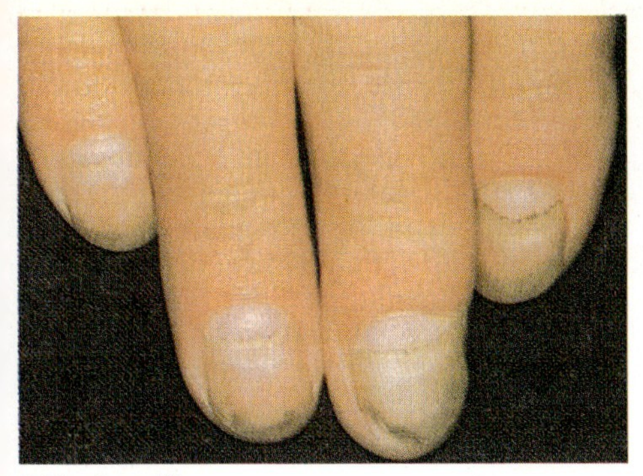

9.61 Querrille

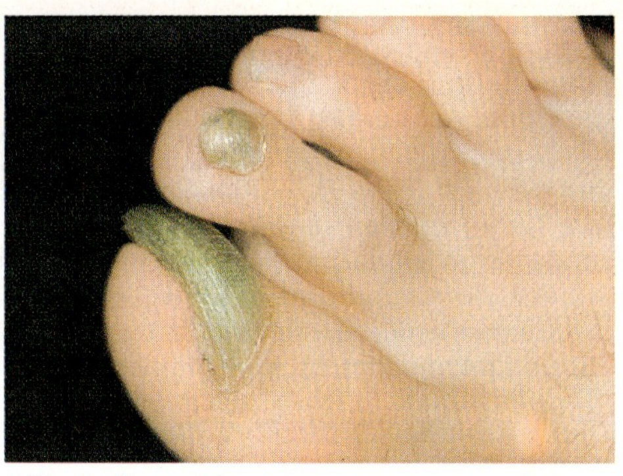

9.62 Krallennagel

Spröde, sich spaltende Nägel können auf Eisen- und Vitaminmangel hindeuten (9.64). Meist entstehen sie durch chemische Einflüsse. Typisch hierfür sind das Auslaugen der Nägel durch Waschmittel, stark entfettende Nagellackentferner oder der Umgang mit Wellflüssigkeiten. Nagelöle und Nagelcreme lindern die Brüchigkeit. Außerdem sollte die Berührung mit den schädigenden Stoffen vermieden werden (Handschuhe tragen). Unterstützt wird die Heilung durch Nagelhärter sowie Vitamin- und Mineralstofftabletten.

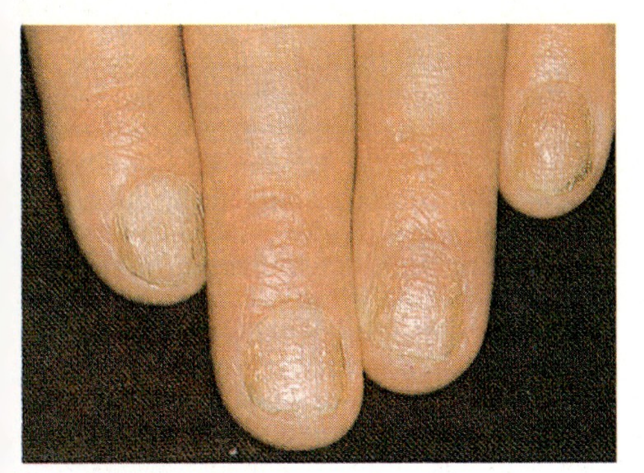

9.63 Nagelveränderungen bei kreisrundem Haarausfall

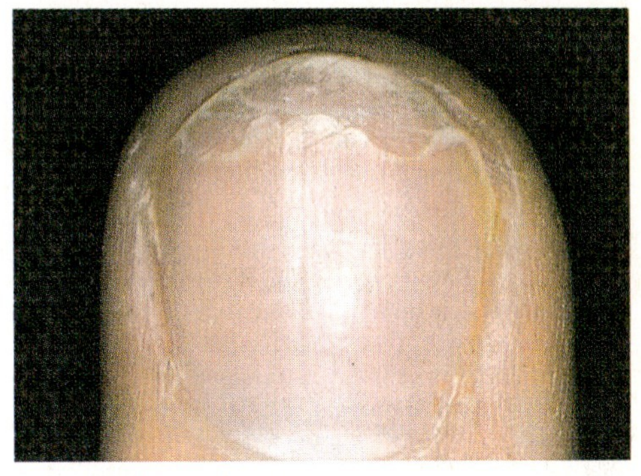

9.64 Brüchiger Nagel

Nagelwallerkrankungen zeigen sich durch Rötung oder Schwellung. Auch die Niednägel gehören dazu.

Rötung und Schwellung des Nagelwalls sind Anzeichen einer Entzündung (9.65). Sie entsteht, wenn nach Verletzungen Krankheitserreger in den Nagelwall eindringen, oder bei eingewachsenen Nägeln. Nagelwallentzündungen behandelt man mit desinfizierenden Bädern und Salben. Keine Maniküre!

Niednägel sind kleine Hautfetzen am Nagelwall. Sie entstehen manchmal nach dem Schneiden der Nagelhaut. Da sie sich leicht entzünden, müssen sie vorsichtig mit der Hautschere abgeschnitten werden.

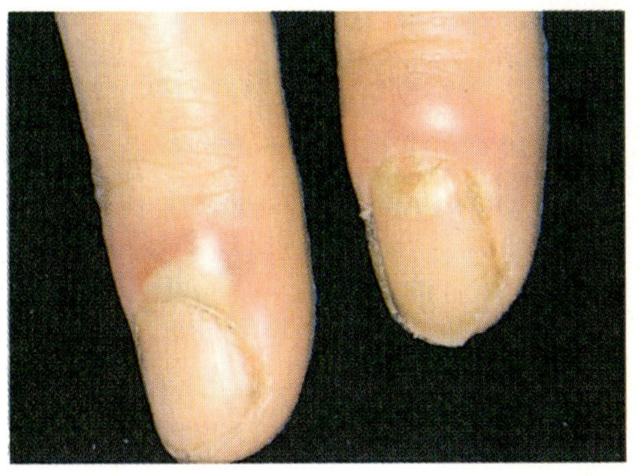

9.65 Nagelwallentzündung

9.6.3 Maniküre

Bevor Sie mit der Maniküre beginnen, sehen Sie sich die Hände und Nägel Ihrer Kundin genau an. Achten Sie dabei auf Nagelveränderungen sowie die Hand-, Finger- und Nagelform. Durch geschicktes Lackieren der Nägel läßt sich die Form ebenso verändern wie durch Feilen (**9.66**). Früher galt der ovale, lange Nagel mit schmaler Spitze als ideale Form. Alle Nägel wurden diesem Ideal angepaßt – leider auch dann, wenn diese elegant wirkende Form weder zur Kundin noch zu ihren Händen paßte. Heute verändert man die individuelle Grundform des Nagels weniger und erreicht damit, daß der Nagel besser zur Gesamtwirkung der Hände beiträgt. Eine breite Hand mit kurzen Fingern wirkt mit „Superkrallen" eher lächerlich als schön!

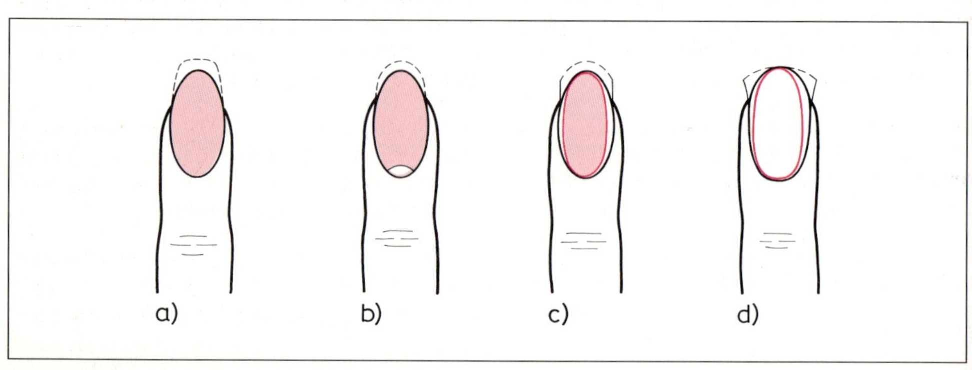

9.66 Nagelformen gefeilt und lackiert

Ovaler Nagel a) voll auslackiert, b) Möndchen freigelassen (Wirkung: verkürzt), c) breiter Nagel, Seiten nicht lackiert (Wirkung: schmaler), d) spatenförmiger Nagel, Seiten und vordere Ecken freigelassen (Wirkung: schmaler und zierlicher)

Vorbereitung. Stellen Sie sich das gesamte Arbeitsmaterial und die desinfizierten Geräte an den Arbeitsplatz. Schützen Sie Ihre Kleidung durch ein Handtuch und denken Sie daran, daß die Finger der Kundin immer mit einer Serviette angefaßt werden sollen.

Zum Entlacken der Nägel tropft man etwas Nagellackentferner auf ein Wattepad und reibt die Nägel von der Wurzel zur Nagelspitze ab. Sie werden mehrere Pads brauchen, bis alle Lackreste entfernt sind. Nie dürfen Sie von der Spitze zur Wurzel reiben, denn so könnten Sie Lackreste unter die Nagelhaut schieben.

Nagellackentferner gibt es als klare Lösung oder in Cremeform. Hauptbestandteil sind Lösungsmittel (z. B. Butanol), die den Lack erweichen und in sich aufnehmen. Da die Lösungsmittel den Nagel stark entfetten, werden rückfettende Zusätze (z. B. Rizinusöl, Lanolin, Butylstearat) zugegeben. Duftstoffe verbessern den unangenehmen Geruch der Lösungsmittel.

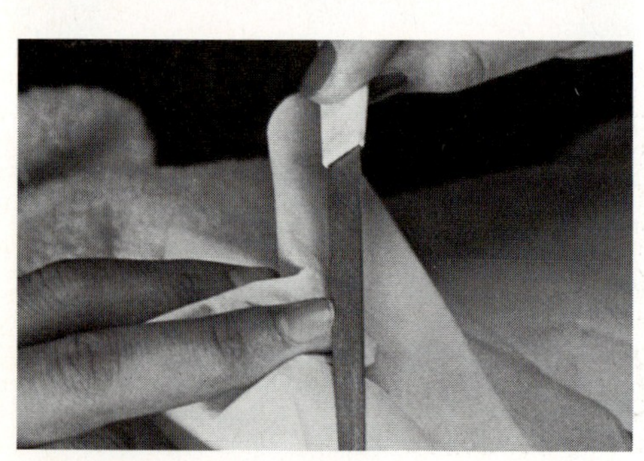

9.67 Ansetzen der Nagelfeile

Kürzen und Formen der Nägel. Zum groben Kürzen der Nägel kann man eine Nagelschere, bei sehr dicken und harten Nägeln auch eine Nagelzange nehmen. Geformt werden die Nägel grundsätzlich mit der Nagelfeile. Am kleinen Finger der linken Hand beginnen wir, setzen die Feile von schräg unten an und ziehen sie in langen Bewegungen zur Nagelspitze (**9**.67). Bei unempfindlichen Nägeln dürfen Sie die Feile hin- und herbewegen. Sind die Nägel porös und splittern leicht, feilen Sie nur vom Nagelfalz zur Nagelspitze.

Nagelfeilen waren früher aus Stahl. Heute sind hauptsächlich Sandpapierfeilen gebräuchlich. Sie bestehen aus einer festen Pappe, die auf der einen Seite mit grobkörnigem Sand beschichtet ist und auf der anderen mit feinkörnigem. Da Sandpapierfeilen trocken gereinigt und desinfiziert werden sollten, benutzen manche Friseure lieber Diamant- oder Saphierfeilen. Ihr schmales Feilenblatt ist mit winzigen Edelsteinsplittern beschichtet und steckt in einem Kunststoffgriff mit Griffmulden.

Bevor Sie etwas Nagelöl, Nagelcreme oder Vaseline zum Schutz der Nagelwurzel auf die Nagelhaut auftragen und mit den Fingerspitzen einmassieren, sollten Sie prüfen, ob die Haut der Finger harte Stellen hat. Diese werden mit Bimsstein abgerieben. Verfärbungen der Haut (Nikotin) reibt man mit Zitronensaft oder bleichenden Cremes ab.

Nagelöle und Nagelcremes enthalten verschiedene Öle (Lecithinöl, Mandelöl), die meist mit einem öllöslichen Farbstoff angefärbt sind. Sie halten die Nagelhaut geschmeidig und verhindern das Einreißen. Bei brüchigen Nägeln werden sie auch in die Nagelplatte einmassiert, um diese geschmeidig zu halten. Der Erfolg ist allerdings umstritten.

Das Nagelbad besteht aus warmem Wasser, dem waschaktive Substanzen sowie Wasserstoffperoxid zum Bleichen und Desinfizieren zugesetzt werden. Es dient zum Erweichen der Nagelhaut, damit sie sich anschließend leicht und schmerzlos zurückschieben läßt.

ntfernen der Nagelhaut. Nach dem Nagelbad werden die Finger abgetrocknet und Nagelhautentferner aufgetragen. Man beginnt wieder am kleinen Finger der linken Hand und schiebt die Nagelhaut vorsichtig mit einem Holzstäbchen zurück. Lose Hautteilchen reiben wir mit dem Gummi des „Pferdefüßchens" ab (**9**.68).

Eingerissene Nagelhautränder werden mit der Hautzange abgeknipst (**9**.69). Vom Schneiden der Nagelhaut mit der Hautschere ist abzuraten, denn die Nagelhaut schützt die dahinterliegende Nagelwurzel vor eindringendem Schmutz und Krankheitserregern. Falls die Kundin trotzdem darauf besteht oder die Nagelhaut stark gewuchert ist, darf nur der vordere Teil der undurchbluteten Nagelhaut abgeschnitten werden. Damit der Rand gleichmäßig wird, dürfen Sie die Schere nicht absetzen.

Seien Sie besonders vorsichtig, denn die Verletzungsgefahr ist groß, und Nagelwallentzündungen können die Folge sein!

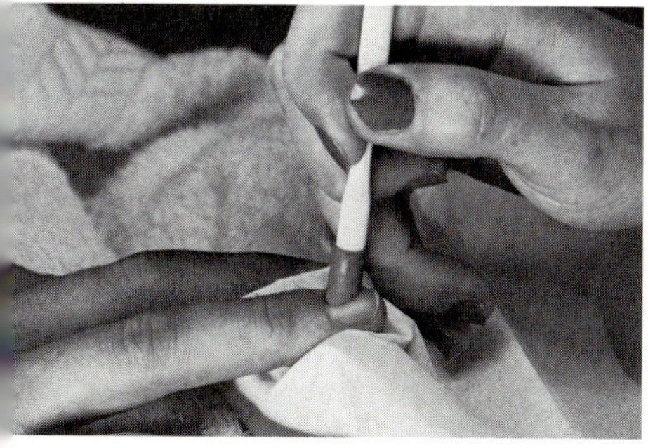

.68 Pferdefüßchen in Aktion

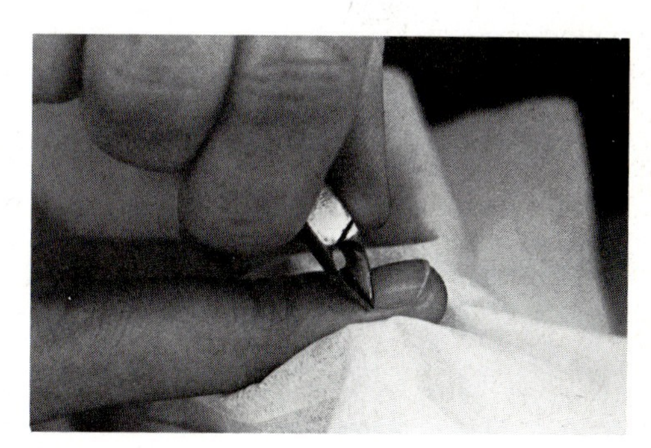

9.69 Hautzange am Niednagel

Nagelhautentferner sind alkalische Lösungen, die zwischen 2 und 5% Kalilauge, Natronlauge oder alkalisch reagierende Salze enthalten (pH-Wert 11 bis 12). Fette und Alkohole sind zugesetzt. Nagelhautentferner quellen und erweichen die Haut so stark, daß sie sich leicht mit dem Holzstäbchen oder Pferdefüßchen zurückschieben läßt.

Bei Verletzungen dürfen keine Nagelhautentferner benutzt werden, weil sie starkes Brennen verursachen und – wenn sie bis zur Nagelwurzel vordringen – das Nagelwachstum stören (Querrillen). Nach Entfernen der Nagelhaut spülen Sie die Reste des Mittels ab und neutralisieren bzw. adstringieren nach Möglichkeit die Haut durch eine verdünnte Säurespülung.

Handmassage wird zweckmäßigerweise vor dem Auftragen des Nagellacks ausgeführt. Die Massagegriffe lösen Verspannungen in den Händen und fördern die Durchblutung. Tragen Sie eine Massage- oder eine Handcreme auf die Haut auf und beginnen Sie wieder am kleinen Finger der linken Hand:

a) Friktionen auf den Fingern vom Nagelglied zum Grundglied (**9**.70),

b) jeden Finger im Gelenk bewegen,

c) Schwimmhäutchen (Haut zwischen den Fingern) massieren (**9**.71),

d) Friktionen zwischen den Sehnen auf dem Handrücken,

e) Handrücken mit beiden Händen auswalken (**9**.72),

f) Handrücken in Richtung Arm ausstreichen,

g) Friktionen auf dem Handteller,

h) Handteller auswalken,

i) Handteller in Richtung Arm ausstreichen,

j) Hand im Handgelenk bewegen.

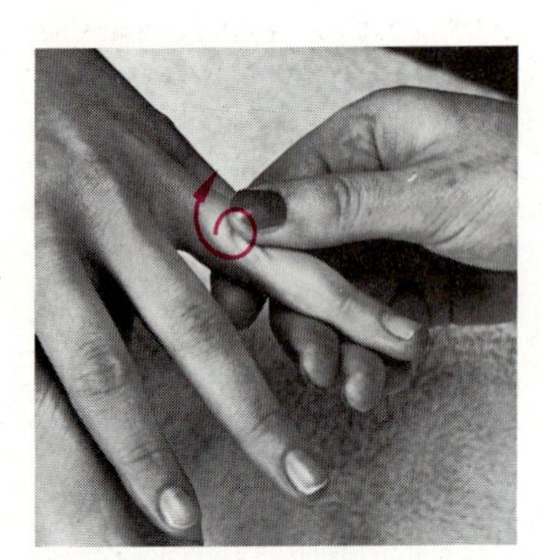

9.70 Friktionen auf den Fingern

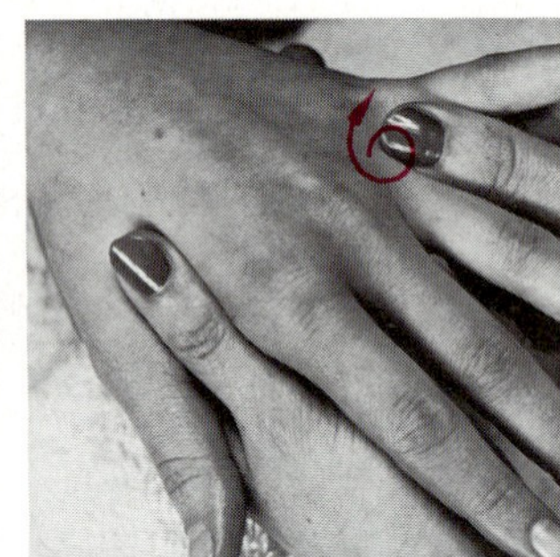

9.71 Schwimmhäutchen massieren

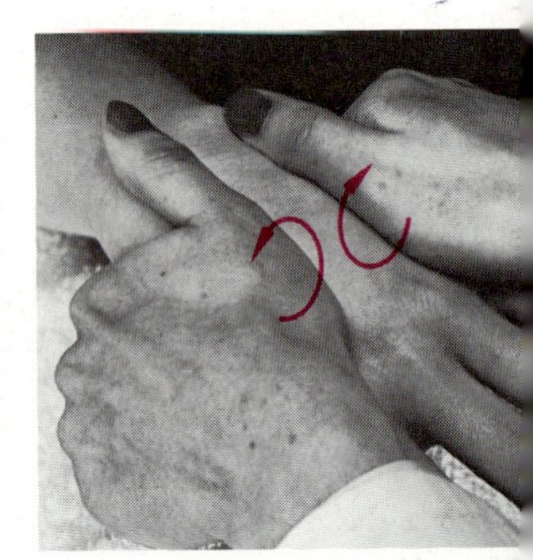

9.72 Handrücken auswalken

Handcremes sind Emulsionen, deren Fettbestandteile (Mineralfette, Silikonöle, pflanzlich und tierische Fette) einen wasserabweisenden Film auf der Haut bilden. Sie schützen un pflegen die Haut, indem sie die Hornschicht fetten und ihr Feuchtigkeit zuführen. Beid Emulsionstypen sind gebräuchlich.

Entfetten. Nach der Massage werden die Nägel mit einem watteumwickelten Holzstäb chen und Nagellackentferner entfettet. Führen Sie diesen Arbeitsgang sorgfältig aus, den der Lack hält nur auf fettfreien, trockenen Nägeln.

Lackieren. Um Unebenheiten im Nagel auszugleichen und Verfärbungen der Nagelplatte durch den Farblack zu verhindern, trägt man zuerst einen *Nagelhärter* oder farblosen *Unterlack* auf. Dazu wird das Lackpinselchen auf der einen Seite am inneren Rand des Flaschenhalses abgestrichen. Man setzt den Pinsel im hinteren Drittel der Nagelplatte an und streicht in Richtung Nagelspitze (**9**.73). Bevor Sie die Seiten lackieren, bedecken Sie halbmondförmig den Nagelrand vor der Nagelhaut (Lackierung in T-Form).

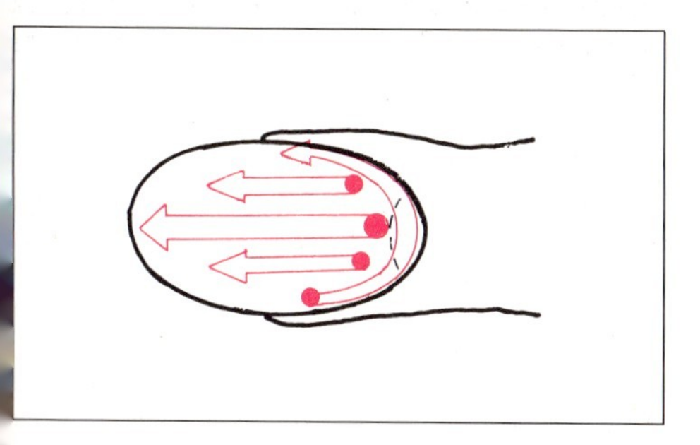

9.73 Lackierung in T-Form, Auftragetechnik für Transparent- und Decklacke

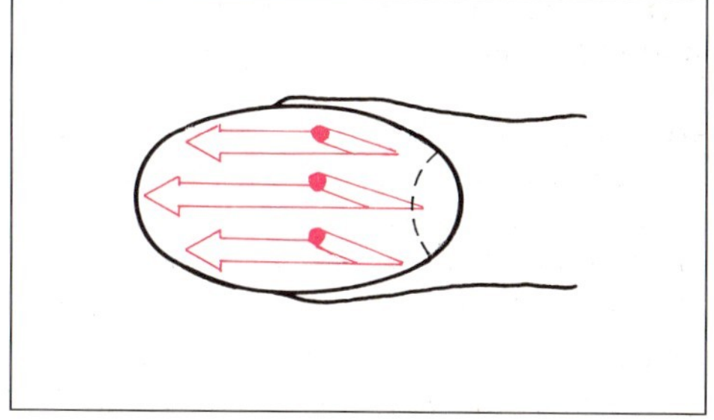

9.74 Lackierung für Perlmuttlacke

Nagelhärter sind formaldehydhaltige Speziallacke aus Lösungsmitteln und Kunstharzen. Sie dienen als Lackunterlage und können bei leicht splitternden Nägeln auch auf die Unterseite des freien Nagelrands aufgetragen werden. Dazu hält man die Haut der Fingerkuppe etwas zurück.

Der eigentliche Nagellack wird in zwei Schichten aufgetragen, wenn der Unterlack getrocknet ist.

Farbloser Nagellack, Transparentlack (durchscheinender Lack mit gelösten, meist rosa Farbstoffen) und *Decklack* (farbiger, nicht durchscheinender Lack) werden ebenso wie Unterlack in T-Form aufgetragen. (Decklacke vorher schütteln!) Diese Auftragstechnik ist zwar nicht ganz einfach, hat aber den Vorteil, daß der Rand gleichmäßig ist. Sollte sie Ihnen allzu große Schwierigkeiten bereiten, setzen Sie den Lackpinsel in der Mitte der Nagelplatte an und schieben ihn bis zur Nagelhaut vor, um dann zügig zur Nagelspitze zurückzustreichen (**9**.74). Die Ränder lackieren Sie in gleicher Weise.

Perlmuttlack muß vor dem Auftragen geschüttelt werden, damit sich die Perlmuttpigmente gleichmäßig verteilen. Er darf nicht in T-Form aufgetragen werden, sonst bilden sich „Wolken", die Verteilung der Perlmutteilchen wird ungleichmäßig. Tragen Sie ihn in der beschriebenen zweiten Weise auf.

Nagellack besteht aus filmbildenden Stoffen (z.B. Nitrozellulose) und Lösungsmitteln, denen Weichmacher und Farbstoffe zugesetzt sind. Die Weichmacher verhindern, daß der Lack zu schnell absplittert oder brüchig wird. Die Farbstoffe sind gelöste (Transparentlacke) oder dispergierende (fein verteilte) Pigmente.

Achten Sie beim Nagellack auf einen sauberen Flaschenrand und verschließen Sie die Flaschen immer möglichst schnell, damit das Lösungsmittel nicht verdunstet. Der Lack wird sonst zäh. Zwar läßt er sich verdünnen, hält aber dann nicht mehr so gut.

Polieren der Nägel wird meist nur bei Herren oder zur französischen Maniküre bei Damen durchgeführt. Nach Entfernen des Massagemittels reibt man die Nägel mit Zellstoff oder einem filz- bzw. lederbespannten Polierholz ab, um ihnen einen matten Schimmer zu geben. Der freie Nagelrand läßt sich durch Nagelweiß betonen. Dazu ziehen Sie den angefeuchteten spitzen Nagelweißstift unter dem Nagelrand entlang.

Reihenfolge der Maniküre

1. Nägel beider Hände durch einen mit Lackentferner getränkten Wattebausch von Lackresten reinigen.
2. Am kleinen Finger der linken Hand beginnen und die Nägel in Form feilen.
3. Etwas Nagelöl oder Nagelcreme auf die Nagelhaut auftragen und mit der Fingerspitze einmassieren.
4. Linke Hand ins Nagelbad tauchen.

Die Punkte 2 bis 3 bei der rechten Hand wiederholen, während die linke Hand weicht.

5. Finger der linken Hand abtrocknen. Ein mit Watte umwickeltes Holzstäbchen mit Nagelhautentferner tränken und vorsichtig die Nagelhaut zurückschieben. Lose Hauteilchen abreiben und nur eingerissene Nagelhautränder mit der Hautzange abknipsen.

Erst wenn drei Finger der linken Hand so bearbeitet sind, kommt die rechte Hand ins Wasserbad. Während die rechte Hand weicht, wird die linke Hand weiterbearbeitet.

6. Rechte Hand abtrocknen und Arbeitsgang 5 ausführen.
7. Handmassage.
8. Finger und Nägel sorgfältig trockenreiben. Alle Nägel mit Wattestäbchen und Lackentferner von Fett und Waschmittelresten reinigen. Nur bei absolut trockener und sauberer Nagelplatte hält der Nagellack!
9. Unterlack oder Nagelhärter dünn in T-Form auftragen.
10. Nagellack in der ersten Schicht dünn und in der zweiten Schicht etwas dicker auftragen.

9.6.4 Ansetzen künstlicher Nägel

Ein abgebrochener Nagel ist kein schöner Anblick. Meist passiert dieses Mißgeschick gerade dann, wenn es auf gepflegte Nägel ankommt. Dann läßt sich das „Unglück" durch künstliche Nägel ausgleichen. Dabei unterscheidet man zwei Methoden: vorgefertigte und selbstzuformende Nägel.

Vorgefertigte Nägel sind dünne durchscheinende Kunststoffplättchen, die nach grobem Zurechtschneiden auf die Nagelplatte geklebt werden. Anschließend werden sie in die gewünschte Form gefeilt und lackiert. Sie halten nur etwa 6 Tage, weil sie mit dem Nagel herauswachsen und die hintere Ansatzstelle sichtbar wird.

Selbstzuformende Nägel fallen optisch weniger auf, sind aber schwieriger zu handhaben. Man braucht dazu eine Nagelschablone, das Binde- und Härtemittel, die Modellierpaste und eine Sandpapierfeile.

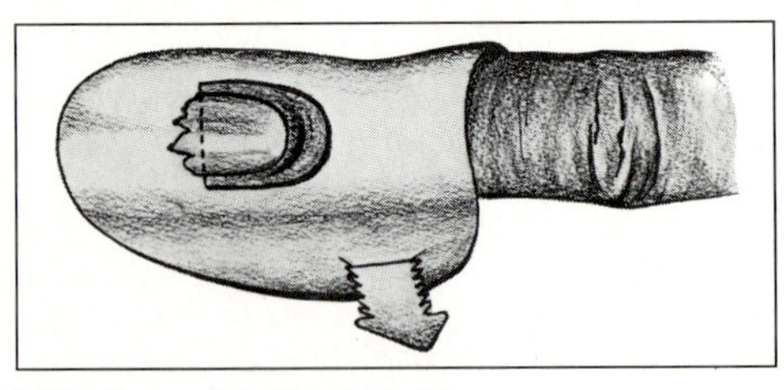

9.75 Angesetzte Nagelschablone

Arbeitsweise. Die Schablone wird so über den Finger geschoben, daß der Nagel in der Öffnung sichtbar ist und der gewölbte Rand der Schablone vollständig unter dem zu verlängernden Nagelrand liegt (**9.75**). Nachdem die Schablone fest angezogen ist, bestreichen Sie den Nagel und die Schablone großzügig mit dem Binde- und Härtemittel. Ein etwa linsengroßes Stück Modellierpaste wird auf die Nagelplatte gegeben, mit dem angefeuchteten Zeigefinger breitgedrückt und über den Nagelrand auf die Schablone ge zogen. Achten Sie darauf, daß die Paste so dünn wie möglich verstrichen wird, denn sonst wird der künstliche Nagel zu dick und unförmig. Wenn der Nagel in Länge und Breite modelliert ist, tragen Sie erneut Härtemittel auf. Nach dem Trocknen (10 bis 12 Minuten) entfernt man die Schablone, der Nagel wird in Form geschnitten und gefeilt. Sollte die Oberfläche uneben sein, läßt sie sich ebenso durch Feilen glätten wie der Nagelrand. Vor dem Lackieren trägt man noch einmal das Härtemittel auf.

Die zur Maniküre erforderlichen Zangen und Scheren sind besonders scharf. Nur durch sorgfältige und vorsichtige Arbeit lassen sich Verletzungen ausschließen. Denken Sie daran, daß die Geräte nach jeder Maniküre desinfiziert werden müssen!

Aufgaben zu Abschnitt 9.6

1. Aus welchen Knochen besteht das Handskelett?
2. Benennen Sie die Teile des Fingernagels.
3. Um wieviel mm wachsen Nägel in einem Monat?
4. Welche vier Ursachen können zu Nagelschäden führen?
5. Warum dürfen Sie bei einer Nagelmykose keine Maniküre durchführen?
6. Warum sollten Sie eine Kundin mit Krallennägeln zum Arzt schicken?
7. Woraus bestehen Nagellackentferner?
8. Warum müssen Sie Nägel stets von der Wurzel zur Spitze entlacken?
9. Welches Werkzeug benutzt man zum Formen der Nägel?
10. Warum setzt man dem Nagelbad Wasserstoffperoxid zu?
11. Beschreiben Sie die Behandlung der Nagelhaut.
12. Weshalb sollte die Nagelhaut nicht geschnitten werden?
13. Warum müssen Sie die Nägel vor dem Lackieren entfetten?
14. Welche Aufgaben hat Unterlack?
15. Wodurch unterscheiden sich Decklack und Transparentlack?
16. Warum müssen Sie Perlmutt- und Decklacke vor dem Auftragen schütteln?
17. Beschreiben Sie die beiden Methoden zum Ansetzen künstlicher Nägel.
18. Warum müssen die Werkzeuge nach jeder Maniküre desinfiziert werden?

10 Haararbeiten

10.1 Arten der Haarteile

Probieren Sie selbst einmal Haarteile aus. Das macht unheimlich Spaß, seine Frisur zu verändern. In manchen Geschäften gibt es Haarteile, die sich nicht mehr verkaufen lassen (Ladenhüter). Weshalb sind sie nicht abzusetzen? Sie sind nicht mehr modern; das Haarteilgeschäft hängt von der Mode ab. Weshalb tragen Kunden überhaupt Haarteile? Die einen benutzen sie, um sich herauszuputzen, andere, um nicht aufzufallen.

Modeteile kommen dem Wunsch vieler Frauen entgegen, ihr Äußeres zu verändern. Vielleicht möchten Sie zu einem Partybesuch einmal langes Haar tragen, obwohl Sie kurze Haare haben. Viele Frauen wünschen sich langes Haar, gerade weil ihre eigenen nie so

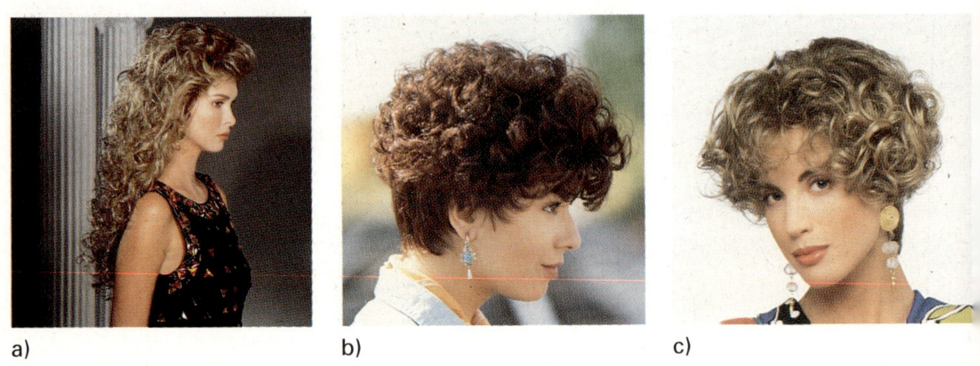

10.1 Modische Haarteile
a) Langhaar-Lockenteil, b) und c) Lockenteile

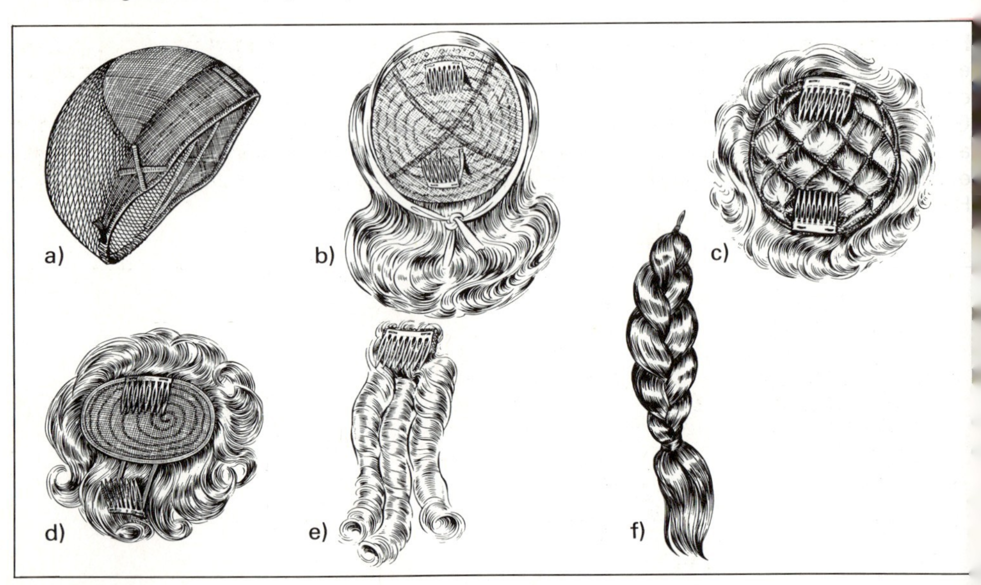

10.2 Modeteile
a) Montur einer Zweitfrisur, b) Teilperücke, c) Lockenteil in Carré-Form, d) Lockenteil auf Montur genäht, e) Ansteckklocke, f) Zopf

lang und voll werden. Wer nicht die aufwendigen Techniken der Haarverlängerung nutzen will, kann seinen Wunsch mit einem modischen Haarteil erfüllen (**10.1** a). Manche denken noch mit Schrecken an Kunsthaarperücken, die in jedem Kaufhaus zu haben waren und häufig wie Pelzmützen aussahen. Modische Haarteile und Zweitfrisuren dürfen nicht unangenehm auffallen, sondern wollen durch Chic in Form und Farbe bestechen (**10.1** b und c). Während früher der Perückenmacher Zöpfe und andere Haarteile anfertigte, muß der Friseur heute den Kunden die in Haarfabriken gefertigten Haarteile und Perücken anpassen und sie pflegen (**10.2**).

Zweitfrisuren (**10.3**, Abb. **10.2** a zeigt die Montur) werden über das Eigenhaar gestülpt und müssen es ganz oder teilweise verdecken. Um natürlicher zu wirken, wird bei der *Teilperücke* (**10.2** b) das eigene Ansatzhaar mit einbezogen. Mit Lockenteilen, Anstecklocken und Zöpfen (**10.2** c bis f) lassen sich festliche Frisuren (**10.3** b), aber auch lustige modische Effekte erzielen.

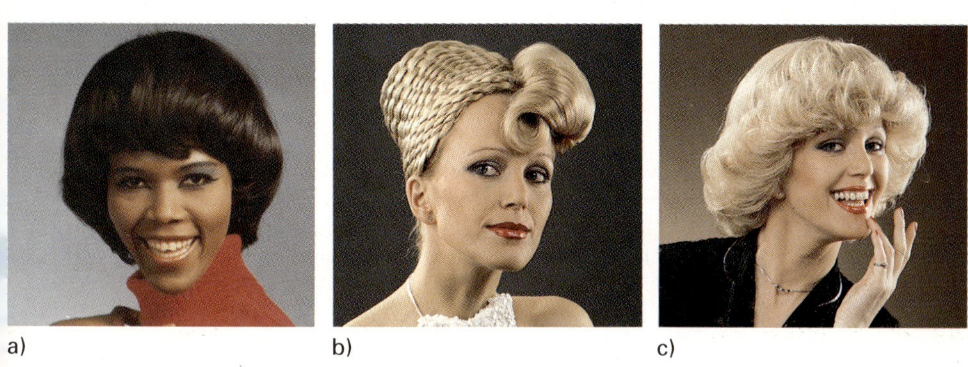

10.3 a) modische Zweitfrisur, b) festliche Frisur mit Zopfteil, c) Straßenperücke

Haarersatz ist heute für viele Menschen wichtig, die z. B. durch Chemotherapie bei Krebserkrankung ihr Haar verloren haben. Bis das eigene Haar wieder wächst, brauchen sie eine *Perücke,* die natürlich aussieht (**10.3** c, **10.4** a). Manche Männer, die schon früh eine Glatze bekommen, fühlen sich mit einem *Toupet* sicherer (**10.4** b). Für Frauen, die gerade am Oberkopf lichtes Haar haben, gibt es das *Frisett* (**10.4** c). Alle diese Arbeiten sind Haarersatz. Im Gegenteil zu Modeteilen soll man nicht merken, daß die Frau oder der Mann Haarersatz trägt.

10.4 Haarersatz
a) Montur einer Straßenperücke, b) Toupet, c) Montur eines Frisetts

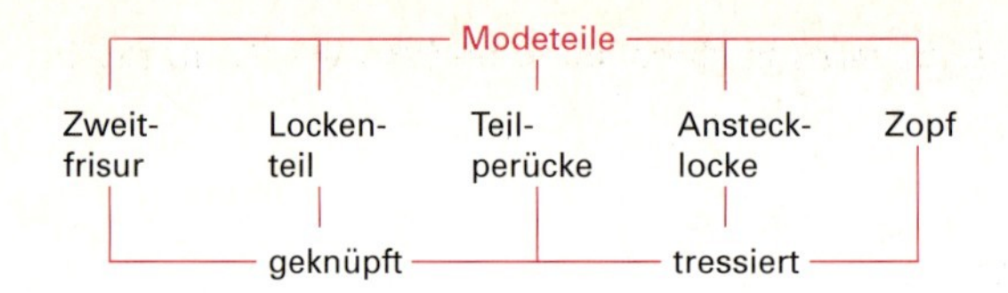

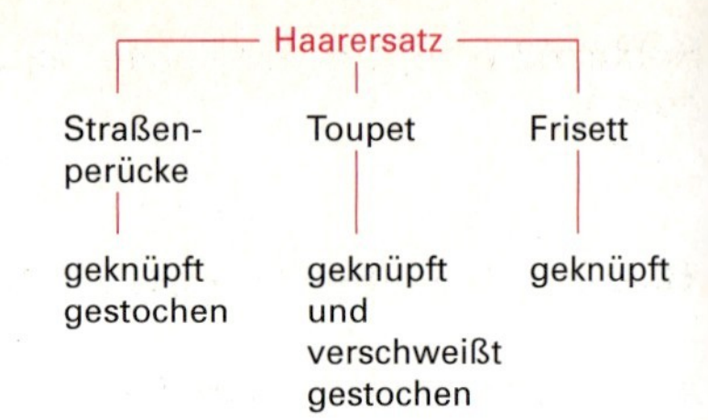

Die Anforderungen an die Haararbeiten sind sehr unterschiedlich. Während man bei Zweitfrisuren und Teilperücken bewußt eine andere Frisurenform und auch -farbe wählt, die das Aussehen der Trägerin verändert, damit sie auffällt, möchte man die Kahlheit verdecken und dadurch nicht auffallen. Ein Haarersatzteil soll deshalb natürlich aussehen und darf nicht auffallen. Daraus ergeben sich auch Unterschiede in der Herstellung.

Geknüpfte Haarteile. Haarersatz muß besonders fein und sorgfältig gearbeitet sein, um natürlich zu wirken. Dies erreicht man durch Knüpfen, indem man wenige Haare in feinen Stoff einknotet. Die Knüpftechnik ist langwierig, geknüpfte Haarteile sind deshalb teuer. Damit sich die Knüpfknoten nicht lösen, werden Toupets bei industrieller Fertigung auf der Innenseite mit Kunststoff verschweißt.

Gestochene Haarteile. Moderne, hochwertige Toupets stellt die Haarteilindustrie durch eine neue Technik her. Die Haare werden in eine transparente Folie gestochen und wirken deshalb besonders natürlich. Vor allem nimmt man gestochene Haarteile für Scheitel und Wirbel, weil dort die „Kopfhaut" sichtbar ist.

Bei tressierten Haarteilen sind die Haare auf Fäden geschlungen. Die Herstellung ist einfach und schnell. Tressierte Haarteile sind daher billiger als geknüpfte, können aber nur als Modeteile verwendet werden. Bei einfachen Lockenteilen werden die Tressen mit einem Draht versteift und zu Karrees vernäht (**10**.2c), bei besseren Teilen näht man die Tressen auf eine Montur (**10**.2d).

Modeteile	Haarersatz
– Zweitfrisur, Lockenteil, Teilperücke, Ansteckloke, Zopf – geknüpft, tressiert – bewußt auffallende Frisuränderung	– Straßenperücke, Toupet, Frisett – geknüpft, verschweißt, gestochen – natürlich wirkendes, unauffälliges Verdecken von Kahlstellen

10.2 Werkstoffe für Haararbeiten

Für Haararbeiten braucht man außer Haaren (s. Abschn. 10.4) Bänder, Stoffe und Stahlfedern. Daraus wird eine *Montur* gefertigt, auf der man die Haare befestigt (**10**.4a).

10.2.1 Montierbänder

Montierband brauchen wir als Gerüst für den Montierstoff. Weil das Band zur Haarfarbe passen muß, wird es in verschiedenen Haarfarben geliefert. Montierbänder sind aus Kunstseide, Baumwolle oder Perlon gewebt und haben eine verstärkte Webkante. Für Straßenperücken verwendet man meist $^1/_2$ cm breites Montierband, für Theater- und Puppenperücken dagegen $^3/_4$ oder 1 cm breites Band (**10**.5). Perlonband hat eine größere Zugfestigkeit als Kunstseiden- oder Baumwollband. Das ist vorteilhaft, weil das Band beim Montieren gespannt werden muß und nicht einreißen darf.

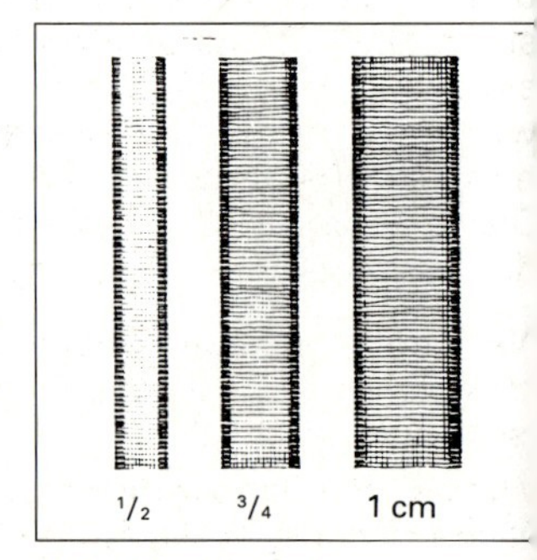

10.5 Montierband

Hohlband dient zum Einnähen der Federn. Es wird in Kunstseide und Perlon $^1/_2$ cm breit geliefert.

10.2.2 Montier- und Bespannungsstoffe

Als Knüpfgrund, auf dem die Haare befestigt werden, verwendet man verschiedene Bespannungsstoffe aus Seide, Baumwolle oder Nylon.

Gaze ist ein feines Seidengewebe, das weiß (als Hautgaze auch hautfarben) angeboten wird. Sie dient vor allem als Knüpfgrund für Ansätze und Scheitel. Die Maschengrößen sind mittel oder fein (**10**.6). Zum Tamburieren – einer besonderen Knüpftechnik, bei der die Knoten unsichtbar bleiben – wählt man eine grobe Führungsgaze und eine feine Deckgaze. In die Führungsgaze werden einzelne Haare geknüpft und durch die Deckgaze gezogen, die den Knoten verdeckt (s. Abschn. 10.3).

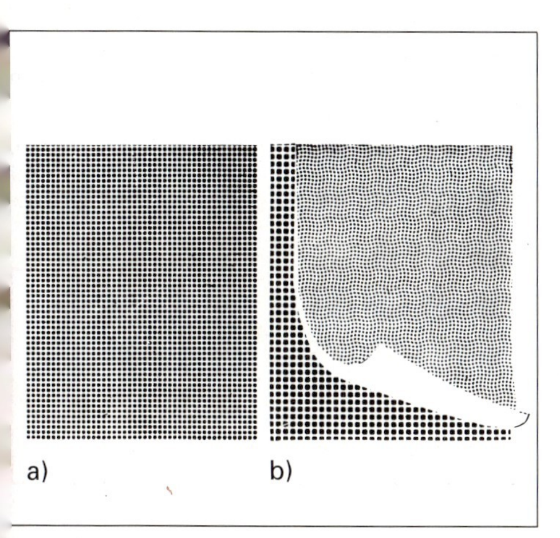

10.6 Gaze
a) mittel, b) Führungs- und Deckgaze

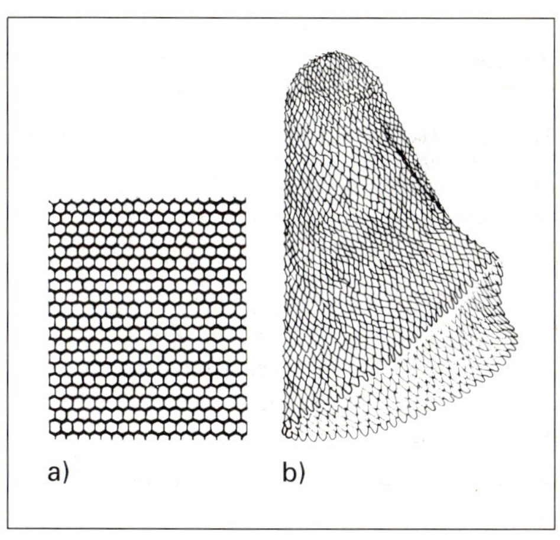

10.7 Tüll
a) Tüllvegetal, b) Perückenhaube aus Filet-Tüll

Tüll, ein wabenförmiges, grobmaschiges Gewebe, bildet den Knüpfgrund für Haarteile und für die Hinterkopfbespannung der Perücken. Baumwolltüll (Erbstüll) ist grob und elastisch. Steiftüll aus Baumwolle, Seide oder Nylon ist durch Appretur versteift, Tüllvegetal ein englischer Steiftüll aus reiner Seide. Film-Ansatztüll aus feinem hautfarbenen Nylon wird zum Ansatz der Filmperücken verwendet. Filet-Tüll, ein besonders elastisches, grobmaschiges Baumwoll- oder Kunstseidengewebe, nimmt man für Perückenhauben (**10**.7). Die verschiedenen Tüllsorten (ausgenommen Ansatztülle) müssen farblich zu den Bändern passen und sind daher in den gleichen Farben lieferbar wie diese.

Nanking ist ein hautfarbener Baumwollstoff, der zur Anfertigung von Theater-Glatzenperücken gebraucht wurde. Statt Nanking verarbeitete man früher auch Glatzenleder. Heute ist Kunststoff üblich.

Wie bei den Bändern wirkt sich das Material der Montierstoffe auf die Verarbeitung aus. Nylon und Perlon laufen nicht ein, Seide und Baumwolle jedoch laufen ein, wenn sie feucht werden. Dadurch ändert sich die Form der Perücke.

10.2.3 Perückenfedern

Perückenfedern drücken vorspringende Teile (Tampeln) der Perücke an den Kopf und sorgen dadurch für einen guten Sitz. Es gibt 2 mm und 4 mm breite Stahlfedern, die noch nicht präpariert sind (Uhrfedern). Außerdem kann man schon präparierte Federn in bestimmten Längen kaufen.

Präparation der Uhrfedern. Die Federn müssen entspannt werden, damit sie sich der Kopfform anpassen. Dazu zieht man sie über den Griff einer Montierzange und bricht sie in der gewünschten Länge ab. Die scharfen Bruchkanten werden mit einer Feile oder einem Sandstein rund geschliffen. Um sie gegen Rost zu schützen, umwickelt man sie mit Fischhaut oder lackiert sie mit Nagellack. Die Enden könnten das Montierband durchstoßen und werden deshalb mit Leder oder Leukoplast umklebt. Der Handel bietet dazu auch fertige Kunststoffkappen an. Die präparierten Federn werden in Montier- oder Hohlband eingenäht (**10**.8).

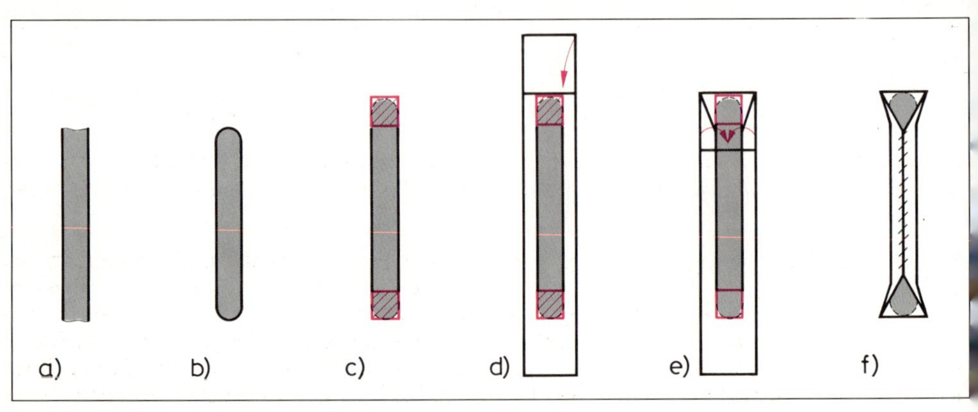

10.8 Präparation von Perückenfedern

a) Feder auf Länge gebrochen, b) Bruchkanten abgeschnitten und Feder lackiert, c) Federenden mit Leukoplast verklebt, d) Bandenden umklappen, e) Montierband von den Seiten her in der Mitte zusammennähen, f) Feder in Montierband eingenäht

Montierband = Gerüst für den Montierstoff; Kunstseide, Baumwolle oder Perlon; $^1/_2$, $^3/_4$ oder 1 cm breit
Hohlband = schlauchförmiges Band zum Einnähen der Federn
Montierstoff = Knüpfgrund aus Gaze, Tüll oder Nanking
Perückenfedern = aus Stahl zum Andrücken der Tampeln

10.3 Haarteilfertigung

Wer ständig ein Haarteil trägt, weil er damit Kahlheit bedecken will, stellt meist höhere Ansprüche als jemand, der nur gelegentlich ein Modeteil benutzt. So sollen z. B. bei Fernsehansagern und Schauspielern Toupets nicht auffallen. Solche Haarteile lassen sich nur in aufwendiger Handarbeit herstellen und sind entsprechend teuer. Die Haarindustrie liefert konfektionierte (industriell gefertigte) Haararbeiten, die gute Dienste leisten, wenn sie entsprechend bearbeitet und angepaßt werden. Sie sind preiswerter und genügen meist vollkommen, wenn sie nur vorübergehend gebraucht werden (z. B. bei Krebspatienten).

Maßnehmen. Ein Haarersatzteil muß gut sitzen. Das betrifft handwerkliche wie auch industriell gefertigte Teile. Voraussetzung ist deshalb genaues Maßnehmen. Für Perücken wird entlang bestimmter Linien gemessen, für Toupets macht man einen Folien- oder Gipsabdruck.

Ausmessen für Perücken (**10**.9):

1 Kopfumfang
2 Entfernung vom Stirnansatz bis zum Nacken
3 Entfernung von Ohr zu Ohr über die Stirn
4 Entfernung von Ohrentampel zu Ohrentampel über den Oberkopf
5 Entfernung von Ohr zu Ohr über den Wirbel
6 Entfernung von Ohr zu Ohr über den Hinterkopf
7 Entfernung von Schläfentampel zu Schläfentampel über den Hinterkopf
8 Nackenbreite
9 Entfernung vom Haaransatz an der Stirn zur Tampelspitze
10 Entfernung von der Ohrentampel zur Ohrenspitze
11 Scheitellänge
12 Scheitelsitz (rechts, links, Mitte, quer, ohne Scheitel)
13 Wirbelsitz (rechts, links, Mitte, ohne Wirbel)

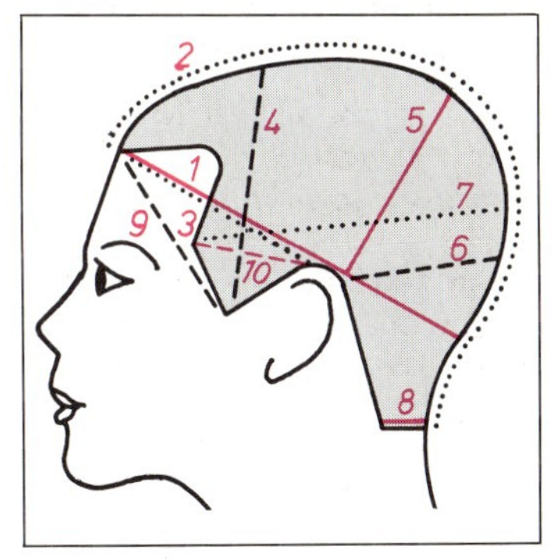

10.9 Kopfmaße zum Ausmessen der Perücke

Bei normaler Kopfform reicht dieses Ausmessen. Bei stärkeren Abweichungen (z. B. ausladender Hinterkopf oder Einsenkungen am Oberkopf) garantiert nur ein Abdruck den guten Sitz der Perücke.

Folien- oder Gipsabdruck. Für Toupets markiert man mit einem Augenbrauenstift die Stelle, an der die Stirnkontur sitzen soll. Dann wird zum Schutz der Kopfhaut und Haare eine elastische Folie über den Kopf gespannt und straff gezogen (**10**.10a). Mit einem Folienstift zeichnet man die Größe des Toupets, Stirnansatz, Scheitel und Fallrichtung (Knüpfrichtung) des Haars auf die Folie. Die Form wird nun mit Gipsbinden fixiert. Dazu legt man die eingeweichten Gipsbinden von vorn nach hinten und von links nach rechts über die Folie und streicht sie glatt (**10**.10b). Der Gips erhärtet und liefert die Hohlform des Kopfes, nach der sich ein Modell ausgießen läßt (**10**.10c). An Stelle der Gipsbinden kann man die Klarsichtfolie auch mit Klebeband überkleben (Folienabdruck).

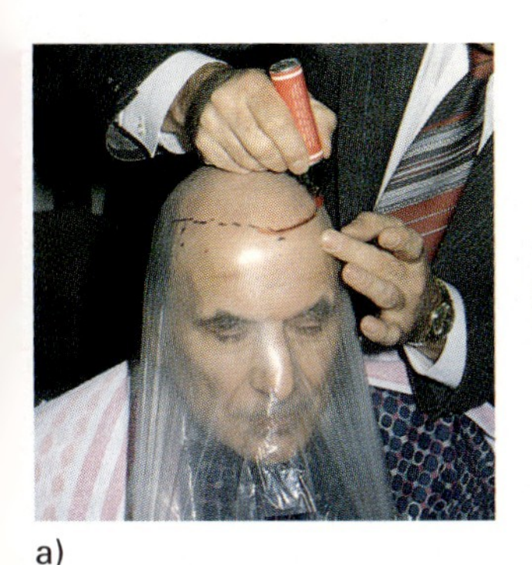
a)

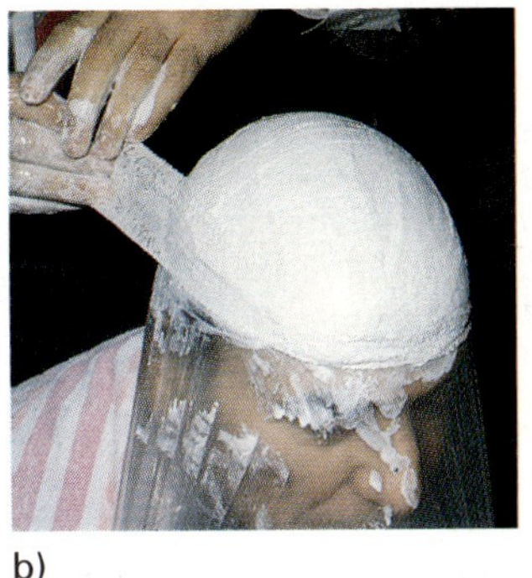
b)

c)

10.10 Gipsabdruck
a) Anzeichnen auf der Folie, b) Anlegen der Gipsbinden, c) Ausgegossenes Modell

Monturzeichnen. Die 13 Maße und Angaben für die Perücke müssen mit einem weichen Bleistift auf einen Perückenkopf aus Holz übertragen werden. Wir beginnen damit am

Stirnansatz, den wir durch Messen der Nasenlänge von der Nasenwurzel nach oben ermitteln. Beim Übertragen der Maße leistet ein Zirkel gute Dienste. Die aufgezeichneten Maße werden anschließend zur Montur verbunden (**10**.11). Die fertige Monturzeichnung bildet die äußere Grenze der Perücke, auf die man die Montur aufschlägt.

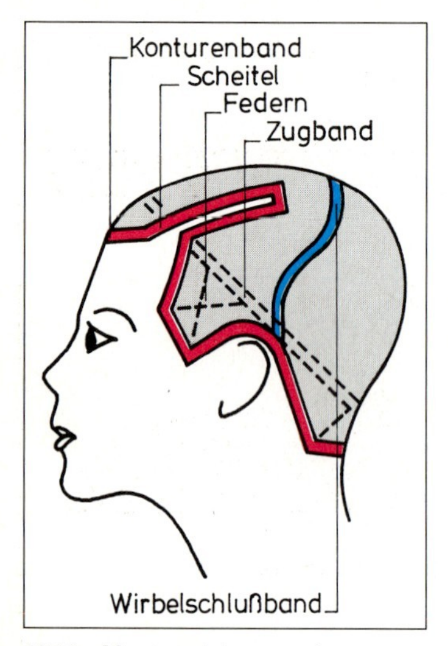

10.11 Monturzeichnung mit Angabe der Bänder

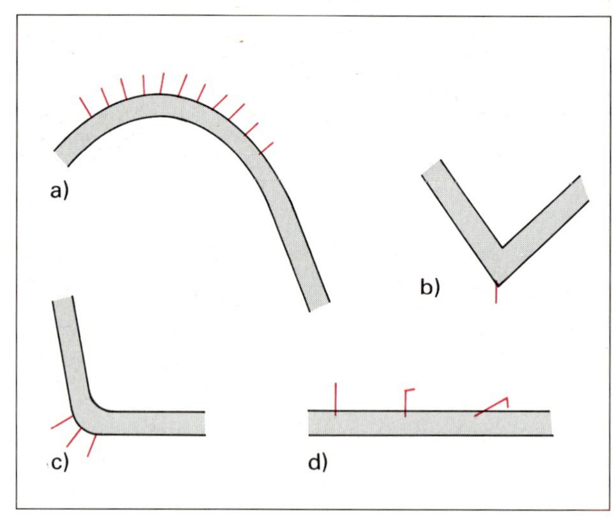

10.12 Setzen der Montierstifte
a) Montierstifte nur am Außenbogen setzen
b) an scharfen Ecken nur ein Montierstift
c) an abgerundeten Ecken mehrere Montierstifte

Zum Montieren braucht man Montierband, -zange und -stifte. Wir beginnen mit dem Konturenband im Nacken und heften das Ende des Montierbands mit zwei Stiften an. Während eine Hand das Band straff an der Monturzeichnung entlangführt, setzt die andere Hand die Stifte. Solange das Montierband der Zeichnung folgt, sind keine Stifte nötig. Erst wenn die Zeichnung einen Bogen macht, sind sie erforderlich und werden dann stets am Außenbogen gesetzt (**10**.12a). Für scharfe Ecken braucht man nur einen Stift (**10**.12b), für abgerundete dagegen mehrere Stifte (**10**.12c). Versuchen Sie mit möglichst wenig Montierstiften auszukommen, denn jeder hinterläßt ein Loch im Band. Damit man sich nicht an den Stiftenden verletzt oder beim Nähen mit dem Faden daran hängenbleibt, werden sie mit der Montierzange kurz zu einem Haken umgebogen und leicht ins Holz geklopft. (Nicht ganz einschlagen, weil sie dann nur schwer wieder entfernt werden können! **10**.12d)

Vernähen. Bandenden und sich kreuzende Bänder werden mit einem gleichfarbigen Faden vernäht. Da die Bänder auf dem Perückenkopf montiert sind, kann man sie nur von oben vernähen – beurteilt werden die Nähte bei der fertigen Arbeit jedoch von unten. Damit die Stiche nicht sichtbar sind, erfassen wir nur die Webkanten. Sich kreuzende Bänder dürfen also nur dort vernäht werden, wo das untere Band Webkanten hat (**10**.13b). Eine Ausnahme bildet das Konturenband: In der Nackenmitte, wo Anfang und Ende zusammenstoßen, werden die Enden hochgenommen und zusammengenäht – an dieser Stelle nähen wir quer über das Band (**10**.13a). Alle anderen Stellen sind Falten im Montierband und werden als Tüten vernäht (**10**.13c). Damit die Stiche nur kurz sind und nicht sichtbar werden, brauchen wir einen Nadelfänger, um die Nadelspitze aufzufangen (**10**.13d).

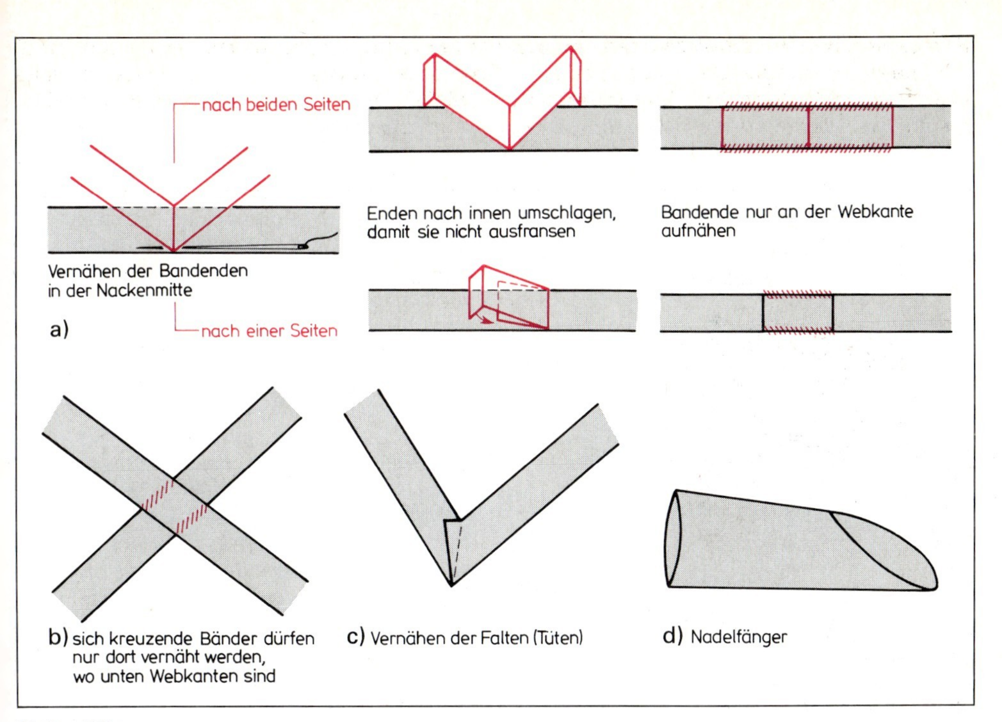

10.13 Nähte

Aufnähen der Federn. Wenn alle Bänder vernäht sind, müssen die präparierten Federn aufgenäht werden. Ihre Lage richtet sich nach der Montur: Sie sind richtig, wenn sie den Tampelwinkel halbieren (**10**.14). Die Federn sollen etwa zwei Drittel des Bands bedecken und dürfen nur dort angeheftet werden, wo unten Webkanten liegen.

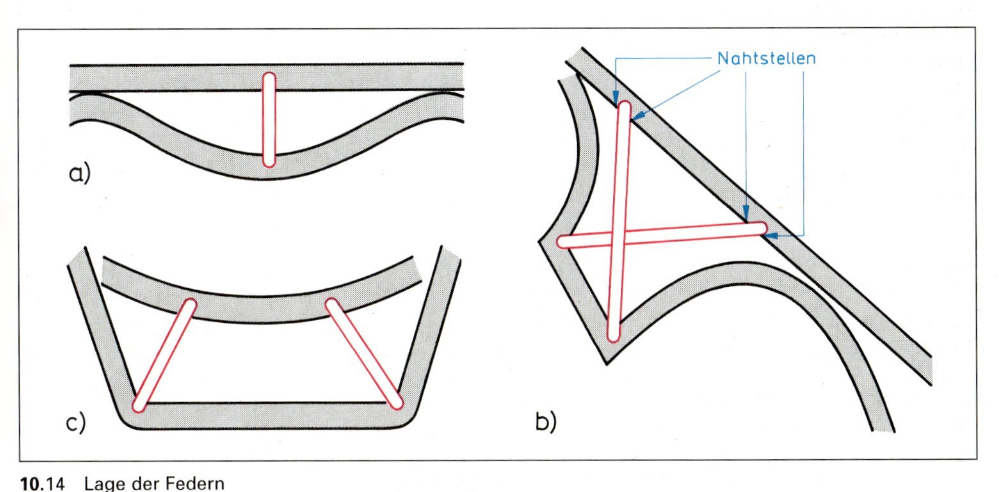

10.14 Lage der Federn
a) an der Stirntampel, b) an den Seitentampeln, c) an den Nackentampeln

Spannen und Vernähen der Perückenstoffe. Da beim Knüpfen auf Gaze mehr Stoff gefaßt wird als beim Tüll, läßt sich auf Gaze die Knüpfrichtung und damit der Fall des Haares festlegen. Deshalb benutzt man sie zum Bespannen der Ansätze und Tüll für die Hinterkopfhaube. Wir beginnen mit dem Spannen des gröberen Stoffs, mit dem Tüll.

10.15 Aufnähen des Tülls

Baumwoll-Weichtüll läßt sich trocken spannen, alle Steiftülle müssen dagegen in warmem Wasser eingeweicht werden. Zunächst wird der Tüll an den Ecken mit je einem Montierstift angeheftet. Dabei müssen wir ihn gut spannen, denn es darf keine Falten geben. Durch Anspannen der Seiten werden alle Falten glattgezogen. Weichtüll wird gleich, Steiftüll erst nach dem Trocknen an der Bandinnenseite festgenäht. Wir beginnen damit an einer Kreuzungsstelle, weil sich der Faden dort besser vernähen läßt und von unten nicht sichtbar wird. Wiederum dürfen die Stiche nur die Webkante des Montierbands erfassen (**10.**15). Ist der Tüll rundherum vernäht, schneiden wir das überstehende Ende so weit ab, daß die freie Webkante zu sehen ist. Der Tüll muß etwa zwei Drittel des Bandes bedecken, damit er nicht ausreißt und die Webkante zum Vernähen der Gaze frei läßt.

Die Gaze wird in kaltem Wasser eingeweicht, damit sie keine Falten wirft. Aufgespannt wird sie ähnlich wie der Tüll. Beim Glattziehen der Falten setzt man die Montierstifte an der Monturinnenseite in die Tüllmaschen, um den Stoff nicht zu verletzen. Nach dem Trocknen nähen wir die Gaze an die Innenseite des Montierbands. Wichtig ist dabei, daß der Nadelfänger die Nadelspitze gleich hinter der Webkante erfaßt (**10.**16a). Anschließend wird die Gaze an den Federn vernäht. Bei Verwendung von Hohlband ist die Gaze genauso an beiden Webkanten anzunähen. Wenn die Federn in das Montierband eingenäht sind, heften wir die Gaze nur an und nähen sie dann an der Außenseite des Konturenbands fest. Damit sie nicht ausfranst, wird sie gesäumt. Die überstehende Gaze schneidet man etwa zwei Drittel über Bandbreite ab, klappt sie nach innen und näht sie mit einem überwendlichen Stich (Anschlagstich) an (**10.**16a und b). Ebenso verfahren wir an den Stellen, an denen Gaze und Tüll zusammenstoßen.

a)

b)

10.16 Gaze

a) auf der Innenkante des Montierbands vernähen, b) nach innen umschlagen und vernähen

Arbeitsschritte für Haararbeiten

1. Maßnehmen ⟶ Ausmessen bei Perücken, Abdruck bei Toupets
2. Übertragen der Monturzeichnung auf den Perückenkopf
3. Montieren der Bänder
4. Vernähen der Bänder und Federn
5. Stoffe aufspannen ⟶ Weichtüll trocken, Steiftüll einweichen, Gaze naß
6. Mit kurzen Stichen vernähen ⟶ Nadelfänger benutzen

Beim Knüpfen wird das Haar mit einer Knüpfnadel im Perückenstoff verknotet. Die Knüpfnadel sieht wie eine leicht gebogene, sehr feine Häkelnadel aus. Mit der Spitze erfassen wir etwas Stoff. Der Haken der Nadel nimmt die Haarschlaufe und zieht sie durch den

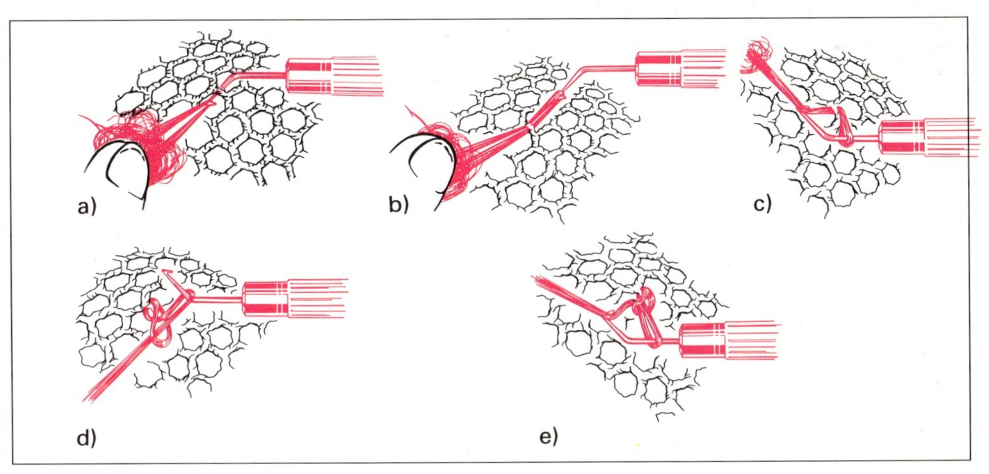

10.17 Knüpfen

a) Die Knüpfnadel faßt den Stoff, der Widerhaken nimmt die Haarschlaufe, b) Durchziehen der Haarschlaufe, c) Durchziehen der Haarlängen durch die Haarschlaufe, d) Knoten anziehen, e) Doppelknoten

Stoff (**10.**17 a u. b). Dann wird das übrige Haar durch die Schlaufe gezogen und der Knoten angespannt (**10.**17 c u. d.). Bei groben Perückenstoffen wie Filet-Tüll knüpfen wir mit einem Doppelknoten, damit sich die Haare nicht lösen (**10.**17 e). Die umgebogenen Kopfenden (Bärte) müssen möglichst kurz sein, damit sie nicht mit dem übrigen Haar verfilzen. Stets sticht man mit der Nadelspitze auf sich zu und zieht das Haar von sich weg. Je weniger Haare eingeknüpft werden, desto feiner und besser ist die Knüpfarbeit. Beim Knüpfen auf Gaze muß der Ausstich der Knüpfnadel dicht hinter dem Einstich liegen, sonst erfassen wir zuviel Stoff.

Weil die *Knüpfrichtung* den Fall des Haares bestimmt, muß beim Knüpfen die Haarwuchsrichtung beachtet werden (**10.**18). Am Oberkopf wächst das Haar nach vorn – beim Knüpfen arbeiten wir ebenso. Dadurch fällt das Haar beim Zurückkämmen füllig.

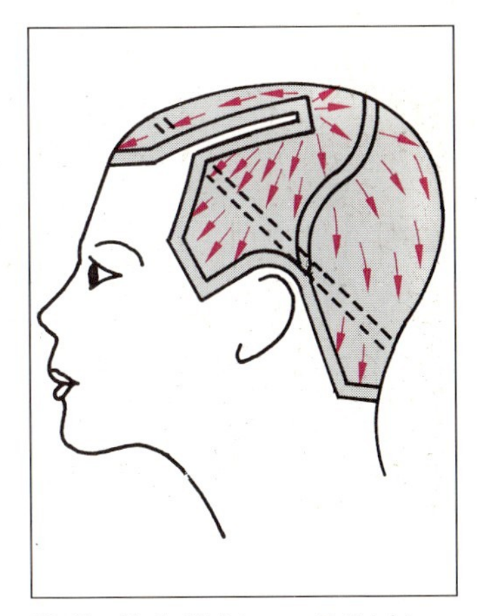

10.18 Knüpfrichtung = Fallrichtung

Knüpftechniken. Bei einer guten Straßenperücke sind verschiedene Knüpftechniken erforderlich, die bei Haarteilen nicht alle nötig sind: das Flächen-, Rand-, Ketten- und Gegenknüpfen.

Flächenknüpfen. Beim Knüpfen auf Gaze oder Tüll arbeitet man reihenweise. Dabei müssen die Knüpfpartien der nächsten Reihe immer in die Zwischenräume der vorhergehenden Reihe ragen, damit sie den Stoff bedecken (**10.**19).

Randknüpfen. Der natürliche Fall des Haares folgt an den Ansätzen dem Konturenverlauf. Bei Perücken erreicht man dies, indem man den Rand auch im Bandverlauf beknüpft. Wir beginnen in der Nackenmitte und knüpfen im Bandverlauf die Zwischenräume bis zum Scheitel (**10.**20). Ebenso verfahren wir auf der Gegenseite. Durch dieses Randknüpfen werden die Ansätze dichter.

Kettenknüpfen hilft, die Ansätze noch dichter zu bekommen und zu verdecken. Ein- und Ausstich liegen hier weiter auseinander als beim Flächenknüpfen. Weil der Einstich des zweiten Knüpfpassées mit dem Ausstich des ersten zusammenfällt, ergibt sich eine Kette (**10.**21).

Das Gegenknüpfen auf der Unterseite des Montierbands verdeckt zum Schluß die Ansätze der Perücke. Wie beim natürlichen Ansatz brauchen wir dazu feine, kurze Spitzen. Deshalb biegen wir nicht die Kopfenden, sondern die Spitzen zu Bärten um. Auf diese Weise werden zwei dichte Ketten im Bandverlauf geknüpft. Weil die langen Kopfenden die Ansätze nicht verdecken, werden sie zum Schluß abgeschnitten. Dazu toupieren wir die Spitzen mit einem feinen Haarschneidekamm zurück und schneiden die Enden dicht über dem Knüpfknoten ab. Damit genug Spitzenhaare vorhanden sind, nimmt man zum Gegenknüpfen eine stärkere Knüpfnadel, die mehr Haare einknotet.

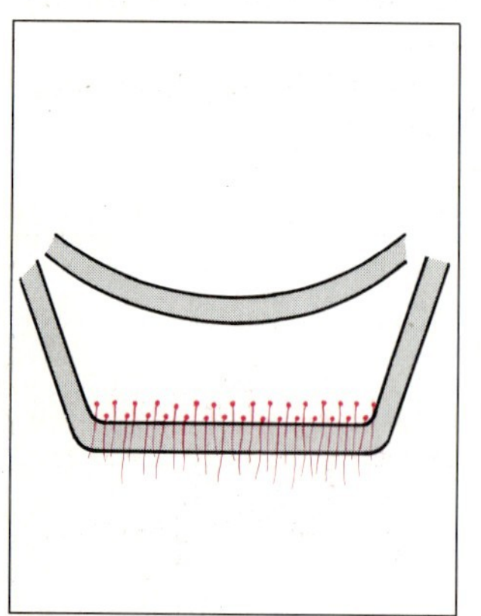

10.19 Flächenknüpfen

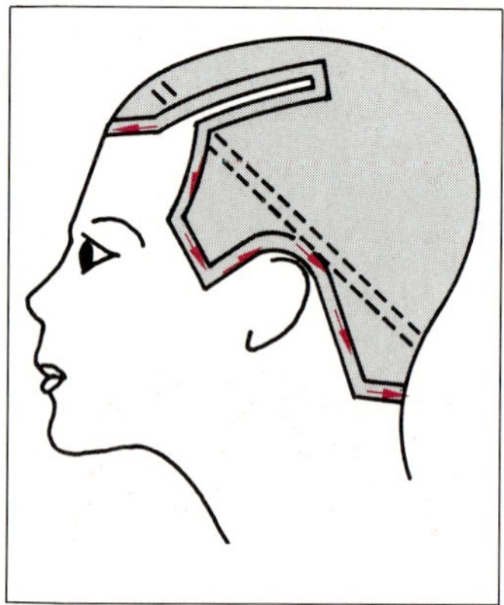

10.20 Randknüpfen

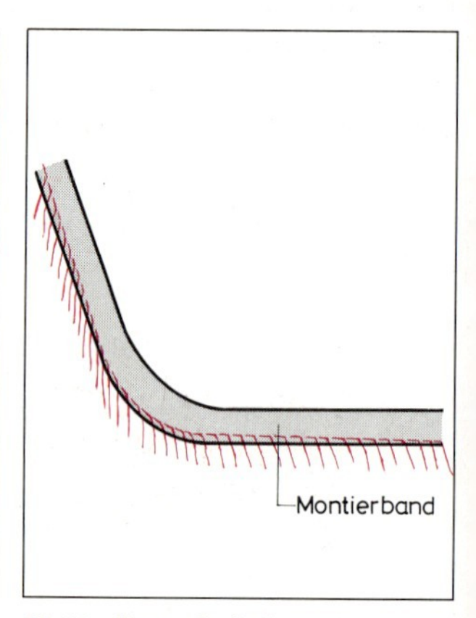

10.21 Kettenknüpfen

Knüpfen
- Flächen-, Rand-, Ketten-, Gegenknüpfen
- Knüpfrichtung = Fallrichtung des Haares

Das Tamburieren ist eine besondere Technik zur Herstellung von Scheiteln. Bei geknüpften Scheiteln liegen die Haare flach an. Das wirkt unnatürlich und läßt die Knüpfknoten sichtbar werden (**10.**22a). Bei tamburierten Scheiteln kommen die Haare dagegen wie bei der Kopfhaut aus der Gaze heraus, und die Knüpfknoten sind nicht zu sehen (**10.**22b).

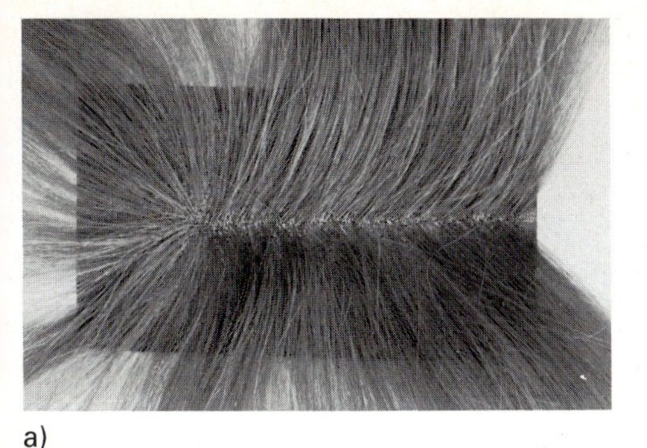

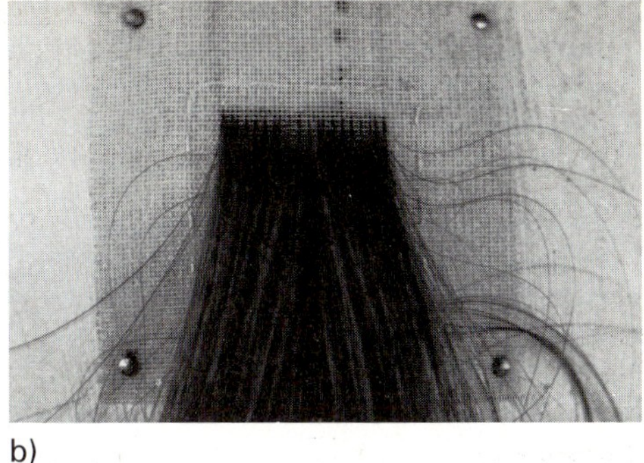

a) b)

10.22 Scheitel a) geknüpft, b) tamburiert

Beim Tressieren werden die Haare auf Fäden verschlungen. Diese Technik eignet sich für Zöpfe, Lockenteile und einfache Perücken. Zwischen den Holmen des Tressierrahmens sind drei Fäden eines starken Tressierzwirns gespannt. Nach einem bestimmten Muster schlingt man die Haare zwischen diese Fäden und zieht sie fest. Ein doppelter Knoten am Anfang und Ende der Tresse verhindert, daß sie aufgeht. Wir unterscheiden die einfache und doppelte deutsche sowie die englische Tresse.

Die einfache deutsche Tresse wird angewendet, wenn auf eine kurze Tresse möglichst viele Haare zu bringen sind – z. B. für Zopftressen (**10.**23 a).

Die doppelte deutsche Tresse ergibt längere Tressen, weil das Haar einmal mehr um die Fäden geschlungen wird (**10.**23 b). Sie dient für Tressenperücken.

Die englische Tresse wird mit wenig Haaren besonders fein tressiert (**10.**23 c). Man findet sie als Abschluß von Zopfteilen und nennt sie deshalb auch Decktresse.

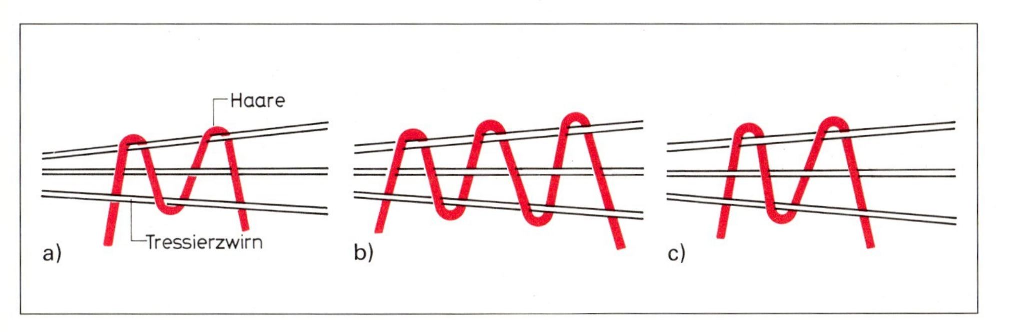

10.23 Tressenarten
a) einfache deutsche Tresse, b) doppelte deutsche Tresse, c) englische Tresse = Decktresse

Tressenarbeiten. Einfache *Haarteile* fertigt man aus Tressen, die mehrfach übereinander gelegt und vernäht werden (**10.**24 a). Bei *Lockenteilen* ersetzt man einen Faden der Tresse durch einen rostfreien Draht. So lassen sich die Tressen biegen und sowohl der Kopfhaut als auch der geplanten Frisur anpassen (**10.**24 b). An den Berührungspunkten werden sie miteinander vernäht. Zweitfrisurtressen sind auf eine Stoffmontur genäht – meist ein Stretchgewebe, das sich den Kopfformen anpaßt.

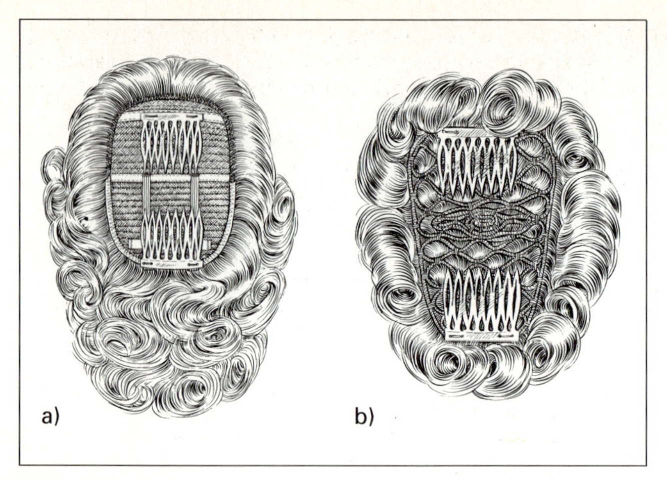

10.24 Tressenteil
a) einfaches genähtes Teil, b) auf Draht tressiertes Carré-Teil

10.25 Gekordelter Zopf

Zopfteile werden aus Tressen gekordelt. Die Zopftresse wird mit dem kurzen Ende ans Kordelband genäht und fest darum gelegt. Dabei hilft die Kordelmaschine, die das Kordelband fest ineinander verdreht. Wenn die ganze Tresse auf dem Kordelband ist, vernäht man auch das lange Ende und bringt Ösen zum Befestigen an (**10**.25). Einteilige Zöpfe heißen Strähne, zweiteilige Dreher. Ein richtiger Zopf wird aus drei gleichen Tressen gekordelt, die man miteinander vernäht und mit einer Decktresse abschließt.

Tamburieren
- Sondertechnik für Scheitel
- Knüpfen in Führungsgaze, Durchziehen durch Deckgaze

Tressieren = Haarbefestigung auf Zwirn
- einfache deutsche Tresse (kurz)
- doppelte deutsche Tresse (lang)
- englische Tresse (Decktresse)

10.4 Haarsorten

Früher steckten die Frauen ihre ausgekämmten Haare in eine Tüte und ließen sich daraus vom Figaro einen falschen Zopf fertigen. Haarhändler reisten von Dorf zu Dorf und überredeten die Frauen, die langen Zöpfe abzuschneiden und zu verkaufen. Diese Zeiten sind seit der Kurzhaarmode vorbei.

Haare sind ein seltener und daher teurer Rohstoff geworden. Darum verarbeitet man auch Kunst-, und Tierhaare. Ihre Qualität und damit ihre Verwendungsmöglichkeiten sind naturgemäß sehr unterschiedlich.

Menschenhaare

Warum können Sie einer einheimischen Kundin kein spanisches oder gar chinesisches Menschenhaar einfrisieren? Und warum wird eine Süditalienerin entrüstet auf deutsches Frauenhaar verzichten? Wodurch unterscheiden sich die Haare einer Schwedin, Spanierin, Inderin oder Japanerin vom Haar deutscher Frauen?

Herkunft und Haarqualität. Wie wir aus der Vorbemerkung gesehen haben, hängt die Eignung der Haare eng mit der Herkunft zusammen. Den feinen bis mittelstarken Haaren der deutschen Frauen entsprechen in Stärke und Farbe noch am ehesten Haare aus mitteleuropäischen Ländern.

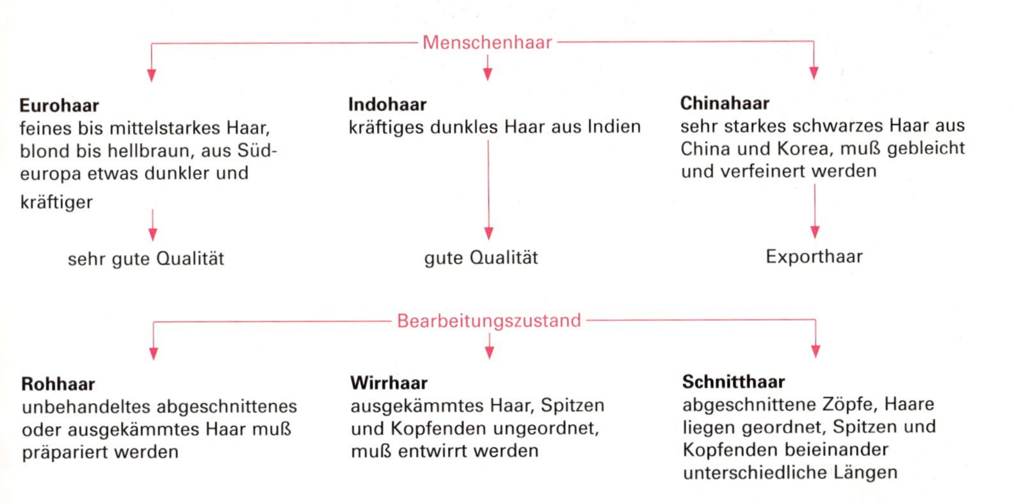

Haarveredlung. Asiatische Haare werden durch Chlorbleiche verfeinert und gebleicht. Dabei werden die Schuppenschicht und Teile der Faserschicht entfernt. Damit das Haar nicht stumpf und glanzlos aussieht, erhält es durch *Avivieren* eine künstliche Oberfläche. Kationische Substanzen bilden einen Film, der die Haaroberfläche glättet und glänzen läßt. Zum Einfärben der gebleichten Haare werden Textilfarben verwendet, die nicht so leicht verblassen wie Oxidationshaarfärbemittel. Das verfeinerte, entfärbte und avivierte Haar nennt man *Exporthaar.*

Menschenhaar

Eurohaar	= feines Haar guter Qualität, oft aus Südeuropa
Indohaar	= stärkeres, sehr dunkles Haar, muß veredelt werden
Chinahaar	= sehr starkes, blauschwarzes Haar aus China, Japan und Korea; muß veredelt werden
Exporthaar	= verfeinertes, aviviertes, entfärbtes, neu eingefärbtes asiatisches Haar

Kunsthaare

Halbsynthetische Fasern. Kunsthaare werden für Theater-, Scherz- und Karnevalsperücken verwendet. Sie bestehen aus halbsynthetischen Fasern, vor allem als Kunstseide und anderen Cellulosefasern. Kennzeichnend ist der unnatürliche Glanz, der die Verwendung einschränkt.

Vollsynthetische Fasern wie Perlon, Nylon und Acryl werden seit einigen Jahren als synthetische Haare verwendet. Polyacrylhaare sehen echtem Haar sehr ähnlich und sind oft kaum davon zu unterscheiden. Gehandelt werden sie unter den verschiedensten Namen (z.B. Begalon, Alphahaar, Unaty). Weil sie mit speziellen Farben durch und durch gefärbt sind, verblassen sie nicht so leicht wie Naturhaare. Eine farbliche Veränderung ist jedoch nicht möglich, weil die Farben nicht abgebaut werden und die Fasern Oxidationsfärbemittel nicht annehmen. Dauerwellen ist überflüssig, weil diese Kunsthaare vom Hersteller mit einer dauerhaften Wellung versehen sind (die man auch nicht verändern sollte).

Kunsthaare lassen sich leicht pflegen und waschen. Man braucht sie nicht einzulegen. In der Qualität gibt es allerdings erhebliche Unterschiede. Preiswerte Kunsthaare nimmt man für modische Haararbeiten, teureres Synthetikhaar (manchmal ebenso teuer wie Eurohaar) für anspruchsvollc Toupets.

Versuch Brennen Sie kleine Proben Echthaar, Kunsthaar von einem Haarteil und halbsynthetisches Kunsthaar (Kunstseide) an. Beurteilen Sie Flamme, Geruch und Rückstand.

Echthaar verbrennt mit kleiner Flamme und starkem Horngeruch zu kleinen Ascheknötchen, die sich leicht zerreiben lassen. Das vollsynthetische Kunsthaar schmilzt fast geruchlos zu einem kleinen Kügelchen. Das Kunstseidenhaar dagegen brennt lebhaft, riecht wie verbranntes Papier und hinterläßt auch eine papierähnliche Asche.

Tierhaare

Für manche Perücken braucht man weiße Haare, z.B. für Rokoko-Perücken zu Theateraufführungen. Weil naturweißes Haar außerordentlich teuer und farbiges Haar niemals reinweiß aufzuhellen ist, verwendet man Büffel- oder Angorahaare.

10.26 Yak

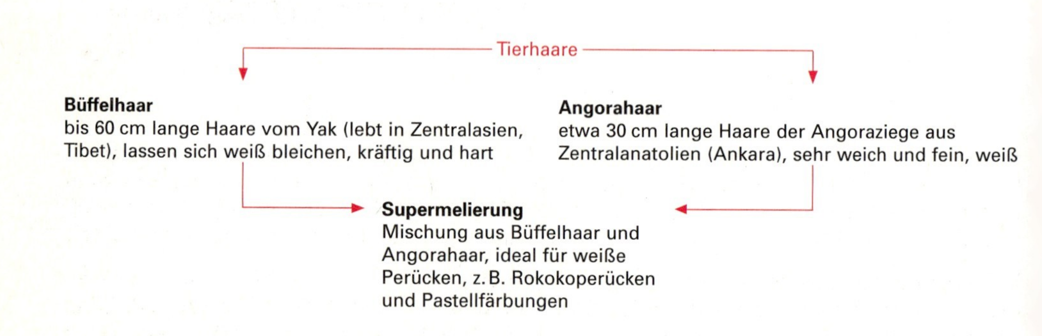

Kunsthaare (Synthetikhaare)
- halbsynthetische (z.B. Kunstseide für billige Perücken, unnatürlicher Glanz
- vollsynthetische für gute Perücken, Farbe und Wellen unveränderlich

Tierhaare = Büffelhaar und Angorahaar für weiße Perücken

10.5 Haarpräparation

Rohhaar wird durch handwerkliche Präparation für die Perückenherstellung bearbeitet, „aufbereitet“. Dabei werden Wirrhaar und Schnitthaar verschieden behandelt.

10.5.1 Wirrhaarpräparation

Wirrhaar ist ausgekämmtes, vielfach verschlungenes und verknotetes Frauenhaar, das in mehreren Arbeitsgängen präpariert wird.

Zupfen und Hecheln. Um das verschlungene Haar zu lockern, zupft man es vorsichtig mit den Fingern auseinander (**10.**27 a). Dann wird das Haar durch die Hechel gezogen (**10.**27 b). Die Hechel ist ein Brett mit mehreren Reihen spitzer Metallstifte und ordnet das Haar (wie beim Auskämmen) in eine Richtung. Damit sich die Hechel leicht von kurzen Haaren reinigen läßt, drücken wir ein Stück Papier zwischen die Stifte und ziehen es nach Gebrauch mit den Haaren heraus.

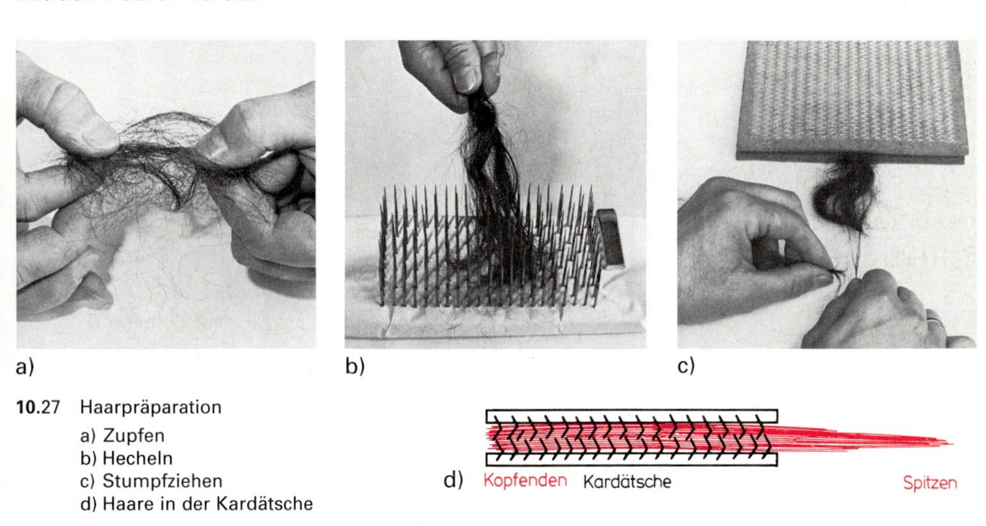

10.27 Haarpräparation
a) Zupfen
b) Hecheln
c) Stumpfziehen
d) Haare in der Kardätsche

Stumpfziehen. Die gehechelten Haare sind unterschiedlich lang und liegen noch verschoben nebeneinander. Um ein gleichmäßiges Ende zu bekommen, legen wir das Bündel in eine Kardätsche. Aus dem überhängenden Teil ziehen wir mit einer Hand die jeweils längsten Haare und fassen sie so mit der anderen Hand, daß die Enden stumpf sind (**10.**27 c).

In-Längen-Ziehen. Noch sind die stumpfgezogenen Haare unterschiedlich lang. Um sie zu ordnen, werden sie mit dem stumpfen Ende nochmals in die Kardätsche gelegt (**10.**27 d). Die längsten Haare läßt man 5 cm über die Tischkante ragen und zieht sie wie beim Stumpfziehen partienweise heraus. Danach wird die Kardätsche auf dem Tisch 5 cm vorgezogen, so daß wir die zweite Längenpartie ziehen können. Auf diese Weise ordnet man alle Haare jeweils 5-cm-weise nach Längen.

Nehmen Sie eine Haarsträhne zwischen Daumen und Zeigefinger und bewegen Sie sie wie beim Geldzählen. Weil die Schuppenränder zur Haarspitze zeigen, schieben sich die Kopfenden aus der Haarsträhne heraus. Wenn sich die Kopfenden alle nach einer Seite schieben, zeigen die Spitzen alle in eine Richtung. Wenn sich die Kopfenden nach beiden Seiten herausschieben, muß das Haar noch entwirrt werden.

Entwirren. Bei den in Längen gezogenen Haaren liegen Spitzen und Kopfenden noch ungeordnet nebeneinander. Durch die unterschiedliche Ausrichtung der Schuppenschicht verfilzt das Haar leicht. Um die Kopfenden von den Spitzen zu trennen, gibt es verschiedene Verfahren: das Entwirren mit der Nißhechel, dem Schafleder oder das Naßentwirren.

Entwirren mit der Nißhechel. Die Nißhechel hat drei Reihen engstehender kantiger Stifte und wurde früher zum Entfernen der Kopflauseier, der Nissen benutzt. Bei vorsichtigem Durchziehen kleiner Haarbüschel bleiben die Kopfenden der ausgekämmten Haare (Kolbenhaare) zwischen den Stiften hängen – das hindurchgleitende Haar hat man mit den Kopfenden in der Hand. Nun brauchen wir nur noch beide Partien mit den Kopfenden zusammenzulegen (**10**.28a). Dieses Verfahren eignet sich für kleinere Haarmengen.

Entwirren mit dem Schafleder. Das Haar wird in eine Kardätsche gelegt. Ein Ende ragt weit heraus und wird auf weiches Leder (Fensterleder) gelegt. Wenn man nun mit einem lederbezogenen Brettchen (Lineal) hochkantig in Längsrichtung über das Haar streicht, leistet die Schuppenschicht Widerstand – die Spitzen schieben sich hoch, die Kopfenden dagegen auf uns zu (**10**.28b). Wir wiederholen den Vorgang am anderen Büschelende und können dann beide Kopfenden zusammenlegen. Auch diese Technik eignet sich nur für kleinere Mengen.

Das Naßentwirren verwendet man für größere Haarmengen. Die Haarbüschel werden hier in aufgeschäumter Seifenlösung geschwenkt. Dabei schieben sich die Spitzen nach oben. Wir schwenken jedes Büschel von beiden Seiten her in der Lauge, bis sich die Spitzen deutlich nach oben geschoben haben. Dann fassen wir die Kopfenden, ziehen sie vorsichtig auseinander und legen sie zusammen (**10**.28c).

Bündeln. Die entwirrten Haare werden noch einmal zu den Kopfenden stumpfgezogen, bevor man sie mit einem starken Zwirnsfaden am stumpfen Ende bündelt.

a)

b)

c)

10.28 Entwirren
a) mit Nißhechel, b) mit Schafleder, c) Zusammenlegen der Kopfenden

10.5.2 Schnitthaarpräparation

Schnitthaar ist abgeschnittenes Langhaar, bei dem Kopfenden und Spitzen geordnet liegen. Deshalb ist die Präparation einfacher. Es gilt vor allem, kurze Haare zu entfernen, die sich nicht verarbeiten lassen. Außerdem werden die unterschiedlichen Haarlängen getrennt.

Hecheln und Stumpfziehen. Um die kurzen Haare auszusondern, wird das Schnitthaar am abgeschnittenen Ende gehechelt, anschließend zu den Spitzen stumpfgezogen. Dazu legen wir es mit dem abgeschnittenen Ende in die Kardätsche und ziehen es an den Spitzen stumpf.

In-Längen-Ziehen. Das stumpfgezogene Ende (Spitzen) legen wir wieder in die Kardätsche und ziehen die herausragenden Kopfenden jeweils in Partien von 5 cm heraus. Jede Länge wird für sich gebündelt.

Haarpräparation

Wirrhaar (ausgekämmtes Frauenhaar) ⟶ Zupfen, Hecheln, Stumpfziehen, In-Längen-Ziehen, Entwirren, Bündeln

Schnitthaar (abgeschnittenes Langhaar) ⟶ Hecheln, Stumpfziehen, In-Längen-Ziehen, Bündeln

Aufgaben zu Abschnitt 10.1 bis 10.5

1. Welche Haarteilarten unterscheidet man nach Verwendung und Herstellung?
2. Wozu braucht man Montier- und Hohlbänder?
3. Aus welchen Materialien bestehen Montierbänder?
4. In welchen Breiten werden Montierbänder angeboten? Welche ist die gebräuchlichste?
5. Beschreiben Sie die Montierstoffe.
6. Woraus ist Gaze hergestellt? Wozu dient sie?
7. Erläutern Sie den Unterschied von Deck- und Führungsgaze.
8. Welche Unterschiede gibt es bei Tüll? Wozu wird er verwendet?
9. Wozu nimmt man Nanking?
10. Erklären Sie die unterschiedlichen Eigenschaften der Perückenstoffe aus Baumwolle, Seide und Perlon.
11. Schildern Sie die Perückenfedernpräparation.
12. Welche Maße sind für das Ausmessen einer Perücke zu nehmen?
13. Beschreiben Sie die Durchführung eines Gipsabdruckes.
14. Auf welche Seite des Montierbands setzt man die Stifte bei einem Bogen?
15. Was müssen Sie beim Vernähen der Montierbänder beachten?
16. An welchen Stellen vernäht man sich kreuzende Bänder oder Federn?
17. Wie werden Gaze und Tüll aufgespannt?
18. Wozu dient der Nadelfänger?
19. Beschreiben Sie das Vernähen von Tüll und Gaze.
20. Weshalb knüpft man an den Rändern einer Perücke auf Gaze und nicht auf Tüll?
21. Welchen Zweck hat das Randknüpfen?
22. Beschreiben Sie das Gegenknüpfen.
23. Weshalb biegt man beim Gegenknüpfen die Spitzen zu Bärten um?
24. Erläutern Sie das Tamburieren.
25. Welche Tressenarten gibt es? Wozu werden sie gebraucht?
26. Wodurch unterscheiden sich Euro-, Indo- und Chinahaar?
27. Was ist Exporthaar?
28. Wodurch veredelt man Chinahaar?
29. Weshalb eignet sich halbsynthetisches Kunsthaar nicht für Straßenperücken?
30. Welche Haararten können mit Oxidationshaarfarben gefärbt werden, welche nicht?
31. Welche Tierhaare verwendet man für Theaterperücken?
32. Beschreiben Sie die Arbeitsschritte der Präparation von Wirrhaar.
33. Welche Techniken des Entwirrens gibt es?
34. In welchen Arbeitsschritten präpariert man Schnitthaar?

10.6 Haarteilpflege

Regelmäßige Reinigung der Haarteile, Perücken und Toupets ist nicht nur aus hygienischen Gründen nötig, sondern auch zur Erhaltung der Haararbeit. Die Haare verschmutzen, die Montur wird vom Schweiß angegriffen. Zur täglichen Reinigung der Montur gibt es Reinigungslotionen. Um die Haare zu säubern und zu pflegen, muß man eine Perücke alle zwei, drei Wochen zum Friseur geben.

Da die Behandlung der Perücken mehr Vorsicht erfordert als die der Haarteile, werden wir sie hier als Beispiel darstellen. Bei Toupets und Haarteilen geht man entsprechend vor.

Reinigen von Echthaarperücken

Reinigen der Montur. Die Innenseite der Perücke wird nach außen gewendet und mit waschbenzingetränkten Schwämmchen von Fett und Klebstoffresten gereinigt (**10**.29a). Waschbenzin läßt die Montur nicht einlaufen, ist aber feuergefährlich und darf deshalb nicht in Feuernähe verwendet werden.

Aufspannen. Damit sich die Montur nicht verändert, werden alle weiteren Arbeiten nur an der aufgespannten Perücke oder Toupet durchgeführt (**10**.29b).

Ausbürsten. Durch das Ausbürsten glättet man die Haare und zieht gelockerte Knüpfknoten wieder an. Für Echthaarperücken nehmen wir eine kräftige Naturborstenbürste. Ein Kamm darf nicht verwendet werden, denn seine Zähne können die Knüpfknoten lösen oder sogar aufziehen. Wir beginnen mit dem Bürsten an den Spitzen und arbeiten uns langsam in Knüpfrichtung nach oben (**10**.29c).

Waschen. Für eine Perücke braucht man 3 bis 4 l Wasser nicht über 35 °C und 25 bis 50 cm³ Shampoo (3 bis 4 Sparstifte). Das gut gelöste Shampoo tragen wir mit einer Naturbürste vom Ansatz zu den Spitzen auf. Das Haar darf nicht gerieben oder massiert werden, weil es sonst verfilzt. Tragen Sie die Waschlotion mehrmals auf und lassen Sie sie 4 bis 5 Minuten einwirken. Ausgespült wird gründlich unter fließendem lauwarmem Wasser. Achten Sie darauf, daß das Wasser nur in Knüpfrichtung fließt, damit sich das Haar nicht verfilzt (**10**.29d).

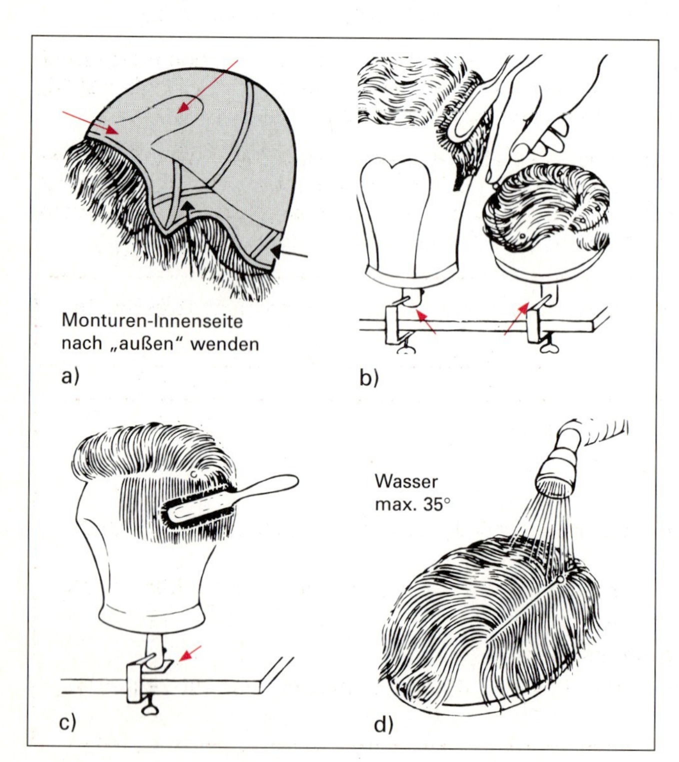

10.29

a) Reinigen der Montur, b) Aufspannen eines Toupets, c) Ausbürsten in Knüpfrichtung, d) Ausspülen unter fließendem Wasser in Knüpfrichtung

Nachbehandlung. Das Haar von Haarersatzteilen wird leichter spröde. Um dies zu verhindern, wendet man nach dem Waschen spezielle Pflegeemulsionen an. Wie beim Shampoo geben wir etwa 20 bis 25 cm^3 der Emulsion auf 2 bis 3 l 35 °C warmes Wasser. Die Pflegelösung wird über das Haar verteilt und nicht mehr ausgespült. Das Haar läßt sich nun besser auskämmen, bekommt einen geschmeidigen Griff und schönen Glanz.

Einlegen und Trocknen. Das Haar wird mit Wicklern oder Klipsen eingelegt und mit einem Schleier abgedeckt. Getrocknet wird es unter der Trockenhaube (nicht über 45 °C) oder an der Luft.

Die Perücke darf erst vom Styrokopf abgenommen werden, wenn die Montur ganz trocken ist – sonst läuft sie noch ein.

Frisieren. Damit das Haar geschmeidig bleibt, nimmt man ein Glanzspray beim Frisieren. Zum Festigen kann ein gutes Haarspray verwendet werden.

Reinigen von Kunsthaarteilen

Aufspannen und Ausbürsten. Kunsthaarteile werden wie Echthaarteile aufgespannt und ausgebürstet. Dazu nehmen wir jedoch eine Drahtbürste, weil Naturborsten das Kunsthaar elektrisch aufladen.

Waschen. Gebraucht werden ebenfalls 3 bis 4 l Waschlösung, aber in geringerer Konzentration als bei Echthaar: 20 cm^3 Shampoo, Wasser nicht über 30 °C. Die Kunsthaare werden 10 bis 15 Minuten in die Waschlösung gelegt, nicht gerieben oder gewrungen, nur zwei- bis dreimal bewegt. Dann spülen wir mit lauwarmem Wasser (nicht über 30 °C).

Nachbehandlung. Auch für Kunsthaar gibt es spezielle, antistatisch wirkende Pflegeemulsionen. Dazu gibt man 75 cm^3 Emulsion in 3 bis 4 l Wasser (wiederum nicht über 30 °C), taucht die Perücke fünf Minuten ein und spült nicht mehr aus.

Frisieren. Da Kunsthaare eine Dauerwellung haben, werden sie nicht eingelegt. Sie dürfen auch nicht im nassen Zustand gekämmt oder gebürstet werden, weil sich sonst die Wellung glättet. Man läßt sie einfach an der Luft trocknen und kann sie anschließend bürsten. Spezielle Haarsprays für Kunsthaar verhindern die statische Aufladung.

Achtung: Wenn Kunsthaare eingelegt und unter der Haube getrocknet werden, ändert sich die Form der Wellung!

Haarteilreinigung

1. Reinigen der Montur mit Waschbenzin
2. Aufspannen auf Styrokopf
3. Ausbürsten in Knüpfrichtung (Echthaar mit Naturborste, Kunsthaar mit Drahtbürste)
4. Waschen in Waschlösung (Echthaar nicht über 35 °C, Kunsthaar nicht über 30 °C)
5. Klarspülen mit fließendem Wasser
6. Nachbehandeln mit Pflegeemulsionen
7. Echthaar einlegen und bei 45 °C trocknen, Kunsthaar lufttrocknen und erst dann frisieren

Farbveränderungen an Haarteilen

Die Farbe neuer Haarteile wird nach Haarproben bestellt und braucht daher nicht korrigiert zu werden. Getragene Haararbeiten können jedoch verblassen und eine Korrektur erforderlich machen. Mit der Mode kann die Kundin die Haarfarbe ändern, so daß auch das Haarteil angepaßt werden muß. Grundsätzlich merken wir uns:

> Farbveränderungen sind nur bei Echthaarteilen möglich, nicht bei Kunsthaarteilen.

Farbkorrekturen. Leichte Farbabweichungen, vor allem bei ausgebleichtem Haar, lassen sich mit einem guten *Farbfestiger* korrigieren. Er muß gleichmäßig aufgetragen werden. Reicht die Korrektur mit dem Farbfestiger nicht aus, nimmt man ein flüssiges *Tönungsmittel.* Weil das Haar durch die Veredelung poröser ist als Naturhaar, muß man das Tönungsmittel stark verdünnen. Die Stärke der Verdünnung hängt von der gewünschten Farbänderung ab. Eine zu intensive Farbkorrektur läßt sich nicht rückgängig machen. Nehmen Sie lieber eine stärkere Verdünnung bei längerer Einwirkzeit.

Durchführung. Die Haararbeit muß gereinigt und aufgespannt sein. Das Haar wird naß in die Tönungsmittellösung eingelegt, damit sie gleichmäßig aufzieht. Stellen Sie ausreichend Lösung her, damit das Haarteil ganz darin schwimmt. Die Einwirkzeit richtet sich nach der gewünschten Farbänderung und muß beobachtet werden. Um ein gleichmäßiges Ergebnis zu erzielen, bewegt man das Haarteil in der Lösung.

Farbbehandlungen mit Oxidationsfärbemitteln sind bei Haarteilen mit unempfindlichen Monturen aus Perlon oder Nylon möglich – andere Stoffe werden zu stark angegriffen. Am geeignetsten sind Gelhaarfarben. Wegen der Porosität des Haares dürfen auch sie nur verdünnt angewendet werden.

Durchführung. Das gut durchgebürstete Haarteil wird mit Wasser angefeuchtet und ausgedrückt. 40 cm^3 Gelhaarfarbe werden mit 40 cm^3 sechsprozentigem Wasserstoffperoxid gut vermischt und mit 200 cm^3 handwarmem Wasser verdünnt. In diese Farblösung legt man das angefeuchtete Haarteil und läßt 30 bis 60 Minuten einwirken. Alle 5 Minuten knetet man das Haarteil durch, damit die Färbemasse überall gleichmäßig einwirkt. Anschließend wird das Teil gut ausgespült, mit einem Shampoo gewaschen und mit Pflegeemulsion nachbehandelt.

> Farbveränderungen
> - Farbkorrektur mit Farbfestiger oder verdünntem Tönungsmittel
> - Färben mit verdünnten Gelhaarfärbemitteln

Umformen von Haarteilen

Umformen von Echthaarteilen. Da es sich meist um verfeinertes Haar handelt, nehmen wir ein Mittel für poröses Haar. Die Wickler sollten nicht zu dick sein, damit das Haar genügend Sprungkraft erhält. Das Wellmittel soll auf jeden Fall ohne Wärmezufuhr einwirken. Zum Fixieren mischt man 40 cm^3 neunprozentiges Wasserstoffperoxid mit 320 cm^3 Wasser. Das Haarteil wird abgebraust und in die Lösung gelegt. Nach 3 bis 4 Minuten Einwirkzeit nimmt man die Wickler vorsichtig heraus und legt das Teil noch einmal 3 bis 4 Minuten in die Fixierlösung. Den Abschluß bildet ein Bad mit Pflegeemulsion.

Rechnen Sie aus, wieviel Prozent H_2O_2 die Fixierung enthält.

Thermofixierung von Kunsthaarteilen. Kunsthaar ist wärmeempfindlich und darf daher niemals über 30 °C behandelt werden. Diese Vorschrift kennen wir schon von der Haarteilreinigung. Die Eigenschaft des Kunsthaars, sich bei Wärme zu verformen (Thermofixierung) nutzt man beim Umformen. Die gewünschte Frisur wird mit Wicklern oder Klipsen eingelegt. Auch hier bestimmt der Wicklerdurchmesser die Größe der Wellen und Locken. Dann trocknet man das Haar bei 50 bis 60 °C. Erst wenn die Haare wieder völlig abgekühlt sind, darf man die Wickler und Clipse herausnehmen.

Auf die gleiche Weise läßt sich zu stark gekraustes Kunsthaar glätten.

> Umformen von Haarteilen
> - Echthaar mit Kaltwellmitteln
> - Kunsthaar durch Thermofixieren bei 50 bis 60 °C

Schneiden von Haararbeiten

Wodurch kann ein Toupetträger auffallen? Weshalb sehen Frauen mit billigen Zweitfrisuren manchmal so unvorteilhaft aus?

Früher fertigte der Friseur die Haararbeiten an, heute werden sie von Haarfabriken geliefert. Der Friseur beschränkt sich auf Beratung, Verkauf und Pflege der industriell gefertig-

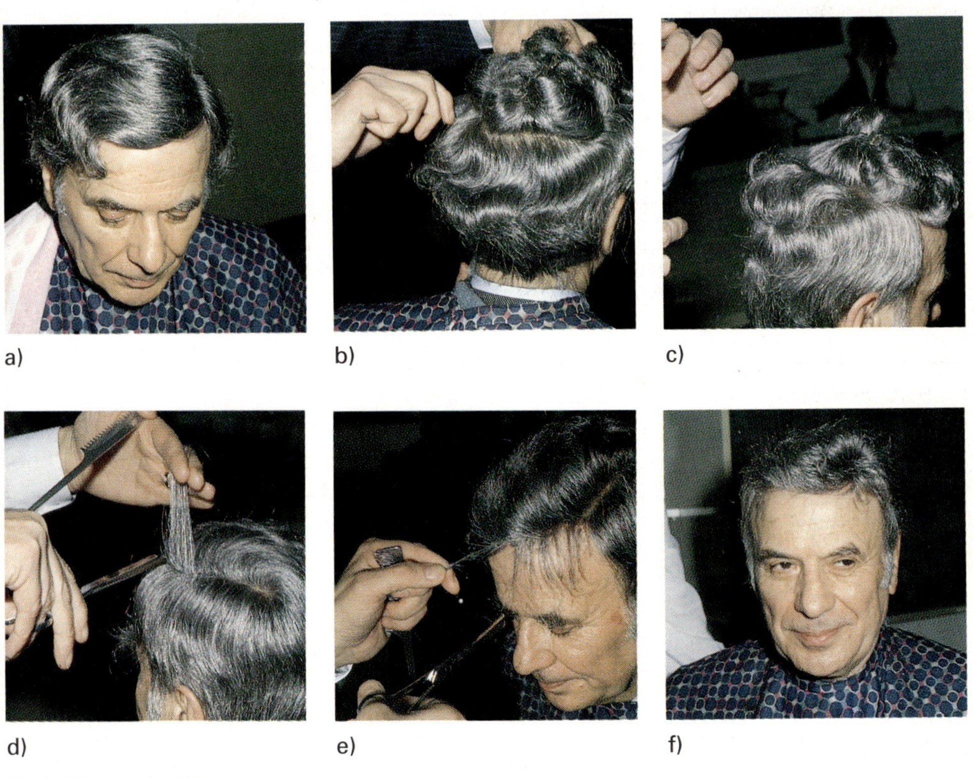

a) b) c) d) e) f)

10.30 Toupetschneiden

a) Toupetrohling aufgeklebt, b) Rand abteilen, c) Randhaar durch Effilieren dem Eigenhaar anpassen, d) Ausdünnen dicht über der Montur, e) Effilieren der Konturenhaare, f) zugeschnittenes Toupet ten Haarteile. Dazu gehören auch das Zuschneiden und Frisieren. Haarersatzteile, vor allem Toupets, müssen für den Kunden zugeschnitten werden, damit sie gut sitzen und nicht auffallen.

Zuschneiden. Toupets liefert die Haarindustrie als *Rohlinge.* Das Haar ist länger als vorgesehen und sehr dicht. Damit es sich gut mit dem Eigenhaar verkämmen läßt, muß man es kürzen und effilieren. Zugeschnitten wird das Toupet auf dem Kopf des Kunden. Dazu paßt man es auf und klebt es an (**10**.30a). Ein Rand von 1 bis 2 cm Breite wird abgeteilt und besonders sorgfältig bearbeitet, weil er die Verbindung mit dem Eigenhaar herstellt (**10**.30b). Durch Effilieren direkt an der Montur paßt man das Randhaar in der Dichte dem Eigenhaar an. Das Toupethaar bleibt etwa 1 bis 2 cm länger als das Eigenhaar, damit beide gut ineinander verlaufen und ein schöner Übergang entsteht.

Effilieren. Viele Toupets fallen auf, weil sie zu flach am Kopf anliegen. Deshalb muß man das Oberkopfhaar stark effilieren. Die Rohlinge sind dicht geknüpft, damit sie auch zu modischen, fülligen Frisuren passen. Zum Ausdünnen werden sie dicht über der Montur effiliert (**10**.30d). Besondere Sorgfalt erfordert das Effilieren der Stirnkontur. Damit sich ein möglichst natürlicher Ansatz ergibt, schneidet man besonders viele kurze Haare, wobei man ebenfalls dicht an die Montur herangeht (**10**.30e).

Ein Vergleich des fertig zugeschnittenen Toupets (**10**.30f) mit dem Rohling (**10**.30a) zeigt die Bedeutung des guten Haarschnitts. Die Grundsätze für das Zuschneiden von Toupets gelten für Kunsthaar wie für Echthaar. Im einzelnen bestehen aber Unterschiede.

Echthaar wird naß geschnitten, mit einem Effiliergerät, Messer, einer Effilier- oder Modellierschere.

Kunsthaar wird nur trocken geschnitten, sonst wird es glatt. Am besten eignet sich die enggezahnte Modellierschere, die immer schräg angesetzt werden sollte.

Aufgaben zu Abschnitt 10.6

1. Beschreiben Sie die Arbeitsschritte einer Haarteilreinigung und geben Sie die Konzentration der Waschlösung an.
2. Weshalb dürfen Haararbeiten nur in aufgespanntem Zustand gereinigt werden?
3. Warum müssen Sie Haararbeiten vor dem Waschen ausbürsten?
4. Weshalb darf man Haararbeiten beim Waschen nicht reiben oder massieren?
5. Weshalb dürfen Kunsthaarteile nur mit Drahtbürsten ausgebürstet werden?
6. Warum müssen Sie Tönungs- und Oxidationshaarfärbemittel zur Farbbehandlung von Haarteilen verdünnen?
7. Wie formt man Echthaarteile dauerhaft um?
8. Wie lassen sich Kunsthaare umformen?
9. Warum darf man Kunsthaare nur in trockenem Zustand schneiden?
10. Beschreiben Sie das Zuschneiden eines Toupets.

11 Organische Chemie, Waren- und Verkaufskunde

11.1 Grundlagen der organischen Chemie

Schon wieder Chemie? Warum in einem Abschnitt zusammen mit der Warenkunde? Weil uns die bisher behandelte „anorganische" Chemie die Behandlungsverfahren unseres Berufs verständlich gemacht hat, die „organische" Chemie dagegen die Zusammensetzung und Eigenschaften der kosmetischen Präparate erklärt.

11.1.1 Kohlenstoffverbindungen

Welcher Unterschied besteht zwischen der organischen und anorganischen Chemie? Der Begriff organisch ist vom Organismus abgeleitet. Organismen sind Lebewesen – Pflanzen, Tiere, Menschen. Die Stoffe, aus denen Lebewesen aufgebaut sind, nannte man organische Stoffe und unterschied sie von den anorganischen Stoffen der unbelebten Natur – von den Metallen und Nichtmetallen (Elementen), den Säuren, Laugen und Salzen.

Versuch 1 Erhitzen Sie in einem Reagenzglas Zucker, Holz oder Stärke. Welcher Stoff bleibt zurück?

Kohlenstoffchemie. Alle organischen Verbindungen enthalten Kohlenstoff, der beim Verbrennen als schwarzer, bröseliger Stoff zurückbleibt. Die organische Chemie ist deshalb die Chemie der Kohlenstoffverbindungen. Eine Ausnahme bilden nur die Kohlenoxide (CO, CO_2), Kohlensäure (H_2CO_3), Blausäure (HCN) und deren Salze (Carbonate und Cyanide). Sie zählen zur anorganischen Chemie.

Die organische Chemie ist die Chemie der Kohlenstoffverbindungen.

Atombindung. Reiner Kohlenstoff kommt in der Natur in zwei völlig verschiedenen Formen (Modifikationen) vor. Einmal als Graphit, ein grauschwarzer, undurchsichtiger, weichblättriger Stoff, den Sie vielleicht gerade als Bleistift in der Hand haben. Die zweite Form ist bedeutend schöner und kostbarer. Es ist der farblose, durchsichtige, außerordentlich harte Diamant (**11**.1).

Die unterschiedlichen Eigenschaften beider Modifikationen liegen in der Struktur des Kohlenstoffatoms. Als Element der 4. Hauptgruppe im PSE hat es vier Außenelektronen. Damit steht es zwischen den Stoffen, die gern ihre Elektronen abgeben (z.B. Na, K, Ca, Mg), und denen, die leicht Elektronen aufnehmen (z.B. Cl, O, S). Kohlenstoff bildet gemeinsame Elektronenpaare – Atombindungen. Sie können einfach, doppelt oder dreifach ausgebildet sein.

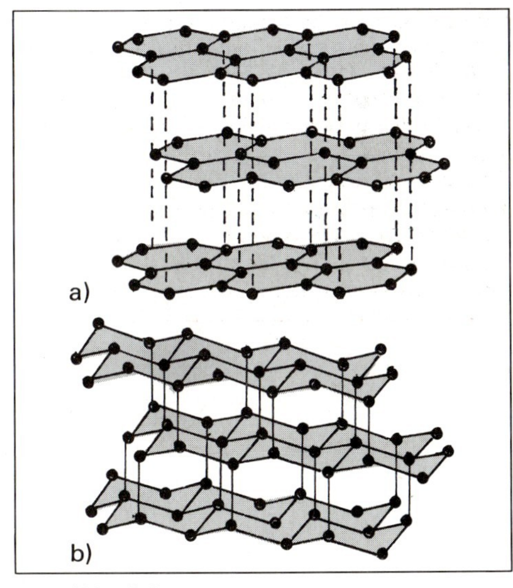

11.1 Kristallgitter
a) Graphit (Schichtgitter), b) Diamantgitter

Einfachbindung $-\mathrm{C}-\mathrm{C}-$

Doppelbindung $\mathrm{C}=\mathrm{C}$

Dreifachbindung $-\mathrm{C}\equiv\mathrm{C}-$

Verbindungsstruktur. Kohlenstoffatome können sich nicht nur mit anderen Stoffen, sondern auch miteinander verbinden. Ihr häufigster „Partner" ist Wasserstoff (⟶ Kohlenwasserstoffe), andere sind Sauerstoff, Halogene und Stickstoff. Da sich die Kohlenstoffatome sehr zahlreich miteinander, mit Wasserstoff und anderen Stoffen verbinden können, ergibt sich eine große Zahl von organischen Verbindungsmöglichkeiten: den etwa 100000 anorganischen stehen mehr als 4 Millionen organische Verbindungen gegenüber! Nach der Struktur teilt man sie in Ketten und ringförmige Verbindungen ein, die auch kombiniert vorkommen.

Kette C_6H_{14}

Verzweigte Kette C_6H_{14}

Ringförmige Verbindungen C_6H_6

> Als Element mit vier Außenelektronen bildet Kohlenstoff mit sich selbst und mit anderen Elementen (vor allem H, ferner O, N, Halogene, S) Atombindungen aus.

Das Keratin des Haares besteht ebenso wie viele Inhaltsstoffe in kosmetischen Präparaten aus Kohlenstoffverbindungen. Darum ist die organische Chemie Grundlage Ihrer Warenkunde.

11.1.2 Kettenförmige Kohlenwasserstoffe

Kohlenwasserstoffgruppe. Durch die Verbindung von 1 Kohlenstoffatom mit 4 Wasserstoffatomen entsteht Methan, ein farbloses, brennbares Gas (Erdgas).

$$\mathrm{C} + 4\,\mathrm{H} \longrightarrow \mathrm{CH_4}$$

$$\cdot\dot{\underset{\cdot}{\mathrm{C}}}\cdot + 4\,\mathrm{H}\cdot \longrightarrow \mathrm{H}-\underset{\mathrm{H}}{\overset{\mathrm{H}}{\mathrm{C}}}-\mathrm{H}$$

Kohlenstoff + Wasserstoff ⟶ Methan

Die Verbindung von 2 C-Atomen mit 6-H-Atomen ergibt Ethan, ein ebenfalls brennbarer Bestandteil des Erdgases.

$$2C \quad + 6\,H \longrightarrow C_2H_6$$

$$2 \cdot \dot{\underset{\cdot}{C}} \cdot \quad + 6\,H \cdot \longrightarrow \begin{matrix} & H & & H & \\ & \vert & & \vert & \\ H- & C & - & C & -H \\ & \vert & & \vert & \\ & H & & H & \end{matrix} \qquad \text{Ethan}$$

Jedes weitere Kohlenstoffatom verlängert die Kette um eine CH_2- oder Kohlenwasserstoffgruppe.

Alkane. Wie die Strukturformeln zeigen, ist bei der Einfachbindung von CH_2-Gruppen jedes Kohlenstoffatom voll an Wasserstoffatome gebunden, also *„gesättigt"*. Gesättigte Kohlenwasserstoffe nennt man Alkane und ab etwa 17 C-Atomen auch *Paraffine.* Wie dieser aus dem Lateinischen abgeleitete Name besagt, sind solche Verbindungen wenig reaktionsfreudig, nämlich „komplett" und daher sehr beständig.

Tabelle **11.2** **Alkane (gesättigte Kohlenwasserstoffe)**

Name	C-Atome	Summenformel	Strukturformel	Aggregatzustand	Vorkommen/ Verwendung
Methan	1	CH_4	$\begin{matrix} & H & \\ & \vert & \\ H- & C & -H \\ & \vert & \\ & H & \end{matrix}$	gasförmig	Erdgas
Ethan	2	C_2H_6	$\begin{matrix} & H & & H & \\ & \vert & & \vert & \\ H- & C & - & C & -H \\ & \vert & & \vert & \\ & H & & H & \end{matrix}$	gasförmig	Erdgas
Propan	3	C_3H_8	$\begin{matrix} & H & & H & & H & \\ & \vert & & \vert & & \vert & \\ H- & C & - & C & - & C & -H \\ & \vert & & \vert & & \vert & \\ & H & & H & & H & \end{matrix}$	gasförmig	Haushaltsgas Campinggas
Butan	4	C_4H_{10}		gasförmig	Campinggas Laborbrenner
Pentan	5	C_5H_{12}		flüssig	Benzin
Hexan	6	C_6H_{14}			
Heptan	7	C_7H_{16}			
Oktan	8	C_8H_{18}		dickflüssig	
Nonan	9	C_9H_{20}		dickflüssig	Schmieröl
Dekan	10	$C_{10}H_{22}$			
⋮	⋮	⋮			
	16	$C_{16}H_{34}$		hoch viskos	
Paraffine Mineralfette	17	$C_{17}H_{36}$		wachsartig fest	fettende Stoffe in kosmetischen Präparaten
	⋮	⋮			
	43	$C_{43}H_{88}$		fest	

Die Eigenschaften der gesättigten Kohlenwasserstoffe ändern sich mit der Zahl der C-Atome, also der Kettenlänge und der Molekülgröße. Die ersten vier Verbindungen sind Gase und werden als Heiz- und Brennstoffe verwendet. Bei 5 bis 8 aneinandergereihten CH_2-Gruppen bilden sich leicht verdampfende (flüchtige) Flüssigkeiten. Wir kennen sie als brennbare Bestandteile des Benzins. Eine CH_2-Kette mit 8 Kohlenstoffatomen ist schon dickflüssig. Bis zur 16. Kohlenwasserstoffgruppe nimmt die Viskosität zu – diese Stoffe eignen sich daher als Schmieröle. Vom 17. C-Atom an sind die Verbindungen wachsartig fest und werden – von Fremdstoffen gereinigt – als fettende Stoffe in der Kosmetik gebraucht. Man nennt sie Paraffine oder Mineralfette (**11**.2).

Isomerie. Eine Kohlenwasserstoffkette mit mehr als drei CH_2-Gruppen kann sich auch verzweigen. Bei gleicher Summenformel gibt es also verschiedene Strukturformeln. Diese Erscheinung heißt Isomerie.

Beispiel C_4H_{10} als Kette

```
    H   H   H   H
    |   |   |   |
H — C — C — C — C — H
    |   |   |   |
    H   H   H   H
```

Butan

C_4H_{10} als verzweigte Kette

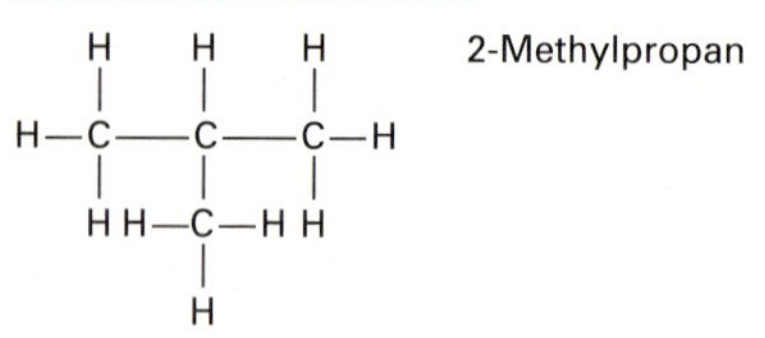

Sie sehen deutlich, daß die Kette durch die Verzweigung kürzer wird. Damit ändern sich aber auch die Eigenschaften der Stoffe. Paraffine mit verzweigten Ketten sind z. B. nicht mehr fest, sondern ölartig flüssig.

Kettenförmige gesättigte Kohlenwasserstoffe heißen Alkane. Mit zunehmender Kettenlänge vergrößert sich das Molekül.

Kurze Ketten	1 bis 4 C-Atome	gasförmige Stoffe
mittlere Ketten	5 bis 8 C-Atome	leicht flüchtige Stoffe
längere Ketten	9 bis 16 C-Atome	ölartige Stoffe
lange Ketten	ab 17 C-Atomen	wachsartig feste Stoffe

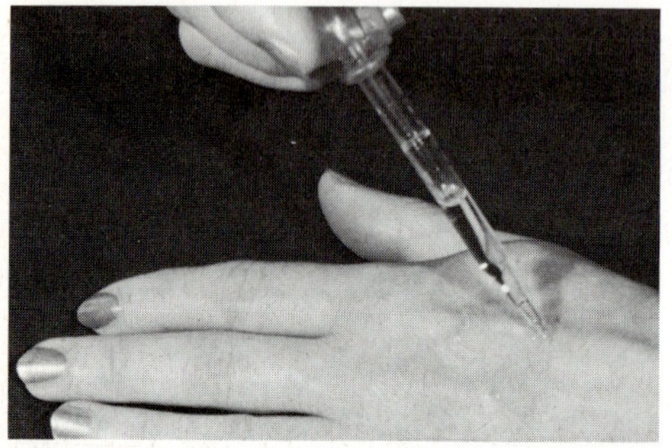

11.3 Paraffinöl und Olivenöl auf dem Handrücken

Kohlenwasserstoffe in der Kosmetik. Bis etwa 1900 enthielten kosmetische Präparate wie z. B. Hautcremes nur pflanzliche und tierische Fette und Öle. Die Präparate wurden vom Apotheker für die Damen der höheren Gesellschaftsschichten frisch zubereitet, denn die Cremes hielten sich nur einige Monate. Erst die Entdeckung der Mineralfette führte zu preiswerten und haltbaren Hautpflegemitteln und ermöglichte die Hautpflege für jeden.

Versuch 2 Streichen Sie etwas Paraffinöl auf den Handrücken und daneben einen Tropfen Olivenöl. Welches Öl zieht in die Haut ein? (**11**.3).

Mineralfette (Paraffine) fetten die Haut, machen sie geschmeidig und glänzend. Im Gegensatz zu pflanzlichen und tierischen Fetten dringen sie nicht ein, sondern bilden auf der Haut eine wasserabstoßende Schicht. Damit haben sie eine ausgeprägte Schutzwirkung. Sie sind chemisch stabil, d. h. sie verändern sich bei langer Lagerung nicht, werden nicht ranzig und lassen sich gut mit anderen Fettstoffen mischen. Für kosmetische Präparate eignen sich langkettige verzweigte Alkane. Sie müssen von anderen organischen Stoffen gereinigt werden, denn Verunreinigungen können Hautreizungen verursachen. Kosmetisch wichtige Paraffinmischungen teilt man nach Aggregatzustand (Kettenlänge und -verzweigung) in Weiß- oder Paraffinöl, Vaseline, Paraffin(wachs) und Ceresin ein.

Weiß- oder Paraffinöl ist hochgradig gereinigtes, dünn- bis dickflüssiges Mineralöl. Es läßt sich auf der Haut gut zu einem dünnen Schutzfilm verteilen und ist daher häufig in Massagemitteln enthalten. Wegen der Mischbarkeit mit fettigen Verschmutzungen ist es auch Bestandteil von Reinigungsemulsionen.

Als Vaseline bezeichnet man eine zähe, etwas klebrige Mischung aus festen und flüssigen Alkanen. Wegen der höheren Viskosität eignet sie sich besonders für Hautschutzcremes, vor allem Handcremes. Ebenso findet Vaseline in Reinigungs- und Massagecremes, aber auch in einigen Frisiercremes Verwendung.

Paraffin(wachs) nennt man langkettige, bei Raumtemperatur feste Alkane. Sie lassen sich so mit anderen Fettstoffen mischen, daß sie sich schon bei geringem Druck verflüssigen (thixotrope Gemische). Durch diese Eigenschaft ist Paraffinwachs besonders geeignet für Hautcremes mit Schutzwirkung und für Präparate, die gezielt aufgetragen und auf der Haut bleiben sollen, denn bei nachlassendem Druck verfestigt sich die Masse wieder. Solche Präparate sind neben Lippenstiften auch Lidschattencremes und die Trägermasse in Deostiften.

Ceresin heißt das paraffinähnliche gereinigte Erdwachs Ozokerit. Es kommt in der Natur vor und wird zu den gleichen kosmetischen Präparaten verarbeitet wie Paraffinwachs.

Mineralfette und -öle sind Mischungen aus verzweigten und unverzweigten Kohlenwasserstoffen. Sie

- dringen nicht ein, sondern bilden einen Film auf der Haut,
- fetten und schützen,
- sind unbegrenzt haltbar,
- sind mischbar mit anderen Fettstoffen.

11.1.3 Alkohole (Alkanole)

Einwertige Alkohole. Im Lauf Ihrer Ausbildung haben Sie mit dem Ethanol und dem 2-Propanol schon zwei wichtige Alkohole für die Kosmetik kennengelernt. Beim Ethanol ist ein Wasserstoffatom des Ethans durch eine OH-Gruppe (Hydroxylgruppe) ersetzt. Daraus ergeben sich die Namen der Alkohole: An den Namen des Alkans wird die Endung -ol gehängt (**11**.4 auf S. 322).

Die Hydro**xyl**gruppe OH des Alkohols müssen Sie von der Hydro**xid**gruppe $OH^{\ominus}$ der Laugen unterscheiden!

Die Hydroxidgruppe der Laugen ist negativ geladen (Anion) und spaltet sich in Wasser leicht ab, denn sie ist durch eine Ionenbindung an das Kation gebunden (s. Abschn. 6.8.1)

Die Hydroxylgruppe der Alkohole dagegen ist durch eine Atombindung an den Molekülrest gebunden. Sie spaltet sich daher nicht in Wasser ab und bildet auch kein Ion.

Alkohole sind Oxidationsprodukte der Kohlenwasserstoffe, wie die Reaktion von Methan mit Sauerstoff zeigt:

$$CH_4 + \frac{1}{2} O_2 \longrightarrow CH_3OH$$

Methan + Sauerstoff ⟶ Methanol

Tabelle **11**.4 **Einwertige Alkohole**

Alkan	Alkohol	Summenformel	Strukturformel
Methan	Methanol	CH_3 OH	H H—C—OH H
Ethan	Ethanol	C_2H_5 OH	H H H—C—C—OH H H
Propan	Propanol	C_3H_7 OH	H H H H—C—C—C—OH H H H
	2-Propanol	C_3H_7 OH	H H H H—C—C—C—H H OH H
Butan	Butanol	C_4H_9 OH	H H H H H—C—C—C—C—OH H H H H

Wasserlöslichkeit. Ebenso wie die Alkane werden Alkohole mit zunehmender Molekü größe dickflüssiger. Fest sind sie bei einer Kette aus mindestens 12 C-Atomen. Methano Ethanol und Propanol sind wasserlöslich. Die öligen, dickflüssigen Alkohole mit 4 bis 1 C-Atomen sind nur begrenzt, d.h. nur in geringen Mengen mit Wasser mischbar.

11.5 „Duftnuancen"

Versuch 3 Tropfen Sie etwas Ethanol auf Ihre Handrücken. Was spüren Sie?

Versuch 4 Vergleichen Sie das Lösungsvermöge von Ethanol und 2-Propanol für Fettstoffe, indem Si in je ein Reagenzglas mit 1 ml des Alkohols gleic viele Tropfen Olivenöl, Paraffinöl und Lecithinöl g ben. Welcher Alkohol ist das bessere Lösungsmitte

Versuch 5 Vergleichen Sie den Geruch von Ethan und 2-Propanol. Woran erinnert Sie 2-Propano (**11**.5).

Die Verwendung einwertiger Alkohole i der Kosmetik zeigt Tabelle **11**.6.

Fettalkohole. Verzweigte und unverzweigte, gesättigte und ungesättigte (mit Doppelbi dung versehene) Alkohole mit 10 bis 22 C-Atomen im Molekül nennt man Fettalkohol Sie sind wichtige kosmetische Grundstoffe für waschaktive Substanzen, fettende Inhalt stoffe in Cremes und Emulgatoren für W/Ö-Emulsionen. Die emulgierende Wirkun kommt durch die wasserfreundliche OH-Gruppe und den wasserfeindlichen Alkanrest z stande (**11**.7).

Tabelle **11**.6 **Eigenschaften und Verwendung einwertiger Alkohole**

Name	Eigenschaften	Verwendung
Methanol	giftig	in kosmetischen Präparaten verboten
Ethanol (Spiritus ist 96%iger Ethanol und durch Zusätze ungenießbar gemacht	ist genießbar, berauschend Nervengift entfettet, löst Fette, Wirk- und Duftstoffe riecht angenehm, desinfiziert ab 70% erfrischt (Verdunstungskälte) und fördert die Durchblutung	in hochwertigen Haar- und Gesichtswässern in Parfums zur Desinfektion bei Akne
2-Propanol (Propanol ist für die Kosmetik unbedeutend)	ist ungenießbar entfettet, löst besser als Ethanol riecht unangenehm desinfiziert ab 60% erfrischt und fördert die Durchblutung	in preiswerten Haarwässern wegen desinfizierender Wirkung in medizinischen Haar- und Gesichtswässern Lösungsmittel für Haarfestiger, Körperspray (Deospray), Insektenabwehrmittel und Sonnenbrandlotionen
Butanol	löst Lack- und Farbstoffe entfettet nicht	Lösungsmittel in Nagellacken und Nagellackentfernern

Wollfettalkohole werden besonders häufig in der Kosmetik verwendet. Sie sind im Wollfett (Lanolin) enthalten und haben gegenüber dem Gemisch Lanolin große Vorteile: Sie riechen nicht unangenehm, verfärben sich nicht und sind nicht so zäh.

Als Bestandteile und Emulgatoren in Hautcremes sind Fettalkohole beliebt, weil sie leicht in die obersten Zellagen der Hornschicht eindringen. Sie glätten die Haut, machen sie weich und geschmeidig, ohne sie zu reizen.

Fettalkohole
- sind Rohstoffe für WAS
- sind fettende Stoffe in Cremes und W/Ö-Emulgatoren
- haben hautpflegende Eigenschaften

$CH_3-CH_2-CH_2 \cdots CH_2-CH_2-OH$

11.7 Cetylalkohol ($CH_{16}H_{33}OH$)

Mehrwertige Alkohole. Neben den besprochenen einwertigen Alkoholen gibt es auch mehrwertige, bei denen zwei, drei oder mehr H-Atome durch Hydroxylgruppen ersetzt sind. Moleküle mit zwei OH-Gruppen heißen *Diole,* mit drei *Triole* (**11**.8).

Tabelle **11**.8 **Mehrwertige Alkohole**

Name	Summenformel	Strukturformel
Propantriol (Glycerin)	$C_3H_5(OH)_3$	H H H │ │ │ H—C—C—C—H │ │ │ OH OH OH
Hexanhexol (Sorbit)	$C_6H_8(OH)_6$	H H OH H H H │ │ │ │ │ │ H—C—C—C—C—C—C—H │ │ │ │ │ │ OH OH H OH OH OH

Glycerin (Propantriol) ist eine klare, dickflüssige Substanz, die sehr stark wasseranziehend wirkt. In bestimmten Konzentrationen hält sie die Haut feucht und geschmeidig (Glycerincremes). Als Zusatz in Zahnpasten und Cremes verhindert sie das Austrocknen – eine Eigenschaft, die besonders wichtig für Ö/W-Emulsionen ist. Durch die starke Hygroskopizität (Wasseranziehung) eignet sich Glycerin auch als Verdickungsmittel. Haarkuren, Rasiercremes, Rasier- und Gesichtswässer enthalten Propantriolzusätze, um Haut und Haar geschmeidig zu halten. Sorbit ähnelt Glycerin und wird ebenso verwendet.

> Propantriol ist ein dreiwertiger Alkohol und wird in kosmetischen Mitteln zum Verdicken, Feuchthalten und Hautglätten eingesetzt.

Unter den Oxidationsprodukten der Alkohole sind zwei für die Kosmetik von Bedeutung: das Formaldehyd und das Aceton.

Formaldehyd (Methanal) ist ein stechend riechendes Gas mit stark desinfizierender Wirkung. Es entsteht durch Oxidation von Methanol:

$$\begin{array}{c} H \\ | \\ H{-}C{-}\overline{O}{-}H \\ | \\ H \end{array} + \tfrac{1}{2}O_2 \rightarrow \begin{array}{c} H \\ | \\ H{-}C{=}O \end{array} + H_2O$$

Methanol + Sauerstoff → Methanal (Formaldehyd) + Wasser

Die 35- bis 40prozentige Lösung des Gases in Wasser heißt **Formalin** und wird zur Desinfektion von Kämmen, Bürsten und anderen Werkzeugen gebraucht. Viele Präparate zur Haar- und Hautpflege enthalten Formaldehyd zur Konservierung. Als schweißhemmender Stoff setzt man es den Deodorantien zu.

Alle formaldehydhaltigen Mittel müssen durch einen entsprechenden Hinweis auf der Pakkung gekennzeichnet sein, denn Methanal führt (wie auch andere Desinfektionsmittel) bei vielen Menschen zu Hautreizungen und Allergien. Andere Aldehyde werden wegen des blumigen oder auch zitrusartigen Geruchs auch als Duftstoffe gebraucht.

Aceton (Propanon) ist Lösungsmittel für Lacke und Fette. Es entsteht durch Oxidation von 2-Propanol und wurde früher häufig zum Entfernen von Nagellack gebraucht. Wegen der starken Entfettung der Nagelplatte nimmt man heute dazu andere Lösungsmittel. Als Lösungsmittel in Nagellack ist Aceton jedoch noch gebräuchlich.

$$\begin{array}{c} H \quad OH \quad H \\ | \quad\;\; | \quad\;\; | \\ H{-}C{-}C{-}C{-}H \\ | \quad\;\; | \quad\;\; | \\ H \quad\; H \quad\; H \end{array} + \tfrac{1}{2}O_2 \rightarrow \begin{array}{c} H \quad O \quad H \\ | \quad\; \| \quad\; | \\ H{-}C{-}C{-}C{-}H \\ | \qquad\quad | \\ H \qquad\quad H \end{array} + H_2O$$

2-Propanol + Sauerstoff → Propanon (Aceton) + Wasser

Formaldehyd (Methanol)	Aceton (Propanon)
– dient zum Desinfizieren und Konservieren kosmetischer Präparate – kann zu Hautreizungen und Allergien führen	– dient als Lösungsmittel in Nagellacken

11.1.4 Organische Säuren (Carbonsäuren)

Organische Säuren kommen in der Natur vor. Ihre Wirkung auf Haut und Haare kennen Sie schon: Sie neutralisieren und adstringieren nach alkalischen Behandlungen. Carbonsäuren sind erheblich milder als die zum Teil stark ätzenden anorganischen Säuren (denken Sie z.B. an Salz-, Schwefel- und Salpetersäure). Sie haben ausgesprochen pflegende Eigenschaften. Organische Säuren entstehen durch Oxidation eines Aldehyds, bilden also die dritte Oxidationsstufe der Kohlenwasserstoffe. Kennzeichnend für sie ist die COOH-Gruppe.

1. Oxidationsstufe: Alkan + Sauerstoff → Alkohol
2. Oxidationsstufe: Alkohol + Sauerstoff → Aldehyd + Wasser
3. Oxidationsstufe: Aldehyd + Sauerstoff → organische Säure

Beispiel 1. Stufe: $CH_4 + \frac{1}{2} O_2 \rightarrow CH_3OH$

Methan + Sauerstoff → Methanol

2. Stufe: $CH_3 + \frac{1}{2} O_2 \rightarrow CH_2O + H_2O$

Methanol + Sauerstoff → Methanal + Wasser

3. Stufe: $CH_2O + \frac{1}{2} O_2 \rightarrow H{-}COOH$

$$H_2C{=}\overline{O} + \cdot\overline{O}\cdot \rightarrow H{-}C({=}\overline{O}|){-}\overline{O}{-}H$$

Methanal + Sauerstoff → Methansäure (Ameisensäure)

Die vom Methan abgeleitete Säure heißt Methansäure oder Ameisensäure. Die zweite, vom Ethan abgeleitete organische Säure ist die Ethan- oder Essigsäure CH_3-COOH. Jede weitere Säure ist jeweils um eine CH_2-Gruppe länger, so daß man schließlich (bei 10 bis 22 C-Atomen) zu den Fettsäuren gelangt (**11**.9).

Ebenso wie bei den Kohlenwasserstoffen unterscheiden wir bei den Fettsäuren gesättigte und ungesättigte.

Gesättigte Fettsäuren haben Einfachbindungen und lange Ketten. Sie sind in Fetten an Glyzerin gebunden. Es sind dickflüssige oder feste Stoffe. Wegen ihrer niedrigen Grenzflächenspannung bilden sie einen dünnen, nicht fettig-klebrigen Film auf der Haut oder dem Haar. Man verwendet sie als Fette und Emulgatoren in kosmetischen Mitteln.

Stearin heißen die Mischungen aus Palmitin- und Stearinsäure. Bekannt ist es als Schutz- und Pflegestoff sowie als Hauptbestandteil von Stearatcremes, die sogar fettiger Haut einen matten Schimmer verleihen (Mattierungscremes).

Tabelle **11**.9 **Organische Säuren**

Ameisensäure (Methansäure)	$H{-}COOH$
Essigsäure (Ethansäure)	$CH_3{-}COOH$
Propionsäure (Propansäure)	$CH_3{-}CH_2{-}COOH$
Buttersäure (Butansäure)	$CH_3{-}CH_2{-}CH_2{-}COOH$
Fettsäuren	
Palmitinsäure (n-Hexadecansäure)	$CH_3{-}(CH_2)_{14}{-}COOH$
Stearinsäure (n-Octadecansäure)	$CH_3{-}(CH_2)_{16}{-}COOH$
Ölsäure (9-Dodecansäure)	$CH_3{-}(CH_2)_7{-}CH = CH{-}(CH_2)_7{-}COOH$

Ungesättigte Fettsäuren haben eine oder mehrere Doppelbindungen und daher weniger H-Atome im Molekül. Sie sind in vielen Pflanzenölen enthalten und werden wegen ihrer Bedeutung für den Organismus auch essentielle (lebensnotwendige) Fettsäuren genannt. Weil der Körper sie nicht selbst herstellen kann, muß er sie durch Nahrung aufnehmen. Durch die Doppelbindungen sind die Moleküle dieser Säuren instabil und oxidationsfreudig. Deshalb werden sie in der Kosmetik weniger eingesetzt als die haltbaren gesättigten Säuren. Bedeutung haben sie als Mittel gegen trockene, rissige oder sonnenstrapazierte Haut, denn sie normalisieren die Verhornung. Dank dieser Eigenschaft und ihrer Fettähnlichkeit wirken ungesättigte Fettsäuren (vor allem die Linolsäure) gegen brüchige Haare und Nägel (**11**.10).

Tabelle **11**.10 **Eigenschaften und Verwendung organischer Säuren**

Name	Eigenschaften	Verwendung
Ameisensäure Essigsäure Milchsäure Zitronensäure Gerbsäure	milder als anorganische Säuren neutralisieren und adstringieren nach alkalischen Behandlungen	Säurespülung, Fixierung, Haarkurmittel Gesichtswasser (Adstringens), Rasierwasser
Gesättigte Fettsäuren (z.B. Palmitin-, Stearin- und Myristrinsäure)	dickflüssige oder feste, fettähnliche Stoffe bilden dünnen Film auf der Haut oder den Haaren	Emulgatoren Fettphase in Cremes und Packungen Schutz- und Pflegestoffe in Dauerwell-, Blondier- und Färbemitteln
Ungesättigte Fettsäuren (essentielle) (z.B. Linol- und Ölsäure)	fettähnliche, oxidationsempfindliche Stoffe regulieren die Verhornung der Haut	Wirkstoffe in After-sun-Präparaten Nagelölen, Haarkuren Packungen und Cremes gegen trockene und rissige Haut
Thioglykolsäure $H-S-CH_2-COOH$	übel riechendes Reduktionsmittel	Grundstoff für Wellmittel und Haarentfernungsmittel

Organische Säuren sind durch die COOH-Gruppe gekennzeichnet.

Kürzere Carbonsäuren sind in sauer reagierenden Friseurpräparaten enthalten, längere (10 bis 22 C-Atome) sind fettähnliche Stoffe.

11.1.5 Echte Fette und Lipoide

Bei dem Begriff *echtes Fett* denken Sie bestimmt und völlig richtig an Nahrungsfette wie Pflanzenöle oder Tierfette. Der Ausdruck *Lipoid* ist Ihnen wahrscheinlich fremd. Bei Lipoiden handelt es sich um fettähnliche Stoffe. Sie ähneln zwar in ihren Eigenschaften und Verwendungsmöglichkeiten den Fetten, sind jedoch chemisch gesehen keine Fette. Fettalkohole und Fettsäuren haben Sie bereits in den vorhergehenden Abschnitten kennengelernt. Wachse, das Phosphatid Lecithin und das Steroid Cholesterin gehören auch dieser Stoffklasse an.

Echte Fette. Außer den Mineralfetten gibt es echte Fette pflanzlicher oder tierischer Herkunft.

Pflanzliche Fette: Mandelöl, Kokosfett, Erdnußöl, Rizinusöl, Avocadoöl, Weizenkeimöl, Sonnenblumenöl, Olivenöl, Kakaobutter.

Tierische Fette: Rindertalg, Schweinefett, Hammeltalg.

Im Gegensatz zu den Mineralfetten dringen echte Fette in den oberen Teil der Hornschicht ein und halten die Haut glatt und geschmeidig. Häufig werden sie als „Hautfettersatz“ bezeichnet. Während die nichteindringenden Mineralfette hauptsächlich Schutzwirkung erzielen, haben echte Fette mehr pflegende Eigenschaften. Deshalb sind sie wichtige Inhaltsstoffe von Cremes, vor allem Nachtcremes (W/Ö-Emulsionen), und Körperlotionen. Da sie auf der Haut einen sichtbaren Fettglanz hinterlassen, sind echte Fette in Tagescremes weniger beliebt. Wichtige Rohstoffe sind sie jedoch zur Seifenherstellung (s. Abschn. 11.2.1).

Chemischer Bau. Echte Fette sind eine Verbindung aus dem dreiwertigen Alkohol Glycerin und Fettsäuren. Verbindungen aus Alkoholen und Säuren heißen *Ester.* Echte Fette sind also *Fettsäureglycerinester.* Sie bilden sich unter Abspaltung von Wasser in den Zellen der Lebewesen.

$$\begin{array}{llll} CH_3-CH_2\ldots CH_2-COO & \boxed{H + HO} & -CH_2 & \qquad CH_3-CH_2\ldots CH_2-COO-CH_2 \\ & & \quad | & \qquad\qquad\qquad\qquad\qquad\qquad\quad | \\ CH_3-CH_2\ldots CH_2-COO & \boxed{H + HO} & -CH \rightarrow -3H_2O & \qquad CH_3-CH_2\ldots CH_2-COO-CH \\ & & \quad | & \qquad\qquad\qquad\qquad\qquad\qquad\quad | \\ CH_3-CH_2\ldots CH_2-COO & \boxed{H + HO} & -CH_2 & \qquad CH_3-CH_2\ldots CH_2-COO-CH_2 \end{array}$$

Fettsäure + Glycerin → 3 Wasser Fettsäureglycerinester

Aus der Vielzahl der möglichen Kombinationen nur der 12 wichtigsten Fettsäuren mit Glycerin werden in der Kosmetik überwiegend Fette mit gesättigten Fettsäuren (Einfachbindung) gebraucht, weil sie nicht ganz so schnell ranzig werden wie die ungesättigten.

Was ist Ranzidität? Haben Sie schon einmal an ranziger Butter gerochen oder ranzige Erdnüsse gekaut? Keine angenehme Erfahrung (**11**.11). Doch nicht nur die echten Fette der Nahrungsmittel, sondern auch die in kosmetischen Präparaten werden bei langer Lagerung unter Einwirkung von Luftsauerstoff oder Schimmelpilzen ranzig. Bei der Luftoxidation spalten sich die Fettmoleküle, zurück bleiben übelriechende Stoffe (u.a. Fettsäuren), die die Haut reizen. Besonders gefährdet sind Fette mit Doppelbindungen im Fettsäureteil, weil sie leichter reagieren. Wärme beschleunigt den Prozeß, so daß Kosmetika kühl zu lagern sind. Um die Fettspaltung zu verhindern, setzt man den kosmetischen Präparaten Antioxidantien und Konservierungsmittel zu.

11.11 Ranzige Erdnüsse sind nicht jedermanns Geschmack

Echte Fette

- sind Fettsäureglycerinester (Verbindung von Fettsäure und Glycerin),
- sind hautfreundlich, dringen in die Haut ein, halten sie glatt und geschmeidig,
- Nachteil: werden ranzig und fetten sichtbar (Fettglanz),
- verwendet man in Hautpflegeemulsionen, als Pflegestoff in Haarkosmetika und als Rohstoffe zur Seifenherstellung.

Natürliche Wachse sind ebenfalls tierischer (z.B. Bienenwachs, Walrat, Wollwachs) oder pflanzlicher Herkunft (Carnaubawachs). Es sind Ester aus den einwertigen Fettalkoholen und Fettsäuren.

$$C_{15}H_{31}{-}C(=O){-}OH + H{-}\underline{\overline{O}}{-}C_{16}H_{33} \xrightarrow[-H_2O]{} C_{15}H_{31}{-}C(=O){-}\underline{\overline{O}}{-}C_{16}H_{33}$$

Palmitinsäure + Cetylalkohol $\xrightarrow{}$ – Wasser Cetylpalmitat

Fettsäure + Fettalkohol $\xrightarrow{}$ – Wasser Wachs

Wachse werden in kosmetischen Präparaten gern als Fettphase gebraucht, weil sie schnell von der Haut aufgenommen werden und keinen Fettglanz hinterlassen. Außerdem geben sie Cremes eine festere Konsistenz und sind haltbarer als echte Fette. Die bekanntesten sind Wollwachs, Bienenwachs, Walrat, Carnaubawachs sowie die synthetischen Wachse Pur-Cellin und Polywachse.

Lanolin ist das gereinigte Wollfett der Schafe. Neben den Wollfettalkoholen enthält es hauptsächlich Wollwachs. Gewonnen wird es bei der Aufarbeitung der Schafwolle und ist in ungereinigtem Zustand eine unangenehm riechende braune, zähe Masse. Nach der Reinigung ist es schwach gelb, wasserfrei und riecht nur noch wenig. Lanolin hat sehr gute haut- und haarpflegende Eigenschaften. Allergien sind allerdings möglich. Lanolin ist Fettphase und Emulgator zugleich, denn es kann bis zu 185% seines Eigengewichts an Wasser aufnehmen und bildet dabei W/Ö-Emulsionen.

Hier sehen Sie die Abhängigkeit des Emulsionstyps vom Emulgator besonders deutlich: Lanolincremes können mehr Wasser aufnehmen, als Fette vorhanden sind – trotzdem handelt es sich um W/Ö-Emulsionen.

Reine Lanolincremes fühlen sich zäh und klebrig an. Deshalb wird Lanolin entweder mit anderen Fetten und Wachsen gemischt oder chemisch so aufbereitet, daß es diese unangenehmen Eigenschaften verliert.

Bienenwachs wurde früher für „Cold-Creams" gebraucht – Emulsionen, die beim Auftragen auf die Haut in die Fett- und Wasserphase zerfielen. Das Wasser verdunstete und hinterließ einen Kühleffekt (cold = kalt). Heute braucht man Bienenwachs, um Cremes die gewünschte Konsistenz zu geben (Konsistenzregler). Eine zu harte Creme läßt sich nämlich schwer auftragen und verteilen, während eine zu weiche beim Auftragen abtropfen kann.

Walrat ist eine weiße, perlmuttartig glänzende Wachsmasse. Sie wird aus den Schädelhöhlen des Pottwals gewonnen. Natürliches Walrat steht heute wegen der Walfangbegrenzung nicht mehr zur Verfügung. Man stellt es künstlich her oder ersetzt es in kosmetischen Präparaten durch *Jojobawachs* (Jojobaöl). Dies ist das Samenöl einer im Südwesten der USA und in Mexiko verbreiteten immergrünen Pflanze.

Carnaubawachs stammt aus den Blättern einer südamerikanischen Palmenart. Es ist fester und glänzender als andere Wachse und wird deshalb gern in Lippenstiften, Schminkstiften und Nagelpoliermitteln verwendet.

Synthetische Wachse (z.B. Isopropylmyristat oder Isopropylpalmitat) verdrängen die natürlichen Wachse immer mehr. Sie sind in ihren Eigenschaften genau festzulegen und daher in gleichbleibender Qualität herstellbar. Es handelt sich um Ester aus Alkoholen und Fettsäuren. Sie fühlen sich nicht so fettig und klebrig an wie echte Wachse und werden in guten Pflegecremes verarbeitet. Auftragen lassen sie sich besonders dünn und gleichmäßig. Weil sie haltbarer sind als echte Fette und natürliche Wachse, braucht man diesen Cremes weniger Konservierungsmittel und Antioxidantien zuzusetzen.

Pur-Cellin ist ein weicher synthetischer Fettsäureester, der dem Bürzeldrüsenfett (Wachs) der Wasservögel entspricht. (Mit diesem Wachs machen die Wasservögel ihr Gefieder wasserabstoßend – ohne das mit dem Schnabel aufgetragene Bürzeldrüsenfett könnten sie nicht schwimmen.) Dieser Ester ist besonders hautfreundlich, oxidationsbeständig und daher geeignet für Cremes, Überfettungsmittel und Lippenstifte. Ähnliche Verbindungen und Pur-Cellin-Gemische mit Tensiden sind W/Ö-Emulgatoren für Fett-, Sport- und Sonnenschutzcremes sowie Ö/W-Emulgatoren für Tagescremes.

Polywachse (Polyethylenglykole) sind – chemisch gesehen – keine Wachse (Ester), werden aber so genannt, weil sie ähnliche Eigenschaften haben. Sie fetten nicht und sind besonders oft in Handcremes enthalten.

> Wachse sind Ester aus Fettalkoholen und Fettsäuren. In kosmetischen Präparaten werden sie wie echte Fette eingesetzt, hinterlassen aber keinen Fettglanz auf der Haut. Lanolin ist das meistgebrauchte natürliche Wachs.

Lecithine kommen in allen tierischen und pflanzlichen Zellen vor. Man gewinnt die gelblich gefärbte, wachsartige Flüssigkeit z. B. aus Eidotter, Sojabohnen oder Lupinen. Lecithin wird nicht ranzig, wirkt emulgierend und ist wegen seiner rückfettenden Eigenschaften aus der Haarpflege bekannt (Shampoos, Haarkuren). Chemisch gesehen gehört es zu den Phosphatiden (= Phospholipide). Es handelt sich um Ester aus Glycerin, zwei Fettsäuren und einer Phosphorsäureverbindung.

Cholesterin ist ein Bestandteil des Fettgemisches Lanolin. Chemisch gehört dieser kompliziert gebaute Fettalkohol zur Gruppe der Steroide. Dies sind Stoffe aus vier ringförmigen organischen Verbindungen. In der Kosmetik dient Cholesterin als Träger für fettlösliche Wirkstoffe.

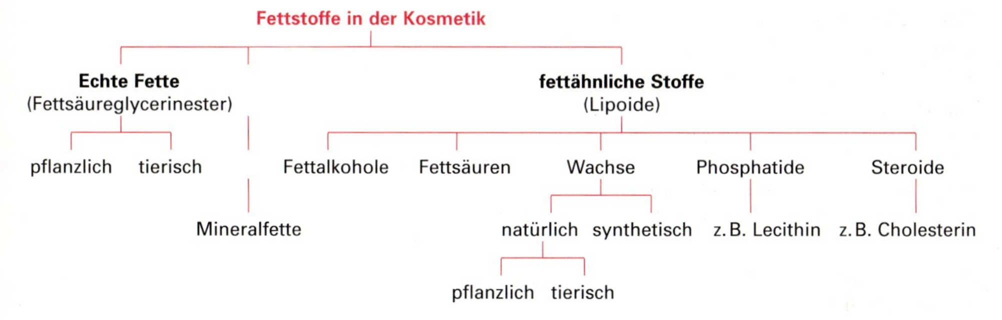

11.1.6 Ringförmige Kohlenwasserstoffe und aromatische Verbindungen

Wie uns Abschnitt 11.1.1 zeigte, gibt es neben den kettenförmigen Kohlenwasserstoffen auch ringförmige, etwa Cyclohexan (cyclo = ringförmig). Diese Verbindung C_6H_{12} kommt in der Natur vor und ist ein gutes industrielles Lösungsmittel, das in der Kosmetik jedoch nur als Lösungsmittelzusatz in Nagellacken gebraucht wird. Seine Strukturformel:

```
      H   H
       \ /
        C
      /   \
H\   /     \   H
  C         C
H/           \H
  |         |
H\           /H
  C         C
H/   \     /  \H
      \   /
        C
       / \
      H   H
```

Aromatische Verbindungen haben, wie der Name sagt, meist einen angenehmen Geruch. Grundlage ist der ungesättigte ringförmige Kohlenwasserstoff Benzol C_6H_6.

In vereinfachter Schreibweise sieht diese komplizierte ringförmige Strukturformel so aus:

a) b)

In der vereinfachten Schreibweise bedeutet jede Ecke ein Kohlenstoffatom, an dem die Wasserstoffatome liegen (bei Benzol je eins). Die Formel a) ist die ältere und insofern ungenau, als hier die Elektronen der Doppelbindungen „festgelegt" erscheinen, obwohl sie in Wirklichkeit ihre Lage ständig wechseln. Doch erkennen Sie aus dieser Formel besser, daß jede Ecke zu den vier Atombindungen noch ein H-Atom braucht. In der Formel b) symbolisiert der Kreis die wechselnde Lage der Doppelbindungs-Elektronen.

Verwendung. Ebenso wie Cyclohexan ist Benzol ein gutes Lösungsmittel, das sich jedoch wegen der Feuergefährlichkeit und giftigen Dämpfe nicht für die Kosmetik eignet. Für uns ist Benzol deshalb nur als Ausgangsstoff kosmetisch wichtiger aromatischer Verbindungen von Bedeutung: Duftstoffe, Farbstoffvorstufen, Desinfektionsmittel und hauterweichende Stoffe sind Benzolderivate (Abkömmlinge, **11**.12).

Tabelle **11**.12 **Aromatische Verbindungen**

Name	Strukturformel	Eigenschaften und Verwendung
Salicylsäure	OH, COOH	keratolytisch (hauterweichend), hornablösend Konservierungsmittel Hühneraugenmittel, in Gesichtswasser gegen Akne, Salben Shampoos und Kopfwässer gegen Schuppen
Benzoesäure	COOH	Konservierungsmittel (auch in Nahrungsmitteln) Mundpflegemittel
Hexachlorophen	Cl, Cl Cl, Cl, Cl, CH_2, Cl	giftig, wird von der Haut aufgenommen und kann zu Allergien führen Desinfektionsmittel in Seifen, Deodorantien, Haarwässern, Rasierpräparaten, Pudern und Hautcremes
Diaminobenzol (para-Phenylendiamin)	NH_2, NH_2	kann zu Hautreizungen und Allergien führen Farbstoffvorstufe für Oxidationshaarfärbemittel

Fortsetzung s. nächste Seite

Tabelle **11**.12, Fortsetzung

Name	Strukturformel	Eigenschaften und Verwendung
1-Methyl-2,5-Diaminobenzol (para-Toluylendiamin)	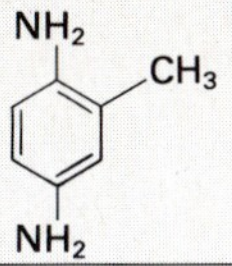 NH_2 / CH_3 / NH_2 (Benzolring)	Ersatz für Diaminobenzol, da etwas weniger hautreizend, jedoch Allergien möglich Farbstoffvorstufe für Oxidationshaarfärbemittel
Vanillin	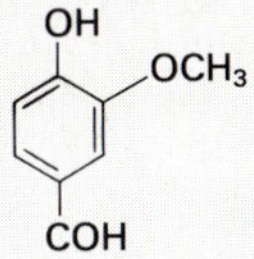 OH / OCH_3 / COH (Benzolring)	Grundstoff für künstliche Riechstoffe Speisearoma

Aromatische Verbindungen sind ringförmige, meist komplizierte Verbindungen. Verwendet werden sie in kosmetischen Präparaten (z. B. als Farbstoffe, Farbstoffvorstufen, Desinfektionsmittel und Duftstoffe).

11.1.7 Proteine (Eiweißstoffe)

Viele Firmen werben für Ihre Haarpflegeprodukte mit dem Hinweis „enthält Proteine". Welche Wirkung haben diese Stoffe?

Proteine sind Eiweißstoffe, die beim Aufbau der Zellen eine wichtige Rolle spielen. Der menschliche Körper besteht nach Abzug des Wassergehalts bis zu 75% aus Proteinen. Es sind organische Verbindungen aus Kohlenstoff, Sauerstoff, Wasserstoff, Stickstoff und Schwefel. Diese Elemente bilden Aminosäuren, die sich zum *Peptid* verbinden. Mehrere Peptide schließlich bilden zusammen ein *Polypeptid* – das Protein.

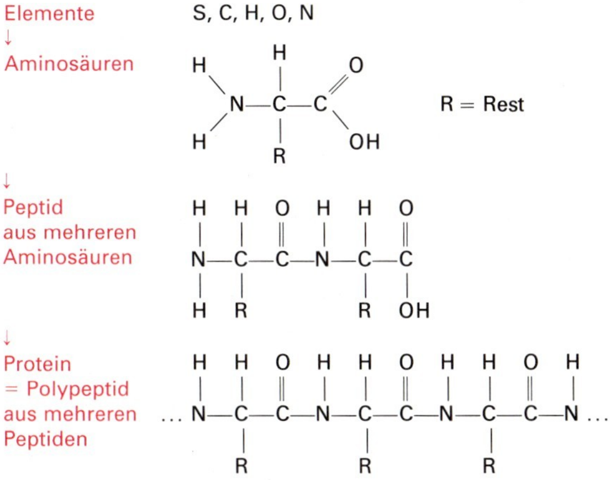

```
Elemente            S, C, H, O, N
↓
Aminosäuren         H       H     O
                     \      |    //
                      N—–C—–C                R = Rest
                     /      |    \
                    H       R     OH
↓
Peptid              H   H   O   H   H   O
aus mehreren        |   |   ‖   |   |   ‖
Aminosäuren         N—–C—–C—–N—–C—–C
                    |   |           |   |
                    H   R           R   OH
↓
Protein             H   H   O   H   H   O   H   H   O   H
= Polypeptid        |   |   ‖   |   |   ‖   |   |   ‖   |
aus mehreren    ... N—–C—–C—–N—–C—–C—–N—–C—–C—–N ...
Peptiden                |           |           |
                        R           R           R
```

Etwa 20 verschiedene Aminosäuren bilden das körpereigene Eiweiß, das bei Haaren, Nägeln und der Hornschicht der Epidermis zum Keratin verhornt ist (**11**.13). Der Körper stellt das Eiweiß aus Proteinen her, die er mit der Nahrung aufnimmt. Dabei werden die Proteine in ihre Aminosäuren gespalten und in den Zellen neue, körpereigene Proteine aufgebaut.

Tabelle **11.13** **Die wichtigsten Aminosäuren des Keratins**

Aminosäure	Formel	% Anteil in Keratin
Glutaminsäure	$HOOC-CH(NH_2)-CH_2-CH_2-COOH$	**14,1**
Cystin	$HOOC-CH(NH_2)-CH_2(S)-(S)CH_2-CH(NH_2)-COOH$ (S–S-Brücke)	**11,9**
Isoleucin	$HOOC-CH(NH_2)-CH_2-CH(CH_3)_2$	**11,3**
Serin	$HOOC-CH(NH_2)-CH_2-OH$	**10,3**
Arginin	$HOOC-CH(NH_2)-CH_2-CH_2-N(H)-C(=NH)-NH_2$	**10,3**

Proteine sind Eiweißstoffe, die aus verschiedenen Aminosäuren aufgebaut sind.

Proteine in der Kosmetik. Bei Haarschäden wie z.B. porösem Haar versucht man, mit Eiweißspaltprodukten die Haarstruktur zu verbessern. Die in Haarpflegemitteln enthaltenen Proteine sind in der Zusammensetzung dem natürlichen Keratin ähnlich. Sie gehen zwar vermutlich mit dem Keratin keine chemische Bindung ein, können sich aber in Hohlräume einlagern und so die Haarstruktur zumindest vorübergehend bessern. Außerdem sind sie Puffersubstanzen und Schutzstoffe.

Collagen und Elastin sind Proteine, die man aus den Häuten von Schlachttieren gewinnt. Proteine sind wichtige Bestandteile des Bindegewebes. So ist Collagen für das Wasserbindevermögen verantwortlich, Elastin für die Elastizität der Cutis. Mit zunehmendem Alter lassen diese Eigenschaften nach – ein wichtiger Grund für die Alterung des Hautgewebes. Collagenhaltige Cremes sollen diesen Alterungsprozeß aufhalten. Es ist jedoch unwahrscheinlich, daß der Eiweißstoff die Cutis erreicht – das Molekül ist zu groß, um die Epidermis zu durchdringen. Trotzdem sind collagen- und elastinhaltige Cremes nicht wirkungslos. Sie glätten die Hornschicht, halten sie durch das Wasserbindevermögen des Collagens geschmeidig und schützen die Haut.

In Apotheken und Drogerien käufliche Dragees zur Verbesserung der Haut und Haare sowie gegen brüchige Fingernägel enthalten am Keratinaufbau beteiligte Aminosäuren. Sie erleichtern und verbessern die Keratinproduktion in den Zellen der Haarmatrix. Bedenken Sie jedoch dabei: eine gesunde, eiweißreiche Ernährung tut es auch!

Proteine verbessern die Haarstruktur, haben Puffer- und Schutzwirkung. Sie werden Shampoos, Festigern, Kurmitteln, Wellmitteln und anderen kosmetischen Präparaten zugesetzt.

Tabelle **11**.14 **Übersicht über die Stoffklassen**

Name Stoffklasse	Beispiele	Verwendung
Alkane Kohlenwasserstoffe		
– kurzkettig	Methan, Ethan, Propan, Butan	keine
– langkettig Mineralfette	Paraffinöl, -wachs, Vaseline	Hautschutzcremes, Massagemittel, Reinigungsemulsionen, Lippenstifte, Lidschatten
Alkohole R—OH		
– kurzkettig	Ethanol, 2-Propanol	Gesichts-, Kopfwasser, Festiger
– langkettig ab 12 C = Fettalkohole	Cetylalkohol, Wollfettalkohole	waschaktive Substanzen, Emulgatoren, Fettphase in W/Ö-Emulsionen
– mehrwertig	Glycerin, Sorbitol	wasserbindende Substanzen, Verdickungs-, Feuchthaltemittel
Aldehyde R—C—H ‖ O	Formaldehyd	Desinfektionsmittel, Nagelhärter
Ketone R—C—R ‖ O	Aceton Zimtaldehyd	Lösungsmittel im Nagellack Duftstoffe in Parfüms
Organische Säuren R—COOH		
– kurzkettig	Essig-, Milch-, Wein-, Gerbsäure	Spülung, Haarkur, Gesichts-, Rasierwasser, Fixierung
– langkettig Fettsäuren	Parmitin-, Stearin-, Myristinsäure	Fettphase in Cremes, Haarkuren, Emulgatoren
Echte Fette Fettsäureglycerinester	Mandel-, Sonnenblumen-, Oliven-, Weizenkeimöl, Kakaobutter, Kokosfett	fettende Stoffe in Emulsionen, Rohstoffe zur Seifenherstellung
Wachse Ester aus Fettalkoholen und einer Fettsäure	Bienen-, Woll-, Carnaubawachs, Cetylpalmitat	Fettstoffe in Cremes und Schminken, Haarpflegeprodukte
Phospholipide Ester aus Glycerin, 2 Fettsäuren und einer Phosphorsäureverbindung	Lecithine	Emulgatoren, Rückfettungsmittel, in Shampoos, Seifen, Haarkurmitteln, Hautfunktionsöle
Proteine Polypeptide	Collagen, Elastin	Hautcremes, Strukturausgleichspräparate, Haarkuren

Aufgaben zu Abschnitt 11.1

1. Womit beschäftigen sich die organische und die anorganische Chemie?
2. Welche Kohlenstoffverbindungen zählen zur anorganischen Chemie?
3. In welchen zwei Formen (Modifikationen) kommt Kohlenstoff in der Natur vor?
4. Warum bildet Kohlenstoff Atombindungen?
5. Zeichnen Sie je eine Einfach-, Doppel- und Dreifachbindung zwischen zwei C-Atomen. Wieviel H-Atome sind jeweils nötig, um alle freien Elektronen zu besetzen?
6. Warum gibt es mehr als 4 Millionen organische und nur 100000 anorganische Verbindungen?
7. Welche drei Verbindungsstrukturen (Formen) können Kohlenstoffverbindungen haben?
8. Was sind Alkane und Paraffine?
9. Wie heißen die Alkane mit einem, zwei, drei und vier C-Atomen?
10. Wovon hängt der Aggregatzustand der Alkane ab?
11. Was versteht man unter Isomerie?
12. Welche Eigenschaften haben Paraffine? Wie verhalten sie sich auf der Haut?
13. Warum müssen Paraffine von anderen organischen Stoffen gereinigt sein?
14. Wie prüfen Sie den Reinheitsgrad von Paraffinöl?
15. Nennen Sie kosmetische Präparate, die Mineralfette enthalten?
16. Wodurch unterscheiden sich Paraffinöl, Vaseline und Paraffinwachs?
17. Was versteht man unter einem thixotropen Fettstoffgemisch?
18. Woraus ergeben sich die Namen der Alkohole?
19. Welche Unterschiede bestehen zwischen der Hydroxidgruppe der Laugen und der Hydroxylgruppe der Alkohole?
20. Notieren Sie die Reaktionsgleichung für die Bildung von Methanol.
21. Welche Alkohole sind nicht wasserlöslich?
22. Warum ist Methanol für kosmetische Zwecke verboten?
23. Welche Eigenschaften haben Ethanol und 2-Propanol?
24. In welchen Präparaten wird Butanol verwendet?
25. Wieviel C-Atome haben Fettalkohole?
26. Warum sind Fettalkohole Emulgatoren?
27. Wodurch unterscheiden sich Wollfettalkohole und das Gemisch Lanolin?
28. Wie heißen Alkohole mit zwei und mit drei OH-Gruppen?
29. Welche Eigenschaften macht Glycerin zu einem wichtigen kosmetischen Grundstoff?
30. Wodurch entsteht Formaldehyd (Methanal)?
31. Was ist Formalin? Wozu wird es gebraucht?
32. Warum muß der Zusatz von Formaldehyd in kosmetischen Präparaten auf der Packung angegeben sein?
33. Warum sollten Sie Aceton nicht zum Entfernen von Nagellack nehmen?
34. Welche Molekülgruppe ist das Kennzeichen organischer Säuren?
35. Nennen Sie Eigenschaften organischer Säuren.
36. Wieviel C-Atome haben Fettsäuren?
37. Welche Eigenschaften haben Fettsäuren?
38. Was ist Stearin?
39. Wodurch unterscheiden sich gesättigte und ungesättigte Fettsäuren?
40. Welche ungesättigte Säure wirkt gegen brüchige Nägel und Haare?
41. Nennen Sie echte Fette pflanzlicher und tierischer Herkunft.
42. Welche Wirkung haben echte Fette auf die Haut?
43. Warum sind echte Fette in Tagescremes nicht beliebt?
44. Beschreiben Sie den chemischen Bau echter Fette.
45. Wodurch wird die Ranzidität kosmetischer Präparate verhindert?
46. Welche Wachse sind tierischer Herkunft?
47. Beschreiben Sie den chemischen Bau der Wachse.
48. Welche Eigenschaften haben Wachse?
49. Was sind Cold-Creams?
50. Woher stammen Walrat und Carnaubawachs?
51. Welche Vorteile haben synthetische Wachse (z.B. Isopropylmyristat) gegenüber natürlichen?
52. Welche Verbindung ist Grundlage der aromatischen Verbindungen?
53. Wie wirkt Salicylsäure auf die Haut?
54. Was sind Proteine?
55. Aus welchen Elementen bestehen Aminosäuren?
56. Welche Wirkung haben Proteine in Haarpflegemitteln?
57. Welcher Eiweißstoff soll den Alterungsprozeß der Haut aufhalten?

11.2 Warenkunde

11.2.1 Tenside und Seifen

Waschaktive Substanzen haben in der Kosmetik als Haut- und Haarreinigungsmittel große Bedeutung. Sie sollen hauteigene und -fremde Verunreinigungen entfernen, ohne Haut oder Haare zu schädigen. Gemeinsam sind den Reinigungsmitteln folgende Eigenschaften:

- sie emulgieren fettige Verschmutzungen,
- fördern die Benetzung (Netzkraft),
- setzen die Grenzflächenspannung des Wassers herab,
- sind schmutztragefähig (umhüllen und transportieren Verschmutzungen).

Diese Eigenschaften sind im Molekülbau der Stoffe begründet. Tensidmoleküle bestehen jeweils aus einem wasserfreundlichen und einem fettfreundlichen (wasserabweisenden) Teil.

Seifen sind zwar die ältesten Tenside, jedoch wegen der alkalischen Wirkung und der Kalkseifenbildung zur Haarreinigung gar nicht und zur Hautreinigung nur begrenzt geeignet (s. Abschn. 4.1.3). Große Bedeutung haben sie als Handwaschmittel und – wenn es sich um gute Toilettenseifen handelt – als Verkaufsware.

Versuch 6 5 g NaOH-Plätzchen werden in 50 ml Wasser gelöst, bevor wir langsam und vorsichtig 20 g geschmolzenen Rindertalg zugeben. Die Mischung muß 20 Minuten kochen. Nach Zugabe von etwas Kochsalz scheidet sich Seife ab (**11**.15).

11.15 Seifenherstellung

Seifenherstellung. Seifen gewinnt man durch Kochen echter Fette mit Natron- oder Kalilauge, wie der Versuch gezeigt hat. Die aus Glycerin und Fettsäuren zusammengesetzten Fette spalten sich dabei, und das Metallion der Lauge verbindet sich mit den Fettsäureresten zur Seife. Seifen sind also Natrium- oder Kaliumsalze von Fettsäuren.

Fette + Lauge → Glyzerin + Seife

$$
\begin{array}{lclcl}
H_2C-\overline{O}-\overset{O}{\overset{\|}{C}}-(CH_2)_n-CH_3 & & Na\,OH & & H_2C-OH \qquad CH_3-(CH_2)_n-\overset{O}{\overset{\|}{C}}-\overline{O}|^{\ominus}Na^{\oplus} \\
HC-\overline{O}-\overset{O}{\overset{\|}{C}}-(CH_2)_n-CH_3 & + & Na\,OH & \rightarrow & HC-OH \qquad + \; CH_3-(CH_2)_n-\overset{O}{\overset{\|}{C}}-\overline{O}|^{\ominus}Na^{\oplus} \\
H_2C-\overline{O}-\overset{O}{\overset{\|}{C}}-(CH_2)_n-CH_3 & & Na\,OH & & H_2C-OH \qquad CH_3-(CH_2)_n-\overset{O}{\overset{\|}{C}}-\overline{O}|^{\ominus}Na^{\oplus}
\end{array}
$$

> Seifen sind Natrium- oder Kaliumsalze von Fettsäuren.

Beim Kochen der Fette bildet sich ein zähflüssiger Seifenleim, aus dem man die Seife durch Aussalzen mit Kochsalz gewinnt. An der Oberfläche sammelt sich der Seifenkern, während Wasser, Glycerin und restliche Lauge die Unterlauge bilden (**11**.16). Der Seifen-

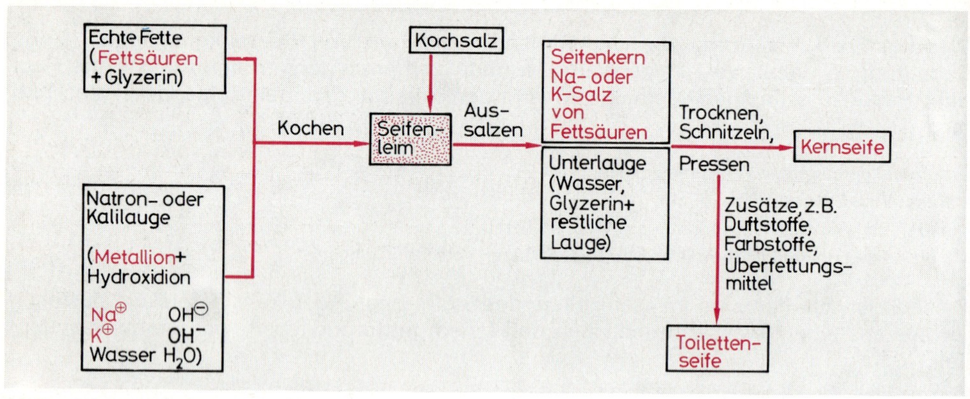

11.16 Schema der Seifenherstellung

kern wird abgekühlt, getrocknet und geschnitzelt. Werden keine weiteren Zusätze verarbeitet, gewinnt man durch Pressen in Stückform die *Kernseife.* Zusätze (z.B. Duft-, Farb-, Wirkstoffe und Fette) veredeln die Kernseife zur heutigen gebräuchlichen *Toilettenseife.* Neben dem Kochen aus echten Fetten (Seifensieden) gibt es das Carbonatverfahren. Dabei reagieren Fettsäuren mit Natrium- oder Kaliumcarbonat zur Seife:

$$2\,CH_3{-}(CH_2)_n{-}COOH + Na_2CO_3 \rightarrow 2\,CH_3{-}(CH_2)_n{-}COO^{\ominus}Na^{\oplus} + H_2O + CO_2$$

Fettsäure + Natriumcarbonat → Seife + Wasser + Kohlendioxid

$$CH_3{-}CH_2{-}CH_2 \ldots CH_2{-}\overset{\overset{\displaystyle O}{\|}}{C}{-}\overline{\underline{O}}|^{\ominus}\ Na^{\oplus}$$

bezeichnet die Fettsäurerestionen = Tensid-Molekül

Der Fettsäurerest verursacht die Waschwirkung der Seife. Weil er negativ geladen ist, gehört Seife zu den anionenaktiven Tensiden.

Die Nachteile der Seife sind in ihrem chemischen Bau begründet. Als Salz einer schwachen Säure und einer starken Lauge reagieren Seifenlösungen alkalisch, quellen die Haut und zerstören den Säureschutz. Mit Calciumionen der Wasserhärte bilden sich schwerlösliche Verbindungen – *Kalkseifen,* die keine Waschwirkung mehr haben.

$$2\,CH_3{-}(CH_2)_n{-}\overset{\overset{\displaystyle O}{\|}}{C}{-}\overline{\underline{O}}|^{\ominus}Na^{\oplus} + Ca^{2+} \rightarrow CH_3{-}(CH_2)_n{-}\overset{\overset{\displaystyle O}{\|}}{C}{-}\overline{\underline{O}}|^{\ominus}Ca^{2+}\,{}^{\ominus}|\overline{\underline{O}}{-}\overset{\overset{\displaystyle O}{\|}}{C}{-}(CH_2)_n{-}CH_3 + 2\,Na^{\oplus}$$

2 Seifenmoleküle + 1 Calciumion → 1 Kalkseifenmolekül + 2 Natriumionen

Qualitätsunterschiede ergeben sich bei Seifen aus den Fetten, der Parfürmierung und den Zusätzen. Gute Seife enthält viel Fettsäure und wenig Wasser, ist also gut durchgetrocknet. Wasserreiche Seifen verbrauchen sich schnell, fühlen sich etwas fettig-klebrig an und werden bei längerer Lagerung rissig. Billigen Seifen können Füllmittel zugesetzt sein, so daß sich der Preisvorteil durch den schnellen Verbrauch ausgleicht. Ein Alkaliüberschuß bis 0,02% ist kein Merkmal schlechter Qualität, sondern verhindert das Ranzigwerden der Seife (**11**.17).

Tabelle **11**.17 **Seifenzusätze**

Zusatz	Aufgabe
Komplexbildner (z. B. Polyphosphonate)	verhindern eine zu starke Kalkseifenbildung in hartem Wasser, indem sie Calcium-Ionen an sich binden
Glycerin	verhindert durch das Wasserbindevermögen ein Rissigwerden der Seife
Überfettungsmittel (z. B. Lanolin, Fettalkohole)	mildern die austrocknende Wirkung der Seife und machen sie damit hautfreundlicher
Antioxidationsmittel (z. B. Ascorbinsäure, Diphenylamin)	wirken reduzierend und verhindern ebenso wie ein Alkaliüberschuß die Ranzidität
Farbstoffe/Duftstoffe	geben den Seifen eine ansprechende Farbe und einen angenehmen Geruch

Seifenarten

Babyseifen haben besonders viele Überfettungsmittel und nur geringe Parfümzusätze. Sie sind daher weniger hautreizend.

Rasierseifen sind Mischungen aus Natrium- und Kaliumsalzen der Fettsäuren. Sie enthalten neben hautglättenden Zusätzen mehr Wasser und Glycerin. Ihr Schaum ist besonders fein und beständig. Heute werden sie häufig in Aerosolform angeboten.

Tabelle **11**.18 **WAS-Arten**

Art	Typische Formel	Eigenschaften und Anwendung
Anionenaktive WAS z. B. Fettalkoholsulfate	$CH_3-(CH_2)_{14}-\overline{O}-SO_3^{\ominus}Na^{\oplus}$	entfetten stark gute Waschmittel, alkalifreie Seife, Shampoos, Waschlösungen Emulgatoren Schaummittel in Zahncremes
Kationenaktive WAS z. B. Quartäre Ammoniumsalze, „Quats"	$\left(CH_3-(CH_2)_{15}-N^{\oplus}(CH_3)_2-CH_3 \right) Cl^{\ominus}$	lagern sich an das Keratin an verhindern die elektrostatische Aufladung der Haare Desinfektionsmittel, z. B. Fußduschen in Schwimmbädern Haarspülungen, Fönlotionen, Kurshampoos, Haarkuren
Amphotere WAS z. B. Alkylglycinate	$CH_3-(CH_2)_{11}-N^{\oplus}(CH_3)_2-CH_2-C(=O)-\overline{\underline{O}}\vert^{\ominus}$	reagieren in sauren Lösungen kationenaktiv milde Tenside, schwache Desinfektionsmittel Babyshampoos, Intimpflegemittel, Haarkurmittel
Nichtionogene WAS z. B. Fettalkoholoxethylate	$CH_3-(CH_2)_{17}-(\overline{O}-CH_2-CH_2)_{20}\overline{O}-H$ keine Ladung	bilden nur wenig Schaum gute Netzmittel, z. B. in Well-, Färbe- und Blondiermitteln pflegende Badepräparate (Cremebäder), Gesichtswasser, Rasierwasser

Deoseifen sollen den durch bakterielle Zersetzung des Schweißes entstehenden Körpergeruch verhindern. Darum enthalten sie desinfizierende Zusätze wie Formaldehyd oder Hexachlorophen.

Akneseifen haben desinfizierende, entzündungshemmende und heilende Zusätze (z. B. Schwefel, Teer, Azulen). Häufig handelt es sich nicht um echte Seifen, sondern um synthetische WAS, die zu einem seifenähnlichen Stück gepreßt wurden (alkalifreie Seife).

Waschaktive Substanzen (Syndets). Synthetisch hergestellte WAS reagieren neutral oder schwach sauer, quellen Haut und Haare also nicht. Sie bilden keine Kalkseife in hartem Wasser, reinigen und entfetten stärker als Seife. Die grenzflächenaktiven Stoffe werden reinigenden Präparaten (z. B. Shampoos, Schaumbäder, Badezusätze), Haarkuren und Rasierpräparaten als Netzmittel und Emulgatoren zugesetzt. Wie Sie aus dem Abschnitt 4.1.3 über die Haarreinigung wissen, unterscheidet man nach dem chemischen Bau vier Arten dieser Stoffe (**11**.18).

Biologische Abbaubarkeit. Überlegen Sie einmal, wieviel Tenside täglich in nur einem einzigen Friseursalon oder Haushalt durch die Abflüsse ins Abwasser gelangen! Um Flüsse und Seen nicht zu verschmutzen, müssen die Tenside biologisch abbaubar sein und in Kläranlagen entfernt werden. Abbaubare WAS heißen „weiche" Tenside und sind vor allem kettenförmige Moleküle. Verzweigte Ketten sind biologisch „hart", lassen sich also nur schwer abbauen. Das Deutsche Detergentiengesetz (Waschmittelgesetz) zwang die Hersteller, von harten Tensiden auf weiche umzustellen. So können heute etwa 90% der Tenside im Abwasser abgebaut werden. Sicher ein großer Erfolg – trotzdem sollten Sie nicht nachlässig mit den umweltbelastenden Tensiden umgehen. Durch sparsamen Verbrauch tragen auch Sie dazu bei, die Umweltbelastung zu verringern!

11.2.2 Hautlotionen

Lotionen sind wäßrige alkoholische Lösungen mit verschiedenen Wirkstoffzusätzen. Je nach Anwendungsbereich unterscheidet man Gesichtswässer (s. Kosmetik), Kopfhaut- und Haarwässer (s. Haarpflege) sowie Rasierwässer.

Rasierwässer, die vor der elektrischen Rasur (pre-shave) benutzt werden, härten und richten die Barthaare auf. Gleichzeitig trocknen und entfetten sie durch ihren hohen Alkoholgehalt (bis zu 80% Ethanol) die Haut, so daß sich die Barthaare gut durch die Messer des Rasierapparats entfernen lassen. Zusätze von Glycerin oder Isopropylmyristat (synthetische Fettsäureester) machen die Haut gleitfähiger. Wirkstoffe wie Menthol oder Campher verstärken die kühlende Wirkung des Alkohols. Durch After-shave-Präparate neutralisieren die Herren nach der Naßrasur die alkalische Wirkung der Rasierseife. Diese Mittel enthalten adstringierende Säuren und bis zu 50% Ethanol. Der Alkohol erfrischt nicht nur, sondern schützt auch die unvermeidlichen winzigen Abschabungen der Hornschicht (besonders um die Haarfollikel) vor Infektionen. Desinfizierende Zusätze unterstützen ihn dabei. Glycerin, Sorbit oder andere hautglättende Inhaltsstoffe machen die nach der Rasur gereizte Haut geschmeidig. Da bei After-shave-Lotionen ein länger anhaltender Duft erwünscht ist, enthalten sie außerdem verschiedene Duftstoffe meist herber Duftnoten.

> Lotionen sind wäßrige alkoholische Lösungen mit verschiedenen Wirkstoffzusätzen.

11.2.3 Duftstoffe, Parfüms und Duftwässer

Wie verhalten Sie sich, wenn Ihnen in einer Parfümerie oder Drogerie eine Creme angeboten wird? Die Verkäuferin öffnet die Dose, und Sie halten nach einem kurzen Blick Ihre Nase daran! Damit haben Sie ein typisches „Käuferverhalten" gezeigt. Und das ist den Herstellern kosmetischer Präparate bekannt – deshalb parfümieren sie ihre Produkte, um sie besser zu verkaufen. Außerdem werden durch die Parfümierung unangenehme Eigengerüche der Rohstoffe (z. B. Fette) überdeckt.

Maskieren nennt man das Überdecken unangenehmer Eigengerüche von Rohstoffen. Es spielt nicht nur in der Kosmetik, sondern auch bei vielen anderen Produkten eine wichtige Rolle. (Heute riechen z. B. Kunststofftaschen nach echtem Leder.)

Neben den verkaufsfördernden Aufgaben haben Riechstoffe jedoch eine besondere Bedeutung als eigenständige kosmetische Präparate – als Parfüm. Ein richtig ausgewähltes Parfüm rundet den positiven Eindruck der Gesamtpersönlichkeit ab und verleiht der Trägerin das Gefühl des Gepflegtseins.

Herkunft der Duftstoffe. Duftstoffe können pflanzlich, tierisch oder synthetisch sein. Die *synthetischen* haben den Vorteil gleichbleibender Qualität und können in beliebigen Mengen hergestellt werden. Es handelt sich um ketten- oder ringförmige Kohlenstoffverbindungen, z. B. Aldehyde, aromatische Alkohole oder Ester (**11**.19). *Tierische* Riechstoffe sind Ausscheidungsprodukte oder Drüsensekrete. Konzentriert riechen sie sehr unangenehm, fast unerträglich. Geringe Mengen runden jedoch den Duft anderer Riechstoffe ab und fixieren ihn, so daß er nicht zu schnell verfliegt (Fixateure). Am häufigsten werden *pflanzliche* Riechstoffe in Parfüms verwendet. Sie kennen den Duft von Blüten. Aber auch Harze, Rinden, Hölzer und Wurzeln liefern die als Riechstoffe beliebten *ätherischen Öle.* Sie haben nichts mit Fetten gemeinsam, hinterlassen auch keine bleibenden Fettflecke, weil sie verhältnismäßig schnell und vollständig verdunsten. Meist handelt es sich um Gemische aus verschiedenen Verbindungsklassen (z. B. Kohlenwasserstoffe, Alkohole, Aldehyde, Ester).

Tabelle **11**.19 **Duftstoffe**

Duftstoffe		
Tierischer Herkunft[1])	Pflanzlicher Herkunft	Synthetischer Herkunft
Moschus (Drüsensekret einer in Asien lebenden Hirschart)	Rosen	Alkohole z. B. Geraniol
Ambra (Ausscheidung des Pottwals)	Zimt	Aldehyde z. B. Zimtaldehyd
Zibet (Drüsensekret der in Asien und Afrika lebenden Zibetkatze)	Sandel	Ester z. B. Benzylacetat
	Flieder	Kohlenwasserstoff z. B. Diphenylmethan
	Lavendel	
	Jasmin	
	Juchten (Birkenrinde)	
	Bergamotte	
	Anis	

[1]) Duftstoffe tierischer und pflanzlicher Herkunft werden heute wegen der Kosten und des Naturschutzes synthetisch hergestellt. Man nennt sie *naturidentische* Aromastoffe.

Gewinnung ätherischer Öle. Man gewinnt die ätherischen Öle durch Destillation, Auspressen, Extraktion oder Enfleurage (Herausziehen mit Fett und Lösungsmitteln). Bei der Enfleurage werden z. B. Blüten auf einen mit Fett beschichteten Rahmen ausgebreitet. Das Fett zieht die Duftstoffe aus den Pflanzenteilen. Anschließend werden die Duftstoffe durch Extraktion aus den Fetten zurückgewonnen. Die Extraktion beruht auf der unterschiedlichen Löslichkeit oder Verteilung von Stoffen in verschiedenen Lösungsmitteln. Ein in Fett gelöster Duftstoff wird z. B. in Alkohol oder Äther übergehen, wenn diese Stoffe des Duftöl besser lösen oder in sich verteilen als das Fett (**11**.20). Nach Abtrennen des ursprünglichen Lösungsmittels läßt man das neue Lösungsmittel verdunsten – zurück bleiben die Duftöle, die nun weiterbearbeitet werden können.

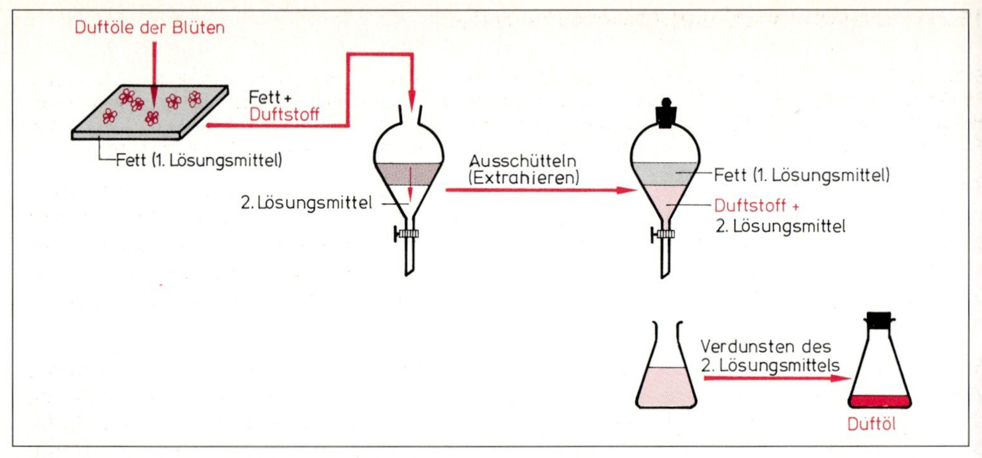

11.20 Enfleurage und Extraktion von Duftstoffen

Parfüms können bis zu 500 verschiedene, in Ethanol gelöste Duftstoffe enthalten, außerdem Fixateure und manchmal geringe Mengen Farbstoffe. Der Duft entfaltet sich nicht gleichmäßig. Zuerst riecht man die *Spitze* – besonders leicht flüchtige Anteile des Gemisches. Der Hauptgeruch, die *Basis (Fond),* entfaltet sich langsam und hält durch die Fixateure mehrere Stunden an. Der *Nachgeruch* besteht bei kostbaren Parfüms aus harmonisch zusammengestellten schwerer flüchtigen Duftstoffen, bei preiswerten Parfüms ist es nur der Rest des Hauptgeruchs.

Arten. Nach der Duftstoffmenge unterscheidet man verschiedene Parfümlösungen: Parfüm enthält 10 bis 20% Duftstoffe und ist die konzentrierteste Form. Eu de Parfüm hat 8 bis 10%, Eau de Toilette (Parfum de Toilette) 5 bis 8%, Eau de Cologne nur 2 bis 4% Duftstoffe. Der Anteil der Duftstoffe bestimmt nicht nur den Preis, sondern auch die Haltbarkeit und Intensität des Dufts.

Parfüms sind so konzentriert und anhaltend im Duft, daß schon ein winziger Tropfen ausreicht, um über mehrere Stunden einen angenehmen Duft zu verleihen. Dies rechtfertigt den höheren Preis.

Eau de Parfum und Eau de Toilette sind weniger konzentriert und deshalb billiger als Parfüms. Häufig werden sie als Aerosole angeboten und verbrauchen sich entsprechend schnell. Außerdem muß man die Parfümierung nach 3 bis 4 Stunden wiederholen.

Eau de Cologne reicht nur zur kurzfristigen Parfümierung und wird mehr zur Erfrischung gebraucht. Im Gegensatz zu Parfüms ist sein Anteil an Fixateuren sehr gering, so daß auch dadurch keine länger anhaltende Parfümierung möglich ist. Wegen der erfrischenden Wirkung reiben ältere Damen gern Stirn, Hände und Schläfen mit Eau de Cologne ab – eine Methode, von der Sie abraten sollten, denn durch den hohen Alkoholgehalt trocknet die Haut aus. Außerdem können einige Duftstoffe zu Hautverfärbungen führen (Berloque dermatitis, s. Kosmetik).

Parfüms sind alkoholische Lösungen verschiedener Duftstoffe.

Duftentfaltung	Spitze	Basis (Fond)	Nachgeruch →
	leicht flüchtige Duftstoffe	durch Fixateure lang anhaltende Duftstoffe	schwer flüchtige Anteile
Arten	Parfum	Eau de Parfum	Eau de Toilette →
	abnehmende Duftstoffkonzentration		
	Eau de Cologne nur zur Erfrischung, nicht zum Parfümieren		

11.2.4 Deodorantien und Antitranspirantien

Schon im Barock war Körpergeruch verpönt, so daß man den unangenehmen „Duft“ durch Wohlgerüche bzw. Parfüm übertönte. Waschen wäre sicher wirksamer und einfacher gewesen, doch war es damals nicht üblich. Heute ist die tägliche gründliche Reinigung der Haut zwar selbstverständlich, doch reicht sie oft nicht aus, um Körpergeruch vollständig zu verhüten. Dazu dienen Präparate, die das Entstehen des Geruchs verhindern.

Körpergeruch entsteht durch bakterielle Zersetzung des apokrinen Schweißes. Besonders viele apokrine Schweißdrüsen befinden sich in der Haut der Achselhöhlen. Sie sondern eine durch Zellbestandteile, Fette und Fettsäuren getrübte Flüssigkeit ab, die neben Wasser und Salzen auch stickstoffhaltige Verbindungen enthält. Aus diesen Stoffen bilden sich unter dem Einfluß der Bakterien auf der Haut Ammoniak und Amine, die sehr unangenehm riechen.

Methoden der Geruchsverhinderung. Am einfachsten entfernt man den Schweiß durch Waschen und verringert damit zugleich die Menge der zersetzenden Bakterien. Leider ist dies nicht immer und überall möglich. Wer kann sich in einer überfüllten Straßenbahn oder nach jedem noch so geringen Schwitzen schon gleich waschen (**11**.21)? Hautreinigung aber ist unerläßliche Grundlage aller weiteren Methoden.

11.21 Schön wär's!

Desinfizierende Stoffe zerstören die schweißzersetzenden Bakterien und verhüten damit Körpergeruch. Bestimmte Stoffe verhindern, daß der Schweiß an die Hautoberfläche tritt. Dabei kommt es zu einer Stauung im Ausführungsvorgang der Schweißdrüse, die vielleicht sogar die Schweißproduktion verringert. Da der Geruch andere erst belästigen kann, wenn die übelriechenden Stoffe auf der Haut verdunsten, verhindert man die Verdunstung. Ergänzend kann man den Geruch auch maskieren, durch Duftstoffe übertönen.

Verhindern von Körpergeruch (Grundlage Hautreinigung)
- durch Verhindern der bakteriellen Zersetzung
- durch Schweißstau im Ausführungsgang der Drüse
- durch Verhindern der Verdunstung von übelriechenden Stoffen
- ergänzend durch Geruchsmaskierung

Deodorantien verhindern die Geruchsbildung, haben aber keinen Einfluß auf die Menge der Schweißabsonderung.

Antitranspirantien verhindern nicht nur die Geruchsbildung, sondern lassen den Schweiß auch nicht an die Hautoberfläche treten. Wegen des dadurch verursachten Schweißstaus sind diese Präparate für empfindliche Haut weniger verträglich – es kann zu Hautreizungen kommen.

Wichtige Wirkstoffe sind Aluminiumsalze, kationenaktive WAS, Ionenaustauscherharze.

Aluminiumsalze starker Säuren z. B. $AlCl_3$, $Al_2(SO_4)_3$ verhindern, daß der Schweiß an die Hautoberfläche tritt und wirken antibakteriell. Außerdem binden sie Ammoniak und Amine als nicht flüchtige Salze. Dadurch verhüten sie die Verdunstung und so die Geruchsbildung.

Kationenaktive WAS (z. B. quartäre Ammoniumsalze) wirken desinfizierend und vermindern den Austritt des Schweißes aus der Drüse.

Ionenaustauscherharze gibt es nicht nur zum Entfernen der Wasserhärte, sondern auch um die riechenden Zersetzungsprodukte des Schweißes zu binden. Sie werden häufig mit Aluminiumsalzen kombiniert.

Handelsformen

Flüssige Präparate werden als Deo-Roller angeboten. Die Flasche ist durch eine drehbare Kugel verschlossen, die beim Rollen über die Haut eine bestimmte Menge des Präparats abgibt. Deo-Roller sind meist verdünnte alkoholische Lösungen von Aluminiumsalzen. Manchmal werden sie auch als alkoholfreie Präparate für empfindliche Haut angeboten. Neben den Wirkstoffen enthalten sie Glycerin, Pufferstoffe und Duftstoffe.

Stifte sind alkoholische Lösungen, die durch Alkalistearat (z. B. Na-Salze der Stearinsäure) fest werden. Unter Druck verflüssigen sie sich und lassen sich gut auftragen. Wirkstoffe sind meist Desinfektionsmittel und Aluminiumalkoholate. Stifte sind handlich und daher bei den Verbrauchern beliebt.

Cremes und Gele sind weniger verbreitet. Ihre desodorierenden Stoffe sind in einer Ö/W-Emulsion oder in gelbildenden Stoffen verteilt.

Puder enthalten neben den beschriebenen Wirkstoffen stark aufsaugende Teilchen, z. B. Kolloid-Kaolin. Sie sind ziemlich unbequem anzuwenden, aber bei stärkerer Schweißsekretion durchaus empfehlenswert.

Pumpsprays dünnflüssiger Präparate lassen sich fein und gleichmäßig auf die Haut sprühen. Wegen des aufwendigen Pumpmechanismus sind sie jedoch meist teurer als Roller oder Stifte.

Alle Deodorantien und Antitranspirantien werden auf die gereinigte, trockene Haut aufgetragen.

11.2.5 Puderpräparate

Je nach Anwendungsgebiet sind Puder in verschiedenen Formen im Handel. Gesichtspuder sind meist gepreßte *Kompaktpuder*, Körper-, Baby- und Fußpuder werden lose als *Streupuder* angeboten. Unter Cremepuder versteht man Emulsionen mit Puderteilchen. Dazu zählen z. B. Make-up-Präparate.

Kompaktpuder und loser Puder, der nicht direkt aus der Dose auf der Haut verteilt wird, müssen stets mit einem *frischen* Wattepad aufgetragen werden. Die den Packungen beigefügten Puderquasten oder Schaumstoffplättchen sind bei wiederholter Anwendung ausgesprochen unhygienisch!

Wirkung. Puder muß gleitfähig sein, gut haften, Wasser (Schweiß) und Fette aufsaugen. Die kleine Teilchengröße der Pudergrundstoffe vergrößert die Verdunstungsfläche der Haut, so daß Wärme entzogen wird und die Haut abkühlt (**11**.22). Die Puderteilchen streuen das Licht und verleihen dadurch der Haut einen matten, seidenartigen Schimmer.

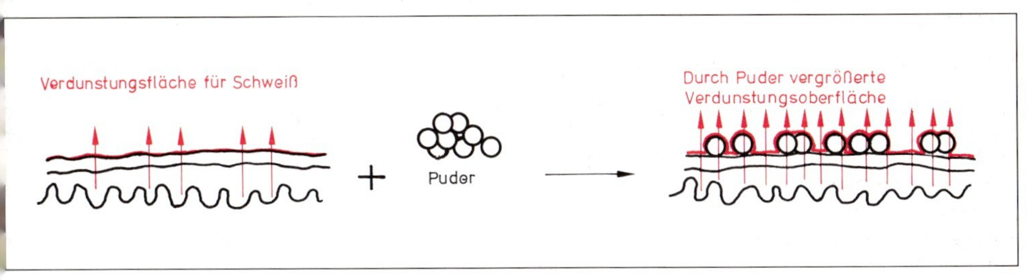

11.22 Puder vergrößert die Hautoberfläche

Bei Gesichtspudern ist die Deckkraft besonders wichtig, denn sie sollen kleine Unregelmäßigkeiten der Haut unsichtbar machen. Die Farbwirkung und die Tönung der Haut erreicht man beim Gesichtspuder durch Zusatz von Pigmenten.

Aknepuder enthalten Schwefel-, Teer- und Salicylsäurezusätze. Weil Akne auf der Grundlage einer Seborrhö entsteht, müssen Aknepulver besonders fettsaugfähig sein, ohne daß die Puderteilchen quellen und die Poren verstopfen. Sie sollen die Haut mattieren, Unreinheiten abdecken und heilend wirken.

Fußpuder bestehen aus stark saugfähigen Puderteilchen, adstringierenden Säuren und Stoffen, die die Schweißabsonderung mildern.

Babypuder müssen sehr wassersaugfähig sein, dürfen die Haut aber nicht entfetten. Deshalb werden Fette oder fettähnliche Stoffe zugesetzt.

Puder setzt man auch kosmetischen Präparaten (Cremes, Masken und Packungen) zu, damit sie eine strahlend weiße Farbe erhalten. Tabelle **11**.23 gibt einen Überblick über die Pudergrundstoffe.

Tabelle **11**.23 **Pudergrundstoffe**

Grundstoffe	Eigenschaften	Verwendung
Anorganische Puder		
Silikate Talkum	fühlt sich glatt und fettig an besonders gleitfähig gutes Haftvermögen geringe Deckkraft	Baby- und Körperpuder Zusatz in Gesichts- und Cremepuder
Kaolin (Porzellanerde)	gute Deckkraft gutes Saugvermögen	Gesichtspuder
Carbonate Calciumcarbonat	reagiert mit Wasser alkalisch blendend weiß	Zusatz zu Körperpuder (= 20%), Fuß- und Gesichtspuder (5 bis 15%)

Fortsetzung s. nächste Seite

Tabelle 11.23, Fortsetzung

Grundstoffe	Eigenschaften	Verwendung
Metalloxide Zinkoxid	trocknet die Haut stark aus entzündungshemmend gutes Haftvermögen gute Deckkraft	Akne-, Baby- und Gesichtspuder
Organische Puder		
Stärke Reis-, Mais-, Weizenstärke	gutes Saug- und Haftvermögen schlechte Deckkraft quillt bei Feuchtigkeit kann zu erweiterten Poren führen kühlt in feuchter Umgebung klebrig guter Nährboden für Bakterien, daher desinfizierende Zusätze nötig	Körper- und Fußpuder
Eiweißabbauprodukte gepulverte Seide (Fibroin)	nimmt bis zu 80% des Eigengewichts an Wasser auf, ohne sich feucht anzufühlen gute Deckkraft gutes Haftvermögen quillt nicht teuer	Gesichtspuder
Metallsalze der Stearinsäure Zink-, Magnesium-, Aluminiumstearat	mattieren und glätten geringe Saugkraft gute Deckkraft gutes Haftvermögen adstringierend juckreizstillend	Gesichtspuder Zusatz zu Körper-, Baby- und Fußpuder (5 bis 10%)
Synthetische Puder		
Polymerisationsprodukte organischer Stoffe	durch die Molekülgröße bestimmt und daher variabel	für alle Puderpräparate geeignet

Puderpräparate sind Mischungen verschiedener Pudergrundstoffe und enthalten je nach Aufgabe Zusätze.

11.2.6 Emulsionen in der Hautpflege

Bevor Sie sich mit Inhalts- und Wirkstoffen der Hautpflegeemulsionen beschäftigen, sollten Sie die Grundlagen der Emulsionen wiederholen (Abschn. 4.2.3). Hier eine kleine Gedächtnisstütze.

Emulsionen sind feinste Mischungen aus Fettstoffen und Wasser, die ein Emulgator beständig macht. Ist das Wasser in der Ölphase verteilt, so daß die Fette das Wasser umhüllen, spricht man von einer W/Ö-Emulsion. Im umgekehrten Fall, wenn die Wasserphase außen liegt, handelt es sich um eine Ö/W-Emulsion.

Sie können die Präparate sehr einfach auf den Emulsionstyp hin prüfen: W/Ö-Emulsionen lassen sich nämlich mit Öl mischen, Ö/W-Emulsionen dagegen mit Wasser.

Der Emulsionstyp ist ausschlaggebend für das Eindringvermögen in die Haut. Ö/W-Emulsionen dringen leicht und schnell in die obersten Zellagen der Hornschicht, W/Ö-Emulsionen dagegen schwerer. Sie lassen meist einen Fettfilm auf der Haut zurück und eignen sich daher nicht als Tagescremes. Auch die Abgabe von Wirkstoffen wird durch den Emulsionstyp beeinflußt.

Versuch 7 Mischen Sie auf drei Uhrgläsern eine Ö/W-Emulsion, eine W/Ö-Emulsion und Vaseline mit je einer Spatelspitze Salicylsäure. Verpacken Sie je eine Probe der Mischung in Spitzenpapier und werfen Sie sie in Bechergläser mit Eisen(III)chloridlösung. Die Lösung verfärbt sich mit Salicylsäure von Gelbbraun nach Blauviolett.

Welche Mischung gibt die Salicylsäure am schnellsten ab? Beobachten Sie den Farbumschlag.

Als allgemeine Regel gilt, daß Ö/W-Emulsionen schneller Wirkstoffe an die Haut abgeben als W/Ö-Emulsionen und diese wiederum besser als reine Fette oder Fettgemische. Ausschließlich fettlösliche Wirkstoffe lassen sich dagegen aus W/Ö-Emulsionen leichter in die Haut einschleusen.

Qualität und Beständigkeit von Emulsionen sind von der Feinheit der Phasenverteilung, von den Inhaltsstoffen und vom Emulgator abhängig. Besonders feine, gleichgroße Tröpfchen erhält man durch *Homogenisieren.* Dabei werden die Emulsionen durch eine winzige Düse gepreßt, so daß sich größere Tropfen zerteilen. Da Hitze, Frost und wiederholte Temperaturschwankungen Emulsionen zerstören können, müssen sie gleichmäßig kühl gelagert werden.

Emulgatoren vereinen in ihrem Molekül wasserfreundliche und wasserfeindliche (also fettfreundliche) Gruppen. Wasserfreundlich sind die OH- und -COOH-Gruppen, fettfreundlich z.B. die Kohlenwasserstoffketten. Emulgatoren, die in Öl besser löslich sind als in Wasser, führen zu W/Ö-Emulsionen, während wasserlösliche Emulgatoren Ö/W-Emulsionen entstehen lassen. Deshalb sind Emulsionstypen vom Emulgator abhängig.

Der Emulgator bestimmt den Emulsionstyp
fettlösliche Emulgatoren ⟶ W/Ö-Emulsion ————○
wasserlösliche Emulgatoren ⟶ Ö/W-Emulsion ——○

Präparate in Emulsionsform. In der Praxis und im Verkauf teilt man Emulsionen nach ihren Hauptaufgaben oder nach besonderen Inhaltsstoffen ein (z.B. Vitamincreme, Collagencreme). Man unterscheidet Reinigungspräparate, Schutz- und Pflegeemulsionen und Spezialpräparate.

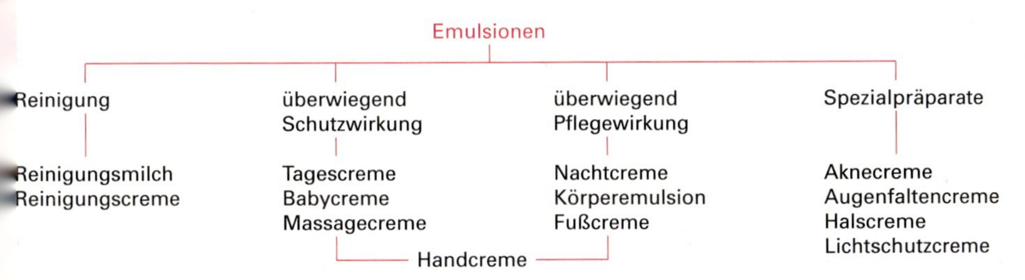

Reinigungsemulsionen

Reinigungsmilch ist eine Ö/W-Emulsion, die Make-up-Reste und Verschmutzungen der Haut aufnimmt. Verschmutzungen werden zusammen mit der Reinigungsmilch abgewaschen oder mit warmen Kompressen abgenommen. Die Fettphase dieser Präparate besteht überwiegend aus Mineralfetten, die nicht von der Haut aufgenommen werden. Echte Fette und Öle können zugesetzt sein.

Reinigungscremes sind W/Ö-Emulsionen, die sich besonders eignen, um stark fetthaltige Verschmutzungen zu entfernen. Hauptbestandteile sind Mineralfette. Da sie sich nicht mit Wasser abwaschen lassen, werden Reinigungscremes mit Zellstofftüchern abgenommen und Reste mit Gesichtswasser entfernt.

> Reinigungsemulsionen bestehen vor allem aus Mineralfetten. Reinigungsmilch ist wegen der einfachen Anwendung bei Kunden besonders beliebt.

Emulsionen mit Schutzwirkung

Tagescremes (Feuchtigkeitscremes) schützen die Haut vor Witterungseinflüssen und dienen als Unterlage fürs Make-up. Meist sind es Ö/W-Emulsionen, die wegen ihres hohen Wassergehalts der Haut Feuchtigkeit zuführen. Ihre Fettphase besteht überwiegend aus Fettsäuren oder Fettalkoholen, die gleichzeitig als Emulgatoren dienen. Durch Zusatz von Mineralfetten bilden Tagescremes einen schützenden Film auf der Haut und hinterlassen einen matten Schimmer. Wasserbindende Substanzen (Glycerin, Sorbit) erhöhen die feuchtigkeitsspendende Wirkung und verhindern das Eintrocknen der Creme. Bei seborrhöischer Haut eignen sich Feuchtigkeitscremes auch zur Nachtpflege, weil diese Haut viel Talg produziert und sich damit ein stärkeres Fetten der Hornschicht erübrigt.

Handschutzcremes haben neben der Schutzfunktion pflegende Eigenschaften. Dies ist besonders wichtig, weil die Haut der Hände vielen ungünstigen Einflüssen ausgesetzt ist (z.B. Wasser, Waschmittel, Alkalien) und daher leicht rauh und rissig wird. Beide Emulsionstypen sind im Handel. Als Fettphase eignen sich neben Mineralfetten und den wasserabweisenden Silikonölen auch Polywachse mit Glycerinzusatz (Glycerincremes). Echte Fette und Wachse werden zugesetzt, um die hautpflegenden Eigenschaften zu verbessern.

Babycremes sollen die empfindliche Babyhaut vor Nässe schützen und enthalten daher einen hohen Anteil Mineralöle und -fette. Durch entzündungshemmende Wirkstoffe (Zinkverbindungen) und besonders milde Konservierungsmittel sind sie auf die Kleinkinderhaut abgestimmt. Sie eignen sich als Puderunterlage und werden mit Öl entfernt.

Massagecremes bestehen vor allem aus Mineralfetten, da diese einen schützenden Film bilden und zugleich die Gleitfähigkeit erhöhen. Es sind W/Ö-Emulsionen, denn die Creme muß längere Zeit auf der Haut bleiben.

> Emulsionen mit überwiegend schützenden Aufgaben enthalten Mineralfette oder -öle.

Präparate mit Pflegewirkung

Nachtcremes werden auch Nährcremes genannt. Es sind W/Ö-Emulsionen mit echten Fetten und Wachsen. Je nach zugesetzten Wirkstoffen unterscheidet man z.B. Vitamin-, Collagen- oder Kräutercremes. Sie sollen die Haut vor vorzeitiger Alterung bewahren und ihr Fett und Feuchtigkeit zuführen.

Körperemulsionen, auch fälschlich Körperlotionen genannt, sind verhältnismäßig dünnflüssige, wasserreiche Ö/W-Emulsionen, die sich leicht auf der Haut verteilen lassen. Sie pflegen nach dem Duschen oder Baden die durch WAS entfettete Haut, machen sie weich und geschmeidig und verhindern die Abschuppung trockener Hautpartien (Beine, Arme). Der Zusatz von Parfümölen wird ebenso angenehm empfunden wie das schnelle Eindringen der echten Fette und Wachse.

Fußcremes sind verhältnismäßig feste W/Ö-Emulsionen, die durch Zusätze von Desinfektionsmitteln Pilzerkrankungen vorbeugen und desodorierend wirken. Um die trockene Haut der Füße weich und geschmeidig zu halten und Hornhautbildung vorzubeugen, sind die Präparate sehr fettreich. Sie eignen sich zur Fußmassage bei der Pediküre und zur Pflege nach Fußbädern.

Emulsionen mit überwiegend pflegenden Eigenschaften enthalten echte Fette und Wachse, Fettalkohole und Fettsäuren.

Spezialpräparate

Aknecremes sind Ö/W-Emulsionen mit desinfizierenden, entzündungshemmenden und keratolytischen Wirkstoffen (z.B. Vitamin A, Schwefel, Teer und Salicylsäure). Weil Aknehaut fettig glänzend wirkt, bevorzugt man Cremes auf der Basis der stark mattierenden Stearinsäure. Es gibt sie farblos und (durch Pigmentzusatz) in mehreren Farben, so daß sich ein Make-up erübrigt.

Augenfaltencremes oder -öle enthalten leicht verstreichbare natürliche Fette (z.B. Avocadoöl, Weizenkeimöl) mit hohen Anteilen ungesättigter Fettsäuren. Sie dringen schnell in die Haut ein und beugen Faltenbildung der besonders empfindlichen Augenpartie vor. Man massiert sie seitlich vom Auge und über den Jochbeinbögen mit leicht streichenden Bewegungen ein.

Halscremes enthalten ebenfalls ungesättigte Fettsäuren. Damit die zarte Haut des Halses beim Auftragen nicht gezerrt wird, bevorzugt man dünnflüssige Emulsionen.

11.2.7 Lichtschutz- und Bräunungsmittel

Braun ohne Sonnenbrand. Sonnengebräunte Haut galt früher als Zeichen körperlicher Arbeit und war darum verpönt. Landarbeiter, Seeleute und andere draußen arbeitende Menschen waren braun – die vornehmen Damen schützten sich beim Spaziergang mit Sonnenschirm vor der „ordinären" Bräunung. Blasse Haut war „in" und wurde noch durch weißlich-helle Puder verstärkt. Heute ist es – trotz Warnung der Hautärzte vor den schädigenden Wirkungen des Sonnenlichts – gerade umgekehrt: Jeder möchte durch sportliche Bräune bewundernde Blicke auf sich lenken. Gebräunte Haut wird nicht mehr mit körperlicher Arbeit, sondern mit Gedanken an Urlaub und Freizeit verknüpft. Leider geht der ersehnten Hautfarbe oft ein Sonnenbrand voran. Diese Hautverbrennung läßt sich durch Lichtschutzmittel verhindern.

Lichtschutzpräparate gibt es als Emulsion, Gel, Öl oder Lösung (Pumpspray). Sie enthalten Stoffe, die entweder nur die Sonnenbrand verursachenden UV-B-Strahlen oder UV-A- *und* UV-B-Strahlen aus dem Sonnenlicht herausfiltern (absorbieren). Je nach Filterstärke sind den Präparaten Lichtschutzfaktoren zugeordnet (**11**.24).

Der Lichtschutzfaktor zwei besagt, daß sich eine Person, die das Präparat *vor* dem Sonnenbad anwendet, ohne Sonnenbrand etwa doppelt so lange der Sonne aussetzen kann wie ohne das Präparat. Hellhäutige, sonnenungewöhnte Menschen reagieren schon bei 10- bis 12minütiger Bestrahlung mit Hautrötung. Beim Lichtschutzfaktor zwei dürfen sie

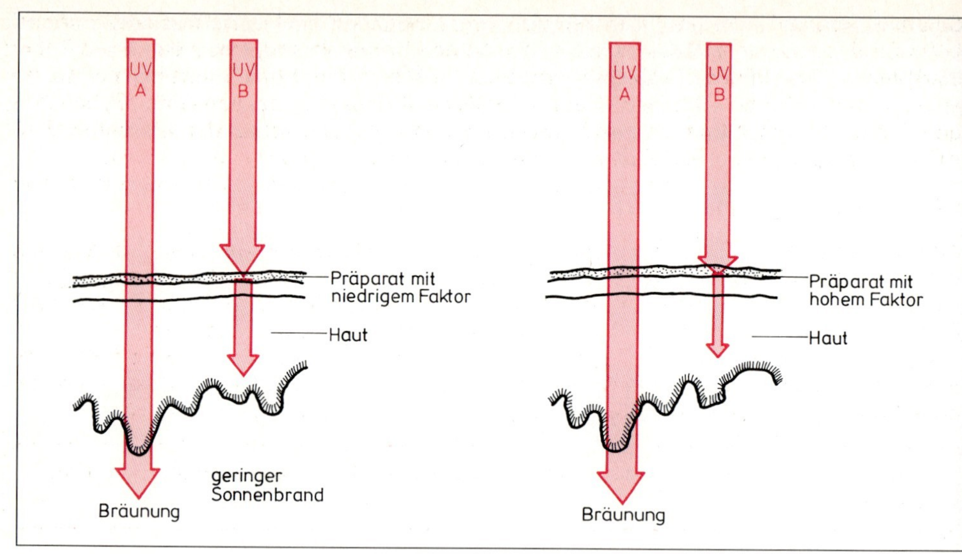

11.24 Wirkung von Lichtschutzpräparaten auf der Haut (UV-B-Filter)

also 20 Minuten in der Sonne liegen. Ein Präparat mit dem Faktor drei dehnt die Bestrahlungszeit auf das Dreifache, also auf etwa 30 Minuten aus. Präparate mit einem höheren Faktor als 12 gelten als *Sunblocker.*

Zu berücksichtigen ist, daß die Lichtschutzsubstanzen eine gewisse Zeit brauchen, um die Hornschicht zu durchdringen. Deshalb müssen die Präparate mindestens 30 Minuten vor dem Sonnenbad aufgetragen werden. Ein mehrmaliges Auftragen verlängert die Schutzwirkung nicht, ist jedoch ein zweckmäßiger Ersatz für Abrieb durch Baden, Schwitzen und Bewegen. Weil die Hautbräunung ein Schutz vor den schädlichen UV-Strahlen ist und mit einer verstärkten Verhornung einhergeht (Lichtschwiele), kann man nach Gewöhnung an die Sonne einen niedrigeren Lichtschutzfaktor benutzen und damit die Bräunung verstärken. Andererseits sind im Hochgebirge und an der See höhere Lichtschutzfaktoren nötig, weil hier die Strahlung besonders intensiv ist.

Lichtschutzmittel verringern die schädlichen Wirkungen der UV-Strahlen, ohne die Hautbräunung zu verhindern.

Der Lichtschutzfaktor ist ein Maß für die Filterwirkung des Präparats:

hoher Faktor	7 bis 12 ⟶	starker Schutz
mittlerer Faktor	4 bis 6 ⟶	mittlerer Schutz
niedriger Faktor	2 bis 3 ⟶	nur geringer Schutz

Beispiel Bestimmung der Bestrahlungszeit

eigene Erythemschwelle mal LS-Faktor = Bestrahlungszeit (= Sonnenbrand) z. B.

20 Minuten · 8 = 160 Min. ≙ **2 Std. 40 Min.**

Beispiel Bestimmung des Lichtschutzfaktors bei vorgesehener Bestrahlungszeit

gewünschte Bestrahlungszeit z. B.	durch	eigene Erythemschwelle	= erforderlicher LS
4 Std. ≙ 240 Min.	:	30 Min.	**= 8**

Solarien. Sonnenbänke und -duschen sind künstliche UV-Strahler, die fast ausschließlich UV-A-Strahlen abgeben. Sie erzeugen zwar keinen Sonnenbrand, trocknen aber die Haut stark aus und schädigen die Cutis. Werbesprüche wie „Braun ohne Sonnenbrand" treffen also für normal lichtempfindliche Haut zu. Helle Haut muß aber bei den ersten Behandlungen durch Lichtschutzmittel geschützt werden, denn sie kann schon durch geringe UV-B-Anteile verbrannt werden. Bei Solarien läßt sich die Bestrahlungszeit genau dosieren. Deshalb sind Hautschäden geringer als bei der natürlichen Sonne, die zudem entschieden höhere UV-B-Anteile hat.

After-sun-Präparate. Wiederholte UV-Bestrahlungen trocknen die Haut aus, so daß die Epidermis spröde und brüchig wird. Dieser Feuchtigkeits- und Fettverlust muß ausgeglichen werden. Dazu eignen sich spezielle After-sun-Präparate, z.B. Öle, Gele, Ö/W- oder W/Ö-Emulsionen. Letztere hinterlassen einen Fettfilm auf der Haut und schränken die Verdunstung der Hautfeuchtigkeit ein. Zugesetzte Wirkstoffe wie Azulen, Gerbstoffe oder Vitamin B wirken heilend auf die sonnenstrapazierte Haut. Die als besonders angenehm empfundene Kühlwirkung dieser Nachbehandlungsmittel entsteht durch Mentholzusätze.

After-sun-Präparate setzt man nach Sonnen- und Solarienbestrahlung zur Hautpflege ein.

Bräunungsmittel. „Braun ohne Sonne" ist die gesündeste Art der Urlaubsbräune. Bräunungscremes, -emulsionen und -lotionen enthalten Stoffe wie Dihydroxyaceton, die eine chemische Bindung mit dem Keratin der Hornschicht eingehen und dabei die obersten Zellagen gelb-braun anfärben (**11.**25). Leider sieht diese Färbung etwas unnatürlich aus und macht die Bräunungsmittel weniger beliebt. Falls Sie einer Kundin ein solches Präparat empfehlen, müssen Sie sie darauf hinweisen, das Mittel ganz gleichmäßig aufzutragen – sonst entsteht eine unschöne, fleckige Gesichtsfarbe. Da nur die obersten Zellagen der Hornschicht angefärbt werden, verblaßt die Farbe mit der natürlichen Abschilferung der Haut. Die Behandlung muß also mindestens einmal wöchentlich wiederholt werden.

```
      H
      |
  H - C - OH
      |
      C = O
      |
  H - C - OH
      |
      H
```

11.25 Strukturformel von Dihydroxyaceton

Denken Sie daran: Bräunungsmittel sind keine Lichtschutzmittel, und die entstehende Hautfarbe schützt nicht gegen UV-Strahlen – bei Sonnenbestrahlung gibt es also einen Sonnenbrand!

Versuch 8 Tragen Sie ein Bräunungsmittel auf eine etwa 3 bis 4 cm^2 große Hautstelle am Unterarm auf.

Versuchen Sie nach der angegebenen Einwirkzeit, die Hautfarbe zu entfernen,

a) mit Wasser und Seife,
b) mit Wasser und WAS,
c) mit Reinigungsmilch,
d) mit Aceton.

Was stellen Sie fest?

Behandeln Sie die Haut auf jeden Fall mit einer W/Ö-Emulsion nach (**11.**26).

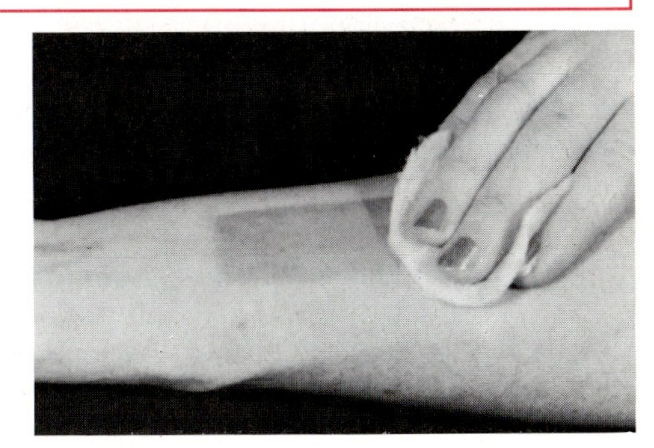

11.26 Entfernen von Bräunungsmittelfarbe

Die üblichen Hautreinigungsmethoden entfärben das Keratin nicht. Nur mit dem stark austrocknenden, daher schädlichen Aceton wird die Haut wieder blaß. Entfärben sollte man daher nur im äußersten Notfall (also bei einer völlig ungleichmäßigen Hautfarbe).

Künstliche Bräunungsmittel färben die obersten Zellagen des Keratins in der Hornschicht an, so daß die Haut auch ohne Sonnenbestrahlung braun wird. Solche Mittel müssen gleichmäßig aufgetragen werden.

Lichtschutzmittel mit Zusätzen selbstbräunender Stoffe schützen die Haut vor Sonnenbrand und erzielen schon nach kurzem Aufenthalt an der Sonne eine angenehme Bräunung. Sonnenstrahlen regen die Durchblutung an. Deshalb rötet sich die Haut, so daß der durchs Bräunungsmittel verursachte gelbliche Farbton natürlicher wirkt.

Bräunungsbeschleuniger (Pre-Tanner) sind Cremes oder Lotionen, die man etwa 8 Tage lang *vor* dem Urlaub aufträgt, um die Pigmentbildung zu verstärken. Sie bewirken eine Beschleunigung der enzymgesteuerten Reaktion, bei der sich die farblosen Pigmentvorstufen durch UV-Strahlen in das braune Pigment Melanin umwandeln, oder sie lagern zusätzlich künstliche Pigmentvorstufen in die Epidermis ein.

11.2.8 Wirkstoffe in Emulsionen und anderen kosmetischen Präparaten

Wirken Wirkstoffe wirklich? Diese Frage stellen nicht nur Kunden, sondern auch Fachleute im Zusammenhang mit Hautpflegemitteln. Sie läßt sich weder mit „ja" noch mit „nein" beantworten. Sicher verspricht die Werbung oft zuviel, doch benutzt man in der Kosmetik viele schon lange bekannte und medizinisch bewährte Stoffe, die sich günstig auf die Haut auswirken. Damit Sie Ihren Kundinnen genaue Informationen geben können, sind im folgenden die wichtigsten Wirkstoffe erläutert.

Vitamine sind Biokatalysatoren, die mit der Nahrung aufgenommen werden, um im Körper ihre lebensnotwendigen Aufgaben wahrzunehmen. Die äußerliche Anwendung ist bei den meisten Vitaminen umstritten, gilt aber bei den in der Tabelle **11**.27 aufgeführten als gesichert.

Tabelle **11**.27 **Äußerlich wirkende Vitamine**

Vitamin	Wirkung	Verwendung
A	reguliert übermäßige Hautverhornung erhöht die Aufnahmefähigkeit der Zellen für öllösliche Wirkstoffe	Aknecremes Cremes gegen Seborrhoe sicca und lederartige Altershaut
B_1, B_2, B_6	beruhigen die Haut verhindern Erytheme (Rötungen) und Ödeme (Wasseransammlungen im Gewebe) entzündungshemmend	Aknecremes Cremes gegen Allergien, Hautausschläge Sonnenschutz und Aftersun-Präparate
B_{12}	fördert die Zellerneuerung	Regeneratcremes bei atrophischer Haut
E	verhindert das Ranzigwerden echter Fette	in allen Emulsionen einsetzbar

Fermente sind Biokatalysatoren, die den Stoffwechsel im Körper steuern. Sie spalten Eiweiß, Kohlehydrate und Fette. In der Kosmetik setzt man sie zur biologischen Schälung der Haut ein. Die Fermente Pankreatin, Trypsin und Erepsin lösen die Kittsubstanz zwischen den verhornten Zellen der Hornschicht auf, so daß diese Zellen schon bei geringer

Reibung abgetragen werden. Das Hautbild wird feiner und glatter. Diese sanfte Schälung verträgt auch eine empfindliche Haut.

Kräuterzusätze (Pflanzenextrakte) sind die ältesten kosmetischen Wirkstoffe. Leider kann ihre innerliche Anwendung (z.B. als Tee) – ähnlich wie bei Vitaminen und Hormonen – nicht ohne weiteres auf die äußerliche Anwendung übertragen werden. Dennoch haben sich die in Tabelle **11**.28 aufgeführten Pflanzenextrakte in der Kosmetik bewährt.

Tabelle **11**.28 **Äußerlich wirksame Kräuterzusätze**

Name	Beschreibung/Wirkung	Verwendung
Azulen	tiefblauer Anteil des ätherischen Kamillenöls beruhigt lindert Entzündungen fördert die Heilung	Gesichtswässer, Badezusätze Cremes für empfindliche Haut Packungen, Masken, After-sun-Cremes
Chlorophyll	grüner Farbstoff des Blattgrüns von Pflanzen antiseptisch, desodorierend	Masken, Packungen Deodorantien
Hamamelis	aus Blättern und Rinden des Hamamelisstrauches gewonnener Gerbstoff adstringierend	Gesichtswässer Cremes Masken, Packungen
Melisse	aus den Blättern der Pflanze gewonnenes Öl riecht erfrischend durchblutungssteigernd	Gesichtswässer gegen Akne Kompressen Kräutercremes
Johanniskraut	aus der ganzen Pflanze gewonnenes Öl wundheilend, antibakteriell	Cremes gegen empfindliche und rauhe Haut Badezusätze
Campher	aus dem Holz des Campherbaums gepreßtes Öl, heute synthetisch hergestellt durchblutungsfördernd	Gesichts- und Rasierwässer Masken, Packungen

Vitamine, Fermente und Pflanzenextrakte sind kosmetische Wirkstoffe.

Liposome, Mikroscheiben und Nanoparts werden zwar in der Werbung als Wirkstoffe bezeichnet, sind jedoch eigentlich Transportsysteme zum Einschleusen z.B. von Feuchtigkeit, Fetten, Vitaminen oder UV-Filtern.

Liposome sind im Aufbau der biologischen Zellmembran nachempfunden. Der Fettkörper ähnelt der Substanz, die sich als Epidermisfett zwischen den Hornschichtzellen befindet. Sie durchdringen die Hornschicht und gelangen in tiefere Epidermisschichten, wo sie sich auflösen und ihren Inhalt freigeben. Daher eignen sie sich als Träger von Wirkstoffen, z.B. von aktivierenden Thymusextrakten, durchblutungsförderndem Coffein oder Enzymen gegen Hautalterung. Eingepackt in die Liposome erreichen die Wirkstoffe lebende Epidermiszellen in der Basal- und Stachelzellenschicht. Dort beeinflussen sie die Regeneration der Zellen. Die Fetthülle der Liposome setzt außerdem die Verdunstung herab, hält also die Feuchtigkeit in den tieferen Epidermisschichten zurück.

Mikroscheiben sind kleiner als Liposome. Sie werden aus gereinigtem Lecithin hergestellt und z.B. mit Nachtkerzenöl beladen. Dieses Öl enthält viele essentielle Fettsäuren, die trockene und faltige Haut glätten.

Nanoparts (Nanosome) sind die „fettigen Schwestern" der Liposome. Sie umhüllen öllösliche Wirkstoffe (z.B. Vitamin A, D, E) und gelangen ebenso in die tiefen Epidermisschichten. Je nachdem, ob wasser- oder fettlösliche Wirkstoffe in die Epidermis eingeschleust werden sollen, entscheidet man sich also zwischen Liposomen oder Nanosomen. Die letzten sind besonders beliebt zum Einbringen von UV-Filtern in die Haut. Durch ihre Depotwirkung geben sie die Filtersubstanzen innerhalb 24 Stunden ab. Dadurch ist ein langanhaltender Sonnenschutz gewährleistet, der wegen der Eindringtiefe auch nicht durch Schwimmen oder Abrieb verlorengehen kann.

Aufgaben zu Abschnitt 11.2

1. Welche vier Eigenschaften haben alle waschaktiven Substanzen?
2. Wie stellt man Seife her?
3. Wodurch unterscheiden sich Kernseife und Toilettenseife?
4. Begründen Sie, warum Seife ein anionenaktives Tensid ist.
5. Warum reagieren Seifenlösungen alkalisch?
6. Welcher Stoff verhindert die Kalkseifenbildung wenigstens teilweise?
7. Welche besonderen Bestandteile haben Akneseifen?
8. Worin liegen die Vorteile synthetischer WAS gegenüber Seifen?
9. Wodurch unterscheiden sich weiche und harte Tenside?
10. Was sind Hautlotionen? Nennen Sie Beispiele.
11. Nennen Sie die Unterschiede von Pre-shave- und After-shave-Präparaten.
12. Warum setzt man kosmetischen Präparaten Duftstoffe zu?
13. Nennen Sie pflanzliche, synthetische und tierische Duftstoffe.
14. Beschreiben Sie die drei Methoden der Duftstoffgewinnung.
15. Warum setzt man in Parfüms Ethanol und keinen 2-Propanol ein?
16. Welche Duftstoffanteile bilden die Spitze, die Basis und den Nachgeruch bei Parfüms?
17. Wodurch unterscheiden sich Parfum, Eau de Parfum, Eau de Toilette und Eau de Cologne?
18. Eau de Cologne sollte nicht auf Stirn und Schläfen aufgetragen werden. Begründen Sie das.
19. Wodurch entsteht Körpergeruch?
20. Warum verhindern desinfizierende Stoffe Körpergeruch?
21. Was versteht man unter Geruchsmaskierung?
22. Wodurch unterscheiden sich Deodorantien und Antitranspirantien?
23. Nennen Sie die Wirkstoffe in Deodorantien.
24. In welchen Handelsformen werden Deodorantien angeboten?
25. Wie tragen Sie Kompaktpuder auf die Haut auf?
26. Warum kühlt Puder die Haut?
27. Welche Eigenschaft ist beim Gesichtspuder besonders wichtig?
28. Warum sollten Puderteilchen in Gesichtspudern bei Feuchtigkeit nicht aufquellen?
29. Nennen Sie die Zusätze von Aknepuder.
30. Nennen Sie anorganische und organische Pudergrundstoffe.
31. Warum verwendet man möglichst wenig Stärke in Gesichtspudern?
32. Was sind Emulsionen?
33. Wodurch unterscheiden sich die Emulsionstypen?
34. Wie stellen Sie den Emulsionstyp fest?
35. Wovon hängt die Qualität einer Emulsion ab?
36. Erläutern Sie das Homogenisieren.
37. Wie müssen Sie Emulsionen lagern?
38. Welche Molekülteile eines Emulgators sind wasserfreundlich, welche fettfreundlich?
39. Zu welchem Emulsionstyp führt ein wasserlöslicher Emulgator?
40. Nennen Sie Reinigungsemulsionen. Woraus besteht die Fettphase?
41. Welche Stoffe erhöhen die feuchtigkeitsspendende Wirkung von Tagescreme?
42. Begründen Sie, warum Fettalkohole und Fettsäuren Fettphase und Emulgator zugleich sind.
43. Warum enthalten viele Handschutzcremes Silikonöle?
44. Welche Aufgaben haben Nachtcremes?
45. Warum sind Körperemulsionen verhältnismäßig dünnflüssig?
46. Begründen Sie, warum Fußcremes Desinfektionsmittel enthalten.
47. Welche Fettstoffe schützen, welche pflegen hauptsächlich die Haut?
48. Warum setzt man in Aknecremes bevorzugt Stearinsäure ein?

49. Warum enthalten Augenfaltencremes und Halscremes Fette mit hohen Anteilen ungesättigter Fettsäuren?
50. Wie verhindern Lichtschutzpräparate einen Sonnenbrand?
51. Was bedeutet ein Lichtschutzfaktor 4?
52. Warum darf man bei schon sonnengewöhnter Haut einen niedrigeren Lichtschutzfaktor benutzen?
53. Erklären Sie, warum Solarien keinen Sonnenbrand erzeugen.
54. Nach einem Sonnenbad muß die Haut mit Feuchtigkeitsemulsionen oder After-sun-Präparaten nachbehandelt werden. Warum?
55. Wie wirken chemische Bräunungsmittel?
56. Warum müssen Bräunungsmittel mindestens einmal wöchentlich aufgetragen werden?
57. Begründen Sie, warum Bräunungsmittel nicht vor Sonnenbrand schützen.
58. Wie wirkt Vitamin A in Hautcremes?
59. Nennen Sie Präparate, die Fermente enthalten. Wie wirken sie?
60. Zählen Sie pflanzliche Wirkstoffe auf und beschreiben Sie ihre Wirkung auf die Haut.
61. Warum sind Liposome keine eigentlichen Wirkstoffe?

11.3 Verkaufskunde

„Wir können die Kunden im Salon fachkundig beraten und beherrschen die Arbeitstechniken unseres Berufs. Verkaufen? Das tun wir so nebenbei, wenn eine Kundin etwas mitnehmen will", sagt eine Kollegin.

„Verstärkter Warenverkauf erfordert nicht nur ein größeres Lager, sondern stört auch den Arbeitsablauf. Und eine zusätzliche Kraft kann ich mir nicht leisten. Außerdem kann ich die Präparate nicht zu den Preisen der Supermärkte und Kaufhäuser anbieten", sagt ein Meister.

„Der Verkauf unserer Qualitätsprodukte verführt die Kundin doch gerade zur Heimbehandlung und schädigt mein Geschäft", sagt ein anderer.

Sicher steckt in diesen Meinunngen ein Körnchen Wahrheit. Andererseits nehmen die Kunden unsere fachkundige, persönliche Beratung auch nach der Behandlung als Service gern in Anspruch. Ein gezieltes, schon in der Kabine vorbereitetes Verkaufsgespräch kostet nur wenig Zeit, macht die Kundin noch zufriedener und bringt auch für den Betrieb etwas ein.

Denken sie immer daran, daß von 17 Millionen Frauen 12 Millionen zur Bedienung in einen Friseursalon kommen, aber nur etwa 1,3 Millionen ihre Haar- und Hautpflegeprodukte beim Friseur kaufen, obwohl sie ihren Friseur als Fachmann für Haut und Haar anerkennen. Da müßte doch noch etwas zu machen sein! Voraussetzung ist allerdings, daß wir auch etwas vom Verkaufen verstehen.

11.3.1 Handwerk und Handel – die Leistungsfunktionen des Friseurbetriebs

Dienstleistung und Beratung. Manche Friseure spezialisieren sich ausschließlich auf den Verkauf ihrer Dienstleistungen. Sicher steht die Dienstleistung (z. B. Waschen, Fönen, Dauerwelle, Maniküre) im Mittelpunkt der Behandlung und ist der Grund, warum die Kundin in den Salon kommt. Doch Haar- und Hautbehandlungen erfordern ein hohes Maß an fachlichem Können, Geschicklichkeit und Zeit. Das dafür eingenommene Geld ist oft recht mühsam verdient. Untrennbar mit der Dienstleistung verbunden sind eine ausführliche Beratung und Betreuung. Sätze wie „Frau Müller, soll's wieder so sein wie letzte Woche?" müßten in jedem Salon mit einem Bußgeld in die gemeinsame Trinkgeldkasse bestraft werden! Wer kann und sollte die Kunden besser beraten, ihnen Neues anbieten, sie zu besserem Aussehen anregen als Sie – der Fachmann?

Verkauf und Beratung. Was für die Dienstleistung selbstverständlich ist, gilt auch für den Verkauf: Sie sind der fachkundige Vermittler zwischen der Industrie und den Kunden, die verschönt werden wollen. Und bei Produkten wie Shampoos, Haarkuren und Haarfarben verfügen Sie im Salon oft über Präparate, die die Industrie z. B. nicht an Kaufhäuser und Supermärkte abgibt – ein guter Ansatzpunkt für den erfolgreichen Warenverkauf! Deshalb sollten sie das Beratungsgespräch mit der Kundin gleich nutzen, um ihr Präparate zur Heimbehandlung zu empfehlen. Denn sicher ist, daß sich keine Kundin von der Heimbehandlung abhalten läßt, wenn sie die Präparate nicht bei Ihnen kaufen kann. Dann kauft sie irgendwo ein ähnliches Produkt – leider oft das falsche, so daß Sie nichts verdienen und die Kundin ihre Haare nicht optimal pflegt.

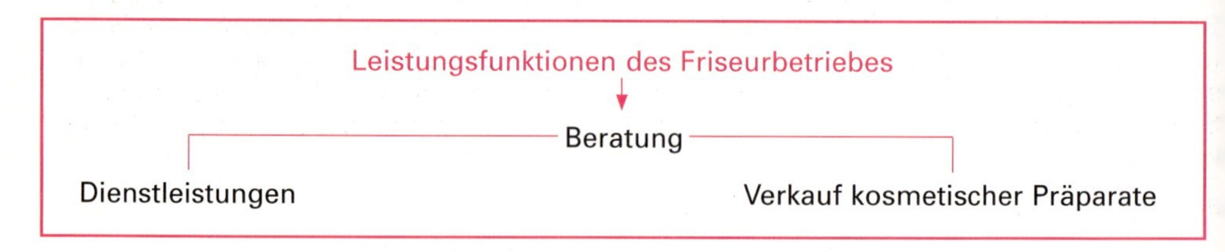

11.3.2 Wo verkauft man was?

Eine Friseurin stellt beim Durchkämmen der Haare vor der Wäsche Schuppen fest. Es entwickelt sich folgendes Gespräch.

Friseurin: Frau Schulz, ich sehe gerade, die Kopfhaut schuppt etwas ab. Haben Sie das Problem schon länger?

Kundin: Ach wissen Sie, mal stärker, mal weniger. Ich habe schon viel probiert und lasse auch immer mit Schuppenshampoo waschen, wenn ich hier bin, aber nichts hilft.

Friseurin: Ja, Schuppen sind ein langwieriges Problem und lassen sich nur durch streng durchgeführte Kuren beseitigen, die Sie vielleicht sogar mehrmals im Jahr wiederholen müssen. Ich zeige Ihnen einmal solch eine Pflegeserie. (Sie gibt der Kundin die Präparate.) Zur Kur gehören dieses Shampoo, eine spezielle Haarkur und ein Festiger. Die Behandlung dauert vier Wochen.

Kundin: Hilft sie denn auch wirklich?

Friseurin: Ja, denn die Pflegeserie enthält genau aufeinander abgestimmte Wirkstoffe. Sie müssen die Kur aber genau nach der Gebrauchsanweisung durchführen, also am Anfang zweimal in der Woche, später nur noch einmal. Die Schuppen verschwinden also nur endgültig, wenn Sie die Kur zu Hause fortführen.

Kundin: Wenn die Präparate so gut sind, wie Sie sagen, müßten die Schupppen doch gleich weggehen.

Friseurin: (erklärt der Kundin die Entstehung von Schuppen und begründet damit die Dauer der Kur. Dann rät sie:) Wenn Sie die Schuppen los sein möchten und sich zur Heimpflege entschließen, kann ich jetzt zur Haarwäsche schon das Shampoo aus der großen Heimpflegeflasche nehmen. Dann brauchen Sie das Spezialshampoo nicht noch als Portionspackung zu bezahlen.

Kundin: Das ist ein guter Vorschlag – nett, daß Sie daran denken!

Friseurin: Nach der Wäsche gebe ich Ihnen noch einen Prospekt. Dann haben Sie Zeit zum Durchlesen, und wir können uns bei der weiteren Behandlung noch über die genaue Anwendung unterhalten.

Verkauf und Beratung in der Kabine. Nach einer solchen Beratung wird fast jede Kundin die Präparate kaufen. Wie ist die Friseurin vorgegangen? Während der Haardiagnose hat sie das Problem der Kundin benannt, dann die Lösungsmöglichkeit aufgezeigt und gleich die Notwendigkeit der Heimbehandlung einbezogen. Nachdem die Einwände der Kundin durch ein Informationsgespräch ausgeräumt waren, hat sie noch auf einen Preisvorteil hingewiesen. Der Prospekt, eine „unpersönliche Information", unterstützt die Beratung und sichert die richtige Anwendung der Präparate.

Beim Verkauf von Heimbehandlungen müssen Sie berücksichtigen, wie oft die Kundin den Salon besucht. Eine Kundin, die alle 14 Tage kommt, braucht entsprechend weniger Präparate als eine, die nur alle Vierteljahr zum Schneiden kommt.

Der Verkauf von Präparaten während des Beratungsgesprächs in der Kabine ist ein *Zusatzverkauf* – sozusagen schnell verdientes Geld, wenn Sie es mit dem Verdienst an der Dienstleistung vergleichen. Natürlich beschränkt sich das Beratungsgespräch nicht auf Haarprobleme wie Schuppen, Seborrhö, poröses Haar und dergleichen. Der Frisurenvorschlag läßt sich ebenso zum Verkaufsgespräch erweitern (z. B. bei Lockenfrisuren Verkauf von Fönbürsten, Curler, Lockenstab) wie das Make-up und die Hautpflege. Wichtig ist, daß Sie der Kundin die Verkaufsartikel zeigen, in die Hand geben und sie auch über Preise informieren. Überhöhte Preise dürfen Sie allerdings nicht verlangen, denn die Kunden sind heute gut über Qualität und Preise von Waren informiert. Kostet z. B. eine Bürste im Salon 40% mehr als in der Drogerie, wird die Kundin den Weg nicht scheuen und sie dort kaufen.

Beratungsgespräch in der Kabine

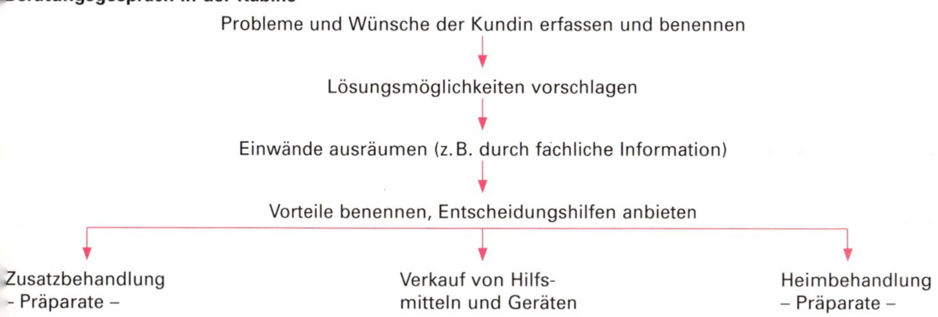

Das Beratungsgespräch in der Kabine soll zum Zusatzverkauf von Heimbehandlungsmitteln, Zusatzbehandlungen und anderen Produkten genutzt werden.

Weniger ist mehr. Andere Geschäfte müssen die Kunden erst durch Werbung in den Verkaufsraum „locken" – Sie brauchen Ihre Kundin nur richtig anzusprechen. Damit ist nicht nur die Sprache gemeint, sondern auch der optische Reiz, etwa durch geschickt aufgestellte Waren, Poster und Prospekte. Dabei sollten Sie den Grundsatz beachten „weniger ist mehr!" Manche Verkaufs- und Warteräume in Salons ähneln eher einer Rumpelkammer, als daß sie Anreize zum Kauf bieten. Unübersichtliche Anhäufungen von Waren stoßen ebenso ab wie ein Stapel ungeordneter Prospekte.

Dekoration. Jeder Modesalon wird der Jahreszeit entsprechend dekoriert. Das läßt sich auch auf Friseurgeschäfte übertragen. Zur Urlaubszeit können z. B. Sonnenschutzmittel und Pflegepräparate im Vordergrund stehen, zur Ballsaison Parfum, das neueste Make-up mit entsprechenden Frisurenvorschlägen und Haarschmuck. Dekorationswechsel schaffen auch für Stammkunden immer neue Kaufanreize. Lassen Sie sich von einem Werbefachmann beraten. Bedenken Sie aber: Eine gute Werbung im Salon erleichtert zwar den Beginn des Verkaufsgesprächs, kann es einleiten – die persönliche fachkundige Beratung macht sie jedoch nicht überflüssig.

Das Schaufenster soll Stil und Atmosphäre des Salons widerspiegeln. Wenn das Geschäft in einer Einkaufszone liegt, kann das Schaufenster dem Warenverkauf dienen. Sonst stellt man besser die Dienstleistungen in den Vordergrund (z. B. mit Frisurenbildern).

Die Dekoration des Verkaufs- und Warteraums soll den Kunden Kaufanreize bieten und damit Verkaufsgespräche einleiten.

Beim Kauf im Supermarkt fällt auf, daß man sich nach Waren des täglichen Ge- und Verbrauchs manchmal bücken oder recken muß. In Augenhöhe dagegen stehen bevorzugt Waren, die jeder zwar gebrauchen kann, aber nicht unbedingt braucht. Sie fallen dem Kunden „ins Auge", wecken erst den Kaufwunsch.

Den Verkauf an der Kasse können Sie auf die gleiche Weise steigern. Während Sie die Rechnung ausstellen, sollte die Kundin Waren im Blickfeld haben, die ihren Wunsch nach Schönheit ansprechen. Dazu eignen sich vor allem dekorative kosmetische Präparate, denn eine neue hübsche Frisur weckt den Wunsch, auch das Gesicht oder die Hände zu „erneuern". Achten Sie auf den Blick der Kundin. Betrachtet sie sich Nagellack, dürfen Sie ruhig fragen, ob sie sich für die neuen Farben interessiert. Eine Bemerkung wie „das neue Hellrot steht Ihnen bestimmt ausgezeichnet" ist ein weiterer Anreiz zum Kauf.

Wenn Sie Schuhe kaufen, bietet man Ihnen an der Kasse z.B. Schuhpflegemittel als Ergänzung an.

Für Hinweise auf *Ergänzungskäufe* sind Ihnen die Kunden oft noch dankbar. Zum Nagellack gehören Lackentferner und evtl. ein passender Lippenstift. Sprechen Sie die Kundin darauf an! Selbst wenn sie ablehnt, wird sie ihre Friseurin als besonders aufmerksam in Erinnerung behalten. Kassiert jemand, der die Kundin nicht selbst bedient hat, gibt der Behandlungszettel Hinweise für ein Verkaufsgespräch. Eine Haarkur z.B. beweist, daß die Kundin an der Pflege interessiert ist. Einige Worte über die positive Wirkung der Behandlung und der Rat, das Kurmittel auch zu Hause anzuwenden, wirken oft Wunder. Hat die Kundin das Präparat gekauft, wird es auf ihrer Karteikarte eingetragen. So können Sie sich beim nächstenmal nach ihrer Zufriedenheit erkundigen.

Bedenken Sie stets, daß eine zufriedene Kundin eher bereit ist, noch etwas Geld für einen Kauf auszugeben, als eine unzufriedene – noch ein Grund für ausgezeichnete Arbeit!

> Der Verkauf an der Kasse wird durch ein geschickt dargebotenes Warenangebot, die persönliche Ansprache und Bestätigung der Kundin gefördert. Vergessen Sie nicht die Möglichkeit von Ergänzungskäufen.

11.3.3 Warum wird etwas gekauft?

Kaufmotiv. Die einfachste Antwort auf diese Frage lautet: Jemand kauft etwas, weil er es braucht. Dies trifft bei manchen Produkten auch zu, z.B. wenn Sie Hunger haben und sich etwas zum Essen kaufen. Diese „vernunftbezogenen" Käufe bilden heute jedoch nur einen kleinen Marktanteil. Im Bereich der Körperpflege könnte man Seife, Zahncreme, Zahnbürste, Kämme und Bürsten (in der einfachsten Ausführung) dazu zählen. Alle anderen Produkte der Körperpflege braucht man nicht unbedingt. Was verleitet also Menschen dazu, Dinge zu kaufen, die sie eigentlich nicht brauchen? Dazu gibt es innere und äußere, vernunft- und gefühlsbetonte Gründe.

Externe (äußere) Faktoren sind Gründe, die außerhalb der Person des Käufers liegen. Es sind vor allem Kaufmotive, die sich aus der sozialen Stellung, dem Beruf, dem Einkommen und der Zugehörigkeit zu bestimmten Gruppen ergeben. Eine Sekretärin oder Verkäuferin z.B. kauft sich Make-up-Präparate, um die Erwartungen ihres Chefs bzw. der Kunden zu erfüllen. Von einer Arztfrau, die in einer vornehmen Wohngegend zu Hause ist, wird erwartet, daß sie gepflegt aussieht. Will sie nicht „aus der Reihe fallen", richtet sie sich nach diesen Erwartungen und kauft sich entsprechende Körperpflegemittel. Bei Jugendlichen sind die externen Kaufmotive oft besonders ausgeprägt. Sie wollen zu ihrer Gruppe dazugehören und kaufen sich deshalb Dinge, die in der Gruppe etwas bedeuten, als chic angesehen werden. Anerkennung und Neid anderer werten auf – eine Tatsache, die die Werbung gern ausnutzt (... Ihr Nachbar wird staunen ..., auch Sie können so beneidenswert schön sein ... bezaubernd jung aussehen ...).

Motiv für einen solchen Kauf ist, daß der tatsächliche Zustand (Gepflegtheit, Schönheit, Frische usw.) nicht mit dem angestrebten und von der Umwelt anerkannten übereinstimmt. Durch den Kauf der Ware kommt man dem angestrebten Ziel näher, bewältigt den Konflikt, kauft sich ein Stück „Wohlbefinden“. Wohl niemand kann völlig unberührt von den Ansichten und Urteilen seiner Mitmenschen leben. Deshalb sind die Menschen für entsprechende Argumente aufgeschlossen. „Die Lippenstiftfarbe gefällt Ihrem Mann bestimmt auch sehr gut“, „Fast alle jungen Mädchen tragen solche Ohrstecker“ oder „Ihre Freunde werden Sie um das gepflegte Haar beneiden“ sind „Lockrufe“, die externe Kaufmotive wecken und Kunden zum Kauf führen.

Interne (innere) Faktoren sind an die Person gebunden und unabhängig von der sozialen Umwelt. Sie wären auch vorhanden, wenn der Mensch allein auf einer Insel lebte. Dazu gehören etwa der Wunsch nach Gesundheit von Haar und Haut sowie die Neugier, etwas Neues auszuprobieren. Arbeitserleichterungen bei der Haarpflege (z.B. durch einen Lockenstab oder Spezialbürsten) entsprechen häufig internen Kaufmotiven. Die Kundin überlegt, welchen Nutzen (Wert) ihr das Produkt bringt. Sie mißt es an ihrem persönlichen Wertsystem, wie man sagt. Bedeutet ihr die Arbeitserleichterung durch den Lockenstab mehr oder wenigstens ebensoviel wie der geforderte Preis, wird sie ihn kaufen.

Auf dieses persönliche Wertsystem eines Kunden durch Verkaufsargumente einzuwirken, ist sehr viel schwieriger als bei externen Motiven. Es wird Ihnen nur gelingen, wenn Sie aus Äußerungen das Wertsystem der Kundin erkennen, ihren Wunsch oder ihr Problem wie Ihre eigenen sehen.

Interne Faktoren sind übrigens dafür verantwortlich, daß die Menschen für Hobby und Urlaub leichter Geld ausgeben als für andere Dinge. Beide nehmen nämlich bei den meisten Menschen eine „Spitzenposition“ im eigenen Wertsystem ein.

Vernunft- und gefühlsbetonte Kaufmotive können extern oder intern sein.

Um vernunftbetonte Motive handelt es sich, wenn der Kunde genau weiß, was er will. Hierzu zählen auch Preisvorteile aus Sonderangeboten oder Vorratspackungen. Sachbezogene Argumente und fachliche Beratung führen hier am schnellsten zum Verkaufsabschluß.

Gefühlsbetonte Kaufmotive sind den Kunden meist selbst nicht bewußt. Sie interessieren sich für etwas, möchten es haben oder etwas Unangenehmes vermeiden. Häufig steckt eine unbewußte Furcht vor dem Alter oder mangelnder Schönheit dahinter. Kunden mit gefühlsbetonten Kaufmotiven sind eher bereit, Geld auszugeben, wenn Sie auf ihre Person eingehen. Zuwendende Gesten, Augenkontakt und ein bestätigendes Lächeln sind dazu meist wichtiger als fachliche Informationen. Diese Kundinnen kaufen kein Make-up, sondern Schönheit, mit einer Feuchtigkeitscreme zarte Haut, mit einem Cremebad keine Hautpflege, sondern Wohlbefinden.

Grundlage des Verkaufsgesprächs ist hier das Vertrauen der Kundin. Haben Sie es gewonnen (und nutzen Sie es nicht extrem aus), ist der Verkauf meist leicht, denn die Kundin wird ihre Unzufriedenheit oder Wünsche äußern. Bei unbewußten, gefühlsbetonten Kaufmotiven vertraut sich die Kundin Ihnen an, betrachtet Sie als Person, nicht als „Ansammlung von Fachwissen“. Sachliche Argumente helfen zwar beim Verkaufsabschluß, dürfen aber nicht im Vordergrund des Verkaufsgesprächs stehen. Dazu gehören viel Einfühlungsvermögen und Hilfsbereitschaft ohne Aufdringlichkeit.

Kaufmotive

Ausgangspunkt der Argumentation

externe Faktoren
in der Umwelt des Käufers begründet

Der Verkäufer muß die Umweltreaktion ins Verkaufsgespräch einbeziehen

interne Faktoren
in der eigenen Person des Käufers begründet

Der Verkäufer muß aus dem Wertsystem des Käufers heraus argumentieren

vernunftbetonte Kaufmotive ⟶ sachliche Argumentation steht im Mittelpunkt
gefühlsbetonte Kaufmotive ⟶ Einfühlungsvermögen steht im Mittelpunkt

11.3.4 Werbung

Fernsehen, Rundfunk, Plakatwände an den Straßen, Zeitungen und Zeitschriften überfluten den Verbraucher mit Werbung. Wozu dieser Aufwand, der viel Geld verschlingt, das schließlich doch der Verbraucher bezahlen muß? Eine farbige Anzeigenseite in einer Frauenzeitschrift kostet etwa zwischen 40000 und 60000 DM – hinausgeworfenes Geld?

Werbung erfüllt eine wichtige Aufgabe in unserem Wirtschaftssystem, das auf Wettbewerb ausgerichtet ist. Fachleute bezeichnen Werbung als „Summe aller Maßnahmen, die eine Firma und ihre Erzeugnisse in der Öffentlichkeit bekannt machen und damit den Absatz (Verkauf) fördern." Wer etwas anzubieten hat, muß es bekannt machen – sonst kann er es nicht verkaufen. Um zum Kauf anzuregen, muß die Werbung Aufmerksamkeit und Interesse erregen und den Besitzwunsch wecken. Fachleute drücken das in der Formel AIDA aus:

Attention = Aufmerksamkeit erregen
Interest = Interesse wecken
Desire = Besitzwunsch anregen
Action = Handlung = Kauf auslösen

Eine andere amerikanische Werbeformel lautet POP – **p**oint **o**f **p**urchase = Verkaufspunkt, an den der Verbraucher herangeführt werden soll.

Die Werbung weckt Aufmerksamkeit und Wünsche. Dazu knüpft sie an Wunschvorstellungen und Sehnsüchte des Verbrauchers an. Weil die Menschen recht unterschiedliche Wünsche haben, wenden sich Werbemaßnahmen meist an bestimmte Zielgruppen (z.B. an Jugendliche, Menschen mit bestimmten Hobbies oder Berufen). Es ist sinnlos, bei Jugendlichen für eine Hautpflegeserie mit der Angst vor Hautalterung zu werben – für sie besteht dieses Problem noch gar nicht. Bei ihnen ist ein Werbespruch wie „Auch dein Freund möchte streichelweiche Haut streicheln!" viel wirksamer. Die Werbung stellt sich also auf die möglichen Käufer ein.

Werbung richtet sich jeweils an bestimmte Zielgruppen, an deren Wünsche sie anknüpft.

Die Werbung des Friseurs steht zwischen der Herstellerwerbung und dem Verbraucher. Der Friseur ist ein Glied in der „Werbekette" und muß sich ebenso an seinen Zielgruppen orientieren. Dabei darf er einige wichtige Grundsätze nicht außer acht lassen.

- **Werbung muß wahr sein.** Leere Versprechungen sind zwecklos, auf falsche Angaben reagiert der Verbraucher „sauer". Getäuschte und enttäuschte Käufer kommen nicht wieder und erzählen ihre böse Erfahrung weiter.
- **Werbung muß wirksam sein.** Sie muß den Verbraucher ansprechen, an die „geheimen Sehnsüchte" der Zielgruppe anknüpfen.
- **Werbung muß wirtschaftlich sein.** Eine übergroße Anzeige erregt zwar kurzfristig starke Aufmerksamkeit, gerät aber schneller in Vergessenheit als kleinere, die sich in regelmäßigen Abständen wiederholen und preiswerter sind. Daraus ergibt sich:
- **Werbung muß wiederholt werden,** den Verbraucher immer wieder an die Firma oder Werte erinnern, sich sozusagen in seinem Gedächtnis festsetzen.

Doch diese vier Forderungen allein tun es nicht, noch fehlen (zum Glück für uns) viele Zwischenschritte:

- **Werbung muß informieren.** Niemand kauft eine „Katze im Sack". Und hier liegt Ihre Aufgabe. Sie informieren die Kundin in einem persönlichen Gespräch über die Vorzüge eines Produkts, erläutern die Wirkung und berichten von Erfahrungen. Damit helfen Sie der Kundin bei der Entscheidung und überzeugen sie, einen guten Kauf zu tun.

Erst Werbung und persönliche Beratung mit Information führen zum befriedigenden Kauf.

11.3.5 Wer ist ein guter Verkäufer?

Versetzen Sie sich in die Person einer Kundin, der eine ungepflegt aussehende Friseurin – vielleicht noch nach einer recht unpersönlichen Behandlung – im „Fachchinesisch" und mit leeren Phrasen Kosmetika zum Kauf anbietet, ohne auch nur mit einer Silbe auf Ihre Wünsche oder Probleme einzugehen. Sie werden bestimmt nichts kaufen und den Salon wahrscheinlich auch nicht wieder besuchen.

Dabei ist es gar nicht schwer, ein guter Verkäufer zu sein. Fachkenntnisse haben oder lernen Sie, ein gepflegtes Äußeres gehört schon zu Ihrem Beruf, und das überzeugende Gespräch läßt sich lernen.

Persönliche Anforderungen. Ihr äußeres Erscheinungsbild soll nicht nur dem Salon angepaßt sein, sondern den Kunden auch Kaufanreize bieten. Mit den „Bilderbuchfrauen" auf den Werbeplakaten können sich die Kundinnen nur selten identifizieren (gleichsetzen) – sie sind meist zu unwirklich. Ihr Make-up, Ihre gepflegte Haut und Ihre adrette Frisur sind den Kundinnen näher und daher Vorbild.

Besonders wichtig aber ist eine positive Grundeinstellung. Sie werden niemand von einem Präparat überzeugen, an dessen Wirkung Sie selbst nicht recht glauben! Die Kundin wird Ihre halbherzigen Argumente rasch durchschauen und ablehnen. Nur wenn Sie selbst überzeugt sind, werden Sie sogar ungeduldige Kunden mit Geduld zum Kauf bewegen. Wenn Sie höflich, taktvoll und hilfsbereit auf die Probleme auch der schwierigen Kunden eingehen, wird man Sie schätzen und mit Vertrauen Ihren Empfehlungen folgen. Überheblichkeit ist ebenso falsch wie unangebrachte Unterwürfigkeit. Geben Sie sich natürlich und zuvorkommend.

Fachliche Anforderungen. Der erfolgreiche Verkäufer kennt das Warenangebot genau (Inhaltsstoffe, Wirkung, Preise) und berät seine Kunden mit Geschmack. Fachliche Kenntnisse lassen sich lernen. Die Schule hilft Ihnen dabei ebenso wie Informationen von Firmen, Schulungen und Seminare, Gespräche mit Vertretern und schließlich Ihre eigenen Erfahrungen. Ein größeres Problem ist oft die Sprache. Meist hapert es schon an der Lautstärke und der deutlichen Aussprache. Beides verbessern Sie, wenn Sie langsam sprechen und nicht ganze Silben verschlucken. Sprechen Sie mit wechselnder Betonung, sonst klingt Ihre Stimme monoton und einschläfernd – ein Effekt, den Sie bestimmt nicht beabsichtigen. Beim ersten Versuch eines Verkaufsgesprächs werden Sie die Kundin wahrscheinlich mit Worten überschütten und die tollsten Argumente für das Präparat auf die arme herabprasseln lassen. Die Wirkung ist negativ: Die Kundin wird verunsichert und fühlt sich überredet, nicht überzeugt. Denken Sie immer daran, daß zu einem Gespräch mindestens zwei gehören. Vermeiden Sie deshalb Monologe, stellen Sie Fragen, geben Sie der Kundin die Ware in die Hand, lockern Sie Ihre Argumente durch Demonstrationen auf. Um Wünsche, Probleme und Kaufmotive der Kundin überhaupt zu erfahren, müssen Sie sie zu Worte kommen lassen und genau zuhören. Ein kleiner Trick dazu ist der Blickkontakt. Sie schauen der Kundin freundlich in die Augen – und sie wird von selbst zu sprechen beginnen, ohne daß Sie sie „ausfragen" müssen.

Ein guter Verkäufer
- ist gepflegt und hat angenehme Verhaltensweisen
- hat eine positive Einstellung
- erfüllt sprachliche und fachliche Anforderungen

Verkaufsgespräch. In allen Ausführungen über das Verkaufen taucht immer wieder das Verkaufsgespräch auf. Es ist das letzte, wirksamste und entscheidende Glied in der Werbekette. Die „Botschaft" des Verkäufers beschränkt sich dabei nicht auf Worte, sondern nimmt auch Gesichtsausdruck, Gesten, ja die ganze äußere Erscheinung zu Hilfe.

Nicht alles kommt an. Trotzdem kann der Kunde nur einen Teil der Botschaft aufnehmen. Deshalb beginnt ein guter Verkäufer bei den bereits bekannten Teilen. (Das tut auch der Lehrer, damit die Schüler aus der Unterrichtsstunde möglichst viel auffassen und behalten.) Durch Wechsel in Lautstärke, Betonung und Tonfall unterstreicht er seine Argumente, stellt durch geschickte Zwischenfragen fest, ob und wie seine Botschaft ankommt, ob sie die Wünsche des Kunden trifft. Dabei helfen ihm die Kenntisse über die Kaufmotive.

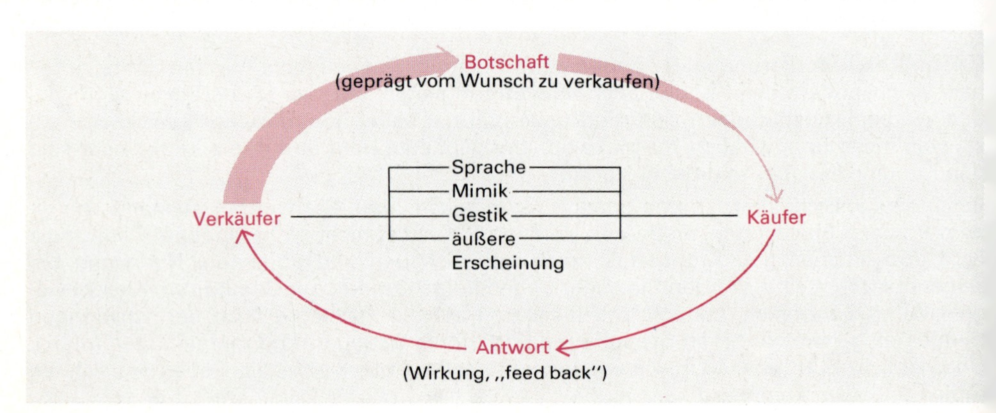

Die Bereitschaft, Informationen aufzunehmen, wird stark von der Atmosphäre beeinflußt. Wichtig ist neben einer angenehmen Umgebung (Einrichtung, Farben, Lichtverhältnisse) das Verhalten des Verkäufers. Höflichkeit, Zuwendung, Hilfsbereitschaft und persönliche Ausstrahlung geben dem Käufer das Gefühl, angenommen zu werden – eine wichtige Grundlage des Verkaufs. Entscheidend sind hierbei der erste und der letzte Eindruck. Sie prägen sich besonders ein. Gesprächseröffnung und -abschluß haben also besondere Bedeutung.

Phasen des Verkaufsgesprächs

Zur Gesprächseröffnung gehört bei der Begrüßung eines Stammkunden unbedingt der Name. Eine Frage zum letzten Besuch („Waren Sie mit der Frisur zufrieden?") gibt der Kundin das Gefühl, Ihnen wichtig zu sein. Durch ihre Antwort können Sie zugleich mehr über ihre Wünsche erfahren.

Erfassen des Kundenwunsches. Wiederum eignen sich dazu am besten Fragen. Denken Sie jedoch daran, nun schon auf die Kaufmotive zu achten, der Kundin zuzuhören und sie auf keinen Fall zu unterbrechen.

Problemlösung und Überzeugung. Diese Phase bildet den Hauptteil des Gesprächs. Sie darf nicht in einen Monolog und „Berieselung" mit Informationen ausarten! Je nach Kaufmotiv bilden sachbezogene oder gefühlsbetonte Argumente den Schwerpunkt, unterstützt von Demonstrationen (z.B. Lippenstiftfarben auf der Hand). Nur ehrliche Argumente, keine unhaltbaren Versprechungen führen zum Ziel und erhalten das Vertrauen. Berücksichtigen Sie auch die Bedürfnisse und finanzielle Möglichkeiten der Kunden. Einer Schülerin, die sich vom Taschengeld ein Parfüm kaufen möchte, können Sie nicht die teuersten Parfüms vorlegen! Es versteht sich, daß hier besonderer Takt angebracht ist. Bieten Sie den Kunden ruhig Gelegenheit, Einwände gegen das Produkt zu äußern – nur so können Sie die Kritik ausräumen. Dabei werden Sie der Kundin niemals widersprechen, denn der Kunde ist König und hat immer recht. Durch ein „Ja, aber ..." kommen Sie über diese Klippe hinweg. Mit dem „Ja" fühlt sich die Kundin bestätigt und wird Ihnen zuhören.

Tabelle **11.29** **Phasen des Verkaufsgesprächs**

Phase	Worauf müssen Sie achten?
Gesprächseröffnung ↓	Kundin mit Namen ansprechen, einschätzen und Fragen stellen
Kundenwunsch (Problem) erfragen ↓	genau zuhören Kaufmotiv feststellen
Problemlösung und Überzeugungsphase überwiegend vernunfts-orientiert / überwiegend gefühls-orientiert ↓	„vom Monolog zum Dialog" Demonstration, Produkt in die Hand geben ehrlich argumentieren Einwände ausräumen
Entscheidung ↓	nicht drängen Alternativfrage stellen
Gesprächsabschluß	Kundin an die Tür begleiten, mit Namen und Dank verabschieden Bestätigung geben

Die Entscheidungsphase können Sie gut mit Alternativfragen einleiten. Dies ist besonders angebracht, wenn die Kundin zwischen zwei Möglichkeiten schwankt. Sie geben ihr zwar Entscheidungshilfen, überlassen aber ihr die Entscheidung („Möchten Sie lieber das Parfüm oder das Eau de Toilette?"). Die Kundin fühlt sich dabei weniger unter Druck gesetzt als bei einer Frage, auf die sie mit „ja" oder „nein" antworten muß (und meist mit „nein" beantworten wird!)

Zum Gesprächsabschluß gehört nicht nur eine freundliche Verabschiedung mit Dank für Vertrauen und Kauf, sondern auch eine kleine Bestätigung. Sätze wie „Sie haben sich bestimmt richtig entschieden" oder „Sie werden viel Freude daran haben" geben der Kundin Sicherheit und hinterlassen einen guten Eindruck (**11**.29).

11.3.6 Wie verhalten Sie sich bei Reklamationen?

„Nobody is perfect". Reklamationen sind manchmal berechtigt, machmal nicht, aber immer unangenehm. Nicht alle Kunden sind so verständig, Reklamationen ruhig vorzutragen, ohne den ganzen Salon teilnehmen zu lassen (**11**.30). Doch auch aufgeregte oder sogar aufgebrachte Kunden verdienen Ihre verständnisvolle Behandlung. Suchen Sie keinen Schuldigen, keinen „Sündenbock" – damit ist weder der Kundin noch Ihnen gedient. Jedem können Fehler unterlaufen, niemand macht sie absichtlich. Wichtig ist, solche Fehler zu korrigieren und damit die Unzufriedenheit zu beseitigen. Nur dann bleibt Ihnen eine reklamierende Kundin treu.

11.30 Reklamation

Ruhe ist die erste Reklamationspflicht! Lassen Sie die Kundin ausreden und hören Sie ihr aufmerksam zu. Fühlen Sie sich nicht persönlich angegriffen, sonst könnten Sie leicht die Selbstbeherrschung verlieren. Einwände sollten Sie erst äußern, wenn Sie einmal ganz dezent „Luft geholt" haben. Stellen Sie lieber Fragen, die zur Aufklärung der Ursache beitragen. Versuchen Sie, ruhig und sachlich mit der Kundin gemeinsam die Ursache und Lösungsmöglichkeiten zu finden. Schlagen Sie ihr Abhilfen vor, fragen Sie dabei die Kundin nach ihrem Einverständnis. Eine ranzige Creme tauschen Sie ohne weiteres um und geben der Kundin zum Trost noch einige Proben mit. Eine unwirksame Behandlung (z. B. eine zu schwache Dauerwelle) wird durch eine neue – mit Haarkur – korrigiert.

Lag der Fehler bei Ihnen, entschuldigen Sie sich offen und ohne Widerwilligkeit. Äußern Sie Ihr Bedauern und Verständnis für den Ärger der Kundin. Stellt sich jedoch während des Gesprächs heraus, daß die Kundin unrecht hat und die Reklamation unberechtigt ist, ersparen Sie ihr die Peinlichkeit durch großzügiges Verhalten. Manchmal ist es besser, kurzfristig den kürzeren zu ziehen und langfristig eine Kundin zu behalten.

> Bei Reklamationen suchen Sie ruhig und sachlich nach Ursachen und Lösungsmöglichkeiten.

Aufgaben zu Abschnitt 11.3

1. Nennen Sie die Leistungsfunktionen des Friseurbetriebs.
2. Warum wird der Verkauf von Waren in Friseurbetrieben häufig vernachlässigt?
3. Was spricht für einen verstärkten Verkauf?
4. Warum soll ein Beratungsgespräch auch Heimbehandlungsmittel einbeziehen?
5. Was versteht man unter Zusatz- und Ergänzungsverkauf?
6. Nennen Sie Beispiele, bei denen ein Gespräch über Frisurengestaltung zum Verkauf von Waren führen kann.
7. Zählen Sie die Kaufanreize auf, denen die Kundin in Ihrem Salon begegnet.
8. Beurteilen Sie den Grundsatz „weniger ist mehr" bei optischen Kaufanreizen im Salon.
9. Entwerfen Sie ein Plakat zur Werbung für Sonnenschutzmittel (Text, Collage).
10. Warum erübrigt Werbung nicht das Beratungsgespräch?
11. Welche Waren sollten bevorzugt in Kassennähe gestellt werden?
12. Nennen Sie Möglichkeiten eines Ergänzungsverkaufs a) zu Nagellack, b) zu Make-up, c) zu Sonnenschutzmitteln, d) zu einem Schaumbad.
13. Wodurch erhält jemand, der die Kundin nicht bedient hat, Hinweise für ein Verkaufsgespräch?
14. Warum soll der Verkauf in die Kundenkartei eingetragen werden?
15. Was versteht man unter externen Kaufmotiven? Geben Sie Beispiele.
16. Untersuchen Sie Ihre eigenen Kaufmotive bei verschiedenen kosmetischen Präparaten. Teilen Sie sie in interne und externe ein.
17. Nennen Sie vernunft- und gefühlsbetonte Kaufmotive.
18. Argumentieren Sie für eine Hautcreme a) gefühlsbetont, b) vernunftbezogen.
19. In welchen Fällen sind Freundlichkeit, zuwendende Gesten usw. wichtiger beim Verkauf als sachliche Informationen?
20. Welche persönlichen Anforderungen erfüllt ein guter Verkäufer?
21. Eine Kundin äußert Interesse an Ihrer braunen Hautfarbe. Formulieren Sie ein Verkaufsgespräch für Make-up, Bräunungsmittel und Solariumanwendung a) mit vernunftbezogenen, b) mit gefühlsbezogenen Argumenten.
22. Welche externen Faktoren können den Verkauf von Bräunungsmitteln beeinflussen?
23. Welche fachlichen Anforderungen müssen Sie erfüllen, um gut zu verkaufen?
24. Führen Sie ein fachliches Verkaufsgespräch über eine Nachtcreme.
25. Welche Informationsmöglichkeiten für fachbezogene Argumente haben Sie?
26. Warum dürfen Verkaufsgespräche nicht in Monologe ausarten? Wie läßt sich ein Dialog herbeiführen?
27. Warum ist auch für Sie die Werbung der Hersteller wichtig?
28. Was verstehen Wirtschaftsfachleute unter Werbung?
29. Erläutern Sie die Werbeformeln AIDA und POP.
30. Untersuchen Sie Werbeanzeigen aus Zeitungen nach diesen Gesichtspunkten:
    a) Wofür wird geworben?
    b) Welche Zielgruppe wird angesprochen?
    c) Welche Wünsche und Sehnsüchte werden angesprochen?
    d) Welche sachlichen Informationen gibt die Anzeige über das Produkt?
    e) Welche Informationen wären für den Verbraucher wichtig, welche für den Fachmann?
31. Formulieren Sie Werbesprüche für kosmetische Präparate, die a) auf die Zielgruppe junger Mädchen, b) berufstätiger Frauen ausgerichtet sind.
32. Warum sind leere Werbeversprechungen zwecklos und geschäftsschädigend?
33. Welche Forderungen stellt man an eine gute Werbung?
34. Wodurch unterstützt ein Verkäufer seine Argumente?
35. Welche Bedeutung hat Ihre persönliche Einstellung zum Produkt beim Verkauf?
36. Stellen Sie Fragen an eine Kundin, die eine Pflegeserie für ihr Haar kaufen möchte.
37. Nennen Sie die Phasen eines Verkaufsgesprächs und die jeweils zu beachtenden Punkte.
38. Stellen Sie Fragen zu der 2. Phase (Kundenwunsch/Problem) des Verkaufsgesprächs.
39. Eine Kundin beschimpft Sie wegen einer zu schlaffen Dauerwelle. Führen Sie das Reklamationsgespräch mit einer Klassenkameradin.
40. Warum ist es zwecklos, bei Reklamationen nach einem „Sündenbock" zu suchen?
41. Eine Kundin bringt Ihnen eine ranzige Hautcreme zurück. Der Topf ist halb geleert, und offensichtlich wurde die Creme bei der Kundin falsch gelagert. Wie verhalten Sie sich? Machen Sie Lösungsvorschläge.
42. Üben Sie Verkaufsgespräche mit Ihren Klassenkameradinnen.

12 Stilkunde und Frisurengeschichte

Betrachten Sie im Familienalbum die Fotos vor etwa 20 und 10 Jahren. Ein solcher „Albumbummel" mit Freunden oder Eltern kann sehr amüsant sein. Weshalb kommen uns Bilder aus vergangenen Zeiten häufig lustig, ja manchmal lächerlich vor?

Was ist Stil? Die Auffassung davon, was schön ist, ändert sich im Lauf der Jahre. Vor 5 Jahren fanden wir etwas anderes schön als heute, und in 10 Jahren lachen wir wahrscheinlich über unser heutiges Aussehen. Warum? Unser Geschmack wandelt sich mit der Mode. Auch frühere Zeiten hatten Modeströmungen. Aber während heute die Mode eine wirtschaftliche Bedeutung erlangt hat und daher oft wechselt, war sie früher Ausdruck ihrer Zeit. Je weiter eine Epoche zurückliegt, desto weniger bemerken wir modische Tendenzen, desto mehr spüren wir den Geschmack dieser Zeit. Einen solchen Zeitgeschmack, der sich in allen Formen einer Epoche einheitlich äußert – in der Kleidung und Frisur, der Wohnungseinrichtung und der Kunst –, nennt man Stil (stilus, lat.: Griffel. Die Römer schrieben damit auf Wachstafeln. Die Art, wie jemand das tat, war sein „Stil").

Stil = Zeitgeschmack, Ausdruck einer Zeitepoche und Gesellschaft, einheitliche Kunst und Kultur einer bestimmten Epoche

Der Stil vergangener Zeiten zeigt sich deutlich in den Kunstwerken: In der Literatur und Musik, der Baukunst, Bildhauerei und Malerei. Sie versetzen uns in die Zeit zurück.

Achten Sie beim Betrachten von Gemälden im Museum einmal auf die Häuser, Möbel, Kleidung und (natürlich besonders) auf die Frisuren. Sie werden feststellen: Alles paßt zueinander. Die Menschen passen mit ihrer Kleidung und Frisur in die dargestellte Welt. Und noch etwas fällt uns dabei auf:

12.1 Venus von Willendorf

Das Bestreben, sich zu schmücken, ist so alt wie die Menschheit. Schon lange vor Christi Geburt haben sich die Menschen geschmückt und frisiert. Wir wissen es aus den Überlieferungen der Kunst. Die „Venus von Willendorf" etwa, eine nur 11 cm große Kalksteinfigur aus der Eiszeit (vor rund 30000 Jahren) zeigt eine erstaunlich sorgfältige Frisur (**12.**1). Auch Menschen, die unter primitiven Bedingungen lebten, schmückten sich. Nicht anders war es bei den Ägyptern, Griechen und Römern.

Beim Gang durch die Geschichte wollen wir versuchen, uns in die Gedanken und Gefühle der Menschen zu versetzen. Dann wird es uns leichter fallen, die Entwicklung der Frisuren und Kosmetik nachzuvollziehen. Wir tun dies, um die alten Frisuren und kosmetischen Verfahren kennenzulernen und Anregungen für moderne Haargestaltungen zu bekommen. Bei dieser Gelegenheit werden wir zugleich die Entwicklung unseres Berufs miterleben.

Einen ersten Überblick über die Stilepochen gibt Tabelle **12.**2, wobei die Jahresangaben natürlich keine „haargenauen" Schnitte bilden.

Tabelle **12.2** **Übersicht über die Stilepochen**

Altertum und Antike	Mittelalter	Neuzeit
Ägypter (2800 bis 700 v. Chr.)	Romanik (800 bis 1250)	Renaissance (1500 bis 1600)
Sumerer (3200 bis 2000 v. Chr.)	Gotik (1250 bis 1500)	Barock (1600 bis 1720)
Babylonier (2000 bis 1200 v. Chr.)		Rokoko (1720 bis 1789)
Assyrer (1000 bis 600 v. Chr.)		Directoire/Empire (1789 bis 1815)
Griechen (1500 bis 150 v. Chr.)		Biedermeier (1815 bis 1848)
Römer (500 v. bis 500 n. Chr.)		Historismus/Gründerjahre (1848 bis 1890)
Germanen (1500 v. bis 800 n. Chr.)		Jugendstil (1890 bis 1914)
		20. Jahrhundert

Veranschaulichen wir uns diese Tabelle, indem wir die Epochen auf einem Zeitstrahl als maßstabsgerechte Pfeile darstellen (**12.3**)! Daraus lesen wir, daß einige Epochen des Altertums und der Antike lang, andere nur kurz waren (z.B. die ägyptische, griechische und germanische lang, die assyrische und römische kurz). Die Epochen überschneiden sich. Während eine ihren Höhepunkt erreicht, beginnt woanders eine neue. So entstehen in Babylonien und Griechenland große Kulturen, während Ägypten seine Hochkultur entfaltet. Die Blüte der griechischen Kultur fällt wiederum zusammen mit dem Niedergang der ägyptischen und assyrischen Epochen. Wenn Sie auch die Epochen der Neuzeit maßstabsgerecht darstellen, sehen Sie, daß sie immer kürzer werden, immer rascher von neuen abgelöst werden.

Stilepochen haben also wie wir Menschen einen kraftvollen Beginn und müssen sich erst durchsetzen, bevor sie ihren Höhepunkt und die volle Schaffenskraft erreichen. Danach lassen die Kräfte nach, die Epochen altern.

Tabelle **12.3** Epochen des Altertums, der Antike und des Mittelalters als Zeitstrahlen

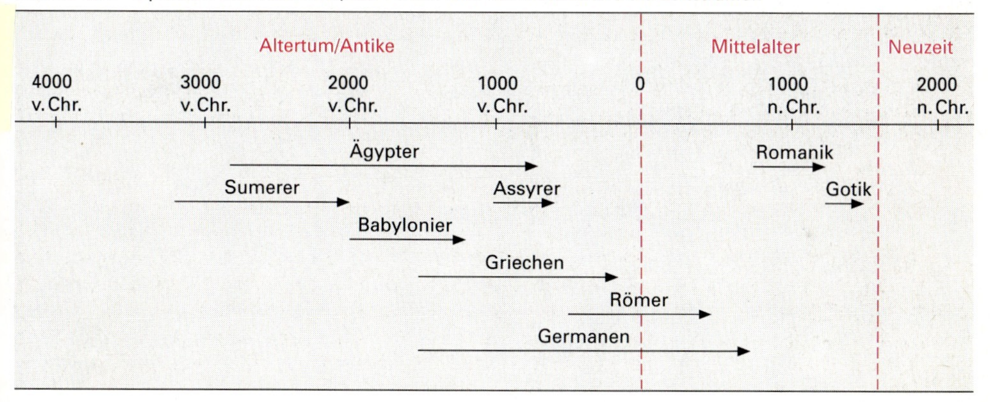

12.1 Altertum und Antike

Die nach den eiszeitlichen Darstellungen ältesten Überlieferungen, die uns Aufschluß über Kultur und Leben geben, sind rund 5500 Jahre alt. Damals entwickelte sich am Nil die ägyptische Kultur und blühten im Zweistromland zwischen Euphrat und Tigris die Hochkulturen der Sumerer, Babylonier und Assyrer (**12.5**). In den fruchtbaren Tälern entstanden die ersten Städte, aus denen sich Stadtstaaten und schließlich Reiche bildeten. Schon die Ägypter und Sumerer hatten eine Schrift, die Ägypter die Bilderschrift = Hieroglyphen (**12.4** a), Babylonier und Assyrer die Keilschrift (**12.4** b).

a)

b)

12.4 a) Ägyptische Bilderschrift = Hieroglyphen, b) Babylonische Keilschrift

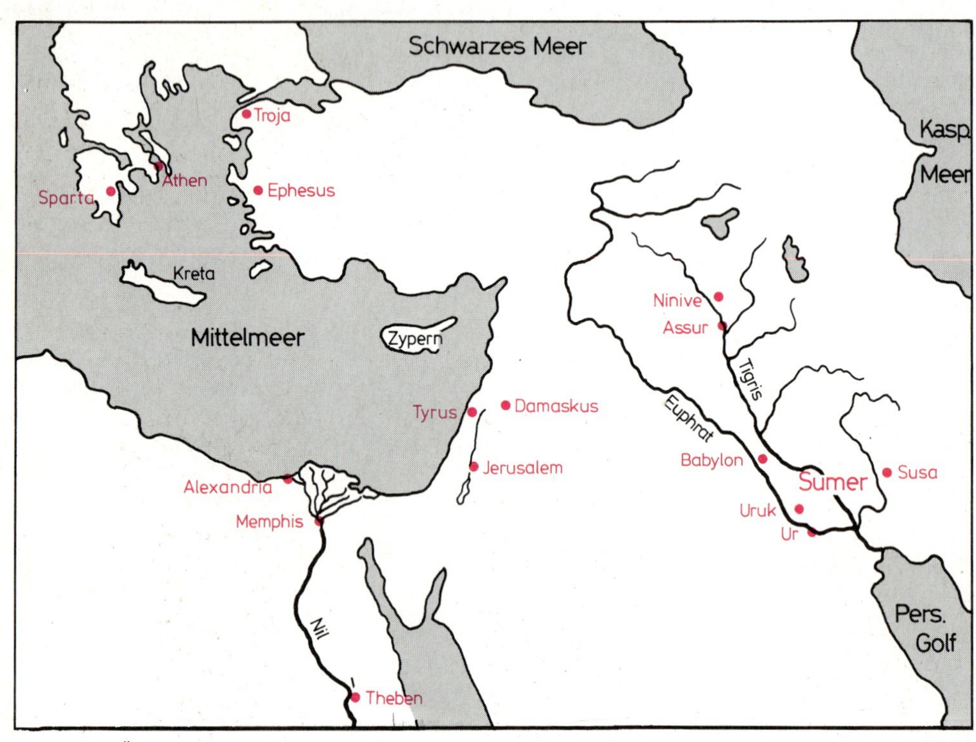

12.5 Karte Ägyptens und des Zweistromlands

12.1.1 **Ägypter** (etwa 2800 bis 700 v. Chr.)

Die jährliche Nilüberschwemmung machte Ägypten zu einem fruchtbaren Land, das damals bis zum Oberlauf des Nils reichte, dem heutigen Sudan. Reiche Beute (wozu auch Sklaven zählten) brachten die Eroberungszüge. Am Hofe des Königs (des Pharaos) herrschte darum Luxus, während die Untertanen nicht selten hungern mußten. Ein gut organisierter Beamtenstand verwaltete das Reich. Die Priester beeinflußten mit den religiösen Bräuchen das tägliche Leben. Die Bevölkerung bestand größtenteils aus Fellachen – Bauern und Landarbeitern, die die Felder bestellten, während ihre Frauen die Haus- und Stallarbeiten verrichteten. Nach der Geschichte lassen sich drei große Zeiträume unterscheiden:

- **das Alte Reich** (2800 bis 2000 v. Chr.), die Zeit der großen Pyramiden (Königsgräber),
- **das Mittlere Reich** (2000 bis 1800 v. Chr.), an das eine Zwischenzeit fremder Herrschaft anschließt,
- **das Neue Reich** (1600 bis 700 v. Chr.) mit den Felsengräbern im Tal der Könige.

Bei aller Freude am Luxus wurde die Kultur der Ägypter stark vom Totenkult bestimmt. Sie glaubten, daß die Seele (das Ka) nach dem Tod weiterlebe und in den Körper zurückkehre. Deshalb mumifizierten sie ihre Toten und bestatteten sie in reich ausgeschmückten und mit Gaben versehenen Gräbern. Neben den Gegenständen des täglichen Lebens und Nahrungsmitteln fehlen auch Salben und Schminke zur Körper- und Schönheitspflege nicht. Die Ausstattung des Grabes von Tut-anch-amun ist ein bekanntes Beispiel dafür. Wegen der kostbaren Beigaben wurden die Gräber schon im alten Ägypten von Grabräubern geplündert. Selbst die Pyramiden des Alten Reichs mit raffiniert angelegten Grabkammern boten keinen Schutz vor den Räubern (**12**.6).

12.6 Die Pyramiden von Gizeh

Kleidung. Die Frauen trugen ein hemdartiges, glattes oder gefältetes Gewand – die Kalasiris, die den Körper nicht verhüllte, sondern durchscheinen ließ (**12**.7 a). Die Männer waren im Alten Reich mit einem kurzen, später einem langen Lendenschurz bekleidet (**12**.7 b u. c). Schmuckkragen aus Stoff, Leder oder Metall wurden zu festlichen Gelegenheiten von Frauen und Männern getragen.

a)

b)

c)

12.7 Kleidung der Ägypter
a) Ägypterin in Kalasiris, b) Ägypter mit kurzem Lendenschurz, c) mit langem Lendenschurz

Frisur. Die *Ägypterinnen* hatten pagenkopfartige Frisuren. Im Alten Reich verwendeten sie kurze, schwarze Wollperücken, die mit einem Zierreif gehalten wurden (**12.**8a).

12.8 Ägyptische Frauenfrisuren
a) breiter Pagenkopf (frühe Zeit), b) Wollperücke, c) bemalte Büste einer Prinzessin mit asymmetrischer Frisur, d) langer Pagenkopf mit Wachskegel (späte Zeit)

12.9 Ägyptische Männerfrisuren
a) Statue des Dorfschulzen mit Lederkappe
b) Statue des Schreibers mit Perücke

Später wurden die Wollperücken länger und hingen bis auf die Schultern herab (**12.**8b). Man flocht sie zu vielen kleinen Zöpfen und bekrönte sie mit einem Balsamkegel, dessen Duftöle sich beim Schmelzen durch die Sonne im Haar verteilten. Ein Stirnreif mit Lotosblüten diente als Schmuck und hielt die Perücke (**12.**8d). Die *Männer* waren bartlos und kahl geschoren. Vermulich ließen sich die vornehmeren auch die Körperhaare entfernen. Vor der sengenden Sonne schützte sie eine einfache Lederkappe oder eine kurze Perücke (**12.**9). Nur der Pharao trug einen umgehängten Kinnbart als Zeichen der Würde. Der Klaft aus kostbarem Stoff war wie die Königshaube mit der Uräusschlange vor der Stirn dem Pharao und seiner Gemahlin vorbehalten (**12**.10). Allein Königin Hatschepsut ist auch mit dem Königsbart dargestellt, denn sie hatte sich selbst zum Pharao ernannt.

12.10
a) Ägyptische Königshaube und Bart
b) Goldmaske des Pharao Tutenchamun

Körper- und Schönheitspflege. Die leichte Bekleidung und das heiße Klima erforderten bei jedem das tägliche Bad. Nicht von ungefähr erscheinen daher Bade- und Frisierszenen häufig in den Wandgemälden und Reliefs (**12**.11). Duftende Salben und Öle sorgten für den Wohlgeruch des Körpers, auch bei den „kleinen Leuten". Für die Haarpflege und Kosmetik hatte die vornehme Ägypterin jeweils auf bestimmte Arbeiten spezialisierte Sklavinnen. Sie schmückten das Gesicht ihrer Herrin mit kräftigen Farben, färbten ihre Handflächen und Fingernägel mit Hennabrei. Mit einem Stift, der aus Fett und Ruß gemischt und in ein Schilfrohr gefüllt wurde, umrandeten sie schon damals die Augen, damit sie größer erschienen.

12.11 a) Ägyptische Schönheits- und Körperpflege, b) Salblöffel zum Anrühren und Aufbewahren der Schminke

Während also die Damen der Gesellschaft ihren eigenen Frisiersalon einschließlich Haar- und Schönheitskünstlerinnen besaßen, mußten sich die einfacheren Frauen untereinander helfen. Die Männer aber ließen sich auf dem Marktplatz von einem „Barbier" mit dem Bronzemesser rasieren und scheren – eine gewiß nicht angenehme Prozedur.

Frauen: pagenkopfähnliche Frisur; bis 2000 v. Chr. kurze, breite Wollperücke, später auf die Schultern herabhängende, zu Zöpfen geflochtene Perücke mit Duftkegel

Männer: glatt rasiert und kahl geschoren; kurze Perücke, Lederkappe; Königshaube und umgehängter Kinnbart als Zeichen der Würde

Körper- und Schönheitspflege: tägliches Bad, Salben und Öle, reichlich Schminke, Ruß für die Augen, Henna für Handflächen und Fingernägel

Berufsgeschichte: spezialisierte Sklavinnen zur Körperpflege

12.1.2 Zweistromland

Im Gegensatz zur langen ägyptischen Kultur am Nil folgten die Kulturen im Zweistromland schneller aufeinander. Die Sumerer, Babylonier und Assyrer waren kriegerische Völker, ihre Herrscher versuchten in immer neuen Kämpfen, das Reich auszudehnen. Wegen der Kriege sind von der hohen Kultur nichts als Trümmer der Tempel und Paläste übriggeblieben (**12.**12a). Wie die Menschen aussahen, zeigen uns Grabreliefs und Statuen, die bei Ausgrabungen gefunden wurden (**12.**12b).

a)

b)

12.12 a) Ishtar-Tor aus Babylon (vom ausgegrabenen Palast), b) König Assurbanipal

Kleidung. Männer und Frauen trugen lange hemdartige Gewänder (**12.**13).

Frisur. Frauenfrisuren sind unter den meist kriegerischen Bildwerken selten. Doch ein Frauenkopf aus sumerischer Zeit (3200 bis 2000 v. Chr.) läßt einen Mittelscheitel und gelegte Wellen erkennen (**12.**14a). Die Männer sind gewöhnlich mit längerem Kopfhaar dargestellt, das gewellt und gelockt ist. Fast immer sind sie bärtig, wobei die Sorgfalt erstaunt, mit der die auch wohl nur umgehängten Bärte gelockt waren (**12.**14b).

12.13 Offiziere (Basaltrelief 8. Jh. v. Chr.)

Die Augenhöhlen waren mit Edelsteinen oder Glas ausgefüllt, um „natürlich" zu wirken. Ebenso waren im Schädel und in den Augenbrauen Haare oder Fasern eingesetzt, so daß die gemeißelten Wellen nur die Grundlage der Frisur wiedergeben.

a)

b)

c)

12.14 a) Frauenkopf aus Uruk, b) Bronzekopf aus Ninive, c) Kopf eines Bogenschützen von einer Reliefwand (Mesopotamien)

Über die Körper- und Schönheitspflege im Zweistromland haben wir bedauerlicherweise keine Überlieferung.

Frauen: Mittelscheitel und gelegte Wellen
Männer: längeres, gewelltes und gelocktes Haar, sorgfältig gelockter (umgehängter) Bart

12.1.3 **Griechen** (etwa 1500 bis 150 v. Chr.)

Um 950 v. Chr. liegen die Anfänge Athens, etwa 50 Jahre danach wurde Sparta gegründet, andere Städte folgten rasch. In diesen Stadtstaaten (polis) entwickelten die Männer die Herrschaftsform der Demokratie. Während aber die Vollbürger Grundbesitz hatten, stimmberechtigt waren und Kriegsdienst leisten mußten, gab es eine weitaus größere Zahl von Nichtbürgern, die ihren Unterhalt als Krämer oder Handwerker bestritten. Sie konnten keinen Grundbesitz erwerben, keine vollgültige Ehe schließen und waren nicht stimmberechtigt. Die Frauen waren an das Haus gebunden. Sie nahmen nicht am öffentlichen Leben teil, durften weder wählen noch Ämter bekleiden. Eine ehrbare Bürgerin betrat die Straße nur in Begleitung eines älteren Sklaven; sie ging nicht einmal zum Einkaufen auf den Markt. Dort waren nur die ärmsten Frauen oder Sklavinnen zu sehen. Auch von geselligen Veranstaltungen war die Hausfrau ausgeschlossen. Für die Unterhaltung der Männer sorgten Tänzerinnen und Hetären – Freudenmädchen, die jedoch im Unterschied zu gewöhnlichen Dirnen gebildet waren und geistreiche Gespräche führen konnten.

Bald beherrschten die Griechen den Handel im Mittelmeerraum, besiedelten die kleinasiatische Küste (Troja) und Sizilien. Ein einheitliches Staatswesen kannten sie nicht, jede Stadt blieb selbständig. Nur gegen die Perser, die nach der Eroberung des Assyrerreichs andrängten, vereinigten sich die griechischen Stadtstaaten. Später zerfielen sie erneut in Streit untereinander und wurden eine leichte Beute der Römer.

In Griechenland entstand die erste Hochkultur auf europäischem Boden. Voraus gingen die minoische Kultur Kretas und die mykenische Kultur (um 2000 bis 1400 v. Chr.). Die Griechen schufen die erste Buchstabenschrift. Die Lehrsätze ihrer Mathematiker und Naturwissenschaftler gelten bis heute (Pythagoras, Sokrates, Hippokrates). Gewaltige Tempel und Theater sind Zeugen ihrer Baukunst (z. B. Akropolis in Athen, **12.**15). Die griechischen Standbilder haben uns das „klassische" Ideal von harmonischer Schönheit, von Klarheit und Ausgewogenheit überliefert. Dieses Streben nach Harmonie beherrscht Griechenland durch alle Epochen hindurch

12.15 Concordiatempel (Agrigent)

- **in der archaischen Zeit** bis zu den Perserkriegen um 480 v. Chr.,
- **in der klassischen Zeit** nach den Perserkriegen bis um 330 v. Chr.,
- **in der hellenistischen Zeit** unter Alexander dem Großen und seinen Nachfolgern bis zum Untergang um 150 v. Chr.

Kleidung. Frauen und Männer sind gleich bekleidet. Lange, faltenreiche Gewänder, nur von Spangen gehalten, umhüllen den Körper. Über dem Untergewand aus Leinen (dem Chiton) trug man ein wollenes, oft reich gemustertes Obergewand (das Himation, **12.**16a). Nur die Sportler und Soldaten kleideten sich kurz, um in der Bewegung nicht eingeengt zu sein (**12.**16b).

Frisur. Das Streben nach Harmonie prägte auch die Frisuren. Die *Frauen* der archaischen Zeit scheitelten das Haar in der Mitte. Das gewellte Haar wurde seitlich hinter die Ohren gekämmt und fiel in mehreren „Korkenzieherlocken" über die Schultern (**12.**17a).

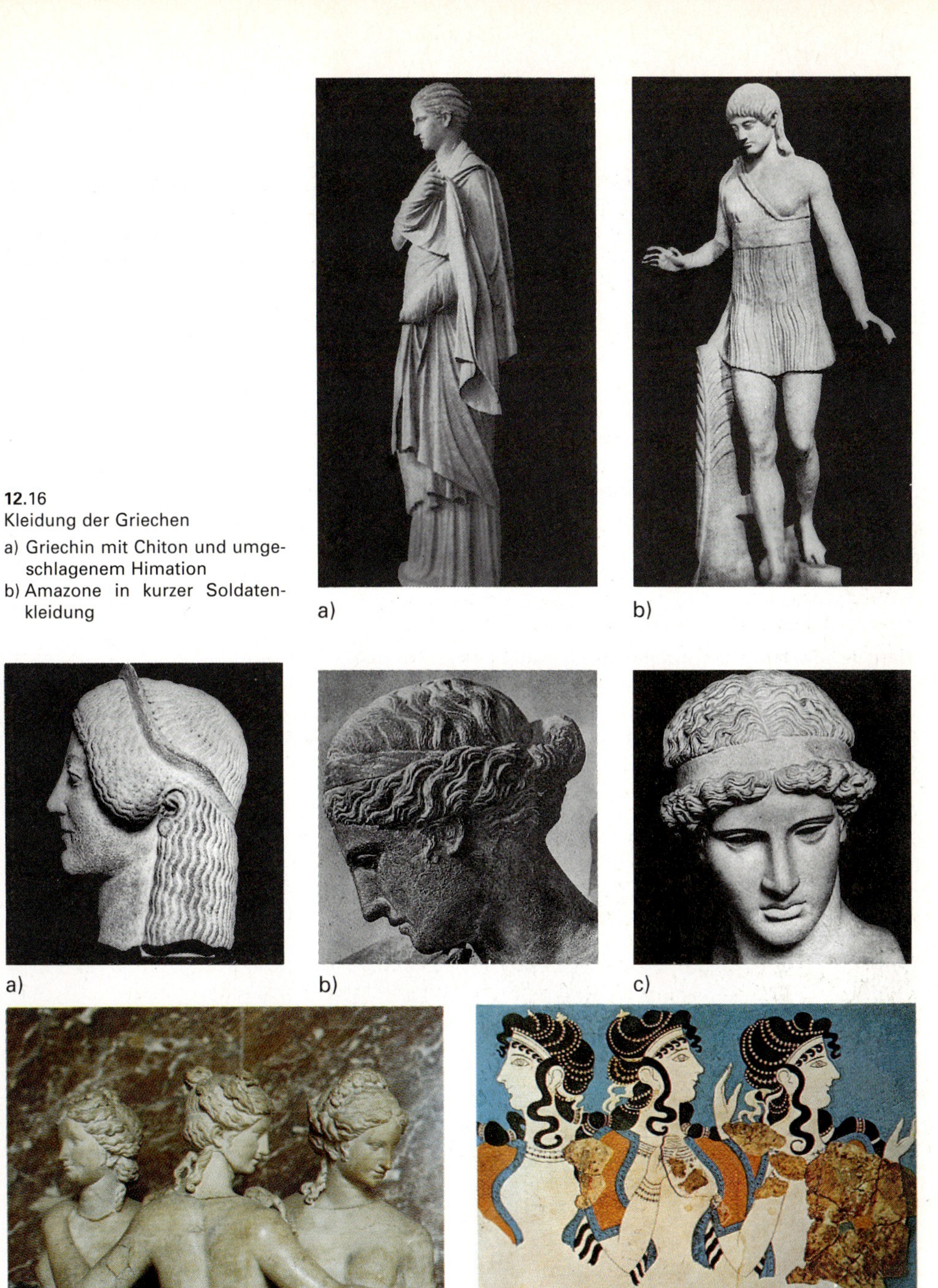

12.16
Kleidung der Griechen
a) Griechin mit Chiton und umgeschlagenem Himation
b) Amazone in kurzer Soldatenkleidung

12.17 Griechische Frauenfrisuren

a) Archaische Frisur mit Mittelscheitel und hinter die Ohren gekämmten Haaren, b) und c) klassische Frisur, gewelltes Haar, Mittelscheitel und Nackenknoten, d) Hellenistische Frisur mit Wirbelknoten, e) Drei Frauen (Wandgemälde, Knossos/Kreta)

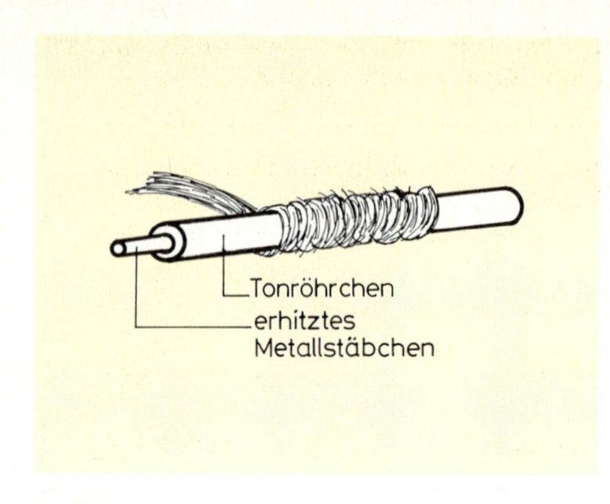

12.18 Calamistrum

In der klassischen Zeit faßten die Damen das in der Mitte gescheitelte Haar mit Bändern oder Reifen im Nacken zu einem Knoten zusammen (**12**.17 b und c). Diese immer noch einfache Frisur wurde in der hellenistischen Zeit unter orientalischem Einfluß aufgelockert. Kokett kämmten die Griechinnen nun die Haare über dem Wirbel zu kunstvollen Knoten (**12**.17 d). Wie im Orient war die spezialisierte Sklavin unentbehrlich. Sie wickelte die Haare ihrer Herrin feucht auf ein Tonröhrchen. Ein heißes Metallstäbchen erhitzte es von innen, so daß sich die aufgerollten Haare beim Trocknen festigten. Dieses „Calamistrum" ist die Urform unseres Ondulierstabs und wurde vermutlich schon in Ägypten verwendet (**12**.18).

Bei den Männern finden wir drei Grundfrisuren. Ältere Bürger (und Götterdarstellungen in der Kunst) hatten langes Haar, das von Bändern gehalten wurde. Dazu trug man einen gepflegten Bart (**12**.19 a). Sportler und Soldaten waren glatt rasiert und hatten kurzgelockte Haare (**12**.19 b). Die „schönen Jünglinge" in den Städten trugen sorgfältig gewelltes und gelocktes Haar mit Bändern (**12**.19 c) – nicht um den jungen Mädchen, sondern um ihren männlichen Liebhabern zu gefallen. Homosexuelle Beziehungen zwischen männlichen Erwachsenen und Knaben oder Jünglingen wurden in Griechenland nicht nur geduldet, sondern sogar gefördert. Allerdings trat dabei die sexuelle Seite zurück hinter den Wunsch des Liebhabers, den Jüngeren zu erziehen und ihm Vorbild zu sein.

a)

b)

c)

12.19 Griechische Männerfrisuren

a) Bronzestatue des Zeus mit Langhaarfrisur und gepflegtem Vollbart, b) Sportler der klassischen Zeit, c) „Städtischer Jüngling"

Körper- und Schönheitspflege. Von den Griechen stammt der Ausspruch vom gesunden Geist im gesunden Körper. Das Ideal eines wohlproportionierten, schönen Körpers strebten die Griechen mit Gymnastik und Schönheitspflege an. Dazu gehörten das tägliche Bad und die Massage ebenso wie Salben, Öle und Schminke. Wie uns Vasenbilder zeigen, benutzten die Damen reichlich farbige Mittel, um ihr Gesicht zu verschönern.

Frauen: in archaischer Zeit Mittelscheitel, Haar gewellt und in Korkenzieherlocken hinter die Ohren gekämmt; in klassischer Zeit Mittelscheitel. Haar mit Bändern im Nacken zum Knoten gefaßt; in hellenistischer Zeit Mittelscheitel und Wirbelknoten

Männer: ältere Bürger Vollbart und langes Haar, von Bändern gehalten; Sportler und Soldaten bartlos und kurzgelockt; Stadtjugend längeres, gewelltes und gelocktes Haar mit Bändern

Körper und Schönheitspflege: erstreckt sich auf den ganzen Körper (Gymnastik, Massage), Salben und Öle, reichlich Schminke

Berufsgeschichte: Sklavinnen lockten mit dem Calamistrum das Haar der Herrin, für die Männer gab es bereits Haar- und Bartschneidestuben

12.1.4 **Römer** (etwa 500 v. bis 500 n. Chr.)

Ursprünglich waren die Römer ein einfaches Landvolk. Um 750 v. Chr. setzt man die sagenumwobene Gründung der Stadt Rom an. Die Römer unterwarfen ihre Nachbarn und vermischten sich mit ihnen. Durch kühne Eroberungszüge und kluge Politik schufen sie ein Weltreich. Von England und Germanien im Norden bis nach Ägypten im Süden und Kleinasien im Osten erstreckte sich das Imperium Romanum. Erst Hermann der Cherusker konnte um 9 v. Chr. die Römer im Teutoburger Wald zurückschlagen. Cäsar eroberte wenig später Gallien (Frankreich) und mit Hilfe der Königin Kleopatra auch Ägypten. Aus den Bauern waren Soldaten, Verwaltungsbeamte und Ingenieure geworden – aus der Republik wurde nach Cäsar um die Jahrhundertwende ein Kaiserreich, das erst unter dem Ansturm der germanischen Völkerwanderung zerfiel.

Feste Straßen und steinerne Brücken, Wasserversorgungsanlagen (Aquädukte), aber auch große Theater, Sport- und Badeanlagen (Thermen), Markt- und Gerichtsgebäude (Forum und Basilika) zeugen noch heute von der bewundernswerten römischen „Ingenieurkunst" (**12**.20). Den Geist der „schönen Künste" (Literatur, Musik, Malerei und Plastik) schöpften die nüchternen, mehr praktisch als künstlerisch begabten Römer aus dem besiegten Grie-

a)

b)

12.20 Römische Bauten
a) Rom, Colosseum (Theater), b) Pont du Gard/Südfrankreich, Aquädukt (Wasserleitung)

chenland. Sie holten griechische Künstler, Gelehrte und Handwerker als Sklaven nach Rom.

Um 100 n. Chr. hatte Rom 1,2 Millionen Einwohner. Jeder 10. etwa war ein Patrizier, Angehöriger des alten Stadtadels. Diese Oberschicht bestimmte bis zur Kaiserzeit die Staatsgeschäfte. Die Patrizier hatten reichen Grundbesitz und viele Vorrechte, sie allein besetzten die Priesterkollegien und den Senat. Die übrige Bevölkerung stammte von freigelassenen Sklaven oder eingebürgerten Fremden ab. Diese Plebejer waren besitzlos, lebten in mehrstöckigen Mietshäusern und erhielten staatliche Getreidezuteilungen – eine Art Arbeitslosenunterstützung auf Lebenszeit. Einige fanden auch als Handwerker ihr Einkommen. Um die Plebejer bei Laune zu halten, veranstalteten die Kaiser in den riesigen Theatern Gladiatorenkämpfe und bauten große Thermen (Warmbäder) für jedermann.

Kleidung. Die Kleidung war anfangs schlicht, in der Kaiserzeit so luxuriös, daß der Senat Gesetze dagegen erließ. Untergewand war die Tunika, ein langes Hemd, das die Männer knielang und die Frauen knöchellang trugen. Darüber zog man einen wollenen Überwurf, die Toga. Die Frauen trugen eine Stola. Als Mantel diente die über den Kopf gezogene Palla (**12.**21).

12.21 Römerkleidung

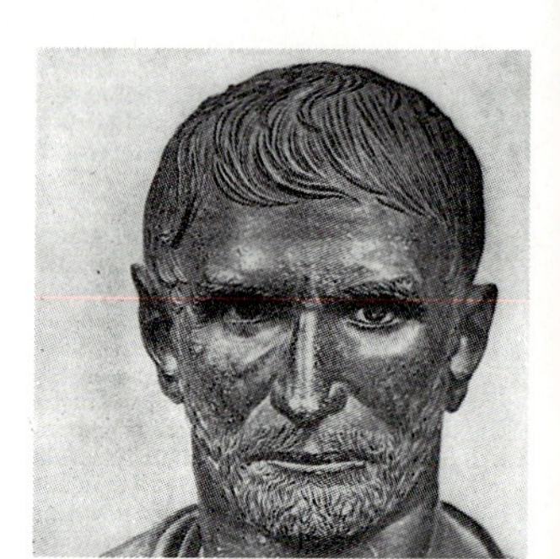

12.22 Männerfrisur (Brutus)

12.23 Frauenfrisur

Die Frisur der Frühzeit läßt deutlich den noch bäurischen Menschentyp erkennen. Der Mann hielt Haare und Vollbart kurz (**12.**22), die Frau begnügte sich mit einer schlichten Frisur mit Mittelscheitel und Knoten, oft von einem Wollnetz umschlossen (**12.**23). Beide Bilder muten uns ganz vertraut an. Ein Bauer oder eine Bäuerin können heute genauso aussehen. Mit dem Wohlstand durch die erfolgreichen Kriegszüge im 3. vorchristlichen Jahrhundert stiegen die Ansprüche – die Bauern wurden Städter und frisierten sich nach griechischem Vorbild. Bei den *Frauen* können wir in der Kaiserzeit vier Frisurentypen unterscheiden, die erfindungsreich in immer neuen Details modisch verändert wurden:

- **die „griechische" Frisur** mit Mittelscheitel, das Haar gewellt, an den Seiten zurückgeschlagen und in einem Knoten oder Wulst zusammengefaßt (**12.**24 a);
- **die Wellenfrisur,** wobei das Haar in kunstvollen Wellen vom Scheitel über die Schläfen geführt wird und nestartig im Knoten endet (**12.**24 b);
- **die Lockenfrisur** mit wohlgeordneten Ringellocken rings um den Kopf (**12.**24 c);
- **die Diademfrisur,** bei der das Haar würdevoll, aber auch etwas steif über der Stirn zu einem geschwungenen Diadem angeordnet wird (**12.**24 d).

a) b) c) d)

12.24
Frauenfrisuren der römischen Kaiserzeit
a) „Griechische" Frisur
b) Wellenfrisur
c) Lockenfrisur
d) Diademfrisur

Die Statue **12.**24 a ist aus dreierlei Stein gearbeitet: das Gewand aus dunklem Marmor, das Gesicht aus weißem Alabaster, die Frisur aus hellem Marmor. Die Frisur ist abnehmbar, konnte also je nach der Mode ausgewechselt werden.

Versuchen Sie einmal, die Ringellöckchen der Lockenfrisur nachzuformen. Das gelingt am besten mit einem calamistrumähnlichen Gegenstand (z. B. Bleistift). Das Calamistrum hatten die Römer von den Griechen übernommen.

Die Diademfrisur ist bestimmt die schwierigste. Der Stirnansatz läßt erkennen, daß es sich nicht um Eigenhaar handelt. Ganz sicher wurde ein leichtes Gestell aus Zedernholz verwendet, über das man die Haare frisierte. Häufig diente dazu blondes Haar der Germaninnen, das die römischen Legionäre von ihren Feldzügen mitbrachten.

Zur Zeit der Germanenkriege wurde Blond modern, und die dunkelhaarige Römerin setzte alles daran, ihr Haar durch Beizen mit ätzender Kalkmilch oder durch Bleichen an der Sonne aufzuhellen. Mit Blondfärbung durch Pflanzenfarben wie Henna und Kamille half man nach. Auch der Haarhandel blühte auf. Eine Römerin, die etwas auf sich hielt, besaß außerdem mehrere Perücken in unterschiedlichen Farbtönen und Formen. Weil die Zensoren die Kleidermode streng überwachten, wurden die Modeentscheidungen buchstäblich auf dem Kopf der Damen ausgetragen.

Auch bei den *Männern* wurden Frisur und Bart seit dem 3. Jahrhundert v. Chr. gepflegter als vorher. Mit dem Auftreten griechischer Sklaven in Rom wurde es Sitte, den Bart zu rasieren. Das Kopfhaar wurde kurz geschnitten und fiel blattförmig ins Gesicht (**12**.25a). Kaiser Hadrian brachte 100 n. Chr. wieder den Vollbart in Mode, den man, wie nun auch das Kopfhaar, zierlich kräuselte (**12**.25b).

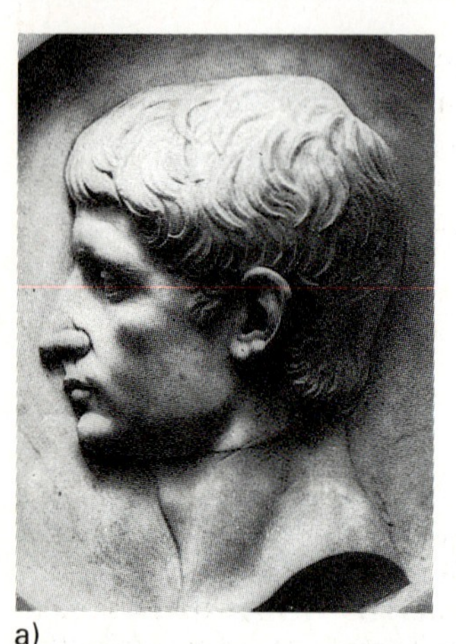

a)

b)

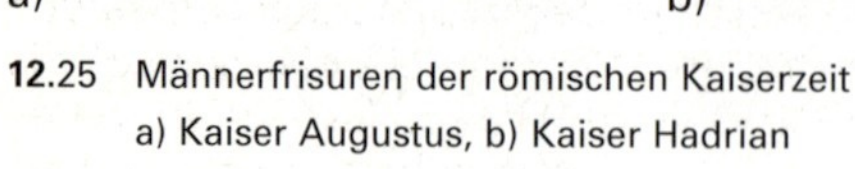

12.25 Männerfrisuren der römischen Kaiserzeit
a) Kaiser Augustus, b) Kaiser Hadrian

12.26 Warmbad einer römischen Villa: Das Bad wurde von außen beheizt, die heiße Luft heizte unter dem Boden den Raum (römische Fußbodenheizung)

„Tonsor“. Der wohlhabende Römer (Patrizier) hatte seinen eigenen Rasiersklaven. Aus Dankbarkeit für treue Dienste schenkten die Herren manchen Sklaven die Freiheit. Die Freigelassenen eröffneten ein Gewerbe, die Rasiersklaven aus naheliegenden Gründen eine Barbierstube (tonstrina). Der freie Tonsor rasierte die weniger wohlhabenden Römer (Plebejer) und schnitt ihnen die Haare. Die Römerin nahm nicht am öffentlichen Leben teil – für sie gab es deshalb keine öffentlichen Frisiersalons. Sie hielt sich ihre Sklavinnen, die Kosmeten, während die ärmeren Frauen ihre Locken selbst drehen mußten.

Körper- und Schönheitspflege. Bad und Massage waren für die Römer selbstverständlich. Die Patrizier hatten ihr Schwitzbad zu Hause über der Küche, die es von unten beheizte. In der Kaiserzeit wurden für die ganze Bevölkerung Thermen gebaut – Warmbäder (**12**.26), die aus warmen Quellen gespeist wurden und zugleich der allgemeinen Unterhaltung dienten. In der Schönheitspflege war die vornehme Römerin sehr wählerisch. Außer den spezialisierten Sklaven aus Griechenland und Ägypten standen ihr sämtliche erprobten

Mittel dieser Länder zur Verfügung. Packungen aus Wein, Früchten oder Kleie hielten die Haut geschmeidig. Und während die brave Römerin der frühen Zeit noch spärlich Puder, Schminke und Lippenrot auftrug, behandelten die Sklavinnen ihre Herrin zur Kaiserzeit reichlich damit. Übrigens ließen sich zu öffentlichen Festen auch die stolzen Römer schminken (wie heutzutage die Politiker zum Fernsehauftritt).

Frauen
- „bäuerliche" Frisur, einfach, mit Mittelscheitel und Knoten bis um 300 v. Chr., danach
- „griechische" Frisur mit Mittelscheitel und Knoten am Hinterkopf
- Wellenfrisur mit nestartigem Nackenknoten
- Lockenfrisur mit Locken um den ganzen Kopf
- Diademfrisur über der Stirn, z. T. mit Haarteilen

Männer
- bis 300 v. Chr. Haar und Bart kurz, dann
- blattförmig geschnittenes Haar zum Gesicht frisiert, glatt rasiert
- seit etwa 100 n. Chr. Kopfhaar länger und gekräuselt, dazu gekräuselter Vollbart

Berufsgeschichte: Kosmeten beizen und bleichen das Haar, pflegen die Haut mit natürlichen Mitteln; Tonsor = freigelasseener Sklave mit eigener Rasierstube

12.1.5 **Germanen** (etwa 1500 v. bis 800 n. Chr.)

Die Urheimat der germanischen Stämme ist Skandinavien. Übervölkerung, Sturmfluten und Klimaverschlechterungen zwangen sie, von dort in immer neuen Wellen zur Wanderung nach Süden. Hier stießen sie seit 500 v. Chr. mit den Römern zusammen. Tacitus, der römische Geschichtsschreiber, beschreibt die „blonden Barbaren" 100 n. Chr. in seinem Buch „Germania". Furchterregend müssen sie mit ihrem großen Wuchs, den rotblonden Haaren und blauen Augen auf die Römer gewirkt haben. Während die Männer auf die Jagd gingen oder das Vieh versorgten, herrschte die Frau im Hause. Als Gefährtin des Mannes war sie geachtet und Mittelpunkt der Familie. Die Germanin hatte also eine bessere gesellschaftliche Stellung als die Griechin oder Römerin, die ihrem Mann untergeordnet war. Sie hatte nicht nur Pflichten, sondern auch viele Rechte – ein erster Schritt zur heutigen Gleichberechtigung. Für die Sicherheit sorgte die Großfamilie, die Sippe. Doch die Berührung mit den verwöhnten Römern beeinflußte auch die Germanen. Viele wurden römische Söldner, einige stiegen später in höhere Stellungen des Imperiums auf.

Im 3. Jahrhundert n. Chr. brach eine neue germanische Völkerwanderung über den römischen Grenzwall (Limes). Geschwächt durch Hofintrigen und Glaubenszwistigkeiten mit dem aufkommenden Christentum, zerbrach das Imperium unter diesem wiederholten Ansturm in ein Ost- und ein Weströmisches Reich (Byzanz = Konstantinopel und Ravenna). Doch die römischen Soldaten hatten schon das Christentum nach Germanien gebracht. Eine neue Zeit begann, als zuerst die Franken am Rhein Christen wurden.

Wenn Sie mehr über die Vorgänge und Gestalten der Völkerwanderung wissen wollen, lesen Sie den historischen Roman „Ein Kampf um Rom" von Felix Dahn.

Kleidung. Kostbar geschmückte Kleider vertrugen sich schlecht mit dem Leben in den dunklen Wäldern. Die Germanin trug deshalb ein langes, ärmelloses Kleid, das über den

Kopf gezogen und nur mit einer Bronzebrosche (der Fibel) verziert wurde. Bei manchen Stämmen war auch ein Rock mit ärmelloser Jacke üblich. Die Kleidungsstücke bestanden aus Flachs oder Wolle – im Norden war es kalt. Der Mann trug Unterkleidung aus Leinen und darüber eine Hose bis zu den Knien. Schuhe aus Leder wurden mit Riemen gebunden, die Waden waren mit Binden umwickelt. Über das Leinengewand zog der Mann eine Art Kittel, den Spangen auf der Schulter hielten. Zum Schutz gegen Schnee und Eis dienten Tierfelle (**12**.27).

12.27
Kleidung der Germanen (Frauen sehen ihren von römischen Soldaten gefangengenommenen Männern nach)

Frisur. Langes Haar galt den Germanen als Zeichen der Freiheit. Gefangenen und Sklaven wurde das Haar geschoren – ein Brauch, der sich in der ganzen Welt Jahrhunderte hielt. Die *Frauen* trugen das lange Haar gescheitelt, geflochten und vielfach mit Haarnetzen gehalten. Die Mädchen ließen es offen auf die Schultern fallen (**12**.28a).

a) b) c)

12.28 Frisuren der Germanen
a) Mädchenfrisur, b) Germane mit Stammesfrisur, c) Kopf einer Moorleiche mit Suebenknoten

Bei den *Männer* waren Vollbart und Stammesfrisuren üblich (**12.**28b). Der Kopf einer Moorleiche, die bei Osterby gefunden wurde, zeigt die gut erhaltene Frisur eines Mannes mit Suebenknoten (**12.**28c).

Körper- und Schönheitspflege. Bei Tacitus lesen wir, daß sich die Germanen nach dem Schlafen wuschen. Sie sollen schon Seife benutzt haben, gewonnen aus Holzasche, in die beim Braten das Tierfett tropfte. In Gräbern hat man Kämme, Rasiermesser und Scheren gefunden (**12.**29). Ob sich die Germanenfrauen geschminkt haben, wissen wir nicht. Warmbäder, duftende Salben und Öle kannten sie gewiß nicht.

12.29 Germanisches Rasiermesser

Frauen

geflochtenes Haar mit Netzen, Mädchen offenes, auf die Schultern herabfallendes Haar

Männer

Stammesfrisuren (Suebenknoten) und Vollbart

Aufgaben zu Abschnitt 12.1

1. Erläutern Sie den Begriff Stil.
2. Warum beschäftigen wir uns mit historischen Frisuren?
3. Nennen Sie bemerkenswerte Kulturleistungen der Ägypter.
4. Beschreiben Sie die Kleidung der Ägypter.
5. Welche Frisuren trugen die Ägypter?
6. Welche Bedeutung hatte der Bart bei den Ägyptern?
7. Erläutern Sie die Bedeutung der Körperpflege und Kosmetik bei den Ägyptern.
8. Beschreiben Sie die Frisuren der Assyrer.
9. Welche Bedeutung hat die griechische Kultur für Europa?
10. Beschreiben Sie die Kleidung der Griechen.
11. Welche Frisurform trugen die Griechinnen?
12. Beschreiben Sie die drei Grundformen der Frisuren bei den griechischen Männern.
13. Durch welche Technik haben die Griechen das Haar gewellt?
14. Welche Beziehung ist zwischen der Kleidung der Römer und der der Griechen festzustellen?
15. Welche Frisuren waren bei den Römern in der Zeit bis etwa 300 v. Chr. üblich?
16. Nennen Sie die Frauenfrisuren der römischen Kaiserzeit vom 3. Jahrhundert ab.
17. Beschreiben Sie die Männerfrisuren der römischen Kaiserzeit.
18. Welche Bedeutung hatte das Bad bei den Römern?
19. Welche Haarfarbe war bei der Römerin in der Kaiserzeit als Modefarbe begehrt?
20. Was ist ein Calamistrum?
21. Erklären Sie die Begriffe „Kosmeten" und „Tonsores".
22. Welche Rolle spielte das lange Haar bei den Germanen?
23. Wie trugen die germanischen Frauen das Haar?
24. Welche Frisuren trugen die Germanen (Männer)?
25. Beschreiben Sie die Kleidung der Germanen.

12.2 Mittelalter

Im Volksmund gebraucht man häufig den Ausdruck vom finsteren Mittelalter. Was hat dazu geführt? Wie war das Mittelalter wirklich? War es tatsächlich immer finster?

Das frühe Mittelalter ist die Zeit des zerfallenden römischen Imperiums und des erstarkenden germanischen Frankenreichs. Um 800 n. Chr. war es so mächtig, daß es unter Karl dem Großen die Vorherrschaft in Europa antrat. Dieser Kaiser führte sein Reich als Nachfolge des römischen Imperiums als „Heiliges Römisches Reich Deutscher Nation". Er sah seine Aufgabe darin, das Reich gegen anstürmende Feinde zu schützen und das Christentum zu verbreiten. Aus dieser Einstellung entstand die tiefe Religiosität des Mittelalters, die zum Ende dieser Epoche in Fanatismus umschlug. Die Prozessionen der Geißelbrüder, die sich selbst blutig peitschten und so das Himmelreich gewinnen wollten, und schließlich die grausamen Hexenverfolgungen durch kirchliche Institutionen sind die Folgen.

12.2.1 Romanik (etwa 800 bis 1250)

Die Romantik ist die Zeit der Reichsgründungen in Mitteleuropa (Karl der Große, Friedrich I. Barbarossa). Im Schutz der Kaiserpfalzen und Adelsburgen oder in Klosternähe wachsen Städte auf. Kirchen werden gebaut. Oft sind sie Wehrbauten zugleich, die der Bevölkerung bei Gefahr Schutz bieten. Dicke, schwere Mauern mit kleinen Fenstern kennzeichnen diesen Rundbogenstil, den wir an den Domen von Speyer, Worms und Mainz sowie in Maria Laach noch beispielhaft sehen können (**12**.30). Aus den Kreuzzügen zur Befreiung Jerusalems von den Arabern bringen die Ritter viele kulturelle und künstlerische Anregungen mit. In den Klöstern blüht reiches Kunstschaffen (Buchmalerei, Elfenbein- und Goldschmiedearbeiten).

12.30 Romanische Kirche (Maria Laach)

Der mittelalterliche Mensch lebte in einer Ständeordnung, von der er glaubte, daß sie von Gott gewollt sei, und aus der er nicht ausbrechen konnte. Nur wenige gehörten zum oberen Stand des Adels, in den man ebenso hineingeboren wurde wie in den unteren der Handwerker und Bauern. Weder durch Fleiß und Leistung noch durch Heirat konnte man in einen höheren Stand aufsteigen. Fürsten und Ritter bestimmten den höfischen Lebensstil und waren modisches Vorbild.

Kleidung. Die Ritter trugen ein langes Beinkleid, hemdartiges Untergewand bis an die Knöchel und langes Obergewand, das über den Kopf gestreift wurde. Hinzu kam ein wallender Mantel, auf der Schulter von Spangen gehalten (**12**.31 a). Das Untergewand der Frauen reichte züchtig bis auf den Boden und wurde von einem ärmellosen, meist andersfarbenen Obergewand überdeckt, das den Körper in vielen Falten umspielte. Die Kleidung der Handwerker und Bauern war knielang, die Beine wurden mit Tüchern umwickelt (**12**.31 b und c).

Frisur. Wie in germanischer Zeit unterschieden sich die Frisuren der *Frauen* und Mädchen. Das junge Mädchen ließ das offene Haar über die Schultern hängen, die Frau flocht das in der Mitte gescheitelte Haar zu Zöpfen und steckte diese zu Schnecken und Knoten. Edelfrauen zierten das Haar mit einem Band oder Reifen (Schapel, **12**.32 a). Im 12. Jahrhun-

a)

b)

c)

12.31 Kleidung der romanischen Zeit

a) Kaiser Heinrich II. mit Gefolge, b) Walther von der Vogelweide, c) Handwerker

dert mußten die Frauen nach langem Widerstand züchtig dem kirchlichen Gebot folgen und die schönen langen Haare bedecken. Bauersfrauen nahmen dazu ein Tuch oder eine Kappe, Bürgerfrauen einen einfachen Schleier (**12**.32 b). Edelfrauen versteckten das Haar unter dem Gebende, einem unter dem Kinn gebundenen Schleier, der meist mit einer kronenartigen Haube zusammen getragen wurde (**12**.32 c).

a)

b)

c)

12.32 Frauenfrisuren der Romanik

a) Edelfrau mit Schapel, b) zwei Frauen und zwei Männer in einem Boot – mit Schleier verheiratete Frau, rechts unverheiratete Frau mit Schapel, c) Edelfrau mit Gebende (Uta von Ballenstedt)

Die *Männer* trugen einen Pagenkopf: die Bauern, Knappen und Bürger kurz, Ritter und Edelleute länger, gewellt und gelockt (**12**.33). Das kurzgeschorene Haar der Mönche war zum Zeichen christlicher Demut mit der Tonsur versehen.

a)

b)

c)

12.33 Männerfrisuren der Romanik

a) Kaiser Karl der Große mit kurzem Pagenkopf und Vollbart um 800 n. Chr., b) Mönch mit kurzem Pagenkopf in demütiger Haltung, c) Kaiser Otto I. mit längerem gewellten Haar (Pagenkopf)

12.34 Baderstube

Körperpflege. Auf den Kreuzzügen lernten die Ritter und ihre Knappen auch das Warmbaden kennen. So entstanden nach ihrer Heimkehr in den Städten öffentliche Badestuben. Der *Bader* bereitete in Kesseln über offenem Feuer heißes Wasser für die Holzzuber, und sein Lehrjunge verkündete mit einem gongähnlichen Becken in den Straßen, daß das Bad bereitet sei. Heute noch haben manche Friseurgeschäfte ein gongähnliches Metallschild als Zunftzeichen. Früher wurde es morgens rausgehängt und abends wieder abgenommen. Bestimmte Tage waren für Männer, andere für Frauen vorgesehen. Dazu übernahm der Bader die Aufgaben des römischen Tonsors: Er schnitt den Männern die Haare und rasierte sie. Außerdem zog er Zähne, behandelte kleine Wunden und ließ seine Kunden zur Ader – Arbeiten, die ein studierter Arzt nicht verrichtete („kleine Chirurgie", **12.**34). Die Frauen brauchten keinen Friseur, weil sie das Haar nicht offen zeigen durften. Schminke und andere farbige Mittel waren durch Luxusgesetze verboten.

Frauen: unverheiratet offenes Haar, verheiratet Zöpfe zu Schnecken gesteckt; seit dem 12. Jahrhundert verdecktes Haar – Tücher für die Bauersfrauen, Schleier für die Bürgerinnen und Gebende für Edelfrauen

Männer: kurzer Pagenkopf für Bauern, Handwerker und Knappen; längerer, gewellter und gelockter Pagenkopf für Ritter

Berufsgeschichte: Bader = Friseur mit Aufgaben der „kleinen Chirurgie"

12.2.2 **Gotik** (1250 bis 1500)

Die Gotik verbreitet sich von Frankreich aus über Europa. Es ist die Zeit des aufsteigenden Bürgertums, der selbstbewußten Zünfte, aber auch des tiefempfundenen religiösen Glaubens. Nach den Kreuzzügen kommt es zum Verfall des Rittertums. Raubritter überfallen auf den Handelsstraßen die Kaufmannszüge. Dagegen schützen sich die Handelsstädte durch Bündnisse (Hanse, Rheinbund).

Die Hansestädte Hamburg, Bremen, Lübeck und Rostock zeugen noch heute vom Wohlstand, den sie durch den Handel im späten Mittelalter erlangten. Neben den schmucken Fachwerkhäusern steht die Kirche. Leicht und schwerelos erhebt sie sich in den Himmel – die Münster in Ulm, Freiburg und Straßburg zeigen es. Die Wände der Kirchen streben empor und öffnen sich dem Licht. An die Stelle der gedrungenen romanischen Gewölbe treten gewagte Rippen- und Sterngewölbe. Strebebögen und -pfeiler müssen sie stützen. Kunstvolles Maßwerk ziert die großen Spitzbogenfenster und Fensterrosen (**12**.35).

Kleidung. Die lange, faltenreiche, den Körper verhüllende Kleidung nähert sich nach und nach den Körperformen. Anliegende, schmale Kleider werden schließlich modern. Wie in der Architektur betonen die Damen die senkrechten Linien. Die engen Ärmel weiten sich und hängen herab. Gegen Ende dieser Epoche kommen (auch bei Männern) Hals- und Rückenausschnitte auf (**12**.36 a).

12.35 Gotische Kathedrale (Kölner Dom)

a)

b)

12.36 Gotische Trachten
a) Burgundische Tracht Frauen mit Hennin, b) Zaddeltracht

Das lange Gewand der Männer wird unter dem Einfluß der burgundischen Mode kürzer. In der Spätgotik zeigt sich der Herr im kurzen Schoßrock mit enganliegenden Strumpfhosen und Schnabelschuhen – schlank von Kopf bis Fuß, sofern der Bauch nicht im Wege steht. Vorübergehend kommt die Zaddel- und Schellentracht auf, wobei der Rock in Zacken geschnitten und mit Schellen behangen wurde (**12.**36b). Bauern und Handwerker blieben dagegen beim knielangen Rock über engen Hosen. Sie konnten sich höchstens eine modische Gugel, eine zipfelmützenähnliche Kopfbedeckung leisten.

Frisur. An der Kirchenmoral, daß offen getragenes Haar bei *Frauen* Sünde sei, hatte sich nichts geändert. Nur unverheiratete Mädchen trugen das Haar offen, verheiratete Frauen kamen unter die „Haube" (**12.**37a). Sie entwickelten aber viel Phantasie und benutzten diese als Schmuck für die verdeckten Haare. Neben der einfachen Schleierhaube schufen die Damen kunstvoll gekräuselte Schleier (Kruseler), aparte Hörnerhauben (**12.**37) und die modische burgundische Spitzhaube (den Hennin, **12.**36). Die kunstvollen Hauben waren nicht nur ein Mittel der Frauen, ihre Schönheit zu putzen; vor allem in der Spätgotik zeigten die wohlhabenden Bürger der Handelsstädte damit ihren Reichtum. Daran änderten zahlreiche Verbote und Kleiderordnungen nichts, die die Standesunterschiede sichtbar machen wollten. Rothaarige Frauen mußten ihr Haar besonders sorgsam verstecken, denn rotes Haar galt als teuflisch und brachte seine Trägerin leicht als Hexe auf den Scheiterhaufen.

a) b) c) d)

12.37
Gotische Frauenhauben

a) Unverheiratetes Mädchen mit unbedecktem Haar (geflochten) und verheiratete Frauen mit einfacher Schleierhaube
b) Bürgersfrau mit kunstvoller Schleierhaube
c) Bürgersfrau mit Kruseler
d) Bürgersfrau mit Hörnerhaube

Noch heute sind die Vorurteile gegen naturrotes Haar nicht ausgestorben. Sie stammen aus jener Zeit. Bezeichnenderweise wird Judas in Gemälden immer rothaarig dargestellt.

a)

b)

12.38
Männerfrisuren der Gotik
a) halblange Frisur der Frühgotik
b) Schulterlanges Haar nach burgundischem Vorbild (Albrecht Dürer, Selbstbildnis)

Das Haar der *Männer* war halblang (**12.**38a). Später trug man es unter burgundischem Modeeinfluß auch in Deutschland schulterlang, gelockt und gewellt, wie das Selbstbildnis des jungen Dürers zeigt (**12.**38b). Auf den Bart verzichteten die Herren in der Regel. Allenfalls ließen sie sich einen Kinn- oder Schnurrbart wachsen.

Körperpflege. Das Bad in den öffentlichen Badestuben artete in recht freizügige Festgelage aus. Männlein und Weiblein badeten gemeinsam in den Holzbottichen, aßen und tranken bei Musik und Spiel. So gerieten die Badestuben in Verruf, und der Baderberuf wurde unehrenhaft. Darum durften die Bader keine Zünfte bilden, die Ausbildung und Preise regelten und vor Konkurrenz schützten. Der Bader war kein anerkannter Bürger mehr. Neben ihm entstand ein neuer Beruf: der *Barbier* (Balbierer). Er übernahm die Aufgaben des Baders, ausgenommen das Bad, und galt daher als durchaus ehrenwerter Mann (**12.**39).

Kennen Sie das Sprichwort „über den Löffel balbieren"? Es kam in dieser Zeit auf, als der Balbierer hohlwangigen Kunden zum besseren Rasieren einen Löffel in den Mund steckte und damit die Haut spannte.

12.39 Badestube der Gotik

Frauen: unverheiratete geflochtenes Haar, verheiratete sorgfältig unter kunstvoller Haube verdecktes Haar (Schleierhaube, Kruseler, Hörnerhaube, Hennin)

Männer: halblanges, unter burgundischem Einfluß langes, gewelltes und gelocktes Haar

Berufsgeschichte: Bader wird unehrenhaft, neuer Beruf: der Barbier

Aufgaben zu Abschnitt 12.2

1. Was bedeutet die Ständeordnung für den Menschen des Mittelalters?
2. Durch welche Merkmale sind romanische Bauwerke gekennzeichnet?
3. Beschreiben Sie die Kleidung der Edelleute und Handwerker in der Romanik.
4. Welche Frisuren trugen die Frauen im frühen Mittelalter (Romanik bis 12. Jahrhundert)?
5. Welche Mode kam in der Haartracht der Frauen im 12. Jahrhundert auf?
6. Was ist ein Gebende?
7. Welche Frisuren trugen die Männer in der Romanik?
8. Was ist ein Schapel?
9. Wodurch konnte man im Mittelalter verheiratete Frauen von unverheirateten unterscheiden?
10. Welche Arbeiten verrichtete der Bader in der Romanik?
11. Woher kommt die noch teilweise erhaltene Sitte, am Friseurgeschäft ein blankes, rundes Schild aus Metall aufzuhängen?
12. Welche Merkmale kennzeichnen die gotischen Bauwerke?
13. In welchen Ausdrucksformen/Erscheinungen zeigt sich die religiöse Einstellung der Gotik?
14. Beschreiben Sie die Kleidung in der Gotik.
15. Nennen Sie verschiedene Hauben, die in der Gotik getragen wurden.
16. Weshalb wurden Frauen mit rotem Haar in der Gotik als Hexen verfolgt?
17. Beschreiben Sie die Haartracht der Männer in der Gotik.
18. Wie trugen die unverheirateten Frauen in der Gotik das Haar?
19. Was ist eine Gugel?
20. Weshalb wurde der Bader in der Gotik als unehrenhaftes Handwerk gering geachtet?
21. Worin unterscheidet sich der Bader vom Barbier?
22. Wie sah die Zaddeltracht aus?

12.3 Neuzeit

Die Wende vom Mittelalter zur Neuzeit ist durch tiefgreifende Wandlungen auf fast allen Gebieten gekennzeichnet. Eingeleitet, ja möglich wurde der Umbruch noch im 15. Jahrhundert durch Gutenbergs Erfindung des Buchdrucks mit beweglichen Lettern. Erst durch den Buchdruck konnten sich Literatur und Wissen rasch und weit verbreiten, Wissenschaft und Technik voll entfalten. Die Anschauungen des Mittelalters wurden durch die neuen Erkenntnisse der Wissenschaft verdrängt, die Menschen aus dem Zustand des Unwissens heraugeholt – das Zeitalter der Aufklärung begann. Bis dahin glaubte man z.B., daß sich die Sonne um die Erde drehe. Erst Kopernikus verbreitete die Lehre, daß sich die Planeten um die Sonne bewegen. Die Erfindung des Kompasses ermöglichte weite Seereisen und damit Columbus die Entdeckung Amerikas. Der im Überseehandel gewonnene Reichtum erzeugte ein starkes Selbstbewußtsein. Die neuen Möglichkeiten führten so zu einem neuen Lebensgefühl, einer Besinnung auf die eigenen Fähigkeiten.

12.3.1 **Renaissance** (1500 bis 1600)

Die Renaissance geht um 1400 von Italien aus. Auf der Suche nach neuen Ausdrucksformen gewinnt die Antike an Wertschätzung – „Renaissance" bedeutet Wiedergeburt (der Antike). Griechische und römische Stilelemente werden aufgenommen und zu neuen Schöpfungen verarbeitet. Nicht mehr die Kirche und das Jenseits stehen im Mittelpunkt, sondern der Mensch und das schöne irdische Dasein. Martin Luther vollzieht die kirchliche Reformation dieses humanistischen (= auf den Menschen ausgerichteten) Zeitalters. Die selbstbewußten Bürger bauen sich stolze Wohn- und Rathäuser, die Fürsten errichten weitläufige Schlösser und prachtvolle Paläste. Beispiele in Deutschland sind die Rathäuser in Bremen (**12.**40) und Augsburg sowie das Heidelberger Schloß. Der Aufschwung von

12.40
Renaissance-Bauten (Bremer Rathaus)

Wissenschaft und Technik hat viele Erfindungen und Entdeckungen zur Folge: Peter Henlein erfindet die Taschenuhr, Adam Riese die moderne Rechenmethode, Galileo Galilei entdeckt die Fallgesetze und erfindet das Fernrohr, Janssen das Mikroskop. Handel und Gewerbe blühen, Stolz und Macht der Bürger wachsen – Künstler, Gelehrte und Kaufherren werden von Fürsten geachtet und geehrt. Die Namen Leonardo da Vinci, Raffael, Michelangelo, Tizian, Dürer, Holbein und Cranach haben europäischen Klang.

Kleidung. Lebensfreude und Wohlstand spiegeln sich in der modischen Vielfalt und Farbenfreude. Kostbare Stoffe (Samt und Brokat) verarbeiten die Schneider mit Pelzwerk und Spitzen zu prächtigen Kleidern. Die *Damen* betonten durch Dekolleté, Schnürung und flie-

a) b) c)

12.41 Kleidung der Renaissance
a) Brokat und Pelz bestimmten die Mode, b) Paar in Landsknechttracht um 1525, c) Spanische Mode

ßende Gewänder die Figur. Ein langer faltiger Rock endete in einem reich verzierten Mieder. Die langen Ärmel waren nach Landsknechtart an den Gelenken geschlitzt und ließen das weiße Hemd durchscheinen (**12**.41 b). Doch gegen Ende der Renaissance zwang die aufkommende Gegenreformation die Frauen in die einengende spanische Mode. Sie trugen nun hochgeschlossene, steif wirkende Kleider aus dunklen Stoffen mit einer höchst unbequemen Spitzenkrause am Hals (**12**.41 c). Ein Schnürmieder betonte die Taille gegenüber dem breiten Rock.

Von Burgund und Italien wurde die Kleidung der *Männer* anfangs bestimmt: knappes Wams und kurzer, faltiger, pelzbesetzter Überrock zu langen Beinkleidern, als Kopfbedekkung ein Turban. Später sorgte die Landsknechttracht auch bei den Herren für geschlitzte Ärmel. Über die meist verschiedenfarbenen Beinkleider zog man eine Pluderhose, die geschlitzt und mit kontrastfarbenem Stoff unterlegt war. Mit der Reformation kam die Schaube auf, ein pelzgefütterter weiter Ärmelrock, dazu das Samtbarett (**12**.41 b). In der Spätrenaissance schloß sich auch der modebewußte Herr der spanischen Mode an: schwarzes Wams mit ausgestopften Schultern, Spitzenkrause am Hals („Mühlensteinkrause"), Pumphose und Seidenstrümpfe – ernst, würdevoll und steif (**12**.41 c).

Die Frisur wechselte mit der Kleidermode. In der Frührenaissance schlangen die *Frauen* das Haar nach antikem Vorbild in Flechten zu einem Knoten, der im Kontrast zu lockigen Strähnen stand. Perlen und Edelsteinschmuck wurden eingearbeitet. Eine hohe Stirn galt

a) b) c) d)

12.42
Frauenfrisuren der Renaissance
a) Frührenaissance Italien – Frisur nach antikem Vorbild
b) rotes Haar als Modefarbe (Dürers Frauenbildnis)
c) Hochrenaissance – Frisur mit Haarnetz und Barett
d) Spätrenaissance – kleine Frisur mit Perlen zur Halskrause

als edel und schön, deshalb wurde sie ausrasiert (**12.**42 a). Modisch waren blonde und rote Töne (**12.**42 b). Durch Kamillenwäsche und Sonnenbleiche hellten die Damen das Haar auf und gaben ihm mit Henna einen rötlichen Schimmer („Tizianrot“) – noch einige Jahre zuvor wurden Frauen mit roten Haaren als Hexe von der Kirche verbrannt, nun hatte die Aufklärung mit den Methoden und Vorurteilen des Mittelalters aufgeräumt! In der Hochrenaissance wurden die Frisuren kleiner, Flechten und Knoten dagegen durch verzierte Netze und barettartige Hüte mit Federn wirkungsvoll unterstrichen (**12.**42 c). Die Halskrause schließlich zwang die Damen zu „Hochfrisuren“ (**12.**42 d).

Die Männerfrisur der Renaissance war die Kolbe, eine Pagenkopffrisur, die in Deutschland gerade geschnitten wurde (**12.**43 a). In der Frührenaissance Italiens war sie länger (**12.**43 b), in Frankreich oft kurz und schräg gestutzt (**12.**43 c). Dazu trug man einen Vollbart. Die Halskrause verkürzte später auch die Herrenfrisur und ließ keinen Platz mehr für den Vollbart. Deshalb kam man auf einen kleinen Spitzbart oder einen schwungvoll ausgezogenen Schnurrbart.

a)

b)

c)

12.43 Männerfrisuren der Renaissance

a) Deutsche Kolbe – Hochrenaissance mit Barett, b) Italienische Frührenaissance – längeres Haar (Gemälde von Raffael), c) König Franz I. von Frankreich – schräg geschnittene Kolbe

Körperpflege. Mit der Reinlichkeit war es schlecht bestellt. Die schweren Stoffe konnten nicht gewaschen werden, und eine „Reinigung“ kannte man nicht. Aus Angst vor Seuchen (Pest) und Geschlechtskrankheiten mieden die Bürger die Badestuben. Der schlechte Ruf des Baders wurde gebessert und das Baderhandwerk 1548 auf dem Augsburger Reichstag wieder zur ehrenhaften Zunft erklärt (**12.**44), doch seine Zuber blieben leer. Die wasserscheu gewordenen Bürger rieben sich statt dessen mit Parfüm ein. Das Ergebnis dieser „Katzenwäsche“ wurde durch den Duft, weiße Schminke und eine dicke Puderschicht gnädig verborgen. Doch das Ungeziefer ließ sich nicht täuschen. Die Gegenlist der Damen waren kleine Marder- oder Iltispelze. Durch etwas Rinder- oder Schweineblut in diesen „Flohpelzen“ versuchten sie, sich die Flöhe vom Leib zu halten. Das Reinigungsbedürfnis der Griechen und Römer wurde jedenfalls vom Bürgertum der Renaissance nicht wiederbelebt! Das einfache Volk ver-

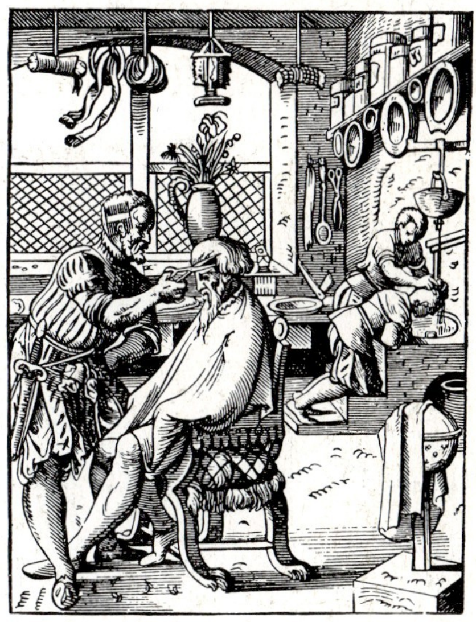
12.44 Barbierstube der Renaissance

zichtete auf Parfüm, Schminke und Puder. Gegen Ende dieser sonst so glänzenden Epoche erkannten Ärzte wie Paracelsus den verhängnisvollen Zusammenhang zwischen Schmutz und Seuchen. Entsprechende hygienische Vorschriften wurden sehr zögernd erlassen und selten befolgt.

Frauen: Frührenaissance Frisuren nach antikem Vorbild mit Knoten, Flechten und Schmuck, ausrasierte Stirn, Modefarben rot und blond, Hochrenaissance kleine Frisuren mit Flechten und Knoten, reich verzierten Netzen und „Baretten"; Spätrenaissance gelockte und geflochtene „Haarfrisuren" mit Schmuck zur Halskrause

Männer: Kolbe mit Vollbart; Spätrenaissance kurze Frisur mit Spitz- oder Schnurrbart zur Halskrause

Berufsgeschichte: Rückgang der Badefreudigkeit aus Angst vor Ansteckung; 1548 Bader ehrenhaft, Unterschied zwischen Bader und Barbier aufgehoben

12.3.2 **Barock** (1600 bis 1720)

Dies ist das unruhige Zeitalter der Gegenreformation (des Religionskriegs zwischen Katholiken und Protestanten) und des verheerenden 30jährigen Kriegs (1618 bis 1648). Städte und Landschaften wurden nicht selten mehrmals verwüstet, Bauern und Bürger verarmten. Nur langsam erholten sie sich nach dem Westfälischen Frieden von 1648, ohne dem Adel und der Geistlichkeit die Vorrangstellung streitig machen zu können.

Die Wiege des Barocks stand in Italien, doch greift dieser Stil mit seinen leidenschaftlich bewegten Linien, seiner Schmuck- und Prunkfreude auf ganz Europa über. Noch einmal vereinen sich alle Kunstgattungen zu eindrucksvollen Gesamtleistungen. Mitgeprägt wird dieser Stil vom Hof des „Sonnenkönigs" Ludwig XIV. von Frankreich. Nach dem Vorbild seines Schlosses Versailles entstehen auch in Deutschland Schlösser von einer bisher nicht gekannten verschwenderischen Ausstattung (z. B. Würzburger Residenz, Dresdner Zwinger, **12.**45). Prunk bestimmt auch die Kirchenbauten dieser Zeit, vor allem in Süddeutschland und Österreich (etwa Stift Melk, Weingarten und Fulda). Berühmt sind die Maler Rembrandt und Rubens, die Komponisten Bach und Händel, der Dichter Shakespeare.

Doch nicht nur die Schloßbauten Ludwigs XIV. wurden kopiert, sondern seine ganze Hofhaltung. Der König umgab sich mit einer großen Schar von Höflingen, die alles taten, um sein Wohlgefallen zu erringen und zu behalten. Während dieser Hof rauschende Feste

12.45
Barockbauwerke
(Würzburger Residenz)

feierte, mußte das Volk schwer arbeiten, um die Steuern aufzubringen, die der König für seinen Luxus brauchte. Er konnte Gesetze erlassen und aufheben, denn seine Macht war weder durch ein Parlament noch durch eine Verfassung eingeschränkt – er herrschte absolut. Danach nennt man diese Epoche auch das Zeitalter des Absolutismus.

Was versteht man unter barocken Formen? Sicher haben Sie schon Bilder von Rubens gesehen, der gern „vollschlanke" Frauen malte. Üppigkeit und Stärke sind die Schönheitsideale des Barocks. Das kam nicht von ungefähr. Von Ludwig XIV. wird berichtet, daß er bei einem einzigen Essen vier Teller Suppe, einen ganzen Fasan, ein Rebhuhn, eine Schüssel Salat, zwei große Scheiben Schinken und hinterher noch Süßigkeiten, Früchte und harte Eier verzehrte. Aber auch das einfache Volk aß viel. So hatten Dienstboten täglich Anspruch auf eineinhalb Pfund Fleisch!

Dabei dürfen wir nicht vergessen, daß auch in den üppigen Zeiten des Barocks die ärmliche Landbevölkerung bescheiden geschmückt und vor allem zweckmäßig mit gröberen Stoffen bekleidet war. Mehr Mittel standen den Handwerkern zur Verfügung, was sich auch in der Kleidung ausdrückte. Kaufleute und Beamte zeigten ihren Reichtum in der vornehmen Kleidung aus kostbaren Stoffen, wie wir in den Bildern Rembrandts und Rubens sehen.

Kleidung. Die unbequeme Halskrause wurde gegen den Spitzenkragen eingetauscht. Die wiedergewonnene Bewegungsfreiheit zeigt sich auch im weiten Rock der Frau zur Jacke mit Spitzenkragen. Der Mann trug in der Zeit des 30jährigen Kriegs ein Wams mit Spitzenkragen und -manschetten, eine unten offene Kniehose mit Stulpenstiefeln und Sporen. Dazu kamen ein Filzhut mit Federschmuck und Stulpenhandschuhe (Landsknechttracht, **12.**46b).

a)

b)

12.46
Kleidung des Barock
a) Frühbarock – Peter Paul Rubens mit seiner ersten Frau Isabella Brant
b) Kleidung zur Zeit des 30jährigen Krieges (Landsknechttracht)

Um 1670 wurde der Hof des Sonnenkönigs Ludwig XIV. in Versailles tonangebend für ganz Europa. Die Damen entdeckten schnell die Reize der französischen Mode. Willig schnürten sie sich ins Korsett und übernahmen das weite Dekolleté. Das reich verzierte, leicht geglockte Unterkleid fiel bis auf die zierlich beschuhten Füße, das Oberkleid (die Robe) schlug vorn kokett auseinander und wurde hinten in weiten Falten gefaßt. Mit Drahtgestellen verstärkten die auf ihre Schönheit bedachten Damen diese Betonung der Hinterpartie noch. Der Mann trug unter einem mächtigen Oberrock (Justaucorps = direkt auf dem Leib, sprich: jüstokohr) eine Schoßweste und Kniehose, dazu Seidenstrümpfe und Schuhe, Perücke und Dreispitz (**12.**47).

a)

b)

12.47

a) Französische Mode des Barocks
b) Ludwig XIV. in seinem Krönungsornat

Frisur. Füllige Breite war das Schönheitsideal der ersten Jahrhunderthälfte. Das zeigte sich auch in der Garcette-Frisur der *Frauen:* Ein Querscheitel über der Stirn ließ eine dünne Reihe zierlicher Stirnlocken ins Gesicht fallen – die Garcettes oder Stirnfransen. An den Seiten aber wurde das Haar zu voluminösen Lockenpartien aufgebauscht, die das Ohr bedeckten. Das Langhaar des Hinterkopfes wurde geflochten und zu einem Knoten gesteckt (**12.**48 a und b).

a)

b)

c)

12.48 Frauenfrisuren des Barocks
a) Garcette-Frisur von vorn, b) Garcette-Frisur von der Seite, c) Fontange-Frisuren

Um 1680 kam die Fontange-Frisur auf (**12.**48 c). Nach einer Anekdote band sich die Herzogin von Fontanges, die Geliebte Ludwigs XIV., das von der Jagd zerzauste Haar mit einem Strumpfband auf dem Kopf zusammen. Dem König gefiels, und damit war die Fontange-

Frisur „in". Da sich die *Damen* am Hof gegenseitig übertrumpfen wollten, wuchsen die Haaraufbauten mit Hilfe eines Drahtgestells immer höher empor und wurden mit einem kunstvollen Schleier geschmückt. Zwei Lockensträhnen legten sich über den Nacken und erhöhten den Reiz des Dekolletés.

Für die Fontange-Frisur brauchte man ein mit Haarkrepp überzogenes Drahtgestell, Perlenschnüre, einen steifen Schleier mit Bändern, je zwei Hänge- und Kurzlocken sowie die Lyra. Die Lyra war aus Haar gefertigt und mit der Stirnlocke verbunden (**12.**49 a). Die Zofe teilte das Haar mit einem Scheitel rings um den Kopf ab und band es am Oberkopf ab. Darauf steckte sie das Drahtgestell fest. Das herabängende Haar wurde stark toupiert und über das Gestell gebürstet. Geschickt wurden Perlenschnüre ums Haar gebunden, die Locken angesteckt und der Schleier am Hinterkopf befestigt (**12.**49 b). Die Hängelocken drehte man mit dem Papillote-Eisen. Nach dem Erkalten kämmte die Haarkünstlerin die Papilloten aus, toupierte das Haar und wickelte die Strähne mit Hilfe einer kleinen Bürste um einen Lockenstab, ohne dabei die Toupierung ganz zu zerstören. So glätteten sich außen die Haare, während die Toupierung die Locke von innen hielt (**12.**49 d).

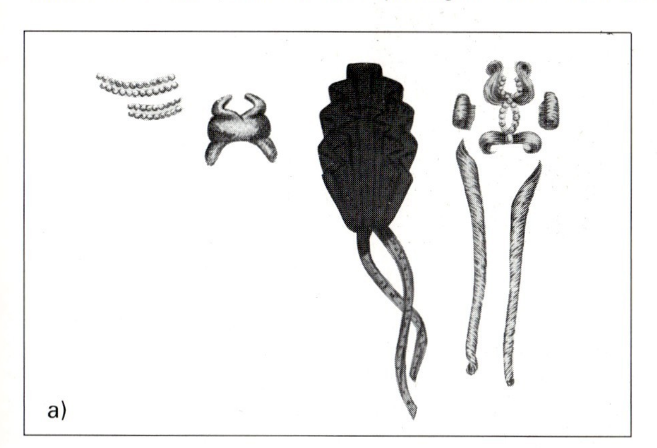
a)

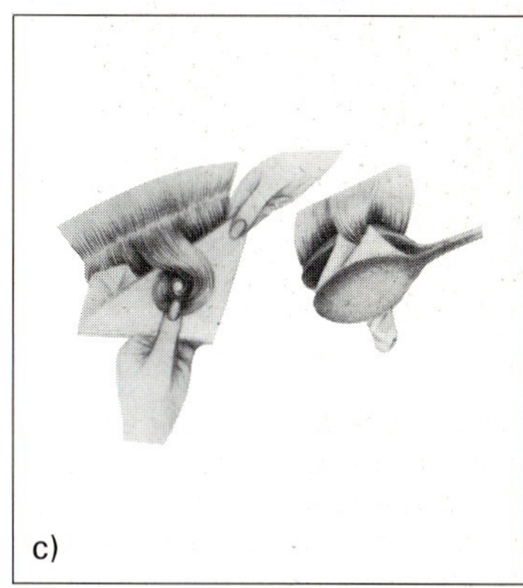
c)

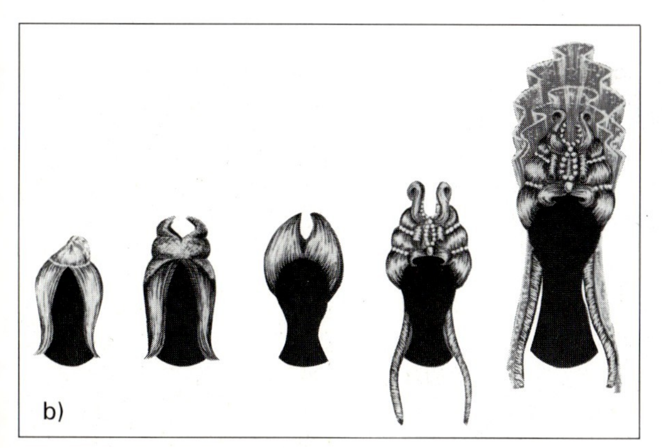
b)

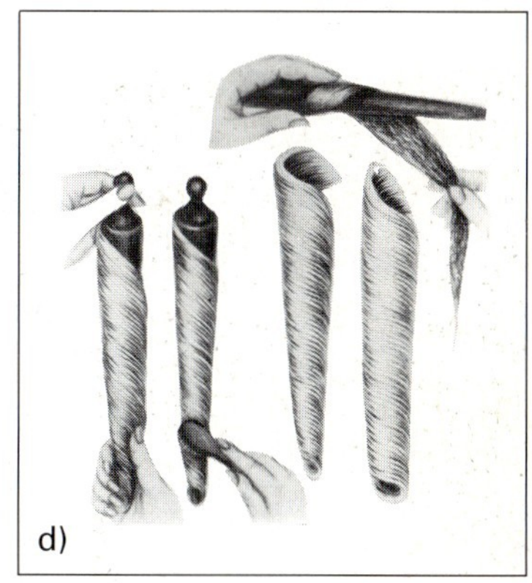
d)

12.49 Anfertigen einer Fontange-Frisur
a) Teile, b) Aufbau, c) Quetschpapilloten, d) Stocklocken

Auch die *Männer* hatten zu dieser Zeit ihre Last mit der Frisur. Die französische Mode forderte die Allongefrisur, die anfangs noch aus Eigenhaar gefertigt wurde (**12.**50 a). Zu Ehren der Frauen sei gesagt, daß sich auch die Herren der Schöpfung in der Länge ihrer Allongen überboten. Dazu reichte natürlich das eigene Haar nicht mehr. So kam Ende des 17. Jahrhunderts die Allongeperücke, die Staatsperücke auf und gehörte bald zur offiziellen Hofkleidung (**12.**50 b). Nur zu Hause setzte der Mann sie auf einem Perückenständer ab

a)

b)

c)

12.50 Männerfrisuren des Barocks

a) Allongefrisur aus Eigenhaar, b) gepuderte Allongeperücke, c) Barockmaler im Atelier mit Stirnrasur zum besseren Sitz der Allongeperücke

und sich eine Hausmütze auf. Damit die Perücke besser saß, war das Eigenhaar teilweise geschoren (**12**.50c). Um sich nicht den Kopf zu verkühlen, bedeckten die Herren ihn nachts mit einer Nachthaube.

12.51 Perückenmacher

Der Perückenmacher – ein neuer Beruf. Selbst die Diener waren mit der Herstellung und Pflege der „herrlichen" Perücken überfordert. So entstand als neuer Beruf der Perückenmachen (**12**.51). Er hatte viel zu tun, denn die wohlhabenden Leute ließen sich mehrere Perücken machen und pflegen, um stets für alle Fälle gerüstet zu sein.

Körperpflege. Immer noch scheute die vornehme Welt das Wasser, das – wie man sich einredete – sogar gesundheitsschädlich sei und die Haut verweichliche. Vorsichtig tauchte die Gesellschaft nach dem Essen die Finger ins Wasser – noch aß man ja mit den Fingern! Im übrigen betupfte man sich mit Parfüm. Bleiweißpuder sollte die schmutzige Haut verbergen. Er verstopfte aber auch die Poren und führte zu Entzündungen. Doch die Damen waren einfallsreich genug, um die Narben unter kleinen Pflästerchen aus schwarzer Seide zu verstecken und diese „Schönheitspflästerchen" sogar zur Zierde zu machen!

Frauen: breite Frisur, seit 1630 Garcettefrisur, nach 1690 Fontangefrisur
Männer: Allongefrisur aus Eigenhaar, Ende 17. Jahrhundert Allongeperücke
Berufsgeschichte: Perückenmacher als neuer Beruf mit hohem Ansehen

12.3.3 Rokoko (1720 bis 1789)

Noch immer herrscht der Absolutismus der Fürsten, doch bildet sich mit den aufstrebenden Wissenschaften der „Aufklärungszeit" ein neues Bewußtsein. Philosophen wie Kant, Rousseau und Voltaire, Dichter wie Lessing lehren, daß die Menschen als vernunftbegabte Wesen von Natur aus gleich seien. Diese Einstellung und der krasse Widerspruch dazu im täglichen Leben, die Ungleichheit zwischen Adel und arbeitender Bevölkerung mußte eines Tages zur Katastrophe führen. Die Entwicklung wird gefördert durch die maßlose Verschwendungssucht des (steuerfreien) Adels angesichts der Armut unter der schwer arbeitenden Bevölkerung.

Erfindungen, die das industrielle Zeitalter einleiten, werden in dieser Epoche gemacht: die Dampfmaschine (1769), die Spinnmaschine, der mechanische Webstuhl. Mit den neuen Manufakturen entsteht aber auch eine Gesellschaftsschicht, die es bis dahin nicht gab: die der Arbeiter, die bis auf ihre Arbeitskraft besitzlos waren.

Künstlerisch ist das Rokoko die Vollendung des Barocks. Dessen schwere Würde weicht einer leichten, zierlichen Ornamentik. Ohrmuschelwerk (Rocaille), Stukkaturen und feines Zierwerk kennzeichnen diese Epoche, besonders in der Raumgestaltung (**12**.52). Es ist die Zeit, in der Friedrich der Große Schloß Sanssouci erbauen läßt (frz.: ohne Sorge, sorgenfrei) und große Porzellanmanufakturen entstehen. Wie im Barock geht der kulturelle Einfluß von Frankreich aus. Die Adeligen sprachen nur Französisch, und die Bürger machten es ihnen nach.

12.52
Rokokostuhl mit Muschelornament (Vierzehnheiligen)

Kleidung. Die *Frauen* bekleideten sich mit einem Reifrock unter einem mit Rüschen und Volants verzierten Untergewand. Die Robe (das Obergewand) bestand aus dem spitz zulaufenden Mieder mit Wespentaille und dem vorn geöffneten Rock. Rüschen und Bänder schmückten den tiefen Halsausschnitt und die Ärmel. Um 1750 wurde der Rock durch Kissen auf den Hüften so breit, daß die Trägerin nur noch seitwärts durch die Türen gehen konnte. Im Haus begnügte sich die Dame mit einem bequemen Hauskleid, das in durchgehenden Falten über den Reifrock fiel. Dazu kam ein Häubchen. Kostbare Stoffe wurden verarbeitet, Brokat, Damast, geblümte Seide (**12**.53). Der Anzug des *Mannes* bestand aus der engen Kniehose, weißen Strümpfen mit Schnallenschuhen, Schoßweste und Schoßrock aus Samt oder Seide. Ein Spitzenjabot zierte den Westenausschnitt, Spitzen dekorierten die Ärmel (**12**.53b).

a)

b)

c)

12.53
Kleidung des Rokoko
a) Madame Pompadour
b) Junge in Rokoko-Kleidung mit Dreispitz
c) Rokoko Familienbild

Frisur. An den galanten Fürstenhöfen warteten die *Damen* mit immer neuen Frisuren auf. Das frühe Rokoko (1720 bis 1750) richtete sich in allen Modefragen nach Madame Pompadour, der Geliebten Ludwigs XIV. von Frankreich. So wurde auch ihr zierlicher Lockenkopf vorbildlich, den ihr hochbezahlter Hoffriseur in immer neuen Variationen frisieren und pudern mußte (**12.**54 a und b).

Zwischen 1750 und 1780 schufen die Haarkünstler wahre Kunstwerke auf den Häuptern der Damen. Modisches Vorbild war die junge Königin Marie-Antoinette. Sogar Tagesereignisse wie der Sieg einer Fregatte (eines Kriegsschiffs) sollen in die Frisuren eingearbeitet worden sein!

Doch wurden die überhohen Frisuren auch angegriffen.

Bilder, auf denen ein Page die Frisur seiner Herrin stützt oder die Rokoko-Schöne in der Kutsche kniet, weil die Frisur zu hoch ist, sind Karikaturen (**12.**55). Ganz so „hoch hinaus" wollten die Frauen nicht. Im letzten Jahrzehnt wurden die Frisuren niedriger, dafür breiter.

Wieder lieferte eine Frau das Vorbild: die Prinzessin Lamballe in Paris.

12.54
Frauenfrisuren des Rokokos
a) kleine weiße Puderfrisur (Johanna Elisabeth Schmerfeld, Gemälde von Tischbein)
b) Halbhohe Puderfrisur (Mademoiselle Everard, 1770, Gemälde von Tischbein)
c) Hohe Puderfrisur um 1770
d) Breite Puderfrisur (Caroline von Schlotheim, 1788, Gemälde von W. Böttner)

Sie bevorzugte asymmetrische Frisuren (**12.**54c und d).

Die *Männer* vertauschten nach dem Tod des Sonnenkönigs 1715 die umständliche Allongeperücke gegen die kleinere Stutzperücke (**12.**56a), die schließlich in einem schwarzen Seidenbeutel mit Schleife endete (**12.**56b).

Der sparsame Preußenkönig Friedrich Wilhelm I. hatte schon vorher bei seinen Untertanen die Zopfperücke eingeführt (**12.**56c). Beide Formen hatten seitlich über den Ohren waagerechte Lockenrollen und wurden gepudert. Der Bart paßte nicht zu den Höflingen der galanten Zeit und blieb daher den Soldaten vorbehalten.

12.55 Karikatur um 1780

a)

b)

c)

12.56 Männerfrisuren des Rokokos

a) Stutzperücke (Landgraf Wilhelm VIII. von Kurhessen, 1753, Gemälde von Tischbein), b) Beutelperücke, c) Bürgerliche Zopfperücke mit einer Lockenreihe

Für **Haarkünstler und Perückenmacher** war es eine große Zeit. Die „Hoffriseure", von denen es eine Menge gab, wurden als Künstler angesehen – und bezahlt. Doch erwarteten die Damen von ihnen auch eine unermüdliche Erfindungsgabe mit immer neuen Kreationen. Auch die Perückenmacher ließen sich ihre Künste gut bezahlen. Die Anfertigung der Puderperücken erforderte eine besondere Arbeitsweise, damit der Puder hielt. Das papillotierte Haar wurde nach dem Auskämmen stark toupiert und mit einer Mischung aus drei Teilen Schweineschmalz und einem Teil Rindertalg eingefettet, bevor man den Puder aus Reis- und Weizenmehl darauf stäubte. Erst dann konnten die Locken frisiert werden. Nach jedem Arbeitsgang aber wurde erneut übergepudert (**12**.57). Welche hohe Stufe der Beruf hatte, erkennen wir daraus, daß es eine „Akademie der Perückenmacher" und Lehrbücher für Friseure und Perückenmacher gab.

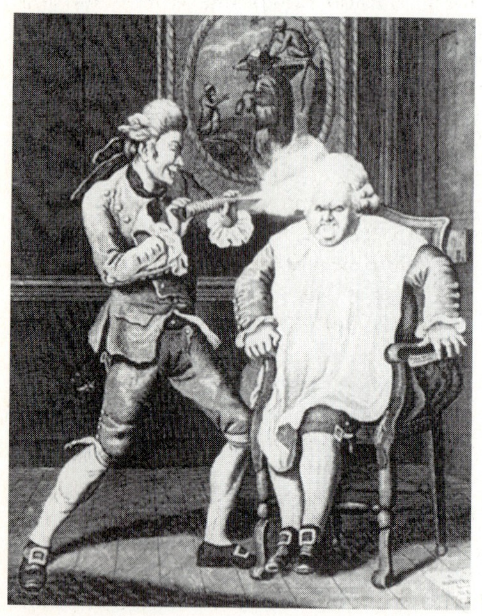

12.57 Puderszene

Haben Sie Lust, einmal eine Rokokofrisur nachzufrisieren? Früher wurde das auf Meisterschaften gezeigt. Zunächst brauchen Sie ein Drahtgestell (25 cm hoch und etwa 20 cm breit), das mit Tüll bespannt und mit Haarkrepp belegt wird. Auf dem Oberkopf wird eine Strähne abgeteilt, geflochten und zu einem Knoten gesteckt, an dem wir das Gestell befestigen. Die abgeteilten Strähnen müssen Sie stark toupieren, bevor Sie sie darüberkämmen (**12**.58a). Die seitlichen Stocklocken, die Hängelocken und die Haarbeutel im Nacken sind aus Tressen angefertigt und werden angesteckt (**12**.58b). Mit Bändern und Perlenschnüren wird die Frisur geschmückt, durch Straußenfedern erhöht (**12**.58c).

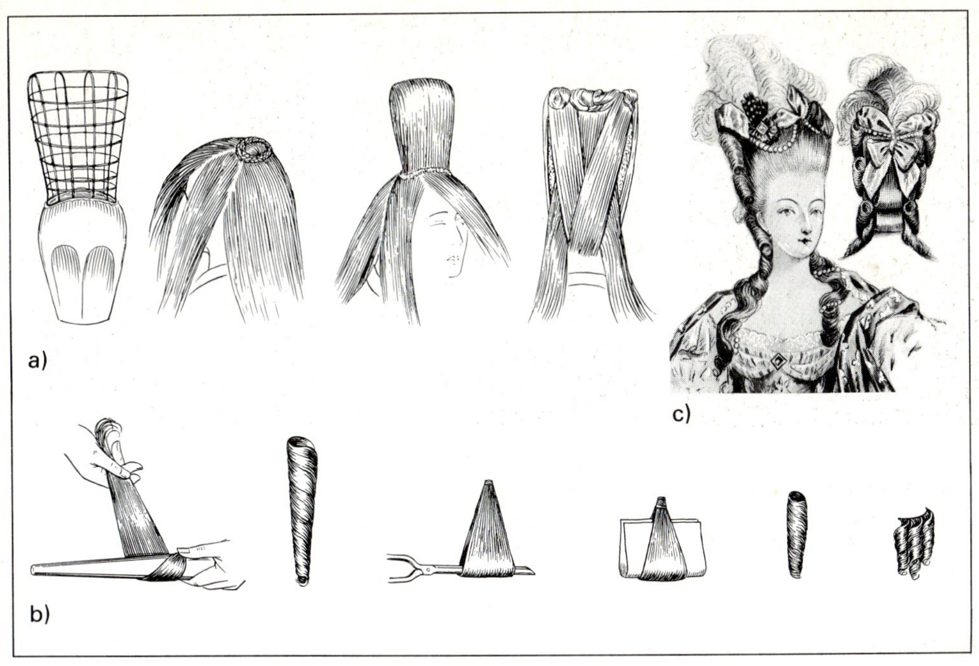

12.58 Anfertigung einer hohen Puderfrisur
a) Aufbau, b) Anfertigen der Stocklocken und Haarbeutel, c) Vorder- und Rückansicht

Körperpflege. Die fehlende Hygiene ersetzte man durch stärkeren Verbrauch an Schminke und Puder – zeitweilig durch soviel Puder (also Mehl), daß die Ernährung der Bevölkerung gefährdet war. Die Parfümierung gab dem Körpergeruch eine „Duftnote"; man versuchte, den Gestank mit Parfüm zu übertrumpfen. Auch die Haare wurden nicht gewaschen, ja wegen der komplizierten Frisuren nicht einmal täglich gekämmt! Das Ungeziefer gedieh prächtig darin. Mit dem Grattoir, einem langstieligen Kratzer, stocherten die Damen selbst bei Tisch graziös und ungeniert in ihrer Frisur, um die Tierchen zu vertreiben. Es war eben in allem eine durchaus „lebendige" Zeit!

Frauen: Frührokoko kleine weiße Puderfrisuren à la Pompadour, Hochrokoko hohe Puderfrisuren mit kunstvollen Aufbauten à la Marie-Antoinette, Spätrokoko breite Puderfrisuren à la Prinzessin Lamballe

Männer: Frührokoko ungepuderte Zopffrisur, meist Eigenhaar; später weißgepuderte Zopf- oder Beutelperücke

Berufsgeschichte: Großes Ansehen und hohe Bezahlung der Perückenmacher, eigene Akademie und Lehrbücher

12.3.4 **Directoire und Empire** (1789 bis 1815)

Die rauschenden Hoffeste gleichen angesichts der Not und Verzweiflung unter der Bevölkerung einem Tanz auf dem Vulkan. 1789 bricht dieser Vulkan aus. Unter dem Leitspruch „Freiheit, Gleichheit, Brüderlichkeit" karrt die Französische Revolution den Adel und viele

Bürger zum Schafott. Doch die neu gegründete „Nationalversammlung" führt das Schrekkensregiment in den eigenen Reihen fort – „die Revolution frißt ihre eigenen Kinder". Als auch das 1795 eingesetzte „Direktorium" keine Ruhe und Ordnung in Frankreich schaffen kann, ist die Volksherrschaft gescheitert – in einem Handstreich übernimmt Napoleon Bonaparte die Macht und krönt sich 1804 selbst zum Kaiser der Franzosen. Mit seinen Armeen erobert er halb Europa, fördert und hinterläßt viele kleine Fürstentümer (Vielstaaterei). In dieser Zeit der politischen Erschütterungen greift die Kunst wieder auf die „edle Einfalt, stille Größe" der Antike zurück (Winckelmann). Aufgeklärte deutsche Fürsten und Bürger fördern Kunst und Kultur. So zieht der Großherzog Carl August von Sachsen-Weimar Goethe, Herder und Schiller an seinen Hof. In griechischen und römischen Formen entstehen die monumentalen Kuppel- und tempelartigen Bauten des „Klassizismus" (z. B. Glyptothek in München, Brandenburger Tor und Alte Wache in Berlin). Und in klassischen Formen komponierte Beethoven seine großen Symphonien.

Kleidung. Der „dritte Stand" des Volkes (das Bürgertum) brach auch mit der verhaßten Hofmode. In den blutigen Revolutionsjahren war es zweckmäßig, seine republikanische Gesinnung durch bewußt unordentliche Kleidung zu zeigen. Die Männer trugen nun die lange Matrosenhose, dazu eine blaue Jacke mit breiter Schärpe und die rote Mütze der Galeerensklaven – die phrygische Mütze mit Kokarde. Die Frauen verwarfen Schnürmieder und Reifrock, zogen sich ähnliche Jacken an wie die Männer, dazu einen weiten, hinten gerafften langen Rock. Den Ausschnitt bedeckte ein gekreuztes Halstuch (**12**.59).

12.59 Mode zur Zeit der Französischen Revolution, Frauenkleidung

12.60 Mode zur Zeit der Französischen Revolution, Männerkleidung

Im Directoire übernahmen die Männer von England den blauen Reiterfrack zu heller, enger Lederhose mit Stiefeln, dazu den Hut mit hohem Kopf (**12**.61 b), während der einfache Mann bescheiden uniformähnlich gekleidet war.

Die Frauen zeigten sich in leichten Kleidern aus dünnen Stoffen (Musselin), die nach antiken Vorbildern hemdartig in langen Falten auf die Füße fielen (**12**.61 a). Napoleon sah die Männer am liebsten in Uniform, während der Bürger wieder in die Kniehose stieg, einen

a)

b)

12.61
a) Mode im Directoire
b) Reiterfrack nach englischem Vorbild

bestickten Rock mit Stehkragen und Schärpe anlegte. Die Damen wollten ihrem Kaiser mit weitem Ausschnitt und unmittelbar unter der Brust angesetzter Taille gefallen. Man sieht, die verhaßte Eleganz des gestürzten Adels hatte die Schreckensjahre überlebt und setzte sich in den Salons der Pariser Gesellschaft fort, während Handwerker und Bauern als Soldaten auf den Schlachtfeldern Europas für ihren Kaiser fielen.

Frisur. Der Puder zerstäubte in der Revolution, und mit den Köpfen fiel der Zopf. Männer wie Frauen trugen eine unkomplizierte, natürliche Haartracht, manchmal absichtlich wild und ungepflegt (**12.**62). Doch sobald die Guillotine stillstand, wurden die *Damen* wieder anfällig für die Mode. Der Zeitströmung entsprechend griffen sie auf griechische und römi-

a)

b)

12.62
Revolutionsfrisuren
a) Offizier mit gewollt unordentlicher Frisur (die Puderung ist noch erkennbar, 1792)
b) Mädchen mit ungeordneter Frisur (1790)

sche Frisuren zurück. Zum leichten Musselinkleid gehörte eine Haartracht à la greque mit Knoten und Ziernadel oder eine gelockte „Titusfrisur“ mit Stirnband (**12**.63 d).

Die *Männer* trugen ebenfalls einen gelockten Tituskopf oder richteten sich nach dem scheitellosen „Cäsarenschnitt“ des Kaisers (**12**.63 e und f).

12.63 Frauen- und Männerfrisuren des Empire
a) Madame Recamier im Empirekleid mit Frisur „à la greque“
b) Frisur nach griechischem Vorbild (Gemälde von Tischbein, 1802)
c) Königin Luise von Preußen
d) Lockenfrisur – Titusfrisur
e) Napoleon
f) Lockenfrisur – Titusfrisur – eines Offiziers

Durch die Gewerbefreiheit von 1810 wurden die Innungen aufgelöst. Jeder durfte nun den Beruf eines Friseurs ausüben. Die „kleine Chirurgie“ ist den Barbieren seit 1811 untersagt (**12**.64).

Körperpflege. Bauern und Handwerker hatte noch nie viel Schminke und Puder verbraucht, sondern sich stets mehr auf die „reinigende Kraft des Wassers" verlassen.

Durch die Revolution verbreitete sich diese Kenntnis vom Wasser auch in „höheren" Kreisen. Napoleon badete selbst auf den Feldzügen so oft wie möglich und ließ die Bürger zu regelmäßigem Baden und Wäschewechsel anhalten. Die Eltern wurden aufgefordert, ihre Kinder täglich zu waschen. Waschschüssel und Wasserkanne gehörten plötzlich zur Wohnungseinrichtung. Schminke und Puder wurden kaum noch verwendet.

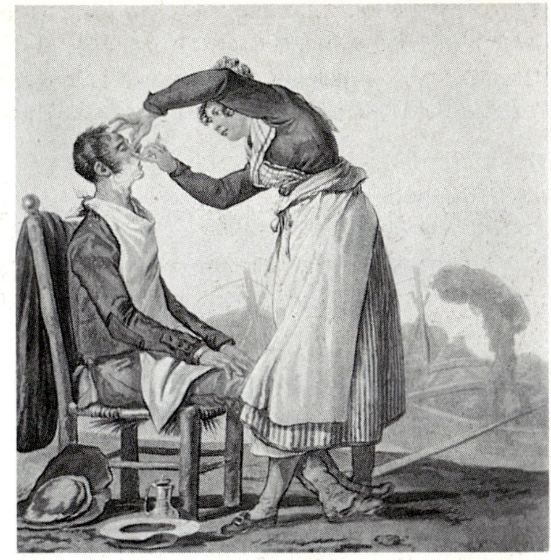

12.64 Rasierszene der Revolutionszeit unter freiem Himmel

Frauen: In der Revolution wild und ungepflegt, dann nach antikem Vorbild Frisur à la greque oder Tituskopf – ohne Puder

Männer: Zöpfe verschwinden wie der Puder, dafür römischer Tituskopf oder Cäsarenfrisur

Berufsgeschichte: 1810 Auflösung der Innungen (Gewerbefreiheit), 1811 wird den Barbieren die „kleine Chirurgie" untersagt

12.3.5 **Biedermeier** (1815 bis 1849)

Das Biedermeier gilt als Epoche der Beschaulichkeit und Behaglichkeit – nach den Wirren der Revolutionszeit und den napoleonischen Kriegen eine verständliche Erscheinung. Doch der Schein trügt. Zwar war der Versuch Napoleons, Frankreich die Vorherrschaft auf dem europäischen Kontinent zu sichern, durch die Niederlage in Rußland gescheitert (lesen Sie dazu den Roman „Krieg und Frieden" von Tolstoi), zwar wurde Europa auf dem Wiener Kongreß 1815 neu geordnet. Doch Deutschland wurde dabei in 39 Fürstentümer aufgeteilt, von denen jedes auf seine Eigenständigkeit bedacht war. Schon deshalb bekämpfen die Fürsten jeden liberalen Gedanken als revolutionären Umtrieb mit strengen polizeilichen Maßnahmen. Von den Idealen der Freiheit, Gleichheit und Brüderlichkeit ist nichts mehr zu spüren. Nur in Geheimbünden und Verschwörungen, vor allem in studentischen Bewegungen leben noch die liberalen Ziele fort. Die Bürger dagegen ziehen sich zurück in den häuslichen Kreis, widmen sich dem Familienleben und dem Beruf. Die Wohnkultur wird gepflegt. Spitzweg und Richter haben sie in ihren Bildern dargestellt. Handel und Industrie blühen auf. Man besinnt sich auf die mittelalterliche Vergangenheit, vollendet nun endlich den gotisch begonnenen Kölner Dom und baut „neuromanisch" oder „neugotisch". Zu dieser „Romantik" gehören die Dichter Brentano und Eichendorff sowie die Komponisten Schubert und Schumann. Die Brüder Grimm sammeln die Sagen und Volksmärchen. Zugleich fahren die ersten Eisenbahnen und Dampfschiffe, entstehen Fabriken und damit die Klasse der Fabrikarbeiter, die an der Beschaulichkeit des Biedermeiers nicht teilhaben, sondern unter ärmlichen Verhältnissen leben.

Kleidung. Verspielt wirken die weiten Röcke der *Frauen* zur eng geschnürten Wespentaille. Die Ärmel weiten sich mit der Zeit bis zu förmlichen „Hammelkeulen". Leichte Stoffe werden bevorzugt, die breite Form verstärkt man gern noch durch Volants an den Schultern.

Zu Hause zierte ein Häubchen den Kopf, auf der Straße trugen die Damen einen Florentiner Hut mit breiter Krempe, später den charakteristischen Schutenhut und kokettierten dazu mit dem Sonnenschirm (**12**.65). Die *Männer* blieben ein wenig konservativ mit der

a)

b)

c)

12.65 Biedermeierkleidung

a) Familie im Frühbiedermeier – die Frau mit Florentinerhut
b) Frau mit Schutenhut, Mann mit Zylinder
c) Häusliche Tracht

engen langen Hose, der geblümten Weste und dem braunen, grünen oder blauen Frack mit hohen Stehkragen (Vatermörder). Eine Halsbinde und der Zylinder (in verschiedenen Farben) kamen hinzu. Elegant war eine tiefliegende Taille, wozu sich manche Herren in ein Korsett schnürten. Dafür machten sie es sich zu Hause gemütlicher. Spitzweg zeigt sie uns im schön bestickten Schlafrock und farbigen Käppchen.

Frisur. Den breiten *Frauen*kleidern entsprechen breitausladende Frisuren, die vielfältig variiert wurden. Man teilte das Haar durch einen Mittelscheitel und kämmte es zu den Seiten, um diese Partien zu betonen. Das Hinterkopfhaar mündete in einen Knoten, so daß der Nacken schmal frisiert war. Bis 1835 hatten die Frisuren allgemein einen Aufbau am Oberkopf. Durch verschiedene Scheitel (Y-, T- oder V-förmig) teilte man das Haar am Oberkopf in eine weitere Partie ab, die dann in Schluppen, Locken oder Flechten frisiert wurde (**12**.66). Nach 1835 verschwanden die Aufbauten auf dem Oberkopf, und es entstanden weniger komplizierte Frisuren mit Mittelscheitel und Hängelocken oder geflochtenen Girlanden an den Seiten (**12**.67). Die Perückenmacher spezialisierten sich auf die Damenfrisuren. Das Rasieren und Frisieren der Herren übernahmen die Barbiere.

a)

b)

c)

12.66
Frauenfrisuren des Biedermeier

a) Y-förmiger Scheitel mit Schluppen am Oberkopf und Stocklokken vor den Ohren
b) Gerader Scheitel, Lockentuffs an den Seiten und Schluppe am Oberkopf
c) Gerader Scheitel, geflochtener Aufbau am Hinterkopf
d) V-förmiger Scheitel, Flechten an den Seiten und am Oberkopf (Annette von Droste-Hülshoff)
e) U-förmiger Scheitel und Lokkentuffs

d)

e)

12.67
Frauenfrisuren des späten Biedermeier

a) T-förmiger Scheitel, breite Flechten vor den Ohren
b) Spätbiedermeierfrisur mit gebauschten Seiten

a)

b)

a)

b)

c)

12.68 Männerfrisuren des Biedermeiers

a) Frühbiedermeierfrisur um 1822, b) Längeres Haar als Zeichen liberaler Gesinnung (Burschenschaften), c) Längere Frisur und Schnurrbart (Künstler und Liberale)

Die *Männer* trugen längeres, füllig geschnittenes Haar (**12.**68 a und b). Bis etwa 1830 war es höchst verdächtig, einen Bart zu haben. Der Bart galt nämlich als Zeichen unerwünschter demokratischer Gesinnung und war daher z. B. den preußischen Beamten verboten. Gegen diese bürgerliche „Zensur" (die in dieser Zeit auch polizeilich gegen Literatur und bildende Kunst angesetzt wurde) wandten sich Künstler und Liberale (Freidenkende). Sie trugen statt des Vatermörders einen „Schillerkragen" und längeres Haar, einige sogar demonstrativ Schnurr- oder Vollbart (**12.**68 c).

Frauen: Schwerpunkte sind Scheitel, Oberkopf, Seiten und Hinterkopf; bis 1835 etwa Frisuren mit Aufbau, teils Flechten, teils Schluppen, Seiten aus Flechten oder Locken, Hinterkopf meist geflochtener Knoten; später ohne Aufbau, Mittelscheitel, an den Seiten Hängeglocken oder geflochtene Girlanden

Männer: mittellanges, füllig geschnittenes Haar mit Backenbart, Bart als Zeichen demokratischer Gesinnung

Berufsgeschichte: Aus dem Perückenmacher wird der Damenfriseur, aus dem Barbier der Herrenfriseur

12.3.6 **Zweites Empire** (1848 bis 1870)

Jäh wurden die braven Bürger 1848 aus der Biedermeier-Idylle gerissen: Der Arbeiteraufstand in Paris griff auch auf Deutschland und Österreich über und machte die sozialen Probleme deutlich. Blutig wurden die Aufstände niedergeschlagen. Die Bestrebungen nach einer parlamentarischen Volksvertretung scheiterten. Vorbei war es mit der Romantik angesichts der fortschreitenden Industrialisierung und Technisierung. In diesen Jahren entwickeln Marx und Engels die Lehre vom Sozialismus. Die Kunst wendet sich der Wirklichkeit zu (Realismus). Menzel und Leibl malen die reale, die wirkliche Welt (z. B. Menzel „Das Eisenwalzwerk"), Keller und Storm schildern sie in ihren Novellen (z. B. Keller „Kleider machen Leute", Storm „Der Schimmelreiter").

Kleidung. In der Mode wird die Kaiserin Eugenie zum Vorbild, die Gemahlin Kaiser Napoleons III. Wegen der Vorliebe für Formen des Rokokos in der Kleidung wird diese Epoche „Zweites Rokoko“ genannt oder – da die Mode vom Zweiten französischen Kaiserreich ausgeht – „Zweites Empire“. Die ausladenden Biedermeier-Röcke der *Frauen* wurden breiter und breiter – 10 Meter soll der Rocksaum damals betragen haben! Um diese Weite unterzubringen, trugen die Damen viele Unterröcke und stützten sie durch Reifen. Diese seidenen Krinolinen, wie man die Reifröcke nannte, wurden kokett mit Schleifen und Spitzen verziert. Die Taille schnürten die Damen mit einem Korsett zusammen, bis ihnen buchstäblich die Luft wegblieb (**12**.69). Gesund war's nicht und soll sogar zu Rippenbrüchen geführt haben („Korsett als Frauenmörder“ würden unsere Zeitungen schreiben). Auf der Straße trug die Frau ein Umschlagtuch zum Kapotthut mit Bändern unterm Kinn. Die *Herren* blieben beim Frack oder Gehrock mit bunter Weste und langer Hose. Seit etwa 1860 trug man Rock, Weste und Hose auch aus gleichem, vorwiegend dunklem Stoff – der Anzug war geboren.

12.69
Kleidung im Zweiten Empire

Frisur. Zur Krinoline und Wespentaille trugen die *Damen* ausladende Frisuren. Dazu wandelten die Haarkünstler die späte Biedermeier-Frisur mit den hängenden Stocklocken an den Seiten ab, indem sie die Locken hinter die Ohren zurückfaßten. Mittelscheitel und aufgebauschte Seiten ließen den Kopf breit erscheinen (**12**.70a). Den Hinterkopf betonte ein Chignon (= Haarersatz, sprich: schinjon) (**12**.70b). Mehr und mehr sah man auch den *Wellenscheitel* (**12**.70c). Dabei wurde das Haar vom Mittelscheitel aus in Wellen seitlich über die Ohren gebauscht und am Hinterkopf wieder im Chignon zusammengefaßt. Fehlende Naturwellen versuchte man mit Welleneisen nachzuahmen. Der anfangs tief im Nakken getragene Chignon kletterte gegen 1870 höher hinauf. Neben der Kaiserin Eugenie wurde die österreichische Kaiserin Elisabeth (Sissi) zum modischen Vorbild, deren langes, welliges Haar besonderen Anklang fand (**12**.70d). Der Chignon aber sicherte das Geschäft der Perückenmacher, die schon einen internationalen Haarhandel begannen.

Die *Männer* blieben beim längeren, vollen Haar und der Pomade. Napoleon III. brachte Schnurrbart und Spitzbart wieder in Mode, der die Herren der Gesellschaft eifrig folgten. Während der Spitzbart vom Friseur mit dem Kräuseleisen gepflegt wurde, zwirbelten die Herren der Schnurrbart mit Bartwichse zu lang ausgezogenen Spitzen (**12**.71). Doch auch der Backenbart oder Vollbart war nun ungefährlich geworden und fand seine Liebhaber (**12**.72). Um 1830 konnte man dafür ins Gefängnis kommen.

Körperpflege. Modern war der bleiche Teint. Die Damen hatten entsetzliche Angst vor der Sonnenbräune, hielten zu Hause Fenster und Vorhänge möglichst geschlossen. Auch

a)

b)

12.71 Männerfrisuren im Zweiten Empire (Längeres Haar, Schnurr- und Spitzbart (Napoleon III.))

c)

d)

12.70 Frauenfrisuren im Zweiten Empire

a) Breite Frisur in Übereinstimmung mit der Breiten Kleidung, b) Betonung des Hinterkopfs durch ein Chignon, c) Wellenscheitel, d) Langes gewelltes Haar (Kaiserin Elisabeth von Österreich)

12.72 Volles Haar, Backenbart mit ausrasiertem Kinn (Walzerkönig Johann Strauß)

Badewannen erregten immer noch Aufsehen. Im schicken Seebad kleideten sich die Damen der Gesellschaft in modische Badeanzüge, setzten sich ein verwegenes Käppchen auf und plantschten mutig mit den Füßen in den Wellen.

Frauen: Mittelscheitel, aufgebauschte Seiten und Nackenchingnon mit Hängelokken; Wellenscheitel, ausladende Frisur mit Chignon auf dem Hinterkopf

Männer: volles Haar, Voll-, Spitz- und Schnurrbart

Berufsgeschichte: Wirtschaftlicher Rückgang als Folge der Gewerbefreiheit, vergebliche Versuche von Innungsgründungen

12.3.7 **Gründerjahre** (1870 bis 1910)

Nach den siegreichen Feldzügen gegen Dänemark, Österreich und Frankreich gründet Bismarck 1871 in Versaille das Deutsche Reich und ruft den Preußenkönig Wilhelm I. zum deutschen Kaiser aus. Nach den unruhigen Jahren wird die Reichsgründung mit Jubel begrüßt. Ein Taumel scheint die vereinten Deutschen zu erfassen. Fabriken schießen aus dem Boden und machen ihre Gründer rasch wohlhabend. Weltweit sind die Handelsbeziehungen und füllen die Taschen der Kaufleute. Auch das Handwerk blüht auf. Doch neben

a)

b)

c)

d)

12.73
Kleidung der Gründerjahre
a) Pariser Cul – Kleid mit Turnüre (Polsterung)
b) Enge Mode um 1880 mit Hut
c) Elegante Kleidung um die Jahrhundertwende
d) Herrenmode um 1875

diesen glanzvollen Ereignissen wächst das Heer der schlecht bezahlten Fabrikarbeiter, entstehen die düsteren Slums der Großstädte, flackern immer wieder soziale Unruhen auf. Das schnelle Wachstum der Städte führt zu hemmungsloser Bautätigkeit, doch finden die Architekten nicht zu einem eigenen Stil, sondern beschränken sich auf bloße Nachahmungen früherer Stile (Historismus). Kirchen und Bahnhöfe, Theater und Hotels, Ministerien und Kasernen entstehen in neugotischer, neubarocker oder Renaissance-Bauweise.

Kleidung. Krinolinen paßten nicht mehr in das beginnende technische Zeitalter und verschwanden. Die *Damen* besannen sich wieder auf die schlanke Linie. Um aber eine weibliche Betonung zu erreichen, raffte man das Kleid über dem Gesäß zum „Pariser Cul" und unterlegte eine Polsterung (Turnüre) (**12**.73 a). Nachdem man diese Unbequemlichkeit eine Zeitlang tapfer ertragen hatte, legte man sie ab und trug ganz enge Kleider. Damit konnten die eleganten Damen allerdings keine großen Schritte machen, sondern mußten trippeln. Das kleine, fast in die Stirn gezogene Hütchen wurde mit Hutnadeln gehalten (**12**.73 b bis c).

Die *Männer* stellten sich ganz auf dunkle Stoffe und sachliche Formen ein. Das Sakko verdrängte den Frack, der Anzug mit Weste aus dem gleichen Stoff wurde modern. Den Hals zwängten die Herren wieder in den Vatermörder mit Schleife oder Krawatte. Der Zylinder wurde kleiner und machte dem „steifen Runden", der Melone, Platz (**12**.73 d).

Frisur. Mit Betonung der Schlankheit verlegten die Damen den Schwerpunkt ihrer Frisur nach oben, setzten Chignon oder Knoten hoch an den Oberkopf. Die Damen brachten ihr ausgekämmtes Haar zum Friseur, der es präparierte und einen „falschen Wilhelm", einen Zopf, daraus fertigte. Die Stirn wurde gelockt. Eine Strähne aus dem Chignon konnte in den Nacken frisiert werden (**12**.74 a). Um Naturwellen nachzuahmen, „brannten" sich die Schönen das Haar mit Welleneisen – nicht immer erfolgreich (**12**.74 b). Die Rettung kam aus Paris. 1872 gelang es dem Coiffeur Marcel Grateau, mit der Ondulation natürliche Wellen zu formen. Da er sein Geheimnis und damit die Anhänglichkeit der Pariserinnen verständlicherweise so lange wie möglich für sich behielt, setzte sich die Ondulation erst um 1900 überall durch. Mit der neuen Technik entstanden um diese Zeit ausladende Wellenfrisuren, die man oben einschlug – die Deutsche Einschlagfrisur (**12**.74 c).

a)

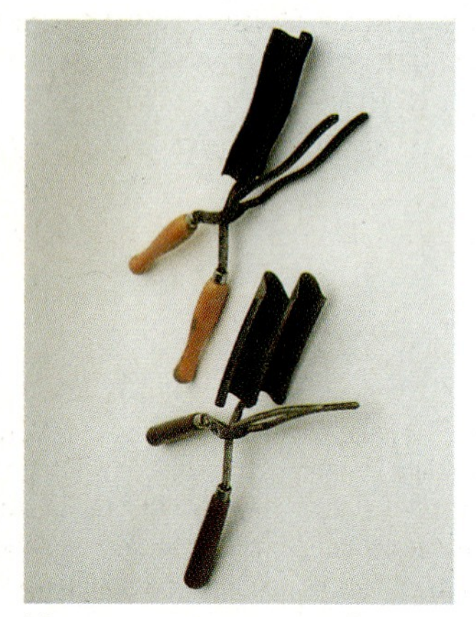

b)

c)

12.74 Frauenfrisuren der Gründerjahre
a) Frisur mit Chignon am Hinterkopf, b) Welleneisen, c) Deutsche Einschlagfrisur

Die *Männer* waren zu geschäftig, um neue Haarmoden zu entwickeln. Sie verhielten sich konservativ, wandten aber viel Mühe und noch mehr Bartwichse darauf, die Schnurrbartenden nach dem erlauchten Vorbild seiner kaiserlichen Majestät Wilhelms II. zu einem

a)

b)

12.75
Männerfrisuren
a) Kaiser Wilhelm II. mit Schnurrbart
b) Bismarck

ausdrucksvollen „W" wie Wilhelm zu formen (**12**.75a). Damit dieses Kunstwerk nicht im wohlverdienten Schlaf zugrunde ging, trugen die Herren nachts eine Bartbinde. Aber auch Vollbart, Spitzbart und Knebelbart zierten den deutschen Mann.

Körperpflege. Die Erkenntnisse und Forderungen der Ärzte nach „Licht, Luft und Sonne" für den menschlichen Körper wurden von der Frauenbewegung nachdrücklich unterstützt. Trotzdem setzen sich diese „revolutionären" Ideen erst nach und nach durch. Immerhin stürzten sich Männer und Frauen schon freudig ins Wasser (in Badeanstalten streng getrennt!) und lernten sogar schwimmen, soweit es die ungetümen Badeanzüge zuließen. Damit hatte das Wasser auch seinen Schrecken als Reinigungsmittel verloren. Man machte es wie die einfachen Leute, man wusch sich gründlicher.

Frauen: Frisuren mit hochliegendem Chignon und Locken auf der Stirn; gebrannte Wellen; Deutsche Einschlagfrisur

Männer: kürzeres Haar, viele Bartformen

Berufsgeschichte: Erfindung der Ondulation 1872 durch Marcel Grateau, seit 1871 wieder Innungen

12.3.8 20. Jahrhundert

Noch während der Gründerjahre entsteht eine neue Kunstrichtung – der *Jugendstil* (1890 bis 1914). Er bricht mit der Nachahmung historischer Formen und der im Wohlstand erstarrenden Bürgerwelt. International ist das Bestreben, einen einheitlichen Stil in allen Künsten, aber auch im Kunsthandwerk, in der Mode und Wohnraumgestaltung zu schaffen. Die Natur liefert die Vorbilder für die schwingenden, weichen Linien, die Geometrie trägt sachlich-geradlinige Ornamente bei. Ziel ist das Gesamtkunstwerk, die Kunst in allen Lebensbereichen. In der Baukunst werden Glas, Eisen und Keramik zu ungewohnten Bauelementen eingesetzt (**12**.76). Möbel, Gläser und Geschirr sind Gebrauchsgegenstände und Schmuckstücke zugleich.

Gründerjahre und Jugendstil sterben im Blutrausch des Ersten Weltkriegs (1914 bis 1918), dem Unruhen und Wirtschaftskrisen folgen. In den Not- und Hungerjahren weicht der Überschwang des 19. Jahrhunderts einer Besinnung auf Sachlichkeit und Zweckmä-

12.76 Jugendstilhaus von Peter Behrens in Darmstadt

ßigkeit. 1919 gründet Walter Gropius das *Bauhaus.* Noch einmal wird hier die Einheit von Kunst, Handwerk und Leben als Ziel gesetzt. Doch im Gegensatz zum Jugendstil fordern die Bauhaus-Künstler klare Formen, Maße und Funktionstüchtigkeit. Dabei berücksichtigen sie das Material ebenso wie die Konstruktion, beziehen also die Technik in die Kunst ein. Auf Ornamente verzichten sie zugunsten nüchterner Zweckmäßigkeit. Beton und Stahl werden die bevorzugten Baustoffe dieser Jahre.

Die Wirtschaftskrisen sind international. 1929 sind viele Millionen Menschen in Europa und Amerika arbeitslos. So hat Hitler in Deutschland leichtes Spiel, um an die Macht zu kommen. Sein Terrorregime endet im furchtbaren Zweiten Weltkrieg (1939 bis 1945), der weltweite Veränderungen zur Folge hat und noch unser Leben bestimmt.

Kleidung. Mit dem korsettlosen Reformkleid zu Beginn des Jahrhunderts kündigte sich auch in der *Damenmode* der tiefgreifende Wandel durch den Jugendstil (**12**.77). Noch stärker aber waren die Einflüsse des Kriegs. Die Frauen traten an Stelle der einberufenen Männer ins Berufsleben, gingen in die Fabriken oder leisteten Dienst in den Verkehrsbetrieben. Diese Aufgaben erforderten Uniform oder zumindest zweckmäßige Kleidung. Nach dem Krieg trug man schon aus Materialmangel kurze Röcke. Kennzeichnend ist das Hängekleid um 1923, in den Charlestonjahren. Mit der Uniform hielt auch die Hose Einzug in den Kleiderschrank der Frau. In die verschiedenen Modeströmungen griff wieder der Krieg, vor allem aber die Nachkriegszeit ein. Schlichte, kurze Kleider und Hosen diktierten

a)

b)

c)

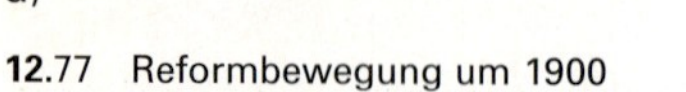

12.77 Reformbewegung um 1900
a) Reformkleid, b) Reformfrisur, c) Jugendstil-Einsteckkamm

die Mode der Notjahre, bis der beginnende Wohlstand und die Kunststoffindustrie das Rad der Mode wieder in Bewegung setzten.

Die *Männer* hatten in den Kriegen und zwischen den Kriegen genug Uniformen getragen. Sie kleideten sich daher betont locker: weite Hosen, Zweireiher und halbhohen Kragen in den 20er Jahren, nach 1945 sportliche Einreiher mit Krawattenhemd oder „Freizeitdreß".

Frisur. Die zu Zöpfen geflochtenen langen Haare waren der Stolz aller Mädchen und *Frauen* zu Beginn des Jahrhunderts, aber auch häufig Unfallursache in den Fabriken und Betrieben. Anfangs steckte die Frau die bewunderten Zöpfe im Knoten zusammen, bis sie sich in den 20er Jahren zur Kurzhaarfrisur entschloß und oft unter Tränen die Zöpfe abschneiden ließ – der Bubikopf war geboren! Fast knabenhaft wirkten die Damen im Hängekleid mit ihrer Pagenkopffrisur (**12**.78). Begünstigt wurde die Kurzhaarmode durch die neue Dauerwelle. Die 1906 von Karl Nessler erfundene Spiralwicklung eignete sich nur für langes Haar. Erst die um 1924 aufkommende Flachwicklung wurde mit den kurzen Haaren fertig. Von nun an beherrscht das kurze Haar die Frisuren durch alle Modeströmungen hindurch. Durch die Berufstätigkeit nahm die Frau nun auch aktiv am Wirtschaftsleben teil. Anders als in früheren Jahrhunderten, als sich nur die Wohlhabenden einen Friseur oder wenigstens einen Friseurbesuch leisten konnten, ist eine Haarbehandlung heute für

12.78 Frisuren von den 20er Jahren bis Kriegsende

a) Bubikopf, b) Engelsfrisur um 1930, c) Dreiwellenfrisur um 1935, d) Olympiarolle um 1936, e) Entwarnungsfrisur um 1945, f) Faconschnitt mit Seitenwelle um 1949 jede Frau erschwinglich und selbstverständlich geworden. Damit ist auch ein Aufschwung im Friseurberuf verbunden, der seit 1928 nicht mehr in Herren- und Damenfriseur getrennt ist (Vollprüfung). Die *Männer* trugen die Haare in der ersten Jahrhunderthälfte eher kurz und nahmen in den 20er Jahren reichlich duftende Pomade. Vom „Kaiserbart" blieb nur der kleine Schnurrbart. Im Zweiten Weltkrieg wurde der „Militärschnitt" modern, der mit der Haarschneidemaschine auch an den Seiten ganz kurz gehalten wurde. Nach dem Krieg trug man das Haar wieder länger, formte es nach dem natürlichen Wuchs (Faconschnitt **12**.78f). Durch die Beatles kamen Langhaarfrisuren auf, dazu recht abenteuerlich wirkende Bärte.

Frauen: Zöpfe, im Krieg zum Knoten gesteckt; um 1924 Bubikopf

Männer: kürzeres Haar und Schnurrbart; nach 1945 längeres Haar und ohne Bart, junge Leute Beatlefrisur

Berufsgeschichte: 1906 Heißwelle, 1924 Flachwicklung, seit 1907 flüssige Oxidationshaarfärbemittel, 1950 in Cremeform; seit 1928 Vollprüfung im Damen- und Herrenfach

Aufgaben zu Abschnitt 12.3

1. Welche Ereignisse markieren die Wende vom Mittelalter zur Neuzeit?
2. Was bedeutet Renaissance?
3. Welche Bauten entstanden in der Renaissance?
4. Beschreiben Sie die Kleidung in der Renaissance.
5. Was ist eine Schaube?
6. Nennen und erläutern Sie die Frauenfrisuren der Frührenaissance, Hochrenaissance und Spätrenaissance.
7. Welche Frisur setzte sich in der Renaissance bei den Männern durch?
8. Erläutern Sie den Einfluß der spanischen Kleidermode auf die Frisuren.
9. Weshalb wurden die Badestuben in der Renaissance gemieden?
10. Wann wurde der Bader zum ehrenhaften Handwerk erklärt?
11. Was sind Flohpelze?
12. Was ist eine Kolbe?
13. Welches Schönheitsideal herrschte im Barock, und wie wirkte es sich in der Mode aus?
14. Beschreiben Sie die Kleidung zur Zeit des 30jährigen Krieges.
15. Wie sieht die Garcettefrisur aus?
16. Welche Männerhaartracht entstand im Barock?
17. Beschreiben Sie die Barock-Kleidung am Hof Ludwigs XIV.
18. Wie sah die Fontangefrisur aus?
19. Welche Männerfrisur ist für das Spätbarock typisch?
20. Worin bestand die Körperpflege im Barock?
21. Warum kam der Beruf des Perückenmachers im Barock zu hohem Ansehen?
22. Wodurch unterschied sich das Rokoko a) in der Kunst, b) in den Frisuren vom Barock?
23. Beschreiben Sie die Kleidung des Rokokos.
24. Welche Frisuren trugen die Frauen im Frührokoko, im Hochrokoko, im Spätrokoko?
25. Wie waren die Männer im Rokoko frisiert?
26. Beschreiben Sie die Anfertigung der Puderfrisur.
27. Was ist ein Grattoir?
28. Welche Einstellung zur Kleider- und Frisurenmode ist für die Französische Revolution kennzeichnend?
29. Beschreiben Sie die Kleidung der Revolutionszeit, der Konsulats- und Empirezeit.
30. Welche Frisuren wurden im Empire getragen?
31. Was wurde im Empire unternommen, um die mangelhafte Körperpflege zu bessern?
32. Weshalb war es im Biedermeier gefährlich, eine liberale Gesinnung zu zeigen?
33. Beschreiben Sie die Biedermeierkleidung der Frauen und Männer.
34. Welche gemeinsamen Merkmale sind für die Biedermeierfrisuren der Frauen typisch?
35. Wodurch unterscheiden sich die Biedermeierfrisuren vor und nach 1835?
36. Welche Bedeutung hatte der Bart im Biedermeier?
37. Beschreiben Sie die Biedermeierfrisuren der Männer.
38. Welche Hüte wurden im Biedermeier von den Frauen getragen, welche von den Männern?
39. Erläutern Sie die Bezeichnungen Zweites Empire und Zweites Rokoko.

40. Weshalb bezeichnet man den Baustil im 19. Jahrhundert als Historismus?
41. Beschreiben Sie die Frauenkleidung im Zweiten Empire.
42. Welcher Wandel in der Herrenkleidung ist im Zweiten Empire zu beobachten?
43. Beschreiben Sie die Frauenfrisuren im Zweiten Empire.
44. Welche Rolle spielte der Bart im Zweiten Empire?
45. Beschreiben Sie die Kleidung der Gründerjahre nach 1870.
46. Welche Frisuren wurden zwischen 1870 und 1900 getragen?
47. Durch welche Erfindung wurde die Frisurenmode der Gründerjahre beeinflußt?
48. Durch welche a) wirtschaftlich-soziale, b) friseurtechnische Entwicklung wurde die Kurzhaarmode eingeleitet?

Bildquellenverzeichnis

Basler Haar Kosmetik, Bietigheim-Bissingen: Bild **5**.46, **5**.47

Max von Boehn, Die Mode (Bruckmann, München 1976): Bild **12**.77 a

Braun-Falco/Plewig/Wolff, Dermatologie und Venerologie (Springer Verlag, Berlin): Bild **2**.3 (Pilze, Herpes) bis **2**.6, **2**.10 b c, **9**.13, **9**.14, **9**.18, **9**.19, **9**.21 bis **9**.25 a, **9**.30 b, **9**.32, **9**.34, **9**.35, **9**.36 b, **9**.37, **9**.47, **9**.59 bis **9**.65

Doering, Manfred, Marburg: Bild **5**.73 b, **5**.74 bis **5**.77, **8**.16 a, **8**.17, **8**.33 c

Dome Extensions, Köln: Bild **5**.53 bis **5**.62

Jakob von Falke, Costümgeschichte der Culturvölker (1888): Bild **12**.27, **12**.28 a b, **12**.36, **12**.41 b, **12**.55

Fischbach und Miller, Süddeutsche Haarveredelung, Laupheim: Bild **10**.3 a bis c, **12**.58

Gillies/Dodds, Illustrierte Baktereologie (Verlag Hans Huber, Bern): Bild **2**.3 (Bakterien)

Gustav Herzig, Fabrik für Haarwaren und Friseurbedarf, Schwetzingen: Bild **10**.2, **10**.4 bis **10**.7, **10**.24, **10**.25, **12**.77 b, **12**.78

IBM Deutschland Informationssysteme GmbH, Bildarchiv, Stuttgart: Bild **1**.1

Institut für Film und Bild in Wissenschaft und Unterricht, München: Bild **3**.22, **3**.25 b, **3**.33 b c, **12**.8 c, **12**.49, **12**.63 b c, **12**.66 a c e, **12**.68 a c, **12**.70 b d, **12**.71, **12**.73 c d, **12**.74 a bis c, **12**.75 a b

Dozent Dr. med. habil. H. D. Jung: Bild **4**.24 bis **4**.27, **4**.31, **4**.32, **4**.34

Ludwig, Haaratlas: Bild **4**.30

Kimmig/Jähner, Taschenatlas der Haut- und Geschlechtskrankheiten (Georg Thieme Verlag, Stuttgart): Bild **2**.5

New York Hamburger Gummi-Waren Compagnie, Hamburg: Bild **5**.19 a, **5**.43

Nilsson, Ein Kind entsteht (Mosaik Verlag, München): Bild **3**.44

Rassner, Atlas der Dermatologie und Venerologie (Urban & Schwarzenberg, München): Bild **9**.20, **9**.25 b

Manfred Schuster, Titisee: Bild **3**.54 b, **3**.55 a

Hans Schwarzkopf GmbH, Hamburg: Bild **3**.22 a b, **3**.52, **3**.53, **3**.62, **3**.65, **3**.67 bis **3**.69, **3**.73, **4**.19, **4**.21 bis **4**.25, **4**.30, **4**.36 b, **4**.38 c, **4**.39 b, **12**.29, **12**.51

Tondeo Werk GmbH, Solingen: Bild **5**.11 a, **5**.42

Wella AG, Darmstadt: Bild **3**.25 a, **3**.45, **3**.48 b, **3**.54 a c d e, **3**.55 b bis d, **3**.56 bis **3**.60, **3**.63, **3**.64, **4**.35, **4**.36 a, **4**.37 a, **4**.39 a, **4**.43, **4**.46, **5**.27, **5**.41, **5**.42 a bis c, **12**.1, **12**.57

Wiesmann, Medizinische Mikrobiologie (Georg Thieme, Stuttgart): Bild **2**.3 (Protozoen, Poliovirus)

Wissler Bürsten GmbH, Todtnau: Bild **5**.44 a bis d

Wittmann, Weiss und Bauert GmbH, Eckental-Brand: Bild **10**.1

Zentralverband Friseurhandwerk, Köln: Bild **5**.1 a b, **5**.12 a b, **5**.14 a b, **5**.17, **5**.18, **5**.19 b, **5**.22, **5**.24, **5**.25 a b, **5**.26, **5**.29, **5**.31 b, **5**.34, **5**.42 d, **8**.20, **8**.22. Foto Wolfgang Klein, Hamburg: Bild **5**.63 b, **5**.67 c. Foto Hado Prützmann, München: Bild **5**.63 a. Foto Jaques Schumacher, Hamburg: Bild **5**.67 d, **5**.68 b d. Foto Pedro Volkert, München: Bild **5**.67 b. Foto Wolfgang Neeb, Hamburg: Bild **5**.51 c, **5**.63 c, **5**.68 a c, **5**.69 a b, **5**.70 a, **5**.71. Foto Ingrid Weiner: Bild **5**.3 a b, **5**.50, **5**.51 a b, **5**.52. Foto Axel Zajaczek, Hamburg: Bild **5**.78 bis **5**.80. Fotopli Ltd. London: Bild **5**.67 a, **5**.70 b

Alle übrigen Bilder stammen von den beiden Autoren, von M. Martini und aus dem Verlagsarchiv.

Sachwortverzeichnis

(f. = und folgende Seite, ff. und folgende Seiten)

Periodensystem der Elemente

Hauptgruppen

Nebengruppen

Periode	I	II	IIIa	IVa	Va	VIa	VIIa	–	VIIIa	–	Ia	IIa	III	IV	V	VI	VII	VIII
1	H 1																	He 2
2	Li 3	Be 4											B 5	C 6	N 7	O 8	F 9	Ne 10
3	Na 11	Mg 12											Al 13	Si 14	P 15	S 16	Cl 17	Ar 18
4	K 19	Ca 20	Sc 21	Ti 22	V 23	Cr 24	Mn 25	Fe 26	Co 27	Ni 28	Cu 29	Zn 30	Ga 31	Ge 32	As 33	Se 34	Br 35	Kr 36
5	Rb 37	Sr 38	Y 39	Zr 40	Nb 41	Mo 42	Tc 43	Ru 44	Rh 45	Pd 46	Ag 47	Cd 48	In 49	Sn 50	Sb 51	Te 52	J 53	Xe 54
6	Cs 55	Ba 56	La 57	Hf 72	Ta 73	W 74	Re 75	Os 76	Ir 77	Pt 78	Au 79	Hg 80	Tl 81	Pb 82	Bi 83	Po 84	At 85	Rn 86
7	Fr 87	Ra 88	Ac 89															

Lanthaniden	Ce 58	Pr 59	Nd 60	Pm 61	Sm 62	Eu 63	Gd 64	Tb 65	Dy 66	Ho 67	Er 68	Tm 69	Yb 70	Lu 71	
Actiniden	Th 90	Pa 91	U 92	Np 93	Pu 94	Am 95	Cm 96	Bk 97	Cf 98	Es 99	Fm 100	Md 101	No 102	Lr 103	Ku 104 ...